中 国 国 家 标 准 汇 编

2007 年修订-6

中国标准出版社　编

中 国 标 准 出 版 社

北　京

图书在版编目（CIP）数据

中国国家标准汇编：2007年修订.6/中国标准出版社编.—北京：中国标准出版社，2008

ISBN 978-7-5066-4989-6

Ⅰ.中…　Ⅱ.中…　Ⅲ.国家标准-汇编-中国-2007
Ⅳ.T-652.1

中国版本图书馆CIP数据核字（2008）第101050号

中国标准出版社出版发行
北京复兴门外三里河北街16号
邮政编码：100045

网址 www.spc.net.cn
电话：68523946　68517548
中国标准出版社秦皇岛印刷厂印刷
各地新华书店经销

*

开本 880×1230　1/16　印张 42　字数 1 266 千字
2008年8月第一版　2008年8月第一次印刷

*

定价 200.00 元

出 版 说 明

1.《中国国家标准汇编》是一部大型综合性国家标准全集，自1983年起，按国家标准顺序号以精装本、平装本两种装帧形式陆续分册汇编出版。《汇编》在一定程度上反映了我国建国以来标准化事业发展的基本情况和主要成就，是各级标准化管理机构，工矿企事业单位，农林牧副渔系统，科研、设计、教学等部门必不可少的工具书。

2. 由于标准的动态性，每年有相当数量的国家标准被修订，这些国家标准的修订信息无法在已出版的《汇编》中得到反映。为此，自1995年起，新增出版在上一年度被修订的国家标准的汇编本。

3. 修订的国家标准汇编本的正书名、版本形式、装帧形式与《中国国家标准汇编》相同，视篇幅分设若干册，但不占总的分册号，仅在封面和书脊上注明“2007年修订-1,-2,-3,……”等字样，作为对《中国国家标准汇编》的补充。读者配套购买则可收齐前一年新制定和修订的全部国家标准。

4. 修订的国家标准汇编本的各分册中的标准，仍按顺序号由小到大排列(不连续)；如有遗漏的，均在当年最后一分册中补齐。

5. 2007年制修订国家标准1 410项，全部收入在《中国国家标准汇编》第352～367分册和2007年修订-1～修订-23分册中。本分册为“2007年修订-6”，收入新制、修订的国家标准27项。

中国标准出版社

2008年6月

目　　录

ICS 77.150.99
H 64

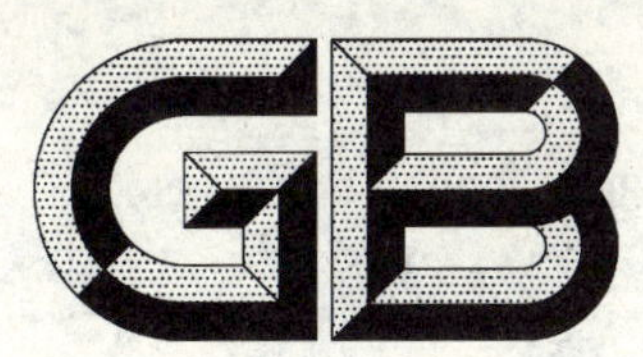

中华人民共和国国家标准

GB/T 4369—2007
代替 GB/T 4369—1984,GB/T 4370—1984

锂

Lithium

2007-04-30 发布　　2007-11-01 实施

中华人民共和国国家质量监督检验检疫总局
中国国家标准化管理委员会　发布

前 言

本标准代替 GB/T 4369—1984《锂》、GB/T 4370—1984《高纯锂》。

本标准与 GB/T 4369—1984、GB/T 4370—1984 相比，主要变化如下：

——修改了产品牌号；

——调整了产品的化学成分；

——改变了产品包装方式。

本标准由中国有色金属工业协会提出。

本标准由全国有色金属标准化技术委员会归口。

本标准主要起草单位：北京有色金属研究总院、建中化工总公司。

本标准参加起草单位：新疆锂盐厂。

本标准主要起草人：贾玉兰、何平、陈悦娣、张江峰。

本标准由全国有色金属标准化技术委员会解释。

本标准所代替标准的历次版本发布情况为：

——GB/T 4369—1984；

——GB/T 4370—1984。

锂

1 范围

本标准规定了锂的要求、试验方法、检验规则及标志、包装、运输和贮存等。

本标准适用于以无水氯化锂为原料，经熔盐、电解精炼制得的金属锂，供化工、有色金属、医药、合成橡胶催化、冶炼脱氧等用。

2 规范性引用文件

下列文件中的条款通过本标准的引用而成为本标准的条款。凡是注日期的引用文件，其随后所有的修改单(不包括勘误的内容)或修订版均不适用于本标准，然而，鼓励根据本标准达成协议的各方研究是否可使用这些文件的最新版本。凡是不注日期的引用文件，其最新版本适用于本标准。

GB 190—1990 危险货物包装标志

GB 191—2000 包装储运图示标志

GB/T 325 包装容器 钢桶

GB/T 6388—1986 运输、包装、收发货标志

GB 12268 危险货物品名表

GB/T 20931(所有部分) 锂化学分析方法

JT 617 汽车运输危险货物规则

JT 618 汽车运输、装卸危险货物作业规程

3 要求

3.1 产品分类

锂按化学成分分为五个牌号 Li-1(高纯级)、Li-2(低钠级)、Li-3(电池级)、Li-4(工业级)、Li 5(高钠级)。

3.2 化学成分

锂的化学成分应符合表1的规定。

表1 锂的化学成分 %

牌号	Li(质量分数)不小于	杂质含量(质量分数)，不大于										
		K	Na	Ca	Fe	Si	Al	Ni	Cu	Mg	Cl^-	N
Li-1	99.99	0.000 5	0.001	0.000 5	0.000 5	0.000 5	0.000 5	0.000 5	0.000 5	0.000 5	0.001	0.004
Li-2	99.95	0.001	0.010	0.010	0.002	0.004	0.005	0.003	0.001	—	0.005	0.010
Li-3	99.90	0.005	0.020	0.020	0.005	0.004	0.005	0.003	0.004	—	0.006	0.020
Li-4	99.00	—	0.200	0.040	0.010	0.040	0.020	—	0.010	—	—	—
Li-5	98.00	—	0.800～1.600	0.100	0.030	0.050	0.040	—	—	—	0.010	—

注1：锂含量(质量分数)为100%减去表中杂质实测总和后的余量。

注2：需方如对锂的化学成分有特殊要求时，由供需双方商定。

3.3　**产品规格**

锂产品供货规格为圆铸锭或挤压圆锭，基本尺寸如下：

ϕ(90 mm～150 mm)×(120 mm～250 mm)

3.4　**外观质量**

3.4.1　锂产品表面呈银白色金属光泽，不允许有气孔、氧化物、氮化物。

3.4.2　锂产品不允许有目视可见的夹杂物。

4　试验方法

4.1　锂产品化学成分的分析按 GB/T 20931 的规定进行。

4.2　锂产品规格用相应精度的量具测量。

4.3　锂产品外观质量采用目视检测法。

5　检验规则

5.1　**检查和验收**

5.1.1　产品应由供方质量检验部门进行检验，保证每批产品质量符合本标准或订货单的规定并填写质量证明书。

5.1.2　需方应对收到的产品按本标准的规定进行检验，检验结果与本标准及订货合同的规定不符合时，应在收到产品之日起 30 天内以书面形式向供方提出，如需仲裁，取样在需方由供需双方共同进行。

5.2　**组批**

锂产品应成批提交验收，每批应由同一牌号、同一炉号、同一规格组成。

5.3　**检验项目及取样数量**

每批产品的检验项目及取样数量见表 2。

表 2

检　验　项　目	取　样　数　量	要求的章节号	试验方法的章节号
化学成分	每批随机抽取一个	3.2	4.1
产品规格	每批随机抽取一个	3.3	4.2
外观质量	每批随机抽取一个	3.4	4.3
注：供方可在熔铸时取样，需方可在铸锭上取样。			

5.4　**化学成分取样和制样**

5.4.1　供方浇铸每一批锂锭时，同时浇铸一个 ϕ100 mm×120 mm 的样锭，沿锭的横截面切成锂片，放入盛有除去水、气的石蜡油的带磨口取样瓶中或装入干燥的铝塑复合袋中。

5.4.2　需方可每批随机抽取一个锂锭，将锂锭等高分为三份，取中间截面部分，去表皮后切成锂片，放入盛有除去水、气的石蜡油的带磨口取样瓶中或装入干燥的铝塑复合袋中。

5.4.3　仲裁取样按如下规定进行：在该批产品中任取一个锂锭，在洁净、干燥的不锈钢坩埚中融化，用不锈钢搅拌除去浮渣后，铸出检验所需的锂片，切去表层剪成小块作为一个试样。

5.5　**检验结果判定**

5.5.1　化学成分检验结果，如有一项不符合本标准的规定时，则在该批产品中对该不符合项加倍取样进行重复试验，若重复试验结果有一个不符合本标准规定，则判该批产品不合格。

5.5.2　产品的规格和外观质量不符合本标准规定时，按批判不合格。经供需双方商定，该批产品可由供方逐锭(件)检验，合格者交货。

6 标志、包装、运输、贮存

6.1 标志

6.1.1 每袋产品内包装外标签上应注明：

a) 产品名称；

b) 产品牌号；

c) 产品规格；

d) 产品净重；

e) 产品批号；

f) 生产日期。

6.1.2 每桶产品应附有标签或标牌，注明：

a) 供方名称、商标；

b) 产品名称；

c) 产品牌号；

d) 产品规格；

e) 产品毛重；

f) 产品净重；

g) 包装日期；

h) 产品批号。

6.1.3 产品外包装应标明 GB 190—1990 中图 10“遇湿易燃物品”标志；GB 191—2000 中图 6“怕湿”标志；GB/T 6388—1986 中图 1-5“化工”标志。

6.2 包装

6.2.1 必须使用经 24 小时以上干燥后的包装材料。

6.2.2 产品应在干燥室内包装，内包装为二种。

6.2.2.1 内层套聚乙烯塑料袋包装，封口后，外层套铝塑复合袋后充干燥氩气密封。

6.2.2.2 内层套铝塑复合袋抽真空密封，外层再套一层铝塑复合袋充干燥氩气密封。

6.2.3 产品外包装桶应符合国家商检要求，采用 GB/T 325 中规定的 200 升直开口钢桶，桶内所有空隙用干燥软材料填充，充入含量为 99.999％的干燥氩气封装。

6.2.4 需方对包装有特殊要求时，由供需双方另行协商。

6.3 运输与贮存

6.3.1 锂产品属于 GB 12268 中遇湿易燃物品。运输过程中应防火、防潮，不得剧烈碰撞，不得桶身着地滚动。汽车运输应按 JT 617、JT 618 的规定进行。

6.3.2 锂产品应存放在防雨、清洁、干燥、无腐蚀气氛，通风良好的环境中，严禁露天存放。

6.3.3 锂产品不得重叠堆放，贮存期不宜超过 6 个月。

6.4 质量证明书

每批产品应附有质量证明书，注明：

a) 供方名称、地址、电话、传真；

b) 产品名称；

c) 产品牌号；

d) 产品规格；

e) 供应状态；

f) 产品净重和桶数；

g) 产品批号；

h） 各项分析检验结果及质量检验部门印记；

i） 本标准编号；

j） 生产许可证编号；

k） 出厂日期。

7 订货单(或合同)内容

订购本标准所列材料的订货单(或合同)应包括以下内容：

a） 产品名称；

b） 产品牌号、规格；

c） 数量；

d） 本标准编号；

e） 其他需要协商或增加本标准以外要求的内容。

ICS 77.150.30
H 62

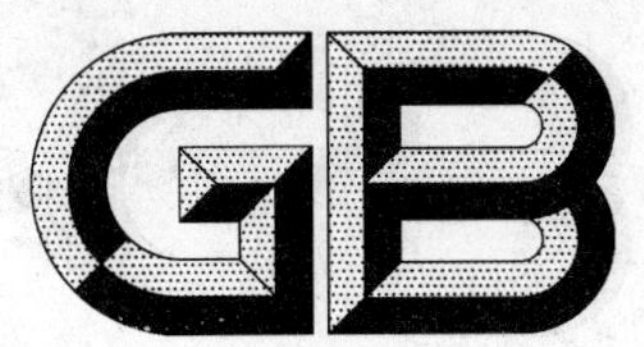

中华人民共和国国家标准

GB/T 4423—2007
代替 GB/T 4423—1992、GB/T 13809—1992

铜及铜合金拉制棒

Copper and copper-alloy cold-drawn rod and bar

2007-04-30 发布 2007-11-01 实施

中华人民共和国国家质量监督检验检疫总局
中国国家标准化管理委员会 发布

前　言

本标准参照了 ASTM B 249-04《铜及铜合金加工棒材、条材和型材的一般要求》标准。

本标准代替 GB/T 4423—1992《铜及铜合金拉制棒》、GB/T 13809—1992《铜及铜合金矩形棒》，并将 YS/T 76—1994《铅黄铜拉花棒》的内容也纳入本标准。

本标准与 GB/T 4423—1992、GB/T 13809—1992 和 YS/T 76—1994 相比，主要有如下变动：

——新增加了 H90、QZr0.2、QZr0.4、QSi1.8 四个牌号的硬状态和 HPb61-1 的半硬状态。

——棒材的最小直径由原来的 5 mm 扩展到 3 mm。

——将力学性能中的长试样断后伸长率 $A_{11.3}$ 删除，保留短试样断后伸长率 A。

——棒材的外形尺寸及其允许偏差参照 ASTM B 249 进行了修订，将铜及铜合金棒材的直径(对边距离)偏差按照材料和精度来划分。材料分为紫、黄铜类和青、白铜类，精度分为高精级和普通级。精度比原标准略有提高。

本标准附录 A 为规范性附录。

本标准由中国有色金属工业协会提出。

本标准由全国有色金属标准化技术委员会归口。

本标准由沈阳有色金属加工厂负责起草。

本标准主要起草人：白常厚、刘刚、王丽、刘关强、董艳霞、张云丽。

本标准由全国有色金属标准化技术委员会负责解释。

本标准所代替标准的历次版本发布情况为：

——GB/T 4423～4426—1984、GB/T 4427—1984、GB/T 4429～4433—1984；

——GB/T 4423—1992、GB/T 13809—1992。

铜及铜合金拉制棒

1 范围

本标准规定了铜及铜合金拉制棒的要求、试验方法、检验规则和标志、包装、运输、贮存及合同内容等。

本标准适用于圆形、矩形、方形和六角形铜及铜合金拉制棒材。

2 规范性引用文件

下列文件中的条款通过本标准的引用而成为本标准的条款。凡是注日期的引用文件，其随后所有的修改单(不包括勘误的内容)或修订版均不适用于本标准，然而，鼓励根据本标准达成协议的各方研究是否可使用这些文件的最新版本。凡是不注日期的引用文件，其最新版本适用于本标准。

GB/T 228 金属材料 室温拉伸试验方法

GB/T 231.1 金属布氏硬度试验方法

GB/T 351 金属材料电阻系数测量方法

GB/T 3310 铜合金棒材超声波探伤方法

GB/T 5121(所有部分) 铜及铜合金化学分析方法

GB/T 5231 加工铜及铜合金化学成分和产品形状

GB/T 8888 重有色金属加工产品的包装、标志、运输和贮存

GB/T 10567(所有部分) 铜及铜合金加工材残余应力检验方法

YS/T 335 电真空器件用无氧铜含氧量金相检验法

YS/T 336 铜、镍及其合金管材和棒材断口检验法

3 要求

3.1 产品分类

3.1.1 牌号、状态和规格

棒材的牌号、状态和规格应符合表1的规定。矩形棒材的宽高比应同时符合表2的规定。

表1 牌号、状态和规格

牌号	状态	直径(或对边距离)/mm	
		圆形棒、方形棒、六角形棒	矩形棒
T2、T3、TP2、H96、TU1、TU2	Y(硬) M(软)	3～80	3～80
H90	Y(硬)	3～40	—
H80、H65	Y(硬) M(软)	3～40	—
H68	Y_2(半硬) M(软)	3～80 13～35	—

表 1(续)

牌号	状态	直径(或对边距离)/mm	
		圆形棒、方形棒、六角形棒	矩形棒
H62	Y_2(半硬)	3～80	3～80
HPb59-1	Y_2(半硬)	3～80	3～80
H63、HPb63-0.1	Y_2(半硬)	3～40	—
HPb63-3	Y(硬) Y_2(半硬)	3～30 3～60	3～80
HPb61-1	Y_2(半硬)	3～20	—
HFe59-1-1、HFe58-1-1、HSn62-1、HMn58-2	Y(硬)	4～60	—
QSn6.5-0.1、QSn6.5-0.4、QSn4-3、QSn4-0.3、QSi3-1、QAl9-2、QAl9-4、QAl10-3-1.5、QZr0.2、QZr0.4	Y(硬)	4～40	—
QSn7-0.2	Y(硬) T(特硬)	4～40	—
QCd1	Y(硬) M(软)	4～60	—
QCr0.5	Y(硬) M(软)	4～40	—
QSi1.8	Y(硬)	4～15	—
BZn15-20	Y(硬) M(软)	4～40	—
BZn15-24-1.5	T(特硬) Y(硬) M(软)	3～18	—
BFe30-1-1	Y(硬) M(软)	16～50	—
BMn40-1.5	Y(硬)	7～40	—
注：经双方协商，可供其他规格棒材，具体要求应在合同中注明。			

表 2 矩形棒截面的宽高比

高度/mm	宽度/高度，不大于
≤10	2.0
>10～≤20	3.0
>20	3.5
注：经双方协商，可供其他规格棒材，具体要求应在合同中注明。	

3.1.2 棒材的不定尺长度规定如下：

直径(或对边距离)为 3 mm～50 mm,供应长度为 1 000 mm～5 000 mm;

直径(或对边距离)为 50 mm～80 mm,供应长度为 500 mm～5 000 mm;

经双方协商,直径(或对边距离)不大于 10 mm 的棒材可成盘(卷)供货,其长度不小于 4 000 mm。

定尺或倍尺长度应在不定尺范围内,并在合同中注明,否则按不定尺长度供货。

3.1.3 经双方协商,可供其他规格的棒材,具体要求应在合同中注明。

3.1.4 标记示例

产品标记按产品名称、牌号、状态、精度、规格和标准编号的顺序表示,圆形棒直径以“ϕ”表示,矩形棒的宽度、高度分别以“a”、“b”表示,方形棒的边长以“a”表示,六角形棒的对边距以“S”表示。截面示意图及标记示例如下:

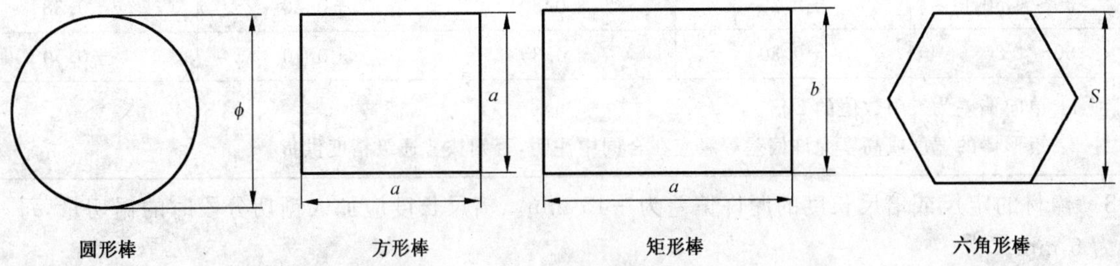

a. 用 H62 制造的、供应状态为 Y2、高精级、外径 20 mm、长度为 2 000 mm 的圆形棒,标记为:
圆形棒 H62Y_2 高 20×2 000 GB/T 4423—2007

b. 用 T2 制造的、供应状态为 M、高精级、外径 20 mm、长度为 2 000 mm 的方形棒,标记为:
方形棒 T2 M 高 20×2 000 GB/T 4423—2007

c. 用 HPb59-1 制造的、供应状态为 Y、普通级、高度为 25 mm,宽度为 40 mm、长度为 2 000 mm 的矩形棒,标记为:
矩形棒 HPb59-1Y 25×40×2 000 GB/T 4423—2007

d. 用 H68 制造的、供应状态为 Y2、高精级、对边距为 30 mm、长度为 2 000 mm 的六角形棒,标记为:
六角形棒 H68 Y_2 高 30×2 000 GB/T 4423—2007

3.2 化学成分

棒材的化学成分应符合 GB/T 5231 的规定。

3.3 尺寸及其允许偏差

3.3.1 圆形棒、方形棒和六角形棒材的尺寸及其允许偏差应符合表 3 的规定。

表 3 圆形棒、方形棒和六角形棒材的尺寸及其允许偏差 单位为毫米

直径(或对边距)	圆形棒				方形棒或六角形棒			
	紫黄铜类		青白铜类		紫黄铜类		青白铜类	
	高精级	普通级	高精级	普通级	高精级	普通级	高精级	普通级
≥3～≤6	±0.02	±0.04	±0.03	±0.06	±0.04	±0.07	±0.06	±0.10
>6～≤10	±0.03	±0.05	±0.04	±0.06	±0.04	±0.08	±0.08	±0.11
>10～≤18	±0.03	±0.06	±0.05	±0.08	±0.05	±0.10	±0.10	±0.13
>18～≤30	±0.04	±0.07	±0.06	±0.10	±0.06	±0.10	±0.10	±0.15
>30～≤50	±0.08	±0.10	±0.09	±0.10	±0.12	±0.13	±0.13	±0.16
>50～≤80	±0.10	±0.12	±0.12	±0.15	±0.15	±0.24	±0.24	±0.30

注 1:单向偏差为表中数值的 2 倍。

注 2:棒材直径或对边距允许偏差等级应在合同中注明,否则按普通级精度供货。

3.3.2 矩形棒材的尺寸及其允许偏差应符合表 4 的规定。

表 4 矩形棒材的尺寸及其允许偏差

单位为毫米

宽度或高度	紫黄铜类		青铜类	
	高精级	普通级	高精级	普通级
3	±0.08	±0.10	±0.12	±0.15
>3～≤6	±0.08	±0.10	±0.12	±0.15
>6～≤10	±0.08	±0.10	±0.12	±0.15
>10～≤18	±0.11	±0.14	±0.15	±0.18
>18～≤30	±0.18	±0.21	±0.20	±0.24
>30～≤50	±0.25	±0.30	±0.30	±0.38
>50～≤80	±0.30	±0.35	±0.40	±0.50
注 1：单向偏差为表中数值的 2 倍。 注 2：矩形棒的宽度或高度允许偏差等级应在合同中注明，否则按普通级精度供货。				

3.3.3 棒材的定尺或倍尺长度的允许偏差为+15 mm。倍尺长度应加入锯切分段时的锯切量，每一锯切量为 5 mm。

3.3.4 扭拧度

方形棒、矩形棒和六角形棒的扭拧度，按每 300 mm 不应超过 1 度控制（精确到度）。当按附录 A 所列试验方法进行测量时，供货最大长度 5 000 mm 总扭拧度不应超过 15 度。

3.3.5 圆角半径

多边形棒材的横截面的棱角处允许有圆角，其最大圆角半径 R 不应超过表 5 的规定。

表 5 方形、矩形棒和六角形棒材的圆角半径

单位为毫米

截面的名义宽度（对边距离）	3～6	>6～10	>10～18	>18～30	>30～50	>50～80
圆角半径	0.5	0.8	1.2	1.8	2.8	4.0
注：此项供方可不检验，但必须保证。						

3.3.6 直度

棒材的直度（软态棒材除外）应符合表 6 的规定。

表 6 棒材的直度

单位为毫米

长度	圆形棒				方形棒、六角形棒、矩形棒	
	3～≤20		>20～80			
	全长直度	每米直度	全长直度	每米直度	全长直度	每米直度
<1 000	≤2	—	≤1.5	—	≤5	—
≥1 000～<2 000	≤3	—	≤2	—	≤8	—
≥2 000～<3 000	≤6	≤3	≤4	≤3	≤12	≤5
≥3 000	≤12	≤3	≤8	≤3	≤15	≤5

3.3.7 圆形棒的圆度不得超过其直径允许偏差之半。

3.3.8 棒材端部应锯切平整，检验断口的端面可保留。

3.4 力学性能

棒材的力学性能应符合表 7 和表 8 的规定。

表 7　圆形棒、方形棒和六角形棒材的力学性能

牌号	状态	直径、对边距/mm	抗拉强度 R_m/(N/mm²)	断后伸长率 A/%	布氏硬度 HBW
			不小于		
T2　T3	Y	3～40	275	10	—
		40～60	245	12	—
		60～80	210	16	—
	M	3～80	200	40	—
TU1　TU2　TP2	Y	3～80	—	—	—
H96	Y	3～40	275	8	—
		40～60	245	10	—
		60～80	205	14	—
	M	3～80	200	40	—
H90	Y	3～40	330	—	—
H80	Y	3～40	390	—	—
	M	3～40	275	50	—
H68	Y_2	3～12	370	18	—
		12～40	315	30	—
		40～80	295	34	—
	M	13～35	295	50	—
H65	Y	3～40	390	—	—
	M	3～40	295	44	—
H62	Y_2	3～40	370	18	—
		40～80	335	24	—
HPb61-1	Y_2	3～20	390	11	—
HPb59-1	Y_2	3～20	420	12	—
		20～40	390	14	—
		40～80	370	19	—
HPb63-0.1 H63	Y_2	3～20	370	18	—
		20～40	340	21	—
HPb63-3	Y	3～15	490	4	—
		15～20	450	9	—
		20～30	410	12	—
	Y_2	3～20	390	12	—
		20～60	360	16	—
HSn62-1	Y	4～40	390	17	—
		40～60	360	23	—

表 7(续)

牌号	状态	直径、对边距/mm	抗拉强度 R_m/(N/mm²)	断后伸长率 A/%	布氏硬度 HBW
			不小于		
HMn58-2	Y	4～12	440	24	—
		12～40	410	24	—
		40～60	390	29	—
HFe58-1-1	Y	4～40	440	11	—
		40～60	390	13	—
HFe59-1-1	Y	4～12	490	17	—
		12～40	440	19	—
		40～60	410	22	—
QAl9-2	Y	4～40	540	16	—
QAl9-4	Y	4～40	580	13	—
QAl10-3-1.5	Y	4～40	630	8	—
QSi3-1	Y	4～12	490	13	—
		12～40	470	19	—
QSi1.8	Y	3～15	500	15	—
QSn6.5-0.1 QSn6.5-0.4	Y	3～12	470	13	—
		12～25	440	15	—
		25～40	410	18	—
QSn7-0.2	Y	4～40	440	19	130～200
	T	4～40	—	—	≥180
QSn4-0.3	Y	4～12	410	10	—
		12～25	390	13	—
		25～40	355	15	—
QSn4-3	Y	4～12	430	14	—
		12～25	370	21	—
		25～35	335	23	—
		35～40	315	23	—
QCd1	Y	4～60	370	5	≥100
	M	4～60	215	36	≤75
QCr0.5	Y	4～40	390	6	—
	M	4～40	230	40	—
QZr0.2 QZr0.4	Y	3～40	294	6	130[a]
BZn15-20	Y	4～12	440	6	—
		12～25	390	8	—

表 7(续)

牌号	状态	直径、对边距/mm	抗拉强度 R_m/(N/mm²)	断后伸长率 A/%	布氏硬度 HBW
			不小于		
BZn15-20	Y	25～40	345	13	—
	M	3～40	295	33	—
BZn15-24-1.5	T	3～18	590	3	—
	Y	3～18	440	5	—
	M	3～18	295	30	—
BFe30-1-1	Y	16～50	490	—	—
	M	16～50	345	25	—
BMn40-1.5	Y	7～20	540	6	—
		20～30	490	8	—
		30～40	440	11	—

注：直径或对边距离小于 10 mm 的棒材不做硬度试验。

a 此硬度值为经淬火处理及冷加工时效后的性能参考值。

表 8 矩形棒材的力学性能

牌 号	状 态	高度/mm	抗拉强度 R_m/(N/mm²)	断后伸长率 A/%
			不小于	
T2	M	3～80	196	36
	Y	3～80	245	9
H62	Y_2	3～20	335	17
		20～80	335	23
HPb59-1	Y_2	5～20	390	12
		20～80	375	18
HPb63-3	Y_2	3～20	380	14
		20～80	365	19

3.5 导电率

铬青铜导电率在 20℃应不小于 85%IACS(或电阻系数不大于 0.020 283 5 Ω·mm²/m)(此数值为经淬火处理及冷加工时效后的性能参考值)。

3.6 氧含量

无氧铜棒材的氧含量应符合 YS/T 335 中的规定，符合标准图片 1、2、3 级为合格。

3.7 内部质量

棒材断口应致密、无缩尾。不允许有超出 YS/T 336 中规定的气孔、分层和夹杂等缺陷。

T2、T3、TP2、TU1、TU2、H96 和 QCr0.5 棒不做断口检验。QCd1 棒进行低倍检验。其他合金棒必须进行断口或超声波检验。

3.8 内应力

除 H96 外，半硬、硬和特硬态的黄铜、锡青铜、硅青铜和锌白铜棒材应进行消除内应力处理。

3.9 **表面质量**

3.9.1 棒材表面应光滑、清洁。不允许有裂纹、起皮、气泡、夹杂物和有手感的环状痕等缺陷。

3.9.2 棒材表面允许有局部的、不使棒材直径超出允许偏差的划伤、凹坑、斑点和压入物等缺陷。

轻微的矫直痕、细划纹、氧化色、发暗和水迹、油迹不作为报废依据。

4 试验方法

4.1 化学成分的仲裁分析方法

棒材的化学成分仲裁分析方法按 GB/T 5121 的规定进行。

4.2 尺寸测量方法

产品的外形尺寸应用相应精度的测量工具进行测量。

4.3 室温力学性能检验方法

4.3.1 棒材的室温拉伸试验按 GB/T 228 的规定执行。试样编号为 R3、R4、R5、R6、R7、R8。

4.3.2 棒材的布氏硬度试验按 GB/T 231 的规定进行。

4.4 棒材的导电率试验按 GB/T 351 的规定进行。

4.5 氧含量检验方法

无氧铜棒的氧含量检验按 YS/T 335 的规定进行。

4.6 内部质量检验方法

4.6.1 棒材的断口检验按 YS/T 336 的规定进行,超声波检验按 GB/T 3310 的规定进行。

4.6.2 镉青铜棒的低倍组织检验用下述检验方法:

把棒材试样的横断面先车削平整,最后用 240 号粒度的细砂纸磨光,经 1∶1 硝酸水溶液浸蚀 10 s～30 s,取出用水冲洗干净,然后在 5 倍～10 倍放大镜下观察,应不存在裂纹、夹渣和气孔等缺陷。

镉青铜断口也可用断口检验或超声波探伤代替低倍检验,但仲裁时以低倍检验法为准。

4.7 内应力检验方法

棒材内应力检验按 GB/T 10567 的规定进行。

4.8 表面质量检查方法

产品的表面质量用目视进行检验。

5 检验规则

5.1 **检查和验收**

5.1.1 棒材应由供方技术监督部门进行检验,保证产品质量符合本标准的规定,并填写质量证明书。

5.1.2 需方对收到的产品按本标准的规定进行检验。检验结果与本标准及订货合同的规定不符时,应以书面形式向供方提出,由供需双方协商解决。属于表面质量及尺寸偏差的异议,应在收到产品之日起一个月内提出,属于其他性能的异议,应在收到产品之日起三个月内提出。如需仲裁,仲裁取样应由供需双方共同进行。

5.2 **组批**

棒材应成批提交,每批应由同一牌号、状态和规格组成。每批重量应不大于 5 000 kg。

5.3 **检验项目**

5.3.1 每批产品应进行化学成分、外形尺寸偏差、内部质量、导电率和表面质量的检验。

5.3.2 对表 7 中有力学性能要求的棒材,每批应进行力学性能的检验。

5.3.3 无氧铜棒材每批应进行氧含量的检验。

5.3.4 3.5 条规定要求导电率值的锆青铜和 3.8 条规定要消除内应力的棒材,供方可不检验,但必须保证,若有要求时,分别按 4.4 条和 4.7 条规定进行。

5.4 取样

产品取样应符合表9的规定。

表9 产品取样的规定

检验项目	取样规定	要求的章条号	试验方法的章条号
化学成分	供方每炉(需方每批)取一个试样	3.2	4.1
外形尺寸偏差	逐根检查	3.3	4.2
表面质量		3.9	4.8
内部质量(低倍、断口、超声波)		3.7	4.6
力学性能	每批任取二根,每根取一个试样	3.4	4.3
导电率		3.5	4.4
氧含量		3.6	4.5
内应力		3.8	4.7

5.5 检验结果的判定

5.5.1 化学成分、氧含量、内应力检验不合格时,判该批产品不合格。

5.5.2 棒材外形尺寸偏差、表面质量、内部质量(低倍、断口、超声波)检验不合格时,判该根不合格。

5.5.3 当力学性能、导电率试验结果中有试样不合格时,应从该批产品中另取双倍数量的试样进行重复试验。重复试验结果全部合格,则判整批产品合格。若重复试验结果仍有试样不合格,则判该批产品不合格或逐根检验,合格者交货。

6 标志、包装、运输、贮存和质量证明书

产品的标志、包装、运输、贮存和质量证明书应符合GB/T 8888的规定。

7 订货单(或合同)内容

订购本标准所列材料的订货单(或合同)内应包括下列内容:

a) 产品名称;

b) 牌号;

c) 状态;

d) 尺寸规格;

e) 重量或根数;

f) 尺寸精度;

g) 内应力检验;

h) 本标准编号;

i) 其他。

附　录　A
（规范性附录）
扭拧度测量方法

A.1　将待测量的棒材，置于一足够大的平面上，使棒材的截面积较大两平行面之一与平面接触，将一端固定，使棒材固定端的两个侧面与平面垂直，另一端自由伸展。

A.2　用肉眼找出与棒材固定端横截面上和平面接触的边相对于棒材另一面上自由端横截面上的边B，用量角器测量B边与平面之间形成的角度。

如图A.1所示：

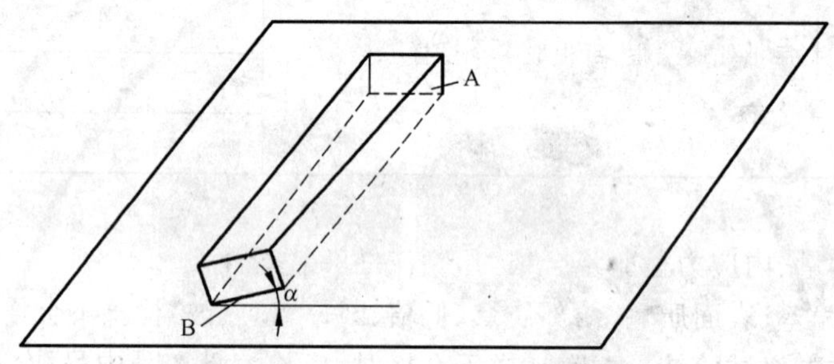

图A.1　扭拧度测量示意图

其中平面要求选用2级平面度、尺寸大于400 mm×400 mm的工作面。其具体要求参照JJG 117—2005《平板》中的相应规定。

ICS 77.140.99
H 58

中华人民共和国国家标准

GB/T 4461—2007
代替 GB/T 4461—1992

热双金属带材

Thermostat bimetal strip

2007-03-09 发布　　2007-10-01 实施

中华人民共和国国家质量监督检验检疫总局
中国国家标准化管理委员会　发布

前言

本标准代替 GB/T 4461—1992《热双金属带材》。

本标准与 GB/T 4461—1992 相比主要变化如下：

——增加了相关的化学成分测试方法和性能测试方法的引用标准；

——增加了“术语”一章；

——增加了“订货内容”一章；

——提高了 0.75 mm～3.00 mm 带材厚度的尺寸精度；

——增加了 5J1445A、5J1445B、5J1450A、5J1450B、5J1085 等 5 个热双金属牌号；

——删除了标记示例；

——增加了热双金属主要组元层的膨胀性能参考指标，并作为本标准的附录 B；

——调整部分电阻系列热双金属热敏性能比弯曲的中称值；

——增加了温曲率，并与比弯曲同等作为热双金属热敏性能的考核指标；

——将弹性模量由参考值改为考核值。

本标准的附录 A、附录 B 为资料性附录。

本标准由中国钢铁工业协会提出。

本标准由冶金工业信息标准研究院归口。

本标准起草单位：宝山钢铁股份有限公司特殊钢分公司、佛山精密电工合金有限公司、陕西精密合金股分有限公司、上海运和电器有限公司、上海电科电工材料有限公司、上海亚大复合金属有限公司、宁波远东热双金属有限责任公司。

本标准主要起草人：张忠民、霍志文、张爱玲、冯运福、严德福、郑建国、张良平、刘冠华。

本标准所代替标准的历次版本发布情况为：

——GB 4461—1984、GB/T 4461—1992。

热双金属带材

1 范围

本标准规定了热双金属带材(以下简称带材)的牌号、尺寸、外形及允许偏差、技术要求、试验方法、检验规则、包装、标志和质量证明书。

本标准适用于制作温度控制、温度补偿和温度指示装置中热敏感元件用的热双金属带材。

2 规范性引用文件

下列文件中的条款通过本标准的引用而成为本标准的条款。凡是注日期的引用文件,其随后所有的修改单(不包括勘误的内容)或修订版均不适用于本标准,然而,鼓励根据本标准达成协议的各方研究是否可使用这些文件的最新版本。凡是不注日期的引用文件,其最新版本适用于本标准。

GB/T 222 钢的成品化学成分允许偏差

GB/T 223.4 钢铁及合金化学分析方法 硝酸铵氧化溶量法测定锰量

GB/T 223.5 钢铁及合金化学分析方法 还原型硅钼酸盐光度法测定酸溶硅含量

GB/T 223.11 钢铁及合金化学分析方法 过硫酸氨氧化溶量法测定铬量

GB/T 223.18 钢铁及合金化学分析方法 硫代硫酸钠-碘量法测定铜量

GB/T 223.20 钢铁及合金化学分析方法 电位滴定测定钴量

GB/T 223.22 钢铁及合金化学分析方法 亚硝基R盐分光光度法测定钴量

GB/T 223.25 钢铁及合金化学分析方法 丁二酮肟重量法测定镍量

GB/T 223.53 钢铁及合金化学分析方法 火焰原子吸收分光光度法测定铜量

GB/T 223.59 钢铁及合金化学分析方法 锑磷钼蓝光度法测定磷量

GB/T 223.63 钢铁及合金化学分析方法 高碘酸钠(钾)光度法测定锰量

GB/T 4339 金属材料热膨胀特征参数的测定

GB/T 4702.7 金属铬化学分析方法 原子吸收分光光度法测定铁量

GB/T 5121.1 铜及铜合金化学分析方法 铜量的测定

GB/T 5986 热双金属弹性模量试验方法

GB/T 5987 热双金属温曲率试验方法

GB/T 6146 精密电阻合金电阻率测试方法

GB/T 8364 热双金属比弯曲试验方法

GB/T 20066 钢和铁 化学成分测定用试样的取样和制样方法(GB/T 20066—2006,ISO 14284:1996,IDT)

GB/T 15016 热双金属领域内的物力特性和物理量术语和定义

GB/T 15017 电阻合金领域内的物力特性和物理量术语和定义

YB/T 5242 精密合金的包装、标志和质量证明书的一般规定

ASTM E1019 高频燃烧红外线吸收法测定碳、硫含量

3 术语和定义

GB/T 15016 和 GB/T 15017 中的术语和定义适用于本标准。

4 订货内容

按本标准订货的合同或订单应包括下列内容：

a) 标准编号；

b) 产品名称；

c) 牌号；

d) 尺寸；

e) 重量及卷重；

f) 标记；

g) 热敏性能按比弯曲或温曲率及其精度级别(见 7.3.1)；

h) 交货状态；

i) 特殊要求。

5 尺寸、外形及允许偏差

5.1 尺寸及允许偏差

带材尺寸及其允许偏差应符合表 1 的规定，定尺供货应在合同中注明。

表 1

单位为毫米

<table>
<tr><th colspan="2">厚　度</th><th colspan="2">宽　度</th><th colspan="2">长　度[b]</th></tr>
<tr><th>公称尺寸</th><th>允许偏差[a]</th><th>公称尺寸</th><th>允许偏差</th><th>公称尺寸</th><th>允许偏差</th></tr>
<tr><td rowspan="2">0.10～0.25
>0.25～0.50
>0.50～0.95
>0.95～1.50
>1.50～3.00</td><td rowspan="2">±0.010
±0.015
±0.020
±0.025
±0.030</td><td rowspan="2">≤12
>12～25
>25～50
>50</td><td rowspan="2">±0.08
±0.20
±0.10
+1
0</td><td>≥500</td><td rowspan="2">+10
0</td></tr>
<tr><td>≥350</td></tr>
<tr><td colspan="6">a 在厚度公差带不变的情况下，如需方要求并在合同中注明，允许按负偏差供货。
b 长度尺寸允许偏差适用于定尺供货。</td></tr>
</table>

5.2 外形

5.2.1 带材的组元层间应结合牢固，不应有分层、边缘裂口。

5.2.2 带材不应有严重扭曲。

5.2.3 带材镰刀弯每米应不大于 3 mm。

5.2.4 带材的纵向和横向曲率半径应符合表 2 的规定。

表 2

单位为毫米

钢带公称厚度	纵向曲率半径	横向曲率半径
	不　小　于	
≥0.2～<0.4	200	150
≥0.4	250	200

6 标记

热双金属带材的低膨胀层应有与牌号相对应的连续标记。如果有其他要求或不需要标记时应在合同中注明。

7 技术要求

7.1 牌号及组元层

7.1.1 热双金属的牌号和组元层合金牌号及热双金属特性见表3。

表 3

热双金属牌号	组元层合金牌号			热双金属特性
	高膨胀层	中间层	低膨胀层	
5J20110[a]	Mn75Ni15Cu10(Mn72Ni10Cu18)		Ni36	高敏感、高电阻、中温用
5J14140[a]	Mn75Ni15Cu10(Mn72Ni10Cu18)		Ni36	中敏感、高电阻、中温用
5J15120[a]	Mn75Ni15Cu10(Mn72Ni10Cu18)		Ni45Cr6	中敏感、高电阻、中温用
5J1480	Ni22Cr3		Ni36	中敏感、中电阻、中温用
5J1380	Ni19Mn7		Ni34	中敏感、中电阻、中温用
5J1580	Ni20Mn6		Ni36	中敏感、中电阻、中温用
5J1017	Ni		Ni36	中敏感、低电阻、中温用
5J1413	Cu62Zn38		Ni36	中敏感、低电阻、高导热
5J1416	Cu62Zn38		Ni36	中敏感、低电阻、高导热
5J1070	Ni19Cr11		Ni42	中敏感、较高温用
5J0756	Ni22Cr3		Ni50	低敏感、高温度用
5J1306A	Ni20Mn6	Cu	Ni36	电阻系列
5J1306B	Ni22Cr3	Cu	Ni36	电阻系列
5J1309A	Ni20Mn6	Cu	Ni36	电阻系列
5J1309B	Ni22Cr3	Cu	Ni36	电阻系列
5J1411A	Ni20Mn6	Cu	Ni36	电阻系列
5J1411B	Ni22Cr3	Cu	Ni36	电阻系列
5J1417A	Ni20Mn6	Cu	Ni36	电阻系列
5J1417B	Ni22Cr3	Cu	Ni36	电阻系列
5J1320A[b]	Ni20Mn6	Ni(Cu)	Ni36	电阻系列
5J1320B[b]	Ni22Cr3	Ni(Cu)	Ni36	电阻系列
5J1325A	Ni20Mn6	Ni	Ni36	电阻系列
5J1325B	Ni22Cr3	Ni	Ni36	电阻系列

表 3（续）

热双金属牌号	组元层合金牌号			热双金属特性
	高膨胀层	中间层	低膨胀层	
5J1430A	Ni20Mn6	Ni	Ni36	电阻系列
5J1430B	Ni22Cr3	Ni	Ni36	电阻系列
5J1433A	Ni20Mn6	Ni	Ni36	电阻系列
5J1433B	Ni22Cr3	Ni	Ni36	电阻系列
5J1435A	Ni20Mn6	Ni	Ni36	电阻系列
5J1435B	Ni22Cr3	Ni	Ni36	电阻系列
5J1440A	Ni20Mn6	Ni	Ni36	电阻系列
5J1440B	Ni22Cr3	Ni	Ni36	电阻系列
5J1445A	Ni20Mn6	Ni	Ni36	电阻系列
5J1445B	Ni22Cr3	Ni	Ni36	电阻系列
5J1450A	Ni20Mn6	Ni	Ni36	电阻系列
5J1450B	Ni22Cr3	Ni	Ni36	电阻系列
5J1455A	Ni20Mn6	Ni	Ni36	电阻系列
5J1455B	Ni22Cr3	Ni	Ni36	电阻系列
5J1075	Ni16Cr11		Ni20Co26Cr8	耐蚀、高强度
5J1085	Mn15Ni10Cr		Ni36Nb	耐蚀、高强度

a 高膨胀合金允许采用括号内的 Mn72Ni10Cu18。

b 中间层允许采用括号内的 Cu。

7.1.2 **组元层合金的化学成分**

组元层合金牌号的化学成分参见表 4 的规定。在保证带材性能合格时，化学成分不作为考核依据。

7.1.3 组元层合金的膨胀系数参见附录 B，但不作为考核依据。

7.2 **交货状态**

带材应以冷轧状态成卷或直条交货。

7.3 **性能**

7.3.1 带材的比弯曲或温曲率应符合表 5 的规定，要求按比弯曲或温曲率供货，以及比弯曲、温曲率允许偏差级别应在合同中注明，未注明者由供方自定。

7.3.2 带材的电阻率、弹性模量和结合强度试验应符合表 5 中的规定。结合强度试验方法（Ⅰ或Ⅱ）由供方任选一种。

7.3.3 根据需方要求并经供需双方协商，允许供应表 5 规定性能以外的带材。

7.4 **表面质量**

带材表面应光滑，不允许有裂纹、气泡、剥落、锈斑、严重划伤和有害的斑点，毛刺不得超过厚度允许偏差之半。

表 4

组元层合金牌号	化学成分(质量分数)/%										
	Ni	Cr	Fe	Co	Cu	Zn	Mn	Si	C	S	P	其他
									不大于			
Ni34	33.5～35.0	—	余量	—	—	—	≤0.60	≤0.30	0.05	0.020	0.020	—
Ni36	35.0～37.0	—	余量	—	—	—	≤0.60	≤0.30	0.05	0.020	0.020	—
Ni42	41.0～43.0	—	余量	—	—	—	≤0.60	≤0.30	0.05	0.020	0.020	—
Ni50	49.0～50.0	—	余量	—	—	—	≤0.60	≤0.30	0.05	0.020	0.020	—
Ni45Cr6	44.0～46.0	5.0～6.5	余量	—	—	—	0.30～0.60	0.15～0.30	0.05	0.020	0.020	—
Ni	≥99.3	—	≤0.15	—	≤0.15	—	—	—	0.15	—	0.015	—
Ni19Cr11	18.0～20.0	10.0～12.0	余量	—	—	—	—	—	0.08	0.020	0.020	—
Ni22Cr3	21.0～23.0	2.0～4.0	余量	—	—	—	—	—	0.25～0.35	0.020	0.020	—
Ni19Mn7	18.0～20.0	—	余量	—	—	—	6.5～8.0	—	0.05	0.020	0.020	—
Ni20Mn6	19.0～21.0	—	余量	—	—	—	5.5～6.5	—	0.05	0.020	0.020	—
Mn72Ni10Cu18	8.0～11.0	—	≤0.30	—	17.0～19.0	—	余量	—	0.05	0.030	0.020	—
Mn75Ni15Cu10	14.0～16.0	—	≤0.80	—	9.0～11.0	—	余量	—	0.05	0.020	0.030	—
Cu62Zn38		—	≤0.15	—	60.5～63.5	余量	—	—	—	0.010		—
Cu		—	≤0.005	—	≥99.9	≤0.005	—	—	—	0.040	0.010	—
Ni16Cr11	15.0～17.0	10.0～12.0	余量	—	—	—	—	—	0.05	0.020	0.020	—
Ni20Co26Cr8	19.0～21.0	7.0～9.0	余量	25.0～27.0	—	—	—	—	0.05	0.020	0.020	—
Mn15Ni10Cr	9～12	9～14	余量	—	—	—	14.5～17.5	≤0.40	0.06	0.020	0.020	—
Ni36Nb	34.0～38.0	0.6～1.2	余量	1.5～2.1	0.7～1.3	—	≤0.50	≤0.40	0.05	0.020	0.020	Nb:3.0～6.0 Mo:0.4～0.9 Al≤0.40

表 5

牌号	热敏性能				电阻率 ρ		弹性模量 E(室温)/MPa 不小于	结合强度试验				参考值		
	比弯曲 K 标称值/(10^{-6}℃)(20^{+5}_{0}℃～130^{0}_{-5}℃)	温曲率 F 标称值[b]/(10^{-6}℃)(20^{+5}_{0}℃～130^{0}_{-5}℃)	允许偏差		标称值/(μΩ·cm)(20℃±5℃)	允许偏差		Ⅰ	Ⅱ			线性温度范围/℃	允许使用温度范围/℃	密度/(g/cm³)
			Ⅰ级	Ⅱ级				反复弯断	扭转	反复弯曲	弯曲			
5J20110	20.8	38.9	±5%	±7%	113	±5%	113 000	反复弯曲至断裂,断口处不得有分层现象	不得出现开裂、裂纹	不少于三次,不得出现开裂、裂纹	不得出现开裂、裂纹	−20～150	−70～200	7.7
5J14140	14.5	28.0			140		113 000					−20～150	−70～200	7.5
5J15120	15.3	28.5			125		122 000					−20～200	−70～250	7.6
5J1480	14.3	26.2			80.0		147 000					−20～180	−70～350	8.2
5J1380[a]	13.8	25.2			80.0		147 000					−50～100	−70～350	8.1
5J1580	14.6	28.1			78.0		147 000					−20～180	−70～350	8.1
5J1413	14.6	26.8			13.0	±10%	98 000					−20～180	−70～250	8.3
5J1416	14.3	26.9			16.0		98 000					−20～180	−70～250	8.3
5J1017	10.0	18.8	±8%	±10%	17.0		152 000					−20～180	−70～400	8.4
5J1070	10.8	19.6			70.0	±5%	152 000					−20～350	−70～500	8.0
5J0756	7.8	13.1			56.0		152 000					0～400	−70～500	8.2
5J1306A	13.8	25.1	±5%	±7%	6.0	±10%	122 000					−20～150	−70～200	8.3
5J1306B	13.5	24.8			6.0		122 000					−20～150	−70～200	8.3
5J1309A	13.9	25.6			9.0		122 000					−20～150	−70～200	8.2
5J1309B	13.6	25.3			9.0		122 000					−20～150	−70～200	8.2
5J1411A	14.6	27.0			11.0		122 000					−20～150	−70～200	8.2
5J1411B	14.0	26.4			11.0		122 000					−20～150	−70～200	8.2
5J1417A	14.6	27.0			17.0		122 000					−20～150	−70～200	8.2
5J1417B	14.0	26.4			17.0		122 000					−20～150	−70～200	8.2

表 5（续）

牌号	热敏性能				电阻率 ρ		弹性模量 E(室温)/MPa 不小于	结合强度试验				参考值		
	比弯曲 K 标称值/(10^{-6}℃)(20^{+5}_{0}℃～130^{0}_{-5}℃)	温曲率 F 标称值[b]/(10^{-6}℃)(20^{+5}_{0}℃～130^{0}_{-5}℃)	允许偏差		标称值/(μΩ·cm)(20℃±5℃)	允许偏差		Ⅰ	Ⅱ			线性温度范围/℃	允许使用温度范围/℃	密度/(g/cm³)
			Ⅰ级	Ⅱ级				反复弯断	扭转	反复弯曲	弯曲			
5J1320A	13.3	25.1	±5%	±7%	20.0	±8%	152 000	反复弯曲至断裂，断口处不得有分层现象	不得出现开裂、裂纹	不少于三次，不得出现开裂、裂纹	不得出现开裂、裂纹	−20～150	−70～200	8.2
5J1320B	13.0	24.5			20.0		152 000					−20～150	−70～200	8.2
5J1325A	13.9	25.1			25.0		152 000					−20～150	−70～200	8.2
5J1325B	13.5	24.7			25.0		152 000					−20～150	−70～200	8.2
5J1430A	14.6	25.6			30.0	±7%	152 000					−20～150	−70～200	8.2
5J1430B	14.0	25.1			30.0		152 000					−20～150	−70～200	8.2
5J1433A	14.6	25.6			33.0		152 000					−20～150	−70～200	8.2
5J1433B	14.0	25.1			33.0		152 000					−20～150	−70～200	8.2
5J1435A	14.6	25.6			35.0		152 000					−20～150	−70～200	8.2
5J1435B	14.0	25.1			35.0		152 000					−20～150	−70～200	8.2
5J1440A	14.6	25.6			40.0		152 000					−20～150	−70～200	8.2
5J1440B	14.0	25.1			40.0		152 000					−20～150	−70～200	8.2
5J1450A	14.6	25.6			50.0		152 000					−20～150	−70～200	8.2
5J1450B	14.0	25.1			50.0		152 000					−20～150	−70～200	8.2
5J1455A	14.6	25.6			55.0		152 000					−20～150	−70～200	8.2
5J1455B	14.0	25.1			55.0		152 000					−20～150	−70～200	8.2
5J11075	10.8	20.2	±8%	±10%	75.0	±5%	166 000					−20～200	−70～200	8.0
5J1085	10.7	19.7	±5%	±7%	86.0		160 000					−20～200	−20～400	8.0

a 比弯曲 K 值为室温～100℃的测试数据。

b 温曲率的测试温度也可选用其他温度范围，相关的数据由供需双方协商确定。

8 试验方法

8.1 尺寸、外形检查

带材的尺寸、外形用常规检验方法和能满足精度要求的量具检查。

8.2 化学成分

组元层合金的化学成分分析可采用常规方法分析，仲裁时采用第2章中规定的方法分析。Zn的测定方法由供需双方协商确定。

8.3 膨胀系数的测定

带材的膨胀系数测定按GB/T 4339的规定进行。

8.4 比弯曲试验

比弯曲试验应按GB/T 8364的规定进行。

8.5 温曲率试验

温曲率试验应按GB/T 5987的规定进行。

8.6 电阻率试验

电阻率试验应按GB/T 6146精密电阻合金电阻率测试方法。亦可采用精度不低于0.05级的电桥或精度不低于0.03级的电位差计测量。

8.7 弹性模量试验

弹性模量试验应按GB/T 5986的规定进行，试样的热处理制度见附录A。

8.8 结合强度试验

8.8.1 结合强度试验方法Ⅰ

8.8.1.1 反复弯断试验

反复弯断试验如图1所示，反复弯曲至断裂，目视观察其结合部位状态。

8.8.2 结合强度试验方法Ⅱ

8.8.2.1 扭转试验

扭转试验时应用夹具将试样在距两端约为5 mm处夹紧，以试样不松动为宜。厚度小于1 mm的试样，其扭转次数定为：两夹具之间的距离（即扭转间距）除以15 mm所得的整数值；厚度大于或等于1 mm的试样，其扭转次数定为：两夹具之间的距离（即扭转间距）除以30 mm所得的整数值。按所得的次数扭转，然后再按同样的次数反向扭转（扭转360°）为一次，目视观察结合部位的状态。

8.8.2.2 反复弯曲试验

反复弯曲试验如图1所示，用半径等于表6规定的与试样厚度相对应的r_1圆弧形金属夹具将试样夹紧。将试样向一方弯曲90°（称为第一次弯曲），随后再使试样复原（称为第二次弯曲）。以同样方式将试样反向弯曲90°（称为第三次弯曲），随后再使试样复原（称为第四次弯曲），用目视观察结合部位状态。

8.8.2.3 弯曲试验

弯曲试验是用半径等于表6中的规定的与试样厚度相对应的r_2圆弧形金属夹具将试样夹紧，将试样向一方弯曲90°，然后将试样向外移动约10 mm，将试样反向弯曲90°，用目视观察此时试样弯曲处的状态。

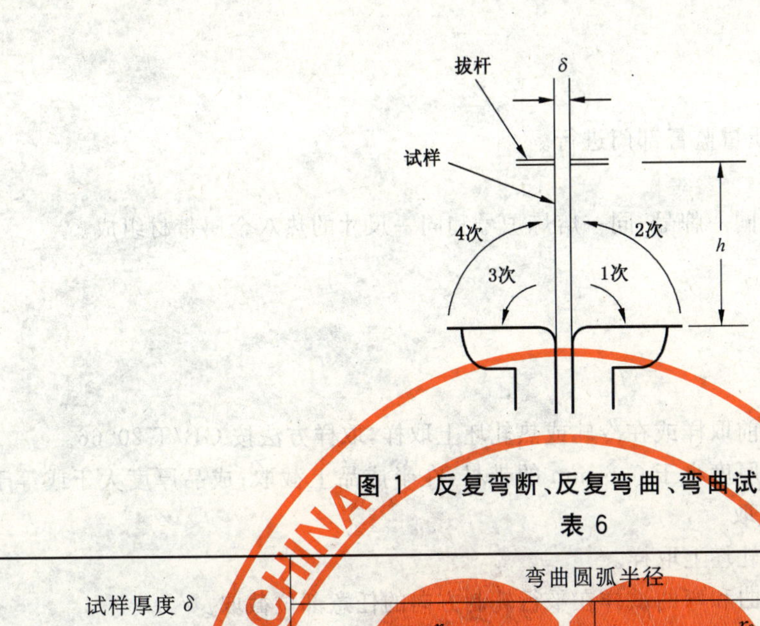

图1 反复弯断、反复弯曲、弯曲试验图

表6

单位为毫米

试样厚度 δ	弯曲圆弧半径		拔杆距离 h
	r_1	r_2	
δ≤0.3	1.0±0.1	0.5±0.1	25
0.3<δ≤0.5	2.5±0.1	1.2±0.1	30
0.5<δ≤1.0	5.0±0.1	2.5±0.1	35
1.0<δ≤1.5	7.5±0.2	4.0±0.2	40
1.5<δ≤3.0	10.0±0.2	5.0±0.2	50

8.9 表面质量检查

带材的表面质量目视逐卷或逐张检查。

8.10 试样尺寸

8.10.1 试样尺寸

各项试验用试样尺寸按表7的规定进行。

表7

单位为毫米

试验项目	试样尺寸			
	厚度	测试长度	总长度	宽度
比弯曲 K	按 GB/T 8364 规定			
温曲率 F	按 GB/T 5987 规定			
弹性模量 E	按 GB/T 5986 规定			
膨胀系数	按 GB/T 4339 规定			
电阻率 ρ	带材厚度	≥100	≥150	≥5
反复弯断	带材厚度	150		10
扭转	带材厚度	带材宽度		2
反复弯曲	带材厚度	150		5
弯曲	带材厚度	150		5

8.10.2 试样热处理

比弯曲、温曲率、弹性模量试样在测量前必须经过热处理，以消除加工应力，推荐的热处理制度见附录A。

9 检验规则

9.1 检查和验收

带材的质量检查和验收由供方质量监督部门进行。

9.2 组批规则

带材应按批提交验收，每批应由同一牌号，同一熔炼炉号和同一尺寸的热双金属带材组成。

9.3 取样数量及取样

9.3.1 取样数量

每批取样最低不少于2支。

9.3.2 取样

9.3.2.1 化学成分试样在冶炼铸造前取样或在冷轧或热轧坯上取样，取样方法按GB/T 20066。

9.3.2.2 比弯曲、温曲率试样：成品厚度小于0.6 mm的带材，在半成品上截取；成品厚度大于或等于0.6 mm的带材在成品或半成品上截取。

9.3.2.3 膨胀系数试样在锻坯或热轧坯上取样。

9.3.2.4 电阻率、反复弯断、反复弯曲和弯曲试样在平行轧制方向的任意部位截取。

9.3.2.5 扭转试样在垂直于轧制方向的任意部位截取。

9.4 复验和判定规则

表7中规定的某一项试验结果不合格时，则从同一批带材中另取双倍数量的试样进行不合格项目的复验，复验结果即使有一个试样不合格时，则该批带材判为不合格。

10 包装、标志和质量证明书

带材的包装、标志和质量证明书应符合YB/T 5242的有关规定。

附 录 A
（资料性附录）
测量热双金属比弯曲、温曲率和弹性模用试样的推荐热处理制度

A.1 测量热双金属比弯曲、温曲率和弹性模用试样的推荐热处理制度如表A.1。

表 A.1

牌号	试样热处理制度		
	处理温度/℃	保温时间/h	冷却方式
5J20110	260～280	1～2	空冷
5J14140	260～280		
5J15120	260～280		
5J1480	300～320		
5J1380	300～320		
5J1580	300～320		
5J1017	300～320		
5J1413	180～200		
5J1416	180～200		
5J1070	380～400		
5J0756	400～420		
5J1306A	250～270		
5J1306B	250～270		
5J1309A	250～270		
5J1309B	250～270		
5J1411A	250～270		
5J1411B	250～270		
5J1417A	250～270		
5J1417B	250～270		
5J1320A	300～320		
5J1320B	300～320		
5J1325A	300～320		
5J1325B	300～320		
5J1430A	300～320		
5J1430B	300～320		
5J1433A	300～320		
5J1433B	300～320		
5J1435A	300～320		
5J1435B	300～320		
5J1440A	300～320		
5J1440B	300～320		
5J1445A	300～320		
5J1445B	300～320		
5J1450A	300～320		
5J1450B	300～320		
5J1075	400～420		

附 录 B
（资料性附录）
组元层合金的膨胀系数

B.1 热双金属带材的组元层合金的平均线膨胀系数如表 B.1。

表 B.1

组元层合金牌号	平均线膨胀系数/(10^{-6}/℃)	
	室温～100℃	室温～200℃
Ni34	≤3.0	≤5.6
Ni36	≤1.6	≤2.0
Ni42	≤5.7	≤5.5
Ni50	≤10.3	≤10.2
Ni36Nb	≤6.0	≤6.0
Ni19Cr11	≥15.4	≥16.0
Ni22Cr3	≥16.5	≥17.2
Ni19Mn7	≥17.2	≥18.0
Ni20Mn6	≥17.5	≥18.5
Mn72Ni10Cu18	≥24.0	≥26.0
Mn75Ni15Cu10	≥24.0	≥26.0
Cu62Zn38	≥18.0	≥18.5
Cu	15.0	16.0
Ni	13.0	13.7
Mn15Ni10Cr	≥15.0	≥15.5
Ni46Cr	≥14.0	≥14.5

ICS 55.100
Y 22

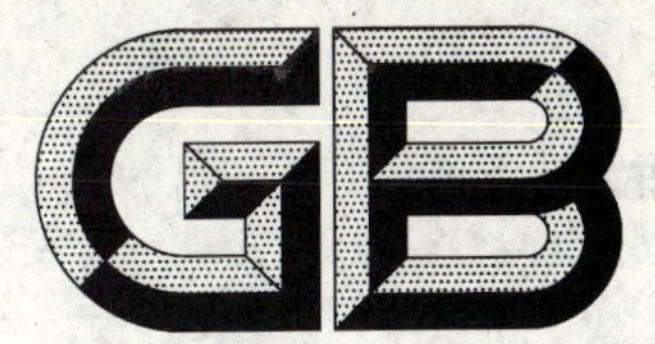

中华人民共和国国家标准

GB/T 4545—2007
代替 GB/T 4545—1984

玻璃瓶罐内应力试验方法

Test methods for stress examination of glass containers

2007-12-05 发布　　2008-09-01 实施

中华人民共和国国家质量监督检验检疫总局
中国国家标准化管理委员会　发布

前言

本标准修改采用美国 ASTM C148-00《玻璃瓶罐内应力检验方法》。

本标准的技术内容与 ASTM C148-00 基本一致。

本标准与 ASTM C148-00 主要差异为：

——本标准删除了 ASTM C148-00 中的序言，增加了本标准的目次与前言；

——本标准删除了 ASTM C148-00 引用文件中对 ASTM 标准的引用；

——本标准将 ASTM C224 中规定的对试样的要求直接写入标准文本中；

——本标准删除了 ASTM C148-00 中的英制单位。

本标准代替 GB/T 4545—1984《玻璃瓶罐内应力检验方法》。

本标准与 GB/T 4545—1984 相比主要变化如下：

——增加了两种方法的测定范围；

——增加了表观应力主要取决的因素；

——试验步骤比原标准更详细，试验步骤按不同类型的试样进行描述；

——增加了两种试验方法的精度和偏差。

本标准由中国轻工业联合会提出。

本标准由全国日用玻璃搪瓷标准化中心归口。

本标准起草单位：东华大学、国家眼镜玻璃搪瓷制品质量监督检验中心。

本标准主要起草人：唐玲玲、张国琇。

本标准所代替标准的历次版本发布情况为：

——GB/T 4545—1984。

玻璃瓶罐内应力试验方法

1 范围

1.1 本标准规定了测定与玻璃瓶罐退火状态有关的相应光程差的试验方法。以下两种方法可选择使用。

方法 A:用偏光仪与一套标准片对比测量。

方法 B:用偏光仪直接测量。

1.2 方法 A 适用于测定光程差小于 150 nm 的试样,方法 B 适用于测定光程差小于 565 nm 的试样。

注:用这些方法测得的表观应力主要取决于:(1)玻璃中应力大小和分布;(2)玻璃的厚度(测定点的光程);(3)玻璃的成分。对于普通的钠钙硅瓶罐玻璃,成分的影响微小,可以忽略不计。

1.3 在测定玻璃瓶罐底部应力时,玻璃的厚度影响可以用式(1)折算。

$$T_R = T_A(4.06/t) \quad \cdots\cdots(1)$$

式中:

T_R——真实应力级别;

T_A——表观应力级别;

t——底部厚度,单位为毫米(mm)。

注:该厚度应该在最大表观光程差的位置上测量。

1.4 这两种试验方法适用于评价玻璃瓶罐的退火质量,控制玻璃瓶罐或类似玻璃成分组成的其他产品的质量。

2 试样

2.1 试样应未经其他试验的玻璃瓶罐。

2.2 试样需预先在实验室内放置 30 min 以上。

2.3 不得用手直接接触样品,检验时应戴手套。

方法 A:偏光仪与一套参考标准片对比测量法

3 偏光仪

3.1 视域各处的偏振度不小于 99%。

3.2 视域至少比被测瓶罐大 51 mm。起偏镜与分析镜的距离应满足通过瓶口观察瓶底的检验。

3.3 附有光程差为 565 nm 的灵敏色片,其在观察视域中程差的变化应小于 5 nm,它的慢轴与偏振面成 45°,这样在观察视域里能产生紫红色的背景。样品测定处的亮度至少是 300 cd/m^2。

注:色片程差在 510 nm 和 580 nm 之间方能辨别颜色,最理想是 565 nm。

4 标准片

使用一套不少于 5 片、且已知内应力的标准玻璃圆片,此标准片应覆盖玻璃瓶罐生产的退火范围,圆片的直径大于 76 mm、小于 102 mm,每片都具有规定的残余应力,离开边缘 6.4 mm 处的光程差的一致性应不小于 21.8 nm,不大于 23.8 nm。

5 试验步骤

5.1 圆柱形无色玻璃瓶罐底部的检验

通过瓶口观察瓶罐的底部，并旋转瓶罐，寻找瓶底应力最大处，将瓶底根部的最大应力色图与一个一个叠加起来的标准片进行比较(标准片与起偏镜平行)，观察瓶底最大应力是否小于一片、大于一片小于二片或大于二片小于三片等等，要获得瓶底的应力色图与标准参数完全一致的可能性很小。然后按照下列规则记录应力级数：当瓶底的最大应力色图大于 N 片而小于 $N+1$ 片时，它的应力级数是 $N+1$。试样的表观应力级数比实际观察的应力级数大(见表 1)。

表 1

表观应力级数	1	2	3	4	5	6	7
标准程差片数 N	$N \leqslant 1$	$1 < N \leqslant 2$	$2 < N \leqslant 3$	$3 < N \leqslant 4$	$4 < N \leqslant 5$	$5 < N \leqslant 6$	用直测法测定

5.2 方形、椭圆形和不规则形状玻璃瓶罐的检验

用偏光仪检验瓶罐弯曲和拐角处的最大应力数。按照 5.1 的方法记录应力级数。

5.3 玻璃瓶罐侧壁的检验

将玻璃瓶罐侧壁任一部位的应力最大颜色与标准参照片的最大颜色比较，按照 5.1 的方法记录应力级数。

5.4 有色玻璃瓶罐的检验

移去灵敏色片，用偏光仪直接测量。旋转瓶罐寻找瓶底根部的最大应力颜色的区域。然后通过瓶口观察瓶底，选择瓶底最小光程差的最暗区域作为参照点，此点通常在瓶底的中心。然后将灵敏色片置入，把标准应力片放在瓶底的参照区域下，即标准应力片直接在瓶底中心的参照区域下。参照区域的程差颜色与瓶底边缘的最大光程差颜色进行比较，如果这颜色大于参照区域的颜色就用两片或更多的标准应力片叠加起来进行比较，直到二者的颜色接近为止。按照 5.1 的方法划分退火应力的等级。

6 检验报告

检验报告应包括每只瓶罐的退火级别(真实的或表观的)。

方法 B:偏光仪直接测量法

7 偏光仪

7.1 视域各处的偏振度不小于 99%。

7.2 视域至少比被测瓶罐大 51 mm。起偏镜与分析镜的距离应满足通过瓶口观察瓶底的检验。

7.3 将一块具有光程差为 141 nm±14 nm 的四分之一波片插入样品和检偏镜之间，波片的慢轴随起偏镜的偏振平面而调整。偏振视域对样品的亮度至少是 300 cd/m^2。

注：由于四分之一波片偏离 141 nm 的标称值，或应力的测定方向偏离与偏振片成 45°的理想方位将会影响光程差的测定值。

四分之一波片偏离 14 nm 和应力方向偏离 10°，产生的误差不大于 8 nm。

7.4 检偏镜应装成能分别绕起偏镜和四分之一波片旋转，并能测定其旋转角。

8 试验步骤

8.1 圆柱形无色玻璃瓶罐底部的检验

先旋转检偏镜，使起偏镜的偏振面垂直于检偏镜的偏振面，此时是零位，视域呈黑色，把瓶罐放入带

有灵敏色片的观测视域中进行测定。旋转瓶罐，寻找瓶底内根部的最大光程差的颜色。然后移去灵敏色片，通过瓶口观察瓶底。在瓶底中心将出现暗色的消光十字，十字之间具有明亮的区域，如果瓶罐的光程差较低，十字就模糊不清。如果在观察处推入灵敏色片或将瓶罐放在具有灵敏色片的偏光仪里观察，十字将出现紫红色而不是黑色。旋转检偏镜，使十字分离成两条暗色圆弧，且直径相等方向相反，朝着瓶底根部的方向移动。随着两条圆弧向外移动，在圆弧的凹侧便出现蓝灰色，在凸侧便出现褐色，当测定瓶罐某一选定点的光程差时，旋转检偏镜，直到在选定点上蓝灰色刚好被褐色取代为止。旋转瓶罐的中心轴，确定此点是否为最大光程差，如果不是，进一步旋转检偏镜，使最大光程差处的蓝灰色刚好被褐色取代为止。检偏镜的旋转角度与应力级数的换算见表2。

表 2

表观应力级数	检偏镜旋转角度/(°)
1	0.0～7.3
2	7.4～14.5
3	14.6～21.8
4	21.9～29.0
5	29.1～36.3
6	36.4～43.6
7	43.7～50.8
8	50.9～58.1
9	58.2～65.4
10	65.5～72.6
注：偏光仪的光源为钨丝白炽灯，波长为565 nm，检偏镜旋转1°约等于光程差3.14 nm。因而旋转7.3°相当于方法A中的一片的应力级数。	

8.2 **方形、椭圆形、不规则形状玻璃瓶罐的检验**

按8.1试验步骤检验玻璃瓶罐弯曲或拐角处的最大光程差。

8.3 **玻璃瓶罐侧壁的检验**

把瓶罐放入偏光仪中，使其纵向轴与偏振面成45°。这时在观察视域里没有暗十字出现。把瓶壁上会出现亮暗不同的区域。此时，旋转分析镜直到暗区会聚并完全取代瓶壁上的明亮区域为止。然后把分析镜旋转的角度按表2换算成退火应力级数。

8.4 **有色玻璃瓶罐的检验**

试验步骤与无色制品相同。测定有色制品的消光点较困难，这是因为蓝色和褐色不易区分，以及有色制品对光的吸收导致光的强度减弱所致。这时可采用平均的方法来确定终点。首先旋转起偏镜直到暗十字分离并暗区正好取代选择点的亮区。记录旋转的度数。然后将分析镜旋转到正好消光位置。再向相反方向旋转起偏镜使亮区刚好出现。记录旋转度数。取两次读数的平均值。

9 检验报告

记录每只瓶罐的应力级数(真实或表观)或起偏镜旋转的角度。

ICS 55.100
Y 22

中华人民共和国国家标准

GB/T 4547—2007/ISO 7459:2004
代替 GB/T 4547—1991

玻璃容器 抗热震性和热震耐久性试验方法

Glass containers—
Test methods of the thermal shock resistance and thermal shock endurance

(ISO 7459:2004,IDT)

2007-12-05 发布　　2008-09-01 实施

中华人民共和国国家质量监督检验检疫总局
中国国家标准化管理委员会　发布

前　言

本标准等同采用 ISO 7459:2004《玻璃容器　抗热震性和热震耐久性试验方法》。

为便于使用，本标准作了下列编辑性修改：

——“本国际标准”一词改为“本标准”；

——删除国际标准的前言。

本标准代替 GB/T 4547—1991《玻璃容器　抗热震性和热震耐久性试验方法》。

本标准与 GB/T 4547—1991 相比，技术内容的主要变化如下：

——本标准不适用于实验室玻璃器皿的测定；

——试验样品由热水槽转入冷水槽的时间由 15 s±1 s 改为不多于 16 s；

——增加了第 8 章安全要求。

本标准由中国轻工业联合会提出。

本标准由全国日用玻璃搪瓷标准化中心归口。

本标准起草单位：国家眼镜玻璃搪瓷制品质量监督检验中心、东华大学。

本标准主要起草人：桑仪、张国琇、郭琳。

本标准所代替标准的历次版本发布情况为：

——GB 4547—1984、GB/T 4547—1991。

玻璃容器
抗热震性和热震耐久性试验方法

1 范围

本标准规定了测定玻璃容器的抗热震性和热震耐久性的试验方法。

本标准不适用于实验室玻璃器皿的测定(见 ISO 718)。

2 术语和定义

下述术语和定义适用于本标准。

2.1

容器 container

通常指玻璃瓶和玻璃罐。

2.2

热震 thermal shock

使容器受到突然的温度变化。

2.3

抗热震性 thermal shock resistance

容器承受热震而不破损的能力,以摄氏度表示。

2.4

热震耐久性 thermal shock endurance

用内推法求得的大约 50%容器破损时的抗热震值。

3 设备

3.1 冷水槽

水浴或水槽,能容纳在一次试验中每千克试验玻璃至少有 8 dm^3 的水。应配有一个水循环器,一个温度控制组件和一个能保持水温在规定的下限温度 $t_2 \pm 1$℃内的温度调节控制装置,下限温度为(22±5)℃(见 6.3 中的注)。

3.2 热水槽

水浴或水槽,能容纳在一次试验中每千克试验玻璃至少有 8 dm^3 的水。应配有一个水循环器,一个温度控制组件和一个能保持水温在规定的上限温度 $t_1 \pm 1$℃内的温度调节控制加热器。

3.3 网篮

网篮由不损伤容器的惰性材料制成或涂有惰性材料。网篮能保持容器直立和分离,并配有有孔网盖以防止容器浸入水中时浮起。为使容器反复试验,网篮可与一个自动控制装置连接,能使装有容器的网篮浸入热水槽(3.2)并使其转入冷水槽(3.1)。

4 取样

按照预定的容器数量进行试验。

用于试验的容器不应经受任何对它们的抗热震性有不利影响的其他的机械试验或热试验。

应选择能提供特殊试验所需信息的样品。

5 试验步骤

5.1 向冷水槽(3.1)中注入至少每千克试验玻璃 8 dm^3 体积的水,并且使其有足够的深度浸没容器顶部至少 50 mm。调节水温到规定的下限温度 t_2±1℃内。

5.2 同 5.1,向热水槽(3.2)中注入至少同样体积的水,然后加热并维持温度在规定的上限温度 t_1±1℃内。

5.3 将空容器放入网篮中使它们直立并分离,然后盖紧网盖并将网篮浸入热水槽,直到容器中完全充满水并使其瓶口顶部低于水面至少 50 mm。必要时,调节加热器维持水温在规定的上限温度 t_1±1℃内,保持容器在这个温度下被浸没至少 5 min。

5.4 用机械的或人工的方法,在最多 16 s 的时间内,将装有容器的网篮从热水槽转入冷水槽并使容器完全浸没于冷水中。保持 30 s,然后将装有容器的网篮从冷水槽中取出。

5.5 尽可能快地逐个检查每一处的破裂或破碎,以确定试验后容器破损的数量。

6 抗热震性

6.1 通过性试验

经受规定的 t_1-t_2 热震后,如果破裂或破碎的数量不多于规定的数量,则样品被认为通过了试验。

6.2 规定破损百分数的递增性试验

通过试验的容器应按第 5 章所述方法,但随 t_1-t_2 值的增加反复试验,直到达到规定的容器破损百分数。

注:通常情况下,t_1-t_2 以 5℃的增量增加。

6.3 全数递增性试验

通过试验的容器应按第 5 章所述方法,根据 6.2 进行试验,直到所有容器破损为止。

注:如果热水槽的温度达到 95℃时试验还未完成,则降低冷水槽的温度继续进行试验。

6.4 高温差试验

按第 5 章所述方法进行试验,但温差 t_1-t_2 值应足够大,使容器在单次试验中达到规定的破损百分数。

7 热震耐久性

按 6.3 所述全数递增试验方法进行试验,并记录每一温差下容器的破损数。

热震耐久性是容器破损为 50%时的概率温差值,用内推法从累积破损百分数对破损温差的曲线图中求得。

8 安全要求

警告:如果操作者不进行适当的防护,试验过程中可能损伤身体。试验应在推荐的安全方法下完成。

9 试验报告

试验报告应包括下列内容:

a) 依据 GB/T 4547 标准;

b) 试验样本中的容器数量和取样方法;

c) 冷水槽的温度;

d) 试验结果:

1) 按 6.1 进行的通过性试验:

——温差,t_1-t_2;

——试验中破损的容器数量；

——规定允许容器破损的数量极限和样本是否通过试验。

2） 按6.2进行的递增试验：

——没有发生破损时的最大温差，t_1-t_2；

——每一温差下破损的容器数量；

——达到规定破损百分数的温差，以最接近的温差表示。

3） 按6.3进行的全数递增试验：

——试验的温差；

——每一温差下破损的容器数量；

——破损发生时的平均温差。

4） 按6.4进行的高温差试验：

——试验的温差；

——试验温差下的破损百分数。

5） 按第7章进行的热震耐久性试验：

——样本破损为50％时的温差。

e） 试验日期；

f） 试验场所；

g） 责任人签名。

参 考 文 献

[1] ISO 718:1990 实验室玻璃器皿 热冲击和热冲击耐久性 试验方法

ICS 25.140.20
K 64

中华人民共和国国家标准

GB/T 4583—2007
代替 GB/T 4583—1995

电动工具噪声测量方法　工程法

Measurement of noise emitted by electric tools—Engineering method

(ISO 3744:1994,NEQ)

2007-01-30 发布　　　　2007-09-01 实施

中华人民共和国国家质量监督检验检疫总局
中国国家标准化管理委员会　发布

前　言

本标准对应于国际标准 ISO 3744:1994《声学　声压法测定噪声源声功率级　反射面上方近似自由场的工程法》。本标准与 ISO 3744:1994 的一致性程度为非等效。

本标准代替 GB/T 4583—1995《电动工具噪声测量方法　工程法》

本标准与 GB/T 4583—1995 相比主要变化如下：

——增加了 10 个比较常见的声学术语和定义；

——对电动工具的噪声测量方法进行重新描述；

——删除原标准中附录 B,附录 C 和附录 D 的内容；

——增加了测量不确定度和噪声发射值的声明和验证内容。

本标准的附录 A 是规范性附录。

本标准由中国电器工业协会提出。

本标准由全国电动工具标准化技术委员会(CAS/TC 68)归口。

本标准负责起草单位:上海电动工具研究所。

本标准主要起草人:尹海霞、顾菁、陈建秋、潘顺芳。

本标准所代替标准的历次版本发布情况为：

GB/T 4583—1984,GB/T 4583—1995。

电动工具噪声测量方法　工程法

1　范围

本标准属于工程级测量方法，适用于各类电动工具（以下简称工具）在稳定运转状态下的噪声测量。

本标准规定使用A计权声功率级的测量方法。在一个或多个反射平面（室内或室外）内，在包络声源的测量表面上测量声压级以计算声源声功率级的方法，同时给出了测试环境、测量仪器的要求，以及表面声压级及声功率级的计算方法。声功率级的测定结果的准确度等级为2级。

本标准不适用于具有单个脉冲以及重复率低于每秒10次的突发噪声的工具。

2　规范性引用文件

下列文件中的条款通过本标准的引用而成为本标准的条款。凡是注日期的引用文件，其随后所有的修改单（不包括勘误的内容）或修订版均不适用于本标准，然而，鼓励根据本标准达成协议的各方研究是否可使用这些文件的最新版本。凡是不注日期的引用文件，其最新版本适用于本标准。

GB/T 3241—1998　倍频程和分数倍频程滤波器（eqv IEC 1260:1995）

GB/T 3785—1983　声级计的电、声性能及测试方法

GB/T 3947—1996　声学名词术语

GB/T 4129—2003　声学　用于声功率级测定的标准声源的性能与校准要求（ISO 6926:1999，IDT）

GB/T 6882—1986　声学　噪声源声功率级的测定　消声室和半消声室精密法

GB/T 17181—1997　积分平均声级计

ISO 354:2003　声学　混响室中声吸收的测量

ISO 3744:1994　声学　声压法测定噪声源声功率级　反射面上方近似自由场的工程法

ISO 8662-7:1997　手持式电动工具　手柄振动测量　第7部分：具有冲击、脉冲或棘轮作用力的扳手、螺丝刀和拧螺母机

ISO 11094:1991　声学　电动草坪割草机、草坪拖拉机、草坪和花园拖拉机、专业割草机和带有切割附件的草坪和花园拖拉机发射的在空气中传播的噪声测试规范

3　术语和定义

本标准采用下列术语和定义，其他的名词术语按GB/T 3947的规定。

3.1

声压级　sound pressure level

L_p

声压与基准声压之比的以10为底的对数乘以2，单位为dB。

基准声压 p_0 为 $20\ \mu Pa = 2.0\times 10^{-5} N/m^2$。

3.2

声功率级　sound power level

L_W

声功率与基准声功率之比的以10为底的对数，单位为dB。

基准声功率 W_0 为 $1\text{pW}=1.0\times10^{-12}\text{W}$。

3.3

时间平均声压级 time-averaged sound pressure level

$L_{peq,T}$

一个连续稳态声的声压级。在测量时间间隔 T 内，它与随时间变化的被测声有相同的均方声压，也称等效连续声压级。

$$L_{peq,T}=10\lg\left[\frac{1}{T}\int_0^T 10^{0.1L_p(t)}\mathrm{d}t\right]=10\lg\left[\frac{1}{T}\int_0^T\frac{p^2(t)}{p_0^2}\mathrm{d}t\right]\quad\cdots\cdots\cdots\cdots(1)$$

3.4

表面声压级 surface sound pressure level

$\overline{L}_{pf}$

测量表面所有传声器位置上时间平均声压级的能量平均，加上背景噪声修正 K_1 和环境修正 K_2。

3.5

测量表面 measurement surface

包络声源，测量点位于其上的面积为 S 的一个假想几何表面。测量表面终止于一个或多个反射面。

3.6

自由场 free field

均匀的各向同性的媒质中，边界影响可忽略不计的声场。实际上的自由场是在测试的频率范围内边界反射可忽略不计的声场。

3.7

反射平面上方的自由场 free field over a reflecting plane

一个无限大的，坚硬的平坦表面上方半空间中均匀的各向同性的媒质中的声场。被测声源位于此表面上。

3.8

计权 weighting

对信号进行变换的一种方法。其基本点是突出信号中的某些成分，抑制信号中的另一些成分。对信号不同成分所乘的不同比例因子称为计权函数(weighting function)。共有 A、B、C 和 D 四种计权方式。

3.9

背景噪声修正 background noise correction

K_1

由背景噪声对表面声压级的影响而引入的一个修正项，单位为 dB。A 计权情况下，用 K_{1A} 表示。

3.10

环境修正 environment correction

K_2

由声反射或声吸收对表面声压级的影响而引入的一个修正项，单位为 dB。A 计权情况下，用 K_{2A} 表示。

4 测试环境

4.1 符合本标准要求的测试环境

a) 一个反射面上方的自由场实验室；

b) 满足 4.2 和附录 A 要求的室外平坦空地；

c) 对测量表面上声压而言，与声源发射场相比，反响场的影响较小的房间。

注：非常大的房间或虽然房间不大，但墙壁和天花板上装有足够吸声材料的房间一般能满足上述c)的条件。

4.2 测试环境符合性判断准则

测试环境除反射面外应没有其他反射体，使声源能够向反射面上方的自由空间辐射。附录A给出了环境修正 K_{2A} 的测定方法。

本标准要求环境修正 K_{2A} 小于或等于 2 dB。

4.3 背景噪声准则

在传声器位置上平均后的背景噪声应当至少比测量的声压级低 6 dB，最好低 15 dB 以上。

修正值 K_{1A} 用式(2)计算：

$$K_{1A}=10\lg(1-10^{-0.1\Delta L})\quad(\mathrm{dB})\qquad\cdots\cdots(2)$$

式中：

$$\Delta L=\overline{L}_{pA}'-\overline{L}_{pA}''$$

$\overline{L}_{pA}'$——被测声源工作期间的测量表面的A计权表面声压级；

$\overline{L}_{pA}''$——测量表面平均背景噪声的A计权声压级。

若 $\Delta L>10$ dB，不需要修正；若 $\Delta L\geqslant 6$ dB，按本标准的测量有效。一般在噪声工程法测量中，按表1的背景噪声修正值进行修正。

表1 背景噪声修正值 K_{1A}

ΔL/dB	<6	6	7	8	9	10	>10
K_{1A}/dB	测量无效	1.0	1.0	1.0	0.5	0.5	0

5 测量仪器

对于本标准的测量来说，包括传声器和电缆在内的噪声测量仪器系统，首先应当符合GB/T 3785—1983中Ⅰ型声级计的规定，还应符合GB/T 17181—1997的积分声级计来测量时间平均声压级。除非用时间特性S测得的声压级波动小于±1 dB时，也允许使用符合GB/T 3785—1983的声级计，此时，用测量期间最大最小声压级的平均值代表时间平均声压级。所用滤波器应符合GB/T 3241—1998的规定。

每次测量前后，应当用准确度优于±0.3 dB的声校准器在测试的频率范围内的一个或多个频率点上，对整个测量系统进行校准。声校准器和测量系统应当按有关规定定期校准。

在室外测量时，建议使用风罩以保证仪器的准确度不受风的影响。

6 噪声测量

降低工具的噪声是需要设计过程中一并考虑的，尤其是在源头上采用一定手段控制噪声。通过比较相同类型工具的实际的噪声发射值可以评定噪声控制的成功与否，这些工具应具有其他可比较的非声学技术数据。

工具主要的声源是：电动机，风扇，齿轮。

总的噪声可以被分为纯机械噪声和加工工件引起的噪声。两者均受操作方法的影响，但是，对于锤击类工具，加工工件的噪声发射是主要的。不同工具的负载条件都有相关的说明，但是在这些测试条件下测量的噪声发射值不一定与实际使用时操作条件下所产生的噪声值一致。

注：模拟所有实际使用时的条件是不可能的。因此对加工工件噪声的描述可能会：

- 在一些个例中使人误解并且会导致对危险的错误评价；
- 阻碍了更安静的机器的发展；
- 导致测量的低重复性，因此在验证已声明的噪声值时产生问题；
- 给不同工具的噪声发射的比对带来困难。

在测试期间,额定电压或额定电压范围的上限及额定频率都应保持在稳定的范围内,偏差为±2%。

供电电压是在工具附带电缆或电线的插头处测量,而不是在任何延长的电缆或电线处测量。

如果有测量工具转速的要求时,转速表应有满量程±1%的准确度。

6.1 手持式电动工具

6.1.1 确定声功率级

本标准给出的声功率级是以A计权的声功率级。确定声功率时用到的A计权的声压级应直接测量,而不是由频率带数据计算的。测量是在一个反射面上的自由场内进行。

对于大部分的手持式电动工具,应按照图1使用半球/圆柱测量表面确定声功率级。

半球/圆柱测量表面的半球面位于圆柱面上方。5个传声器安放在距工具的几何中心1 m处,其中4个传声器均匀分布在通过工具几何中心的平面内,该平面平行于反射面;第5个传声器安放在工具几何中心上方1 m处。

A计权的声功率级 L_{WA} 按如下公式计算:

$$L_{WA} = \overline{L}_{pfA} + 10\lg\left(\frac{S}{S_0}\right) \quad (\text{dB}) \qquad \cdots\cdots(3)$$

$$\overline{L}_{pfA} = 10\lg\left[\frac{1}{5}\sum_{i=1}^{5}10^{0.1L'_{pA,i}}\right] - K_{1A} - K_{2A} \qquad \cdots\cdots(4)$$

式中:

$\overline{L}_{pfA}$——A计权表面声压级;

$L'_{pA,i}$——在第 i 点传声器测得的A计权表面声压级;

K_{1A}——背景噪声修正,A计权;

K_{2A}——环境修正,A计权;

S——测量表面面积,m^2;

S_0——1 m^2。

对于图1所示的半球/圆柱测量表面,测量表面面积按如下公式计算:

$$S = 2\pi(R^2 + Rd) \quad (\text{m}^2) \qquad \cdots\cdots(5)$$

式中:

d——工具几何中心距反射面的高度,为1 m;

R——组成测量表面的半球和圆柱的半径,为1 m;

因此,

$$S = 4\pi \text{m}^2$$

所以公式(3)变为:

$$L_{WA} = \overline{L}_{pfA} + 11 \quad (\text{dB}) \qquad \cdots\cdots(6)$$

6.1.2 确定发射声压级

工作状态下的A计权发射声压级,按如下公式计算:

$$L_{pA} = L_{WA} - Q \quad (\text{dB}) \qquad \cdots\cdots(7)$$

式中:Q=11 dB。

注1:Q 值的确定是通过实验研究确定的,适用于手持式电动工具。工作场所下的A计权发射声压级等于距离工具1 m处的表面声压级。选择这个距离是能给出一个满意结果的可重复性,并且允许不同手持式电动工具的声学性能的比对,通常这些工具都没有单独定义工作场所。在自由场条件下,可以通过公式估计距离工具几何中心 r_1 的发射声压级 L_{pA1}:

$$L_{pA1} = L_{pA} + 20\lg\left(\frac{1}{r_1}\right) \quad \text{dB} \qquad \cdots\cdots(8)$$

注2:对于任何一个专用工具的给定条件,在给定的安装和操作条件下,根据本标准测得的发射声压级一般会比在典型的车间内使用该工具时直接测量的发射声压级小,这是由于相对于本标准中规定的测试用的自由场条件而言,车间里有声音反射面的影响。一般情况下,二者结果差异在1 dB至5 dB,极端情况下,差异可能更大。

6.1.3 **工具的安装和放置**

工作场所下确定声功率级和发射声压级的安装和放置的条件应完全相同。

被测工具应是全新的，安装上由制造商建议的能影响声学特性的附件。测试前，工具(包括任何必需的辅助设备)应设置好，形成一个稳定的工作条件，此条件符合制造商说明书的安全使用要求。

根据工具的特殊要求，工具应像正常使用时由使用者握持或悬挂。

如果工具水平使用，则工具应安放在使其轴线与传声器1-4和传声器2-3成45°位置，工具的几何中心应高于地面(反射面)1 m。如果该要求不可行或工具不是水平使用，则应在报告中记录和描述所采用的位置。

操作者不得位于任何一个传声器和工具直线距离之间。

6.1.4 **操作条件**

结合工具的特殊要求，工具应在"空载"或"负载"两种条件下测量。测试前，工具应在该状态下运行至少1 min。

"负载"条件下的测量是在加工工件时进行，或施加等同于正常运行时的外加机械负载时进行。

当要求测试在工作台上进行时，该测试台要符合图2的要求。

应注意工件位于支架上的安装不会负面的影响测试结果。如有必要，或工具有特殊要求时，工件应放置在20 mm厚的弹性材料上，该材料由于工件的重量被压至10 mm。

空载条件下连续测量3次，负载条件下连续测量5次。测试结果L_{WA}应当是3次或5次的算术平均值，圆整到最近的分贝值。

测量过程中，工具应在稳定状态下运行。一旦噪声发射稳定，测量间隔时间至少为15 s，除非在工具的特殊要求中规定操作条件，不要求时间间隔。

6.1.5 **工具的特殊要求**

除上述要求外，不同工具的特殊要求如下。

6.1.5.1 **电钻和冲击电钻**

无冲击机构的电钻悬挂，所有调速装置调节至最高值，空载条件下测量。

冲击电钻按图3由操作者手握持，垂直向下冲击表2规定的混凝土，在表3规定的测试条件下测量。

表2 冲击电钻用混凝土成分表

水泥	水	总计	
450 kg/m³	220 kg/m³	1 450 kg/m³	
		颗粒尺寸/mm	百分比/%
		0～0.25	12±3
		0～0.50	50±5
		0～1.00	80±5
		0～4.00	100
注：28天后抗压强度可达40 N/mm²。			

表3 冲击电钻测试条件

定位	垂直向下冲击如表2规定成分的混凝土块，该混凝土块最小尺寸为500 mm×500 mm，高度200 mm，并且由弹性材料支撑。混凝土块、其支撑件和工具应定位以满足工具的几何中心在反射面上方1 m。混凝土块的中心应位于顶部传声器的正下方
工作头	直径8 mm的冲击钻头，其可用长度大约为100 mm
进给力	150 N±30 N
测试周期	当钻头达到约10 mm深时开始测量，约80 mm深时测量停止

6.1.5.2 螺丝刀和冲击扳手

螺丝刀悬挂，工作头夹持机构保持水平，空载条件下测量。

冲击扳手由操作者握持，并按下述规定的负载条件下测量。

通过如图4加载器施加负载，以能够达到驱动加载器的凹槽以(45±5)r/min的速度旋转，并且冲击机构能够连续运行。加载器由弹性材料支撑，放置在工作台上，以便达到工具的几何中心在反射面上方1m的要求。加载器的具体尺寸由ISO 8662-7:1997附录B给出。

施加的力应恰好达到稳定的操作。

测量时间大约10 s。

6.1.5.3 砂轮机、盘式砂光机和抛光机

角向磨光机、盘式砂光机或抛光机应悬挂、砂轮片或盘片应水平，直向砂轮机砂轮片应垂直，空载条件下测量。

6.1.5.4 非盘式砂光机和非盘式抛光机

非盘式砂光机和非盘式抛光机应悬挂、工具的盘片水平，空载条件下测量。

6.1.5.5 电圆锯

电圆锯由操作者握持，在负载条件下测量，并按表4规定的测试条件。

表4 电圆锯测试条件

定位	切割水平放置的尺寸为800 mm×400 mm×19 mm的刨花板板条，除了被切割掉的板条外，加工工件由弹性材料支撑并且固定在工作台上
工作头	由制造商规定的用于切割刨花板的新锯片
进给力	恰好能轻松切割
测试周期	沿刨花板400 mm宽的方向切割一条约10 mm宽的板条(通过定位板设定)为一个周期

6.1.5.6 重型电镐、轻型电镐、电锤

重型电镐：用于破碎混凝土、岩石和砌砖，单次冲击能量大于20 J的重型冲击锤。

轻型电镐：用于修补和安装工作，单次冲击能量小于等于20 J的轻型冲击锤。

电锤：和轻型电镐功能相同，同时具有旋转功能。

6.1.5.6.1 声功率级确定

对重型电镐，按照如下要求确定声功率级：

应按照图5使用半球测量表面确定声功率级。6个传声器分布在半径为r的半球面上，并符合表5的要求：

表5 重型电镐噪声测量传声器位置坐标

传声器序号	x/r	y/r	工具质量<10 kg r=2 m	工具质量≥10 kg r=4 m
			z	z
1	0.7	0.7	0.75 m	1.5 m
2	−0.7	0.7	0.75 m	1.5 m
3	−0.7	−0.7	0.75 m	1.5 m
4	0.7	−0.7	0.75 m	1.5 m
5	−0.27	0.65	0.71r	0.71r
6	0.27	−0.65	0.71r	0.71r

A 计权的声功率级 L_{WA} 按如下公式计算：

$$L_{WA}=\overline{L}_{pfA}+10\lg\left(\frac{S}{S_0}\right)\quad(\mathrm{dB})\qquad\cdots\cdots(9)$$

$$\overline{L}_{pfA}=10\lg\left[\frac{1}{6}\sum_{i=1}^{6}10^{0.1L'_{pA,i}}\right]-K_{1A}-K_{2A}\qquad\cdots\cdots(10)$$

式中：

$\overline{L}_{pfA}$——A 计权表面声压级；

$L'_{pA,i}$——在第 i 点传声器测得的 A 计权表面声压级；

K_{1A}——背景噪声修正，A 计权；

K_{2A}——环境修正，A 计权；

S——测量表面面积，m^2；

S_0——1 m^2。

对于图 5 所示的半球测量表面，测量表面面积按如下公式计算：

$$S=2\pi r^2\quad(m^2)\qquad\cdots\cdots(11)$$

式中 r 为半球面的半径。

重型电镐应在混凝土或无孔沥青的反射平面上测量。对于有坚硬、平坦地面的开阔试验场地，例如沥青或混凝土地面，并且距声源的距离等于声源中心至较低的测量点最大距离 3 倍的范围内没有声反射物体，则假定环境修正 K_{2A} 小于或等于 0.5 dB，可忽略不计。

对轻型电镐、电锤 6.1.1 条适用。

6.1.5.6.2 工具的安装、放置及操作条件

a) 重型电镐

按图 6 试验装置，重型电镐固定在与试验装置垂直的位置。

试验期间，重型电镐与插入在立方体的混凝土块中的工具连接在一起，此混凝土块放置在混凝土凹坑中，沉在地面以下。

混凝土块为边长 0.6 m±2 mm 的立方体，并尽可能规则。混凝土块应用加强混凝土制成，并且只能在 0.20 m 的间隔空间内振动，以免过分的沉淀。

混凝土块应通过直径为 8 mm 的钢棒加固，钢棒彼此间独立，如图 7 所示。

支撑工具应填充在混凝土块中，由直径在 178 mm 至 220 mm 范围内的夯锤和一个与工具正常使用相同的工作头结构的部分组成。支撑工具在隔板上方的尾部突出部分应足够长，以便能进行实际的测试，但也不能超过 100 mm，如图 6 所示。

支撑工具应适当的放置在混凝土块中，使得夯锤的底部距混凝土块的上表面为 0.30 m。

混凝土块会存在机械噪声，特别是在支撑工具和混凝土接触的地方。每次试验前后，应确保支撑工具填充在混凝土块中，并且与其成为一体。

混凝土块应放置在水泥凹坑内，上面覆盖至少 100 kg/m^2 的分隔板，如图 6 所示，使得隔离板的上表面与地面平齐。为了避免寄生噪声，在混凝土块的底部和侧面与凹坑间应用弹性块隔开，此弹性块的截止频率应不大于被试工具的冲击率（以每秒的冲击次数表示）的一半。

分隔板的开口尽可能的小，并且通过柔软的吸声材料密封。

所有的调速装置调节至最高值。

将重型电镐连接到支撑装置上进行测量。通过一个合适的夹具包括工具的本身重量在内，施加的进给力应恰好确保稳定的操作。

b) 轻型电镐

轻型电镐，所有的调速装置调节至最高值。

轻型电镐在负载条件下测量，施加负载的装置如图 8，装置固定在混凝土块上，此混凝土块的最小尺寸见表 8。

图 8 所示的加载装置由钢材制成，包括一根填充淬过火的钢球(球轴承)的钢管，钢球可以承受一个特殊结构的工作头冲击。除了工具外的整个夹持装置应固定，以防止附加振动。被试工具工作头的回弹通过弹簧释放足够的、可防止颤动的力来控制。

为了减少加载装置的噪声，加载装置可以放在隔音箱内，其在测量的频带上至少有 10 dB 的衰减，见图 9。在隔音箱上方的工具工作头的尾部突出部分应足够长，以便能进行实际的测试，但也不能超过 100 mm。

当使用图 8 所示装置进行测量。包括工具的本身质量在内，施加的进给力应恰好确保稳定的操作。

c) 电锤

具有旋转动作的电锤的调速装置应按照制造商推荐的用于冲击混凝土试验的工作头尺寸来设定。

电锤按照图 3 在负载条件下测量，并应符合表 6、表 7、表 8 的要求。

表 6 电锤用混凝土成分表

水泥	水	总计	
		1 844 kg/m³	
		颗粒尺寸/mm	百分比/%
330 kg/m³	99 kg/m³	0～2 0～8 0～16 0～32	38±3 50±5 80±5 100
注：28 天后抗压强度可达 40 N/mm²。			

表 7 工作头尺寸

工具质量/kg	≤3.5	>3.5 且≤5	>5 且≤7	>7 且≤10	>10 且≤18	>18
钻头直径/mm	10	16	20	25	32	40
钻头可用长度/mm	100		200		250	

表 8 电锤测试条件

定位	垂直向下冲击如表 6 规定成分的混凝土块，该混凝土块最小尺寸为 500 mm×500 mm，高度 200 mm，并且由弹性材料支撑。混凝土块、其支撑件和工具应定位以满足工具的几何中心在反射面上方 1 m。混凝土块的中心应位于顶部传声器的正下方
工作头	按照制造商推荐的用于冲击混凝土的工作头，并应满足表 7 的尺寸要求
进给力	包括工具的本身质量在内，施加的进给力应恰好确保稳定的操作
测试周期	当钻头达到其直径深度时开始测量，当钻深达到 80% 的可用长度或 180 mm 时测量停止，二者取小值

6.1.5.7 电剪刀和电冲剪

电剪刀和电冲剪应悬挂，空载条件下测量。工具应按照切割水平金属板时定位。

6.1.5.8 电动攻丝机

电动攻丝机应悬挂，在空载条件下测量。工作头夹持装置应水平。

6.1.5.9 电动往复锯(曲线锯和刀锯)

往复锯应按照正常使用时悬挂，在空载条件下测量。

6.1.5.10 电刨

电刨应按照正常使用时悬挂，在空载条件下测量。工具底板水平。

6.1.5.11 电动木铣和电动修边机

电动木铣和电动修边机悬挂,在空载条件下测量。工具底板水平。

6.1.5.12 捆扎机

捆扎机悬挂,在空载条件下测量。电动机轴向水平。

6.1.5.13 接缝刨

接缝刨悬挂,在空载条件下测量。工具底板水平。

6.1.5.14 带锯

带锯悬挂,在空载条件下测量。环状锯条的切割部分水平。

6.2 可移式电动工具

6.2.1 操作条件

测量在一个新的样品上进行,同时应考虑到其他试验的要求。

所有的调速装置调节至最高值。

测试之前,工具应运行 5 min。

参照工具的特殊要求,工具应在"空载"或"负载"两种条件下测量。

"负载"条件下的测量是在加工工件时进行,或施加等同于正常运行时的外加机械负载时进行。

如果工具在工作台内,则工具和工作台一起测试;当工具使用时需在工作台上进行,则该测试台要符合图 2 的要求。

应注意工件位于支架上的安装不会负面的影响测试结果。

空载条件下连续测量 3 次,负载条件下连续测量 5 次。测试结果 L_{WA} 应当是 3 次或 5 次的算术平均值,圆整到最近的分贝值。

操作者在规定的负载条件下使用工具应和正常使用中保持一致。

6.2.2 工具的安装和放置

测量是在一个反射面上的自由场内进行。

5 个传声器安放在距切割或砂磨工具的最低运转点中心 1 m 处,其中 4 个传声器均匀分布在通过中心的平面内,该平面平行于反射面;第 5 个传声器安放在规定平面上方 1 m 处(见图 10)。

工具应安放的使其轴线与传声器 1-4 和传声器 2-3 成 45°位置。

只有背景噪声和被试工具的噪声相差至少 10 dB 以上时,测量才是有效的。

6.2.3 确定表面声压级

表面声压级 $\overline{L}_{pfA}$ 应通过如下公式计算:

$$\overline{L}_{pfA} = 10\lg\left[\frac{1}{5}\sum_{i=1}^{5}10^{0.1L'_{pA,i}}\right] \qquad (12)$$

式中:

$\overline{L}_{pfA}$——A 计权表面声压级;

$L'_{pA,i}$——在第 i 点传声器测得的 A 计权表面声压级。

注:当 $L'_{pA,i}$ 之间相差最大不超过 5 dB 时,$L'_{pA,i}$ 的算术平均值与按照上述公式计算的均方根值相差不超过 0.7 dB。

6.2.4 确定声功率级

声功率级 L_{WA} 应通过如下公式计算:

$$L_{WA} = \overline{L}_{pfA} + 10\lg\left(\frac{S}{S_0}\right) = \overline{L}_{pfA} + 13 \quad (\text{dB}) \qquad (13)$$

式中:

S_0——1 m²;

S——20 m²。

注:假定与工作场地有关的发射声压级 L_{pA} 就是表面声压级 $\overline{L}_{pfA}$。

6.2.5 工具的特殊要求

6.2.5.1 台式圆锯

主要的噪声源有：锯片，齿轮，电动机/风扇。

台式圆锯在负载下测试，并应符合表 9 的要求：

表 9 台式圆锯的噪声测试条件

定位	锯割水平放置的尺寸为 800 mm×400 mm×19 mm 的刨花板板条
工作头	制造商推荐的用于锯割刨花板的新锯条
进给力	恰好以(3±1)m/min 的速率轻松切割
切割深度	调节锯片，设定锯割深度 22 mm
测试周期	沿着刨花板 400 mm 宽的方向上锯割约 10 mm 宽的板条(由定位挡板确定)
测试位置	测试台表面在反射面上方 0.8 m 处
测试时间	锯割 5 次，从距前端 100 mm 处开始测量直至工件末端

6.2.5.2 台式砂轮机

台式砂轮机主要的噪声源有：砂轮，加工工件。

台式砂轮机在负载下测试，并应符合表 10 的要求：

表 10 台式砂轮机的噪声测试条件

砂轮	制造商推荐的用于磨坚硬的凿子的新砂轮
工件	平的坚硬的凿子，30 mm 宽
进给速度	足够执行砂磨和修整
测试位置	置于位于反射面上方的测试台上
测试周期	考虑到不同砂轮的影响，应如下操作： ——用砂磨砂轮测 3 次； ——用修整砂轮测 3 次。 每次测量至少 60 s

说明书中应给出 3 次等效测量的最高平均值。

6.2.5.3 带锯

带锯的主要的噪声源有：加工工件，锯条，电动机，锯条驱动装置，机架。

带锯在负载下测试，并应符合表 11 的要求：

表 11 带锯的噪声测试条件

材料	两边平整的榉木，尺寸为 20 mm×400 mm×宽度，宽度按需要而定
进给速度	轻松切割，工具没有过载
切割深度	20 mm——导向板高度为距桌面上方 40 mm
切断宽度	导向板在 90°时，宽度至少 5 mm
工作头	制造商推荐的锯割该类材料的锯条
测试周期	5 次，每次之间快速衔接

6.2.5.4 单轴立式木铣

主要的噪声源有：齿轮，电动机/风扇，刀轴。

单轴立式木铣在负载下测试，并应符合表 12 的要求：

表 12 单轴立式木铣的噪声测试条件

材料	尺寸为 800 mm×200 mm×23 mm 的刨花板
进给速度	(5.0±0.5)m/min
切割	沿着刨花板 800 mm 长的方向，使用垂直的切割组件切割，切割深度 2.5 mm
轴速	对应于工具型号和直径，由制造商推荐的速度
工作头	按制造商规定的，直径为 50 mm 的带垂直刀片的圆柱形刀具
测试周期	五次，每次之间快速衔接

6.2.5.5 斜切割锯

斜切割锯的主要的噪声源有：锯片，齿轮，电动机/风扇，加工工件。

斜切割锯在负载下测试，并应符合表 13 的要求：

表 13 斜切割锯的噪声测试条件

材料	四边平整的榉木，尺寸为 20 mm×2/3 最大切割宽度，但不超过 200 mm
进给速度	轻松切割，工具没有过载
切断宽度	在 90°锯割方向上至少为 15 mm
测试周期	五次，每次之间快速衔接，声压级取整个测试周期过程中的平均值
工作头	开始时使用新锯片，锯片为制造商推荐使用的最大直径的锯片，锯片齿端为钨硬质合金
测试位置	置于位于反射面上方的测试台上

6.2.5.6 斜切割台式组合锯

主要的噪声源有：工件，锯片，齿轮，电动机/风扇。

斜切割台式组合锯在工作台上测试，并应符合表 14 的要求：

表 14 斜切割台式组合锯的噪声测试条件

材料	锯割水平放置的尺寸为 800 mm×400 mm×19 mm 的刨花板板条
进给速度	(3±1)m/min
切断宽度	沿着刨花板 400 mm 宽的方向上锯割约 10 mm 宽的板条(由定位挡板确定)
切割深度	调节锯片，设定锯割深度 22 mm
测试时间	锯割五次，从距前端 100 mm 处开始测量直至工件末端
工作头	开始时使用新锯片，锯片为制造商推荐使用的最大直径的锯片，锯片齿端为钨硬质合金

6.3 园林工具

测试环境应为平坦的开阔空间，如有斜坡，斜度应不超过 5/100，并且在以测量半球面半径约 3 倍距离为半径的圆内无明显的声反射体，如建筑、树木、柱子、公告板等。测试环境的地面可以选择两种方法中的一种，在有争议的情况下，以开阔测试场地上铺设人工地面为准。

a) 人工地面

人工地面应符合按照 ISO 354:2003 测量的，表 15 给出对应不同频率的吸收系数。

表 15 吸收系数

频率/Hz	吸收系数	允差
125	0.1	±0.1
250	0.3	±0.1
500	0.5	±0.1
1 000	0.7	±0.1
2 000	0.8	±0.1
4 000	0.9	±0.1

吸声材料放置在硬的反射平面上，尺寸至少为 3.6 m×3.6 m，并且置于测试环境的中心。支撑件的结构应能使其支撑的吸声材料符合声学特性的要求。人工地面的结构应能承受割草机的重量，并且避免吸声材料的挤压。

符合要求的人工地面的材料和结构的例子见 ISO 11094:1991 附录 A。

b） 天然草坪

测量环境至少在测量表面的水平面上由高质量的天然草坪覆盖，测试之前，将草坪修整到符合要求的高度。草坪表面应无草屑和残留物，并没有明显的潮气、霜或雪。

按照图 5 使用半球测量表面确定声功率级。传声器的布置应符合表 16 的要求，半球面半径 r 应等于或大于 2 倍的参考六面体的最大尺寸，并向上圆整到最近的整数值：4 m，10 m 或 16 m。参考六面体定义为恰好包络器具（不包括附件）并切终止于反射面的最小可能矩形六面体。

其他测试要求详见 ISO 11094:1991。

表 16　园林工具噪声测量传声器位置坐标

传声器序号	x/r	y/r	z
1	0.7	0.7	1.5 m
2	−0.7	0.7	1.5 m
3	−0.7	−0.7	1.5 m
4	0.7	−0.7	1.5 m
5	−0.27	0.65	0.71r
6	0.27	−0.65	0.71r

6.3.1　修枝剪

修枝剪在负载条件下测量，带切割部件以额定速度运行，观察周期至少 15 s。

由人或装置使其保持为通常使用的方式，切割部件在半球面中心。

6.3.2　电动割草机

草坪割草机、步行控制的割草机的定义可见 GB/T 2900.28—2007 的 4.6.7、4.6.7.2。

电动割草机在空载条件下测量，观察周期至少 15 s。

如果器具的轮子使人工草坪的压缩大于 1 cm，则轮子应放置在支撑件上，以便在压缩前其与人工地面平齐。如果切割部件不能从驱动轮上分离，则割草机应装上切割部件，以制造商规定的最大速度在支撑件上运行，支撑件的结构应不影响测量结果。

6.3.3　草坪修剪机和草坪修边机

草坪修剪机和草坪修边机定义分别见 GB/T 2900.28—2007 的 4.6.4 和 4.6.4.1。

电动割草机在空载条件下测量，观察周期至少 15 s。

器具安装在合适的装置上，以便切割部件在半球面中心。对草坪修剪机，其切割部件的中心应距地面 50 mm。为了调节切割刀片，草坪修边机应尽可能的接近测试表面。

7　测量不确定度

根据本标准测量所得的结果，A 计权的声功率级和 A 计权的发射声压级的测量重复性标准偏差小于1.5 dB。

7.1　记录的信息

记录的信息包括本标准的所有技术要求，还应记录任何与本标准及其引用标准的偏离，以及这类偏离的技术理由。

7.2　报告的信息

报告中的信息应至少涵盖制造商进行噪声声明或验证其所声明值所需要的最少信息。因此至少包含以下内容：

——噪声测试标准及引用标准；

——工具的描述；

——安装和操作条件的描述；

——测得的噪声发射值。

应当确认满足所有的噪声测试方法的要求，或者如果不是这种情况，应注明任何没有满足的要求。应当陈述与要求的偏离和提供偏离的技术理由。

7.3 噪声发射值的声明和验证

一般要求制造商在说明书中进行声明，声明的噪声发射值应当包含两个数值，即噪声发射值 L（L_{pA}、L_{WA}）和各自单独的不确定度 K（K_{pA}、K_{WA}）。

如果测量重复性标准偏差是 1.5 dB，则对于典型的生产过程中的标准偏差，不确定度的值 K_{pA}、K_{WA}，相应地为 3 dB。

噪声声明应说明按照本标准测得噪声发射值。如果不是按照本标准，声明应清楚地描述与本标准及其引用标准的偏离。

声明中还可增加更多的噪声发射的值。

如果被接受，可对一批工具进行验证。验证时应如首次确定噪声发射值时采用相同的放置、安装和操作条件。

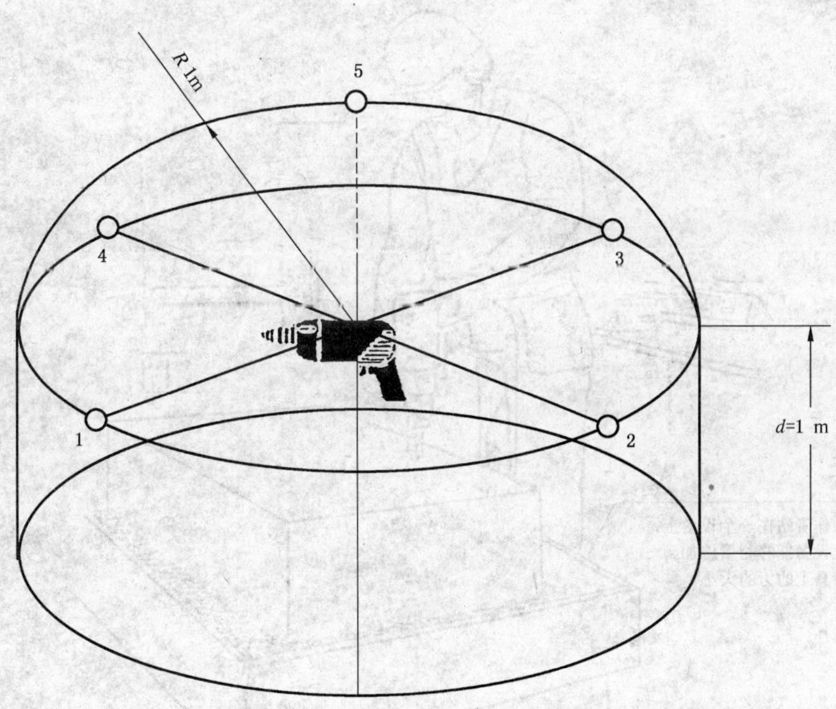

图 1 在半球/圆柱测量表面上电动工具和传声器位置

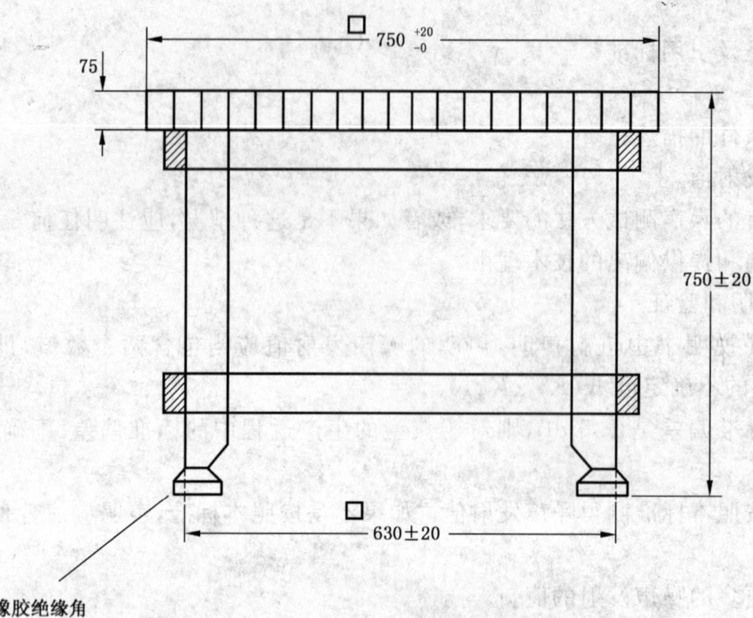

单位:mm

材料:松木 75×40,刨平、粘结、销住

图 2 测试台

图 3 冲击电钻和电锤负载

图 4　冲击扳手负载

图 5　半球测量表面传声器布置图

单位为毫米

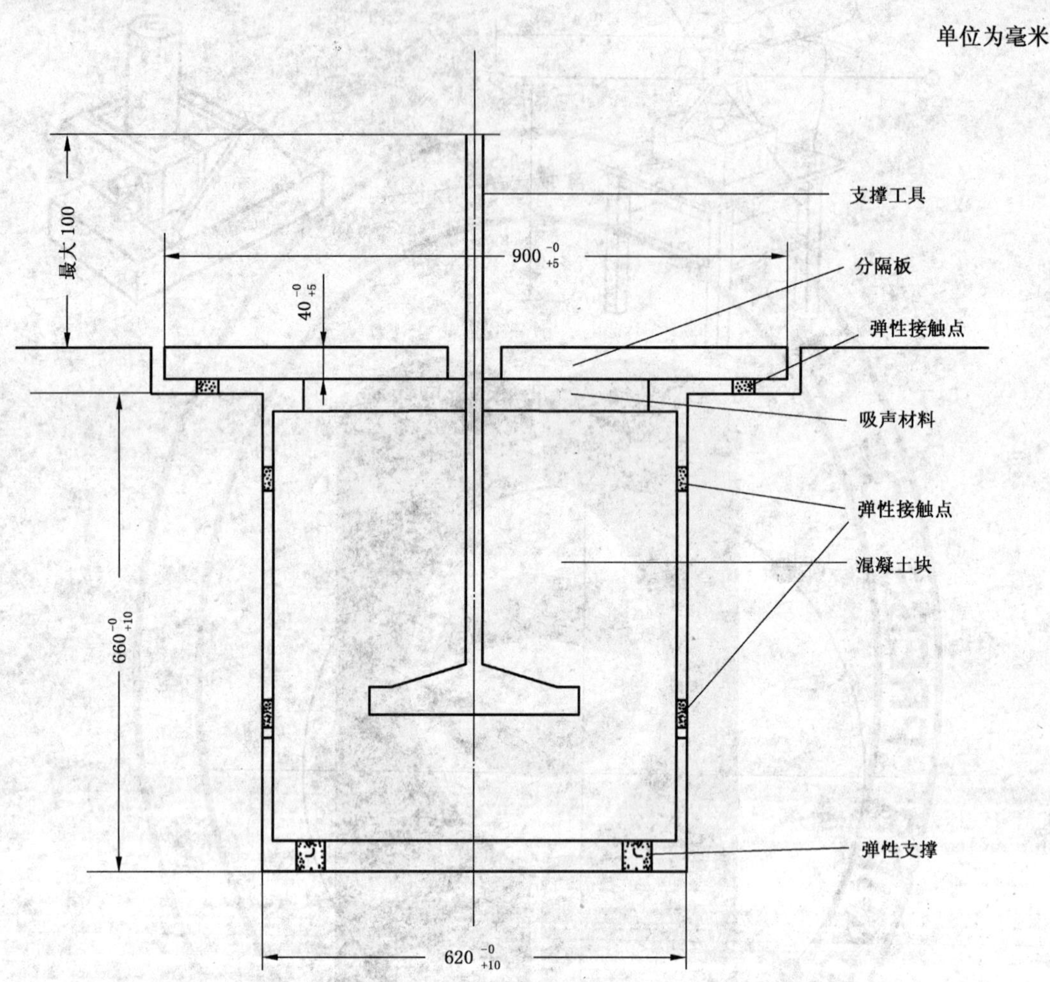

图 6　重型电镐试验装置

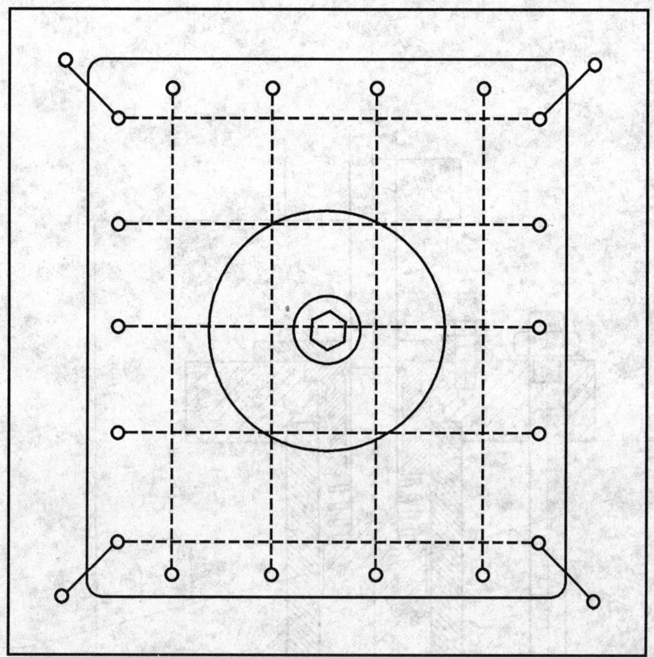

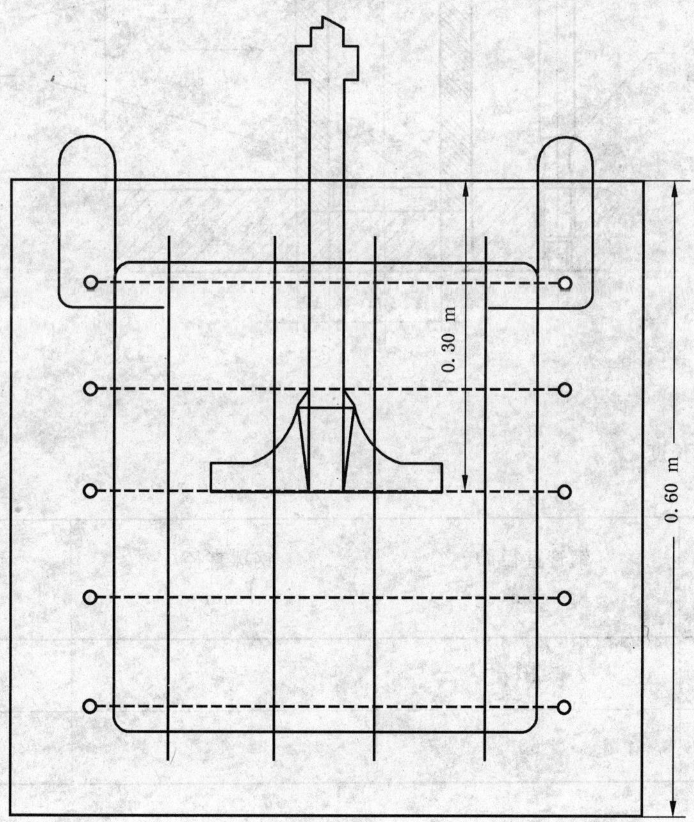

图 7 测试用混凝土块

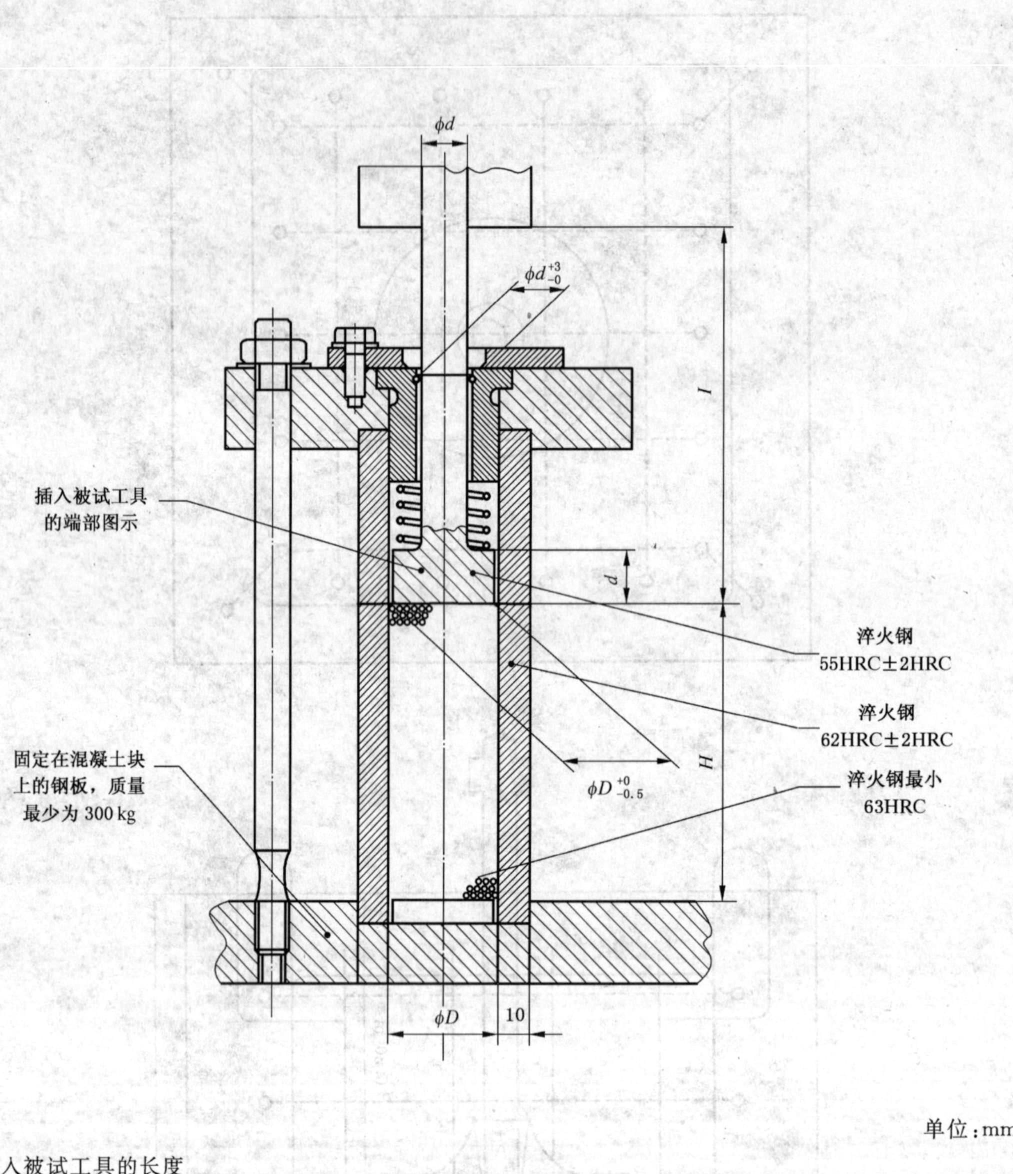

单位：mm

I——插入被试工具的长度

加载装置参数

尺寸 d/ mm	钢管直径 D/ mm	钢球直径/ mm	钢球容积高度 H/ mm
≤23	40	4	100
>23	60	4	150

图8　轻型电镐的负载装置

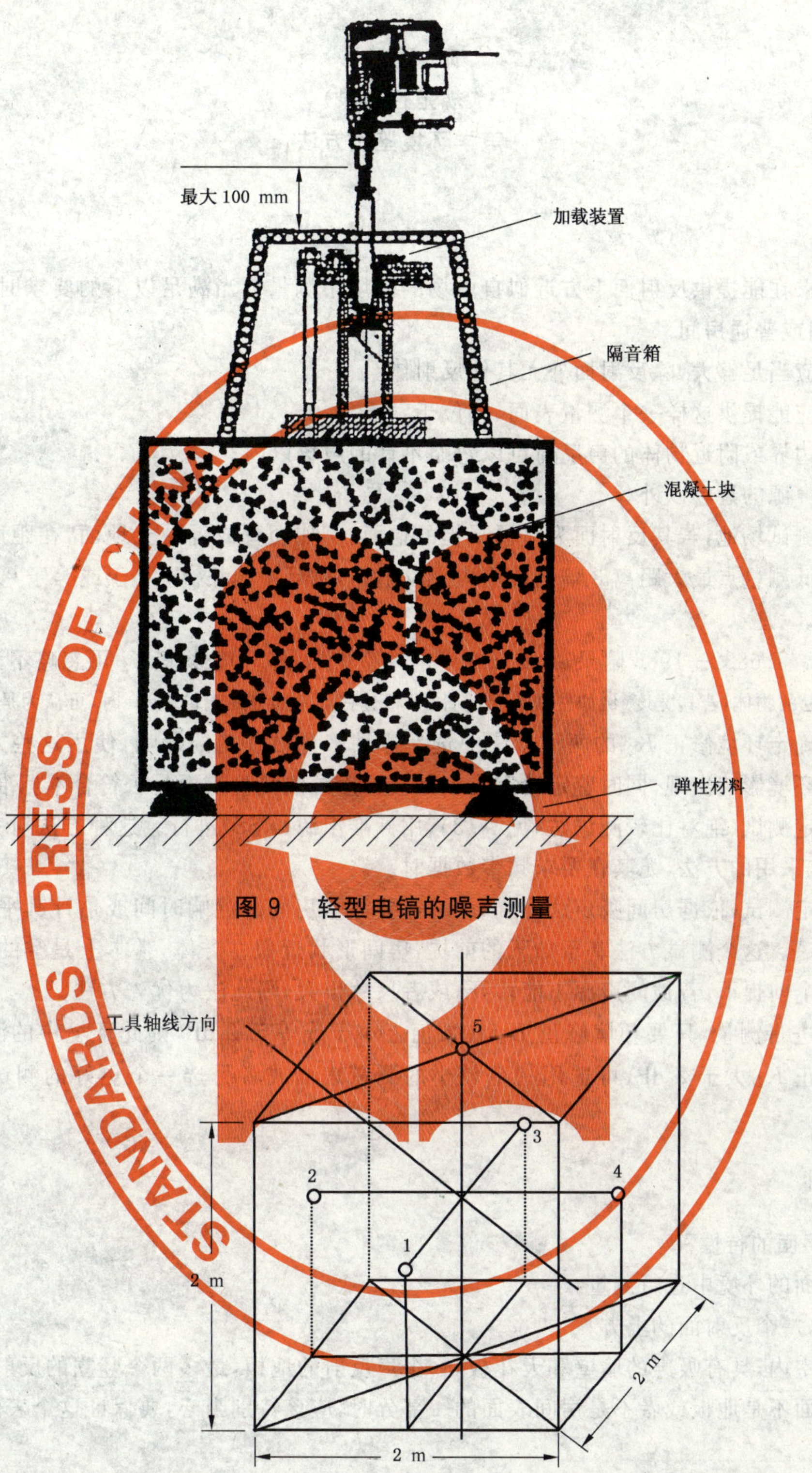

图 9 轻型电镐的噪声测量

图 10 在一个反射平面上方的自由场内传声器布置图

附 录 A
（规范性附录）
声学环境鉴定方法

A.1 总则

本标准要求在能提供反射面上方近似自由场的环境中测量。当满足以下的要求时，允许使用半消声室、室外空间或普通房间。

测试房间应当足够大，除反射面外无其他反射体。

测试房间应能提供这样一个测量表面，它位于：

——房间边界或附近物体的声反射可以忽略不计的声场以内；

——被测声源的近场以外。

对于开阔测试场地，若其反射面为坚硬平坦的地面，例如沥青或混凝土地面，在距声源的距离等于声源中心至较低测量点最大距离3倍的范围内无反射体，则环境修正 K_2 小于或等于0.5 dB，因此可忽略不计。

在满足GB/T 6882—1986附录A要求的半消声室中测量，环境修正 K_2 可忽略不计。

注：声源附近的物体，若其宽度（例如柱或支架的直径）超过它与基准体距离的1/10时，可认为是反射体。

可在用以确定环境修正 K_2 的两种方法中选择一种来评估环境的影响，使用这些方法可以确定是否有任何不良环境影响出现，同时鉴定给定的实际被测声源的测量表面是否符合本标准要求。

第一种鉴定测试（绝对比较测试法，见A.3），用标准声源（RSS）进行。这种方法对室内或室外均适用，是一种优先采用的方法，尤其在要求频带数据时。

第二种鉴定测试（依据房间吸声法，见A.4），需要测量房间的混响时间或估计其平均吸声系数，然后确定吸声量A。这个测试方法基于如下的前提：房间形状近似立方体，基本上是空的，房间边界有吸声作用。在这个前提下，若被测声源不能移开，或者尺寸很大，则此法为优先方法。

按本标准进行测量，只要环境修正 K_2 在数值上小于或等于2 dB，则此环境中的测量表面符合要求。如环境修正 K_2 大于2 dB，可选用一个较小的测量表面或者另选一个更好的测试环境重复进行测试。

A.2 环境条件

A.2.1 反射平面的特性

允许在下面的环境中进行测量：

——室外，一个反射面的上方；

——测试室内，具有吸声的墙壁和天花板，一个声反射的地板，最多两个竖立的反射表面。

当反射表面不是地板或者不是房间表面的一部分时，应该特别当心，要保证这个表面不因振动而有明显的声辐射。

A.2.1.1 形状和尺寸

反射平面应至少超过测量表面在其上垂直投影的范围以外 $\lambda/2$，λ 为测试的频率范围内最低频率的波长。

A.2.1.2 吸声系数

在测试的频率范围内反射平面的吸声系数（见ISO 354:2003）宜小于0.06。混凝土或光滑无缝的沥青表面能够满足（见表A.1）。

A.2.2 室外测量注意事项

应特别注意气象条件(如温度、湿度、风、降雨)对声传播或背景噪声的影响。

传声器使用风罩时,对风罩的影响应加以修正。

A.3 绝对比较测试法

如果被测声源能够从测试位置移开,此方法应当优先采用。

A.3.1 方法

将特性满足 GB/T 4129—2003 要求的标准声源(RSS)放置在测试环境中,其位置与被测声源位置相同。在被测声源所用的测量表面上测定标准声源的声功率级,不加环境修正 K_2(假定 $K_2=0$)。

环境修正 K_2(A 计权或频带)由式(A.1)给出:

$$K_2 = L_W - L_{Wr} \qquad \text{(A.1)}$$

式中:

L_W——测得标准声源的声功率级;

L_{Wr}——标准声源校准的声功率级。

注:本方法适用于直接测量 A 计权或频带功率级。如果被测声源的频谱与标准声源(RSS)差别较大,建议 K_{2A} 从频带级确定。

A.3.2 标准声源的定位

如果被测声源能够从测试地点移开,标准声源放置在反射面上,除手持机械工具外,不考虑被测声源的高度。

注:如果标准声源(RSS)放置在反射面上方或靠近其他反射面,则它应当在相似的位置情况下校准。目前使用的方法仅适用于标准声源放置在一个反射面上远离其他反射面的情况(见 GB/T 4129—2003)。

对于小型和中型声源(l_1、l_2、$l_3 \leqslant 2$ m),一个位置就够了。对于较大的声源或长宽之比超过 2 的声源,标准声源在地板上应放置 4 个位置。假如被测声源在地板上的投影近似矩形,这 4 个位置位于矩形每边的中点。将标准声源分别定位在地板的 4 个位置,计算表面声压级 L_{pf},进而得出 L_W。对测量表面上每一个点,对 4 个声源位置的声压级进行均方平均。

如果被测声源不能从测试地点移开,标准声源应当放置在被测声源边上或顶上一个或多个位置上。这样放置时,标准声源相应的校准结果必须已知。

传声器的位置数目,应满足测试的要求。

A.4 依据房间吸声法

环境修正用式(A.2)计算:

$$K_2 = 10\lg[1 + 4(S/A)]\text{dB} \qquad \text{(A.2)}$$

式中:

A——房间等效声吸收面积,m^2;

S——测量表面的面积,m^2。

环境修正作为 A/S 的函数如图 A.1 所示。

A.4.1 近似法

使用公式(A.2)计算 K_{2A} 时,A 的值(m^2)由式(A.3)给出:

$$A = \alpha S_v \qquad \text{(A.3)}$$

式中:

α——表 A.1 给出的 A 计权平均吸声系数;

S_v——测试房间表面的总面积(墙壁、天花板和地板),m^2。

表 A.1 平均吸声系数 α 的近似值

平均吸声系数	房间特征
0.05	房间几乎全空，墙壁平滑坚硬，材料为混凝土、砖、硬膏或瓷砖贴面
0.1	房间部分空，墙壁平滑
0.15	带家具的房间；矩形机器间；矩形工业厂房
0.2	带家具的不规则形状的房间；不规则的机器间或工业厂房
0.25	带装饰性家具的房间，天花板或墙面装有少量吸声材料的机器间或工业厂房（例如局部吸声的天花板）
0.35	房间的天花板和墙壁均装有吸声材料
0.5	房间的天花板和墙壁装有大量的吸声材料

A.4.2 混响法

在房间温度 15℃～30℃条件下测量房间的混响时间（ISO 354:2003），利用赛宾公式计算出房间的吸声量 A。

$$A = 0.16V/T \qquad \cdots\cdots (A.4)$$

式中：

V——测试房间体积，m^3；

T——A 计权或频带混响时间，s。

对于直接从 A 计权测量值确定 K_{2A}，建议使用中心频率为 1kHz 的频带混响时间。

本方法不适用于实验室性质的半消声室或室外测量。

A.4.3 双表面法

本方法仅仅适用于长和宽分别小于天花板高度 3 倍的房间。围绕声源选择两个表面，第一个表面为测量声功率级所用的测量表面，面积为 S；第二个表面位于测量表面外面与之几何相似并关于被测声源对称，面积为 S_2。两个表面上的背景噪声均应满足的要求。

第二个表面上的传声器位置要与第一个对应，S_2/S 不应小于 2，优先选择大于 4，从公式（A.5）计算出量 M：

$$M = 10^{0.1(\overline{L}'_{p1} + \overline{L}'_{p2})} \qquad \cdots\cdots (A.5)$$

式中：

$\overline{L}'_{p1}$——S 上的平均声压级，dB；

$\overline{L}'_{p2}$——S_2 上的平均声压级，dB。

两个平均声压级应进行背景噪声修正。

从式（A.6）计算出 A/S：

$$\frac{A}{S} = \frac{4(M-1)}{1-MS/S_2} \qquad \cdots\cdots (A.6)$$

得出 A/S 后，再利用公式（A.2）即可得到 A 计权或频带环境修正 K_2。

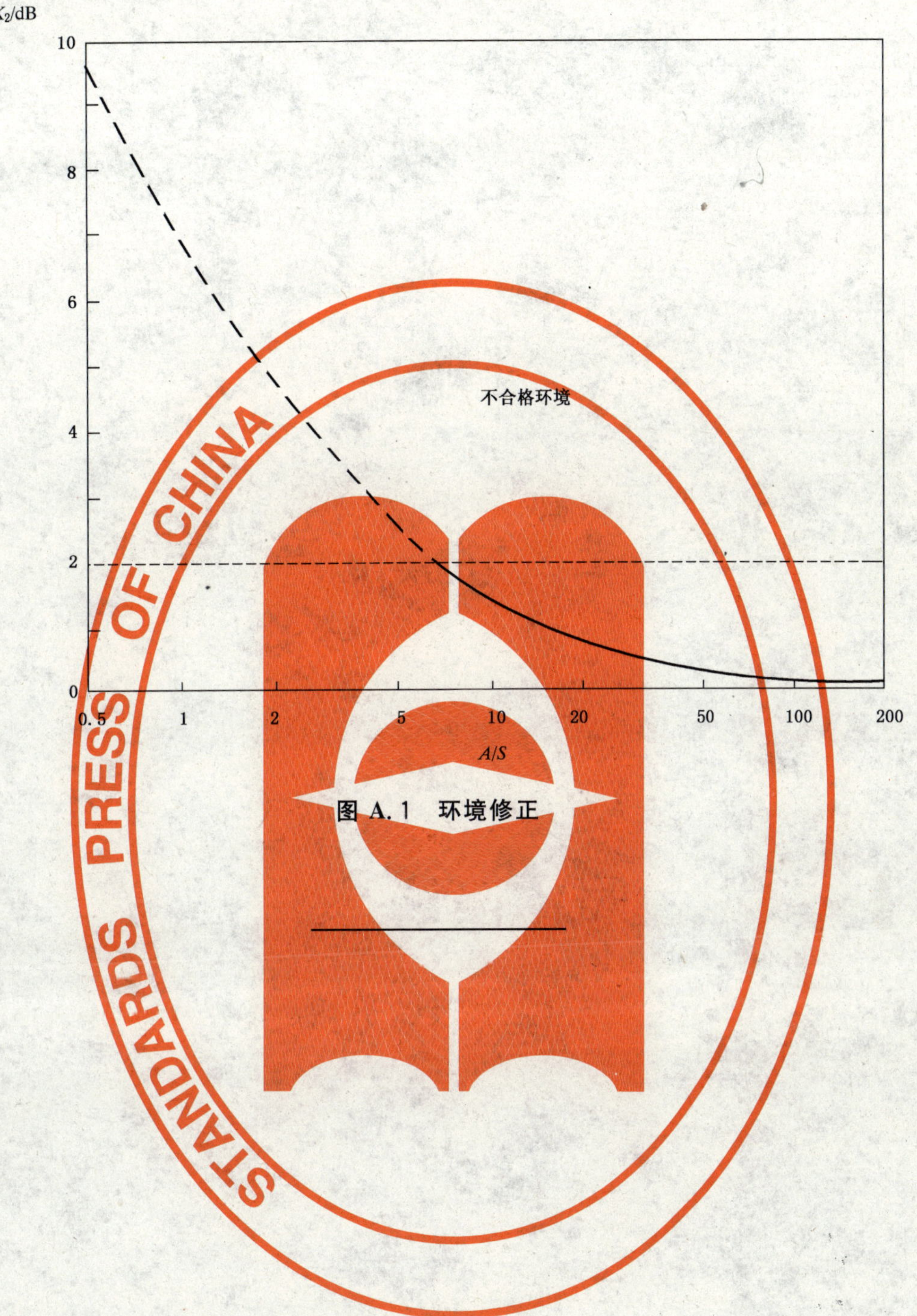

图 A.1 环境修正

ICS 25.120.01
J 62

中华人民共和国国家标准

GB 4584—2007
代替 GB 4584—1984

压力机用光电保护装置技术条件

Specification of active opto-electronic protective devices for presses

2007-06-08 发布　　　　2007-12-01 实施

中华人民共和国国家质量监督检验检疫总局
中国国家标准化管理委员会　发布

前　言

本标准的第 1 章、第 2 章、第 3 章、第 4.1 条、第 7 章、附录 A 是推荐性的，其余为强制性的。

本标准是对 GB 4584—1984《压力机用光线式安全装置技术条件》的修订。

本标准在技术内容上与 GB 4584—1984 相比主要变化如下：

——增加了引用标准一章；

——增加了有关术语和定义，包括光电保护装置、光束发散角、光幕平面、输出信号、感应功能、感应能力、检测精度、故障、失灵、通光、通光状态、遮光、遮光状态、保护高度位置等(见第 3 章)；

——增加了技术要求及其相关的检验要求等内容，包括故障检测要求、光辐射强度要求、功能性能力要求、检测精度要求、电磁兼容性方面的要求、抗电网电压变化能力的要求等(见第 4 章)；

——增加了检验方法，并增加了关于检验的说明图示(见第 5 章)；

——增加了附录 B；

——修改了响应时间的要求 (4.4.1)；

——修改了保护长度的要求 (4.4.3)；

——修改了保护高度的要求 (4.4.2)；

——修改了检测精度的要求 (4.4.6)；

——修改了输出继电器的要求(4.4.7)。

本标准自实施之日起代替 GB 4584—1984《压力机用光线式安全装置技术条件》。

本标准的附录 A、附录 B 为规范性附录。

本标准由中国机械工业联合会提出。

本标准由全国锻压机械标准化技术委员会归口。

本标准起草单位：济宁科力光电产业有限责任公司、济南铸造锻压机械研究所。

本标准主要起草人：于俊贤、马立强。

本标准所代替的标准的历次版本的发布情况：

——GB 4584—1984。

压力机用光电保护装置技术条件

1 范围

本标准规定了在压力机工作危险区使用的光电保护装置的技术要求、检验要求、检验规则、包装及随机文件。

本标准适用于压力机安全防护用的光电保护装置，亦适用于其他类型的锻压机械（如板料折弯机、液压机、剪板机、锤等）安全防护用的光电保护装置。

2 规范性引用文件

下列文件中的条款通过本标准的引用而成为本标准的条款。凡是注日期的引用文件，其随后所有的修改单（不包括勘误的内容）或修订版均不适用于本标准，然而，鼓励根据本标准达成协议的各方研究是否可使用这些文件的最新版本。凡是不注日期的引用文件，其最新版本适用于本标准。

GB/T 3797—2005 电气控制设备

GB 4208—1993 外壳防护等级（IP 代码）（eqv IEC 529:1989）

GB 5226.1—2002 机械安全 机械电气设备 第1部分：通用技术条件（IEC 60204-1:2000, IDT）

GB 13028 隔离变压器和安全隔离变压器 技术要求（GB 13028—1991, eqv IEC 60742:1983）

GB 14048.5 低压开关设备和控制设备 第5-1部分 控制电路电器和开关元件 机电式控制电路电器（GB 14048.5—2001, eqv IEC 60947-5-1:1997）

GB/T 16935.1—1997 低压系统内设备的绝缘配合 第一部分：原理、要求和试验（idt IEC 60664-1:1992）

GB 17120—1997 锻压机械 安全技术条件

GB/T 17626.2—1998 电磁兼容 试验和测量技术 静电放电抗扰度试验（idt IEC 61000-4-2:1995）

GB/T 17626.3—1998 电磁兼容 试验和测量技术 射频电磁场辐射抗扰度试验（idt IEC 61000-4-3:1995）

GB/T 17626.4—1998 电磁兼容 试验和测量技术 电快速瞬变脉冲群抗扰度试验（idt IEC 61000-4-4:1995）

GB/T 17626.5—1999 电磁兼容 试验和测量技术 浪涌（冲击）抗扰度试验（idt IEC 61000-4-5:1995）

GB/T 17626.6—1998 电磁兼容 试验和测量技术 射频场感应的传导骚扰抗扰度（idt IEC 61000-4-6:1995）

3 术语和定义

下列术语和定义适用于本标准。

3.1

光电保护装置 active opto-electronic protective device（AOPD）

依据光幕中光线的通或断的状态，输出控制压力机滑块机构运行或停止命令的装置，该装置应采用冗余技术，具有双路输出信号。

3.2

光幕 light curtain

由一条或若干条光束组成的监控屏障。

3.3

光束 beam

发光元件所发射的光线束。

3.4

光束发散角 effective aperture angle(EAA)

在保护长度一定、光电保护装置能正常工作的条件下，两光幕部件之间允许的最大偏差角。

3.5

光轴 beam center line

发射光束或接收光束的中心线。

3.6

光幕平面 light curtain plane

在光幕部件上，由发、受光器件的光轴组成的平面，通常位于与通光平面相垂直的对称中心上。

3.7

反射式 retro-reflective principle

光幕中发光元件发出的光经反射后再传递给受光元件的工作形式。反射式光电保护装置由光电传感器和反射器配合形成光幕。

3.8

对射式 through beam principle

光幕中发光元件发出的光直接传递给受光元件的工作形式。对射式光电保护装置由发光器和受光器配合形成光幕。

3.9

光电传感器(以下简称传感器) opto-electronic sensor

由一发光单元和受光单元，或者由若干发光单元和受光单元组成的感应部件，属于光幕(形成)部件，或称为光幕装置。

3.10

反射器 reflector

将传感器的发光器件发出的光反射给传感器中受光器件的部件，属于光幕(形成)部件，或称为光幕装置。

3.11

发光器 emitter

由一个发光单元或由若干个发光单元组成的发光部件，属于光幕(形成)部件，或称为光幕装置。

3.12

受光器 receiver

由一个受光单元或由若干个受光单元组成的受光部件，属于光幕(形成)部件，或称为光幕装置。

3.13

控制器 controller

接收并处理由传感器或受光器送出的光幕通、断信号并显示，同时向压力机发送输出信号的控制部件，或称为控制装置。

3.14

输出信号　output signal switching device(OSSD)

指光电保护装置向压力机输送的开关信号。正常情况下输出信号的状态:通光状态时为“接通”,遮光状态时为“断开”。

3.15

感应功能　sensing function

光电保护装置对光幕被遮光做出响应,并向所控制的压力机发出停止运行信号的功能。

3.16

感应能力　sensing ability

光电保护装置的感应能力包括检测精度和响应时间。

3.17

检测精度　detection capability

光幕对试件大小的分辨能力;是指在光幕内任意位置遮光后,光电保护装置产生感应功能并且在持续遮光的情况下,光电保护装置连续保持遮光状态所用的最小试件的直径值。

3.18

试件　test piece

用于检测光电保护装置的检测精度的不透明圆柱体。通常用直径表示大小。

3.19

响应时间　response time

从光电保护装置的光幕被遮光到向压力机输出停止信号之间的最长时间。

3.20

遮光　shading

光幕中的部分或者全部光束被遮挡,导致任一或者全部受光器件接收不到发光器件所发射的光信号时所应呈现的不通光的状态。

3.21

遮光状态　off state

遮光情况下光电保护装置产生感应功能后所呈现的输出信号为“断开”的状态。此时不允许压力机工作,是异常状态。

3.22

故障　fault

光电保护装置的器件或线路发生错误或受到干扰时导致光电保护装置不能正常工作或使输出信号处于“断开”状态。属于异常状态,但不包括失灵。

3.23

失灵　failure to danger

在用规定直径的试件遮挡光幕时,光电保护装置不输出遮光状态的输出信号却输出通光状态的输出信号或响应时间超过规定值的状态。

3.24

通光　light-passing

光电保护装置的光幕不被遮挡或存在被不大于试件直径的物体遮挡时所呈现的通光的状态。

3.25

通光状态　on state

通光的情况下光电保护装置的输出信号为“接通”的状态，是允许压力机工作的状态，是正常状态。

3.26

保护高度　protective height

光电保护装置在传感器(或发、受光器)光束排列方向的有效保护范围。

3.27

保护长度　protective length

光电保护装置具备感应功能的保护区域在长度方向上的尺寸。对于反射式光电保护装置而言，是指从传感器前平面到反射器前平面之间的距离；对于对射式光电保护装置而言，是指从发光器前平面到受光器前平面之间的距离。

3.28

保护区域　protective area

由保护高度和保护长度构成的保护范围，一般为矩形区域。

3.29

盲区　stop-work range

在保护长度方向上反射式光电保护装置形成光幕的两部件在相对近距离的长度范围内存在的不工作区域。

3.30

自检功能　self test

光电保护装置对自身发生的故障进行检查和控制并防止出现系统失灵的功能。

3.31

自保功能　start/restart interlock

指光电保护装置在接通电源启动时，或在正常工作中光幕被遮光一次后又恢复通光时，应具有的保持遮光状态的功能。也称为自锁功能，或称为启动—重启动联锁功能。

设置有自保功能的光电保护装置，在启动时，或者当遮光使压力机滑块机构停止运行后，再恢复通光时，滑块机构不能恢复运行。要使滑块机构恢复运行，必须先按动“复位按钮”使光电保护装置复位(即进入正常工作状态)。

3.32

回程不保护功能　muting function

在压力机滑块机构回程期间和在工作行程中的一段区间内关闭(或屏蔽)光电保护装置的正常功能，使其不起保护作用。

3.33

保护高度位置　protective height fixed position

保护高度在压力机的滑块机构运动方向上的位置，以离压力机安装平面的距离计算。

3.34

安全距离　safety distance

光电保护装置安装在压力机上时应保证的光幕平面与危险区外边界之间的最小距离。

3.35

保护长度极限　protective length limit

光电保护装置呈现通光状态时形成光幕的两部件之间的最大距离。

3.36

异常(状态)　unusual station

光电保护装置在正常工作中,当光幕被遮光或其本身出现故障被检出时应呈现的遮光状态,输出信号为“断开”。

3.37

正常功能　normal operation

光幕不被遮光或光幕中还可能存在不大于试件直径值的物体时,光电保护装置呈现通光状态,输出信号为“接通”;当光幕被不小于试件直径值的物体遮挡时,光电保护装置在规定的时间内呈现遮光状态,当遮光维持时,光电保护装置应保持遮光状态,输出信号为“断开”;当光幕恢复通光时光电保护装置立即由遮光状态转为通光状态,同时输出信号由“断开”转为“接通”。

3.38

供方　supplier

指光电保护装置的制造方或销售方。

4　技术要求

4.1　选用、安装要求

4.1.1　选用要求

光电保护装置的保护高度应能覆盖压力机滑块机构运动方向(通常是铅锤线方向)的操作危险区。保护高度的选用要求见附录 A。

光电保护装置的保护长度应能覆盖操作危险区,如能覆盖工作台面的长度。

4.1.2　安装要求

光电保护装置在压力机上安装时应符合压力机有关标准的规定,且应保证安全距离和保护高度位置的要求。光电保护装置在压力机上的安装要求见附录 A。

4.2　输出信号要求

光电保护装置应采用冗余技术,在正常工作中当光幕被遮光或电源被断开时至少有两路输出信号进入“断开”状态。

4.3　功能要求

4.3.1　基本功能要求

4.3.1.1　工作功能,当光幕通光时,向压力机输出允许运行信号的功能。

4.3.1.2　感应功能,当光幕被遮光时,在响应时间内向压力机输出停止运行信号的功能。感应功能应在供方规定的保护区域或限定的范围内有效。除非采用特殊手段,否则就不能调节保护区域或限定的范围。当将规定的试件放在保护区域或限定的范围内任何位置时,不论试件运动与否,光电保护装置都应在响应时间内输出遮光状态的信号。试件的运动速度范围为 0 m/s～2.5 m/s。

4.3.1.3　回程不保护功能,此功能也可以被设置在压力机的控制线路中。

注:当在压力机工作行程的一段区间内设置使用光电保护装置的回程不保护功能时会有可能的危险存在,使用时要谨慎,应正确计算和设置或采取其他必要的安全措施以避免发生危险。

4.3.1.4　自保功能,为用户选择功能,用户有要求时应予设置。此功能也可以被设置在压力机的控制线路中。

4.3.1.5　自检功能,光电保护装置本身发生导致监测能力丧失的任何故障(见 5.3.4.4),都应在响应时间内进入异常状态,输出信号变为“断开”(即向所控制的压力机输出停止运行信号),不允许出现失灵;当引起异常状态的故障依然存在时,光电保护装置不能通过重新开启主电源从异常状态中复位;光电保护装置发生任何单一故障或者两个故障，如检测精度降低或完全丧失、响应时间超出规定值、一路或多路输出信号进入断路状态，都应在响应时间内进入异常状态，输出信号为“断开”。

注：如单一故障，如果一个故障的进一步发生的结果，仍同于第一个故障的结果，则第一个故障和随之发生的故障，应被视为一个单一故障。

4.3.1.6 光电保护装置的其他功能(参见图1)，可根据用户要求设置，但应符合自检功能的要求。

4.3.2 光线波长要求

光电保护装置使用的光线波长应在700 nm～1200 nm范围内。

4.3.3 光辐射强度要求

发光元件的辐射强度，在使用的光线波长范围内(700 nm～1 200 nm)，最大发光功率应不超过2 W。

4.3.4 光束发散角要求

形成监控光幕的光幕部件之一固定，另一部件相对固定部件平移或偏转(平移方式参见图2，偏转方式参见图3)，当平移或偏转的程度超出2.5°时光电保护装置应当由通光状态转入遮光状态，输出信号由“接通”转为“断开”。

4.3.5 试件的要求

光电保护装置应配备检验用的遮光试件。试件的直径为光电保护装置的检测精度。试件应是不透明圆柱体，直径误差为−0.3 mm～0 mm，有效长度不小于200 mm，应有直径值和单位mm的标志。

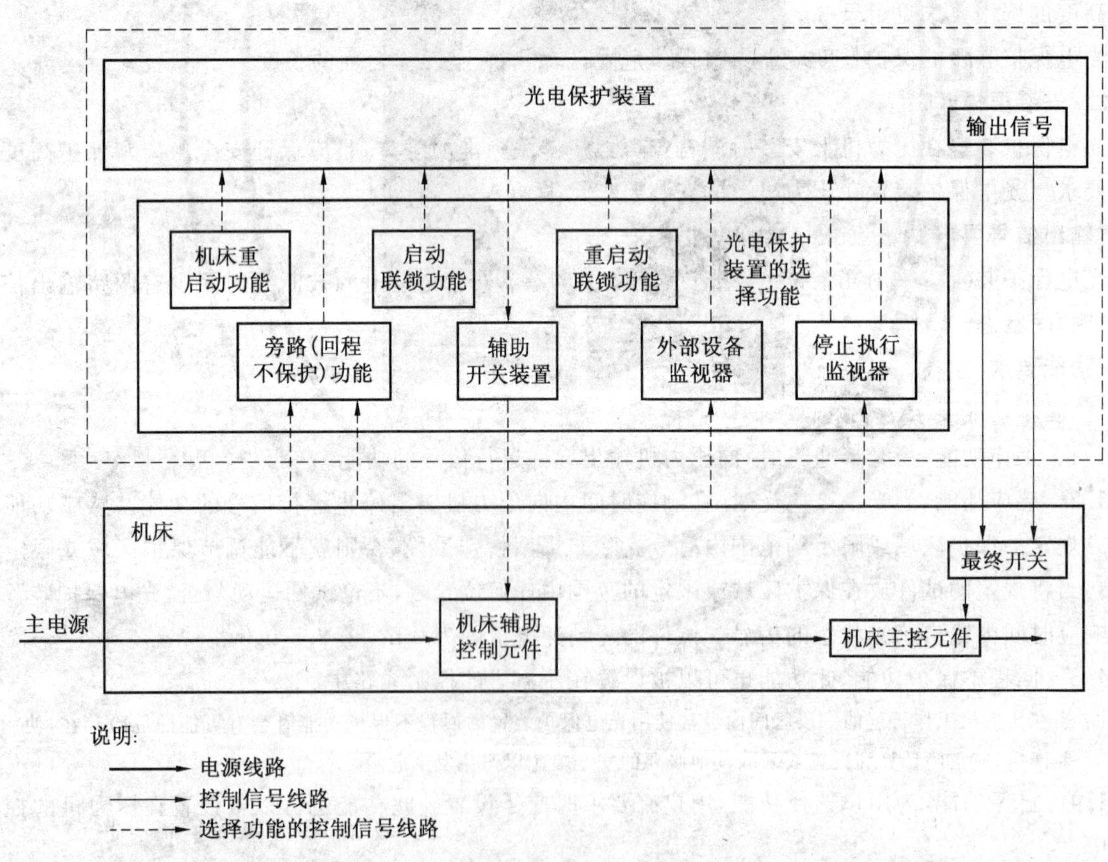

图1 光电保护装置的控制功能

单位为毫米

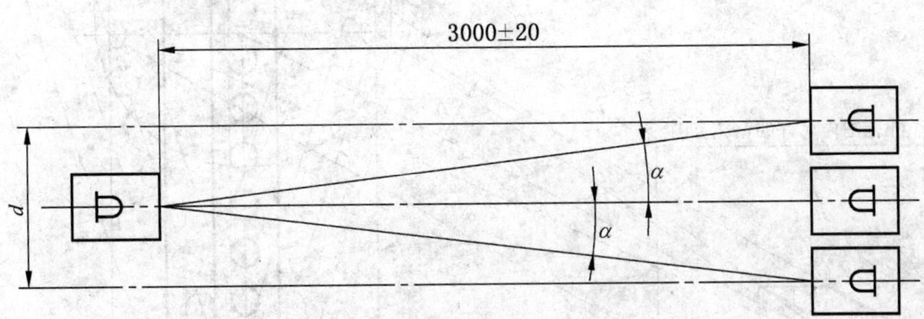

a) 3m 范围内允许的横向平移范围

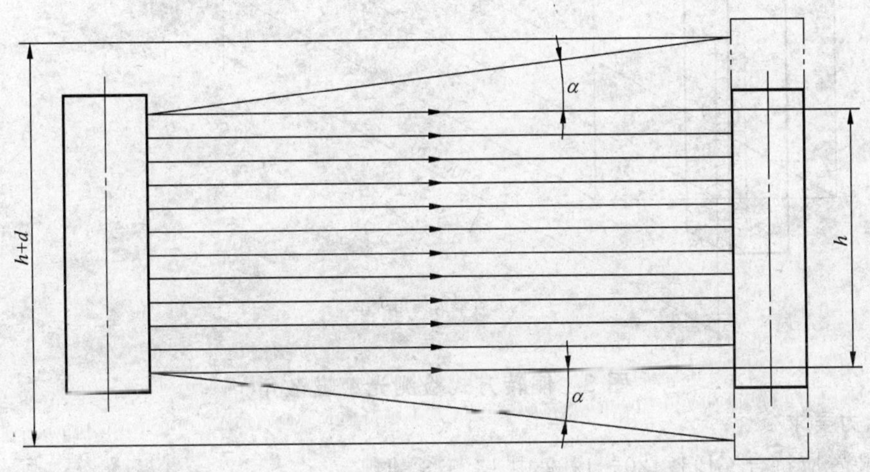

b) 3m 范围内允许的纵向平移范围

说明：1. h 为光幕两端光轴间的距离。

2. 允许最大偏角 $\alpha=2.5^{\circ}$。

图 2　平移方式检测光束发散角

单位为毫米

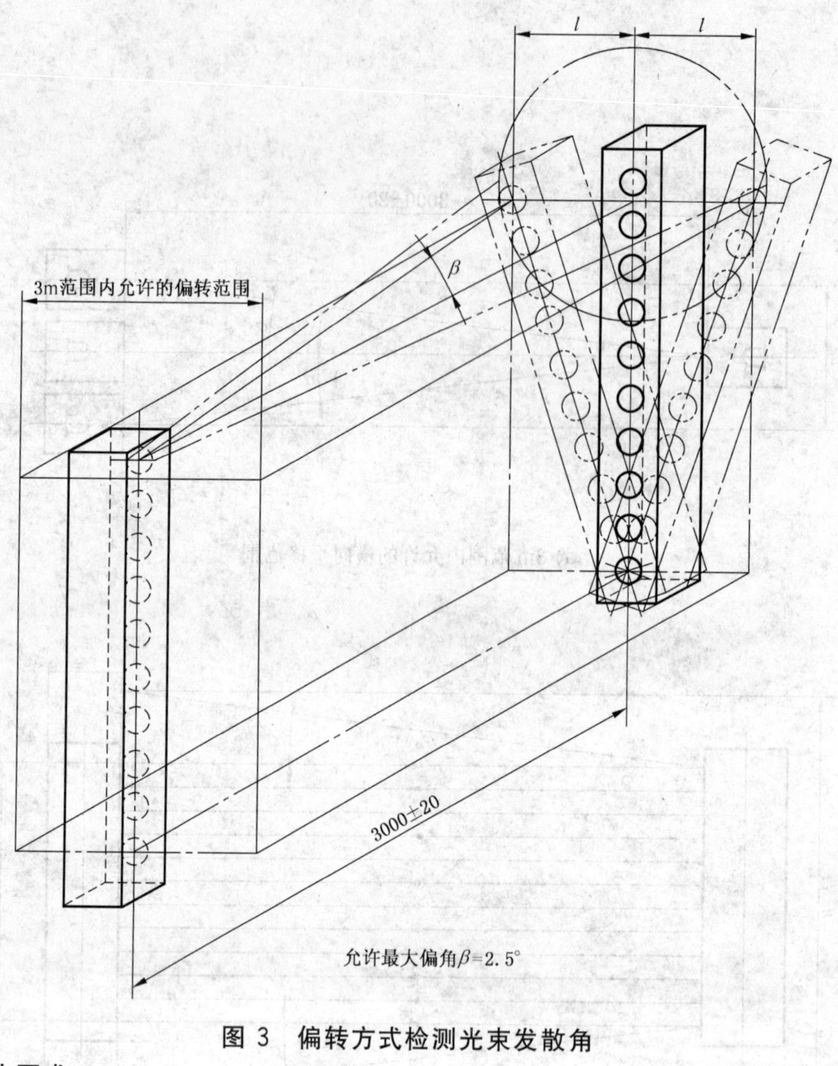

图 3 偏转方式检测光束发散角

4.4 功能性能力要求

光电保护装置应符合 GB 17120—1997 中 13.3.3 的规定。

4.4.1 无论输出信号开关形式为晶体管形式或继电器触点形式，光电保护装置的响应时间均不应大于 20 ms。响应时间对于用户而言，应是不可调整的。

4.4.2 保护高度应符合技术文件的规定。光幕部件上应有标明保护高度的界限标志，标志应耐久、不易脱落。

反射式光电保护装置的保护高度的界限标志允许只标注在传感器上。

对于不可调整保护高度范围的光电保护装置，保护高度的范围应当是不可调整的。

对于可调整保护高度范围(可编程序或非编程序)的光电保护装置，保护高度范围内部分区间设置不保护的调整，供方应当详细说明调整规范，并需验证符合自检功能的要求。未被调整为不保护的高度区域检测精度不应降低。

注：保护高度的界限标志是安装时确定保护高度位置的依据。

4.4.3 保护长度应符合技术文件的规定，至少保留百分之二十的冗余量。

4.4.4 光电保护装置的保护区域，一般是由保护长度与保护高度构成的矩形。非矩形的保护区域，供方应当说明其形式和具体使用方法。

4.4.5 反射式光电保护装置的盲区不应超过 400 mm。

4.4.6 光电保护装置的检测精度应符合下列要求：

——当安全距离不大于 500 mm 时，其检测精度不应大于 40 mm。

——当安全距离大于 500 mm 时，其检测精度不应大于 50 mm。

4.4.7 光电保护装置的输出信号开关形式，可为晶体管形式或继电器触点形式。其输出信号电路应有过流保护措施，并符合 GB 5226.1—2002 中 7.2.9 和 7.2.10 的规定。

4.4.8 光电保护装置应显示光幕的通光和遮光的状态。通光由绿色光信号显示，遮光由红色光信号显示。

4.4.9 光电保护装置的输出信号应有正常状态和异常状态的指示和标志。正常状态指示应由绿色光信号显示，并有"正常"标志。异常状态指示应由红色光信号显示，并有"异常"标志。

4.5 使用电源的要求

光电保护装置在下列电源参数时应能够正常工作：

——交流电源参数

- 电压 额定工作电压的 85%～115%；
- 频率 存在额定频率 99%～101%之间的变化，并且存在 98%～102%之间的短暂变化；
- 谐波 电源电压间存在 2～5 次谐波叠加的总和不超过额定电压的 10%，另外还存在 6～30 次谐波叠加的总和不超过额定电压的 2%。

——直流电源参数

- 使用电池供电，供电电压在额定电压的 85%～120%之间。
- 使用外部交流—直流转换设备供电，转换后的电压在额定电压的 85%～120%之间。

4.6 可靠性

4.6.1 适用的环境要求

光电保护装置在下列条件下应能可靠工作：

——环境温度在－10℃～55℃之间；

——空气相对湿度不超过 95%；

——空气中无爆炸危险的介质，无足以腐蚀金属和破坏绝缘的介质；

——振动幅值和相应频率应符合表 1 的规定。

表 1

单向位移振幅值/ mm	振动频率/ Hz	周期/ ms
1.26	20	50
0.63	30	33
0.32	40	25
0.16	50	20

4.6.2 抗振能力

光电保护装置应具备良好的减振和防松措施，在振动环境中应能可靠工作。

4.6.3 抗干扰能力要求

4.6.3.1 抗光干扰能力

4.6.3.1.1 光电保护装置在下列条件的光干扰下应能正常工作：

——白炽灯；

——采用高频电子电源的荧光灯。

4.6.3.1.2 光电保护装置在受到频闪灯光的干扰时不应出现失灵。

4.6.3.2 抗电磁干扰能力

4.6.3.2.1 光电保护装置在经受 GB/T 17626.3—1998 中试验等级为 3 级的 10 V/m 的电磁场试验

时，应能正常工作。

4.6.3.2.2 光电保护装置在经受 GB/T 17626.3—1998 中试验等级为 X 级的 30 V/m 的电磁场试验时，不应出现失灵。

4.6.3.3 抗射频场传导干扰能力要求

4.6.3.3.1 光电保护装置在表 2 规定的射频场传导干扰中应能正常工作。

表 2

检验项目	检验条件
对 1 m～10 m 的信号线等	按 GB/T 17626.6—1998 的 2 级试验等级，加有效值为 3 V 的射频场
对电源线、接地线及超过 10 m 的信号线	按 GB/T 17626.6—1998 的 3 级试验等级，加有效值为 10 V 的射频场

4.6.3.3.2 光电保护装置在表 3 规定的射频场传导干扰中不应出现失灵。

表 3

检验项目	检验条件
对 1 m～10 m 的信号线等	按 GB/T 17626.6—1998 的 3 级试验等级，加有效值为 10 V 的射频场
对电源线、接地线及超过 10 m 的信号线	按 GB/T 17626.6—1998 的 X 级试验等级，加有效值为 30 V 的射频场

4.6.3.4 抗静电放电干扰能力

4.6.3.4.1 光电保护装置在承受 GB/T 17626.2—1998 规定的试验等级为 3 级的 6 kV 接触静电放电或 8 kV 空气静电放电时应正常工作。

4.6.3.4.2 光电保护装置在承受 GB/T 17626.2—1998 规定的试验等级为 4 级的 8 kV 接触静电放电或 15 kV 空气静电放电时不应出现失灵。

4.6.3.5 抗电压快速瞬变脉冲干扰能力

4.6.3.5.1 光电保护装置在承受表 4 规定的电压快速瞬变脉冲时应正常工作。

表 4

检验项目	检验条件
对直流电源线或低于 50 V 的交流电源线及长度超过 1 m 的信号线等	按 GB/T 17626.4—1998 的测试试验等级的 2 级要求，加脉冲电压 1 kV (峰值)
对 50 V 及其以上的交流电源线	按 GB/T 17626.4—1998 的测试试验等级的 3 级要求，加脉冲电压 2 kV (峰值)

4.6.3.5.2 光电保护装置在承受表 5 规定的电压快速瞬变脉冲时不应出现失灵。

表 5

检验项目	检验条件
对直流电源线或低于 50 V 的交流电源线及长度超过 1 m 的信号线等	按 GB/T 17626.4—1998 的测试试验等级的 3 级要求，加脉冲电压 2 kV (峰值)
对 50 V 及其以上的交流电源线	按 GB/T 17626.4—1998 的测试试验等级的 4 级要求，加脉冲电压 4 kV (峰值)

4.6.3.6 抗电压快速瞬变浪涌干扰能力

4.6.3.6.1 光电保护装置在承受表 6 规定的电压快速瞬变浪涌时应能正常工作。

表 6

检验项目	检验条件
对直流电源线或低于 50 V 的交流电源线及信号线	按 GB/T 17626.5—1999 的测试试验等级的 2 级要求，加浪涌电压公共模 1 kV(峰值)
对 50 V 及其以上的交流电源线	按 GB/T 17626.5—1999 的测试试验等级的 3 级要求，加浪涌电压公共模 2 kV(峰值)和差模 1 kV(峰值)

4.6.3.6.2 在承受表 7 规定的电压快速瞬变浪涌时，光电保护装置不应出现失灵。

表 7

检验项目	检验条件
对直流电源线或低于 50 V 的交流电源线及信号线	按 GB/T 17626.5—1999 的测试试验等级的 3 级要求，加浪涌电压公共模 2 kV(峰值)
对 50 V 及其以上的交流电源线	按 GB/T 17626.5—1999 的测试试验等级的 4 级要求，加浪涌电压公共模 4 kV(峰值)和差模 2 kV(峰值)

4.6.4 抗电源电压变化能力要求

4.6.4.1 电源电压渐变

当外部电源电压稳定地并连续地经过 10s 时间从额定值下降到零或以同样的方式从零上升到额定值时，光电保护装置不应出现失灵。

当用于内部各电路工作的电源电压依次连续且稳定地经过 20 s 从额定值下降到零，然后以同样的方式从零上升到额定值时，光电保护装置不应出现失灵。

4.6.4.2 电源电压冲击

光电保护装置应具有过压保护措施，在电网受雷电或网内自激产生 200% 的电压冲击时应能正常工作。

4.6.4.3 电源电压中断

电源电压以表 8 所列方式中断(即电压降为零)时，光电保护装置应具备相应的能力。

表 8

序号	中断方式		光电保护装置的状态
	中断时间/ms	中断重复率/Hz	
1	10	10	正常
2	3	<1	正常

4.6.4.4 电源电压下降抖动

电源电压以表 9 所列方式抖动时，光电保护装置应具备相应的能力。

表 9

序号	抖动方式			光电保护装置的状态
	下降时间/ms	额定电压的下降幅度/%	下降重复率/Hz	
1	20	100	10	正常
2	20	50	5	正常
3	500	50	0.2	不出现失灵

4.6.5 零部件、元器件的性能要求

光电保护装置所采用的零部件和元器件应满足本标准规定条件的要求。

4.6.6 温升要求

光电保护装置内部各零部件的温升不应超过表10的规定。

表 10

零部件项目	母线材料及被覆层	温升/℃
电器元件	—	符合元件的各自标准
连接于一般低压电器母线连接处的母线	铜,无被覆层	33
	铜,搪锡	36
	铜,镀银	39
	铝,超声波搪锡	30
连接于半导体器件的母线连接处的母线	铜,无被覆层	25
	铜,搪锡	30
	铜,镀银	39
	铝,超声波搪锡	20

4.6.7 冲击性振动要求

光电保护装置在加速度不大于10 g、脉冲持续时间为16 ms、频率为每分钟40次的条件下应能正常工作,并且元器件、零部件不得有松动和损坏现象。

4.6.8 光电保护装置的寿命应不低于10^6次。寿命期内光电保护装置的响应时间和检测精度均不应降低。

4.7 安全性要求

4.7.1 光电保护装置的传感器或发、受光器的工作电压应安全,应符合GB 5226.1—2002中6.4的规定,额定电压不超过AC25V或DC36V。额定电压超过AC25V或DC36V的控制装置,应当与传感器或发、受光器相分离。

为确保光电保护装置的安全性能,应使输出信号与传感器或发、受光器相分离。

4.7.2 导线绝缘的介电强度应符合GB 5226.1—2002中13.3的规定。传导高于AC50V的电源线还应具有承受4 kV的瞬态脉冲而不被破坏绝缘的能力。

4.7.3 光电保护装置的绝缘电阻,传导高于AC50V的电源线和连接高于AC50V的输出信号接点分别与保护接地线之间的阻值应不低于100 MΩ。

4.7.4 光电保护装置的耐压试验应符合GB 5226.1—2002中19.4的规定。连接高于AC50V的电源线和输出信号接点分别与保护接地线之间加电压AC1.5 kV,60 s内应无击穿或闪络现象。

4.7.5 光电保护装置的保护接地

光电保护装置的接地应符合GB 5226.1—2002中8.2的规定。

4.7.5.1 光电保护装置的部件,在含有超过AC25V或DC36V电压电路的装置上必须设置有接地点,并在其端子和连接线上标注明显的接地符号“⏚”或“PE(保护接地)”。接地标识应耐久而不易脱落。

4.7.5.2 与接地点相连接的保护导线的截面积应符合表11的规定(见GB/T 3797—2005中4.10.6)。

表 11

单位为平方毫米

设备的相导线截面积 S	相应的保护导线的最小截面积 S_P
≤16	S
>16～35	16
>35	$S/2$

4.7.5.3 与接地点连接的导线必须带有接地的标志。

4.7.5.4 主接地点、接地线与金属壳体之间的连接电阻不得超过 0.1 Ω。

4.7.5.5 连接地线的螺钉不许做其他机械紧固用。

4.8 光电保护装置的标识要求

4.8.1 光电保护装置上应有耐酒精、汽油、中强度酸、碱侵蚀和清洁保养擦拭而不消失的清楚的耐久性标识。

4.8.2 光电保护装置应当明确标明下列项目：

——产品名称；

——规格型号；

——响应时间；

——检测精度；

——输出信号形式及其带负载能力；

——工作电源，包括额定电压、频率和功耗；

——保护高度及其保护高度界限；

——保护长度；

——出品年月；

——制造商名称。

注：响应时间应注明输出信号开关形式。

4.9 光电保护装置的防护

4.9.1 光电保护装置的易腐蚀性零部件应当有适当的防腐层。

4.9.2 光电保护装置外壳的涂层应均匀、规则、整洁，不应有裂纹、脱皮、起泡、流挂和皱褶等现象。

4.9.3 光电保护装置外壳的防护等级

4.9.3.1 光电保护装置的外露壳体应能防止油液的渗入，防护等级应不低于 IP54（见 GB 4208—1993）。

4.9.3.2 配装于电气柜内的壳体，防护等级应不低于 IP20。

4.9.4 有防湿热、防盐雾、防霉菌等特殊使用要求的光电保护装置应按有关标准规定由用户与供方协商处理。

4.10 适应贮存的能力要求

光电保护装置应能够长期贮存在温度为－40℃～55℃，相对湿度为 95％的环境中，并且能够承受气温 70℃，相对湿度不超过 80％，连续时间不超过 24 h 的条件。

5 检验要求

5.1 检验的类别

5.1.1 型式检验

型式检验是按照本标准第 4 章中除 4.1 条之外的规定对样品进行的全面检验。

5.1.1.1 型式检验应提供的文件和样品

光电保护装置的型式检验应当提供：

——技术文件，包括：

- 电路原理图；
- 电路原理说明文件；
- 电路元器件配置图；

- 主要零部件及元器件技术要求一览表；
- 使用说明书；
- 同种系列/规格的产品再次申请型式检验的，还应当提供上次型式检验的报告。

——样品，由检验机构随机抽样，每种系列（相同电路原理和基本结构）的样品数不少于3个。

5.1.1.2 型式检验的条件

光电保护装置在下列情况时应进行型式检验：

——新产品开发试制完成或新进入国内市场时；

——当产品的设计（结构、电路原理）、工艺或所用材料（如关系感应能力或关系安全性能的元器件）改变时；

——停产6个月以上的产品，再次恢复生产时；

——由于光电保护装置的失灵出现用户伤亡事故的投诉时；

——批量生产的产品，连续正常生产满3年时；

——国家技术质量监督机构检查不合格时。

5.1.2 出厂检验

5.1.2.1 出厂检验的要求

应当按照本标准的规定对每台光电保护装置进行检验。

5.1.2.2 出厂检验的项目

光电保护装置出厂前，应当按照本标准规定的检验方法，进行下列项目的检验：

——4.3.1 基本功能要求的4.3.1.1～4.3.1.4；

——4.4 功能性能力要求；

——4.7 安全性要求；

——4.8 光电保护装置的标识要求；

——4.9 光电保护装置的防护；

——7.1 光电保护装置的包装要求；

——7.2 产品的随机文件要求。

5.2 检验的一般条件

5.2.1 环境条件

——温度20℃±3℃（有特殊规定的，按特殊规定执行）；

——相对湿度不超过85%（有特殊规定的，按特殊规定执行）；

——无酸、碱等腐蚀性及破坏绝缘的介质（有特殊规定的，按特殊规定执行）。

5.2.2 电源条件

——电源电压在额定电压的0.85～1.15倍范围内；

——电源频率在额定频率的0.99～1.01倍范围内。

5.2.3 试件条件

——按4.3.5的要求对试件进行验证；

——用试件对光电保护装置检验时，分别将其以圆柱轴心线与光幕平面相垂直的方向（见图4）和以圆柱轴心线与光幕平面成45°夹角的方向（见图5）放入光幕中进行，并分别以图4所示的5个检测位置重复检验；

——遮光检验应使用光电保护装置相应规格的试件。

5.2.4 数量值的偏差

在没有规定数量值的偏差的地方，检验时按规定值的±5%执行。

单位为毫米

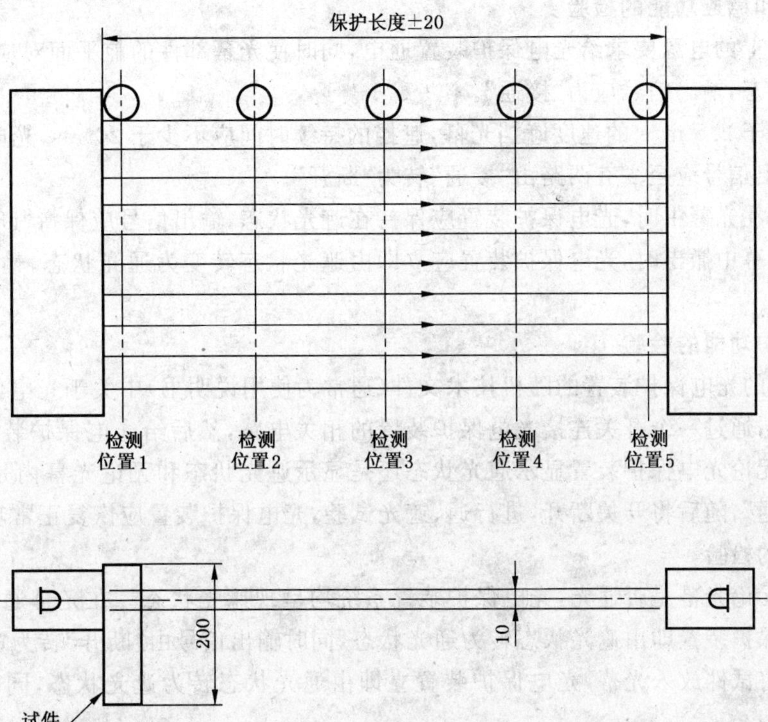

图 4 检测精度的检测点位

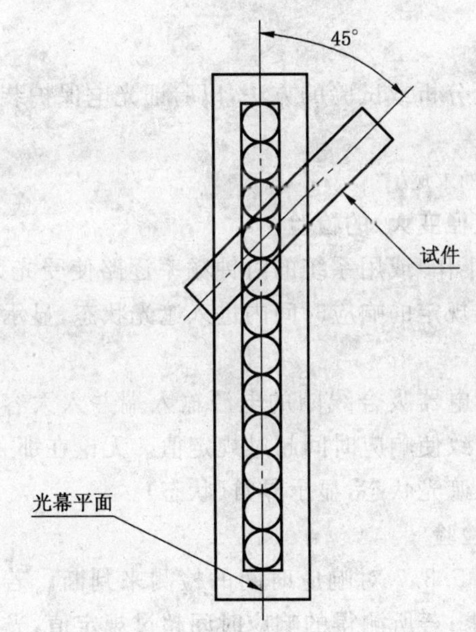

图 5 遮光试件与光幕平面成 45°角的检测形式

5.2.5 输出信号的连接和监视

检验需要时应将输出信号接入一个可监视的电路，以利于观察输出信号的状态。

5.2.6 自保功能在检验中的处置

设置有自保功能的光电保护装置，检验其他项目时应将自保功能屏蔽。

5.3 检验方法

5.3.1 工作功能和感应功能的检验

按照产品铭牌上的电源要求给光电保护装置通电，同时使光幕部件的前平面对应对正，光电保护装置应当处于通光状态，输出信号应为“接通”。

用试件以不大于 2.5 m/s 的速度遮挡光幕，遮挡的持续时间应不少于 20 ms，光电保护装置应立即呈现遮光状态，输出信号应至少有两路由“接通”转为“断开”。

当试件被保持在光幕中时，光电保护装置应保持在遮光状态，输出信号应保持“断开”。

当试件被从光幕中撤出时，光电保护装置应立即由遮光状态转变为通光状态，输出信号同时由“断开”转变为“接通”。

5.3.2 回程不保护功能的检验

按照供方提供的光电保护装置的随机技术文件(通常为使用说明书)中关于光电保护装置回程不保护功能的接线方式，通过一个开关连接光电保护装置的相关电路，然后给光电保护装置通电进行检验。将开关接通，此时无论光电保护装置显示通光状态还是显示遮光状态和无论光幕内是否存在遮光物输出信号均应为“接通”；随后将开关断开，进行通、遮光试验，光电保护装置应恢复正常功能。

5.3.3 自保功能的检验

接通电源时，无论光幕是否通光，光电保护装置系统均呈现遮光状态。在光幕通光的情况下，按动“复位按钮”，光电保护装置即由遮光状态转为通光状态，同时输出信号由“断开”转为“接通”。

在通光状态，将试件放入光幕，光电保护装置立即由通光状态转为遮光状态，同时输出信号由“接通”转为“断开”。

随后将试件从光幕中撤出，光幕呈现通光，但光电保护装置系统应仍保持在遮光状态，输出信号保持“断开”，再次按动“复位按钮”，光电保护装置系统由遮光状态转为通光状态，输出信号由“断开”转为“接通”。

5.3.4 自检功能的检验

对电路工作原理应采用理论分析或试验的方法，以验证光电保护装置的自检功能是否符合4.3.1.5的规定。

注：自检功能的检验应放在检验的末尾。

5.3.4.1 检测精度降低(试件直径变大)的检验

逐路封闭受光元件(使其不工作)或用系统的时钟频率逐路使受光元件处于非正常状态，无论在哪种情况下光电保护装置都应当在规定的响应时间内进入遮光状态，显示异常(状态)。

5.3.4.2 响应时间延长的检验

用机械阻尼的方法或用在继电器吸合线圈的电源输入端并入大容量电容器的方法或用旁路的方法，使输出信号断开的时间延迟，致使响应时间超过规定值。无论在那一种延迟的情况下光电保护装置都应当在规定的响应时间内进入遮光状态，显示异常(状态)。

5.3.4.3 响应时间判断电路的检验

响应时间判断电路可以通过 5.3.7 对响应时间的检测来判断。若所测得的响应时间在规定值以内，则响应时间判断电路符合要求；若所测得的响应时间超过规定值，光电保护装置仍然呈现正常功能，则响应时间判断电路不符合要求。

5.3.4.4 故障检测

5.3.4.4.1 电路故障分析

通过对光电保护装置电路工作原理的理论分析，判断所有元器件及线路的短路或断路故障是否会导致光电保护装置失灵。

注：为了减少不必要的测试，通过对光电保护装置电路工作原理的理论分析，能够明确判定某些故障对自检功能的影响时，理论分析的结论应作为检验的结果。

5.3.4.4.2 试验证实

理论分析不能明确判定线路及元器件的故障对自检功能的影响时,应当通过试验来证实线路和元器件的故障能否使光电保护装置丧失自检能力。

试验的方法是在断电的情况下,人为地造成线路断路、邻近线路的短路、元器件自身的短路或断路故障(回程不保护功能的设置除外),当恢复通电时,光电保护装置不应出现失灵。

对于未明确结果的单一故障,每次设置一个为基本故障,再依次逐个施加其他的所有单一故障,分别检测,光电保护装置应不发生失灵。对所有未明确结果的故障,要列出检测表逐个试验。

对于未明确结果的由一个故障引发的连带双故障,也应进行检验。检验时,以每一连带的双故障为基本故障,再依次逐个施加其他所有单一故障分别检测,光电保护装置应不发生失灵。对所有未明确结果的连带双故障,应逐个试验。

多于三个故障的累积故障的试验不进行,因为多于三个故障的累积故障,大多数都相互独立,且在同一时刻发生特殊连带故障的可能性很小。

在故障仍然存在的条件下重新开启2～3次光电保护装置的主电源,光电保护装置不应从遮光状态中复位。

需要进行试验的主要线路和元器件见附录B(规范性附录)。

5.3.4.5 可调保护高度范围的光电保护装置的自检功能的检验

对可调整保护高度范围的光电保护装置,应在调整一定范围后检验其自检功能。

5.3.5 辐射强度的检验

以电路设计参数的计算和对实际电路的测量进行判断,最大功率应不超过2 W。

5.3.6 光束发散角的检验

3 m以内的发散角允许大于3 m处的发散角,但光幕部件相对移动或旋转的范围不得超过3 m之处光幕平面允许的界限。保护长度不足3 m的光电保护装置应按本条要求进行判定。

5.3.6.1 平移方式光束发散角的检验(见图2)

将发光器或传感器固定,以保护长度3m为基准,在保护长度3m处,纵横两个方向上平移受光器或反射器。

对反射器的反射板面的宽度和高度,应按保护高度值进行检验,多余的部分应当被遮盖。

5.3.6.1.1 横向平移检验

使光幕两部件对正,沿与光幕平面垂直的方向向左和向右平移受光器或反射器直至光电保护装置由通光状态转为遮光状态,记下光幕平面所移至的位置。

用钢板尺量出两位置之间的距离d,单位为mm,再用$\arctan(d/6000)$计算出光束的实际发散角α,该角度值应不大于相应的规定值(见4.3.4)。

5.3.6.1.2 纵向平移检验

使光幕两部件对应对正,在光幕平面内沿与光轴垂直的方向上、下平移传感器或受光器直至光电保护装置由通光状态转为遮光状态,记下最外端两光轴所移至的位置。

用钢板尺量出两位置之间的距离$h+d$,单位为mm,其中h为光幕两端光轴间的距离,用$\arctan(d/6000)$计算出光束的实际发散角α,该角度值应符合4.3.4的规定。

5.3.6.2 偏转方式光束发散角的检验(见图3)

将受光器或反射器固定,以保护长度3 m点为基准,在保护长度3 m处使发光器或传感器绕最下端光束轴线旋转,当旋转到光电保护装置由通光状态转为遮光状态时,测出最上端光轴到固定光幕平面间的距离l,单位为mm。

用$\arctan(l/3000)$计算出光束的实际发散角β。该实测角应符合4.3.4的规定。

5.3.7 响应时间的检验

检测前应先将输出信号的开关接入一个测试电压信号。信号电压应不大于DC36V。

将双踪记忆示波器两个检测探头分别接在受光管和输出信号的外接点，然后进行遮光，捕捉和记录下两点波形突变处的时间，其差值即为响应时间。在光电保护装置的每个受光管处重复进行，响应时间按测得的最大值计。

5.3.8 保护高度的检验

将光电保护装置的光幕部件按其标识的保护长度值平行对应放置，放置的长度偏差为±20 mm，使其光幕平面在同一个平面内，偏差不超过±5 mm，前平面之间平行度偏差角度横向不大于0.5°，纵向不大于1.5°，见图6。

单位为毫米

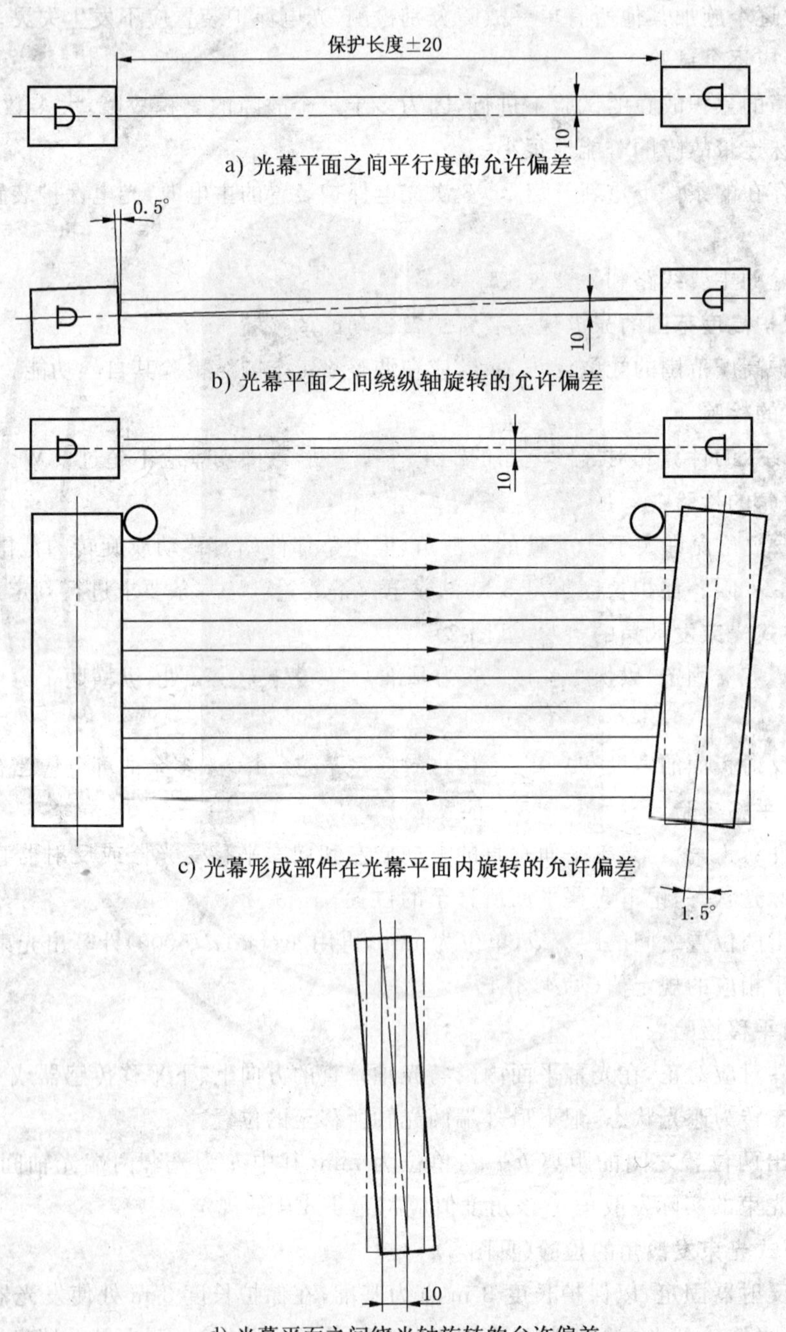

图6 光幕形成部件的光幕平面之间的允许偏差

将试件分别贴在两光幕部件的前平面处，使试件与光幕平面相垂直，沿保护高度方向平移通过光幕。在试件通过光幕的过程中，光电保护装置的状态应符合 5.3.12 的规定。

在入口处，当光电保护装置恰好由通光状态转为遮光状态时，从试件进入光幕的一侧外径边缘做标记。

在移出光幕的出口处，当光电保护装置恰好由遮光状态转为通光状态时，从试件靠近光幕的一侧外径边缘做标记。

用钢板尺分别测量在两个光幕部件上所记录的两个标记之间的距离。保护高度按光幕两部件上测得的较小距离值计，与供方规定的保护高度值相比，允许偏差为±10 mm。

检测时所做的标记，应与供方确定的保护高度界限标志相一致(以试件与光幕相垂直时的检测为准)，偏差不超过±5 mm。

对可调整保护高度的光电保护装置，还应在调整后进行测试，调整结果应符合供方技术文件的规定。

5.3.9 保护长度的检验

按照图 6 所示的允差要求，将形成光幕的两部件之间的距离调整为样品上标识的保护长度，偏差允许±20 mm，对光电保护装置进行通光和遮光试验，其应呈现正常功能。

将形成光幕的两部件之间的距离调整到保护长度极限，检验光电保护装置，应呈现正常功能，用卷尺测量保护长度极限值。保护长度极限值应不小于所标识的保护长度值的 1.2 倍。

5.3.10 保护区域的检验

保护区域是否为矩形，可通过 5.3.8 保护高度和 5.3.9 保护长度的检验来确定。

如果保护区域不是矩形，供方应当详细说明其形状和具体使用方法，应按照说明的内容进行检验和确认。

5.3.11 反射式光电保护装置盲区的检验

将光电保护装置传感器和反射器近距离对正在通光状态，再逐渐靠近至光电保护装置恰好呈现遮光状态，再移远传感器或者反射器使其恰好处在通光状态，并进行通、遮光试验，应呈现正常功能。此时用钢板尺测量传感器和反射器前平面之间的距离即为盲区，其值应不超过 400 mm。

5.3.12 检测精度的检验

按 5.3.8 的规定调整光幕，按图 4 所示，分别从 5 个位置使试件缓慢地通过光幕，并按照 5.2.3 的规定进行检验。在任何检验部位，光电保护装置都应自试件进入(由通光状态转为遮光状态)时起，至试件离开光幕(由遮光状态转为通光状态)时止的全过程中，保持稳定的遮光状态，中途不得出现通光状态。

5.3.13 输出信号过流保护的检验

当给光电保护装置的输出信号所加的连续负载超过其允许值的 2 倍时，光电保护装置应在 30 s 时间内终止对外输出。

5.3.14 光幕的通光和遮光显示的检验

光幕的通光和遮光的显示，应符合 4.4.8 的要求。

5.3.15 正常状态和异常状态指示和标志的检验

光电保护装置正常状态和异常状态指示和标志应符合 4.4.9 的要求。

5.3.16 工作电源的检验

5.3.16.1 交流供电电源的检验

在以下条件下，使光电保护装置连续通电 2 h，并对其进行频率为 20 次/min 的遮光试验，应呈现正常功能：

——用调压器或稳压电源，将电源电压分别调至光电保护装置额定电压的 85%和 115%。

——用交流频率控制装置，将光电保护装置的工作电源频率设置为其额定值的 99%和 101%的交替变化状态，变化波形为方波，循环频率10次/min。

——用交流变频控制装置，将光电保护装置的工作电源频率设置为其额定值的98%和102%的交替变化状态，变化波形为间歇方波，高、低频率点的持续时间为0.5 s，交替变化的循环周期为3 s。

——用信号发生器，在电源电压上加2次～5次的谐波，并用示波器监视，使造成的谐波失真的叠加幅度，在额定电压值的10%以内；同时，在电源电压上加6次～30次的谐波，并用示波器监视，使造成的谐波失真的叠加幅度，在额定电压值的2%以内。

5.3.16.2 电池供电电源的检验

对于使用电池供电的光电保护装置，利用直流稳压电源装置，将供电电压分别调至其额定值的85%和120%，连续通电2 h，并对其进行频率为20次/min的遮光试验，光电保护装置应呈现正常功能。

5.3.16.3 交流—直流转换供电电源的检验

对于使用外部交流—直流转换设备供电的光电保护装置，利用直流稳压电源装置，将供电电压分别调至其额定值的85%和120%，连续通电2 h，并对其进行频率为20次/min的遮光试验，光电保护装置应呈现正常功能。

5.3.17 适用环境的检验

5.3.17.1 在温控室内，调整温度为－10℃±3℃，将光电保护装置通电2 h，并对其进行频率为20次/min的遮光试验，应呈现正常功能。

5.3.17.2 在温控室内，调整温度为55℃±3℃，将光电保护装置通电2 h，并对其进行频率为20次/min的遮光试验，应呈现正常功能。

5.3.17.3 保持55℃±3℃的温度和92%～97%的相对湿度，将光电保护装置通电2 h，并进行频率为20次/min的遮光试验，应呈现正常功能，且检查零部件不得有锈蚀现象。

5.3.17.4 将光电保护装置以正常工作的安装方式固定在振动试验台上，按表1规定的振动幅值和相应频率做铅垂方向的振动，每项振动各进行15 min（共1 h）。将光电保护装置通电，并进行频率为20次/min的遮光试验，应呈现正常功能。

振动试验完成后，检查光电保护装置的零部件，不应出现松动、脱落现象。

5.3.18 抗光干扰能力的检验

光幕应满足供方规定的保护长度。

5.3.18.1 白炽光干扰的检验

使用光源为额定电压AC220V、功率500 W～1 000 W、色温3 000 K～3 200 K、长度150 mm～250 mm且被安装在200 mm×150 mm的抛物反射器上的卤钨（石英）灯，反射器内壁应有漫射涂层，在波长400 nm～1 500 nm范围内，反射要均匀，偏差允许±5%。

将光线照射到传感器或者受光器的通光平面上，当在该平面上测得的光强度为600 lx±60 lx时，使光源沿着保护高度的方向平移，同时进行通、遮光试验，光电保护装置应呈现正常功能。

当通光平面上的光强度为3 000 lx±300 lx时，光电保护装置应不发生失灵，即在检验过程中遮挡着光幕，光电保护装置应始终呈现遮光状态。

5.3.18.2 荧光干扰的检验

使用光源为额定功率40 W、长度1 200 mm、镇流器工作频率30 kHz～40 kHz、色温5 000 K～6 000 K的荧光灯管。不使用反射体或漫射体。

将光线照射到传感器或受光器的通光平面上，保持该平面上的光强度为1 500 lx±150 lx，进行通、遮光试验，光电保护装置应呈现正常功能。测试中分别使用荧光灯中间和两端的光。

5.3.18.3 频闪光干扰的检验

使用闪光持续时间（从半强度点处计量）为2 μs～20 μs，闪光频率为5 Hz～200 Hz，色温为

5 500 K～6 500 K的氙光灯光源。

当闪光频率为 50 Hz 时，保持在传感器或受光器的通光平面上的光强度的平均值为2 000 lx±200 lx时，将闪光灯管的位置固定。

在 3 min 内将闪光频率从 5Hz 线性地调整到 200 Hz，光电保护装置不应出现失灵。

5.3.19 抗电磁干扰的检验

按下列要求进行检验：

——按 4.6.3.2.1 规定的条件，光电保护装置在 3 级试验等级 10V/m 的电磁场内进行通、遮光试验，应呈现正常功能。

——按 4.6.3.2.2 规定的条件，光电保护装置在 X 级试验等级的 30V/m 的电磁场内不应出现失灵现象。

5.3.20 抗射频场传导干扰能力的检验

按下列要求进行检验：

——按 4.6.3.3.1 规定的条件，对光电保护装置进行通、遮光试验，光电保护装置应呈现正常功能。

——按 4.6.3.3.2 规定的条件，对光电保护装置进行试验，不应出现失灵。

5.3.21 抗静电放电干扰能力的检验

5.3.21.1 按 4.6.3.4.1 的要求，分别对光电保护装置的控制器、传感器(或发光器和受光器)金属外壳各进行 10 次静电放电检验，放电发生时，光电保护装置应能正常工作。试验条件和要求如下：

——静电特性条件

- 放电形式和电压：接触放电 6 kV，或者空气放电 8 kV；
- 放电电压极性：正(+)。

——进行空气放电检验时，将静电放电发生器的放电电极垂直地接近被试验装置上外露的非绝缘点，直至放电发生，然后移开放电电极，再进行下一次放电。

5.3.21.2 按 4.6.3.4.2 的要求，分别对光电保护装置的控制器、传感器(或发光器和受光器)金属外壳各进行 10 次静电放电检验，放电发生时，光电保护装置不应出现失灵。试验条件和要求如下：

——静电特性条件

- 放电形式和电压：接触放电 8 kV，或者空气放电 15 kV；
- 放电电压极性：正(+)。

——进行空气放电检验时，将静电放电发生器的放电电极垂直地接近被试验装置上外露的非绝缘点，直至放电发生，然后重复。

5.3.22 抗快速瞬变脉冲干扰能力的检验

对连接于系统部件之间的导线进行检验。对于直流电源线、交流低于 50 V 的电源线和长度超过 1 000 mm的信号线，按照 GB/T 17626.4—1998 中图 9 的方式进行耦合连线；对于 50 V 及其以上电压的交流电源线，按照 GB/T 17626.4—1998 中图 8 的方式进行耦合连线。

5.3.22.1 按照 4.6.3.5.1 的规定，对光电保护装置的相关连线，分别施加相应的脉冲电压，并分别对光幕进行通光和遮光检验，光电保护装置应呈现正常功能。

5.3.22.2 按照 4.6.3.5.2 的规定，对光电保护装置的相关连线，分别施加相应的脉冲电压，并分别对光幕进行通光和遮光检验，光电保护装置不应出现失灵。

5.3.23 抗快速瞬变浪涌干扰能力的检验

对连接于系统部件之间的导线进行检验。对于非屏蔽的信号线，按照 GB/T 17626.5—1999 中的图 10 进行耦合连线；对于非屏蔽的不对称工作线路，按照 GB/T 17626.5—1999 中的图 11 进行耦合连线；对于非屏蔽的对称工作线路，按照 GB/T 17626.5—1999 中的图 12 进行耦合连线；对于屏蔽的信号线，按照 GB/T 17626.5—1999 中的图 13 或图 14 进行检验；对于直流电源线和交流低于 50 V 的电源线，按照 GB/T 17626.5—1999 中的图 7 进行耦合连线；对于 50 V 及其以上电压的交流电源线，公模输入时，按照 GB/T 17626.5—1999 中的图 7 进行耦合连线，差模输入时，按照 GB/T 17626.5—1999 中的图 6 进行耦合连线。

5.3.23.1 按照 4.6.3.6.1 的规定，对光电保护装置的相关连线分别施加相应的浪涌电压，并分别对光幕进行通光和遮光检验，光电保护装置应呈现正常功能。

5.3.23.2 按照 4.6.3.6.2 的规定，对光电保护装置的相关连线分别施加相应的浪涌电压，并分别对光幕进行通光和遮光检验，光电保护装置不应出现失灵。

5.3.24 抗电源电压变化能力的检验

5.3.24.1 电源电压渐变的检验

根据 4.6.4.1 的规定，用调压器对光电保护装置的系统输入电源进行检验，检验过程中，遮挡光幕使系统处于遮光状态，光电保护装置不应出现失灵。

对于系统内部电路的电源电压，使用调压装置，按照 4.6.4.1 的规定进行试验，光电保护装置不应出现失灵。

5.3.24.2 电源电压冲击的检验

给光电保护装置电源输入端加上上升沿和下降沿时间为 0.5 μs～500 μs 之间的任意值，持续时间为 1.5 ms，峰值为光电保护装置额定电压 2 倍的冲击电压，每秒钟发送一次冲击，分别使光幕处在通光和遮光的情形下，各发送 10 次冲击，光电保护装置应呈现正常功能。

5.3.24.3 电源电压中断的检验

用电压中断控制设备，使供给光电保护装置的电源电压以 4.6.4.3 规定的两种中断方式中断，检测时间各为 1 min，通、遮光试验的结果应符合 4.6.4.3 中相应的规定。

5.3.24.4 电源电压下降抖动的检验

用输出电压控制设备，使供给光电保护装置的电源电压以 4.6.4.4 规定的三种方式抖动。对每种抖动方式检测 1 min，在检测过程中，通、遮光试验的结果应符合 4.6.4.4 的相应规定。

5.3.25 零部件工作性能的检验

光电保护装置分别在温度为－10℃±3℃的条件下，和在温度为 55℃±3℃、相对湿度为 92%～97%的条件下，持续进行通、遮光试验 2 h，应呈现正常功能，元器件应无变质或损坏的现象。

5.3.26 线路、器件温升的检验

使光电保护装置连续通电工作 2 h 以后，打开光电保护装置的外壳，用热电偶或其他等效方法进行检验，零部件的温升应符合 4.6.6 的规定。

5.3.27 承受冲击能力的检验

将光电保护装置固定在冲击试验设备上，在 4.6.7 规定的条件下，进行前后、左右和上下三个方向的冲击振动，每方向各进行 1 000 次。检验时对光电保护装置进行通、遮光试验，应呈现正常功能。试验之后，检查各零部件应符合 4.6.7 的要求。

5.3.28 寿命试验

将光电保护装置的两光幕部件，置于适当的保护长度位置，用遮光装置(遮光物直径应不小于遮光试件的尺寸)，以 60 次/min～120 次/min 左右的频率对每道光束进行遮光试验，在输出信号接点处设置计数器计量试验次数。

5.3.28.1 光电保护装置经过至少 10^6 次的寿命试验后，再按 5.3.7 的规定检验其响应时间。检验结果应符合 4.4.1 的规定。

5.3.28.2 光电保护装置经过至少 10^6 次的寿命试验后，再按 5.3.12 的规定进行检验。检验结果应符合 4.4.6 的规定。

5.3.29 采用 PELV 做防护的检验

根据 GB 5226.1—2002 中 6.4 的规定，采用 PELV(保安特低电压)做防护的光电保护装置，相应电路的工作电压不应超过 AC25V 或 DC36V。工作电压超过 AC25V 或 DC36V 的控制器，应当与使用

PELV 的传感器或发、受光器相分离,且输出信号装置应当与光幕装置相分离。

5.3.30 导线绝缘的介电强度的检验

对于工作电压高于 AC50V 或 DC120V 的导线,分别在导电体与其绝缘层之间加持续 5 min 至少 AC2 kV的电压,和加持续时间 0.5 s 的 DC4 kV 脉冲,然后测量导线绝缘层的电阻值,应不小于 100 MΩ。

5.3.31 绝缘电阻的检验

根据 GB 5226.1—2002 中 19.3 的规定,用 DC500V 兆欧表,分别检测电源线与保护接地线之间、输出信号的外伸接点与保护接地线之间的绝缘电阻,其值应不小于 100 MΩ。

5.3.32 耐压试验

用 0.5 kVA 以上的高压试验设备,将 1.5 kV 的电压分别加到电源线与保护接地线之间、输出信号的外伸接点与保护接地线之间,持续时间均为 60s,检验结果应符合 4.7.4 的规定。

5.3.33 接地状态的检验

根据 GB 5226.1—2002 中 8.2 的规定和 4.7.5 条的规定,对光电保护装置的接地状态进行检验,应符合规定的要求。

5.3.34 光电保护装置标识的检验

5.3.34.1 用纱布分别蘸酒精、汽油轻柔地擦拭标识的文字或符号 15 s,应符合 4.8.1 的规定,无褪色、脱落等现象。

5.3.34.2 标识的完整性应符合 4.8.2 条的规定。

5.3.35 光电保护装置防护的检验

5.3.35.1 将光电保护装置放置在 20℃±3℃,相对湿度为 93%~97%的密室内,经过连续 24 h 的时间,取出检验不得有锈蚀、起层、脱皮等现象。

5.3.35.2 检验光电保护装置的外壳,应符合 4.9.2 的要求。

5.3.35.3 按照 GB 4208—1993 的规定,对于外露安装的光电保护装置的部件壳体,进行防尘和防液的检验,应达到标准规定的要求。

5.3.35.4 按照 GB 4208—1993 的规定,对于安装在机柜内部的光电保护装置的部件壳体,进行防护等级检验,应达到标准规定的要求。

5.3.36 适应贮存能力的检验

5.3.36.1 将光电保护装置放置在恒温箱内,在温度为-40℃±3℃的条件下保持时间 4 h,然后待温度上升到-10℃时进行通电检验,光电保护装置应呈现正常功能。

5.3.36.2 将光电保护装置放入恒温箱内,在温度上升到 70℃±3℃的条件下,同时将相对湿度调节到 75%~80%,保持时间 24 h,然后待温度降至 55℃时进行通电检验,光电保护装置应呈现正常功能。

6 检验规则

6.1 基本要求

光电保护装置应通过国家认可的技术检验机构依据本标准进行的检验,检验合格后,方可实施生产或销售。

6.2 光电保护装置的缺陷分类

6.2.1 致命缺陷

不符合本标准 4.3.1.2、4.3.1.5、4.7.2、4.7.3、4.7.4 中的任何一条。

6.2.2 重缺陷

不符合本标准 4.2、4.3.1.1、4.4.1、4.4.5、4.4.6、4.4.7、4.5、4.6.1、4.6.3、4.6.4、4.7.1 中的任何一条。

6.2.3 轻缺陷

不符合本标准第4章中除了致命缺陷、重缺陷、4.1.1和4.1.2之外的任何一条。

6.3 出厂检验的合格判定

应按照5.1.2规定的要求进行检验,当检验发现光电保护装置不合格时,应对该产品的设计、生产、半成品、原材料等影响产品质量的环节进行整改。整改完成后应再重新检验。

6.4 型式检验的合格判定

6.4.1 型式检验的抽样,是从出厂检验合格的产品中随机抽样,每个设计系列产品,每次抽样数量不少于3台。

注:不同设计系列的产品,是指在电路原理或者基本结构上(包括所选用的主要元器件),存在明显差异的产品。

6.4.2 若检验中发现任何一台存在一项或多项轻缺陷,则需另外抽取首次样本两倍的数量进行重检,若仍发现存在一项或多项轻缺陷,则判定该产品为不合格。

6.4.3 若检验中发现任何一台存在一项或多项致命缺陷或重缺陷,则直接判定该产品为不合格。

6.4.4 经过型式检验判定为不合格的产品,应立即停止生产和销售。

6.4.5 型式检验应3年进行一次。

7 包装和随机文件

7.1 光电保护装置的包装要求

7.1.1 光电保护装置的包装箱的外表面,应有清楚而耐久的标志,其内容包括下列各项:

a) 制造单位名称和地址;

b) 产品名称、型号及规格;

c) 出品年月;

d) "小心轻放"、"防湿"文字或图符;

e) 单元包装重量;

f) 包装箱外缘尺寸。

7.1.2 光电保护装置的包装应具有减振、防潮的措施,并适合陆路和水路的装载、运输的要求,经长途运输,包装不得有开裂性破损。

7.1.3 包装应当符合环境保护的要求,不得用有害的、污染的包装材料。

7.2 产品的随机文件要求

7.2.1 对产品使用说明书的要求

每台产品均应配发产品使用说明书。

7.2.1.1 产品使用说明书应清楚地说明光电保护装置的工作条件、性能、安装、接线、调整、使用、维护保养和特别注意事项等。

7.2.1.2 出口的光电保护装置应提供所出口国家或地区所使用文字的使用说明书。

7.2.1.3 进口的光电保护装置应提供中文使用说明书。

7.2.2 对产品合格证的要求

出厂的每台光电保护装置,都应当配发检验合格证。合格证上应说明执行的标准,并有检验人员的签名或代码,以及检验日期。

7.2.3 对装箱清单的要求

每个独立包装都应配发填写完整和清楚的装箱清单。

附 录 A
（规范性附录）
光电保护装置在压力机上的安装

A.1 安装要求

为了确保人身安全，光电保护装置在压力机上安装时，应保证安全距离、保护高度和保护高度位置的正确。

A.2 安全距离

A.2.1 对于滑块能在任意位置上停止的压力机其安全距离 S 的计算方法由式(A.1)给出。

$$S = KT + C \qquad \cdots\cdots(A.1)$$

式中：

S——安全距离，单位为毫米(mm)；

K——人的身体或某部分靠近危险区域的速度，单位毫米每秒(mm/s)；

T——系统的总制动时间，单位为秒(s)；

C——附加距离，单位为毫米(mm)。

A.2.2 对于滑块不能在任意位置上停止的压力机其安全距离 S 的计算方法由式(A.2)给出。

$$S = KT_s + C \qquad \cdots\cdots(A.2)$$

式中：

S——安全距离，单位为毫米(mm)；

K——人的身体或某部分靠近危险区域的速度，单位毫米每秒(mm/s)；

C——附加距离，单位为毫米(mm)；

T_s——从手离开光幕至压力机的滑块到达下死点的时间，单位为秒(s)。

A.3 *K* 值的确定

A.3.1 当光电保护装置的光幕被水平安装时，应使用 1 600 mm/s。

A.3.2 当光电保护装置的光幕被垂直安装时，若安全距离不大于 500 mm，则使用 2 000 mm/s；若安全距离大于 500 mm，则使用 1 600 mm/s。

A.4 *T* 和 T_s 值的确定

A.4.1 系统的总制动时间 T 包括光电保护装置的响应时间和压力机的制动时间两部分。

A.4.2 光电保护装置的响应时间由光电保护装置的供方给出。

A.4.3 压力机的制动时间需要进行实际测量。

A.4.4 T_s 的计算方法由式(A.3)给出。

$$T_s = \left(\frac{1}{2} + \frac{1}{N}\right)T_n \qquad \cdots\cdots(A.3)$$

式中：

N——离合器的接合槽数；

T_n——曲轴回转一周的时间，单位为秒(s)。

A.5 *C* 值的确定

A.5.1 附加距离 C 以人手进入光电保护装置的光幕即感应区后，而未能达到引起光电保护装置感应时的进入长度为依据确定。

A.5.2 当在压力机上不使用光电保护装置的自保(启动—重启动联锁)功能时,根据其检测精度,在计算安全距离时,至少应使用表 A.1 的规定。

表 A.1

检测精度/mm	附加距离 C/mm	由光电保护装置进行行程启动
≤14	0	允许
>14～20	80	
>20～30	130	
>30～40	240	不允许
>40	850	

当在压力机上使用光电保护装置的自保(启动—重启动联锁)功能时,可取 $C=0$。

A.6 保护高度的确定

压力机配用光电保护装置的保护高度应不低于滑块最大行程与装模高度调节量之和。

A.7 安装高度位置的确定

应保证光电保护装置的保护高度覆盖滑块最大行程与装模高度调节量之和的区间。

附 录 B
（规范性附录）
影响光电保护装置电气系统的单一故障

B.1 导体和连接器

B.1.1 导体/电缆的单一故障及排除方法见表 B.1。

表 B.1

故　障	排除方法
任何导体两者之间的短路	导体采用永久性连接（如：不使用插头插座连接），并且通过诸如电缆、导管、防护罩壳的保护以防止外来的损伤
	采用屏蔽的多芯电缆做导体
任何导体的断路	无
任何导体与裸露的导电部件或保护导体间的短路	无
任何导体与活动部件间的短路	导体用支架固定，或通过端子组进行连接，以防止由于机械失灵而引起靠近机械的连接点发生短路故障

B.1.2 印刷电路和印刷电路板的单一故障及排除方法见表 B.2。

表 B.2

故　障	排除方法
相邻导体间的短路	漏电距离和间隔应符合 GB/T 16935.1—1997 的过电压（安装）类别Ⅲ，2 级污染等级规定。 装配的电路板被安装在防护等级至少为 IP54 的壳体内。印刷线路面需用防老化漆涂敷，或用保护层覆盖全部导电线路
任何导电线路的断路	无

B.1.3 端子集（接线盒）的单一故障及排除方法见表 B.3。

表 B.3

故　障	排除方法
相邻端子的短路	所用的端子要符合 GB 5226.1—2002 的 14.1.1 和 14.1.2 的要求
单个端子的断路	无

B.1.4 多芯连接器（如：电缆、继电器、集成电路的插头插座）的单一故障及排除方法见表 B.4。

表 B.4

故　障	排除方法
任何相邻两芯间的短路	相邻芯的情况应符合 B.1.2
对没有使用机械方法防止误接的互换的或可插错的连接器	无
单个连接芯的断路	无

B.2 开关

B.2.1 限位开关、手动开关和按钮(如:复位式启动器、自锁开关)的单一故障及排除方法见表 B.5。

表 B.5

故　障	排除方法
触点不闭合	无
触点不断开	无
相互绝缘的相邻触点间的短路	开关的选用需依据 GB 14048.5,并且开关的导电部件松动时不能通过触点之间的绝缘体形成桥联
三组切换触点之间同时短路	开关的选用需依据 GB 14048.5,并且开关的导电部件松动时不能通过触点之间的绝缘体形成桥联
注:也可参见表 B.6 的注。	

B.2.2 机械式电器件(如继电器、接触器)的单一故障及排除方法见表 B.6。

表 B.6

故　障	排除方法
不释放(触点粘连)(所有触点由于机械故障保持在供电状态)	无
不供电(触点不闭合)[由于机械故障,所有触点保持在断开状态(释放位置),线圈断路]	
单个触点不断开	无(见注)
单个触点不闭合	
三组转换触点之间同时短路	漏电和间隔尺寸应符合 GB/T 16935.1—1997 中过电压(安装)类别Ⅲ,2 级污染等级规定,并且松动的导电部件不能通过触点间的绝缘形成桥联
触点电路之间及触点与线圈端点之间的短路	漏电和间隔尺寸应符合 GB/T 16935.1—1997 中过电压(安装)类别Ⅲ,2 级污染等级规定,并且松动的导电部件不能通过触点与触点之间,以及触点与线圈端点之间的绝缘形成桥联
注:当使用机械(连接)触点的继电器/接触器时,触点的不释放能够通过监控集成线路里另一个触点的位置来检测。	

B.3 分立电气元件

B.3.1 变压器的单一故障及排除方法见表 B.7。

表 B.7

故　障	排除方法
单个绕组的断路	无
绕组之间的短路	此处各绕组需根据 GB 13028 的要求隔离

B.3.2 扼流圈的单一故障及排除方法见表 B.8。

表 B.8

故　障	排除方法
断路	无
短路	扼流圈是单层的、瓷芯的或罐式封装的，并采取轴向线连接和轴向装配
变化值 $0.5L_N < L < 2L_N$ L_N 是电感(系数)的额定值	无

B.3.3 电阻器的单一故障及排除方法见表 B.9。

表 B.9

故　障	排除方法
断路	无
短路	电阻是薄膜型的或是经过保护防止开裂的线绕型的，采用轴向装配、连接并涂漆。 不排除使用表面贴装技术的电阻
变化量 $0.5R_N < R < 2R_N$ R_N 是电阻的额定值	无

B.3.4 集成电阻器的单一故障及排除方法见表 B.10。

表 B.10

故　障	排除方法
单个电阻的断路	无
任何两个电阻之间的短路	无
单个电阻值的变化量 $0.5R_N < R < 2R_N$ R_N 为电阻的额定值	无

B.3.5 电位器的单一故障及排除方法见表 B.11。

表 B.11

故　障	排除方法
单个独立连接的断路	无
所有连接之间的同时短路	
任何两个连接之间的变化量 $0.5R_p < R < 2R_p$ R_p 为额定电阻值	

B.3.6 固定电容器和可调电容器的单一故障及排除方法见表 B.12。

表 B.12

故　障	排除方法
断路	无
短路	无，甚至包括自恢复电容器
变化量 $0.5C_N < C < 2C_N$ + 允差值 C_N 为额定值或固定值	无

B.4 固态电气元件

B.4.1 分立半导体元件(如二极管、晶体三极管、晶闸管、电压稳压/调压器、光敏晶体管或发光二极管)的单一故障及排除方法见表B.13。

表B.13

故　　障	排除方法
任何连接的断路	无
任何两个连接之间的短路	
所有连接之间的短路	
电气特性值的改变影响相关安全性输出信号超出规定信号范围的上、下限到该规定信号范围的25%	

B.4.2 光电耦合器的单一故障及排除方法见表B.14。

表B.14

可能的故障	排除方法
单个线路的断路	无
任何两个线路之间的短路: ——输入线路(发射器端); ——输出线路(接收器端); ——输入与输出之间	无
	根据GB/T 16935.1—1997表1过电压(安装)类别Ⅲ,元气件应有承受一定电压冲击的能力
电气特性参数的变化使关系安全的输出信号超出规定信号范围的上、下限到该规定信号范围的25%	无

B.4.3 简单集成电路的单一故障及排除方法见表B.15。

表B.15

故　　障	排除方法
单个线路的断路	无
任何两个线路之间的短路	无
在所有输入端和输出端,有单个或同时有多个持久保持为"0"或"1"(就是与相分离的输入端或输出端的正极或负极短路)	无
电气特性的变化使关系安全的输出信号超出规定信号范围的上、下限到该规定信号范围的25%	无

B.4.4 复杂的或可编程的集成电路的单一故障及排除方法见表B.16。

表 B.16

故　　障	排除方法
器件或全部功能的缺陷，这些缺陷可能是： ——不工作； ——改变逻辑； ——受时序影响	无
由于集成电路的复杂性，在硬件方面未被检测到的故障	无
在元件的储存和处理方面，通过程序的完全运行而未暴露的故障	无
在 B.4.3 中的故障	见 B.4.3

ICS 43.040.20
T 38

中华人民共和国国家标准

GB 4599—2007
代替 GB 4599—1994

汽车用灯丝灯泡前照灯

Motor vehicle headlamps equipped with filament lamps

2007-11-01 发布　　2008-06-01 实施

中华人民共和国国家质量监督检验检疫总局
中国国家标准化管理委员会　发布

前言

本标准的全部技术内容为强制性。

本标准对应于联合国欧洲经济委员会ECE R1—1998《关于装用R2和/或HS1类灯丝灯泡，发射非对称近光和/或远光的机动车前照灯认证的统一规定》、ECE R5—1998《关于发射欧洲非对称近光和/或远光的机动车封闭式前照灯（SB）认证的统一规定》、ECE R8—1999《关于装用（H1、H2、H3、HB3、HB4、H7、H8、H9、HIR1、HIR2和/或H11类）卤钨灯丝灯泡，发射非对称近光和/或远光的机动车前照灯认证的统一规定》、ECE R20—1998《关于装用（H4类）卤钨灯丝灯泡，发射非对称近光和/或远光的机动车前照灯认证的统一规定》、ECE R31—1998《关于发射非对称近光和/或远光的机动车卤钨封闭式单元（HSB）认证的统一规定》和ECE R112—2001《关于装用灯丝灯泡，发射非对称近光和/或远光的机动车前照灯认证的统一规定》，一致性程度为非等效，主要差异如下：

——删除了管理条款；

——删除了"农用或林用拖拉机和其他慢速车辆用前照灯（或SB灯光组）"附件；

——删除了"HSB灯光组电气连接（插片）"附件；

——删除了"检验员抽样的最低要求"附件；

——增加了相关灯丝灯泡和封闭式灯光组的光电性能表和电性能表；

——增加了检验规则，并修改了试验方法。

主要技术要求，如：一般要求、配光性能、光色、测试屏幕（右侧行驶）、前照灯的配光性能稳定性试验、塑料配光镜前照灯的要求——配光镜或材料试样和整灯试验、试验程序、漫射光和透射光的测量方法、机械磨损试验方法、粘胶带附着力试验、制造商一致性检验的最低要求则与上述法规一致。

本标准代替GB 4599—1994《汽车前照灯配光性能》，与前版相比较主要变化如下：

——标准名称由前版《汽车前照灯配光性能》改为本版《汽车用灯丝灯泡前照灯》；

——修改了前版第3章"术语"的内容，改为本版第3章的"术语和定义"；

——修改了前版第4章"前照灯同一型式规定"的内容，改为本版第4章的"前照灯的不同型式"；

——修改了前版的6.2，增加了HS1、HB3、HB4、H7、H8、H9、H11、HIR1和HIR2类型灯泡，扩大了灯丝灯泡的使用范围；

——修改了前版的第7章，删除了7.6，半封闭式前照灯近光Ⅲ区增加了八个测试点；

——修改了前版的第8章"试验方法"和第9章"检验规则"；

——增加了反射镜可调节的半封闭式前照灯配光性能试验方法；

——考虑到快速发展的交通运输对汽车照明的要求，本标准按ECE有关法规增加有关弯道照明的内容；

——增加了附录A"前照灯的配光性能稳定性试验"；

——增加了附录B"塑料配光镜前照灯的要求——配光镜或材料试样和整灯试验"；

——增加了附录C"试验顺序"；

——增加了附录D"漫射光和透射光的测量方法"；

——增加了附录E"机械磨损试验方法"；

——增加了附录F"粘胶带附着力试验"；

——增加了附录G"配光性能稳定性试验的点亮方式示例"。

本标准的附录A、附录B、附录C、附录D、附录E和附录F都是规范性附录。

本标准的附录G是资料性附录。

本标准实施之日起，GB 4599—1994 废止。新申请型式检验的汽车用灯丝灯泡前照灯必须符合本标准。

本标准实施的过渡要求：对于本标准实施前已通过型式检验的灯丝灯泡前照灯，给予 60 个月的过渡期。

本标准由国家发展和改革委员会提出。

本标准由全国汽车标准化技术委员会归口。

本标准起草由上海汽车灯具研究所负责起草。

本标准主要起草人：许谋和、费音、王华、孙国雄。

本标准所代替标准的历次版本发布情况为：

——GB 4599—1984、GB 4599—1994。

汽车用灯丝灯泡前照灯

1 范围

本标准规定了汽车用灯丝灯泡前照灯和封闭式前照灯的配光性能、试验方法和检验规则等。

本标准适用于M、N类汽车使用的各种类型前照灯(气体放电光源前照灯除外)。

2 规范性引用文件

下列文件中的条款,通过本标准的引用而成为本标准的条款。凡是注日期的引用文件,其随后所有的修改单(不包括勘误的内容)或修订版均不适用于本标准,然而,鼓励根据本标准达成协议的各方研究是否可使用这些文件的最新版本。凡是不注日期的引用文件,其最新版本适用于本标准。

GB 4785 汽车及挂车外部照明和光信号装置的安装规定

GB 15766.1 道路机动车辆灯丝灯泡 尺寸、光电性能要求(GB 15766.1—2000,idt IEC 60809:1995)

ECE R37 关于机动车及其挂车灯具认证用灯丝灯泡认证的统一规定

3 术语和定义

GB 4785 确立的以及下述术语和定义适用于本标准。

3.1

配光 light distribution

灯具发射的可见光的光度(照度或发光强度等)分布。

3.2

近光 passing beam

当车辆前方有道路其他使用者时,所使用的一种不使对方眩目或引起不舒适感的近距离照明光束。

3.3

远光 driving beam

当车辆前方无道路其他使用者时,所使用的一种远距离照明光束。

3.4

配光镜 lens

通过发光面透射光束灯的最外面的部件。

3.5

涂层 coating

配光镜外表面上使用的一层或多层涂料产品。

3.6

灯光组 beam unit

配光镜、反射镜和光源(灯泡或灯丝组件)等的组合件。

3.6.1

封闭式灯光组 sealed beam unit

结合成一个不可拆整体的灯光组。分为白炽封闭式灯光组(SB)和卤钨封闭式灯光组(HSB)两种。

3.6.2

半封闭式灯光组 beam unit with replaceable filament lamp

灯丝灯泡可拆卸更换的灯光组。

3.7

封闭式前照灯 sealed beam headlamp

采用封闭式灯光组的前照灯。

3.8

半封闭式前照灯 headlamp with replaceable filament lamp

采用半封闭式灯光组的前照灯。

3.9

前照灯 headlamp

提供远光,或近光,或远、近光的照明车辆前方道路的灯具。

3.10

标称电压 rated voltage

灯泡或封闭式灯光组上标明的电压(单位:V)。

3.11

标称功率 rated wattage

灯泡或封闭式灯光组上(或其包装盒上)标明的功率(单位:W)。

3.12

配光屏幕 measuring screen

测试灯具配光性能的屏幕。

3.13

明暗截止线 cut-off line

光束投射到配光屏幕上,目视感觉到的明暗显著变化的分界线。

3.14

照准 aiming

配光测试时,光束在配光屏幕上的定位。

3.15

HV 点,h-h(hh)线和 v-v(vv)线 HV point,h-h(hh)and v-v(vv)lines

3.15.1

HV 点 HV point

通过灯具基准中心的水平线至配光屏幕上的垂足。

3.15.2

h-h 线 h-h line

在配光屏幕上通过 HV 点的水平线。

3.15.3

v-v 线 v-v line

在配光屏幕上通过 HV 点的铅垂线。

3.16

标准灯丝灯泡 standard filament lamp

测量配光性能的灯泡,具有无色的泡壳(琥珀色灯泡除外)和缩小的灯丝几何尺寸公差,每种类型的标准灯丝灯泡仅规定一种标称电压。

3.17

不同级别(A 级或 B 级)的前照灯[1] different classes(A or B)headlamp

由特定配光性能规定识别的半封闭式前照灯(见表 3)。

1) A 级前照灯目前装用 R2 和 HS1 灯丝灯泡。

3.18

整灯　Complete headlamp

整灯是指整个灯具本身,包括灯体周围可能影响散热的灯体部件和灯。

4　前照灯的不同型式

在以下主要方面有差异的前照灯:

——商标名称或商标;

——光学系统的特性;

——通过反射、折射、吸收和/或工作时的变形,改变光学效果的部件;

——提供的光束种类(近光,远光,弯道照明或远、近光);

——配光镜及其涂层的材料;

——灯丝灯泡类型;

——对于封闭式前照灯,还包括标称电压、标称功率、灯丝形状;

——对于半封闭式前照灯,还包括其级别。

5　技术要求

5.1　一般要求

5.1.1　前照灯应设计和制造成在正常使用条件下,即使受到振动,仍能保证满足使用要求和符合本标准规定。

5.1.2　前照灯应具有光束调整装置。当近光灯和远光灯形成一组合体,并各自装有灯丝灯泡(或灯光组)时,调整装置应能对它们分别进行调整,这些要求不适用于远光灯和近光灯不能单独调节的前照灯组合体,这种型式的组合体适用于以下5.7.5的要求。

5.1.3　半封闭式前照灯的灯丝灯泡,即使在黑暗中也应能将其安装在正确位置上。

5.1.4　封闭式前照灯的插片应坚固,连接牢固。

5.1.5　当前照灯发生故障的时候,图1中h-h线以上的照度值不大于5.7.4.2之表3中规定的近光限值;并且,近光和/或远光设计为提供弯道照明的前照灯,必须满足25 V点(v-v线上,h-h线下75 cm处)照度不小于5 lx。

5.2　前照灯的光色应为白色,其色度特性应符合GB 4785规定。

5.3　半封闭式前照灯应使用符合GB 15766.1或ECE R37规定的灯丝灯泡,部分灯丝灯泡类型及其光电性能如表1所示。

表1

灯丝灯泡类型		R2		H1		H2		H3		H4	
标称电压/V		12	24	12	24	12	24	12	24	12	24
标称功率/W		45/40	55/50	55	70	55	70	55	70	60/55	75/70
试验电压/V		13.2	28.0	13.2	28.0	13.2	28.0	13.2	28.0	13.2	28.0
在试验电压下	功率/W	≤(57/51)	≤(76/69)	≤68	≤84	≤68	≤84	≤68	≤84	≤(75/68)	≤(85/80)
	光通量/lm	(≥860)/(675±15%)	(≥1 000)/(860±15%)	1 550±15%	1 900±15%	1 800±15%	2 150±15%	1 450±15%	1 750±15%	(1 650/1 000)±15%	(1 900/1 200)±15%
灯头型号		P45t		P14.5s		X511		PK22s		P43t-38	

表 1（续）

灯丝灯泡类型		H7		HB3	HB4	HS1	H8	H9	HIR1	HIR2	H11	
标称电压/V		12	24	12	12	12	12	12	12	12	12	24
标称功率/W		55	70	60	51	35/35	35	65	65	55	55	70
试验电压/V		13.2	28.0	13.2	13.2	13.2	13.2	13.2	13.2	13.2	13.2	28.0
在试验电压下	功率/W	≤58	≤75	≤73	≤62	35±5%	≤43	≤73	≤73	≤63	≤62	≤80
	光通量/lm	1 500±10%	1 750±10%	1 860±12%	1 095±15%	(825/525)±15%	800±15%	2 100±10%	2 500±15%	1 875±15%	1 350±10%	1 600±10%
灯头型号		PX26d		P20d	P22d	PX43t	PGJ19-1	PGJ19-5	PX20d	PX22d	PGJ19-2	

5.4 封闭式灯光组的标称电压,标称功率及其在试验电压下的功率允差,应如表 2 所示。

表 2

类　　别			白炽灯(SB)				卤钨灯(HSB)
透光直径或尺寸/mm			φ136	φ170	100×165[a]	132×190[a]	[b]
标称电压/V[c]			12	12	12	12	12
标称功率/W	双光束	远光	37.5	60	40	65	60
		近光	50	50	60	55	55
	单光束	远光	50	75	50	—	—
		近光	50	50	—	—	—
试验电压/V			12.0	12.0	12.0	12.0	13.2
试验电压下功率及允差/W	双光束	远光	≤37.5	≤60	≤40	≤65	≤75
		近光	≤50	≤50	≤60	≤55	≤68
	单光束	远光	≤50	≤75	≤50	—	—
		近光	≤50	≤50	—	—	—

a 该规格功率根据国内实际使用情况和国际相关标准确定。

b 其透光直径或尺寸参照白炽灯。

c 标称电压为 24 V 的封闭式灯光组正在研究中。

5.5 前照灯在按本标准规定测量了配光值之后,其整灯应符合附录 A“前照灯的配光性能稳定性试验”的规定。

5.6 若前照灯的配光镜是塑料材料,还应符合附录 B“塑料配光镜前照灯的要求——配光镜或材料试样和整灯试验”的规定。

5.7 配光性能

5.7.1 前照灯的配光应使近光具有足够的照明和不眩目,远光具有良好的照明。弯道照明可以通过附加光源来实现,该附加光源是近光灯的一部分。

5.7.2 如果弯道照明光束通过下列方法获得,下述 5.7.4 的要求也适用于设计成提供弯道照明光束的前照灯。

5.7.2.1 旋转近光光束或水平移动明暗截止线转折处;

5.7.2.2 移动前照灯的一个或多个光学部件，而明暗截止线转折处在水平方向保持不动；

5.7.2.3 增加一个光源，而明暗截止线转折处在水平方向保持不动。

5.7.3 配光性能应在距离前照灯基准中心前25 m的配光屏幕上测量，各测试点、区的位置如图1所示。

单位为毫米

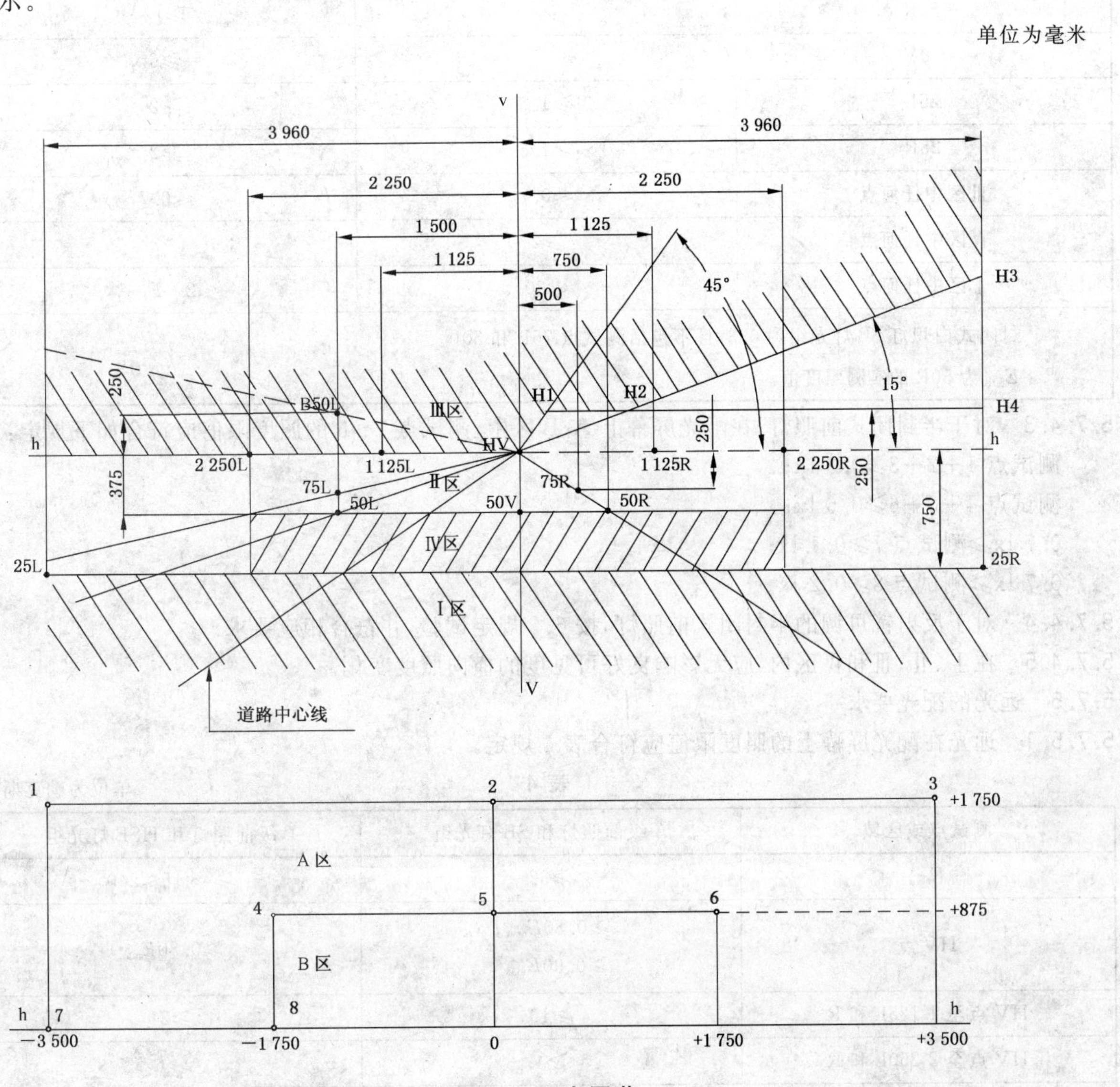

图1 配光屏幕

5.7.4 近光的配光要求

5.7.4.1 在配光屏幕上，近光应产生明显的明暗截止线，其水平部分位于v-v线左侧，右侧为HVH2H3线或HVH1H2H4线。

5.7.4.2 在配光屏幕上的照度限值，应符合表3规定。

表3

单位为勒克斯

测试点或区域	A级前照灯和SB灯光组	B级前照灯和HSB灯光组
B50L	≤0.3[a]；≤0.4	≤0.4
75R	≥6	≥12
75L	≤12[a]	≤12

表 3（续）

单位为勒克斯

测试点或区域	A 级前照灯和 SB 灯光组	B 级前照灯和 HSB 灯光组
50L	≤15[a]	≤15
50R	≥6	≥12
50V	—	≥6
25L	≥1.5	≥2
25R	≥1.5	≥2
Ⅲ区中任何点	≤0.7	≤0.7
Ⅳ区中任何点	≥2	≥3
Ⅰ区中任何点	≤20	≤2·E_{50R}[b]

a　封闭式白炽灯 SB 灯光组为 0.3，且不包括测试点 75L 和 50L。

b　E_{50R}为 50R 的实测照度值。

5.7.4.3　对于半封闭式前照灯，在配光屏幕上 A、B 区中，测试点 1～8 的照度限值应符合如下规定：

测试点 1+2+3≥0.3 lx；

测试点 4+5+6≥0.6 lx；

0.7 lx≥测试点 7≥0.1 lx；

0.7 lx≥测试点 8≥0.2 lx。

5.7.4.4　对于反射镜可调的半封闭式前照灯，按 6.5 规定试验，并符合相应要求。

5.7.4.5　在Ⅰ、Ⅱ、Ⅲ和Ⅳ区内，应无影响良好可见度的横向照度变化。

5.7.5　远光的配光要求

5.7.5.1　远光在配光屏幕上的照度限值应符合表 4 规定。

表 4

单位为勒克斯

测试点或区域	A 级前照灯和 SB 灯光组	B 级前照灯和 HSB 灯光组
E_{max}	≥32	≥48 且≤240
HV 点	≥0.80E_{max}； ≥0.90E_{max}[a]	≥0.80E_{max}
HV 点至 1 125L 和 R	≥16	≥24
HV 点至 2 250L 和 R	≥4	≥6

a　0.90E_{max}适用于 SB 灯光组。

5.7.5.2　对于反射镜可调的半封闭式前照灯，按 6.5 规定试验，并符合相应要求。

5.7.5.3　对于远、近光卤钨灯，其远光最大照度值应不大于近光 75 R 测量照度值的 16 倍。

5.7.6　配光屏幕上照度测量的有效面积，应包含在边长 65 mm 的正方形内。

6　试验方法

6.1　试验暗室、装置及设备

6.1.1　试验暗室应无漏光，其环境条件应不影响光束的透射性能和仪器精确度。

6.1.2　配光屏幕颜色应便于光束照准，配光测试时应消除杂散光影响。

6.1.3　配光测试应采用直流稳压电源，电气仪表准确度不低于 0.2 级，照度计应为国家检定规程中规定的一级照度计（其示值误差不超过±4%）。

6.2　配光测试时的电压和试验光通量

6.2.1 封闭式前照灯的配光测试应在标称电压下进行。

6.2.2 半封闭式前照灯的配光测试应使用相应类型的标准灯丝灯泡，并在表5规定的试验光通量下进行。若至少有一个标准灯丝灯泡使用后满足配光性能，则即为符合要求。

表5

单位为流明

灯丝灯泡类型	R2[a]	H1	H2	H3	H4	H7	H8
试验光通量(12 V左右)	700/450	1 150	1 300	1 100	1 250/750	1 100	600
灯丝灯泡类型	H9[b]	H11	HS1	HB3	HB4	HIR1[b]	HIR2
试验光通量(12 V左右)	1 500	1 000	700/450	1 300	825	1 840	1 355

a 新设计的前照灯不推荐使用。

b 只适用于装有前照灯清洗器的近光。

6.3 配光测试前，应将标准灯丝灯泡或封闭式灯光组以测试时的电压点亮，使其光性能趋于稳定。

6.4 配光测试时的照准

6.4.1 近光照准

6.4.1.1 垂直方向

明暗截止线的水平部分应位于h-h线以下25 cm处；

6.4.1.2 水平方向

明暗截止线的转折处应位于v-v线上，若转折处不清晰，则以满足75R和50R的照度值为准。

6.4.1.3 照准时为使明暗截止线清晰易见，允许遮蔽部分配光镜。

6.4.1.4 照准与否，以目视检验v-v线两侧各5°(219 cm)范围内的明暗截止线为准。

6.4.1.5 按上述照准后，若近光不满足要求，则允许明暗截止线在水平方向左、右各1°(44 cm)，垂直方向不超过h-h线的范围内进行调整。

6.4.1.6 当弯道照明光束通过旋转近光光束或水平移动明暗截止线转折处的方法获得时，测量应在前照灯总成完成水平重新照准后进行(如采用测角计)。

6.4.1.7 当弯道照明光束通过移动前照灯的一个或多个光学部件，而明暗截止线转折处在水平方向保持不动的方法获得时，测量应在这些光学部件位于极端操作位置时进行。

6.4.1.8 当弯道照明光束通过增加一个光源，而明暗截止线转折处在水平方向保持不动的方法获得时，测量应在该光源点亮时进行。

6.4.2 远光照准

光束最大照度区域中心位于HV点。

对可以单独调节的远光，需要进行远光的照准，否则，以近光作为照准基准，即在近光照准后，测量远光时不允许再作调整。

6.5 对于反射镜可调的半封闭式前照灯

6.5.1 相对于光源的中心与配光屏幕上HV点的连接线，了解与可调反射镜的每个使用位置相对应的试验测角计上的位置。之后，移动反射镜位置按6.4.1和6.4.2规定照准。

6.5.2 在按6.5.1规定初始定位反射镜后，近光应符合5.7.4规定，远光应符合5.7.5规定。

6.5.3 按下述规定进行附加试验：

垂直方向移动反射镜±2°(或者，若反射镜从其初始位置起，调整范围小于2°，则移动至最大调整位置)，之后，利用试验测角计反方向进行重新照准。此时，近光Ⅲ区(HV点)和75R以及远光E_{max}和E_{HV}点照度值应符合本标准规定。

6.5.4 若制造商规定反射镜有几个使用位置，则在每个使用位置上均按6.5.1至6.5.3规定试验。

6.5.5 若制造商未规定反射镜使用位置，则应在反射镜平均调整位置上按6.5.1至6.5.2规定试验。

之后，在反射镜移动至最大调整位置上，按6.5.3规定进行附加试验。

6.6 色度检验

6.6.1 对于半封闭式前照灯应使用标准光源A(色温2 856K)。

6.6.2 对于封闭式前照灯，应在试验电压下进行检验。

7 检验规则

7.1 前照灯的不同型式按本标准第4章规定判定。

7.2 前照灯应进行型式检验和生产一致性检验。符合以下7.3或7.4相应规定的，则认为该产品通过型式检验或一致性检验。

7.3 型式检验

7.3.1 制造商应提供：

7.3.1.1 足以识别该型式前照灯的图纸一式三份，图上应表明配光镜或反射镜的特性结构，并标明基准轴线，基准中心和安装在车辆上的几何位置。

对于反射镜可调的半封闭式前照灯，应标出反射镜的使用位置和调整范围。

对于按5.7.2提供弯道照明的前照灯，应提供调整范围。

7.3.1.2 一份简明的技术说明书。若是半封闭式前照灯，应规定所使用的灯丝灯泡类型。

7.3.1.3 样灯两只(半封闭式前照灯包括灯丝灯泡)。

7.3.1.4 对于塑料配光镜的塑料材料试验：

7.3.1.4.1 配光镜13块：

a) 其中6块配光镜，可以用最小尺寸为60 mm×80 mm的6块材料试样替代，其外表面的曲率半径不小于300 mm，中间有一个供测量用的尺寸至少为15 mm×15 mm的足够平的区域；

b) 每块配光镜或材料试样应是利用批量生产方法制造的。

7.3.1.4.2 不带配光镜的整灯一只(包括反射镜)。

7.3.2 有关配光镜和涂层材料的特性说明，若已进行过试验，则附上有关试验报告。

7.3.3 每只样灯应符合本标准5.1、5.3或5.4规定。

7.3.4 按本标准第6章规定进行试验，每只样灯应符合本标准5.2和5.7规定。

7.3.5 应符合本标准附录A规定。

7.3.6 对于使用塑料配光镜的前照灯还应符合本标准附录B规定。

7.4 生产一致性检验

7.4.1 对型式检验合格的产品，用从批量产品中随机抽取的样灯来判定其生产的一致性。有明显外观缺陷的前照灯不予考虑。

7.4.2 随机抽取的样灯，应符合本标准5.2、5.3、5.4或5.7规定。

7.4.3 按本标准第6章规定进行试验，随机抽取的样灯的配光性能应符合下述规定：

7.4.3.1 近光两种要求中任选一种：

7.4.3.1.1 近光照度限值按本标准5.7.4.2规定放宽20%，但其中B50L放宽0.2 lx，Ⅲ区放宽0.3 lx。

7.4.3.1.2 把近光B50L、75R、50V(只适用于B级前照灯)、25R和25L的有效测试区域扩大为以各测试点为圆心，半径为15 cm的圆。Ⅳ区高度从37.5 cm降至22.5 cm，宽度不变。其照度限值除B50L放宽0.1 lx，Ⅲ区(HV点)放宽0.2 lx外，其余照度限值仍按原规定。

7.4.3.2 远光照度限值按本标准5.7.5.1放宽20%，其中HV点放宽至$0.75E_{max}$。

7.4.4 应符合本标准附录A第A.2.3规定。

7.4.5 对于使用塑料配光镜的前照灯，还应符合本标准附录B的相应规定。

附 录 A
（规范性附录）
前照灯的配光性能稳定性试验

A.1 配光性能的稳定性试验

试验应在温度为23℃±5℃的干燥、静止的空气中进行，整灯应安装在能正确表示其装车位置的支架上。

A.1.1 清洁的前照灯

前照灯应按下述A.1.1.1规定点亮12 h，并按A.1.1.2规定检验。

A.1.1.1 试验方法

A.1.1.1.1 前照灯应按下述规定的方式点亮(参见附录G)：

a） 对于单一功能的远光灯、近光灯或前雾灯，相应的灯丝点亮12 h[2)]。

b） 对于一个近光灯和一个远光灯或多个远光组成的前照灯时，对于一个近光和一个前雾灯组成的前照灯：

若制造商规定，前照灯每次使用时点亮一根灯丝[3)]，则依次点亮近光灯丝和远光灯丝各6 h。

在所有其他情况下[2)3)]，近光灯丝点亮15 min，全部灯丝点亮5 min；并以此方式点亮共12 h。

c） 对一个前雾灯和一个远光组成的前照灯：

按a)规定，同时点亮所有的单独功能至规定的时间；按制造商规定，也可以使用混合照明功能b)的点亮方式。

1） 前照灯应按下述循环方式点亮至规定时间：

前雾灯点亮15 min；全部灯丝点亮5 min。

2） 若制造商说明前照灯使用时，每次只点亮前雾灯或只点亮远光[3)]，则应按该条件进行试验：按上述A.1.1规定的一半时间，依次点亮[2)]前雾灯和远光。

d） 对于具有近光，一个或几个远光和前雾灯的前照灯：

1） 前照灯应按下述循环方式点亮至规定时间：

近光灯丝点亮15 min；全部灯丝点亮5 min。

2） 若制造商说明前照灯使用时，每次只点亮近光或只点亮远光[3)]，则应按该条件进行试验：按上述A.1.1规定的一半时间，依次点亮[2)]近光和远光，同时，在远光工作期间，前雾灯应按下述循环方式点亮至规定时间的一半时间，即关闭15 min，点亮5 min。

3） 若制造商说明前照灯使用时，每次只点亮近光或只点亮前雾灯[3)]，则应按该条件进行试验：按上述A.1.1规定的一半时间，依次点亮[2)]近光和前雾灯，同时在近光工作期间，远光应按下述循环方式点亮至规定时间的一半时间，即关闭15 min，点亮5 min。

若制造商说明前照灯使用时，每次只点亮近光或只点亮远光[3)]或只点亮前雾灯，则应按该条件进行试验，按上述A.1.1规定的三分之一时间依次点亮近光，远光和前雾灯。

e） 当近光灯设计为通过附加光源来实现弯道照明，在近光的点亮过程中该附加光源应循环点亮1 min，然后熄灭9 min。

2） 当被试验的前照灯与信号灯组合，和/或混合时，信号灯应在试验期间点亮。对于转向信号灯，应以闪烁方式点亮，点亮和熄灭的时间比近似于为1∶1。

3） 当前照灯以闪烁方式工作时，两个或者两个以上灯的灯丝同时点亮，但这不是灯丝正常使用情况。

A.1.1.1.2 试验电压

对于半封闭式前照灯，应按 GB 15766.1 或 ECE R37 所规定的 90%最大功率调节灯丝灯泡电压。

除非制造商另有规定，否则在所有情况下是使用标称电压 12 V 的灯丝灯泡功率。在前一种情况下，应以功率最大的灯丝灯泡进行试验。

对于白炽封闭式前照灯，试验电压下的功率应比标称功率各高出 15%（标称电压 12 V）和 26%（标称电压 24 V）。

对于卤钨封闭式前照灯，应按 90%最大功率调节试验电压。

A.1.1.2 试验结果

A.1.1.2.1 目视检验

前照灯一旦冷却至环境温度，应以干净的湿棉布清洁其配光镜，目视检验配光镜应无明显变形、扭曲、裂纹或变色。

A.1.1.2.2 配光试验

为符合本标准要求，应检验近光 50R、B50L、HV 和远光 E_{max} 的配光值。包括配光方法公差在内，试验前、后，照度值允许偏差 10%。

由于支架可能受热变形，允许进行照准调节（明暗截止线的垂直位置变化按本附录 A.2 规定）。

A.1.2 污染的前照灯

前照灯按上述 A.1.1 规定试验后，应按下述 A.1.2.1 规定准备，然后按 A.1.1.1 规定点亮 1 h，之后按 A.1.1.2 规定检验。

A.1.2.1 前照灯的准备

A.1.2.1.1 试验混合物

A.1.2.1.1.1 对于玻璃配光镜前照灯

涂在前照灯配光镜上的试验混合物组成（质量比）如下：

——9 份颗粒度介于 0 μm～100 μm 硅砂；

——1 份颗粒度介于 0 μm～100 μm 植物性炭粉；

——0.2 份 NaCMC[4] 和适量的蒸馏水（其电导率小于 1 mS/m）。

试验混合物的有效期不超过 14 天。

A.1.2.1.1.2 对于塑料配光镜前照灯

涂在前照灯配光镜上的试验混合物组成（质量比）如下：

——9 份颗粒度介于 0 μm～100 μm 硅砂；

——1 份颗粒度介于 0 μm～100 μm 植物性炭粉；

——0.2 份 NaCMC；

——13 份蒸馏水（电导率小于 1 mS/m）；

——(2±1)份表面活性剂。

表面活性剂的用量公差使试验混合物能散布在整个配光镜上。试验混合物的有效期不超过 14 天。

A.1.2.1.2 试验混合物敷涂

试验混合物应均匀地涂在前照灯整个透光面上，待干燥后重复敷涂，直至远光 E_{max}，近光 50R 和 50 V照度值下降至初始值的 15%～20%。

A.1.2.1.3 测量设备

应使用与型式检验相类似的测量设备。对于半封闭式前照灯，配光性能测量应使用标准灯丝灯泡。

4) NaCMC 表示羧甲基纤维素钠盐，通常以 CMC 表示。试验混合物使用的 NaCMC，取代度(DS)为 0.6～0.7，在 20℃时，其 2%溶液黏度为(200～300)cP。

A.2 在受热影响下，明暗截止线垂直位置的变化试验

本试验用来检验在受热影响下，近光明暗截止线的垂直位置偏移是否超过规定值。

按本附录A.1规定试验后的前照灯，在不从试验支架上卸下或不作重新调整的情况下，应按下述A.2.1规定试验。

A.2.1 试验

试验应在温度为23℃±5℃的干燥、静止空气中进行。

使用至少已老练1 h的批量生产灯丝灯泡，按A.1.1.1.2规定调节试验电压点亮前照灯。

对于介于v-v线和通过B50L点垂直线之间的明暗截止线，分别测量前照灯工作3 min(r_3)和60 min(r_{60})时的垂直位置。

在保证准确度和结果复现性情况下，可以使用任何方法测量明暗截止线的垂直位置变化。

A.2.2 试验结果

当$\Delta r_{\mathrm{I}} = |r_3 - r_{60}| \leqslant 1$ mrad时，则应予以接收。

若1 mrad$<\Delta r_{\mathrm{I}} \leqslant 1.5$ mrad时，则第二只前照灯应按A.2.1规定试验。此时，前照灯近光应先经历1 h点亮，1 h熄灭三个时间循环。点亮电压应按A.1.1.1.2规定调节。

试验后，若$(\Delta r_{\mathrm{I}} + \Delta r_{\mathrm{II}})/2 \leqslant 1$ mrad，则应予以接收。

A.2.3 生产一致性

先经受A.2.2规定的三个连续时间循环，再按上述A.2.1规定试验，若$\Delta r_{\mathrm{I}} \leqslant 1.5$ mrad，则应予以接收。

若1.5 mrad$<\Delta r_{\mathrm{I}} \leqslant 2.0$ mrad，则第二只前照灯应按规定试验。当$(\Delta r_{\mathrm{I}} + \Delta r_{\mathrm{II}})/2 \leqslant 1.5$ mrad，则应予以接收。

附 录 B
（规范性附录）
塑料配光镜前照灯的要求——配光镜或材料试样和整灯试验

B.1 总的要求

B.1.1 按本标准 7.3.1.4 规定提供的试样，应满足下列 B.2.1 至 B.2.6 规定。

B.1.2 按本标准 7.3.1.3 规定提供的两只样灯和塑料配光镜应满足下列 B.2.7 规定。

B.1.3 所提供的塑料配光镜或材料试样，应按附录 C 表 C.1 顺序进行试验。

B.1.4 若灯具制造商可以证明已通过下列 B.2.1 至 B.2.6 规定的试验，则只需按附录 C 表 C.2 规定试验。

B.2 试验

B.2.1 耐温试验

B.2.1.1 试验

按下列次序，三件新的配光镜试样应进行五个循环的温度和湿度变化试验：

40℃±2℃，R.H.85%～95%：3 h；

23℃±5℃，R.H.60%～75%：1 h；

—30℃±2℃：15 h；

23℃±5℃，R.H.60%～75%：1 h；

80℃±2℃：3 h；

23℃±5℃，R.H.60%～75%：1 h。

在上述试验循环开始前，试样应在 23℃±5℃，R.H.60%～75%的环境中至少存放 4 h。

注：23℃±5℃/1 h 包括了为避免从一种温度转变到另一种温度的热冲击效应所需要的过渡时间。

B.2.1.2 结果

试验前、后，对于每件试样，近光 B50L、50R 和远光 E_{max} 上的照度值变化应不超过 10%。

对于半封闭式前照灯，应使用标准灯丝灯泡测量。

B.2.2 光源辐照试验

B.2.2.1 试验

三件新的配光镜或其材料试样，应进行光源辐照试验。光源的光谱能量分布相当于 5 500 K～6 000 K 的黑体。为尽可能减少波长小于 295 nm 和大于 2 500 nm 的辐射影响，光源与试样之间应放置相应的滤光片。试样的辐射照度为 1 200 W/m^2±200 W/m^2，试验期间接收到的辐射能量为 4 500 MJ/m^2±200 MJ/m^2。在试验箱内，与试样处在同一水平位置上的黑色板温度为 50℃±5℃。试样以 1 r/min～5 r/min 的速度环绕光源转动，并以下述循环方式喷洒电导率小于 1 mS/m(23℃±5℃时)的蒸馏水，即：5 min 喷洒，25 min 干燥，直至试验结束。

B.2.2.2 结果

试验后，试样外表面应无裂纹、擦伤、屑片和变形。其透过率变化 $\Delta t=(T_2-T_3)/T_2$ 的平均值 Δt_m，当按附录 D 规定的方法，对三件试样进行测量时，应不大于 0.020(即：$\Delta t_m \leqslant 0.020$)。

B.2.3 耐化学试剂试验

B.2.3.1 试验

在光源辐照试验后，三件试样的外表面应使用下述试验混合液进行试验。

试验混合液的体积百分比组成如下：

61.5% n-庚烷,12.5%甲苯,7.5%四氯乙烷,12.5%三氯乙烯和6%二甲苯。

试验时,将浸透上述混合液的棉布,在10 s内放在试样外表面上,并施加50 N/cm^2 的压力(相当于在14 mm×14 mm的试验表面上施加100 N的力),历时10 min。试验期间棉布应重复浸透混合液,以使试样表面上的液体成分与试验混合液一致。为了防止试样因施加压力而产生裂纹,允许对施加压力进行补偿。

试验后,试样应在户外空气中干燥。然后,先后使用温度为23℃±5℃的洗涤剂(本附录B.2.4.1.1)和杂质含量不超过0.2%的蒸馏水清洗,并用软棉布擦干。

B.2.3.2 结果

试验后,试样应无任何会引起光束漫射变化的污痕,其漫射光透过率变化 $\Delta d=(T_5-T_4)/T_2$ 的平均值 Δd_m,当按附录D规定的方法,对三件试样进行测量时,应不大于0.020(即:$\Delta d_m \leqslant 0.020$)。

B.2.4 耐洗涤剂和燃油试验

B.2.4.1 试验

B.2.4.1.1 耐洗涤剂

三件配光镜或其材料试样的外表面应加热到50℃±5℃,然后,浸入到23℃±5℃的洗涤剂混合液中5 min。

洗涤剂混合液由99份杂质含量不超过0.02%的蒸馏水和1份烷基去垢剂组成。

试验后,在50℃±5℃下干燥试样,并用湿棉布擦净试样表面。

B.2.4.1.2 耐燃油

然后,三件试样的外表面,用浸有体积百分比为70% n-庚烷和30%甲苯的燃油试剂的棉布轻擦1 min。之后,应在室外空气中干燥。

B.2.4.2 结果

在依次进行了上述两项试验后,三件试样透过率变化 $\Delta t=(T_2-T_3)/T_2$ 的平均值 Δt_m,当按附录D规定的方法测量时,应不大于0.010(即:$\Delta t_m \leqslant 0.010$)。

B.2.5 机械磨损试验

B.2.5.1 试验

三件新的配光镜试样,应按附录E规定的方法进行机械磨损试验。

B.2.5.2 结果

试验后,试样透过率变化 $\Delta t=(T_2-T_3)/T_2$,漫射透过率变化 $\Delta d=(T_5-T_4)/T_2$,当按附录D规定的方法,在本标准7.3.1.4.1a)规定的区域内,对三件试样进行测量时,其平均值应为:$\Delta t_m \leqslant 0.100$,$\Delta d_m \leqslant 0.050$。

B.2.6 配光镜涂层附着力试验

B.2.6.1 试验

在配光镜涂层20 mm×20 mm表面区域上,用刀片或尖针刻划成约2 mm×2 mm的格子,其用力应划透涂层。

使用宽度不小于25 mm的粘胶带,按压在上述网格区域上至少5 min。在按附录F规定的标准条件下测量粘胶带的附着力应为2 N/cm(粘胶带宽度)±20%。

然后,在粘胶带一端,垂直于表面方向上施加与附着力平衡的力,以1.5 m/s±0.2 m/s均匀速度撕去粘胶带。

B.2.6.2 结果

试验后,网格区域应无可见的损伤。格子交点和划痕损伤应不大于网格面积的15%。

B.2.7 塑料配光镜的整灯试验

B.2.7.1 机械磨损试验

1号样灯应按上述B.2.5.1规定进行配光镜机械磨损试验。

试验后,B50L 和 HV 点的照度值应不比规定的最大值大 30%,75R 点的照度值应不比规定的最小值小 10%。

B.2.7.2 配光镜涂层附着力试验

2 号样灯应按上述 B.2.6 规定进行试验。

B.3 生产一致性检验

就配光镜材料而言,在下述情况下,其生产一致性符合本标准要求:

B.3.1 按本附录 B.2.3 和 B.2.4 规定,进行耐化学试剂,耐洗涤剂和燃油试验后,试样外表面应无可见的裂纹,屑片或变形;

按本附录 B.2.7.1 规定进行机械磨损试验后,B50L、HV 和 75R 点上的照度值应符合本标准生产一致性检验规定限值。

B.3.2 若试验结果不满足要求,则应对随机抽取的另一只样灯重复进行试验。

附 录 C
（规范性附录）
试 验 顺 序

C.1 按本标准 7.3.1.4 规定提供的塑料配光镜或材料试样试验见表 C.1。

表 C.1

序号	试验（条款）	试样												
		配光镜或材料试样						配光镜						
		1	2	3	4	5	6	7	8	9	10	11	12	13
1	近光 B50L、50R 和远光 E_{max} 测量(B.2.1.2)	—	—	—	—	—	—	—	—	—	√	√	√	—
	耐温试验(B.2.1.1)	—	—	—	—	—	—	—	—	—	√	√	√	—
	近光 B50L、50R 和远光 E_{max} 测量(B.2.1.2)	—	—	—	—	—	—	—	—	—	√	√	√	—
2	透过率测量 T_2（见附录 D）	√	√	√	√	√	√	√	√	√	—	—	—	—
3	漫射透过率测量 T_4（见附录 D）	√	√	√	—	—	—	√	√	√	—	—	—	—
4	光源辐照试验(B.2.2.1)	√	√	√	—	—	—	—	—	—	—	—	—	—
	透过率测量 T_3(B.2.2.2)	√	√	√	—	—	—	—	—	—	—	—	—	—
5	耐化学试剂试验(B.2.3.1)	√	√	√	—	—	—	—	—	—	—	—	—	—
	漫射透过率测量 T_5(B.2.3.2)	√	√	√	—	—	—	—	—	—	—	—	—	—
6	耐洗涤剂试验(B.2.4.1.1)	—	—	—	√	√	√	—	—	—	—	—	—	—
	耐燃油试验(B.2.4.1.2)	—	—	—	√	√	√	—	—	—	—	—	—	—
	透过率测量 T_3(B.2.4.2)	—	—	—	√	√	√	—	—	—	—	—	—	—
7	机械磨损试验(B.2.5.1)	—	—	—	—	—	—	√	√	√	—	—	—	—
	透过率测量 T_3(B.2.5 2)	—	—	—	—	—	—	√	√	√	—	—	—	—
	漫射透过率测量 T_5(B.2.5.2)	—	—	—	—	—	—	√	√	√	—	—	—	—
8	配光镜涂层附着力试验(B.2.6)	—	—	—	—	—	—	—	—	—	—	—	—	√

C.2 按本标准 7.3.1.3 规定提供的整灯试验见表 C.2。

表 C.2

试验（条款）	试样	
	整灯 1	整灯 2
机械磨损试验(B.2.7.1)	√	—
B50L、HV 和 75R 测量(B.2.7.1)	√	—
配光镜涂层附着力试验(B.2.7.2)	—	√

附　录　D
（规范性附录）
漫射光和透射光的测量方法

D.1　设备（见图 D.1）

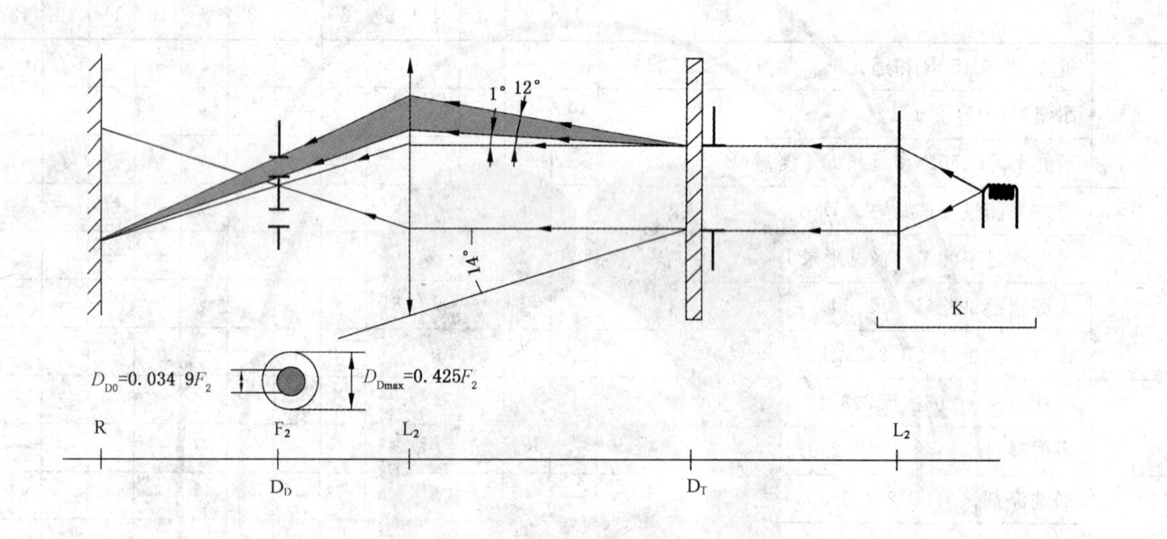

图 D.1　透射和漫射变化测量用光学装置

平行光管 K 的光束半发散角$\frac{\beta}{2}=17.4\times10^{-4}$ rad，且受到位于试样架处孔径为 6 mm 的光阑 D_T 的限制。

光阑 D_T 和接收器 R 之间，由消色差透镜 L_2（已校正球差）耦合，L_2 的直径应使试样在半顶角为$\frac{\beta}{2}=14°$圆锥内的漫射光通过。环形光阑 D_D 位于 L_2 透镜的焦平面上，其半张角分别为$\frac{\alpha}{2}=1°$和$\frac{\alpha_{max}}{2}=12°$。［即：$D_{D0}=2\cdot\tan\left(\frac{\alpha}{2}\right)\cdot F_2=0.034\ 9F_2$，$D_{Dmax}=2\cdot\tan\left(\frac{\alpha_{max}}{2}\right)\cdot F_2=0.425F_2$］。

D_D 环形光阑中心的不透光部分用来阻断光源的直射光，可以从光路中移去，但能精确地放回到原始位置上。

L_2D_T 距离和透镜 L_2 焦距 F_2[5)]的选择，应使 D_T 的像完全覆盖接收器 R。

当初始入射光通量为 1 000 单位时，每次读数的绝对精密度应高于 1 单位。

D.2　测量

应取得表 D.1 的读数。

5）　建议使用焦距为 80 mm 的 L_2 透镜。

表 D.1

读数	试样	D_D 中心部分	备　注
T_1	无	无	入射光的初始读数
T_2	有(试验前)	无	新材料在24°角视场中的透射光读数
T_3	有(试验后)	无	试验后材料在24°角视场中的透射光读数
T_4	有(试验前)	有	新材料的漫射光读数
T_5	有(试验后)	有	试验后材料的漫射光读数

附 录 E
（规范性附录）
机械磨损试验方法

E.1 试验设备

E.1.1 喷枪

喷枪应装有一直径为 1.3 mm 的喷嘴，当工作压力为 $0.6^{+0.05}_{-0}$ MPa 时，喷射液的流量为(0.24±0.02)L/min。在距离喷嘴 380 mm±10 mm 处的磨损表面上，扇状散布的喷射流形成一直径为 170 mm±50 mm 的区域。

E.1.2 试验混合液

由莫尔硬度 7，颗粒度介于 0 mm～0.2 mm，并呈正常分布，角因子 1.8～2 的硅砂和硬性不超过 205 g/m^3 的水组成。其配比为每升水含硅砂为 25 g。

E.2 试验

配光镜外表面应经受一次或多次上述含砂喷射流的作用，喷射流应基本垂直于与试样表面。

在进行试验的配光镜附近，放置一块或数块作为基准的玻璃试样，以此来检验磨损情况以及试样整个表面磨损的均匀性。

混合液的喷射试验，直至按附录 D 规定方法测量的基准玻璃试样漫射透过率的变化如下所示时才终止，即：

$\Delta d=(T_5-T_4)/T_2=0.0250\pm0.0025$。

附 录 F
（规范性附录）
粘胶带附着力试验

F.1 目的

本方法用来确定在标准条件下，粘胶带对玻璃板的线性附着力。

F.2 原理

测量出以90°角从一块玻璃板上撕去粘胶带所需要的力。

F.3 标准条件

温度23℃±5℃，相对湿度65%±15%。

F.4 试验用粘胶带段

试验前，成卷的粘胶带应在上述标准条件下放置24 h。

每卷粘胶带的前三圈予应以废弃，之后裁取长400 mm的5段粘胶带进行试验。

F.5 方法

试验应在标准条件下进行。

以近似300 mm/s的速度，将粘胶带展开，并裁取5段试验段，然后在15 s内按下述方法进行试验。

用手指沿粘胶带长度方向轻抹，将其逐渐贴在玻璃板上，所施加的力在于排除两者之间的气泡。约留出25 mm长的粘胶带不粘贴在玻璃板上，之后，在标准条件下放置10 min。固定玻璃板，粘胶带的自由端折成90°，在垂直于玻璃板方向上用力，以300 mm/s±30 mm/s的速度撕去粘胶带试验段，记录所需要的力。

F.6 结果

将所得到的5个数据按大小顺序排列，并取中间值作为测量结果，单位为N/cm(粘胶带宽度)。

附 录 G
（资料性附录）
配光性能稳定性试验的点亮方式示例

G.1 配光性能稳定性试验的点亮方式示例

P：近光灯

D：远光灯（D_1+D_2 表示两个远光）

F：前雾灯

▬ ▬ ▬ ▬ ▬ ▬ ▬ ：指 15 min 关闭和 5 min 点亮循环方式

下述前照灯和前雾灯组合，只是作为一种示例。

示例 1：P 或 D 或 F（B 级前照灯近光灯或 B 级前照灯远光灯或前雾灯）

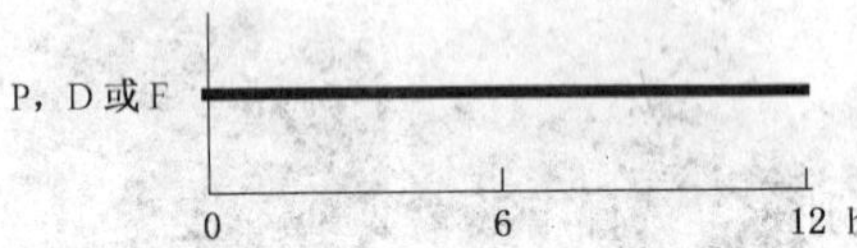

示例 2：P+D（B 级前照灯远近光灯）或 $P+D_1+D_2$（B 级前照灯远近光灯和近光灯）

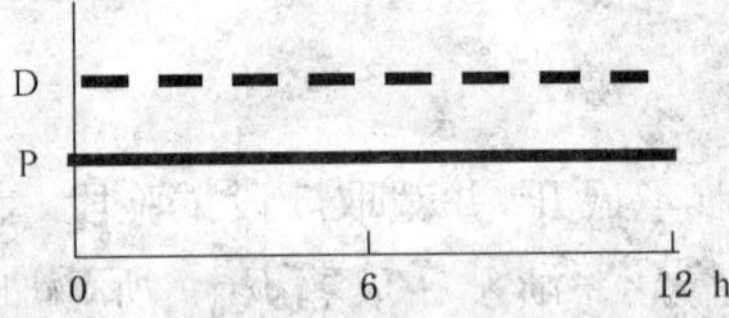

示列 3：P+D（B 级前照灯远近光灯，其中近光不能与远光同时点亮）或 $P+D_1+D_2$（B 级前照灯远近光灯和 B 级前照灯远光灯，其中近光不能与远光同时点亮）

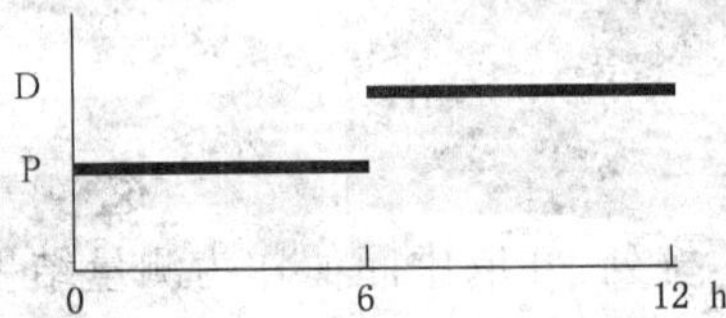

示例 4：P+F（B 级前照灯近光灯和前雾灯）

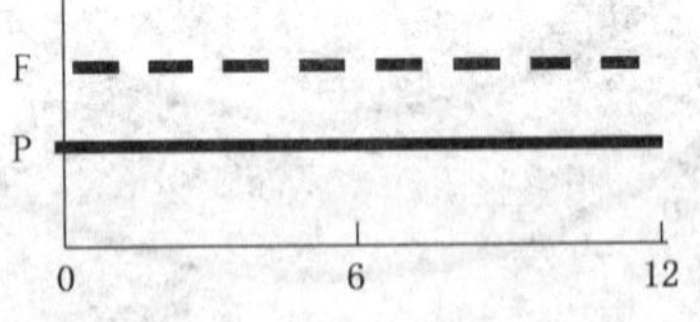

示例 5：P+F（B 级前照灯近光灯和前雾灯，其中前雾灯不能与其他组合灯同时点亮；或者 B 级前照灯近光灯和前雾灯，其中近光灯不能与其他组合灯同时点亮）

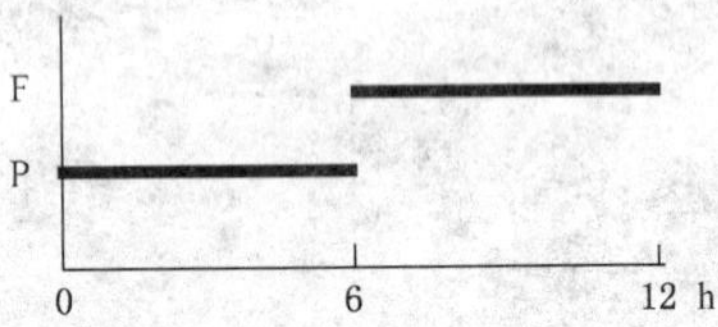

示例 6:D+F(B 级前照灯远光灯和前雾灯)或 D_1+D_2+F(B 级前照灯远光灯和 B 级前照灯远光灯和前雾灯)

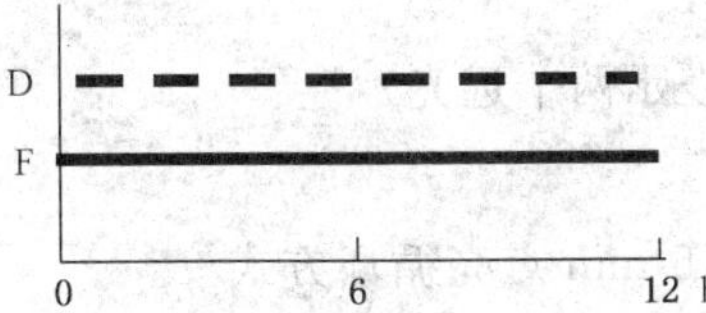

示例 7:D+F(B 级前照灯远光灯和前雾灯,其中前雾灯不能与其他组合灯同时点亮)或 D_1+D_2+F(B 级前照灯远光灯和 B 级前照灯远光灯和前雾灯,其中前雾灯不能与其他组合灯同时点亮)

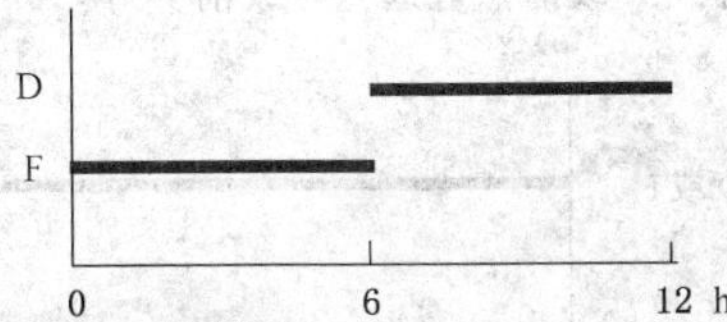

示例 8:P+D+F(B 级前照灯远近光灯和前雾灯)或 P+D_1+D_2+F(B 级前照灯远近光灯和 B 级前照灯远光灯和前雾灯)

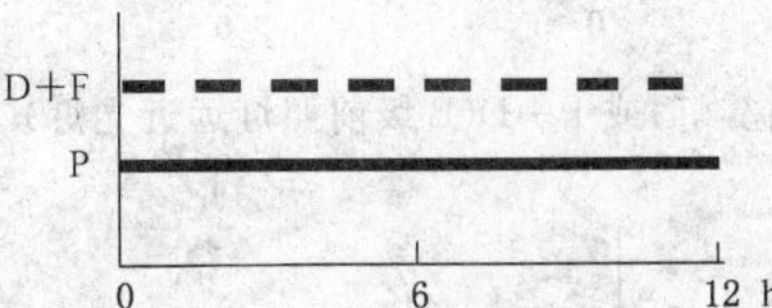

示例 9:P+D+F(B 级前照灯远近光灯,其中近光不能与其他组合灯同时点亮)或 P+D_1+D_2+F(B 级前照灯远近光灯和 B 级前照灯远光灯和前雾灯,其中近光不能与其他组合灯同时点亮)

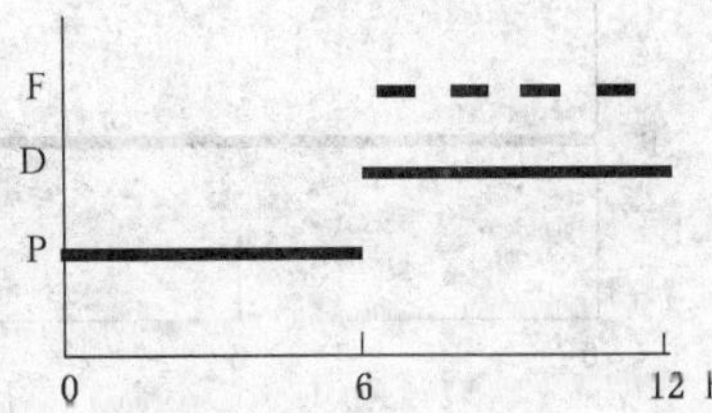

示例 10:P+D+F(B 级前照灯远近光灯和前雾灯,其中前雾灯不能与其他组合灯同时点亮)或 P+D_1+D_2+F(B 级前照灯远近光灯和 B 级前照灯远光灯和前雾灯,其中前雾灯不能与其他组合灯同时点亮)

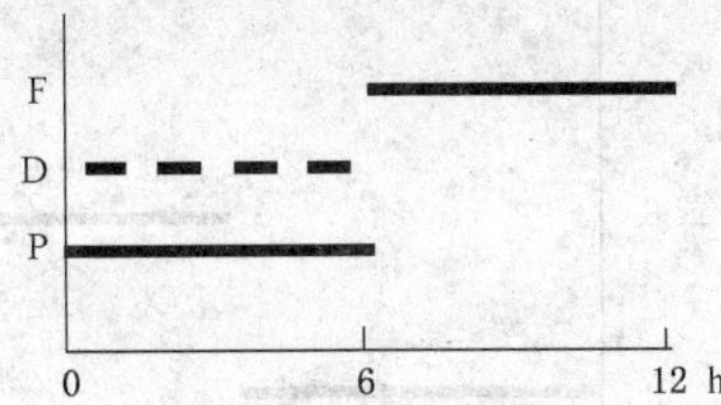

示例 11:P+D+F(B 级前照灯远近光灯和前雾灯,其中近光灯和前雾灯不能与其他组合灯同时点亮)或 P+D_1+D_2+F(B 级前照灯远近光灯和 B 级前照灯远光灯和前雾灯,其中近光灯和前雾灯不能与其他组合灯同时点亮)

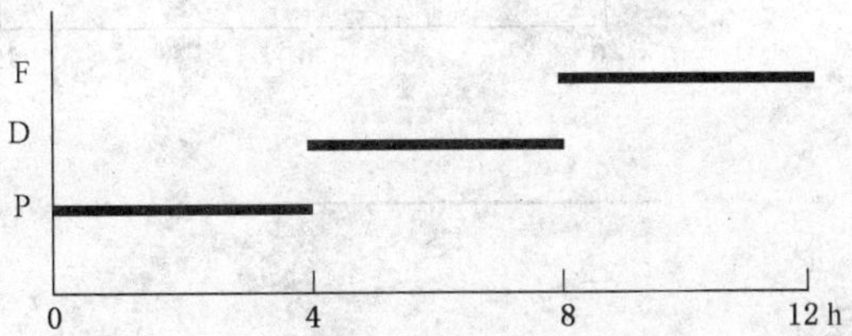

G.2 含弯道照明附加光源的前照灯配光性能稳定性试验中点亮方式示例

P:近光灯

D:远光灯(D_1+D_2 表示两个远光)

F:前雾灯

- - - - - - - - :指 15 min 关闭和 5 min 点亮循环方式

.... :指 9 min 关闭和 1 min 点亮循环方式

下述前照灯和前雾灯组合,只是作为一种示例。

示例 1:P 或 D 或 F(B 级前照灯近光灯或 B 级前照灯远光灯或前雾灯)

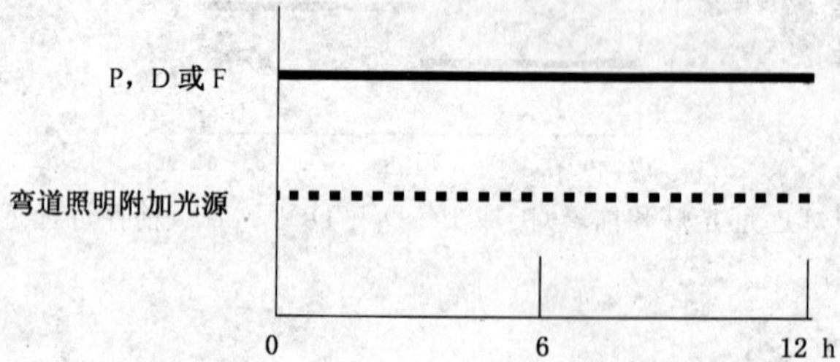

示例 2:P+F(B 级前照灯近光灯和前雾灯)或 P+D(B 级前照灯远近光灯)

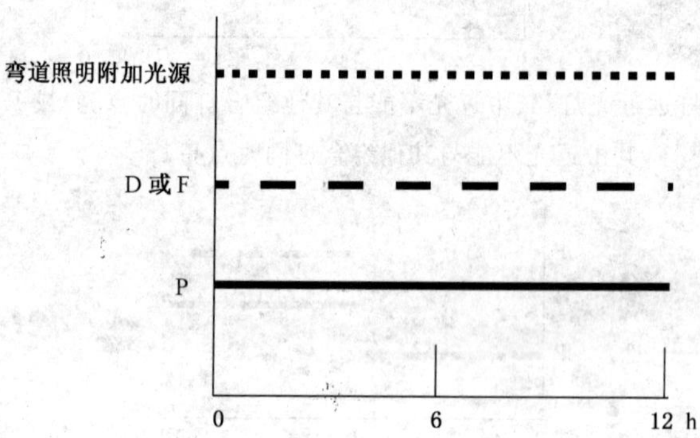

示例 3:P+F(B 级前照灯近光灯和前雾灯,其中前雾灯不能与其他组合灯同时点亮;或者 B 级前照灯近光灯和前雾灯,其中近光灯不能与其他组合灯同时点亮)或 P+D(B 级前照灯远近光灯,其中近光不能与远光同时点亮)

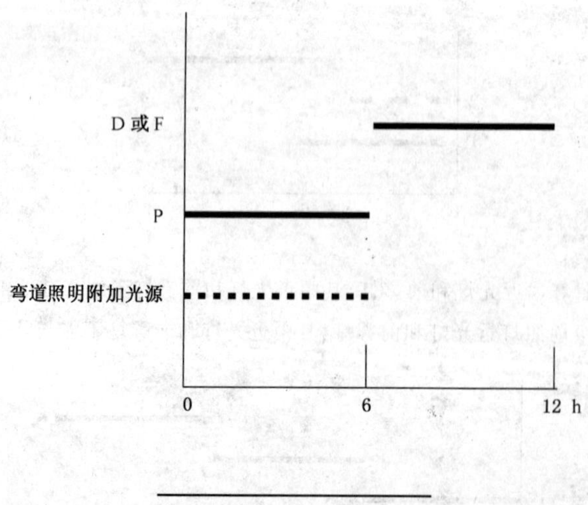

ICS 23.040.60
J 15

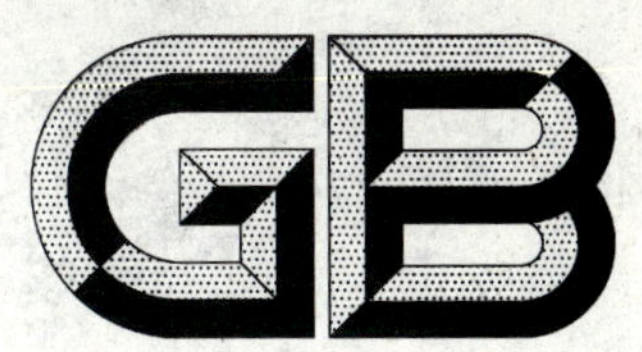

中华人民共和国国家标准

GB/T 4622.3—2007
代替 GB/T 4622.3—1993

缠绕式垫片　技术条件

Specification of spiral wound gaskets

2007-09-26 发布　　　　2008-02-01 实施

中华人民共和国国家质量监督检验检疫总局
中国国家标准化管理委员会　发布

前言

GB/T 4622《缠绕式垫片》由以下三部分组成：

——第1部分：缠绕式垫片 分类；

——第2部分：缠绕式垫片 管法兰用垫片尺寸；

——第3部分：缠绕式垫片 技术条件。

本部分为GB/T 4622的第3部分。

本部分代替GB/T 4622.3—1993《缠绕式垫片 技术条件》。

本部分与GB/T 4622.3—1993相比，主要变化如下：

——修改了工艺要求中的部分描述，取消了对密封元件内、外侧焊点数的规定；

——将原金属带厚度范围0.15 mm～0.25 mm修改为0.15 mm～0.23 mm，取消了对金属带硬度测试的要求，增加了金属带的适用温度范围，修改了填充带的适用温度范围；

——按照本标准第1部分，修改了垫片的相关术语；

——增加了填充带的技术要求；

——填充带中增加了“非石棉纤维”，将原填充带厚度范围0.3 mm～1.0 mm修改为0.4 mm～0.8 mm；对石棉带的使用增加了警告语；

——修改了DN650～DN1200垫片尺寸D_3和D_4的尺寸偏差；

——修改了厚度为2.5 mm～6.5 mm垫片的密封元件厚度偏差；

——修改了厚度为1.6 mm～5.0 mm垫片的内环、定位环厚度偏差；

——将带内环、定位环的垫片尺寸D_2、D_3的单向偏差修改为正、负双向偏差；

——修改了密封元件、内环和定位环的内外径测量方法；

——取消了垫片应力松弛率、蒸汽密封性能的试验条件和指标；

——取消了附录A“缠绕式垫片压缩、回弹及密封性能试验方法”，附录B“缠绕式垫片应力松弛试验方法”，在标准中直接引用现行的试验方法标准。

本部分由中国机械工业联合会提出。

本部分由全国管路附件标准化技术委员会归口。

本部分起草单位：浙江国泰密封材料股份有限公司、中机生产力促进中心、慈溪市恒立密封材料有限公司、宁波天生密封件有限公司、宁波金杉密封机械有限公司、宁波易天地信远密封技术有限公司、慈溪密封行业协会。

本部分主要起草人：李俊英、孙锦龙、吴益民、邱宽横、徐绍焕、励行根、叶声波、袁奕琳、林剑红。

本部分于1984年首次发布，1993年第1次修订。

缠绕式垫片　技术条件

1　范围

本部分规定了缠绕式垫片的要求、检验方法、检验规则、标志、包装和贮运。

本部分适用于公称压力 PN10～PN260 的管法兰用缠绕式垫片。

2　规范性引用文件

下列文件中的条款通过 GB/T 4622 本部分的引用而成为本部分的条款。凡是注日期的引用文件，其随后所有的修改单(不包括勘误的内容)或修订版均不适用于本部分，然而，鼓励根据本部分达成协议的各方研究是否可使用这些文件的最新版本。凡是不注日期的引用文件，其最新版本适用于本部分。

GB/T 912　碳素结构钢和低合金结构钢　热轧薄钢板及钢带

GB/T 3280　不锈钢冷轧钢板

GB/T 4239　不锈钢和耐热钢冷轧钢带

GB/T 4622.1　缠绕式垫片　分类

GB/T 11253　碳素结构钢和低合金结构钢冷轧薄钢板及钢带

GB/T 12385　管法兰用垫片密封性能试验方法

GB/T 12622　管法兰垫片　压缩率及回弹率试验方法

GB/T 14180　缠绕式垫片试验方法

JB/T 6618　金属缠绕垫用聚四氟乙烯带　技术条件

JB/T 7758.2　柔性石墨板　技术条件

JC/T 69　石棉纸板

3　要求

3.1　材料

3.1.1　金属带

3.1.1.1　金属带应采用厚度为 0.15 mm～0.23 mm 的冷轧钢带，常用的材料牌号、代号和适用温度见表 1。根据供需双方协商，允许采用表 1 之外的其他材料。

表 1　金属带材料的牌号、代号及适用温度

金属带材料的牌号	金属带材料的代号	标准编号	适用温度/℃
0Cr18Ni9	304	GB/T 4239	−196～700
0Cr18Ni10Ti	321	GB/T 4239	−196～700
0Cr17Ni12Mo2	316	GB/T 4239	−196～700
0Cr25Ni20	310S	GB/T 4239	−196～810
00Cr17Ni14Mo2	316L	GB/T 4239	−196～450
00Cr19Ni10	304L	GB/T 4239	−196～450

3.1.1.2　金属带表面应光滑、洁净，不允许有粗糙不平、裂纹、分层、划伤、凹坑及锈斑等缺陷。

3.1.1.3　不锈钢带材料的化学成分和力学性能应符合 GB/T 4239 的规定。

3.1.2　填充带

3.1.2.1　填充带的厚度为 0.4 mm～0.8 mm，常用材料为非石棉纤维、石棉、柔性石墨和聚四氟乙烯，填充带的适用温度见表2。根据供需双方协商,可以选用其他填充材料。

警告:根据法律要求,含石棉成分的材料在处理时应采取防范措施,确保它们对人体健康不构成危害。

表2 填充带适用温度

填充带材料	非石棉纤维	石棉	柔性石墨	聚四氟乙烯
适用温度/℃	−50～300	−50～500	−196～800 (氧化性介质不高于600)	−196～260

3.1.2.2 缠绕用石棉带的技术要求应符合JC/T 69的规定。

3.1.2.3 缠绕用柔性石墨带的技术要求应符合JB/T 7758.2的规定。

3.1.2.4 缠绕用聚四氟乙烯带的技术要求应符合JB/T 6618的规定。

3.1.3 内环和定位环

除供需双方另有协议外,内环材料的耐腐蚀性能应等于或优于金属带;内环、定位环材料如使用碳钢材料,则应采用喷塑、金属镀层或其他涂层处理,以防大气腐蚀。内环、定位环的材质应符合GB/T 912、GB/T 11253、GB/T 3280或相关标准的规定。

3.2 工艺要求

3.2.1 缠绕式垫片由预成型的金属带和扁平填充带交错叠制而成(按圈数计数环绕层),金属带和填充带应紧密贴合,层次均匀,无折皱、空隙等现象。对制成的垫片,填充带与金属带在两个端面上应均匀,填充带应适当高出金属带,层间纹理清晰,不应显露金属带。

3.2.2 内缠绕层至少应有三层没有填充物的预制金属带。开始二层应沿圆周最少点焊3处,最大间距为75 mm。外缠绕带层亦最少应有三层没有填充物的预制金属带。沿圆周最少点焊3处,最后点焊为终端点焊。没有填充物的金属带不计入密封面。

3.2.3 从终端焊点到前一个焊点的距离不应大于35 mm,带定位环型的缠绕垫片终端焊点后再加绕3～4圈松弛的预制金属带,可用来将垫片卡在定位环中。

3.2.4 内环、定位环可由整板冲制、车制,或经拼焊、围焊后车制等工艺制成,环面应平整,其平面度允差应小于1%;环槽或倒角与内外圆应同心,与两端面应对称。

3.2.5 带内环的垫片可直接在内环外圆上缠绕制成,亦可用专门机具将内环与密封元件紧密固定。

3.2.6 定位环与密封元件之间应有适当的装配间隙,但应保证垫片在正常使用时不至于使定位环脱落。

3.2.7 密封元件缠制后,其密封面不允许再进行任何机械加工或预压处理。

3.3 尺寸偏差

3.3.1 缠绕式垫片的尺寸测量范围应符合图1规定。

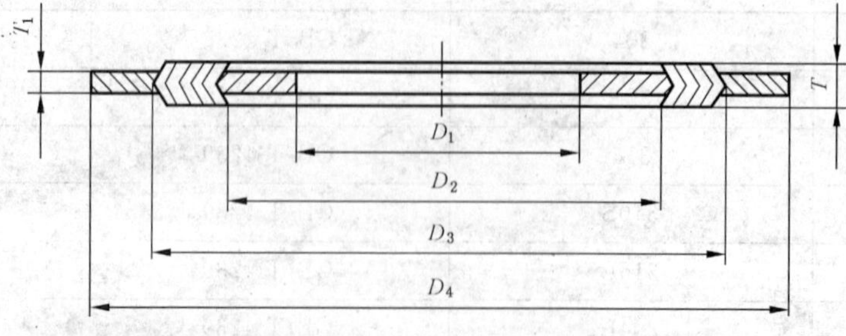

D_1——内环内径;
D_2——密封元件内径;
D_3——密封元件外径;
D_4——定位环外径;
T——密封元件厚度;
T_1——内环/定位环厚度。

图1

3.3.2 密封元件和内环、定位环的内外径尺寸偏差应符合表3规定；厚度偏差应符合表4规定。

表3 密封元件和内环、定位环的内外径尺寸偏差

单位为毫米

公称尺寸 DN	密封元件		内环、定位环	
	D_2[a]	D_3[a]	D_1	D_4
≤200	±0.5	±0.8	+0.5	−0.8
250～600	±0.8	±1.3	+0.8	−1.3
650～1 200	±1.5	±2.0	+1.5	−2.0
1 300～3 000	±2.0	±2.5	+2.0	−2.5

[a] 基本型和带内环型垫片 D_3 不应为正偏差，基本型垫片 D_2 不应为负偏差。

表4 密封元件和内环、定位环的厚度偏差

单位为毫米

密封元件		内环、定位环	
T	极限偏差	T_1	极限偏差
2.5	$^{+0.3}_{0}$	1.6	±0.14
3.2		2.0	±0.16
4.5	$^{+0.4}_{0}$	3.0	±0.20
6.5		5.0	±0.24

3.4 外观质量

3.4.1 密封元件表面不允许有影响密封性能的径向贯通的划痕、空隙、凹凸不平及锈斑等缺陷。

3.4.2 垫片表面的填充带应均匀，并适当高出金属带；层间纹理清晰，不应显露金属带。

3.4.3 焊点应在金属带"V"型截面的对称面上，焊点间距离应均匀，不应有未熔合和过熔等缺陷。

3.4.4 内环和定位环表面不应有毛刺、凹凸不平、锈斑等缺陷；密封元件的上下密封面应在内环和/或定位环上下表面的居中位置；内环与密封元件间应紧密固定，不允许松动；定位环与密封元件允许在圆周方向相对滑动。

3.4.5 标记

垫片标记应符合GB/T 4622.1的规定。顾客对标记和颜色标识另有要求时，由双方协商确定。

3.5 试验条件和性能指标

3.5.1 垫片压缩、回弹性能的试验条件和指标应符合表5的规定。

表5 垫片压缩、回弹性能的试验条件和指标

密封元件	试样规格	压紧应力/MPa	加载、卸载速度/(MPa/s)	压缩率/%	回弹率/%
金属带＋非石棉纤维带 金属带＋石棉带	DN80(厚4.5 mm) 带内环和定位环型	70.0±1.0	0.5	18～30	≥19
金属带＋柔性石墨带					≥17
金属带＋聚四氟乙烯带					≥15

3.5.2 垫片氮气密封性能的试验条件和指标应符合表6的规定，垫片泄漏率应不大于 1.0×10^{-3} cm^3/s。

表6 垫片氮气密封性能的试验条件和指标

试样规格	试验条件	泄漏率等级/(cm^3/s)		
	预紧应力/MPa	1级	2级	3级
DN80(厚4.5 mm) 带内环和定位环型	70.0±1.0	$\leqslant1.2\times10^{-5}$	$\leqslant1.0\times10^{-4}$	$\leqslant1.0\times10^{-3}$

3.5.3 垫片水压密封性能的试验结果应为：试样外缘在保压时间内无水珠出现、无脱焊及明显变形。

4 检验方法

4.1 外观质量

垫片的外观质量用目视检查。

4.2 尺寸偏差

垫片尺寸用精度为0.02 mm的游标卡尺测量，精确到0.1 mm。公称尺寸DN≥650 mm的产品，内、外径尺寸可用精度为1.0 mm的量尺测量，精确到1.0 mm。

4.2.1 密封元件、内环和定位环内、外径以直径相互垂直的任意二处测量值的算术平均值为测量结果（密封元件的测量应避开焊点）。

4.2.2 密封元件、内环、定位环的厚度应沿圆周方向等弧测量3点，取测量值的算术平均值为测量结果。

4.3 性能试验

4.3.1 垫片的压缩、回弹性能试验按表5和GB/T 12622的规定。

4.3.2 垫片的密封性能试验按表6和GB/T 12385的规定。

4.3.3 垫片的水压密封性能试验按GB/T 14180的规定。

5 检验规则

5.1 出厂检验和型式检验

5.1.1 缠绕式垫片需经制造组织质量检验部门按本部分检验合格，并签发质量合格证后方可交付。

5.1.2 缠绕式垫片出厂检验项目为3.3和3.4。

5.1.3 缠绕式垫片型式检验项目为3.3、3.4、3.5.1和3.5.2。当顾客有要求时，根据双方协商可以增加3.5.3。

5.1.4 有下列情况之一时应进行型式检验：

a) 新产品试验；

b) 产品转型；

c) 正式生产后在结构、材料、工艺上有较大改进，可能影响产品性能；

d) 正常生产满1年；

e) 停产3个月以上恢复生产；

f) 质量监督机构或顾客提出型式检验要求。

5.2 抽样及判定规则

5.2.1 缠绕式垫片的试样应在仓库或生产现场随机抽取。

5.2.2 出厂检验时，同一结构型式、同一材料组合的垫片，以100片为一批，每一批任意抽取5片(不足100片时取3片;不足抽样数量需全检)按5.1.2进行检验。任何一项如有1片不符合本部分规定，则取加倍数量的垫片对该项进行复检，如仍有1片不符合本部分规定，则该批产品需全检。外观质量应全检。

5.2.3 型式检验时，同一材料组合、同一压力等级的垫片为一批，按表5、表6规定的试样规格各取3片，没有试样规格的应按同一工艺制造足够数量的试样，按5.1.3进行试验。任何一项如有1片不符合本部分规定，则取加倍数量的垫片对该项进行复检。如仍有1片不符合本部分规定，则判定该批产品为不合格品或型式检验不合格。

6 标志、包装、贮运

6.1 标志

缠绕式垫片的包装箱上可注明：

a） 产品名称；

b） 制造组织名称或商标；

c） 产品型号和标记；

d） 毛重、净重；

e） 制造日期或生产批号。

6.2 包装

6.2.1 缠绕式垫片包装应保证其在贮存和运输过程中不致损坏或遗失。

6.2.2 包装箱上应附有装箱单，其上应注明：

a） 产品名称；

b） 制造组织名称或商标；

c） 产品规格型式；

d） 产品数量；

e） 制造日期。

6.2.3 包装箱内应附有产品合格证，其上应注明：

a） 批号；

b） 产品规格型式；

c） 标准编号；

d） 检验员姓名或代号；

e） 检验日期。

6.3 贮运

6.3.1 缠绕式垫片应贮存在常温清洁、通风干燥的仓库内，防止日光照晒，避免靠近热源。

6.3.2 缠绕式垫片在运输过程中应防止雨淋或受潮。

ICS 43.040.20
T 38

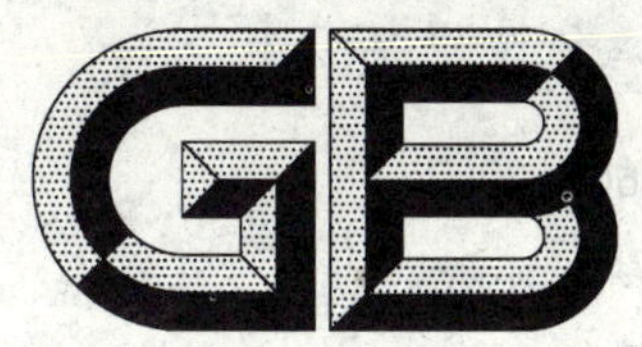

中华人民共和国国家标准

GB 4660—2007
代替 GB 4660—1994

汽车用灯丝灯泡前雾灯

Motor vehicle front fog lamps equipped with filament lamps

2007-11-01 发布　　　　2008-06-01 实施

中华人民共和国国家质量监督检验检疫总局
中国国家标准化管理委员会　发布

前　言

本标准的全部技术内容为强制性。

本标准对应于联合国欧洲经济委员会 ECE R19—2000《关于机动车前雾灯认证的统一规定》，一致性程度为非等效，主要差异如下：

——删除了管理条款；

——删除了附录“检验员抽样的最低要求”；

——增加了相关灯丝灯泡的光电性能和电性能表；

——增加了检验规则，并修改了试验方法。

主要技术要求，如：一般要求、配光性能、光色、测试屏幕、前雾灯的配光性能稳定性试验、塑料配光镜前雾灯的要求——配光镜或材料试样和整灯试验、试验程序、漫射光和透射光的测量方法、机械磨损试验方法、粘胶带附着力试验、制造商一致性检验的最低要求则与上述法规一致。

本标准代替 GB 4660—1994《汽车前雾灯配光性能》，与前版相比较主要变化如下：

——标准名称由前版《汽车前雾灯配光性能》改为本版《汽车用灯丝灯泡前雾灯》。

——修改了前版前 3 章“术语”的内容，改为本版第 3 章的“术语和定义”。

——修改了前版第 4 章“前雾灯同一型式规定”的内容，改为本版第 4 章的“前雾灯的不同型式”。

——修改了前版第 6 章，删除了 F2 灯丝灯泡和封闭式灯光组前雾灯，增加了 H27W、H7、H8、H10、H11、H12、HB3 和 HB4 灯丝灯泡，扩大了灯丝灯泡的使用范围。

——修改了前版中 9.5 关于前雾灯配光性能的产品一致性检验照度限值：

① 最小限值应不小于本标准规定值的 80％；最大限值应不大于本标准规定值的 120％；

② 光色为黄色前雾灯的照度限值应为光色为白色前雾灯的 0.84。

——修改了前版的第 8 章“试验方法”和第 9 章“检验规则”。

——增加了附录 A“前雾灯的配光性能稳定性试验”。

——增加了附录 B“塑料配光镜前雾灯的要求——配光镜或材料试样和整灯试验”。

——增加了附录 C“试验顺序”。

本标准的附录 A、附录 B、附录 C 是规范性附录。

本标准实施之日起，GB 4660—1994 废止。新申请型式检验的汽车用灯丝灯泡前雾灯必须符合本标准。

本标准实施的过渡要求：对于本标准实施前已通过型式检验的灯丝灯泡前雾灯，给予 60 个月的过渡期。

本标准由国家发展和改革委员会提出。

本标准由全国汽车标准化技术委员会归口。

本标准由上海汽车灯具研究所负责起草。

本标准主要起草人：郑柍、费音、王华。

本标准所代替标准的历次版本发布情况为：

——GB 4660—1984、GB 4660—1994。

汽车用灯丝灯泡前雾灯

1 范围

本标准规定了汽车用灯丝灯泡前雾灯配光性能、试验方法和检验规则等。

本标准适用于M、N类汽车使用的各种类型前雾灯。

2 规范性引用文件

下列文件中的条款，通过本标准的引用而成为本标准的条款。凡是注日期的引用文件，其随后所有的修改单（不包括勘误的内容）或修订版均不适用于本标准，然而，鼓励根据本标准达成协议的各方研究是否可以使用这些文件的最新版本。凡是不注日期的引用文件，其最新版本适用于本标准。

GB 4599—2007 汽车用灯丝灯泡前照灯

GB 4785 汽车及挂车外部照明和光信号装置的安装规定

GB 15766.1 道路机动车辆灯丝灯泡 尺寸、光电性能要求(GB 15766.1—2000,idt IEC 60809：1995)

ECE R37 关于机动车及其挂车灯具认证用灯丝灯泡认证的统一规定

3 术语和定义

GB 4599、GB 4785、GB 15766.1中确立的术语和定义适用于本标准。

4 前雾灯的不同型式

在以下主要方面有差异的前雾灯：

——商标名称或商标；

——光学系统的特性；

——通过反射、折射、吸收和/或工作时的变形，改变光学效果的部件；

——灯丝灯泡类型；

——配光镜和涂层的材料。

5 技术要求

5.1 一般要求

5.1.1 前雾灯的设计和制造应保证其在正常使用条件下，即使受到振动，仍能满足使用要求和符合本标准的规定。

5.1.2 前雾灯应具有光束调整装置。当前雾灯与前照灯形成一个组合件，并各自装有光源时，调整装置应能对它们分别进行单独调整。

5.2 前雾灯的光色应为白色或黄色，其色度特性应符合GB 4785规定。

5.3 前雾灯应使用符合GB 15766.1或ECE R37规定的灯丝灯泡，部分灯丝灯泡类型及其光电性能如表1所示。

表 1

灯丝灯泡类型		H1		H2		H3		H4[a]		H27W
标称电压/V		12	24	12	24	12	24	12	24	12
标称功率/W		55	70	55	70	55	70	60/55	75/70	27
试验电压/V		13.2	28.0	13.2	28.0	13.2	28.0	13.2	28.0	13.5
在试验电压下	功率/W	≤68	≤84	≤68	≤84	≤68	≤84	≤(75/68)	≤(85/80)	≤31
	光通量/lm	1 550±15%	1 900±15%	1 800±15%	2 150±15%	1 450±15%	1 750±15%	(1 650/1 000)±15%	(1 900/1 200)±15%	477±15%
灯头型号		P14.5s		X511		PK22s		P43t-38		PG13 PGJ13
灯丝灯泡类型		H7		HB3	HB4	H8	H10	H11		H12
标称电压/V		12	24	12	12	12	12	12	24	12
标称功率/W		55	70	60	51	35	42	55	70	53
试验电压/V		13.2	28.0	13.2	13.2	13.2	13.2	13.2	28.0	13.2
在试验电压下	功率/W	≤58	≤75	≤73	≤62	≤43	≤50	≤62	≤80	≤61
	光通量/lm	1 500±10%	1 750±10%	1 860±12%	1 095±15%	800±15%	850±15%	1 350±10%	1 600±10%	1 050±15%
灯头型号		PX26d		P20d	P22d	PGJ19-1	PY20d	PGJ19-2		PZ20d

[a] 近光灯丝。

5.4 前雾灯在按本标准规定测量了配光值之后，其整灯应符合附录 A“前雾灯的配光性能稳定性试验”的规定。

5.5 若前雾灯的配光镜是塑料材料，还应符合本标准附录 B“塑料配光镜前雾灯的要求——配光镜或材料试样和整灯试验”要求。

5.6 配光性能

5.6.1 前雾灯配光性能应在距离基准中心前 25 m 处的配光屏幕上测量，各测试区域的位置如图 1 所示。

单位为厘米

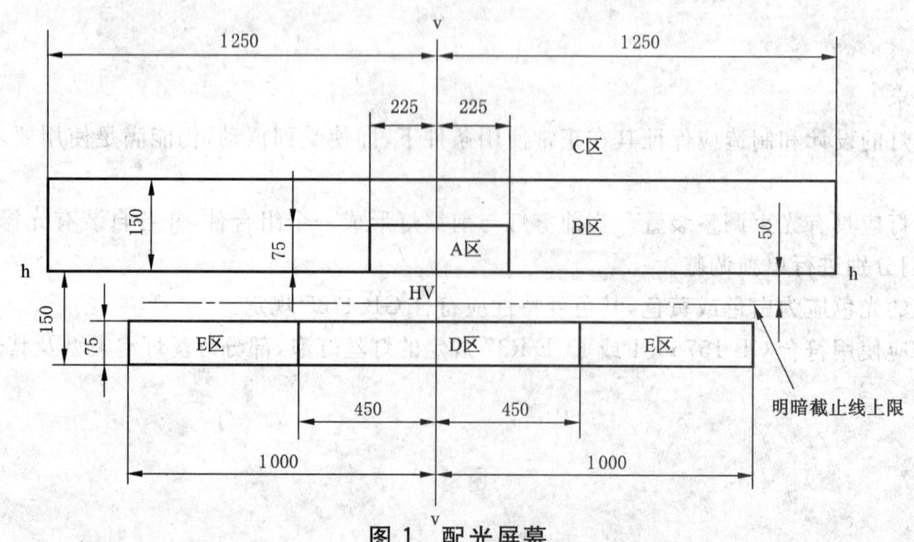

图 1 配光屏幕

5.6.2 在配光屏幕上。光束应在 v-v 线两侧产生一宽度不小于 225 cm，近于水平的明暗截止线。

5.6.3 上述明暗截止线应位于 h-h 线以下 50 cm 处。

5.6.4 当按上述规定照准后，各测试区域的照度限值应符合表 2 规定。

表 2

单位为勒克斯

测试区域	区域范围[a]	照度限值[b]	
		max	min
A	v-v 线两侧 225 cm 的垂直线与 h-h 线及其以上 75 cm 的水平线所围成的区域	1.0	0.15
B	v-v 线两侧 1 250 cm 的垂直线与 h-h 线及其以上 150 cm 的水平线所围成的区域(A 区除外)	1.0	—
C	v-v 线两侧 1 250 cm 的垂直线与 h-h 线以上 150 cm 的水平线开始的向上区域。但距离 h-h 线 15°(670 cm)以上区域的发光强度应不大于 200 cd(即照度不大于 0.32 lx)	0.5	—
D	v-v 线两侧 450 cm 的垂直线与 h-h 线以下各自 75 cm 和 150 cm 的水平线所围成的区域	—	1.5[c]
E	D 区两侧从 450 cm 开始至 1 000 cm 的垂直线与 h-h 线以下各自 75 cm和 150 cm 的水平线所围成的区域	—	0.5[c]

a 参见图 1。

b 各区域边界线上的照度限值，应符合所在区域要求；两区域邻接的边界线上的照度限值，应符合其中较严格的照度限值要求。

c 在该区域中的每条垂直线上，应至少有一点符合照度限值要求。

5.6.5 光色为白色或黄色的前雾灯，在配光屏幕上的实测照度值均应符合表 2 规定。

5.6.6 在 B 区和 C 区中，照度应无影响良好可见度的明显变化。

5.6.7 配光屏幕上照度测量的有效区域，应包含在边长为 65 mm 的正方形内。

6 试验方法

6.1 试验暗室、装置及设备，应符合 GB 4599 规定。

6.2 配光性能测量应使用相应类型的标准灯丝灯泡，并在表 3 规定的试验光通量下进行。

若至少有一个标准灯丝灯泡使用后满足配光性能规定，则即为符合要求。

表 3

灯泡类型	H1	H2	H3	H4[a]	H27W	H7	HB3	HB4	H8	H10	H11	H12
试验光通量/lm	1 150	1 300	1 100	750	477	1 100	1 300	825	600	600	1 000	775

a 近光灯丝。

6.3 配光测量前，应将标准灯丝灯泡以测量时的电压点亮，使其光性能趋于稳定。

6.4 色度检验应使用标准光源 A(色温 2 856 K)。

7 检验规则

7.1 前雾灯的不同型式按本标准第 4 章规定判定。

7.2 前雾灯应进行型式检验和生产一致性检验。符合以下 7.3 或 7.4 相应规定的，则认为该产品通过型式检验或一致性检验。

7.3 型式检验

7.3.1 制造商应提供：

7.3.1.1 一份简明的技术说明书。应规定所使用的灯丝灯泡类型。

7.3.1.2 足以识别该型式前雾灯的图纸一式三份，图上应表明反射镜或配光镜的特性结构，并标明基准轴线，基准中心和安装在车辆上的几何位置。

7.3.1.3 样灯2只(包括灯丝灯泡)。

7.3.1.4 对于塑料配光镜的塑料材料试验

7.3.1.4.1 配光镜13块：

a) 其中6块配光镜可以用最小尺寸为60 mm×80 mm的6块材料试样替代，其外表面的曲率半径不小于300 mm，中间有一个可供测量用的尺寸至少为15 mm×15 mm足够平的区域；

b) 每块配光镜或材料试样应是使用批量生产方法制造的。

7.3.1.4.2 不带配光镜的整灯1只(包括反射镜)。

7.3.2 有关配光镜和涂层材料的特性说明，若已进行过试验，则附上有关试验报告。

7.3.3 每只样灯应符合本标准5.1、5.3的规定。

7.3.4 按本标准第6章的规定进行试验，每只样灯应符合本标准5.2和5.6的规定。

7.3.5 应符合本标准附录A规定。

7.3.6 对于使用塑料配光镜的前雾灯，还应符合本标准附录B规定。

7.4 生产一致性检验

7.4.1 对型式检验合格的产品，用从批量产品中随机抽取的样灯来判定其生产的一致性。

7.4.2 随机抽取的样灯，应符合本标准5.2、5.3和5.6规定。

7.4.3 按本标准第6章规定进行试验，随机抽取的样灯，其配光性能测量结果最小值不小于本标准5.6.4规定值的80%；最大值不大于本标准5.6.4规定值的120%。

7.4.4 光色为黄色前雾灯的照度限值应为白色前雾灯的0.84。

7.4.5 应符合本标准A.2.3的规定。

7.4.6 对于使用塑料配光镜的前雾灯，还应符合本标准附录B的相应规定。

附　录　A
（规范性附录）
前雾灯的配光性能稳定性试验

A.1　配光性能的稳定性试验

试验应在温度为23℃±5℃的干燥、静止的空气中进行，整灯应安装在能正确表示其装车位置的支架上。

A.1.1　清洁的前雾灯

前雾灯应按下述A.1.1.1规定点亮12 h，并按A.1.1.2规定检验。

A.1.1.1　试验方法

A.1.1.1.1　前雾灯应按下述规定的方式点亮：

a)　对于单独的前雾灯，相应的灯丝点亮12 h。

b)　当前雾灯与其他功能灯混合时：

对于正常使用情况，前雾灯灯丝和其他功能的灯丝依次按A.1.1规定的一半时间点亮。

在其他情况下，前雾灯灯丝点亮15 min，其他功能的灯丝点亮5 min，并以此点亮方式工作至12 h。

c)　对于组合照明功能的情况：

按a)规定，同时点亮所有的单独功能至规定的时间；按制造商规定，也可考虑使用混合照明功能b)的点亮方式。

A.1.1.1.2　试验电压

应按GB 15766.1或ECE R37中所规定的90%最大功率调节灯丝灯泡电压。

除非制造商另有规定，否则在所有情况下应使用标称电压12 V的灯丝灯泡功率。在前一种情况下，应以功率最大的灯丝灯泡进行试验。

A.1.1.2　试验结果

A.1.1.2.1　目视检验

前雾灯一旦冷却至环境温度，应以干净的湿棉布清洁其配光镜，目视检验配光镜，应无明显变形，扭曲，裂纹或变色。

A.1.1.2.2　配光检验

为符合本标准要求，应检验E_{HV}和D区中E_{max}配光值。包括配光方法公差在内，试验前、后，照度值允许偏差10%。

由于支架可能受热变形，允许进行照准调节（明暗截止线的垂直位置变化按本附录A.2的规定）。

A.1.2　污染的前雾灯

前雾灯按上述A.1.1规定试验后，应按下述A.1.2.1规定准备，然后按A.1.1.1规定点亮1 h，之后按A.1.1.2规定检验。

A.1.2.1　前雾灯的准备

A.1.2.1.1　试验混合物

A.1.2.1.1.1　对于玻璃配光镜前雾灯

涂在前雾灯配光镜上的试验混合物组成（重量比）如下：

——9份颗粒度介于0 μm～100 μm硅砂；

——1份颗粒度介于0 μm～100 μm植物性炭粉；

——0.2 份 NaCMC[1] 和适量的蒸馏水(其电导率小于 1 mS/m)。

试验混合物的有效期不超过 14 天。

A.1.2.1.1.2 对于塑料配光镜前雾灯

涂在前雾灯配光镜上的试验混合物组成(重量比)如下:

——9 份颗粒度介于 0 μm～100 μm 硅砂;

——1 份颗粒度介于 0 μm～100 μm 植物性炭粉;

——0.2 份 NaCMC;

——13 份蒸馏水(电导率小于 1 mS/m);

——(2±1)份表面活性剂。

表面活性剂的用量公差使试验混合物能散布在整个配光镜上。试验混合物的有效期不超过 14 天。

A.1.2.1.2 试验混合物敷涂

试验混合物应均匀地涂在前雾灯整个透光面上,待干燥后重复敷涂,直至 D 区中的 E_{max} 值下降至初始值的 15%～20%。

A.1.2.1.3 测量设备

应使用与型式检验相类似的测量设备,配光性能测量应使用标准灯丝灯泡。

A.2 在受热影响下,明暗截止线垂直位置的变化试验

本试验用来检验前雾灯在受热影响下,其明暗截止线的垂直位置偏移是否超过规定值。

按本附录 A.1 规定试验后的前雾灯,在不从试验支架上卸下或不作重新调整的情况下,应按下述 A.2.1 规定试验。

A.2.1 试验

试验应在温度为 23℃±5℃的干燥、静止空气中进行。

使用至少已老炼 1 h 的批量生产灯丝灯泡,按 A.1.1.1.2 规定调节试验电压点亮前雾灯。

对于介于 v-v 线两侧各 225 cm 之间的明暗截止线,分别测量前雾灯工作 3 min(r_3)和 60 min(r_{60})时的垂直位置。

在保证准确度和结果复现性情况下,可以使用任何方法测量明暗截止线的垂直位置变化。

A.2.2 试验结果

当 $\Delta r_{\mathrm{I}} = |r_3 - r_{60}| \leqslant 2$ mrad 时,应予以接收。

若 2 mrad$<\Delta r_{\mathrm{I}} \leqslant$3 mrad 时,则第二只前雾灯应按 A.2.1 规定试验。此时,前雾灯应先经历 1 h 点亮,1 h 熄灭的三个时间循环。点亮电压应按 A.1.1.1.2 规定调节。

试验后,若$(\Delta r_{\mathrm{I}} + \Delta r_{\mathrm{II}})/2 \leqslant 2$ mrad,则应予以接收。

A.2.3 生产一致性

先经受 A.2.2 规定的三个连续时间循环,再按上述 A.2.1 规定试验,若 $\Delta r_{\mathrm{I}} \leqslant 3$ mrad,则应予以接收。

若 3 mrad$<\Delta r_{\mathrm{I}} \leqslant$4 mrad,则第二只前雾灯应按规定试验。当$(\Delta r_{\mathrm{I}} + \Delta r_{\mathrm{II}})/2 \leqslant 3$ mrad 时,则应予以接收。

---

1) NaCMC 表示羧甲基纤维素钠盐,通常以 CMC 表示。试验混合物使用的 NaCMC,取代度(DS)为 0.6～0.7,在 20℃时,其 2%溶液黏度为(200～300)cP。

附 录 B
（规范性附录）
塑料配光镜前雾灯的要求——配光镜或材料试样和整灯试验

B.1 总的要求

B.1.1 按本标准7.3.1.4规定提供的试样，应满足下列B.2.1至B.2.6规定。

B.1.2 按本标准7.3.1.3规定提供的两只样灯和塑料配光镜应满足下列B.2.7规定。

B.1.3 所提供的塑料配光镜或材料试样，应按附录C表C.1顺序进行试验。

B.1.4 若灯具制造商可以证明已通过下列B.2.1至B.2.6规定的试验，则只需按附录C表C.2的规定试验。

B.2 试验

B.2.1 耐温试验

B.2.1.1 试验按下列次序，3件新的配光镜试样应进行5个循环的温度和湿度变化试验：

40℃±2℃，R.H.85%～95%：3 h；

23℃±5℃，R.H.60%～75%：1 h；

−30℃±2℃：15 h；

23℃±5℃，R.H.60%～75%：1 h；

80℃±2℃：3 h；

23℃±5℃，R.H.60%～75%：1 h。

在上述试验循环开始前，试样应在23℃±5℃，R.H.60%～75%的环境中至少存放4 h。

注：23℃±5℃/1 h包括了为避免从一种温度转变到另一种温度的热冲击效应所需要的过渡时间。

B.2.1.2 结果

试验前、后，对于每件试样，E_{HV}和D区中的E_{max}的照度值变化应不超过10%。

对于前雾灯，应使用标准灯丝灯泡测量。

B.2.2 光源辐照试验

B.2.2.1 试验

3件新的配光镜或其材料试样，应进行光源辐照试验。光源的光谱能量分布相当于5 500 K～6 000 K的黑体。为尽可能减少波长小于295 nm和大于2 500 nm的辐射影响，光源与试样之间应放置相应的滤光片。试样的辐射照度为1 200 W/m²±200 W/m²，试验期间接收到的辐射能量为4 500 MJ/m²±200 MJ/m²。在试验箱内，与试样处在同一水平位置上的黑板温度为50℃±5℃。试样以1 r/min～5 r/min的速度环绕光源转动，并以下述循环方式喷洒电导率小于1 mS/m(23℃±5℃时)的蒸馏水，即：5 min喷洒，25 min干燥，直至试验结束。

B.2.2.2 结果

试验后，试样外表面应无裂纹、擦伤、屑片和变形。其透过率变化$\Delta t=(T_2-T_3)/T_2$的平均值Δt_m，当按GB 4599—2007中附录D规定的方法，对3件试样进行测量时，应不大于0.020(即：$\Delta t_m \leqslant 0.020$)。

B.2.3 耐化学试剂试验

B.2.3.1 试验

在光源辐照试验后，3件试样的外表面应使用下述试验混合液进行试验。

试验混合液的体积百分比组成如下：

61.5% n-庚烷，12.5%甲苯，7.5%四氯乙烷，12.5%三氯乙烯和6%二甲苯。

试验时，将浸透上述混合液的棉布，在 10 s 内放在试样外表面上，并施加 50 N/cm^2 的压力（相当于在 14 mm×14 mm 的试验表面上施加 100 N 的力），历时 10 min。试验期间棉布应重复浸透混合液，以使试样表面上的液体成分与试验混合液一致。为了防止试样因施加压力而产生裂纹，允许对施加压力进行补偿。

试验后，试样应在户外空气中干燥。然后，先后使用温度为 23℃±5℃的洗涤剂（本附录 B.2.4.1.1）和杂质含量不超过 0.2%的蒸馏水清洗，并用软棉布擦干。

B.2.3.2　结果

试验后，试样应无任何会引起光束漫射变化的污痕，其漫射光透过率变化 $\Delta d=(T_5-T_4)/T_2$ 的平均值 Δd_m，当按 GB 4599—2007 中附录 D 规定的方法，对 3 件试样进行测量时，应不大于 0.020（即：$\Delta d_m \leqslant 0.020$）。

B.2.4　耐洗涤剂和燃油试验

B.2.4.1　试验

B.2.4.1.1　耐洗涤剂

3 件配光镜或其材料试样的外表面应加热到 50℃±5℃，然后，浸入到 23℃±5℃的洗涤剂混合液中 5 min。

洗涤剂混合液由 99 份杂质含量不超过 0.02%的蒸馏水和 1 份烷基去垢剂组成。

试验后，在 50℃±5℃下干燥试样，并用湿棉布擦净试样表面。

B.2.4.1.2　耐燃油试验

然后，3 件试样的外表面，用浸有体积百分比为 70% n-庚烷和 30%甲苯的燃油试剂的棉布轻擦 1 min。之后，应在室外空气中干燥。

B.2.4.2　结果

在依次进行了上述两项试验后，3 件试样透过率变化 $\Delta t=(T_2-T_3)/T_2$ 的平均值 Δt_m，当按 GB 4599中附录 D 规定的方法测量时，应不大于 0.010（即：$\Delta t_m \leqslant 0.010$）。

B.2.5　机械磨损试验

B.2.5.1　试验

3 件新的配光镜试样，应按 GB 4599 中附录 E 规定的方法进行机械磨损试验。

B.2.5.2　结果

试验后，试样透过率变化 $\Delta t=(T_2-T_3)/T_2$，漫射透过率变化 $\Delta d=(T_5-T_4)/T_2$，当按附录 C 规定的方法，在本标准 7.3.1.4.1 a)规定的区域内，对 3 件试样进行测量时，其平均值应为：$\Delta t_m \leqslant 0.100$，$\Delta d_m \leqslant 0.050$。

B.2.6　配光镜涂层附着力试验

B.2.6.1　试验

在配光镜涂层 20 mm×20 mm 表面区域上，用刀片或尖针刻划成约 2 mm×2 mm 的方格子，其所用之力应划透涂层。

使用宽度不小于 25 mm 的粘胶带，按压在上述网格区域上至少 5 min。在按 GB 4599 中附录 F 规定的标准条件下测量粘胶带的附着力应为 2 N/cm（粘胶带宽度）±20%。

然后，在粘胶带一端，垂直于表面方向上施加与附着力平衡的力，以 1.5 m/s±0.2 m/s 的均匀速度撕去粘胶带。

B.2.6.2　结果

试验后，网格区域应无可见的损伤。格子交点和划痕损伤应不大于网格面积的 15%。

B.2.7　塑料配光镜的整灯试验

B.2.7.1　机械磨损试验

1 号样灯的应按上述 B.2.5.1 规定进行配光镜机械磨损试验。

试验后,A 区和 B 区的最大照度值应不超过规定的最大值的 30%。

B.2.7.2 配光镜涂层附着力试验

2 号样灯应按上述 B.2.6 规定进行试验。

B.3 生产一致性检验

就配光镜材料而言,在下述情况下,其生产一致性符合本标准要求:

B.3.1 按本附录 B.2.3 和 B.2.4 的规定,进行耐化学试剂、耐洗涤剂和耐燃油试验后,试样外表面应无可见的裂纹、屑片或变形。

按本附录 B.2.7.1 规定进行机械磨损试验后,A 区和 B 区的最大照度值应符合本标准生产一致性检验规定限值。

B.3.2 若试验结果不满足要求,则应对随机抽取的另一只样灯重复进行试验。

附 录 C
（规范性附录）
试 验 顺 序

C.1 按本标准 7.3.1.4 规定提供的塑料配光镜或材料试样试验见表 C.1。

表 C.1

序号	试 验（条款）	试 样												
		配光镜或材料试样									配 光 镜			
		1	2	3	4	5	6	7	8	9	10	11	12	13
1	E_{HV}和 D 区 E_{max}测量（B.2.1.2）	—	—	—	—	—	—	—	—	—	√	√	√	—
	耐温试验（B.2.1.1）	—	—	—	—	—	—	—	—	—	√	√	√	—
	E_{HV}和 D 区 E_{max}测量（B.2.1.2）	—	—	—	—	—	—	—	—	—	√	√	√	—
2	透过率测量 T_2（参看 GB 4599—2007 附录 D）	√	√	√	√	√	√	√	√	√	—	—	—	—
3	漫射透过率测量 T_4（参看 GB 4599—2007 附录 D）	√	√	√	—	—	—	√	√	√	—	—	—	—
4	光源辐照试验（B.2.2.1）	√	√	√	—	—	—	—	—	—	—	—	—	—
	透过率测量 T_3（B.2.2.2）	√	√	√	—	—	—	—	—	—	—	—	—	—
5	耐化学试剂试验（B.2.3.1）	√	√	√	—	—	—	—	—	—	—	—	—	—
	漫射透过率测量 T_5（B.2.3.2）	√	√	√	—	—	—	—	—	—	—	—	—	—
6	耐洗涤剂试验（B.2.4.1.1）	—	—	—	√	√	√	—	—	—	—	—	—	—
	耐燃油试验（B.2.4.1.2）	—	—	—	√	√	√	—	—	—	—	—	—	—
	透过率测量 T_3（B.2.4.2）	—	—	—	√	√	√	—	—	—	—	—	—	—
7	机械磨损试验（B.2.5.1）	—	—	—	—	—	—	√	√	√	—	—	—	—
	透过率测量 T_3（B.2.5.2）	—	—	—	—	—	—	√	√	√	—	—	—	—
	漫射透过率测量 T_5（B.2.5.2）	—	—	—	—	—	—	√	√	√	—	—	—	—
8	配光镜涂层附着力试验（B.2.6）	—	—	—	—	—	—	—	—	—	—	—	—	√

C.2 按本标准 7.3.1.3 规定提供的整灯试验见表 C.2。

表 C.2

试 验（条款）	试 样	
	整灯 1	整灯 2
机械磨损试验（B.2.7.1）	√	—
A 区和 B 区的 E_{max}（B.2.7.1）	√	—
配光镜涂层附着力试验（B.2.7.2）	—	√

ICS 25.080.50
J 55

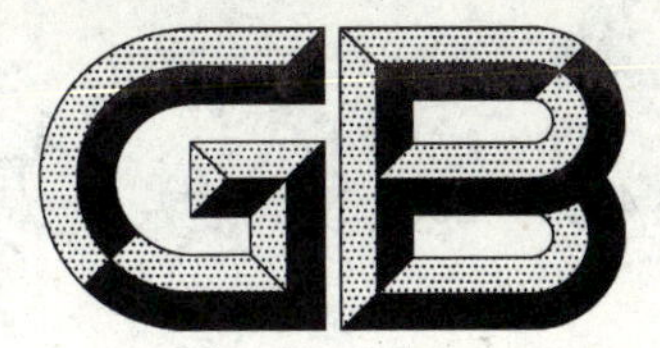

中华人民共和国国家标准

GB/T 4681—2007
代替 GB/T 4681—1984

无心外圆磨床　精度检验

External cylindrical centreless grinding machines—Testing of the accuracy

(ISO 3875:2004,Machine tools—Test conditions for external cylindrical centreless grinding machines—Testing of the accuracy,MOD)

2007-07-17 发布　　　　2007-12-01 实施

中华人民共和国国家质量监督检验检疫总局
中国国家标准化管理委员会　发布

前　　言

本标准修改采用 ISO 3875:2004《机床　无心外圆磨床检验条件　精度检验》(英文版)。

本标准根据 ISO 3875:2004 重新起草。

本标准与 ISO 3875:2004 相比,技术内容修改如下:

——有关技术性差异在所涉及条款的页边空白处用垂直单线标识;

——在附录 A 中给出了这些技术差异及其原因的一览表以供参考。

为使用方便,本标准还做了如下编辑性修改:

——为了与其他标准一致,将标准名称改为《无心外圆磨床　精度检验》;

——“本国际标准”一词改为“本标准”;

——用小数点“.”代替作为小数点的逗号“,”;

——对 ISO 3875:2004 中引用的其他国际标准,用已被采用为我国的国家标准代替相应的国际标准;

——增加了引用标准 GB/T 19660—2005;

——增加附录 A(资料性附录);

——删除了 ISO 3875:2004 的前言和引言;

——删除了允差一栏中的“实测偏差”。

本标准代替 GB/T 4681—1984《无心磨床　精度》。与 GB/T 4681—1984 相比,主要变化如下:

——增加了第 2 章“规范性引用文件”;

——增加了第 3 章“机床结构”。

与本标准配套使用的标准有:

——JB/T 9905.1—1999《无心外圆磨床　系列型谱》;

——JB/T 9905.2—1999《无心外圆磨床　技术条件》。

本标准的附录 A 为资料性附录。

本标准由中国机械工业联合会提出。

本标准由全国金属切削机床标准化技术委员会(SAC/TC 22)归口。

本标准起草单位:无锡内圆磨床研究所。

本标准主要起草人:夏红、黄国庆。

本标准所代替标准的历次版本发布情况为:

——JB/T 1466—1974;

——GB/T 4681—1984。

无心外圆磨床　精度检验

1　范围

本标准参照 GB/T 17421.1 和 GB/T 17421.2 规定了无心外圆磨床的几何精度、工作精度和轴线定位精度、重复定位精度的检验方法以及相应的允差。

本标准适用于一般用途、普通精度的无心外圆磨床。

2　规范性引用文件

下列文件中的条款通过本标准的引用而成为本标准的条款。凡是注日期的引用文件，其随后所有的修改单(不包括勘误的内容)或修订版均不适用于本标准，然而，鼓励根据本标准达成协议的各方研究是否可使用这些文件的最新版本。凡是不注日期的引用文件，其最新版本适用于本标准。

GB/T 17421.1—1998　机床检验通则　第 1 部分：在无负荷或精加工条件下机床的几何精度(eqv ISO 230-1:1996)

GB/T 17421.2—2000　机床检验通则　第 2 部分：数控轴线的定位精度和重复定位精度的确定(eqv ISO 230-2:1997)

GB/T 19660—2005　工业自动化系统与集成　机床数值控制　坐标系和运动命名(ISO 841:2001,IDT)

3　机床结构

3.1　说明

机床分悬伸式与双支承式。

型式Ⅰ机床是指砂轮主轴的支承在砂轮的一侧(悬伸式)。

型式Ⅱ机床是指砂轮主轴的支承在砂轮的两侧(双支承式)。

3.2　术语和轴线命名

本标准给出了机床主要部件的术语，并按 GB/T 19660—2005 命名了轴线。术语和轴线命名见图 1 和表 1。

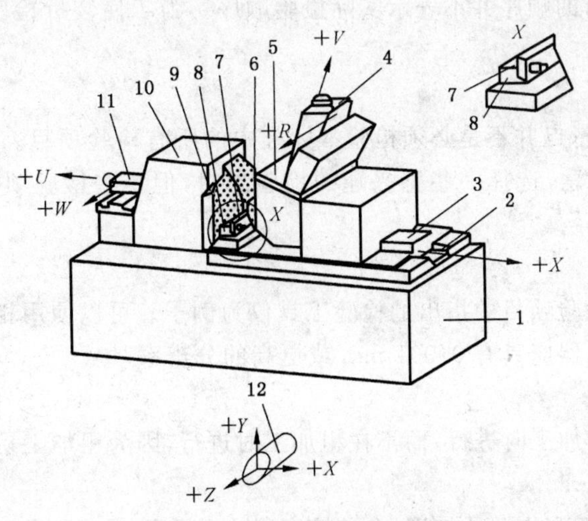

图 1　无心外圆磨床举例

表 1 术语

序号	中 文	英 文
1	床身	bed
2	滑架导轨	saddle guideway
3	滑架	saddle
4	导轮修整器	regulating wheel dresser
5	导轮架	regulating wheelhead
6	导轮	regulating wheel
7	托板	work support blade
8	托架	work rest
9	砂轮	grinding wheel
10	砂轮架	gringding wheelhead
11	砂轮修整器	gringding wheel dresser
12	工件	workpiece

4 一般要求

4.1 计量单位

本标准中的所有线性尺寸、偏差和相应的允差的单位为毫米；角度尺寸的单位为度，角度偏差和相应的允差一般用比值表示，但在有些情况下为清晰起见，可用微弧度或秒表示。应始终注意下列表达式的等效关系。

$$0.01/1\,000 = 10\ \mu\text{rad} \approx 2''$$

4.2 参照 GB/T 17421.1 和 GB/T 17421.2

使用本标准时应参照 GB/T 17421.1 和 GB/T 17421.2，尤其是机床检验前的安装、主轴和其他运动部件的升温、检验方法和检验工具的推荐精度。

4.3 检验顺序

本标准给出的检验项目的顺序并不表示实际检验顺序。为了使装拆检验工具和检验方便，可按任意次序进行检验。

4.4 检验项目

检验机床时，根据结构特点并不是必须检验本标准中的所有检验项目。为了验收目的而要求检验时，可由用户取得制造厂同意，选择一些感兴趣的检验项目，但这些检验项目必须在机床订货时明确提出。

4.5 检验工具

在第 5 章～第 7 章的检验项目中指出的检验工具仅为例子。可以使用相同指示器和具有至少相同精度的其他检验工具。指示器应具有 0.001 mm 或更高的分辨率。

4.6 工作精度检验

工作精度检验应仅在精加工时进行，而不在粗加工时进行，因为粗加工易产生较大切削力。

4.7 最小允差

当实测长度与本标准规定的长度不同时，允差按实测长度折算（见 GB/T 17421.1—1998 中 2.3.1.1），允差最小折算值为 0.002 mm。

5 几何精度检验

5.1 砂轮修整器

G1

检验项目

砂轮修整器移动精度：

a) 修整器移动在作用面内的直线度；

b) 修整器移动对砂轮主轴轴线在垂直于作用面内的平行度；

c) 修整器移动对砂轮主轴轴线在作用面内的平行度。

注：c) 项检验只适用于固定式修整器和使用不可调仿形板的机床。

简图

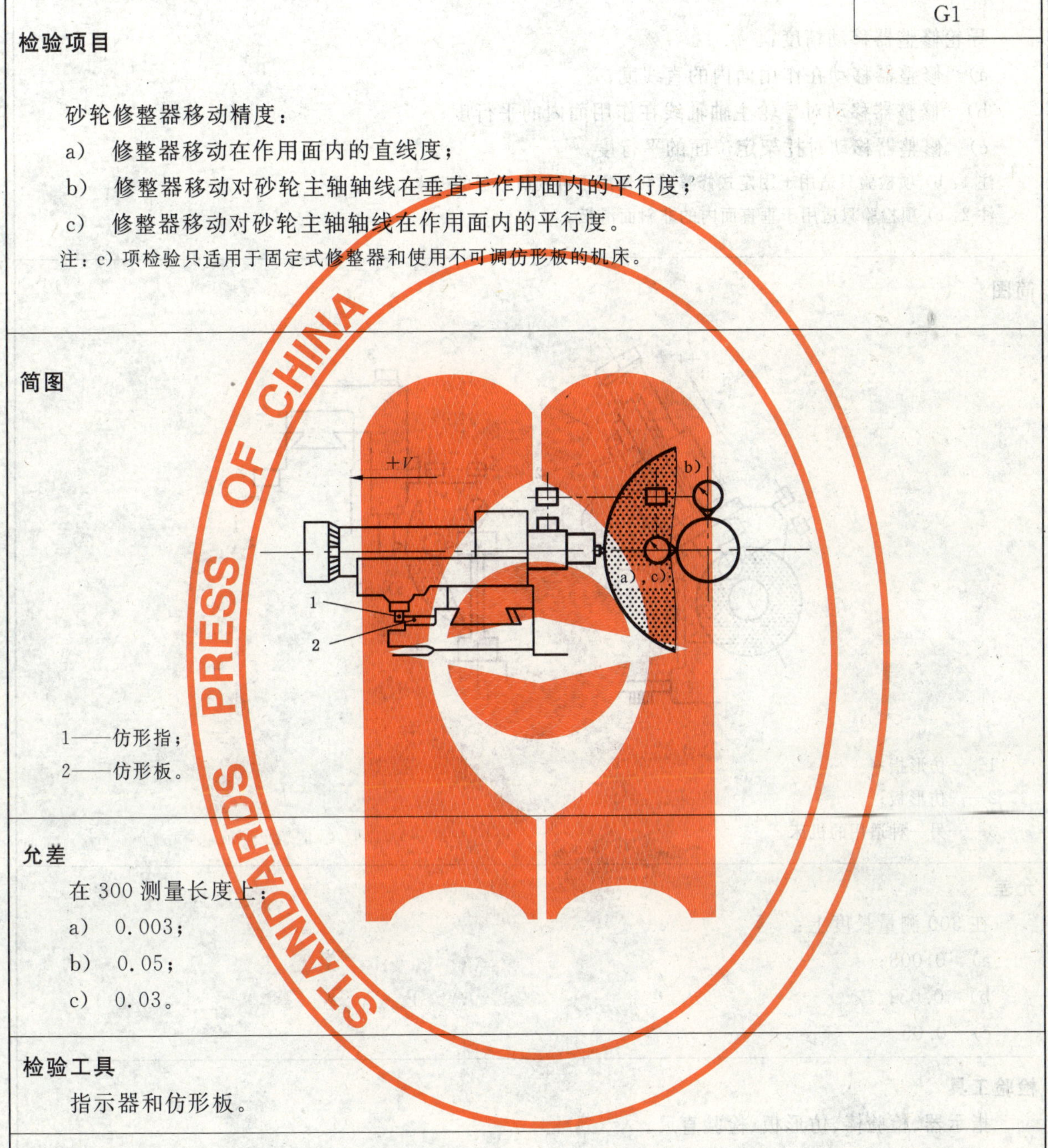

1——仿形指；

2——仿形板。

允差

在 300 测量长度上：

a) 0.003；

b) 0.05；

c) 0.03。

检验工具

指示器和仿形板。

备注和参照 GB/T 17421.1—1998(5.2.3.2.1,5.2.3.3.1 和 5.4.2.2.3)

指示器应安装在修整器刀架上，使其测头接触检验棒，检验棒装在砂轮主轴轴线上，位置应在作用面内和垂直于作用面的平面内。

修整滑板应按正常工作进给速度在 W 轴线上移动，测量长度等于砂轮的最大宽度，如机床上装有仿形修整装置，则仿形指应以正常工作压力(由制造商提供说明)顶紧仿形板。

偏差与金刚石笔尖的位置有关。

本测量方法给出了修整装置误差的总和。

5.2 导轮修整器

检验项目 G2

导轮修整器移动精度：

a) 修整器移动在作用面内的直线度；

b) 修整器移动对导轮主轴轴线在作用面内的平行度；

c) 修整器移动对托架定位面的平行度。

注1：b)项检验只适用于固定式修整器和使用不可调仿形板的机床。

注2：c)项检验只适用于垂直面内的非斜面滑板。

简图

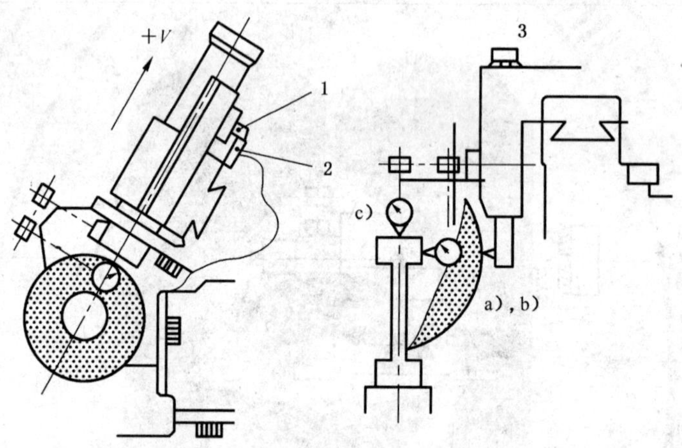

1——仿形指；

2——仿形板；

3——另一种适用的机床。

允差

在300测量长度上：

a) 0.003；

b) 0.03；

c) 0.05。

检验工具

指示器、检验棒、仿形板、检验直尺。

备注和参照 GB/T 17421.1—1998(5.2.3.2.1,5.2.3.3.1和5.4.2.2.3)

指示器应安装在修整器刀架上，使其测头接触检验棒，检验棒装在导轮主轴轴线上，位置应在作用面内和垂直于作用面的平面内。

修整滑板应按正常工作进给速度移动，测量长度等于导轮的最大宽度，如机床上装有仿形修整装置，则仿形指应以正常工作压力(由制造商提供说明)顶紧仿形板。

偏差与金刚石笔尖的位置有关。

本测量方法给出了修整装置误差的总和。

5.3 托架

检验项目	G3
a) 托架定位面对砂轮主轴轴线在垂直面内的平行度； b) 托架定位面对砂轮主轴轴线和导轮主轴轴线在水平面内的平行度。 注：b)项检验仅适用于带固定托板、固定修整器和不可调仿形板的机床。	

简图

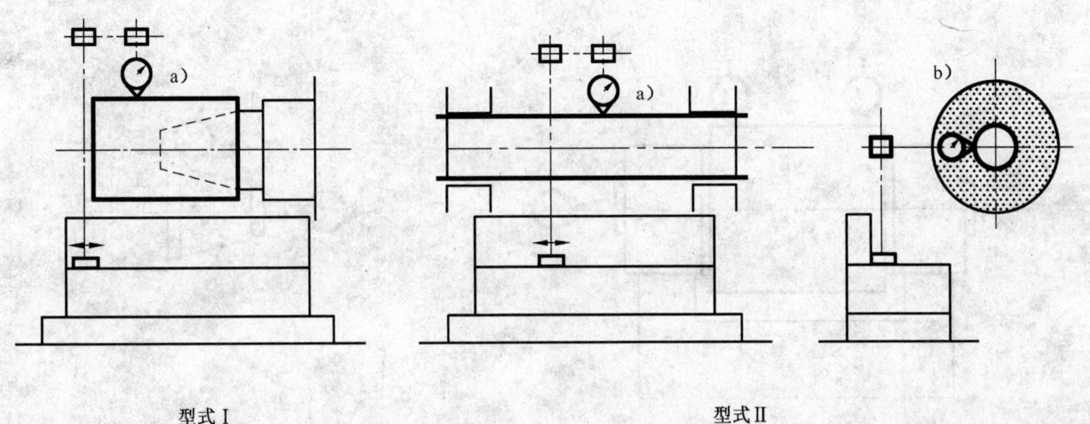

型式 I　　　　型式 II

允差

在 300 测量长度上：

a) 0.05；

b) 0.03。

检验工具

指示器、专用套筒、专用检验棒。

备注和参照 GB/T 17421.1—1998(5.4.1.2.1 和 5.4.1.2.4)

在砂轮和导轮主轴定心面上安装专用套筒(或在砂轮和导轮架孔内安装专用检验棒)，指示器专用座靠在托架定位面上，使指示器测头触及专用套筒(或检验棒)表面：

a) 在垂直平面内；

b) 在水平面内。

沿砂轮最大宽度移动指示器专用座检验。

然后将主轴转 180°，重复检验 1 次。

a)、b)的误差分别计算。误差以指示器两次测量结果的代数和之半计。

5.4 砂轮主轴

检验项目	G4
砂轮主轴的跳动： a) 径向跳动(在砂轮安装直径面/锥面上)； b) 周期性轴向窜动。	

简图

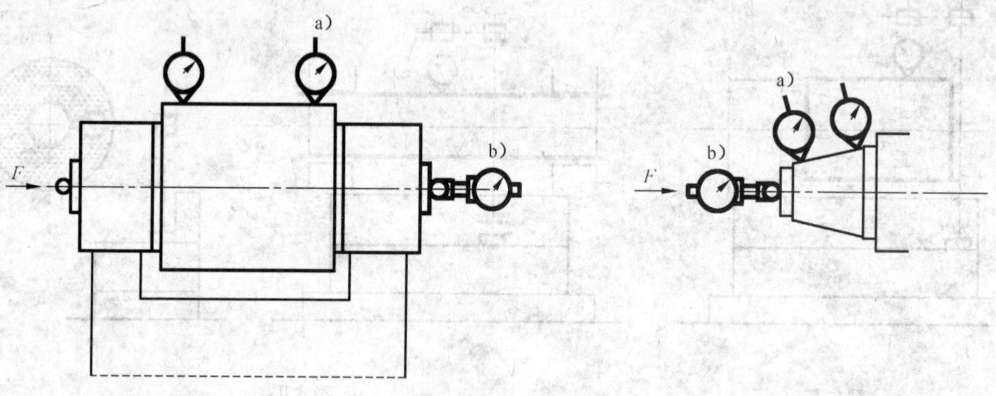

允差

a) 0.005(在接触的两点位置上)；

b) 0.008。

检验工具

指示器。

备注和参照 GB/T 17421.1—1998[a) 5.6.1.2.2;b) 5.6.2.2.1 和 5.6.2.2.2]

a) 固定指示器测头应放置在垂直于被检表面的位置。
检验跳动应在锥形或圆柱砂轮安装面的两端进行。

b) 固定指示器,并使指示器测头触及主轴中心孔的钢球表面。转动主轴检验。
检验时,应通过主轴轴线施加一个由制造厂规定的轴向力 F(对已消除轴向游隙的主轴可不加力)。

5.5 导轮主轴

G5

检验项目

导轮主轴的跳动：

a） 径向跳动(在导轮安装直径上)；

b） 周期性轴向窜动。

简图

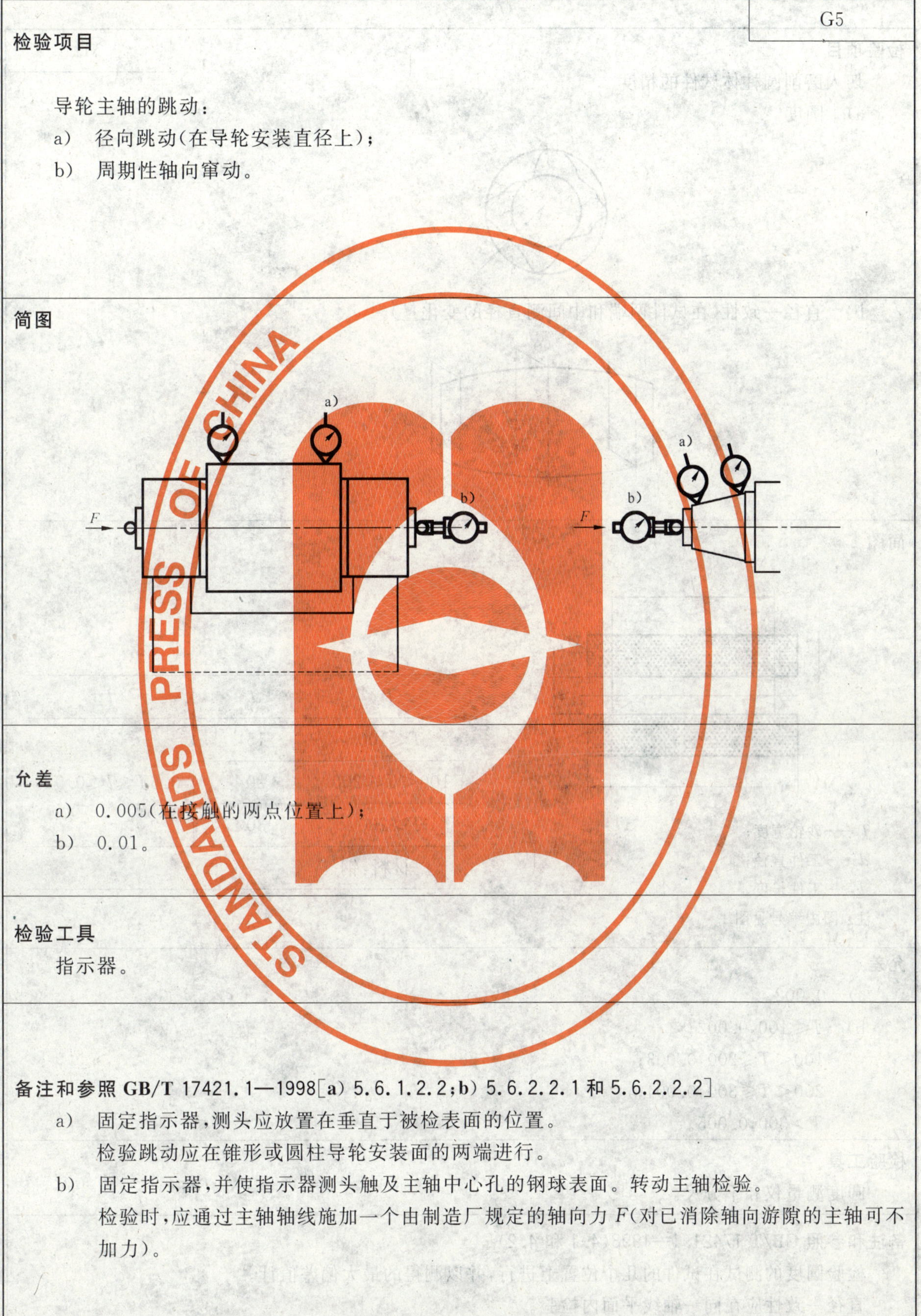

允差

a） 0.005(在接触的两点位置上)；

b） 0.01。

检验工具

指示器。

备注和参照 GB/T 17421.1—1998[a) 5.6.1.2.2；b) 5.6.2.2.1 和 5.6.2.2.2]

a） 固定指示器，测头应放置在垂直于被检表面的位置。

检验跳动应在锥形或圆柱导轮安装面的两端进行。

b） 固定指示器，并使指示器测头触及主轴中心孔的钢球表面。转动主轴检验。

检验时，应通过主轴轴线施加一个由制造厂规定的轴向力 F(对已消除轴向游隙的主轴可不加力)。

6 工作精度检验

检验项目 | M1

切入磨削圆柱体试件的精度

a） 圆度

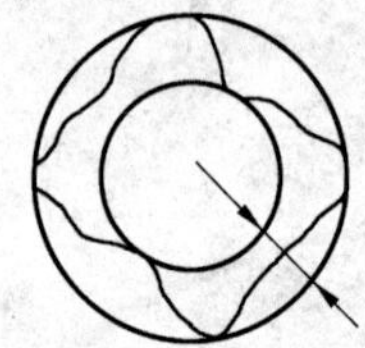

b） 直径一致性（在试件两端和中间测直径的变化量）

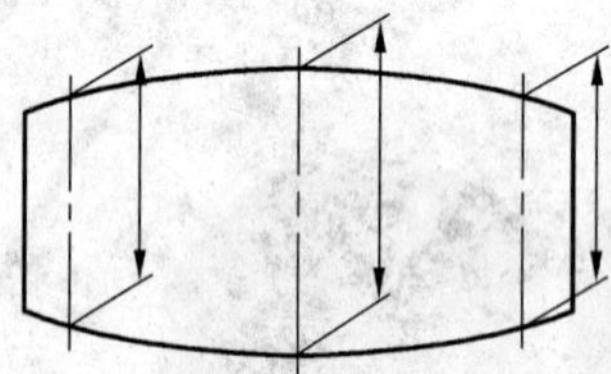

简图

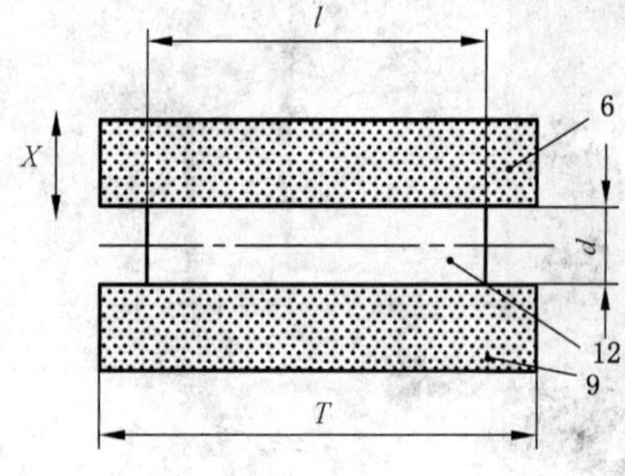

T	d	l
$T\leqslant 100$	15	$0.6T\leqslant l\leqslant 0.9T$
$100<T\leqslant 200$	20	
$T>200$	30	
材料：钢		

T——砂轮宽度；
d——工件直径；
l——工件长度。
注：图中编号见图1。

允差

a） 0.002。

b） $T\leqslant 100$，0.002；
$100<T\leqslant 200$，0.003；
$200<T\leqslant 300$，0.004；
$T>300$，0.005。

检验工具

圆度测量仪和千分尺。

备注和参照 GB/T 17421.1—1998（4.1 和 4.2）

检验圆度的测试在试件的几个位置上进行，并以测得的最大偏差值计。

直径一致性应在同一轴线平面内检验。

	M2

检验项目

通磨磨削圆柱体试件的精度：

a) 圆度

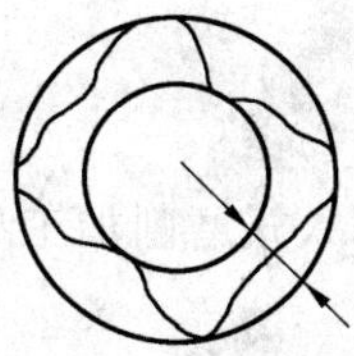

b) 直径一致性(在试件两端和中间测直径的变化量)

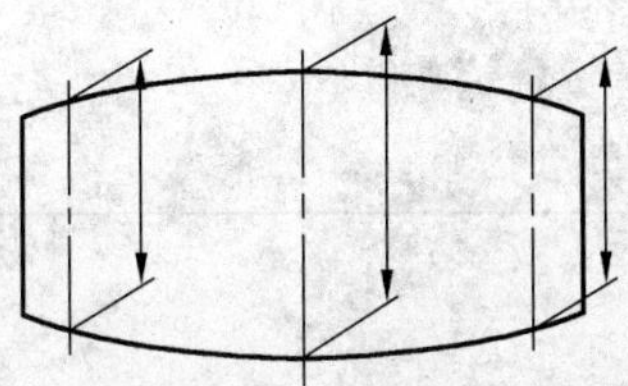

简图

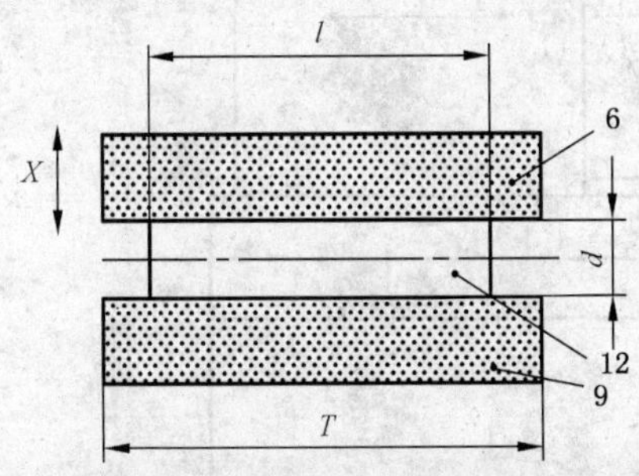

T	d	l
T≤100	15	0.3T≤l≤0.5T
100<T≤200	20	
T>200	30	

材料：钢

T——砂轮宽度；

d——工件直径；

l——工件长度。

注：图中编号见图1。

允差

a) T≤200，0.002；

200<T≤500，0.003。

b) T≤200，0.002；

200<T≤500，0.003。

检验工具

圆度测量仪和千分尺。

备注和参照 GB/T 17421.1—1998(5.6.1.2.3)

检验圆度的测试在试件的几个位置上进行，并以测得的最大偏差值计。

直径一致性应在同一轴向平面内检验。

7 定位精度与重复定位精度

7.1 手动或自动线性轴线(非数控轴线)的定位精度

P1

检验项目

导轮架或砂轮架引进重复定位精度(仅适用于切入式磨削加工型机床)。

简图

X

允差

0.002。

检验工具

指示器。

备注和参照 GB/T 17421.1—1998

连续进行5次导轮架或砂轮架定位测试,移动时应先进行1次快速引进,随后进行1次慢速引进定位,连续5次。

误差以指示器读数的最大代数差值计。

7.2 数控线性轴线的定位精度

P2

检验项目

导轮架或砂轮架的 X 轴线运动的单向定位精度和重复定位精度。

简图

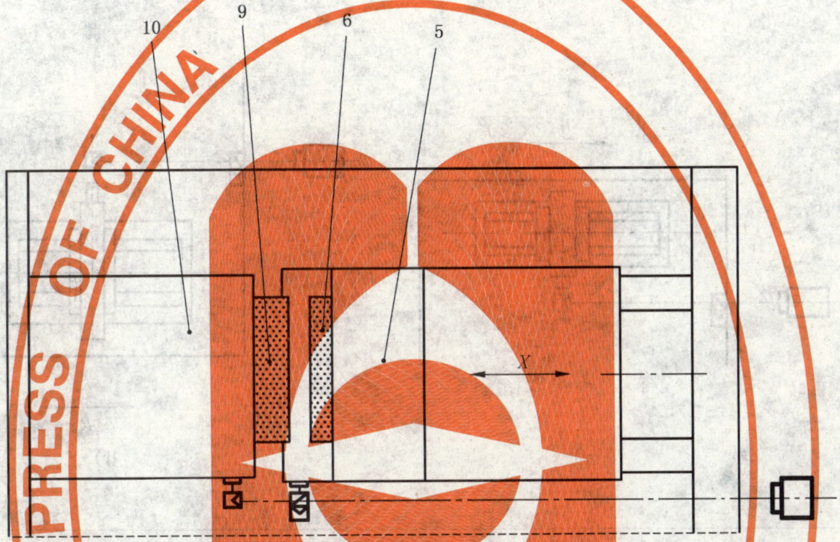

注：图中编号见图 1。

允差

项　　目		测量长度≤200
单向定位精度	$A\uparrow$	0.016
单向重复定位精度	$R\uparrow$	0.006
单向定位系统偏差	$E\uparrow$	0.008

检验工具

线性量规、激光测量装置或线性标尺。

备注和参照 GB/T 17421.2—2000

在工件位置与刀具位置之间进行相对测量。

应参照 GB/T 17421.2 中第 3、4 和 7 章确定检验条件、检验程序和结果的表达。

进刀方向作为轴线的正方向。

P3

检验项目

砂轮修整器 W 轴线、导轮修整器 R 轴线定位精度和重复定位精度：

a） W 轴线；

b） R 轴线。

简图

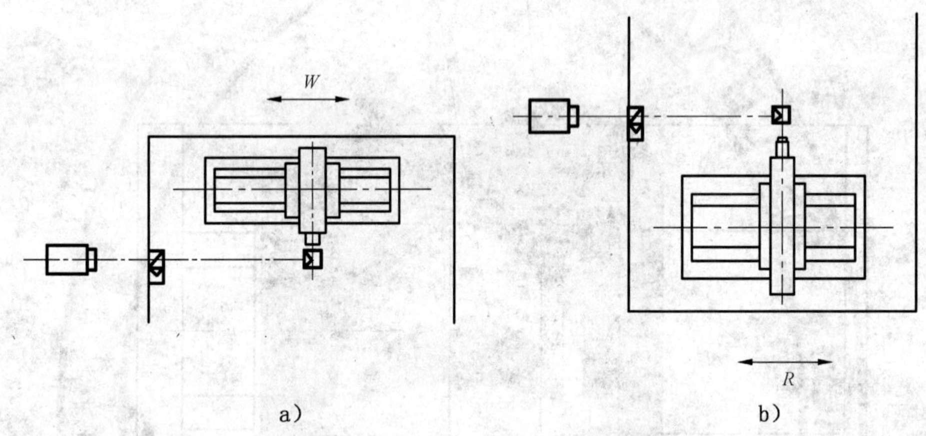

允差

a)和 b)

项目		测量长度	
		≤500	≤1 000
单向定位精度	$A\uparrow$	0.016	0.020
单向重复定位精度	$R\uparrow$ 和 $R\downarrow$	0.008	0.010
双向定位系统偏差	E	0.016	0.020
单向定位系统偏差	$E\uparrow$ 和 $E\downarrow$	0.008	0.010
双向平均位置偏差的范围	M	0.008	0.010

检验工具

线性标尺或激光测量装置。

备注和参照 GB/T 17421.1 和 GB/T 17421.2

如修整器的动作在安装前后相同，则可在修理器安装到机床上之前进行该项检验。

应对照 GB/T 17421.2 中第 3、4 和 7 章确定检验条件、检验程序和结果的表达。

注：虽然上述验证通常应在砂轮修整器与砂轮之间进行，但 a)也应分别在导轮修整器与导轮之间进行检验，b)对于夹具有安装困难的机床，简图已兼顾到放置光学量仪进行测量。

	P4

检验项目

砂轮修整器 U 轴和导轮修整器 V 轴单向定位精度和重复定位精度：

a） U 轴线；

b） V 轴线。

简图

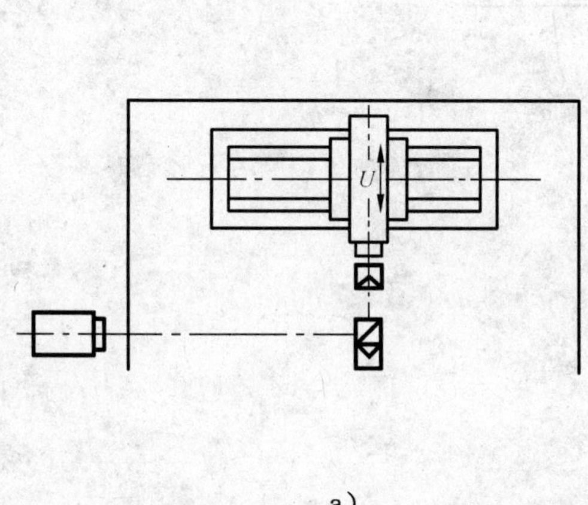

a）

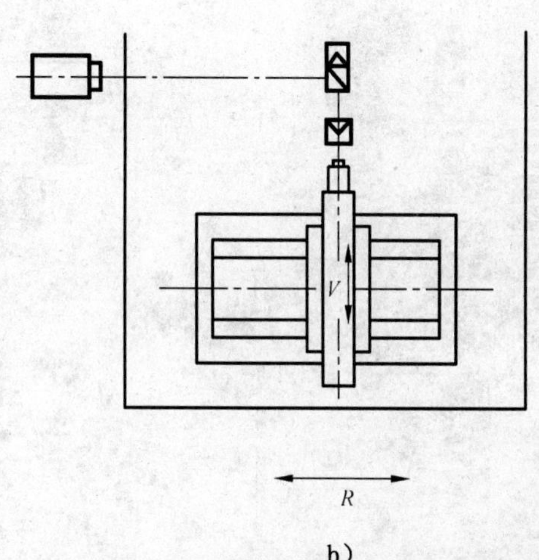

b）

允差

项　　目		测量长度 ≤200
单向定位精度	$A\uparrow$	0.016
单向重复定位精度	$R\uparrow$	0.006
单向定位系统偏差	$E\uparrow$	0.008

检验工具

数字线性量规、激光测量装置或标准长度尺和刻度读出器。

备注和参照 GB/T 17421.2

应参照 GB/T 17421.2 中第 3、4 和 7 章确定检验条件、检验程序和结果的表达。

注：虽然上述验证通常应在砂轮修整器与砂轮之间进行，但 a)也应分别在导轮修整器与导轮之间进行检验，b)对于夹具有安装困难的机床，简图已兼顾到放置光学量仪进行测量。

附 录 A
（资料性附录）
本标准与 ISO 3875:2004 技术性差异及其原因一览表

表 A.1 本标准与 ISO 3875:2004 技术性差异及其原因

本标准的章条编号	技术性差异	原 因
5.1	允差中a) 0.005 b) 0.10 改为 a) 0.003 b) 0.05	不低于原标准要求
5.2	允差中a) 0.005 c) 0.10 改为 a) 0.003 c) 0.05	不低于原标准要求

ICS 25.080.50
J 55

中华人民共和国国家标准

GB/T 4682—2007/ISO 2407:1997
代替 GB/T 4682—1984

内圆磨床　精度检验

Internal cylindrical grinding machines with horizontal spindle—Testing of the accuracy

(ISO 2407:1997, Test conditions for internal cylindrical grind machines with horizontal spindle—Testing of accuracy, IDT)

2007-07-17 发布　　2007-12-01 实施

中华人民共和国国家质量监督检验检疫总局
中国国家标准化管理委员会　发布

前　言

本标准等同采用 ISO 2407:1997《卧轴内圆磨床检验条件　精度检验》(英文版)。

本标准等同翻译 ISO 2407:1997。

为便于使用,本标准做了下列编辑性修改:

——为了与其他标准一致,将标准名称改为《内圆磨床　精度检验》;

——“本国际标准”一词改为“本标准”;

——用小数点“.”代替作为小数点的逗号“,”;

——对 ISO 2407:1997 中引用的其他国际标准,用我国对应的国家标准代替国际标准;

——增加了引用标准 GB/T 19660—2005;

——删除了 ISO 2407—1997 的前言和引言;

——删除了第 1 章“注”的内容;

——删除了允差一栏中的“实测偏差”;

——删除了“附录 A”的内容。

本标准代替 GB/T 4682—1984《内圆磨床　精度》。

本标准与 GB/T 4682—1984 相比主要变化如下:

——增加了第 2 章“规范性引用文件”;

——增加了第 3 章“机床结构”。

与本标准配套使用的标准有:

——JB/T 9906.1—1999《内圆磨床　系列型谱》;

——JB/T 9906.2—1999《内圆磨床　技术条件》。

本标准由中国机械工业联合会提出。

本标准由全国金属切削机床标准化技术委员会(SAC/TC 22)归口。

本标准起草单位:无锡内圆磨床研究所。

本标准主要起草人:夏红、黄国庆。

本标准所代替标准的历次版本发布情况为:

——GB/T 4682—1984。

内圆磨床　精度检验

1　范围

本标准参照 GB/T 17421.1 规定了一般用途和普通精度的带或不带端面磨削砂轮架卧轴内圆磨床的几何精度和工作精度检验以及相应的允差。

本标准仅用于机床的精度检验，不适用于机床的运转检查(振动、不正常的噪声、运动部件的爬行等)，也不适于机床的参数检查(速度、进给量等)。这些检查通常应在精度检验前进行。

2　规范性引用文件

下列文件中的条款通过本标准的引用而成为本标准的条款。凡是注日期的引用文件，其随后所有的修改单(不包括勘误的内容)或修订版均不适用于本标准，然而，鼓励根据本标准达成协议的各方研究是否可使用这些文件的最新版本。凡是不注日期的引用文件，其最新版本适用于本标准。

GB/T 17421.1—1998　机床检验通则　第1部分：在无负荷或精加工条件下机床的几何精度(eqv ISO 230-1:1996)

GB/T 19660—2005　工业自动化系统与集成　机床数值控制坐标系和运动命名(ISO 841:2001, IDT)

3　机床结构

3.1　说明

所有卧轴内圆磨床的共同特点是在床身上至少具有卧式头架和磨头，并且它们的主轴相互面对。

头架可绕垂直轴线(B 轴线)转动进行锥面磨削。

根据机床的设计情况，头架或磨头两者之一可沿 X 轴线运动。按 GB/T 19660—2005 磨头通常可沿 Z 轴线运动(见图1和图2)。

在某些情况下，机床可通过增加一个磨头(见图3)，或增加一个磨头转动附加装置来装备一个端面砂轮实现端面磨削。附加装置通常安装在头架上，端面磨头可平行 z 轴线进行线性运动(W 轴线)，也可以绕 W 轴线进行回转运动(C 向回转)(见图4)。

3.2　术语和轴线命名

本标准给出了机床主要部件的术语，并按 GB/T 19660 命名了轴线。

术语和轴线的命名见图1～图4，图中序号1～16见表1。

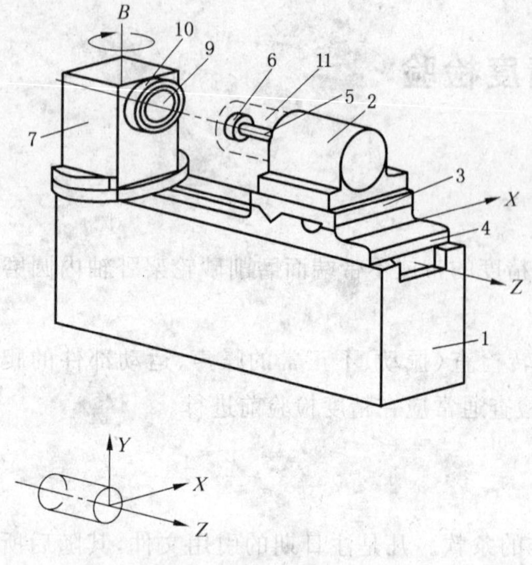

图 1

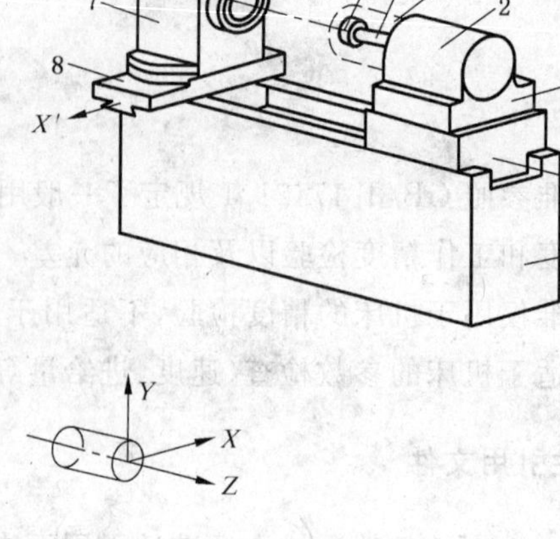

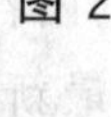

图 2

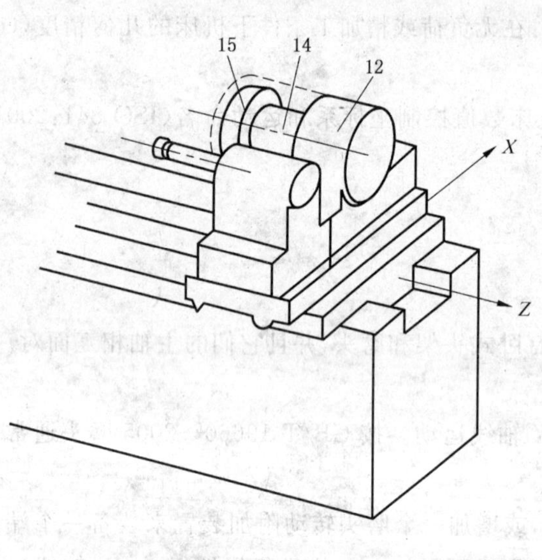

图 3

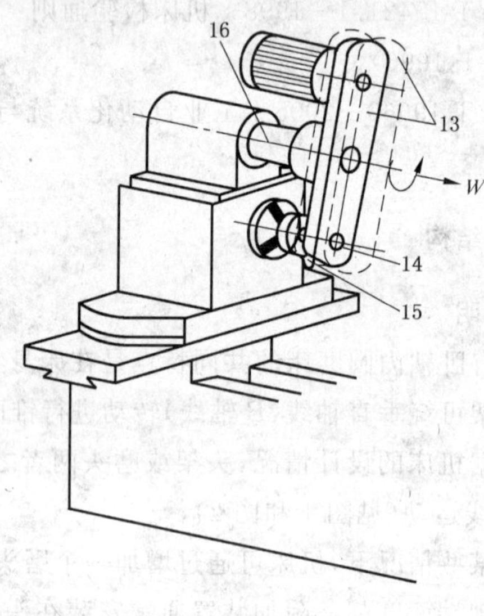

图 4

表 1 术语

序 号	中 文	英 文
1	床身	bed
2	磨头	wheelhead
3	磨头横向滑座	wheelhead cross slide
4	磨头滑座	wheelhead carriage
5	砂轮主轴	wheel spindle
6	内磨砂轮	internal grinding wheel
7	头架(可回转)	workhead (swiveling)
8	头架横向滑座	workhead cross slide

表 1(续)

序　号	中　　文	英　　文
9	工件夹紧装置	workpiece holder
10	工件防护装置	workpiece guard
11	砂轮防护罩	wheel guard
12	端面磨头	facing wheelhead
13	转动杆(带驱动装置和防护罩)	swivel arm (with srive and guard)
14	端面磨头主轴	facing spindle
15	端面磨削砂轮	facing wheel
16	端面砂轮套筒	facing wheel quill

4　一般要求

4.1　计量单位

本标准中的所有线性尺寸、偏差和相应的允差的单位为毫米；角度尺寸的单位为度，角度偏差和相应的允差一般用比值表示，但在有些情况下为清晰起见，可用微弧度或秒表示。应始终注意下列表达式的等效关系：

$$0.01/1\,000 = 10\ \mu\text{rad} \approx 2''$$

4.2　参照 GB/T 17421.1

使用本标准时应参照 GB/T 17421.1，尤其是机床检验前的安装、主轴和其他运动部件的升温、检验方法和检验工具的推荐精度。

后面检验项目的"备注"栏，所述检验方法均参照 GB/T 17421.1 相应条款，有关的检验与 GB/T 17421.1的规定相一致。

4.3　检验顺序

本标准给出的检验项目的顺序并不表示实际检验顺序。为了使装拆检验工具和检验方便，可按任意次序进行检验。

4.4　检验项目

检验机床时，根据结构特点并不是必须检验本标准中的所有检验项目。为了验收目的而要求检验时，可由用户取得制造厂同意，选择一些感兴趣的检验项目，但这些检验项目必须在机床订货时明确提出。

4.5　检验工具

在第 5 章、第 6 章和第 7 章的检验项目中指出的检验工具仅为例子。可以使用相同指示量和具有至少相同精度的其他检验工具。指示器应具有 0.001 mm 或更高的分辨率。

4.6　工作精度检验

工作精度检验应仅在精加工时进行，而不在粗加工时进行，因为粗加工易产生较大切削力。

4.7　最小允差

当实测长度与本标准规定的长度不同时，允差按实测长度折算(GB/T 17421.1 中 2.3.1.1)，允差最小折算值为 0.005 mm。

4.8　简图

为了简明起见，本标准第 5 章和第 6 章中仅附一种类型的机床简图。

5 几何精度检验

5.1 轴线运动

检验项目 G1

磨头(或头架)沿 Z 轴线移动的直线度:

a) 在垂直平面内;

b) 在水平面内。

简图

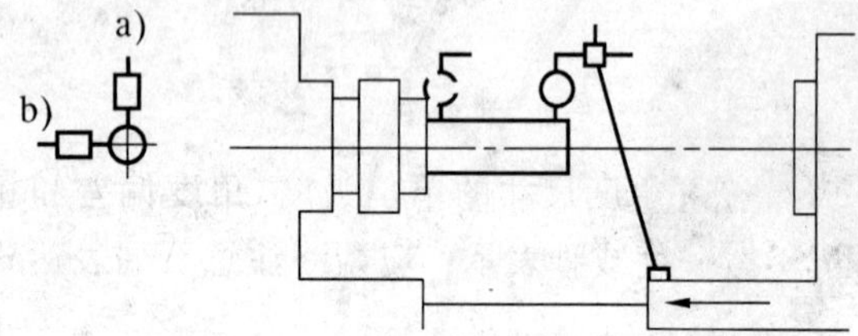

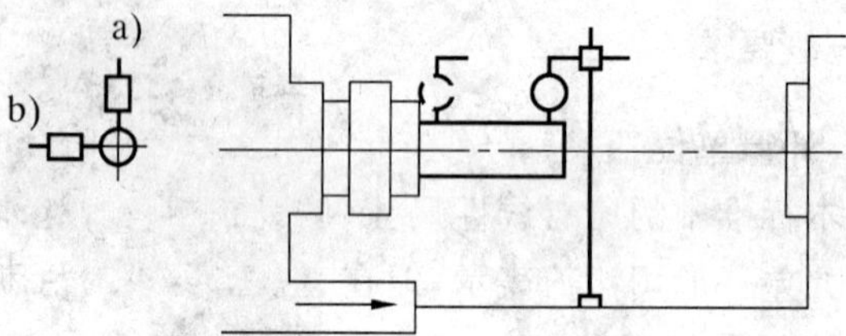

允差

a) 300 测量长度上为 0.015;

b) 300 测量长度上为 0.008。

检验工具

平尺或检验棒和指示器。

备注和参照 GB/T 17421.1—1998(5.2.3.2.1)

当使用平尺检验时,指示器支架应装在机床固定部件上。将平尺平行于工作台纵向移动方向放置,使指示器测头触及平尺。

当使用检验棒检验时,指示器支架应装在磨头上,检验棒插入头架主轴孔内。头架主轴回转180°后重复上述检验。

G2

检验项目

磨头横向滑座或头架横向滑座移动(X 轴线)对 Z 轴线移动的垂直度。

简图

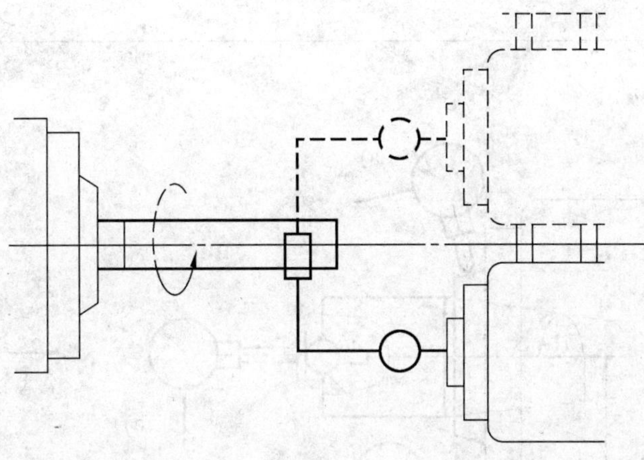

允差

0.02/300(300 为指示器两测点间的距离)。

检验工具

检验棒和指示器。

备注和参照 GB/T 17421.1—1998(5.5.1.2.3.2)

检验棒插入头架主轴孔内,调整头架使其主轴轴线平行于 Z 轴线运动方向。

将指示器支架固定在检验棒上,使其测头触及砂轮主轴上一点。

头架主轴回转 180°,移动 X 轴线,直至指示器测头再次触及同一测点。

对应于 300 mm 位移处的指示器的读数差值即为垂直度偏差。

5.2 头架

<table>
<tr><td>

检验项目

头架主轴端部的跳动：

a) 径向跳动；

b) 轴向窜动；

c) 轴肩支承面的端面跳动(包括主轴的轴向窜动)。

</td><td>G3</td></tr>
<tr><td colspan="2">

简图

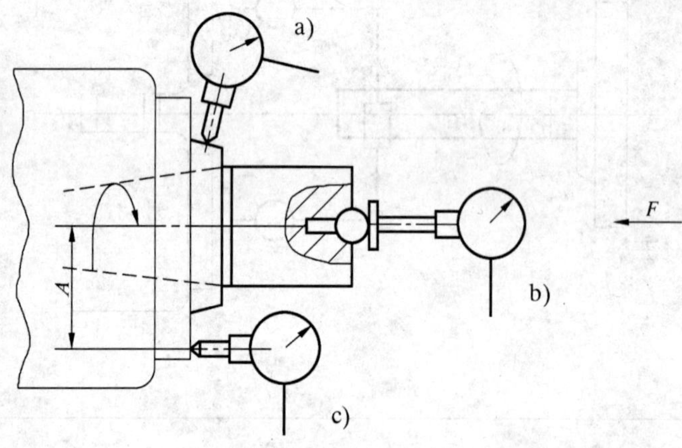

</td></tr>
<tr><td colspan="2">

允差

a) 0.005；

b) 0.005；

c) 0.01。

</td></tr>
<tr><td colspan="2">

检验工具

指示器和专用检具。

</td></tr>
<tr><td colspan="2">

备注和参照 GB/T 17421.1—1998[a) 5.6.1.2.2;b) 5.6.2.2.1,5.6.2.2.2;c) 5.6.3.1,5.6.3.2]

a) 固定指示器，使其测头分别触及主轴定心轴颈表面。

如主轴端部是锥体，则指示器测头应垂直于被检表面安置。

b) 插入主轴锥孔中的专用检验棒的端面中心处；

c) 指示器距主轴轴线的距离 A 应尽可能大，转动主轴检验。

b)、c)项检验时，应通过主轴轴线加一个由制造厂规定的轴和力 F(对已消除轴向游隙的主轴可不加力)。

</td></tr>
</table>

G4

检验项目

头架主轴锥孔(定心孔)的径向跳动:

a) 靠近主轴端部;

b) 距主轴端部 $D_a/2$(最小 100 mm,最大 300 mm)处(D_a 为工件的最大允许直径)。

简图

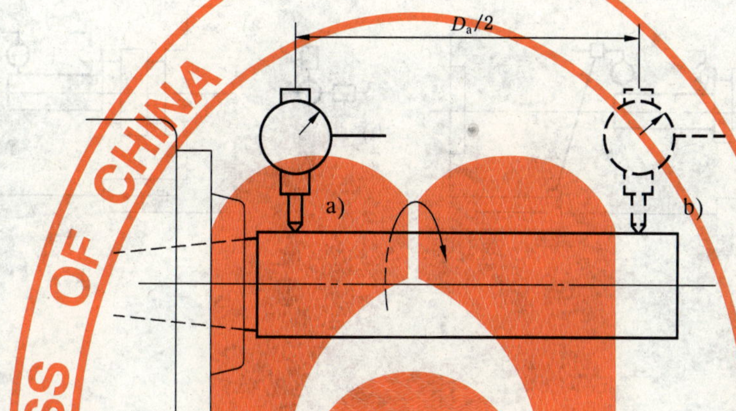

允差

a) 0.005;

b) 300 测量长度上为 0.015。

检验工具

符合主轴端部型式的检验棒和指示器。

备注和参照 GB/T 17421.1—1998(5.6.1.2.3)

检验带锥孔的主轴时,应使用检验棒。

检验带圆柱形定心孔的主轴时,应使用指示器而不用检验棒。在这种情况下将取 a)值作为允差值。

注:当距离 $D_a/2 \neq 300$ 时,b)项的允差 T 可按以下公式计算:

$$T = 0.005 + \frac{0.010 - 0.005}{300} \times \frac{D_a}{2}$$

G5

检验项目

头架主轴轴线对磨头(或头架)Z轴线移动的平行度:

a) 在垂直平面内;

b) 在水平面内。

简图

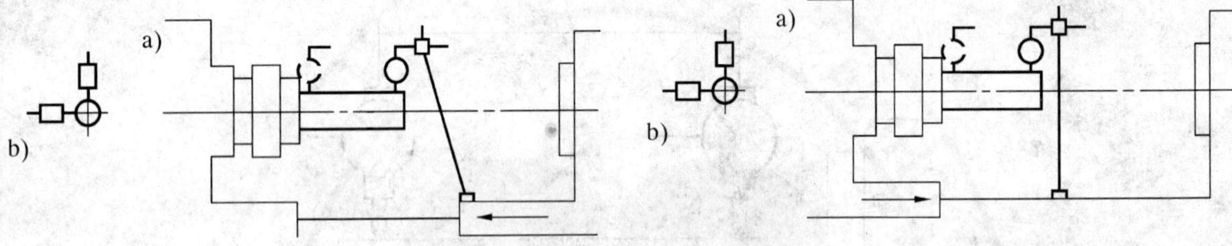

允差

a) 300 测量长度上为 0.025;

b) 300 测量长度上为 0.01。

检验工具

检验棒和指示器。

备注和参照 GB/T 17421.1—1998(5.4.1.2.1;5.4.2.2.3)

在头架主轴一位置上作第一次检验,然后,头架主轴回转 180°重复上述检验。应取每个测点的平均值作为评定偏差。

	G6

检验项目

头架回转平面对 ZX 水平面的平行度。

简图

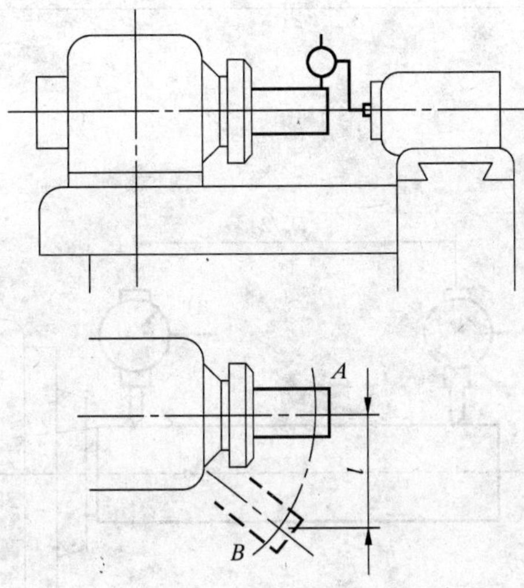

允差

$l=100$ 时为 0.01。

检验工具

检验棒和指示器。

备注和参照 GB/T 17421.1—1998(5.4.3.2.2)

将头架锁紧于位置 A,测取读数。回转头架至外端位置 B。移动磨头横向滑座,在 B 处测取读数。

5.3 砂轮主轴

检验项目	G7
砂轮主轴锥孔(砂轮安装直径)的径向跳动： a) 靠近主轴端部； b) 距主轴端部 $D_a/2$(最小 100 mm，最大 200 mm)处(D_a 为工件的最大允许直径)。	

简图

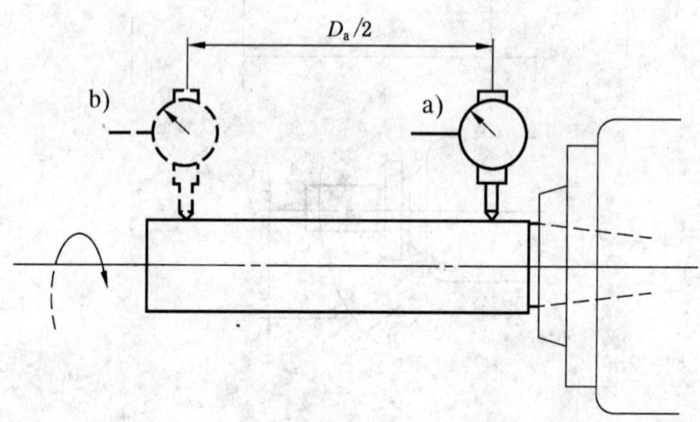

允差

a) 0.005；

b) 200 测量长度上为 0.010。

检验工具

符合主轴端部型式的检验棒和指示器。

备注和参照 GB/T 17421.1—1998(5.6.1.2.3)

检验带锥孔的主轴时，应使用检验棒。

检验带圆柱形定心孔的主轴时，应使用指示器而不用检验棒。在这种情况下将取 a)值作为允差值。

注：当距离 $D_a/2 \neq 200$ 时，b)项的允差 T 可按以下公式计算：

$$T=0.005+\frac{0.01-0.005}{200}\times\frac{D_a}{2}$$

G8

检验项目

砂轮主轴轴线对磨头(或头架)Z轴线移动的平行度：

a） 在垂直平面内；

b） 在水平面内。

简图

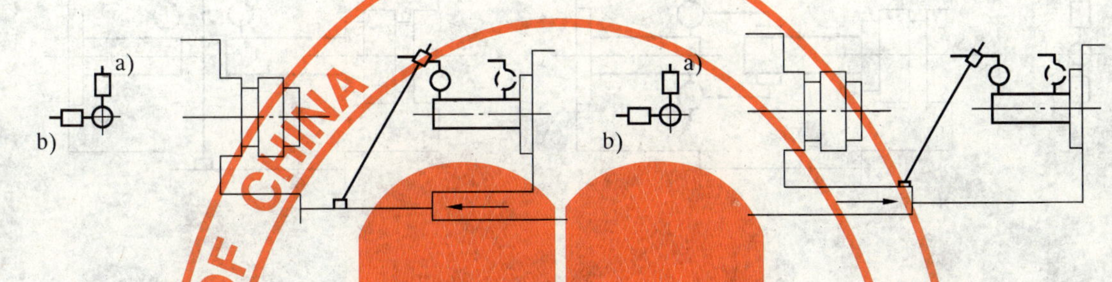

允差

a） 300 测量长度上为 0.02；

b） 300 测量长度上为 0.01。

检验工具

检验棒和指示器。

备注和参照 GB/T 17421.1—1998(5.4.1.2.1;5.4.2.2.3)

在砂轮主轴一位置上作第一次检验，然后，主轴回转 180°重复上述检验。应取每个测点的平均值作为评定偏差。

G9

检验项目

头架主轴轴线与砂轮主轴轴线的等高度(高度差)。

简图

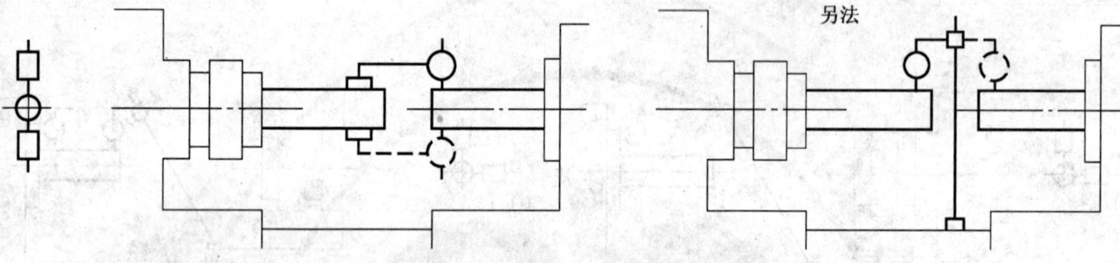

允差

0.025。

检验工具

指示器和指示器支架或专用支架。

备注和参照 GB/T 17421.1—1998(5.4.3.2.1)

应在水平面内找正后，再在垂直平面内检验。

采用另法时，将指示器支架直接装在 *ZX* 基准平面(由 *X* 轴线和 *Z* 轴线运动构成的平面)，该平面可为平导轨面。

5.4 端面磨头

	G10

检验项目

端面磨头主轴跳动：

a) 主轴定心轴径的径向跳动；

b) 主轴的轴向窜动；

c) 主轴轴肩支承面的端面跳动(包括主轴的轴向窜动)。

简图

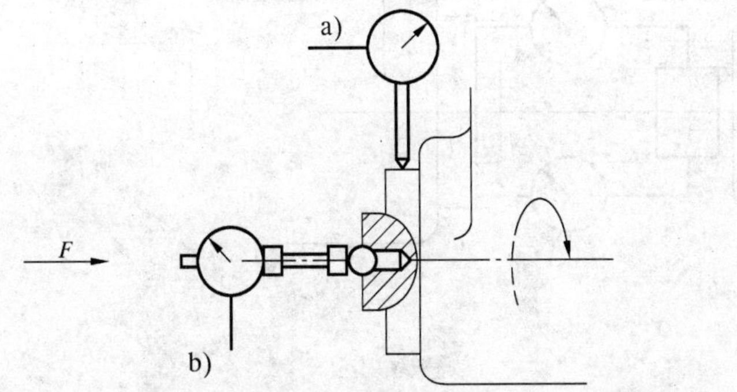

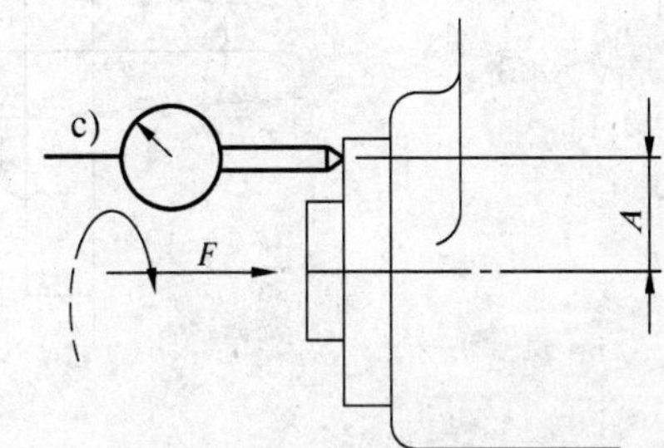

允差

a) 0.005；

b) 0.005；

c) 0.01。

检验工具

指示器和专用检具。

备注和参照 GB/T 17421.1—1998[a) 5.6.1.2.1,5.6.1.2.2;b) 5.6.2.2.1,5.6.2.2.2;c) 5.6.3.1,5.6.3.2]

a) 固定指示器,使其测头分别触及主轴定心轴颈表面

如主轴端部是锥体,则指示器测头应垂直于被检表面安置。

b) 插入主轴锥孔中的专用检验棒的端面中心处;

c) 指示器距主轴轴线的距离 A 应尽可能大,转动主轴检验。

b)、c)项检验时,应通过主轴轴线加一个由制造厂规定的轴和力 F(对已消除轴向游隙的主轴可不加力)。

G11

检验项目

端面磨头主轴轴肩支承面对头架主轴轴线的垂直度。

简图

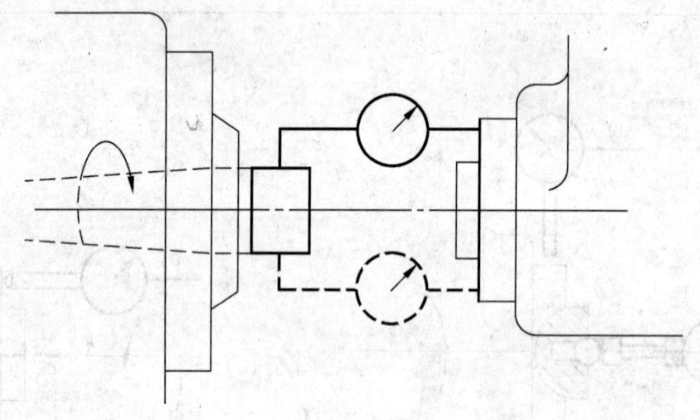

允差

0.02/300(300为指示器两测点间的距离)。

检验工具

检验棒、指示器和指示器支架。

备注和参照 GB/T 17421.1—1998(5.5.1.2.1;5.5.1.2.4.2)

在头架主轴锥孔中插入检验棒,将指示器固定在检验棒上,使其测头触及端面磨头主轴支承面,转动主轴检验。

误差以指示器读数的最大代数差值计。

G12

检验项目

端面砂轮主轴轴线对磨头(或头架)Z 轴线移动的平行度:

a) 在垂直平面内;

b) 在水平面内。

简图

允差

a) 300 测量长度上为 0.02(检验棒伸出端只许向上);

b) 300 测量长度上为 0.01。

检验工具

检验棒和指示器。

备注和参照 GB/T 17421.1—1998(5.4.1.2.1;5.4.2.2.3)

在端面磨头主轴一位置上作第一次检验,然后,回转主轴 180°重复上述检验。应取每个测点的平均值作为评定偏差。

	G13

检验项目

端面磨头回转运动对头架主轴轴线的垂直度。

简图

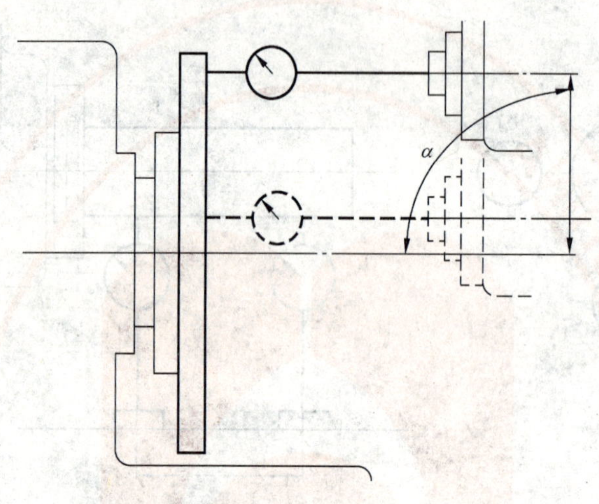

允差

300 测量长度上为 0.01,$\alpha \geqslant 90°$。

检验工具

指示器和平盘或平尺。

备注和参照 GB/T 17421.1—1998(5.5.2.2.3)

头架主轴上固定平面圆盘,在端磨架上固定指示器,使其测头触及平面圆盘表面,移动(或摆动)端磨架检验。

将头架主轴转 180°,重复检验一次。

误差以指示器两次测量结果的代数和之半计。

6 工作精度检验

M1

检验性质

装在卡盘上的试件内孔的磨削。

简图

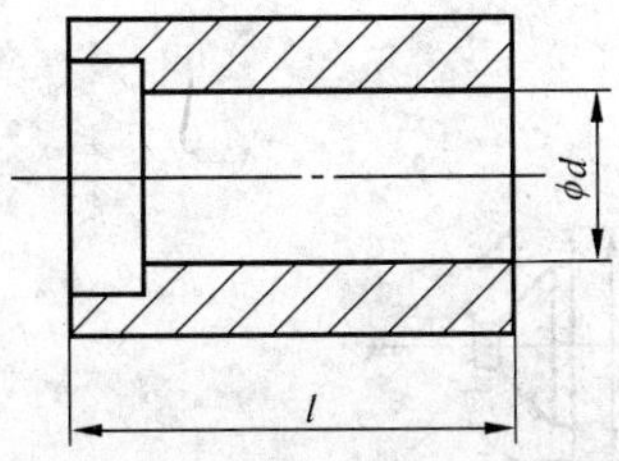

D=最大允许磨削孔径	d	l
D≤40	15	25
40<D≤80	30	50
80<D≤150	60	100
D>150	100	150

切削条件

在全长 l 上磨削(不用中心架)。

检验项目

a) 圆度

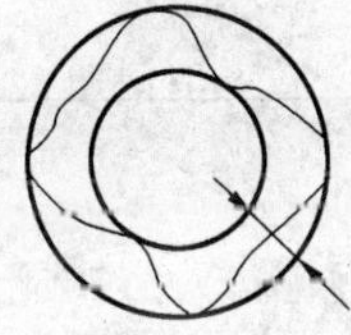

b)直径一致性(在试件的两端和中间测直径的变化量)

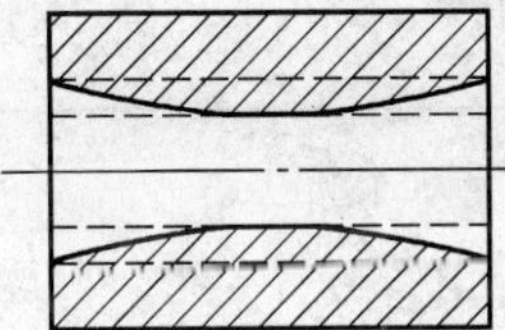

允差

a)

0.003。

b) l=25， 0.005；
l=50， 0.005；
l=100， 0.010；
l=150， 0.015。

检验工具

内径量规。

备注和参照 GB/T 17421.1—1998(4.1、4.2)

应在试件的几个位置上进行圆度检验，以测得的最大偏差值计。

直径一致性应在同一轴向平面内检验。

注：任何锥度都应当最大直径靠近头架。

M2

检验性质

圆盘的端面磨削　$d_1 \leqslant 2D/3$，　$l \leqslant d_2/3$。

简图

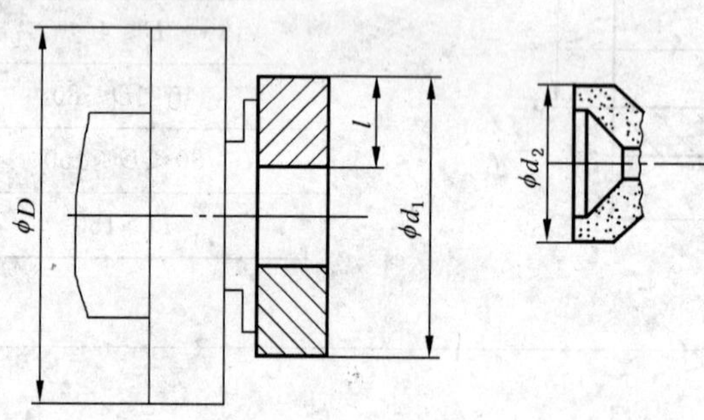

切削条件

试件装夹在花盘或卡盘上。

调整头架使其主轴轴线平行于 Z 轴线移动方向。

磨削垂直于头架主轴轴线的平面。

检验项目

被磨表面的平面度。

允差

$d_1 = 300$，0.01（只许平或凹）。

检验工具

平尺和测平面块规和指示器。

备注和参照 GB/T 17421.1—1998（4.1、4.2）

7 定位精度检验

P1

检验项目

磨头横向滑座(或头架横向滑座)移动的重复定位精度。

简图

允差

0.002。

检验工具

指示器。

备注和参照 GB/T 17421.1—1998

磨头横向滑座(或头架横向滑座)连续作 5 次定位精度检验,先快速趋进,最后缓冲定位。

ICS 25.080.50
J 55

中华人民共和国国家标准

GB/T 4685—2007/ISO 2433:1999
代替 GB/T 4685—1994

外圆磨床　精度检验

External cylindrical grinding machines—Testing of the Accuracy

(ISO 2433:1999,Machine tool—Test conditions for external cylindrical and universal grinding machines with a movable—Testing of the accuracy,IDT)

2007-07-17 发布　　2007-12-01 实施

中华人民共和国国家质量监督检验检疫总局
中国国家标准化管理委员会　发布

前言

本标准等同采用ISO 2433:1999《机床 工作台移动式万能外圆磨床检验条件 精度检验》(英文版)。

本标准等同翻译ISO 2433:1999。

为便于使用,本标准做了如下编辑性修改:

——为了与其他标准一致,将标准名称改为《外圆磨床 精度检验》;

——删除了ISO 2433—1999的前言和引言;

——"本国际标准"一词改为"本标准";

——用小数点的"."代替作为小数点的",";

——对ISO 2433:1999中引用的其他国际标准,用已被采用为我国的国家标准代替相应的国际标准;

——增加了引用标准GB/T 19660—2005;

——删除了ISO 2433:1999的前言和引言;

——删除了第1章"注"的内容;

——删除了允差一栏中的"实测偏差";

——删除了"附录A"的内容;

——删除了"参考标准"。

本标准代替GB/T 4685—1994《外圆磨床 精度》。与GB/T 4685—1994相比,主要变化如下:

——增加了第2章"规范性引用文件";

——增加了第3章"说明、术语和轴线命名";

——增加了"几何精度检验"中的G2、G8、G9、G13、G14、G15、G16项,取消了G1项;

——增加了第7章"定位精度和重复定位精度";

——取消了"预调检验"内容;

——取消了"工作精度"中的P3、P4、P5项。

与本标准配套使用的标准有:

——JB/T 7418.2—1994《外圆磨床 技术条件》。

本标准由中国机械工业联合会提出。

本标准由全国金属切削机床标准化技术委员会(SAC/TC 22)归口。

本标准起草单位:上海机床厂有限公司。

本标准主要起草人:张家贵、黄鸣亮、胡小妹、安军。

本标准所代替标准的历次版本发布情况为:

——GB/T 4685—1984、GB/T 4685—1994。

外圆磨床　精度检验

1　范围

本标准规定了一般用途的普通精度的工作台移动式外圆磨床、万能外圆磨床及端面外圆磨床的几何精度、工作精度和轴线的定位精度、重复定位精度的检验方法以及相应的允差。

本标准适用于最大磨削直径 50 mm～800 mm、最大磨削长度 150 mm～4 000 mm 的普通级精度外圆磨床和万能外圆磨床以及最大磨削直径 50 mm～500 mm、最大磨削长度 150 mm～3 000 mm 的普通级精度的端面外圆磨床。

本标准仅适用于机床的精度检验，不适用于机床的运转检查(如振动、非正常的噪声、运动部件的爬行等)，或机床的参数检验(如速度、进给量等)。这些检验应在精度检验前进行。

2　规范性引用文件

下列文件中的条款通过本标准的引用而成为本标准的条款。凡是注日期的引用文件，其随后所有的修改单(不包括勘误的内容)或修订版均不适用于本标准，然而，鼓励根据本标准达成协议的各方研究是否可使用这些文件的最新版本。凡是不注日期的引用文件，其最新版本适用于本标准。

GB/T 17421.1—1998　机床检验通则　第 1 部分:在无负荷或精加工条件下机床的几何精度(eqv ISO 230-1:1996)

GB/T 17421.2—2000　机床检验通则　第 2 部分:数控轴线的定位精度与重复定位精度的确定(eqv ISO 230-2:1997)

GB/T 19660—2005　工业自动化系统与集成　机床数值控制坐标系和运动命名(IDT 841:2001,IDT)

3　说明、术语和轴线命名

3.1　说明

3.1.1　概述

本标准所适用的工作台移动式外圆磨床和万能外圆磨床，尽管这两种机床的结构相似，但它们的功能有所区别。

万能外圆磨床可以加工内、外圆柱面和圆锥面。而外圆磨床只能加工外圆柱面，有时也可以加工圆锥面。

这两种机床在床身上有两个基本的线性运动，工作台移动(Z 轴线)和砂轮架移动(X 轴线)，并且这两种运动互为直角。但有些机床这两种运动为交叉的斜角，这些机床又称为端面外圆磨床。

外圆磨床和万能外圆磨床的主要部件所述如下：

3.1.2　床身

床身带有工作台导轨和砂轮架导轨，并且导轨是独立的，通常互成 90°。

3.1.3　下工作台

下工作台是支承上工作台的，并且可沿床身导轨(Z 轴线)移动。

3.1.4　上工作台

上工作台上装有头架、尾架和固定中心架(需要时)，工件可支承在头架和尾架之间。对于万能外圆磨床，上工作台可在下工作台上回转，但是外圆磨床不必一定具有回转功能。当不需要回转时，上工作台和下工作台可做成一体。

3.1.5 头架

头架可使安装在卡盘上或固定在两顶尖间的工作旋转。对于万能外圆磨床,头架可以在头架底座上回转。但对于外圆磨床头架可固定不动。

3.1.6 尾架

尾架可以在工作台面上移动,用来调整两顶尖间的距离。移动尾架套筒可进行微调(或调整工作负荷)。

3.1.7 砂轮架

砂轮架装在砂轮架底座上,并可以回转。砂轮安装在砂轮主轴上。对于万能外圆磨床,内圆磨头可与砂轮架成一体,或作为附加装置。砂轮主轴轴线通常在回转的零位并平行于工作台移动方向。

3.2 术语和轴线命名

本标准给出了机床主要部件的术语,并按 GB/T 19660—2005 命名了轴线。

术语和轴线的命名见图 1、表 1。为了简明起见,图 1 所示仅以万能外圆磨床为例子。

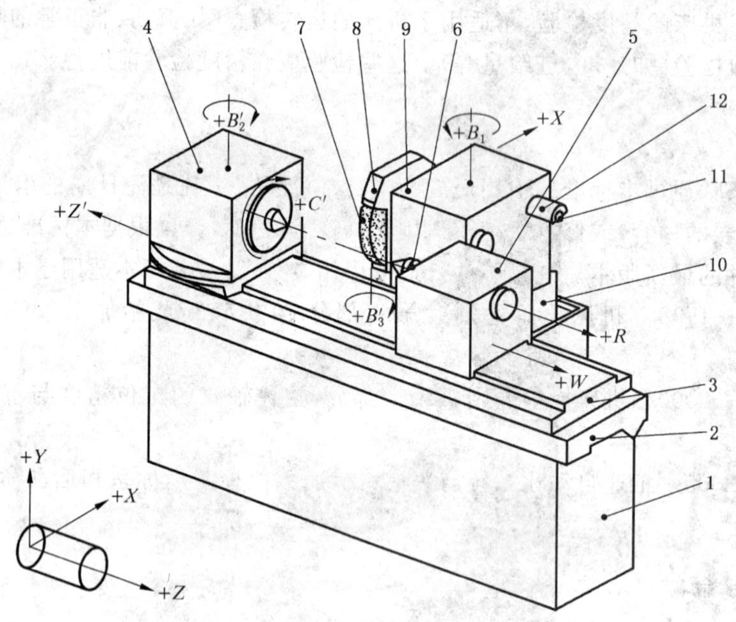

注:图中 1～12 的注释见表 1。

图 1 万能外圆磨床

表 1 术语

序号	中文	英文
1	床身	bed
2	下工作台	table saddle
3	上工作台(可回转)	table, swivelling
4	头架	workhead
5	尾架	tailstock
6	尾架套筒	tailstock quill
7	砂轮	grinding wheel
8	砂轮防护罩	wheel guard
9	砂轮架	wheelhead
10	砂轮架底座	wheelhead saddle
11	内圆磨头	internal grinding wheel
12	内圆磨头防护罩	wheel guard for internal grindingwheel

4 一般要求

4.1 计量单位

本标准中的所有线性尺寸、偏差和相应的允差的单位为毫米；角度尺寸的单位为度，角度偏差和相应的允差一般用比值表示，但在一些情况下为了清晰，可用微弧度或角秒表示。应始终注意下列表达式的等效关系：

$$0.010/1\ 000 = 10\ \mu\text{rad} \approx 2''$$

4.2 参照 GB/T 17421.1—1998

使用本标准时应参照 GB/T 17421.1—1998，尤其是机床检验前的安装、主轴和其他运动部件的温升、检验方法和检验工具的推荐精度。

在第5章、第6章和第7章的检验项目的“备注”一栏中表述了对 GB/T 17421.1—1998 有关章条的说明，以及该项检验所涉及的 GB/T 17421 各部分的规定。

4.3 检验顺序

本标准给出的检验项目的顺序并不表示实际检验顺序。为了使装拆检验工具和检验方便，可按任意次序进行检验。

4.4 检验项目

检验机床时，并不总是需要或可能检验本标准中的所有检验项目。为了验收目的而要求检验时，可由用户取得制造厂同意选择一些感兴趣的项，但这些项目必须在机床订货时明确提出。

4.5 检验工具

在第5章、第6章和第7章的检验项目中指出的工具仅为例子。可以使用相同指示量和具有至少相同精度的其他检验工具。指示器应具有 0.001 mm 或更高的分辨率。

4.6 工作精度检验

工作精度检验应仅在精加工时进行，因为粗加工易产生较大切削力。

4.7 最小允差

当实测长度与本标准规定的长度不同时，允差按实测长度折算（见 GB/T 17421.1—1998 中 2.3.1.1），允差最小折算值为 0.005 mm。

5 几何精度检验

5.1 线性轴线的运动

检验项目 G1

a) 工作台移动(Z 轴线)在 ZX 水平面内的直线度;

b) 头架主轴和尾架套筒中心连线对工作台移动(Z 轴线)在 YZ 垂直平面内的平行度。

简图

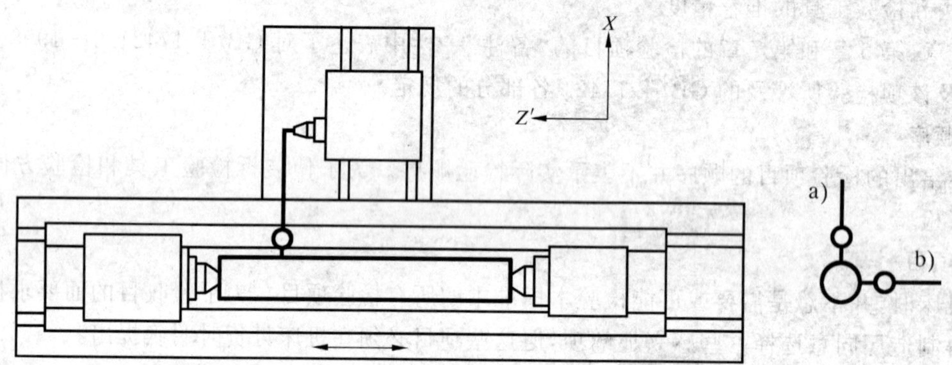

允差

a) 1 000 测量长度内为 0.01,长度每增加 1 000 或 1 000 以内,公差增加 0.005;

b) 1 000 测量长度内为 0.02,长度每增加 1 000 或 1 000 以内,公差增加 0.005。

检验工具

a) 指示器和两顶尖间的检验棒或平尺,或光学方法或钢丝和显微镜或激光方法。

b) 指示器和两顶尖间的检验棒。

备注和参照 GB/T 17421.1—1998 [5.2.1.2(见图 11),5.2.3.2.1.1,5.2.3.2.1.2,5.2.3.2.1.3,5.2.3.2.1.4和 5.4.2.2.3]

使用一个足够长的检验棒作为测量基准。

当头架和工作台为回转型时,应将他们置于回转的零位。尾架套筒缩回。

移动工作台,在若干等距离位置上检验。

应按 GB/T 17421.1—1998 中 5.2.1.2.1 确定直线度偏差,以最大读数差值作为直线度偏差。

检验项目 G2

砂轮架移动(X 轴线)在 ZX 水平面内的直线度。

简图

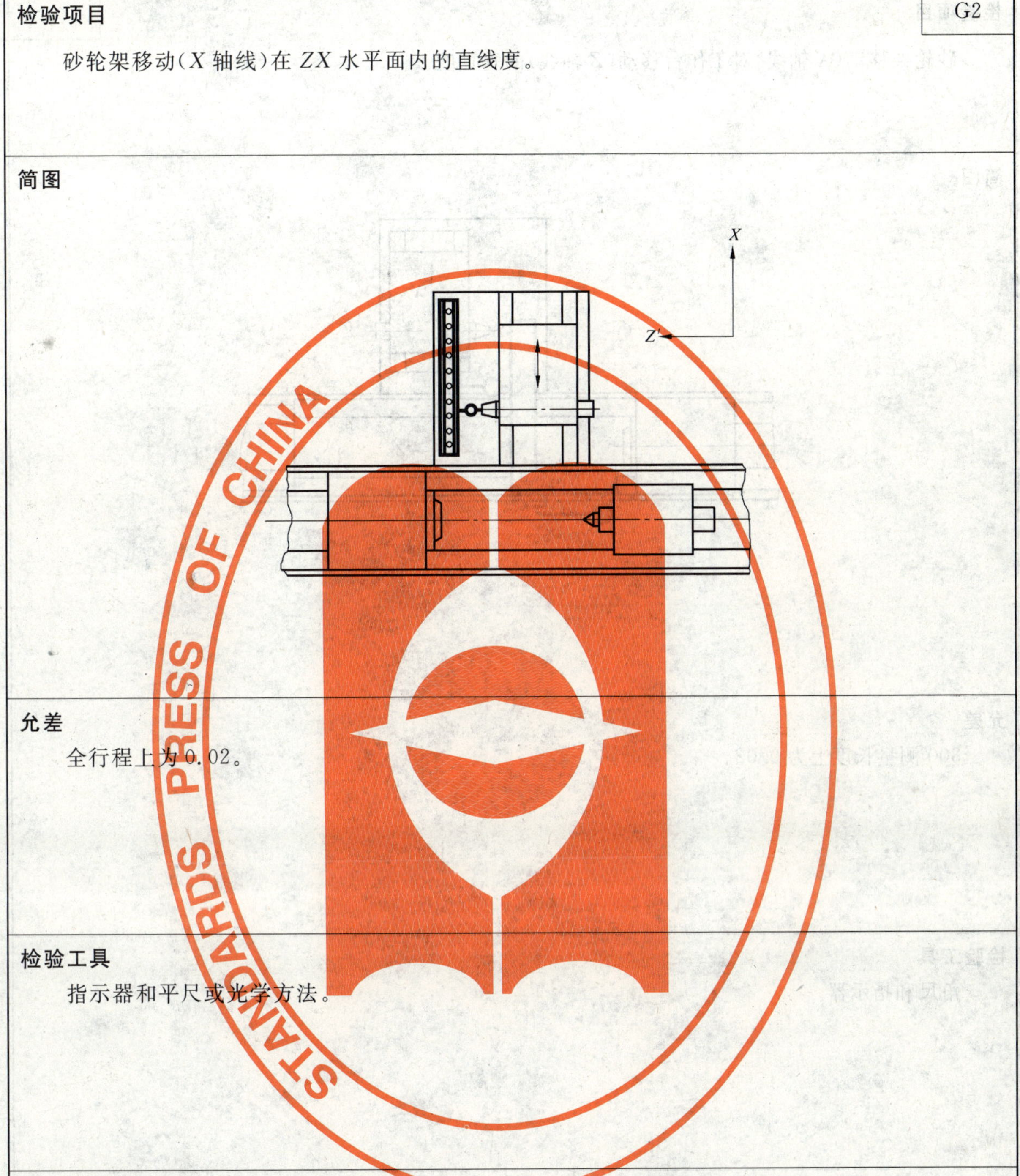

允差

全行程上为 0.02。

检验工具

指示器和平尺或光学方法。

备注和参照 GB/T 17421.1—1998(5.2.3.2.1.1,5.2.3.2.1.3 和 5.2.3.2.1.4)

通过量块将平尺放置在靠近砂轮主轴端部的固定部件上,使平尺基准面在 ZX 水平面内与 X 轴线运动方向平行[a]。

指示器安放在砂轮架上,并靠近其主轴。测头应触及平尺的基准面。

移动砂轮架,在若干等距离位置上检验。以最大读数差值作为直线度偏差。

a 平行是指指示器在平尺的两端读数相同。在这种情况下最大读数差值作为直线度偏差。

检验项目 G3
砂轮架移动(X轴线)对工作台移动(Z轴线)的垂直度。
简图 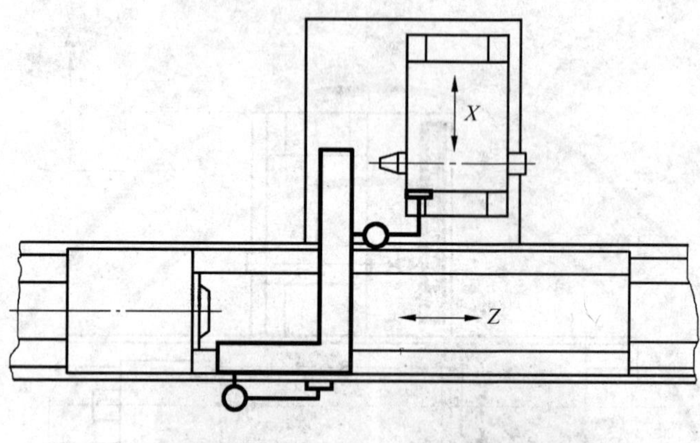
允差 300 测量长度上为 0.02。
检验工具 角尺和指示器。
备注和参照 GB/T 17421.1—1998 (5.5.2.2.4) 调整角尺一边使其与工作台移动(Z轴线)方向平行。指示器安放在砂轮架上,并且在砂轮架移动(X轴线)期间,测头始终触及角尺的另一边。

5.2 头架

检验项目	G4
头架回转主轴： a) 主轴定心轴径的径向跳动； b) 周期性轴向窜动； c) 主轴轴肩支承面的端面跳动(包括周期性轴向窜动)。	

简图

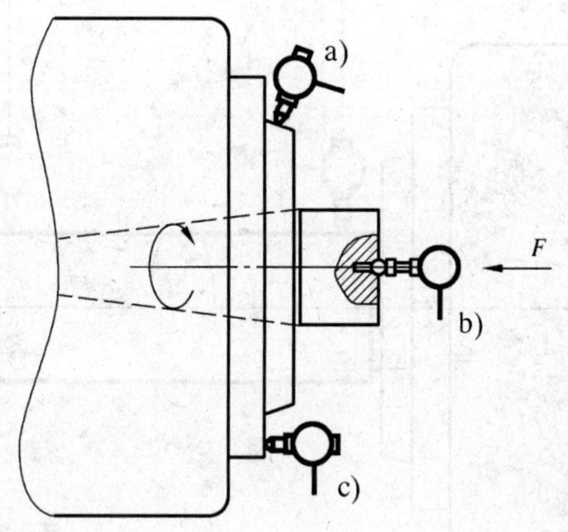

允差

a) 0.005；

b) 0.005；

c) 0.01。

检验工具

指示器。

备注和参照 GB/T 17421.1—1998［a) 5.6.1.2.2；b)和 c) 5.6.2.1.2，5.6.2.2.2 和 5.6.3.2］

a)如主轴端面是锥体，则指示器测头应垂直于被测表面安置。

b)和 c)应按制造商规定的数值和方向施加一个轴向力 F。使用预加负荷轴承时，不需施加力 F。

检验项目 G5

头架主轴锥孔的径向跳动：

a) 靠近主轴端部；

b) 距主轴端部 150 或 300 处。

简图

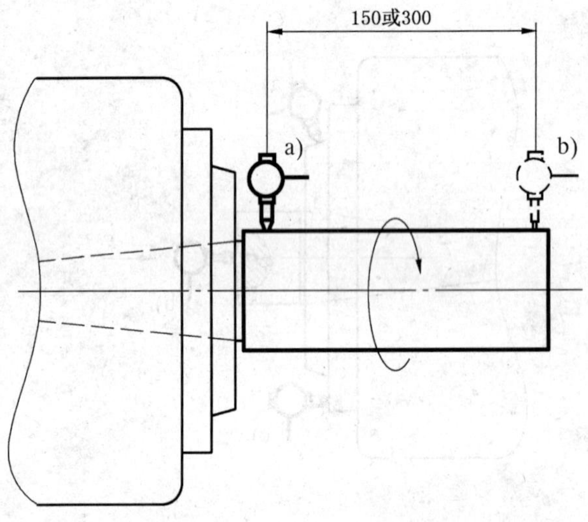

允差

a) 0.005；

b) 300 长度上为 0.015，150 长度上为 0.010。

检验工具

检验棒和指示器。

备注和参照 GB/T 17421.1—1998 (5.6.1.2.3)

在头架主轴锥孔中插入一检验棒。固定指示器，使其测头触及检验棒表面：

a) 靠近主轴端部；

b) 距主轴端部 150 或 300 处。

转动主轴检验。

拔出检验棒，相对主轴锥孔转 90°，重新插入锥孔中，依次再检验 3 次。

a)、b)误差分别计算。偏差以指示器四次读数的平均值计。

检验项目	G6
头架主轴回转轴线对工作台移动(*Z* 轴线)的平行度： a) 在 *ZX* 水平面内； b) 在 *YZ* 垂直平面内。	

简图

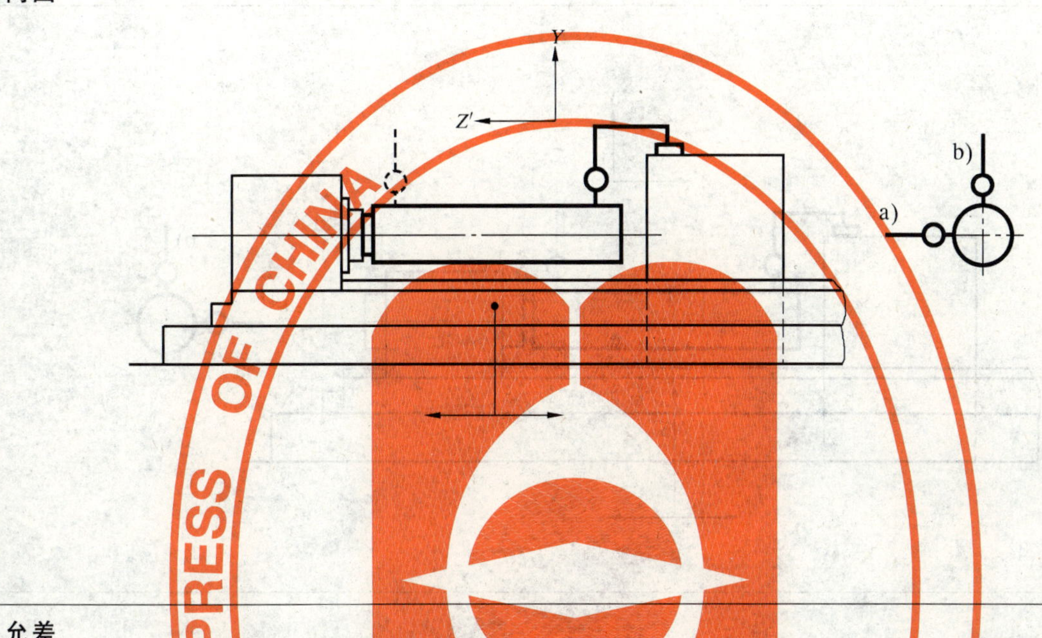

允差

a) 300 测量长度上为 0.012(检验棒伸出端只许偏向砂轮),150 测量长度上为 0.08(检验棒伸出端只许偏向砂轮)；

b) 300 测量长度上为 0.012(检验棒伸出端只许向上),150 测量长度上为 0.008(检验棒伸出端只许向上)。

检验工具

检验棒和指示器。

备注和参照 GB/T 17421.1—1998 (5.4.1.2.1 和 5.4.2.2.3)

在检验 G1 项目时已调整好的工作台,不应再作调整。

在头架主轴锥孔中插入一检验棒。固定指示器,使其测头触及检验棒表面：

a) 在垂直平面内；

b) 在水平面内。

移动工作台检验。

拔出检验棒,相对主轴锥孔转 180°,重新插锥孔中(主轴可回转的机床,应转主轴 180°),再检验一次。

a)、b)误差分别计算。误差以指示器两次读数的代数和之半计。

5.3 尾架

检验项目 G7

尾架套筒锥孔轴线对工作台移动(*Z* 轴线)的平行度：

a) 在 *ZX* 水平面内；

b) 在 *YZ* 垂直平面内。

简图

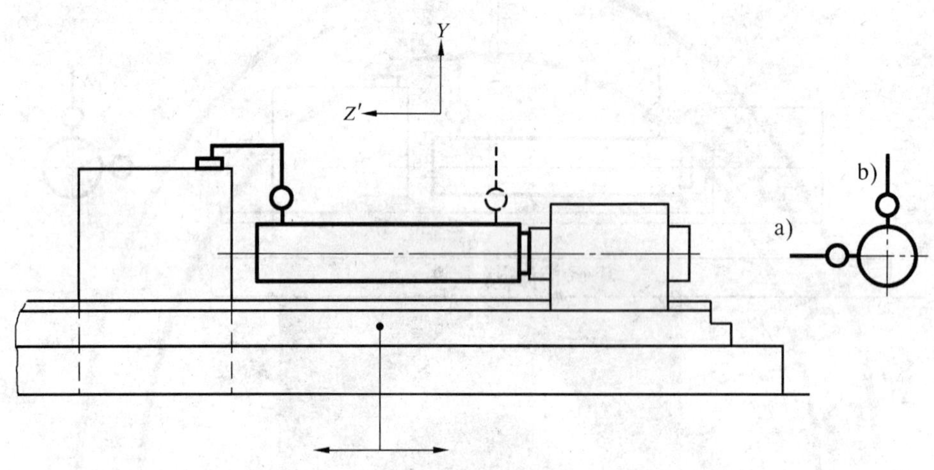

允差

a) 300 测量长度上为 0.015(检验棒伸出端只许偏向砂轮)，150 测量长度上为 0.01(检验棒伸出端只许偏向砂轮)；

b) 300 测量长度上为 0.015(检验棒伸出端只许向上)，150 测量长度上为 0.01(检验棒伸出端只许向上)。

检验工具

检验棒和指示器。

备注和参照 GB/T 17421.1—1998 (5.4.1.2.1 和 5.4.2.2.3)

在检验 G1 项目时已调整好的工作台，不应再作调整。

尾架套筒缩回[a]。

在尾架套筒锥孔中插入一检验棒。固定指示器，使其测头触及检验棒表面：

a) 在垂直平面内；

b) 在水平面内。

移动工作台检验。

拔出检验棒，相对主轴锥孔转 180°，重新插入锥孔中，再检验一次。

a)、b)偏差分别计算。偏差以指示器两次读数的代数和之半计。

[a] 对于尾架没有套筒锁紧装置的机床，允许尾架套筒处于自由状态下检验。

检验项目	G8

尾架在工作台上移动(*W* 轴线)对工作台移动(*Z* 轴线)的平行度:

a) 在 *ZX* 水平面内;

b) 在 *YZ* 垂直平面内。

简图

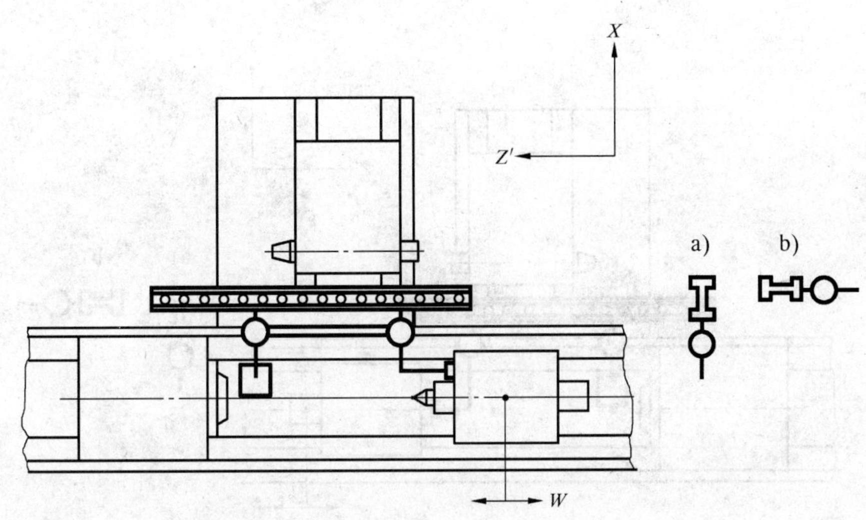

允差

a) 1 000 测量长度上为 0.01,长度每增加 1 000 或 1 000 以内,公差增加 0.005;

b) 1 000 测量长度上为 0.015,长度每增加 1 000 或 1 000 以内,公差增加 0.005。

检验工具

平尺和指示器。

备注和参照 GB/T 17421.1—1998 (5.4.2.2.2)

在检验 G1 项目时已调整好的工作台,不应再作调整。

用安放在工作台上的指示器将放置在机床固定部件上的平尺调整至平行于工作台移动方向(*Z* 轴线)。

在尾架上安放一指示器,调整其测头,使其触及平尺。

在尾架作用范围内移动尾架并锁紧,然后,测取读数。

偏差以指示器最大读数差值计。

检验项目 G9

尾架套筒移动(*R* 轴线)对工作台移动(*Z* 轴线)的平行度:

a) 在 *ZX* 水平面内;

b) 在 *YZ* 垂直平面内。

简图

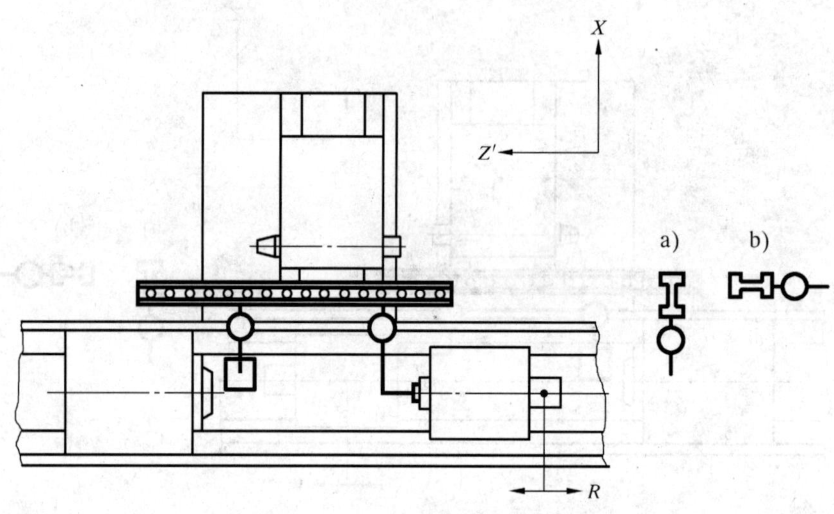

允差

a)和 b) 100 测量长度上为 0.008。

检验工具

平尺和指示器。

备注和参照 GB/T 17421.1—1998 (5.4.2.2.2)

在检验 G1 项目时已调整好的工作台,不应再作调整。

与 G8 项检验相同。用安放在工作台上的指示器将放置在机床固定部件上的平尺调整至平行于工作台移动方向(*Z* 轴线)。

在尾架套筒上安放一指示器,调整其测头,使其触及平尺。

在尾架套筒作用范围内移动尾架套筒并锁紧,然后,测取读数。

偏差以指示器最大读数差值计。

5.4 砂轮架

检验项目	G10
砂轮架主轴： a) 径向跳动(砂轮安装直径)； b) 周期性轴向窜动。	
简图	
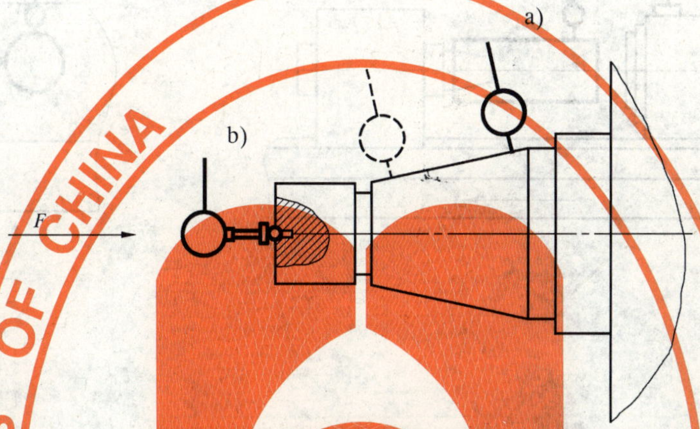 a) b) F	
允差 a) 0.005(两处)； b) 0.01。	
检验工具 指示器。	
备注和参照 GB/T 17421.1—1998 [a) 5.6.1.2.2；b) 5.6.2.2.1 和 5.6.2.2.2] a) 如主轴轴端部是锥体，则指示器测头应垂直于被测表面安置。 b) 应按制造商规定的数值和方向施加一个轴向力 F。使用预加负荷轴承时，不需施加力 F。	

检验项目 G11

砂轮主轴轴线对工作台移动(*Z* 轴线)的平行度:

a) 在 *ZX* 水平面内;

b) 在 *YZ* 垂直平面内。

简图

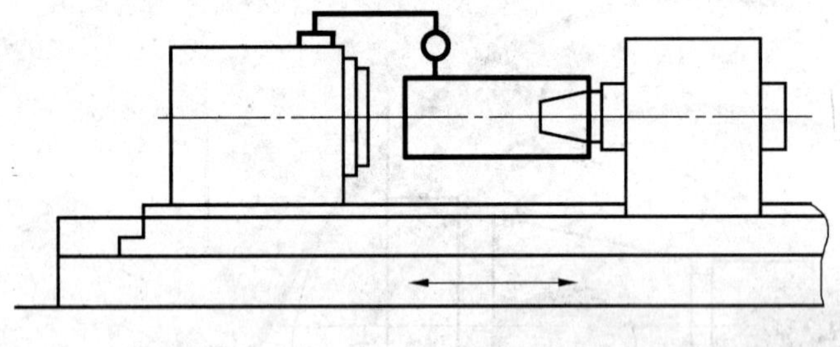

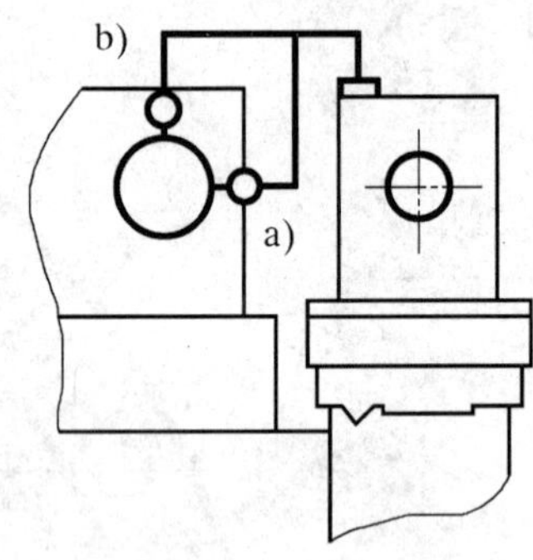

允差

a) 300 测量长度上为 0.03,150 测量长度上为 0.02;

b) 300 测量长度上为 0.03(检验棒伸出端只许向上,砂轮安装在主轴两端的砂轮主轴除外),
150 测量长度上为 0.02(检验棒伸出端只许向上,砂轮安装在主轴两端的砂轮主轴除外)。

检验工具

检验套筒和指示器。

备注和参照 GB/T 17421.1—1998 (5.4.1.2.1 和 5.4.2.2.3)

在砂轮主轴定心锥面上装一检验套筒。指示器安放在工作台或头架上。

对于 a)和 b),应分别在主轴回转的平均位置[a] 进行检验。

[a] 主轴回转的平均位置是指在测量平面内使指示器测头与代表旋转轴线的圆柱面接触,在慢慢旋转主轴时观察指示器的读数。当指针指出其行程两端间的平均读数时,即主轴处于回转的平均位置。

检验项目 G12

头架主轴轴线和砂轮主轴轴线至基准平面(由 X 轴线和 Z 轴线移动构成平面)的等距度(等高度)。

简图

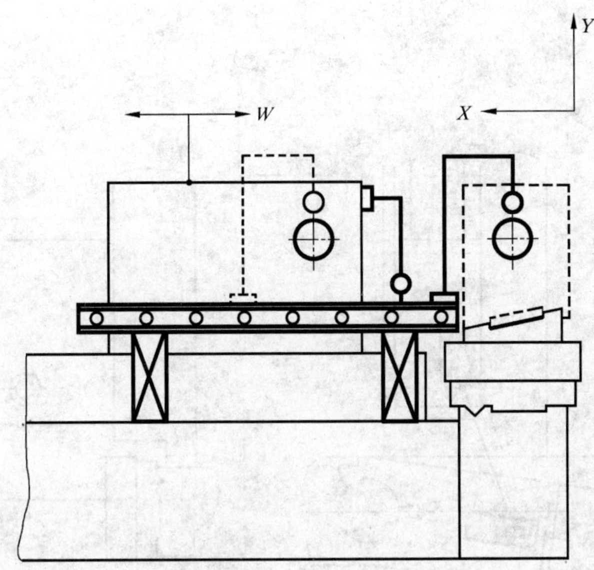

允差

0.4。

检验工具

检验棒、检验套筒、指示器、量块和平尺。

备注和参照 GB/T 17421.1—1998 (5.4.3.2.1)

应将等直径的检验棒和检验套筒分别插入头架主轴孔和砂轮架主轴端部。

通过量块将平尺放置在靠近砂轮架主轴端面的机床固定部件上,使平尺的基准面与 X 轴线和 Z 轴线的移动方向平行。

工作台移动到适当位置,使头架主轴端部靠近平尺。

测量检验棒和检验套筒到平尺的距离,偏差以指示器两次读数的差值计。

5.5 **回转运动**(仅适用于回转部件)

检验项目 G13

工作台的安装和回转平面对 ZX 平面的平行度。

简图

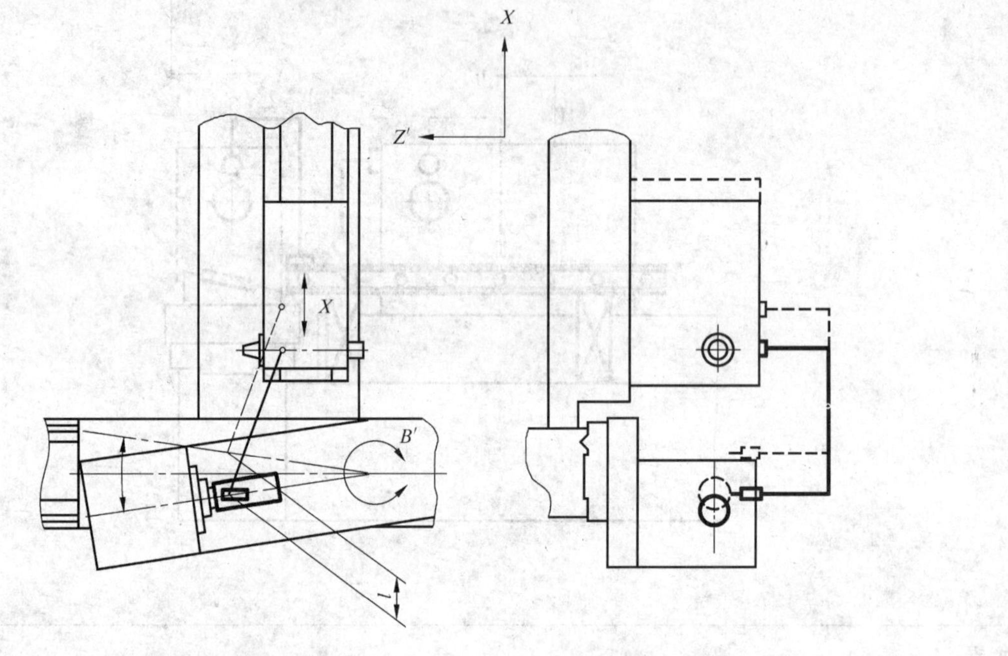

允差

全行程内为 0.05。

检验工具

检验棒、指示器和刚性支架。

备注和参照 GB/T 17421.1—1998(5.4.3.2.1 和 5.4.3.2.2)

将检验棒插入头架主轴孔内。

用刚性支架将指示器固定在砂轮架上。指示器触头应触及检验棒。

首先,工作台在中间位置锁紧,测取读数。然后,回转工作台至极限位置。仅移动 X 轴线和 Z 轴线,使指示器测头触及检验棒的相同点(指示器支架固定在砂轮架顶部,位置应保持不变)。锁紧工作台,测取读数。

偏差以两不同位置上测得的指示器读数的差值计。

检验项目	G14

头架的安装和回转平面对 ZX 平面的平行度。

简图

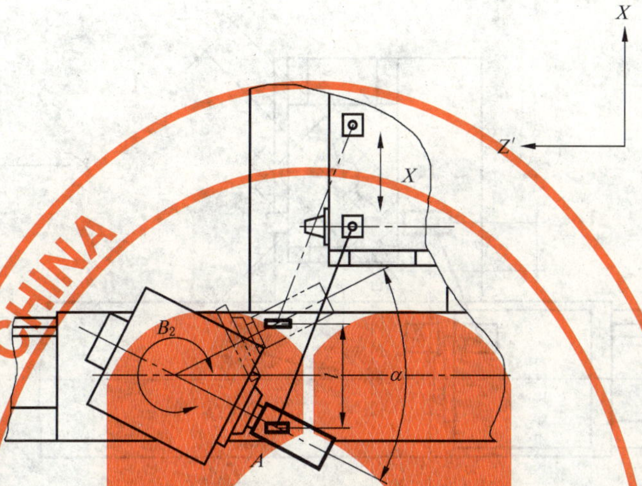

允差

l=200 时为 0.02。

检验工具

检验棒和指示器。

备注和参照 GB/T 17421.1—1998（5.4.3.2.1 和 5.4.3.2.2）

将检验棒插入头架主轴孔内。

用刚性支架将指示器固定在砂轮架上。

头架从零位回转 $\alpha/2$（α 最大 45°），指示器测头在 A 位置触及检验棒，测取读数。

头架反向回转 α，通过移动砂轮架（X 轴线运动）和工作台（Z 轴线运动），使指示器触及检验棒的相同点 A 位置处测取读数（指示器支架固定在砂轮架顶部，位置应保持不变）。

偏差以两不同位置上测得的指示器读数差值计。

检验项目 G15

砂轮架的安装和回转平面对 ZX 平面的平行度。

简图

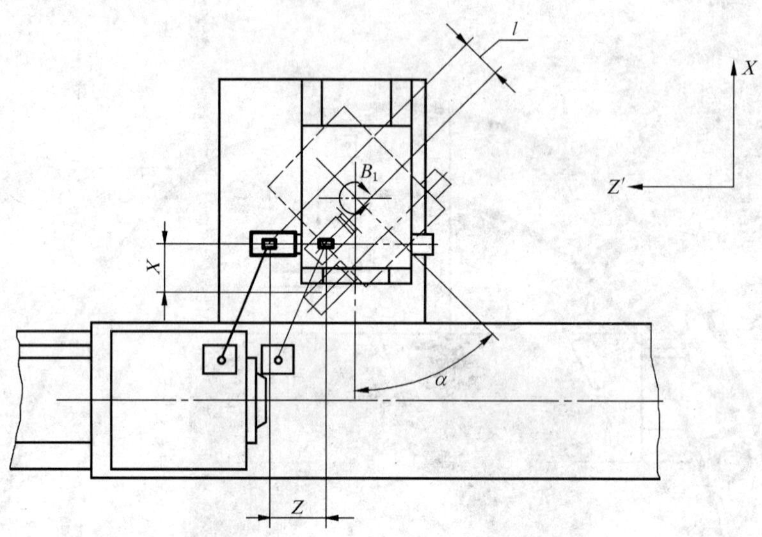

允差

l=200 时为 0.05。

检验工具

检验套筒和指示器。

备注和参照 GB/T 17421.1—1998（5.4.3.2.1 和 5.4.3.2.2）

将检验套筒安装在砂轮架主轴的定心锥面上。

用刚性支架将指示器固定在头架上。

砂轮架回转至零位，调整指示器测头，使其触及检验套筒，测取读数。

砂轮架回转 $\alpha°$（最大 45°），指示器测头在一位置触及检验套筒，测取读数。

通过移动砂轮架（X 轴线）和工作台（Z 轴线），使指示器触及检验棒的相同点（指示器支架固定在头架顶部，位置应保持不变）。

偏差以两次测得的指示器读数差值计。

5.6 内圆磨头主轴

检验项目	G16
内圆磨头主轴锥孔的径向跳动： a) 靠近主轴端部； b) 距主轴端部 150 mm 处。	
简图 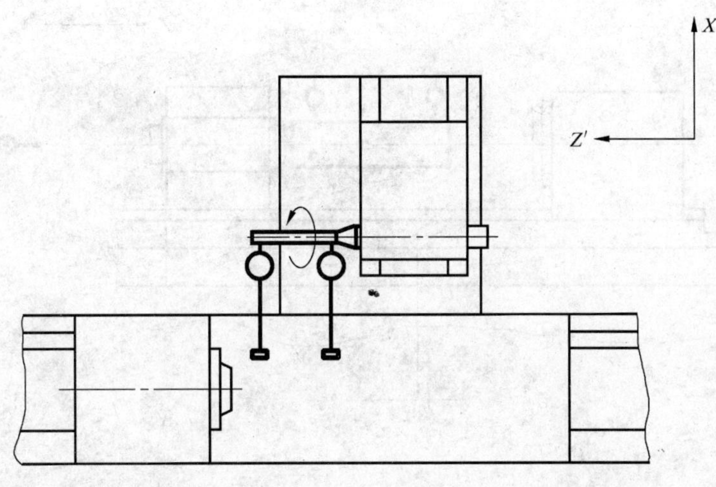	
允差 a) 0.005； b) 0.01。	
检验工具 符合主轴端部型式的检验棒和指示器。	
备注和参照 GB/T 17421.1—1998 (5.6.1.2.3) 对于带内圆柱形定心孔主轴，应使指示器直接触及定心孔进行检验而不用检验棒，在这种情况下将取 a)项值作为允差。	

检验项目 G17

内磨主轴轴线对工作台移动(*Z* 轴线)的平行度：

a) 在 *ZX* 水平面内；

b) 在 *YZ* 垂直平面内。

简图

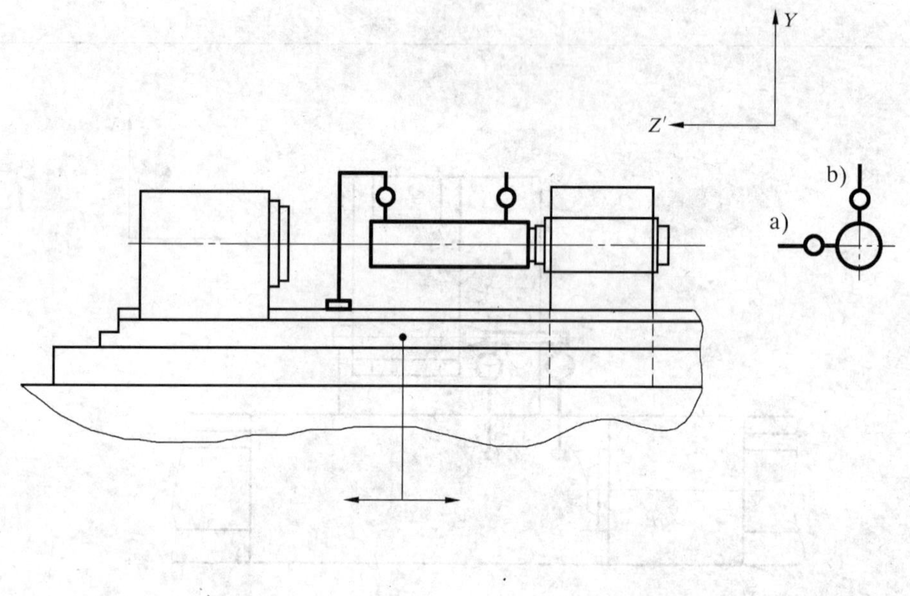

允差

a) 300 测量长度上为 0.03，150 测量长度上为 0.02；

b) 300 测量长度上为 0.03(检验棒伸出端只许向上)，150 测量长度上为 0.02(检验棒伸出端只许向上)。

检验工具

检验棒和指示器。

备注和参照 GB/T 17421.1—1998 (5.4.1.2.1 和 5.4.2.2.3)

应分别在水平面内和垂直平面内，内磨主轴回转的平均位置上检验。

另法，首先在旋转主轴的一位置上检验，然后主轴回转 180°，重复上述检验。

取每一测点的平均值评定偏差。

G18

检验项目

内圆磨头主轴轴线和头架主轴轴线至基准平面(由 X 轴线和 Z 轴线移动构成平面)的等距度(等高度)。

简图

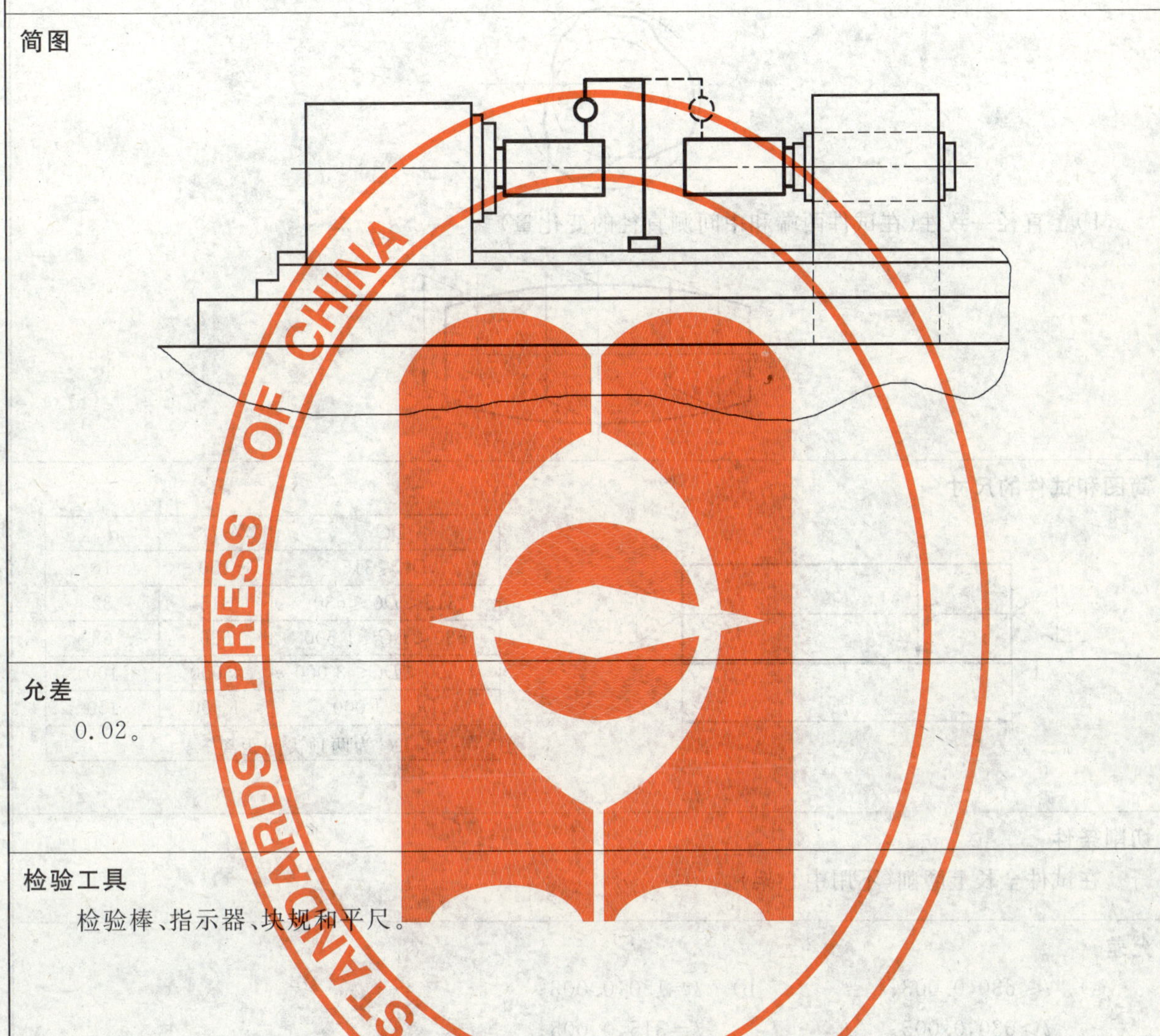

允差

0.02。

检验工具

检验棒、指示器、块规和平尺。

备注和参照 GB/T 17421.1—1998 (5.4.3.2.1)

应将等直径的两检验棒分别插入头架主轴孔和内圆磨头主轴孔内。

通过量块将平尺放置在靠近砂轮主轴端面的机床固定部位上,使平尺的基准面与 X 轴线和 Z 轴线的移动方向平行。

工作台移动到适当位置,使头架主轴端部靠近平尺。

测量两检验棒到平尺的距离,偏差以指示器两次读数的差值计。

6 工作精度检验

检验项目 M1

磨削安装在两顶尖间的圆柱形试件,检验试件的

a) 圆度

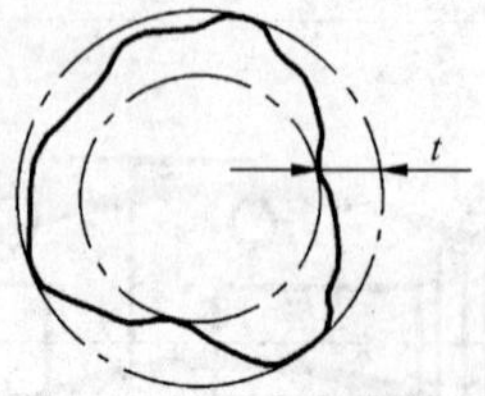

b) 直径一致性(在试件两端和中间测直径的变化量)。

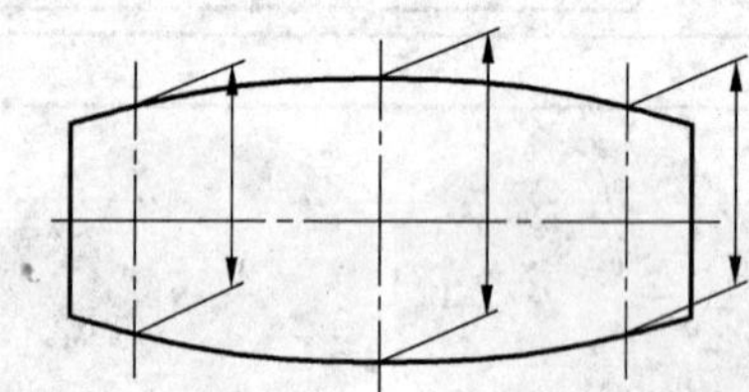

简图和试件的尺寸

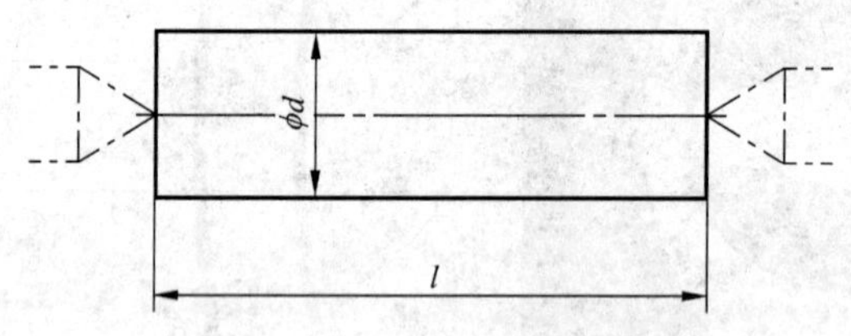

DC[a]	l	d_{min}
$DC \leqslant 315$	150	16
$315 < DC \leqslant 630$	315	32
$630 < DC \leqslant 1\,500$	630	63
$1\,500 < DC \leqslant 3\,000$	1 000	100
$DC > 3\,000$	1 500	150

[a] DC 为两顶尖间距离。

切削条件

在试件全长上磨削(不用中心架)。

允差

a) $l \leqslant 630$,0.003;
$l > 630$,0.005。

b) $l = 150$,0.003;
$l = 315$,0.005;
$l = 630$,0.008;
$l = 1\,000$,0.010;
$l = 1\,500$,0.015。

检验工具

a) 圆度仪;

b) 千分尺或坐标测量机。

备注和参照 GB/T 17421.1—1998 (4.1 和 4.2)

应在试件的几个位置上进行圆度检验,以测得的最大偏差值计。

直径的一致性应在同一轴向平面内检验。

注:任何锥体都应大端直径靠近头架。

检验项目	M2

磨削安装在卡盘上圆柱试件,检验试件的圆度。

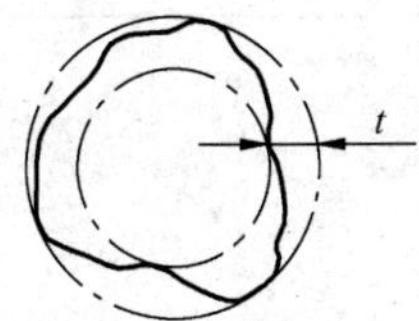

简图和试件的尺寸

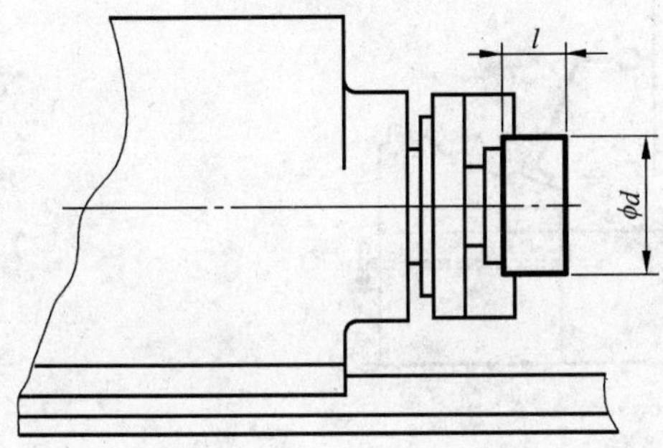

DC[a]$\leqslant$1 500	$DC>$1 500
l=0.5 d	l=(0.25～0.5) d
$d_{\min}=40$	$d_{\min}=100$
$d_{\max}=100$	$d_{\max}=400$

a　DC 为两顶尖间距离。

允差

$DC\leqslant$1 500:　0.003;

$DC>$1 500:　0.004。

检验工具

圆度仪。

备注和参照 GB/T 17421.1—1998(4.1 和 4.2)

应在试件的几个位置上进行圆度检验,以测得的最大偏差值计。

7 定位精度和重复定位精度

7.1 手动或自动(非数控)控制的线性轴线的定位精度

检验项目 P1

砂轮架快速引进的重复定位精度。

简图

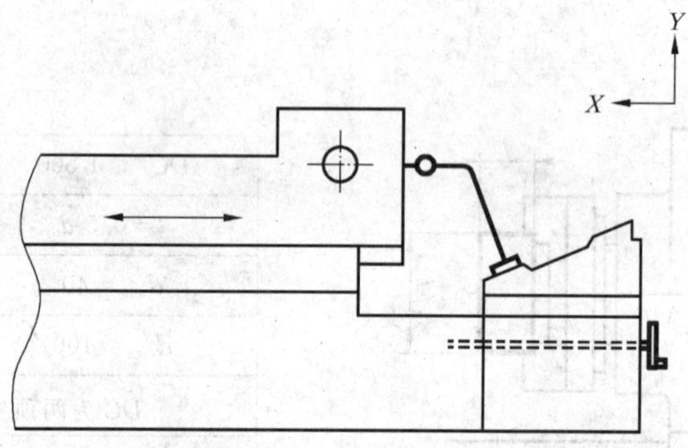

允差

$D \leqslant 500$: 0.003;

$D > 500$: 0.005。

D 为最大削磨直径。

检验工具

指示器。

备注和参照 GB/T 17421.1—1998

连续作 5 次砂轮架的定位检验,先快速趋进,最后慢速趋进定位。

应测取 5 次读数,偏差以指示器最大读数差值计。

7.2 数控线性轴线的定位精度

检验项目 P2

数控砂轮架 X 轴线运动的单向定位精度和重复定位精度。

简图

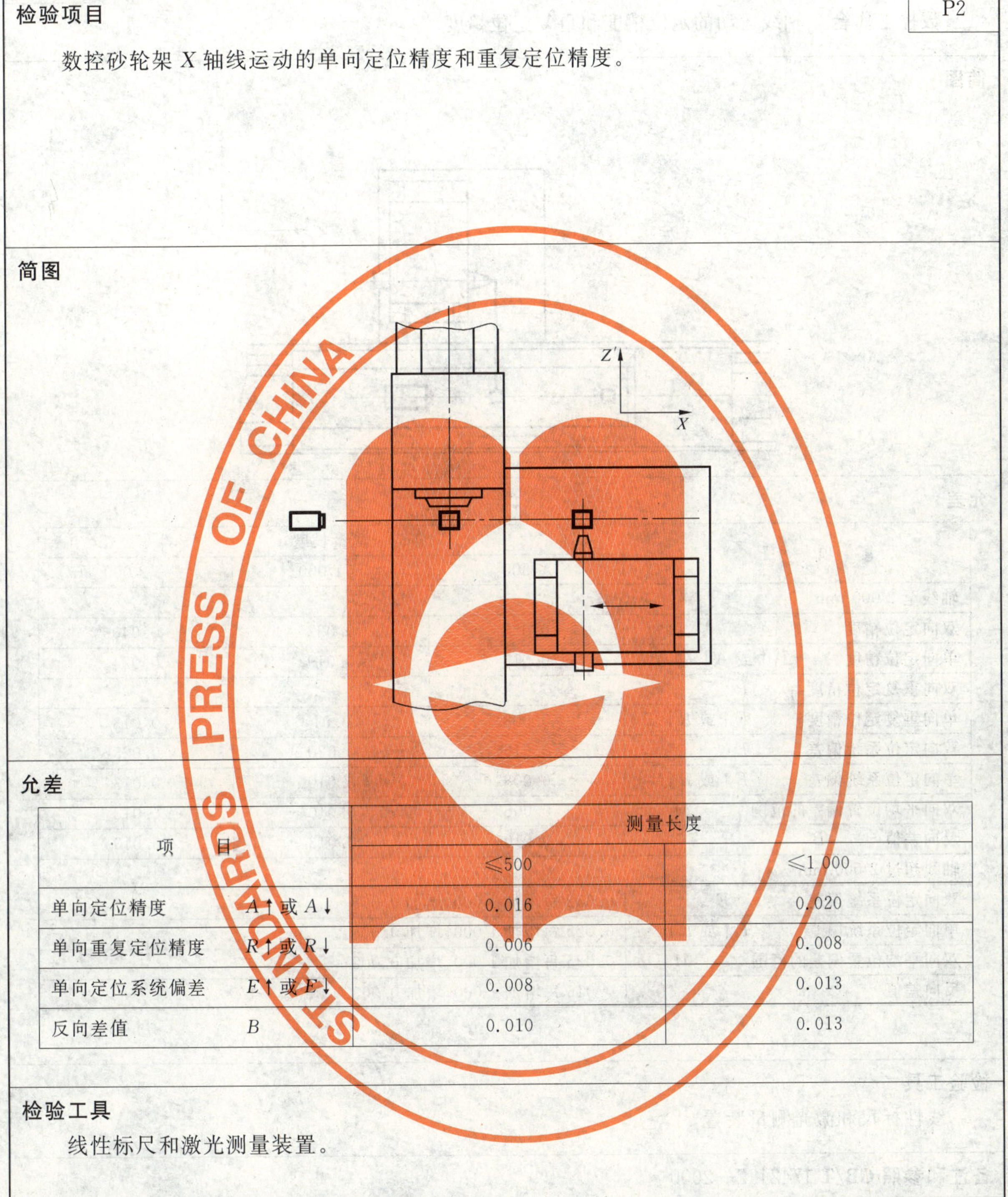

允差

项目		测量长度	
		≤500	≤1 000
单向定位精度	A↑或A↓	0.016	0.020
单向重复定位精度	R↑或R↓	0.006	0.008
单向定位系统偏差	E↑或E↓	0.008	0.013
反向差值	B	0.010	0.013

检验工具

线性标尺和激光测量装置。

备注和参照 GB/T 17421.2—2000

应在刀具和工件之间的相对位置进行测量。当使用线性标尺时，它应安放在工作台上并平行于 X 轴线方向，标尺读数装置应固定在刀具位置上。

当使用激光测量装置时，反射器应固定在刀具位置上，干涉仪应固定在工作台或头架上。

应参照 GB/T 17421.2—2000 中第 3、第 4 章和第 7 章确定检验条件、检验程序和结果的表达。

检验项目 P3

数控工作台 Z 轴线运动的定位精度和重复定位精度。

简图

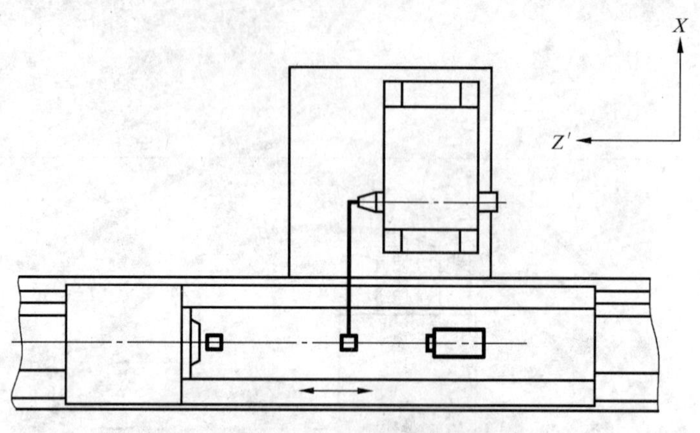

允差

项　　目	测量长度		
	≤500	≤1 000	≤2 000
轴线至 2 000 mm			
双向定位精度　A	0.025	0.032	0.040
单向定位精度　$A\uparrow$ 或 $A\downarrow$	0.015	0.019	0.024
双向重复定位精度　R	—	—	—
单向重复定位精度　$R\uparrow$ 或 $R\downarrow$	0.008	0.01	0.013
双向定位系统偏差　E	0.016	0.020	0.025
单向定位系统偏差　$E\uparrow$ 或 $E\downarrow$	0.008	0.010	0.013
双向平均位置偏差的范围　M	0.008	0.010	0.013
反向差值　B	0.010	0.013	0.013
轴线超过 2 000 mm			
双向定位系统偏差　E	0.032 每增加 1 000,增加 0.008		
单向定位系统偏差　$E\uparrow$ 或 $E\downarrow$	0.025 每增加 1 000,增加 0.005		
双向平均位置偏差的范围　M	0.025 每增加 1 000,增加 0.005		
反向差值　B	0.016 每增加 1 000,增加 0.003		

检验工具

线性标尺和激光测量装置。

备注和参照 GB/T 17421.2—2000

应在刀具和工件之间的相对位置进行测量。当使用线性标尺时,它应安放在工作台上,并平行于 Z 轴线方向,标尺读数装置应固定在刀具位置上。

当使用激光测量装置时,反射器应固定在头架上,干涉仪应固定在刀具位置上或固定在刀具位置的刚性支架上。

应参照 GB/T 17421.2—2000 中第 3 章、第 4 章和第 7 章确定检验条件、检验程序和结果的表达。

P4

检验项目

数控工作台 $B3'$ 轴线回转运动的定位精度和重复定位精度。

简图

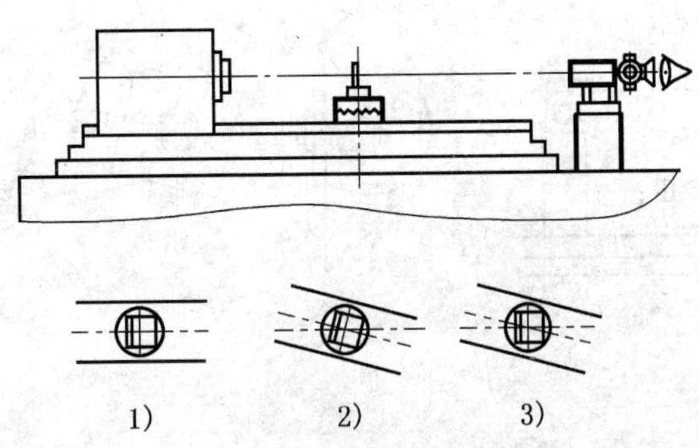

1)　　2)　　3)

允差

项　　目	测量行程 ≤+10°
双向定位精度　A	25″
单向定位精度　$A\uparrow$ 或 $A\downarrow$	20″
双向重复定位精度　R	—
单向重复定位精度　$R\uparrow$ 或 $R\downarrow$	10″
双向定位系统偏差　E	20″
单向定位系统偏差　$E\uparrow$ 或 $E\downarrow$	10″
双向平均位置偏差的范围　M	10″
反向差值　B	13″

检验工具

带反射镜的标准分度台和自准直仪或角度干涉仪和标准分度台。

备注和参照 GB/T 17421.2—2000

当使用标准分度台时：

1）将标准分度台置于工作台上，使其回转轴线平行并靠近工作台的回转轴线，反射镜面对置于机床固定部位上的自准直仪的光学轴线。

2）带标准分度台的回转工作台转一分度角。

3）将标准分度台转回同样角度，使反射镜返回原位，并面对光学轴线。然后检验角度偏差。

应参照 GB/T 17421.2—2000 中第 3 章、第 4 章（尤其是 4.3.4）和第 7 章确定检验条件、检验程序和结果的表达。

检验项目 P5

数控头架 $B2'$ 轴线回转运动的定位精度和重复定位精度。

简图

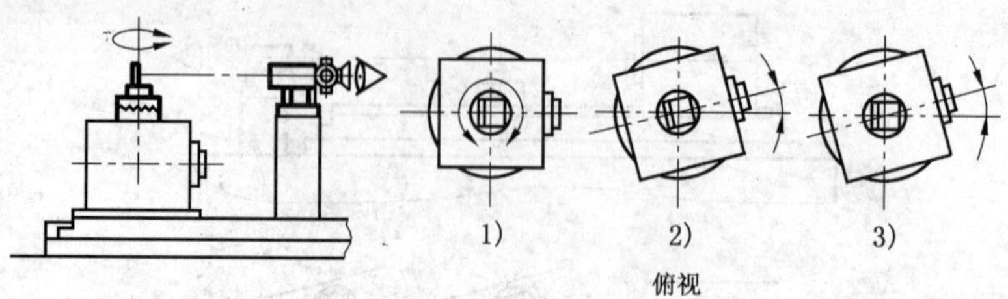

允差

项　　目	测量行程 ≤±45°
双向定位精度　　A	25″
单向定位精度　　$A\uparrow$ 或 $A\downarrow$	20″
双向重复定位精度　　R	—
单向重复定位精度　　$R\uparrow$ 或 $R\downarrow$	10″
双向定位系统偏差　　E	20″
单向定位系统偏差　　$E\uparrow$ 或 $E\downarrow$	10″
双向平均位置偏差的范围　　M	10″
反向差值　　B	13″

检验工具

带反射镜的标准分度台和自准直仪或角度干涉仪和标准分度台。

备注和参照 GB/T 17421.2—2000

当使用标准分度台时：

1）将标准分度台置于头架上，使其回转轴线平行并靠近头架的回转轴线，反射镜面对置于机床固定部位上的自准直仪的光学轴线。

2）带标准分度台的回转头架转一分度角。

3）将标准分度台转回同样角度，使反射镜返回原位，并面对光学轴线。然后检验角度偏差。

应参照 GB/T 17421.2—2000 中第 3 章、第 4 章（尤其是 4.3.4）和第 7 章确定检验条件、检验程序和结果的表达。

检验项目 P6

数控砂轮架 $B1'$轴线回转运动的定位精度和重复定位精度。

简图

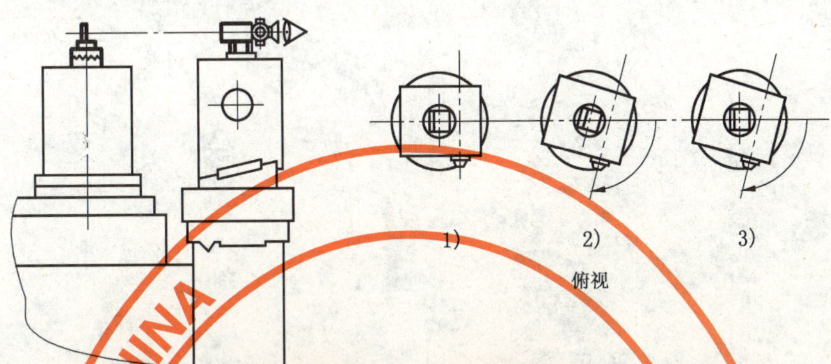

允差

项　　目	测量行程 ≤±45°
双向定位精度　A	25″
单向定位精度　$A\uparrow$ 或 $A\downarrow$	20″
双向重复定位精度　R	—
单向重复定位精度　$R\uparrow$ 或 $R\downarrow$	10″
双向定位系统偏差　E	20″
单向定位系统偏差　$E\uparrow$ 或 $E\downarrow$	10″
双向平均位置偏差的范围　M	10″
反向差值　B	13″

检验工具

带反射镜的标准分度台和自准直仪或角度干涉仪和标准分度台。

备注和参照 GB/T 17421.2—2000

当使用标准分度台时：

1）　将标准分度台置于砂轮架上，使其回转轴线平行并靠近砂轮架的回转轴线，反射镜面对置于机床固定部位上的自准直仪的光学轴线。

2）　带标准分度台的回转砂轮架转一分度角。

3）　将标准分度台转回同样角度，使反射镜返回原位，并面对光学轴线。然后检验角度偏差。

应参照 GB/T 17421.2—2000 中第 3 章、第 4 章（尤其是 4.3.4）和第 7 章确定检验条件、检验程序和结果的表达。

ICS 85-010
Y 30

中华人民共和国国家标准

GB/T 4687—2007
代替 GB/T 4687—1984

纸、纸板、纸浆及相关术语

Paper, board, pulps and related terms—Vocabulary

(ISO 4046:2002, MOD)

2007-12-05 发布

2008-09-01 实施

中华人民共和国国家质量监督检验检疫总局
中国国家标准化管理委员会 发布

前　言

本标准修改采用国际标准 ISO 4046:2002《纸、纸板、纸浆及相关术语》。

为了与 ISO 4046:2002 保持一致，每章均按照英文术语的字母顺序进行排序。

本标准与 ISO 4046:2002 的主要差异如下：

——ISO 4046:2002 为系列标准，共由 5 个部分组成，而 GB/T 4687—2007 为一个标准；

——本标准的第 2、3、4 章分别对应 ISO 4046:2002 的第 2、3、5 部分；

——归纳合并英文同义词，同时相应变动条文编号；

——考虑到 ISO 4046:2002 的第 4 部分《纸和纸板的品种及其加工产品》与我国现状存在较大的差异，因此 GB/T 4687—2007 未采纳该部分内容。

本标准代替 GB/T 4687—1984《纸、纸板、纸浆的术语　第一部分》。

本标准与 GB/T 4687—1984 相比主要变化如下：

——标准的名称发生了变化；

——术语的分类方式发生了变化：GB/T 4687—1984 将术语分成 7 章，而 GB/T 4687—2007 将术语分成 3 章。

本标准由中国轻工业联合会提出。

本标准由全国造纸工业标准化技术委员会(SAC/TC 141)归口。

本标准起草单位：中国制浆造纸研究院。

本标准主要起草人：陈曦、邱文伦、崔立国、邓知明。

本标准所代替标准的历次版本发布情况为：

——GB/T 4687—1984。

本标准由全国造纸工业标准化技术委员会(SAC/TC 141)负责解释。

纸、纸板、纸浆及相关术语

1 范围

本标准规定了纸、纸板、纸浆和有关的术语。

本标准适用于所有纸、纸板和纸浆。

2 制浆术语

2.1

风干量 air-dry mass

水分与周围环境平衡时纸浆的质量。

2.2

风干浆 air-dry pulp

水分与周围环境平衡时的纸浆。

参看商业规定干度(2.56),干浆(2.23),湿浆(2.59)。

注:贸易双方认可的风干浆的理论水分含量,称之为商业规定干度。

2.3

甘蔗渣浆 bagasse pulp

由脱除了大部分糖汁和髓细胞的甘蔗秆制成的纸浆。

2.4

竹浆 bamboo pulp

由竹杆制成的纸浆。

2.5

黑液 black liquor

从化学浆(通常指硫酸盐法或烧碱法)蒸煮后的产物中分离出来的废液。

2.6

漂白化学热磨机械浆 bleached chemi-thermomechanical pulp

漂白化学热磨机械浆 BCTMP

漂白至较高亮度(蓝光漫反射因数)的化学热磨机械浆,亮度通常不低于 70 %ISO。

2.7

漂白浆 bleached pulp

经漂白过的纸浆。

参看未漂浆(2.58),半漂浆(2.45)和全漂浆(2.25)。

2.8

漂白 bleaching

为提高纸浆的亮度(蓝光漫反射因数),将纸浆的有色成分脱除或改性至一定程度的工艺过程。

2.9

褐色机械浆 brown mechanical pulp

通过汽蒸或煮过的木材而制得的机械浆。

2.10

碱性碳酸钠半化学浆　caustic carbonate semi-chemical pulp

以碳酸钠为主要蒸煮介质，并加入少量氢氧化钠以保持适宜碱性所制得的半化学浆。

注：这种纸浆通常用于制造瓦楞原纸。

2.11

化学浆　chemical pulp

用化学处理，例如蒸煮，从植物纤维原料中除去相当大一部分非纤维素成分而制得的纸浆，不需要为了达到纤维分离而进行随后的机械处理。

2.12

化学品回收　chemical recovery

对化学制浆中使用过的蒸煮化学品进行回收的工艺。

2.13

化学机械浆　chemi-mechanical pulp

化学机械浆　CMP

在制造过程中使用了化学品的机械浆。

2.14

化学热磨机械浆　chemi-thermomechanical pulp

化学热磨机械浆　CTMP

把加入化学品或用化学药品预处理过的木片预热至温度约100℃，然后在通蒸汽的压力盘磨机中分离成纤维而制得的化学机械浆。

注：该种浆料得率较高，保留了机械浆的特征。

2.15

木片磨浆　chip refining

用盘磨机处理木片制得盘磨机械浆的方法。

2.16

冷碱法浆　cold-soda pulp

先将木片(或其他植物纤维原料)在室温下用氢氧化钠溶液浸泡，然后进行机械磨浆。用这种方法制得的化学机械浆即为冷碱浆。

2.17

杂质　contrary

任何嵌入到纸浆、纸和纸板内的不需要的小块物质，其尺寸超过规定的最小尺寸，且相对于纸页表面呈现出明显的不透明度。

2.18

蒸煮　cooking

通常在一定压力下，用化学药液对天然纤维原料进行加热处理。

2.19

脱墨　de-inking

除了碎浆及随后的洗涤外，任何从废纸浆中脱除油墨的工艺过程。

2.20

尘埃　dirt

任何非纤维性杂质。

2.21

浆样的解离　disintegration of a pulp sample

在水中对浆样进行机械处理，使游离在浆料中未散开的纤维彼此分离，但其结构属性并无显著变化。

2.22

溶解浆　dissolving pulp

主要用于加工纤维素衍生物的纸浆。

2.23

干浆　dry pulp

水分含量近似于风干浆的纸浆。

参看湿浆(2.59)。

2.24

爆破法制浆　explosion pulping

木片(或其他植物纤维原料)在高温高压下用化学药品或水处理,通过一个专用的喷放装置快速喷放的制浆方法。

2.25

全漂浆　fully bleached pulp

漂至高亮度(蓝光漫反射因数)的纸浆。

参看半漂浆(2.45),未漂浆(2.58)和漂白浆(2.7)。

2.26

总质量　gross mass

一包浆、一批浆或一批中一部分浆的总质量,包括内容物、打包用铁丝或捆包带。

2.27

磨木浆　groundwood pulp

磨木浆　GWP

木材在研磨表面(如磨木机的磨石)进行研磨所制得的机械浆。

2.28

阔叶木浆　hardwood pulp

由阔叶树木材制得的纸浆。

注:阔叶木纤维一般比针叶木纤维短。

2.29

货单质量　invoiced mass

在货单上标明的销售质量。

2.30

红麻浆　kenaf pulp

由红麻(*Hibiscus cannabinus*)制得的纸浆。

2.31

牛皮浆　kraft pulp

各种高机械强度的未漂针叶木硫酸盐浆,主要用于制造牛皮纸或纸板。

参看硫酸盐浆(2.54)。

注:有些国家将这两个名词在商业上加以区别,但许多国家仍将这两个词在商业上视为同义词。

2.32

皮革浆　leather pulp

以皮革碎屑为原料,经机械加工或用机械加工与化学处理相结合的方法制得的浆料。

2.33

机械浆　mechanical pulp

将木材或植物纤维原料用机械方法制成的纸浆。

注：属于此范畴的纸浆有：盘磨机械浆、褐色机械浆、磨木浆、压力磨木浆、热磨机械浆、化学热磨机械浆和漂白化学热磨机械浆。

2.34

中性亚硫酸盐浆　neutral sulfite pulp

用主要成分为中性亚硫酸盐的溶液蒸煮植物纤维原料所制得的化学浆。

2.35

中性亚硫酸盐半化学浆　neutral sulfite semi-chemical pulp

中性亚硫酸盐半化学浆　NSSC pulp

用主要成分为中性亚硫酸盐的溶液蒸煮植物纤维原料所制得的半化学浆。

注：根据纸浆的最终用途，其得率一般为65%～85%。高得率NSSC浆的特点是挺度高，通常是瓦楞原纸的主要组分。

2.36

造纸用浆　paper-making pulp

用于制造纸和纸板的纸浆。

参看浆料(3.103)。

2.37

压力磨木浆　pressurized groundwood pulp

压力磨木浆　PGW

在压力和高温下制得的磨木浆。

2.38

纸浆　pulp

由植物原料通过不同方法制得的纤维状物质。

注：许多工业都会使用“浆”这一术语。在本标准中，若不加限制则表示用于生产纸、纸板或纤维素衍生物的浆种。

2.39

纸浆净化　pulp cleaning

用物理方法除去纸浆中杂质的工艺过程。

例如，利用重力、离心力净化，或使纸浆通过规定尺寸和形状的孔隙来净化。

参看纸浆(2.38)，浆料(3.103)。

2.40

碎浆机　pulper

把浆板或纸碎解成纸浆的设备。

2.41

破布浆　rag pulp

以棉麻为原料的破布或用新织物边角料制得的纸浆。

2.42

盘磨机械浆　refiner mechanical pulp

盘磨机械浆　RMP

通过磨浆机加工木片或木屑所制得的机械浆。

2.43

销售质量　saleable mass

毛重乘以绝对干度，除以商业规定干度。

注：销售质量通常接近风干质量。

参看绝干物含量(4.45)。

2.44

筛选 screening

用一个或数个筛子将物料分离成不同等级尺寸的过程。

2.45

半漂浆 semi-bleached pulp

漂白至中等亮度(蓝光漫反射因数)的纸浆。

参看漂白浆(2.7),全漂浆(2.25),未漂浆(2.58)。

2.46

半化学浆 semi-chemical pulp

将化学蒸煮与机械处理相结合所制得的纸浆。

2.47

纤维束 shive

未蒸解的木片或植物碎片。

参看杂质(2.17)。

2.48

烧碱法浆 soda pulp

用氢氧化钠作为唯一有效成分的蒸煮液处理原料所制得的纸浆。

2.49

碱氯法浆 soda/chloride pulp

依次用氢氧化钠和氯处理原料制得的纸浆。

2.50

针叶木浆 softwood pulp

由针叶树木材制得的纸浆。

参看阔叶木浆(2.28)。

2.51

溶剂法制浆 solvent pulping

在高温和/或高压下,用含(或不含)助剂的有机溶剂处理植物纤维原料,使纤维素纤维解离出来的化学制浆方法。

2.52

胶粘物 stickies

在解离的废纸浆中含有的各种可能在室温下粘附在物体上,或当提高温度和压力或变化 pH 时具有粘附性的物质。

2.53

草浆 strawpulp

用禾草制得的造纸用浆。

2.54

硫酸盐浆 sulfate pulp

用主要含氢氧化钠、硫化钠,以及可能含有其他组分的溶液蒸煮植物纤维原料所制得的化学浆。

注:“硫酸盐浆”一词是由于在碱回收过程中使用硫酸钠作为硫化钠的来源而得名。

2.55

亚硫酸盐浆 sulfite pulp

用亚硫酸盐溶液蒸煮植物纤维原料所制得的化学浆。

2.56

商业规定干度　theoretical commercial dryness

商业上认可的用作纸浆绝干物含量的任一数值。

注：根据国家和/或商业合同，商业规定干度为88%或90%。

2.57

热磨机械浆　thermomechanical pulp

热磨机械浆　TMP

经过预汽蒸的木片(或其他植物纤维原料)，在高温高压下磨浆，然后一般在常压下进行第二次精磨，用此方法制得的机械浆即为热磨机械浆。

2.58

未漂浆　unbleached pulp

未经漂白处理的纸浆。

参看半漂浆(2.58)，漂白浆(2.7)，全漂浆(2.25)。

2.59

湿浆　wet pulp

未经干燥的水分含量较高的纸浆。

参看干浆(2.23)。

2.60

木浆　woodpulp

由木材制得的纸浆。

3　造纸术语

3.1

良浆　accept

净化和/或筛选后未被舍弃的浆料。

参看浆料净化(3.104)。

3.2

酸性施胶　acid sizing

施胶时浆料pH值通常低于6的施胶方法。

参看施胶(3.94)，碱性施胶(3.6)，中性施胶(3.70)。

3.3

添加剂　additive

为改进工艺或成纸的特性而加入的物质。

3.4

气刀涂布　air-knife coating

喷气涂布　air-jet coating

一种涂布方法。通过沿纸机横向布置且靠近辊子支撑着的纸幅涂布面的喷嘴，一股均匀的压缩空气流以适宜的角度从中喷出，将已施涂在纸上的涂料抹平并去除掉多余的涂料。

3.5

空气干燥　air-drying

用来干燥纸的一种方法。纸页的空气干燥通常是通过接触自由流通的空气来进行的。纸幅的空气干燥通常是在干燥室中与热空气接触来进行的。

3.6

碱性施胶　alkaline sizing

施胶时浆料 pH 值通常高于 8 的施胶方法。

参看施胶(3.94),酸性施胶(3.2),中性施胶(3.70)。

3.7

(造纸用)明矾　alum

造纸用的硫酸铝。

注:明矾属于复盐,如硫酸铝钾,但是造纸工业中"明矾"一词是指硫酸铝。过去为了同样的目的也曾使用过一些复盐。

3.8

斜切　angle cutting

将一张或同时几张纸幅或纸板分切成纵向角度不为直角的纸张,特别是用于裁切信封用纸。

参看直角裁切(3.102)。

3.9

打浆机　beater

荷兰式打浆机　hollander

装有底刀和飞刀的设备,用于在水中处理纤维浆料,使之具有某些性质以生产出具有所需特性的纸张。

注:打浆机内的处理一般是间歇式操作。

3.10

打浆　beating

在打浆机内浆料受到的机械作用。

参看磨浆(3.85)。

注:打浆和磨浆通常是通用的。

3.11

刮刀涂布　blade coating

一种对连续的纸幅进行涂布的方法。用任何方便的上料方法涂上涂料后,立即用压在辊子支撑的纸幅涂布面上的刮刀来控制涂布量。

3.12

起泡　blister

在纸表面或涂层中由于纸页中所含水分的快速蒸发产生气泡而造成的局部可见的变形。

3.13

气泡　blow

残留在两层纸料层间的气囊。

3.14

纸板　board

纸板　paperboard

刚性相对较高的一些纸种的通称。

参看纸(3.76)。

注:从广义上讲,"纸"可以用于描述本标准所定义的纸和纸板。纸和纸板的主要差别在于它们的厚度或定量。但在有些情况下也根据其特征和/或最终用途来区别。例如,某些定量较低的材料,如折叠盒用纸板,一般归类于"纸板",而另一些定量较高的材料,如吸墨纸、油毡原纸和制图纸,一般则归类于"纸"。

3.15

损纸打浆机 breaker

有(或无)底刀,但飞刀辊上装有钝齿的碎浆机。

参看碎浆机(2.40)。

注:用碎纸机把浆板、废纸、损纸、破布浆、破布或其他织物碎片碎解成悬浮物。

3.16

损纸 broke

在生产的任何阶段被废弃的纸和纸板,通常可再制成纸浆。

参看湿损纸(3.117),干损纸(3.36)。

3.17

毛刷涂布 brush coating

对连续纸或纸板进行涂布的方法,用毛刷将涂料均匀分布并抹平。有的毛刷是固定不动的,而有的是在纸幅横向上来回摆动的。

3.18

压光机 calender

使纸或纸板表面光滑或对其表面进行整饰的机器,主要由一定数目叠置的辊子组成。

3.19

压光 calendering

用压光机对含有一定水分的纸或纸板进行加工,其目的是为了改进纸的整饰,并在一定程度上对纸或纸板的厚度进行控制。

3.20

白土泥浆 clay slip

用白土作颜料调成的悬浮体。

参看涂料(3.22),泥浆(3.95)。

3.21

涂布 coating

在纸或纸板表面涂一层或多层涂料或其他液态物料的工艺。

3.22

涂料 coating slip

涂料 coating colour

其中的颜料通常为粒度很小的白色矿物质,并含有一种或多种粘合剂(胶粘剂)的悬浮体。

参看泥浆(3.95),白土泥浆(3.20)。

注:在涂料中也可能存在其他添加剂,如染色物质、分散剂或粘度调节剂。该悬浮体用于涂布纸或纸板的表面。

3.23

波纹整饰 cockle finish

一种波浪形的整饰,纸页在张力很小或无张力的情况下干燥收缩时产生的细纹。

3.24

组成 composition

纸或纸板中纤维和非纤维成分的种类和比例。

3.25

加工 converting

用通常的方法生产纸或纸板后,再对其进行处理或加工制造出产品的过程。

例如:涂蜡,涂胶,机外涂布,生产纸袋、纸箱和容器(纸盒)。

3.26

伏辊　couch

纸或纸板机的部件之一，湿纸幅在此离开成形网。

参看长网纸机(3.47)，圆网造纸机(3.114)。

3.27

起皱　creping

为增加纸的伸长率和柔软性而使纸产生皱纹的过程。

3.28

横向　cross-direction

横向　CD

与纸机运行方向相垂直。

3.29

压溃　crushing

(1) 由于压力过高使已成形的湿纸幅的匀度受到破坏而产生的纸病，可看到局部结块的现象。

(2) 压光时所产生的纸病，局部呈现面积不同的半透明点或孔洞、暗斑。

参看压光(3.19)，暗斑(4.16)。

3.30

帘式涂布　curtain coating

纸或纸板的涂布方法。使纸或纸板通过一借助重力和/或压力连续流动的帘状涂料。

3.31

裁切　cutting

在横向上把一张或同时数张卷筒纸或纸板切成纸页的操作。

3.32

定边板，定幅板　deckle board

在脱水前期，为了从长网的侧面挡住浆料，在长网纸机的两侧安装的固定装置。

注：此装置可从侧面调节，以便在长网成形器上获得所需的纸幅宽度。

3.33

真空吸水箱的定边装置　deckle of suction box

为限定真空抽吸区域在湿纸幅的宽度范围而在纸或纸板机的真空吸水箱内使用的固定装置。

注：此装置可侧面调节，使纸页宽度保持一致。

3.34

定边带，定幅带　deckle strap

通常是截面为矩形的无端皮带，随长网纸机网部一起运行，其用途与定边板(3.32)相同。

3.35

浸渍涂布　dip coating

对连续纸幅进行涂布的方法。将纸幅绕过一个辊筒，该辊筒浸渍在装有适宜物料(有时是涂料)的槽内。

注：单面涂布时辊筒可部分浸在槽内，两面涂布时辊筒要全部浸在槽内。

3.36

干损纸　dry broke

堆积在纸或纸板机干部和完成部任意部位的损纸，其中包括卷取、纵切、裁切操作时的切边，以及选纸时废弃的纸或纸板。

3.37

干起皱　dry creping

在纸机上使干纸幅产生皱纹的过程。

参看机内起皱(3.74)。

3.38

水针(切边器)　edge cutters

由两个喷水管组成的装置,可在纸机上横向调节,纸幅沿纸边纵向被切开,然后通常在伏辊处被剥离。

注:用此方法可控制网部纸幅的宽度,并获得比较整齐的纸边。

3.39

挤压涂布　extrusion coating

用树脂、塑料或类似化合物对卷筒纸或纸板进行涂布的方法。纸或纸板是通过一个紧靠在支撑辊和冷却辊之间的压区上的挤压模来进行涂布的。

3.40

纤维组成　fibre composition

纸或纸板的纤维组分和它们的比例。

3.41

帚化　fibrillation

经过物理化学的打浆作用,使纤维壁产生起毛、撕裂、分丝等现象。

3.42

填料　filler

填料　loading

通常是来源于矿物质的白色细小颜料,制造纸或纸板时加在浆料中。

参看纸板芯层(3.69)。

3.43

荧光增白　fluorescent whitening

将一种几乎无色的物质加到浆料中、表面施胶的胶料或涂料中,能够将入射紫外光激发为可见光,使纸和纸板的白度产生一个明显的改进。

3.44

瓦楞　flute

瓦楞纸中的一个波纹。

3.45

成形　formation

纤维分散、排列、交织、构成纸的方式。

参看迎光检查(4.70)。

3.46

长网成形器　fourdrinier former

长网网案　fourdrinier table

长网网部　fourdrinier wire part

纸或纸板机的部件,由金属或合成材料织成的无端网带,网的上部是一个用于形成平整纸幅的平面,大部分水通过网带排出。

3.47

长网纸机　fourdrinier machine

浆料在长网成形器上滤水成形,湿纸幅再经压榨和干燥生产纸或纸板的机器。

3.48

游离浆 free stock

借助重力滤水时，易于与悬浮液的水分离的浆料。

参看滤水性能(4.44)，游离度值(4.58)，粘状浆(3.120)。

注1：任何给定浆料的状况是可测定的，并以滤水能力或游离度值等数值表示。

注2：此词的反义词是粘状浆。

3.49

摩擦上光 friction glazing

用摩擦压光机处理，使表面达到高光泽的过程。

参看涂布(3.21)。

3.50

摩擦上光压光机 friction-glazing calender

由一根可压缩的非金属辊和一根较小金属辊组成的特种压光机。

注：这两根辊的传动方式使得小金属辊具有较高的圆周速率。

3.51

纸料 furnish

除水外，浆料中纤维和非纤维成分的种类和配比。

参看浆料(3.103)。

3.52

上光 glazing

用任何适宜的干燥或机械整饰赋予纸或纸板光泽的过程。

3.53

凹版涂布 gravure coating

一种辊式涂布方法。该法通过雕刻有紧密排列的格子或凹槽的金属辊给上料辊供应涂料(另一种方式是该金属辊本身为上料辊)。

3.54

闸刀切边 guillotine trimming

对整垛纸或纸板的切边操作，生产出边缘整齐、角度精确并具有规定尺寸的纸和纸板。

参看裁切(3.31)。

3.55

裁切 guillotining

用刚硬的刀将单张或多张纸或纸板切开。

参看闸刀切边(3.54)。

3.56

涂胶 gumming

将适宜的胶黏剂涂在纸或纸板的整个或部分表面的工艺。

3.57

热熔性涂布 hot-melt coating

将100%固体蜡、树脂或聚合物或它们的混合物加热至流体状，并通过例如辊式、凹版和挤压涂布及随后的冷却设备将其涂敷在基材上的一种涂布方法。

3.58

间歇式纸板机 intermittent board machine

湿抄机 wet lap machine

由长网成形器或一个或多个网笼或浆槽组成的纸板成形设备。

注：湿纸幅缠绕在辊筒上，形成几层连续的湿纸。当达到所要求的厚度时，将其切开并从辊筒上剥下。

3.59

纸轴或卷筒的长度　length of a reel or roll

形成纸轴或卷筒的纸或纸板的长度。

注：通常以“米”表示长度。

3.60

纸机湿纸幅宽　machine deckle

湿纸幅离开成形部时的总宽度。

参看最大湿纸幅宽(3.66)。

注：在英文中有时将其误称为纸机干燥部的纸幅宽度。

3.61

纵向　machine direction

纵向　MD

纸或纸板平行于纸幅在纸或纸板机上运行的方向。

参看纸幅(3.116),横向(3.28)。

3.62

造纸机网宽　machine fill

纸或纸板机的实际宽度。

参看纸机抄宽(3.113),最大湿纸幅宽(3.66)。

注1：理想情况下,此宽度应接近最大纸机抄宽。

注2：英文中,“deckle”(定边)一词有时会误用于“machine fill”(造纸机网宽)。

3.63

堆叠式压光机　machine stack

一种装在纸或纸板机末端的金属辊压光机。

3.64

雕印压榨　marking press

具有凹凸图案的包胶辊,与压榨辊一起用在纸机压榨部,以便在纸幅上产生胶辊上图案的印痕。

3.65

熟化　maturing

在适宜的条件下贮存时,纸或纸板的特性发生的有利演变过程。

3.66

最大湿纸幅宽　maximum deckle

湿纸幅离开成形区时可以达到的最大宽度。

参看纸机抄宽(3.113),纸机湿纸幅宽(3.60)。

3.67

纸机的最大成品宽　maximum trimmed machine width

在一给定纸机上可能生产纸或纸板的最大宽度,即为消除生产中形成的毛边而切去最少量的纸边后所得宽度。

3.68

微起皱　micro-creping

让纸幅从辊筒和无端胶带间通过,在纸的纵向挤压纸幅,使其具有高伸长率的过程。

注1：橡胶带在与纸幅接触点前瞬间伸长,当纸幅通过辊筒和橡胶带间时又恢复到正常状态。

注2：不要与“起皱”相混淆。

3.69

纸板芯层 middle of board

介于两外纸料层之间或衬层之间,或衬层与外纸料层之间的纸料层。

注:在北美,也用“填充层”(filler)一词。

3.70

中性施胶 neutral sizing

施胶时浆料 pH 值接近 7 的施胶方法。

参看施胶(3.94),酸性施胶(3.2),碱性施胶(3.6)。

3.71

小裁纸 offcut

除回抄以外有用的小于规定尺寸的那部分纸或纸板页。

3.72

机外起皱 off-machine creping

作为一种单独操作完成的湿法起皱。

参看湿起皱(3.118),干起皱(3.37),机内起皱(3.74)。

3.73

色差 offshade

应用于其颜色的明暗程度不符合标样的纸或纸板在同批纸中颜色差别的术语。

3.74

机内起皱 on-machine creping

在纸机内完成湿起皱或干起皱的过程。

参看干起皱(3.37),湿起皱(3.118),机外起皱(3.72)。

3.75

生产过程纸样 outturn sheet

生产过程中取出的纸张或纸板,供工厂或买主参考。

3.76

纸 paper

从悬浮液中将适当处理(如打浆)过的植物纤维、矿物纤维、动物纤维、化学纤维或这些纤维的混合物沉积到适当的成形设备上,经干燥制成的一页均匀的薄片(不包括纸板)。

参看纸幅(3.116)。

注1:纸可以在制造过程中或制成后经涂布、浸渍或用其他方式加工而不丧失必要的特性。在常规的造纸工艺中,造纸的液体介质为水,但新开发的技术中有用空气和其他液体作为介质的。

注2:一般说来,正如本标准所定义的,纸可用于描述纸或纸板。纸或纸板的主要差别在于它们的厚度和定量,虽然在有些情况下也根据其特性和/或最终用途来区别。例如,某些定量较低的材料,如折叠盒用纸板,一般归类于“纸板”;而另一些定量较高的材料,如吸墨纸、油毡原纸和制图纸,一般则归类于“纸”。

3.77

平板纸或纸板 paper or board in the flat

未经折叠或卷绕的商品纸或纸板。

3.78

裱糊 pasting

采用适宜的胶粘剂,将一张或多张纸幅、纸页、纸板或其他材料粘附在另一张纸幅、纸页或纸板的整个表面的操作。

3.79

平板上光 plate glazing

用平板压光机压光,使纸或纸板表面平滑并具有光泽的操作。

3.80

刀 quire

ISO 标准一令的二十分之一，即 25 张纸页。我国视不同纸张，每刀纸的张数不一。

3.81

令 ream

按 ISO 标准，一包 500 张完全相同的纸。

注：在许多国家习惯用“令”表示其他数量，如 480 张，这样就影响到“刀”。因此，对不是 500 张的其他数量，应该用不同的名词，如“包”。

3.82

纸轴 reel

卷绕在纸机末端的一金属辊上的连续纸幅。

3.83

卷取 reeling

卷纸 winding

用(或不用)纸芯把纸幅卷取的操作。

参看卷筒(3.86)，纸轴(3.82)。

3.84

磨浆机 refiner

装有盘磨或圆锥面和转子的设备，用于在水中处理纤维浆料使其具有特定性质，以制造具有必需特性的纸和纸浆。

注：磨浆机通常是连续操作。

3.85

磨浆 refining

使浆料受到磨浆机作用的机械处理。

参看打浆(3.10)。

3.86

卷筒 roll

纸轴复卷后卷绕在纸卷本身或纸芯上的纸或纸板的连续幅段。

参看纸轴(3.82)。

注：在有些国家，此名词与纸轴(reel)同义。

3.87

辊式涂布 roll coating

对连续的纸或纸板涂布的一种方法。通过表面带有涂料的涂布辊，直接将涂料转涂在纸或纸板上。

注：涂布辊可以与纸幅同向转动，也可以反向转动(反向辊)。

3.88

运行性能 runnability

在高车速下，纸或纸板在湿压榨、涂布、印刷加工、复印和类似操作时的适应性能。

3.89

沉砂槽 sand table

沉砂盘 riffler

供很稀的浆料悬浮液流过的水槽或水沟，通过重力作用排除悬浮液中的重杂质。为此目的，它们往往安装适当排列的浸没式挡板(沉砂盘)。

3.90

非订单规格的纸轴　side-run

除了生产主要的订单规格外,为保证纸机宽度尽可能接近纸机的最大成品宽而有意安排生产的窄纸卷,但其宽度不能满足于再制浆以外的用途。

参看纸轴(3.82),卷筒(3.86)。

3.91

仿真水印　simulated watermark

用机械方法或涂以适当涂料,使整饰后的纸具有外观上类似于水印的图案。

参看水印(3.115)。

3.92

施胶压榨　size press

彼此接触运行的两个辊子。纸幅在辊子间通过,以涂上一层均匀的胶料、涂料或进行其他的表面处理。

参看施胶(3.94),施胶压榨涂布(3.93)。

注:施胶压榨安装在纸机的两组烘缸之间。

3.93

施胶压榨涂布　size-press coating

一种连续的涂布方法。向垂直的、水平的或倾斜的两个辊子(施胶压榨)的压区引入涂料,当纸和纸板幅通过压区时进行轻量涂布的方法。

3.94

施胶　sizing

将施胶剂加在浆内(浆内施胶)或涂在纸和纸板的表面(表面施胶),以增强其对水溶液(如书写墨水)的抗渗透性和防扩散性。

注:表面施胶还可以提高纸或纸板的表面强度。

3.95

泥浆　slip

含颜料的悬浮液。

参看涂料(3.22),白土泥浆(3.20)。

注:在涂布时还应加入胶粘剂和其他添加剂。

3.96

纵切　slitting

把卷筒纸或纸板纵向分切成两幅或多幅较窄纸幅。

3.97

碎浆　slushing

通过解离把造纸用纸浆或纸变成纤维悬浮液的操作。

3.98

平滑压榨辊　smoothing press

一对未用毛毯的压辊,通常位于纸或纸板机压榨部和干燥部之间,用于在干燥前改进纸或纸板的表面,使其表面更均匀并消除毛毯印痕。

3.99

软压光　soft calendering

软压区压光　soft-nip calendering

每个压区由一硬质表面抛光的辊和一有弹性的补偿辊组成,用较少的压区压光的方法。

3.100

接头 splice

在纸或纸板横向用胶粘剂或胶条粘合的地方。

注：可利用此种接头获得所需尺寸的纸轴，也可以使一纸轴的末端和另一纸轴的开始处建立连续操作。

3.101

拼接 splicing

制作接头的操作。

3.102

直角裁切 squaring

把纸或纸板切成所需尺寸并具有光洁的纸边和四个90°边角的操作。

参看闸刀切边(3.54)。

3.103

浆料 stock

从纸浆解离到制成卷筒或平板纸或纸板所用的一种或多种造纸用纸浆和其他添加物形成的悬浮液。

参看造纸用浆(2.36)。

3.104

浆料净化 stock cleaning

采用物理方法除去浆料中不希望有的颗粒的操作。例如，靠重力、离心力净化，通过适当尺寸的孔隙来净化。

3.105

浆料制备 stock preparation

在浆料到达纸机前，对制备浆料所必须的一切处理过程的集合名词。

注：在英文中，此名词包括浆料净化。

3.106

超级压光机 supercalender

采用金属辊(其中一个或多个能加热)和可压缩的非金属辊组成的特种压光机。该种压光机通常不是纸或纸板的组成部分。

注：辊子的数量一般比纸或纸板机上的压光机多，所赋予纸或纸板的整饰程度比后者更高。

3.107

超级压光 supercalendering

用超级压光机进行的强化压光，可生产出高平滑度、紧度和光泽度的纸张。

3.108

表面处理 surface application

在纸或纸板表面施用一种适当的物质以改变其某种性质的操作。

3.109

正面 top side

毛毯面 felt side

纸或纸板与网面相对的一面。

注：此名词不适用于由双网纸机生产的纸。

3.110

纸边 trimmings

纸或纸板在加工时除小裁纸外其他被除去的部分。

参看小裁纸(3.71)。

3.111

双(夹)网纸机　twin-wire machine

纸幅在两张网间成形,而水通过两张网排出的纸机或纸板机。

3.112

衬层　underliner

纸板中位于外纸料层和芯层间的纸板纸料层。

参看纸板芯层(3.69)。

3.113

纸机抄宽　untrimmed machine width

在给定纸机上可能得到的纸或纸板的最大宽度。

参看最大湿纸幅宽(3.66),造纸机网宽(3.62),纸机的最大成品宽(3.67)。

3.114

圆网造纸机　vat machine

圆网造纸机　cylinder machine

一种纸板机或纸机,有一个或几个圆网笼串联组成,纸料通过圆网笼表面的网子排水并在网上形成纸幅,然后湿纸幅转移到压在圆网笼上转动的毛布下面,并被导入压榨部和干燥部。当生产纸板时,湿纸幅由多层复合而成。

3.115

水印　watermark

纸上有意产生的,当对着具有反衬背景可看到的图形或图案。

注:水印是采用网模上(如网笼或圆网笼)凸出或凹入的图案,或采用与长网成形网上的湿浆接触转动的敞口式圆筒(水印压辊)的表面上凸出或凹入的图案使纤维局部位移而形成的。

3.116

纸幅　web

纸或纸板在制造或加工过程中的连续长段。

3.117

湿损纸　wet broke

在纸或纸板机湿部聚积的损纸。

3.118

湿起皱　wet creping

湿纸幅或部分干燥的纸幅在机内或机外进行的起皱过程。

参看机内起皱(3.74),机外起皱(3.72)。

3.119

湿压榨　wet press

由两个或多个具有各种表面的辊子组成,用于挤压湿纸幅中的水分并将纸幅压紧。

注:湿压榨安装在紧靠纸或纸板机的干燥部之前。

3.120

粘状浆　wet stock

粘状浆　slow stock

在重力或真空下滤水时难以与悬浮液中的水分离的浆料。

参看浆料(3.103)、滤水性能(4.44)、游离度值(4.58)、游离浆(3.48)。

注1:任何给定浆料的状况是可以测定的,并可用滤水性能或游离度值等数值表示。

注2:此词的反义词是游离浆。

3.121

纸或纸板的纸轴或卷筒宽度　width of a reel or roll of paper or board

纸或纸板横向测定的尺寸。

3.122

网模　wire mould

一个在上面固定有细目网的框架，当手工造纸时纸料可通过这个网模排水。

3.123

网面　wire side

反面　under side

纸页与造纸机铜网或成形网相接触的一面。

注：此名词与双(夹)网成形的纸页无关。

4　纸浆、纸和纸板性质的相关术语

4.1

吸收性　absorbency

纸或纸板吸收和保留与其接触液体的能力。

注：吸收程度和吸收速度均可用标准方法测定。

4.2

酸不溶灰分　acid-insoluble ash

用盐酸处理纸浆的灰分后所得到的不溶性残渣。

参看灰分含量(4.98)。

4.3

老化　ageing

纸或纸板性质经过一定时间后发生的不可逆变化，质量一般会变坏。

4.4

透气度　air permence

在规定条件下，在单位时间和单位压差下，通过单位面积纸或纸板的平均空气流量，以微米/(帕·秒)[μm/(Pa·s)]表示。

4.5

碱储量　alkali reserve

纸和纸板中的化合物，如碳酸钙，能中和由自然老化或大气污染所产生的酸，可按标准方法的规定测定碱储量。

4.6

抗碱性　alkali resistance

不能溶解在规定浓度的氢氧化钠溶液中的浆的质量百分比。

注：可用“*R*值”来表示纸浆的抗碱性。

4.7

碱溶解度　alkali solubility

可溶解在规定浓度的氢氧化钠溶液中的浆与绝干浆样的质量百分比。

注：可用“*S*值”来表示碱溶解度。

4.8

表观层积紧度　apparent bulk density

由层积厚度计算得出的单位体积纸或纸板的质量。

4.9

表观单层紧度　apparent sheet density

由定量和单层厚度计算得出的单位体积纸或纸板的质量。

4.10

授权实验室　authorized laboratory

由 ISO/TC 6 指定的实验室。授权实验室用 ISO 二级参比标准(IR 2)进行标定,并向工作实验室发放 ISO 三级参比标准(IR 3)。

4.11

弯曲角　bending angle

试样夹持线与作用力所形成平面的初始位置与该平面受力后所在位置的夹角。

参看挺度(4.116),弯曲长度(4.12)。

4.12

弯曲长度　bending length

夹具和试样受力位置之间恒定的径向距离。

参看挺度(4.116),弯曲角(4.11)。

4.13

弯曲挺度　bending stiffness

单位宽度的纸或纸板在弹性形变范围内受力弯曲时产生的单位阻力矩。

参看挺度(4.116),抗弯强度(4.99)。

4.14

黑色　black

由于色刺激在最低敏感度之下产生的无光感。

4.15

黑体　black body

能吸收所有入射光而无反射的物体。

注:广义而言,黑体是指能无选择地吸收极高比例的发射光的物体,如:衬以近黑色材料并通过小孔接收入射光的暗盒。

4.16

暗斑　blackening

压光时纸页太湿而明显地发暗或发灰的局部区域。

参看压光机(3.18),压溃(3.29)。

4.17

蓝光反射因数　blue reflectance factor

定向蓝光反射因数和蓝光漫反射因数(ISO 亮度)这两个术语是指在光谱的紫色和蓝色区域测定光谱反射因数。

参看定向蓝光反射因数(4.41),蓝光漫反射因数(4.39)。

4.18

裂断长　breaking length

宽度一致的纸条本身质量将纸断裂时所需要的长度。它是由抗张强度和恒湿后的试样定量计算出来的。

参看抗张指数(4.123),抗张强度(4.124)。

注:可通过标准测试条件下测得的抗张强度和定量计算出裂断长。

4.19

透脂性　break-through of grease

把试验油脂施加到试样的一面并压上砝码开始，直到油脂渗透到试样另一面所需的时间。

参看透过(4.105)。

4.20

松厚度　bulk

纸或纸板层积紧度的倒数。

4.21

层积紧度　bulk density

单位体积纸或纸板的质量，由层积厚度计算得出，以克每立方厘米(g/cm^3)表示。

注：单层厚度常简称为厚度，单层紧度常简称为紧度。

4.22

层积厚度　bulk thickness

采用标准试验方法，对多层试样施加静态负荷，从而测量出多层纸页的厚度，再计算得出单层纸的厚度。

4.23

耐破指数　burst index

纸张耐破度除以其定量。

4.24

耐破度　bursting strength

由液压系统施加压力，当弹性胶膜顶破试样圆形面积时的最大压力。

4.25

毛细吸液高度　capillary rise

在标准测试方法所规定的条件下，将纸或纸板条垂直悬挂，其下端浸没在液体中时，液体在纸或纸板条中上升的距离。

4.26

纸浆的耗氯量　chlorine consumption of pulp

在标准测试方法所规定的条件下纸浆消耗的有效氯量。

注：经验表明，纸浆的耗氯量和木素总含量之间存在着一定关系。

4.27

起皱　cockle

由于不均匀的收缩造成纸页外观轻度起皱变形的现象。

4.28

主管技术小组　competent technical group

对要求使用ISO参比标准的国际标准负责的ISO/TC 6工作组或分委会。

4.29

压缩指数　compression index

压缩强度除以定量。

4.30

压缩强度　compressive strength

在标准测试方法所规定的条件下，单位宽度的纸或纸板在压缩试验中被压溃前所能承受的最大压缩力。

4.31

温湿处理 conditioning

使试样与规定温度、相对湿度的大气之间达到水分含量平衡的过程。当前后两次称量相隔 1 h 以上,且试样称量之差不大于试样质量的 0.25%时,就认为试样与大气条件之间达到平衡。

4.32

恒重 constant mass

纸或纸板试样在规定温度下干燥,连续两次称量之差不超过试样绝干质量的 0.1%时所达到的质量。

4.33

临界蜡棒强度级号(A) critical wax strength grade (A)

蜡棒的粘附力没有对纸面产生破坏的最大顺序级号。

4.34

卷曲 curl

和平整表面发生偏离的现象。

注 1:从三个方面测定卷曲:卷曲幅度、卷曲轴与纸面纵向间的夹角以及卷曲朝向面。

注 2:测定单张纸的卷曲和一叠纸的卷曲所用方法不同,分别对应不同的国际标准。

4.35

防燃程度 degree of non-combustibility

在规定的试验条件下,在空气中灼热纸或纸板,其不被烧毁的程度。

4.36

耐火程度 degree of non-flammability

在规定的试验条件下燃烧纸或纸板,其耐火的程度。

4.37

蓝光漫反射因数 diffuse blue reflectance factor

即亮度(白度)。在 GB/T 7973 所规定的反射光度计的模拟 D_{65} 光源条件下,试样对主波长(457±0.5)nm 蓝光的内反射因数。由于荧光增白剂的反射作用,将会使蓝光有所增加,故此值有可能大于 100%。

4.38

漫反射因数 diffuse reflectance factor

由一物体反射的辐通量与相同条件下完全反射漫射体反射的辐通量之比,以百分数表示。相同条件即是 GB/T 7973—2003 所描述的仪器漫射照明,并按 GB/T 7973—2003 规定的条款进行校准。

参看蓝光反射因数(4.17),定向蓝光反射因数(4.41)。

4.39

尺寸变化 dimensional changes after immersion in water

预先在标准大气中温湿处理的纸样浸水后其纵、横向尺寸相对于浸水前尺寸的变化。

4.40

尺寸稳定性 dimensional stability

当周围大气变化引起水分变化,或在印刷、加工或使用时物理和机械应力发生变化时,纸或纸板保持其尺寸和形状的能力。

参看湿不稳定性(4.62),湿稳定性(4.63),湿膨胀性(4.61)。

注:迄今为止,此术语往往被错误地用于仅和湿稳定性相关。

4.41

定向蓝光反射因数　directional blue reflectance factor

以45°入射角照明并垂直观测所测得的在有效波长457 nm下相对于完全反射漫射体的反射因数。

参看蓝光反射因数(4.17),蓝光漫反射因数(4.37)。

4.42

褪色　discoloration

纸的颜色无意识的变化,例如,在光和空气作用下的变化。

4.43

双折叠　double fold

试样先向后折,然后在同一折印上再向前折,试样往复一个完整来回。

参看耐折度(4.57)。

4.44

滤水性能,滤水能力　drainability

浆料在重力下滤水时,悬浮液中的水相分离的容易程度。

参看游离度值(4.58)。

4.45

绝干物含量　dry matter content

绝干固含量　dry solids content

在规定条件下,试样在105℃±2℃下干燥至恒重时的质量与试样的初始质量之比。

注:绝干物含量一般以百分数表示。

4.46

耐用性　durability

纸张承受反复使用所产生的不良影响(磨损和撕裂)的能力。

4.47

边压强度(短距)　edgewise compression strength (short span)

15 mm宽的纸条夹在相距0.7 mm的二夹具间,纸面不破损时所能承受的最大压缩力。

4.48

边压强度　edgewise crush resistance

矩形瓦楞纸板边缘受压破裂时,在其瓦楞方向所能耐受的最大压缩力。

注1:试样的高度应合适,不致因弯曲而破裂。

注2:用于测定此性质的试验称之为边缘压溃试验(ECT)。

4.49

毛毯痕　felt mark

纸机毛毯在纸或纸板上留下的痕迹。

4.50

纤维粗度　fibre coarseness

特定纤维每单位长度的质量(绝干),纤维粗度以毫克/米表示(mg/m)。

4.51

帚化率　fibre fibrillation

纤维帚化的程度与所测纤维端头数之比称为纤维帚化率。

4.52

纤维浆料分析　fibre furnish analysis

对纸、纸板或纸浆样品中纤维组分、纤维种类和制浆方法的分析。

4.53

整饰　finish

用机械方法(如压光)赋予纸或纸板的表面特性。

4.54

平压强度　flat crush resistance

对瓦楞纸板表面垂直施加压力,在瓦楞芯层被压溃前瓦楞纸板所能承受的最大压力。

4.55

平整性　flatness

纸或纸板不存在卷曲、起皱或起波纹时的状态。

4.56

耐折次数　fold number

耐折度平均值的反对数。

参看耐折度(4.57)。

4.57

耐折度　folding endurance

在标准张力条件下进行试验,试样断裂时的双折叠次数的对数(以10为底)。

参看耐折次数(4.56)。

4.58

游离度值　freeness value

用标准测试方法测定和表示的纸浆悬浮液的滤水能力。

参看浆料(3.103),游离浆(3.48),粘状浆(3.120)。

4.59

光泽度　gloss

物体表面定向反射的性质,这一性质决定了呈现在物体表面所能见到的强反射光或物体镜像的程度。

4.60

定量　grammage

按规定的试验方法,测定纸和纸板单位面积的质量,以克每平方米(g/m^2)表示。

4.61

湿膨胀性　hygroexpansivity

当规定长度的纸或纸板从规定的平衡湿度上升到规定的较高的平衡湿度时,纸或纸板在长度上发生的变化。

参看尺寸稳定性(4.40),湿不稳定性(4.62),湿稳定性(4.63)。

注:以百分数来表示纸或纸板在50%相对湿度下达到平衡时的长度变化。试样的收缩率被视为负湿膨胀性。

4.62

湿不稳定性　hygro-instability

纸或纸板因其水分含量的变化而产生的尺寸和平整度变化的趋势。

参看尺寸稳定性(4.40),湿膨胀性(4.61),湿稳定性(4.63)。

4.63

湿稳定性　hygro-stability

水分含量变化时,纸或纸板保持其尺寸和形状的能力。

参看尺寸稳定性(4.40),湿膨胀性(4.61),湿不稳定性(4.62)。

4.64

内反射因数　intrinsic reflectance factor

试样层数达到不透明时的反射因数。

4.65

纸浆卡伯值　Kappa number of pulp

在规定条件下，1 g 绝干浆消耗 0.02 mol/L 高锰酸钾溶液的毫升数。

注：卡伯值可用于衡量纸浆木素含量(硬度)或可漂性。在浆的卡伯值和木素含量间没有通用和明确的相关性，其相互关系因原料和脱木素的方法而异。若要用卡伯值来推导纸浆的木素含量，应对每种浆分别找出特定的关系。

4.66

动摩擦系数　kinetic coefficient of friction

摩擦试验中，动摩擦力与垂直施加在两面上的力之比。

参看静摩擦系数(4.115)。

4.67

长度-重量平均纤维长度　length-weighted mean length

指由长度计算的重量平均纤维长度，用 L_l 表示。

4.68

极限粘度值　limiting viscosity number

纸浆或其他纤维素材料的性质，是按标准测试方法的规定测定和表示该材料在适当溶剂中的稀溶液的粘度计算出来的。

4.69

掉毛　linting

掉粉　dusting

起毛　fluffing

印刷过程中从纸或纸板上掉下的绒毛或细粉，主要由单根纤维、填料、施胶剂或这些物质的极小聚集体组成。

注：这些颗粒可松散在纤维表面，也可松散地粘合在纤维内，但可能在印刷时脱落。

4.70

迎光检查　look-through

在漫透射光下观察到纸页的外观结构。

注：以此表示匀度。

4.71

批，批量　lot

具有相同性质的纸浆、纸或纸板的聚集体，数量满足一次取样的需要。

参看单位(4.130)。

注1：一批中含有一个或多个名称相同的单位。

注2：当要测试的材料已合并在制好的成品中(如包装箱)，批量就是这单一品种、具有特定性质的物品的聚集体。

4.72

发光反射因数　luminous reflectance factor

参照 CIE 光源 C 和 CIE 1931 颜色匹配函数定义的，并与反射面的视觉属性相一致的反射因数。

4.73

质量-重量平均纤维长度　mass-weighted mean length

指由质量计算的重量平均纤维长度，用 L_W 表示。

注：过去，数量平均纤维长度一般用 L_n 表示，长度-重量平均纤维长度一般用 L_W 表示，并简称为重量平均纤维长度；质量-重量平均纤维长度用 L_{WW}表示，并称为二重重量平均纤维长度。现与国际标准统一。

4.74

数量平均纤维长度　mean length

纤维总长度除以总根数所得的结果，即为数量平均纤维长度，用 L 表示。

4.75

弹性模量　modulus of elasticity

单位横截面上的拉伸力对单位长度的伸长率之比。

注：在纸上不能准确地测出每点的真实厚度，也不能准确测定横截面，因此弹性模量是个近似值。由于纸是粘弹性的，最好用应力-应变曲线的最大斜率计算出弹性模量。

4.76

水分　moisture content

材料中水的含量。

注：实际上可视为按标准测试方法干燥时，试样损失的质量与试样初始质量之比。

4.77

透油度　oil permeance

在一定温度和压力条件下，标准变压器油在一定时间内从 1 m^2 面积的纸页中渗透过来的质量，以克/平方米(g/m^2)表示。

4.78

不透明度　opacity

纸背衬　paper backing

在标准测试方法所规定的条件下，由背衬黑筒的单张纸反射的光通量与相同的纸摞成一叠达到不透明时反射的光通量之比。

注：不透明是指继续增加更多层纸时不透明度的读数不再变化。

4.79

有机结合氯　organically bound chloride

纸浆、纸或纸板中含有的有机结合氯量。

参看总氯量(4.127)。

4.80

绝干质量　oven-dry mass

在 105℃±2℃下干燥，除去水分及其他挥发性物质并干燥至恒重的纸浆、纸或纸板的质量。

参看绝干物含量(4.45)。

4.81

纸的酸度　paper acidity

纸张中的水可溶性物质会改变纯水 H^+ 和 OH^- 的平衡，从而产生氢离子过剩。在某一特定条件下，用标准碱性溶液进行滴定，所测得的过剩的 H^+ 浓度，即为纸的酸度。

4.82

纸的碱度　paper alkalinity

纸张中的水可溶性物质会改变纯水 H^+ 和 OH^- 的平衡，从而产生氢氧根离子过剩。在某一特定条件下，用标准酸性溶液进行滴定，所测得的过剩的 OH^- 浓度，即为纸的碱度。

4.83

完全反射漫射体　perfect reflecting diffuser

完全反射的理想均匀漫射体。

4.84

纸的耐久性　permanence of paper

纸在图书馆、档案馆和其他存放环境中长期储存保持稳定的能力。

4.85

渗透性　permeance

渗透能力　permeability

流体从一张纸或纸板的一面透过到另一面的性质。

注1：用"孔隙度"来表示"渗透性"是错误的。

注2：透气性是指空气从一张纸或纸板的一面透到另一面的性质。

4.86

拉毛　picking

在生产或印刷过程中，施加在纸面的外部拉力大于纸或纸板的内聚力时所发生的面层破坏。

4.87

拉毛速度　picking velocity

印刷时印刷纸表面开始起毛时的印刷速度。

4.88

印刷适性　printability

纸或纸板的一种复杂性质，包括纸或纸板在无玷污和透印的情况下促使油墨转移、凝固和干燥的能力，以及提供反差好、逼真度高的能传递信息的图像的能力。

4.89

表面吸收速度　rate of surface absorbing

一定量的水或其他溶液滴到试样表面后，被试样吸收所需的时间。

4.90

废纸回收率　recycling collection rate

在给定地区内，从废纸中回收的纸和纸制品量对该地区纸的总消耗量的百分比。

4.91

废纸利用率　recycling utilization rate

在给定地区内，生产中所用的废纸量与该地区纸的总产量之比，用百分数表示。

4.92

一级参比标准　reference standard of level 1

在全光谱范围内，反射值等于1的理想完全反射漫射体，由标准化实验室用可测量绝对漫反射因数的仪器来实现。

4.93

二级参比标准　reference standard of level 2

标准化实验室用一级参比标准测量标定的传递标准。授权实验室用该标准标定其基准仪器。

4.94

三级参比标准　reference standard of level 3

授权实验室用经二级参比标准标定过的基准仪器测量标定的标准。工作实验室采用这些标准校准所用的仪器和工作标准。

4.95

反射因数　reflectance factor

由一物体反射的辐通量与相同条件下完全反射漫射体所反射的辐通量之比，以百分数表示。

4.96

相对湿度　relative humidity

在相同的温度和压力条件下，大气中实际水蒸气含量。

4.97

相对吸水性 relative water absorption

试样中吸收的水的质量与试样经温湿处理后的质量之比。

4.98

灼烧残余物 residue on ignition

灰分含量 ash content

在标准测试方法所规定的条件下,纸浆、纸或纸板在马弗炉中灼烧后留下的残余物含量。

参看酸不溶灰分(4.2)。

4.99

抗弯强度 resistance to bending

将矩形试样的一端夹住,在接近试样自由端处施加一个垂直于纸面使试样弯曲成15°所需之力。

参看挺度(4.116),弯曲长度(4.12),弯曲角(4.11),弯曲挺度(4.13)。

4.100

抗透水性 resistance to water penetration

纸或纸板阻止水由一面渗透到另一面的性质。

4.101

环压强度 ring crush resistance

在标准测试方法规定的条件下,将一条窄的试样弯曲成圆环形,试样在不破损的情况下其边缘处所能承受的最大压缩力。

4.102

粗糙度 roughness

纸或纸板表面的凹凸程度。

参看平滑度(4.110)。

注:在用规定方法测试时,测试数值增加说明表面粗糙度增加。

4.103

平均样品 sample

集中所有样品即为平均样品。

4.104

随机取样 selected at random

所用的取样方法应使总体的每一部分具有相同的被选取的机会。

4.105

(油脂)透过 show-through (of grease)

在试样的一面涂油并施加一砝码,目测油脂透过到另一面出现第1个油脂痕迹所用的时间。

参看透脂性(4.19)。

注1:对许多种纸或纸板来说,透过时间和穿透时间几乎相等。

注2:虽然穿透性是抗油性的主要特征,但在特殊情况下(如研究塑料层压包装食品用纸板),测试"透过"这一性质还是很有意义的。

4.106

单层紧度 single sheet density

单位体积纸或纸板的质量,由单层厚度计算得出,以克每立方厘米(g/cm^3)表示。

4.107

单层厚度 single sheet thickness

采用标准试验方法,对单层试样施加静态负荷,从而测量出的纸或纸板的厚度。

4.108

规格,尺寸　size

在纸的规格标准中,用以下顺序表示一张纸或纸板的尺寸:宽度、长度,其中较小的尺寸为宽度。

4.109

施胶度　sizing value

在 GB/T 460—2002 中专指用墨水划线宽度衡量纸和纸板的抗水性能,以标准墨水在纸和纸板表面划线时不扩散亦不渗透的最大线条宽度(毫米)来表示。在 GB/T 5405—2002 中专指标准溶液透过纸页所需的时间,用于评定纸张的抗水性能,以时间(秒)表示。

4.110

平滑度　smoothness

在特定的接触状态和一定的压差下,试样面和环形板面之间由大气泄入一定量空气所需的时间,以秒(s)表示。

参看粗糙度(4.102)。

注:在给定的测试方法中,测试数值越高表示纸面越平滑。

4.111

柔软度　softness

在规定条件下,当板状测头将试样压入狭缝中一定深度(约 8 mm)时,试样本身的抗弯曲力和试样与缝隙处摩擦力的最大矢量之和称为柔软度,以毫牛顿(mN)表示,柔软度值越小,说明试样越柔软。

4.112

样品　specimen

一张按规定大小切取的矩形纸或纸板,此矩形样取自整张纸样或产品,整张纸样又取自所选择的包装单位。

4.113

镜面光泽　specular gloss

试样表面在镜面反射的方向上,反射到规定孔径内的光通量与相同条件下标准镜面反射的光通量之比,以百分数表示。

4.114

标准化实验室　standardizing laboratory

由 ISO/TC 6 指定的实验室,负责妥善保管获得的 ISO 一级参比标准,并通过 ISO 一级参比标准制定 ISO 二级参比标准(IR 2),再将 IR 2 传递给授权实验室。

4.115

静摩擦系数　static coefficient of friction

摩擦试验中,静摩擦力与垂直施加在两面上的力之比。

参看动摩擦系数(4.66)。

4.116

挺度　stiffness

在规定条件下测定的纸或纸板抗弯曲的程度。

参看弯曲挺度(4.13),抗弯强度(4.99)。

4.117

伸长率　stretch at break

纸或纸板受到张力至断裂时的伸长,以对原试样长的百分率表示。

4.118

表面强度(蜡棒法)　surface strength (wax method)

通过蜡棒粘附力对纸面进行破坏(如:起毛、掉毛、掉粉、破裂等),来测定纸张的表面强度,以临界蜡棒强度级号(A)表示结果。

4.119

撕裂指数　tear index

纸张(或纸板)的撕裂度除以其定量,结果以毫牛顿·平方米/克($mN \cdot m^2/g$)表示。

4.120

撕裂度　tearing resistance

将预先切口的纸(或纸板),撕至一定长度所需力的平均值。

若起始切口是纵向的,则所测结果是纵向撕裂度。若起始切口是横向的,则所测结果是横向撕裂度。结果以毫牛顿(mN)表示。

4.121

抗张能量吸收　tensile energy absorption

单位面积(试样长×宽)的纸或纸板在拉伸至断裂的过程中所吸收的能量。

4.122

抗张能量吸收指数　tensile energy absorption index

抗张能量吸收除以定量。

4.123

抗张指数　tensile index

抗张强度除以定量,以牛顿米/克表示。

参看抗张强度(4.124),裂断长(4.18)。

4.124

抗张强度　tensile strength

纸或纸板所能承受的最大张力。

参看抗张指数(4.123),裂断长(4.18)。

4.125

试样　test piece

用作按规定的检验方法进行测定的一定量的纸或纸板,该试样取自样品,有时也可以是样品本身或几个样品。

参看样品(4.112),平均样品(4.103),批(4.71)。

4.126

厚度　thickness

厚度　caliper

纸或纸板在两测量面间承受一定压力,从而测量出的纸或纸板两表面间的距离,其结果以毫米(mm)或微米(μm)表示。

参看单层厚度(4.107),层积厚度(4.22)。

4.127

总氯量　total chlorine

纸浆、纸或纸板中含有的元素氯总量。

参看有机结合氯(4.79)。

4.128

成品规格　trimmed size

单张纸或纸板的最终尺寸。

4.129

两面性　two-sideness

纸或纸板两面间在表面结构、色调或其他性质上存在的差异，这可能是由于生产方法的内在因素导致的。

4.130

单位　unit

以一卷、一包、一捆、一小包、一箱或一车等形式出现的批量的组成。

参看批(4.71)。

4.131

未切边的规格　untrimmed size

一张足够大的纸或纸板的尺寸，可以从中获得所需要的成品纸或纸板。

4.132

导管掉粉　vessel picking

掉粉现象的一种，从纸面上掉下的颗粒是浆料中阔叶木的导管。

4.133

吸水性　water absorptiveness

吸水性　water apsorption

可勃值　cobb value

在一定条件下，在规定的时间内，单位面积纸和纸板表面所吸收的水的质量，以克/平方米(g/m^2)表示。

4.134

水蒸气透过速率　water vapour transmission rate

在规定的温度和湿度下，单位时间内通过单位面积的水蒸气的质量。

4.135

水溶性氯化物　water-soluble chlorides

在标准测试方法规定的条件下，从纸、纸板和纸浆中抽提出的氯离子量。

4.136

水溶性硫酸盐　water-soluble sulfates

在标准测试方法规定的条件下抽提出的硫酸根离子量。

4.137

波纹　wave

波纹　waviness

一般发生在纸边和横向上的纸的变形。

参看横向(3.28)。

4.138

重量因子　weight factor

特定纤维的纤维粗度与标准(指定)纤维的粗度之比。

4.139

湿强度保留率　wet strength retention

纸或纸板在湿态下的强度值与同样纸或纸板在标准大气条件中按标准测试方法测定的强度值之比。

4.140

湿抗张强度　wet tensile strength

纸或纸板在规定条件下浸水后，试样断裂前所能承受的最大张力。

4.141

云彩花　wild look-through

迎光检查纸张时观察到的不规则、不均匀的云朵状的结构。

4.142

网印　wiremark

纸幅成形网上的网眼在纸或纸板上留下的压印。

4.143

返黄　yellowing

纸张白度的退化，如在光或空气的作用下纸的白度下降。

4.144

Z向　z-direction

垂直于纸面的方向。

4.145

零距　zero-span

把两夹具间的距离调节到零，此时，用光源照射时没有光线从两夹具间透过。

参看零距抗张强度(4.147)，零距抗张指数(4.146)。

4.146

零距抗张指数　zero-span tensile index

零距抗张强度除以定量。

参看零距抗张强度(4.147)，零距(4.145)。

4.147

零距抗张强度　zero-span tensile strength

在标准测试方法规定的条件下，使用适当的仪器将夹具调节到零距测得的抗张强度。

参看零距抗张指数(4.146)。

中 文 索 引

H

J

K

L

M

N

P

T

W

X

Y

Z

STANDARDS PRESS OF CHINA

英 文 索 引

A

B

C

D

E

N

O

P

Q

R

S

T

U

V

W

Y

Z

ICS 77.100
H 11

中华人民共和国国家标准

GB/T 4699.3—2007
代替 GB/T 4699.3—1984、GB/T 5687.3—1985

铬铁、硅铬合金和氮化铬铁 磷含量的测定 铋磷钼蓝分光光度法和钼蓝分光光度法

Ferrochromium, silicochromium and nitrogen-bearing ferrochromium—Determination of phosphorus content—Molybdobismuthylphosphoric blue spectrophotometric method and the molybdenum blue spectrophotometric method

2007-10-25 发布　　2008-04-01 实施

中华人民共和国国家质量监督检验检疫总局
中国国家标准化管理委员会　发布

前　言

GB/T 4699的本部分是对GB/T 4699.3—1984《硅铬合金化学分析方法　钼蓝光度法测定磷量》和GB/T 5687.3—1985《铬铁化学分析方法　钼蓝光度法测定磷量》的整合修订。

本部分包括了铋磷钼蓝分光光度法和钼蓝光度法两个测定铬铁、硅铬合金、氮化铬铁中磷含量的分析方法。

本部分代替GB/T 4699.3—1984《硅铬合金化学分析方法　钼蓝光度法测定磷量》和GB/T 5687.3—1985《铬铁化学分析方法　钼蓝光度法测定磷量》。

本部分与GB/T 4699.3—1984和GB/T 5687.3—1985比较，主要变化为：新增加了铋磷钼蓝分光光度法。

本部分由中国钢铁工业协会提出。

本部分由冶金工业信息标准研究院归口。

本部分起草单位：四川川投峨眉铁合金(集团)有限责任公司。

本部分主要起草人：唐华应、方艳。

本部分所代替标准的历次版本发布情况为：

——GB/T 4699.3—1984；

——GB/T 5687.3—1985。

铬铁、硅铬合金和氮化铬铁 磷含量的测定 铋磷钼蓝分光光度法和钼蓝分光光度法

警告——使用本部分的人员应有正规实验室工作的实践经验。本部分并未指出所有可能的安全问题。使用者有责任采取适当的安全和健康措施,并保证符合国家有关法规规定的条件。

1 范围

GB/T 4699 的本部分规定了用铋磷钼蓝分光光度法和钼蓝分光光度法测定磷含量。

本部分适用于铬铁、真空微碳铬铁、氮化铬铁和硅铬合金中磷含量的测定,铋磷钼蓝分光光度法测定范围(质量分数):0.008%～0.080%;钼蓝光度法测定范围(质量分数):<0.15%。

2 规范性引用文件

下列文件中的条款通过 GB/T 4699 的本部分中的引用而成为本部分的条款。凡是注日期的引用文件,其随后所有的修改单(不包括勘误的内容)或修订版均不适用于本部分,然而,鼓励根据本部分达成协议的各方研究是否可使用这些文件的最新版本。凡是不注日期的引用文件,其最新版本适用于本部分。

GB/T 4010 铁合金化学分析用试样的采取和制备

3 方法一 铋磷钼蓝分光光度法

3.1 原理

试料用盐酸-过氧化氢或者用硝酸-氢氟酸分解,在高氯酸冒烟状态下,用盐酸挥铬;或用无水碳酸钠-过氧化钠混合熔剂熔融分解。在硫酸介质中,用硫代硫酸钠还原高价砷,磷与硝酸铋、钼酸铵形成三元配合物,用抗坏血酸还原后磷形成铋磷钼蓝,于分光光度计上 700 nm 波长处测量其吸光度。

3.2 试剂和材料

除非另有说明,在分析中仅使用确认为分析纯的试剂和蒸馏水或与其纯度相当的水。

3.2.1 过氧化钠,固体。

3.2.2 无水碳酸钠,固体。

3.2.3 高氯酸,ρ1.67 g/mL。

3.2.4 盐酸,ρ1.19 g/mL。

3.2.5 过氧化氢,ρ1.10 g/mL,优级纯。

3.2.6 硝酸,ρ1.42 g/mL。

3.2.7 氢氟酸,ρ1.15 g/mL。

3.2.8 硫酸,1+1。

3.2.9 硫酸,1+2

3.2.10 亚硫酸钠溶液,100 g/L。称取 100 g 无水亚硫酸钠,溶于水后,用水稀释至 1 000 mL。

3.2.11 硫代硫酸钠溶液,5 g/L。1 L 中含 10 g 无水亚硫酸钠,用时配制。

3.2.12 硝酸铋溶液,30 g/L。称取 30 g 硝酸铋[$Bi(No_3)_3 \cdot 5H_2O$],溶解于 100 mL 硝酸(1.42 g/L)中,待完全溶解后,加入 900 mL 水、4 g 尿素,混匀。

3.2.13 钼酸铵溶液,33 g/L。称取 33 g 钼酸铵[$(NH_4)_6Mo_7O_{24} \cdot 4H_2O$],置于 400 mL 烧杯中,加入

200 mL 水，温热溶解，过滤后加入 800 mL 水，混匀。

3.2.14 抗坏血酸溶液，12 g/L。乙醇(1+1)溶液，用时配制。

3.2.15 硫酸铁铵溶液，90 g/L。

3.2.16 磷标准溶液

3.2.16.1 称取 0.659 1 g 预先在 105℃～110℃烘至恒量的磷酸二氢钾(基准试剂)于 250 mL 烧杯中，以水溶解后移入 1 000 mL 容量瓶中，用水稀至刻度，混匀。此溶液 1 mL 含磷 150 μg。

3.2.16.2 移取 25.00 mL 溶液(3.2.16.1)于 500 mL 容量瓶中，用水稀至刻度，混匀。此溶液 1 mL 含磷 7.50 μg。

3.3 仪器

分析中使用通常的实验室仪器。

3.4 取制样

按照 GB/T 4010 的规定进行取制样。高碳铬铁、氮化铬铁试样应通过 0.098 mm 筛孔，硅铬合金试样应通过 0.125 mm 筛孔，中、低、微碳铬铁和真空微碳铬铁的试样(钻取)应通过 1.68 mm 筛孔。

3.5 分析步骤

3.5.1 试料量

称取 0.50 g 试样，精确至 0.000 1 g。

3.5.2 空白试验

随同试料进行空白试验。

3.5.3 测定

3.5.3.1 试料的分解与分析试液的制备

3.5.3.1.1 试料的酸溶分解方法Ⅰ(硅铬合金适用)

将试料(3.5.1)置于 100 mL 铂皿中，加入 20 mL 硝酸(3.2.6)，逐滴缓慢加入 5 mL～8 mL 氢氟酸(3.2.7)进行分解。微热溶解试样至无明显反应。加入 12 mL 高氯酸(3.2.3)加热至冒高氯酸烟，待液体变红后，用温水将溶液转移入 150 mL 的锥形瓶中。继续加热至冒高氯酸烟，当铬氧化时，分 8 次～10 次共滴加 5 mL～6 mL 盐酸(3.2.4)挥去大量铬。加入 8 mL 高氯酸(3.2.3)，继续冒烟至近干，取下。加入 18 mL 硫酸(3.2.8)，沿杯壁加入少量水，加热溶解盐类。取下，加入 8 mL 亚硫酸钠溶液(3.2.10)。冷却至室温，移入 200 mL 容量瓶中，混匀，干过滤。弃去最初滤液。以下按 3.5.3.2 操作。

3.5.3.1.2 试料的酸溶分解方法Ⅱ(中、低、微碳铬铁和真空微碳铬铁适用)

将试料(3.5.1)置于 150 mL 的锥形瓶中，加入 5 mL 过氧化氢(3.2.5)、10 mL 盐酸(3.2.4)，微热溶解试样至无明显反应。加入 12 mL 高氯酸(3.2.3)，加热至冒高氯酸烟，当铬氧化时，分 8 次～10 次共滴加 5 mL～6 mL 盐酸(3.2.4)挥去大量铬。加入 8 mL 高氯酸(3.2.3)，继续冒烟至近干，取下。加入 18 mL 硫酸(3.2.8)，沿杯壁加入少量水，加热溶解盐类。取下，加入 8 mL 亚硫酸钠溶液(3.2.10)。冷却至室温，移入 200 mL 容量瓶中，混匀，干过滤。弃去最初滤液。以下按 3.5.3.2 操作。

3.5.3.1.3 试料的碱熔分解法(高碳铬铁、氮化铬铁适用)

将试料(3.5.1)置于已经盛有 6 g 过氧化钠(3.2.1)、4 g 无水碳酸钠(3.2.2)的镍坩埚中，搅匀。再在上面覆盖 2 g 过氧化钠(3.2.1)。置于 750℃高温炉内熔融 10 min，取出。稍冷，用热水浸提于 200 mL塑料杯中。缓慢的边搅边加入 50 mL 硫酸(3.2.9)、20 mL 亚硫酸钠溶液(3.2.10)。冷却至室温，移入 200 mL 容量瓶中，用水稀释至刻度，混匀。

3.5.3.2 显色与测定

3.5.3.2.1 移取 20.00 mL 试液(3.5.3.1.1 或 3.5.3.1.2 或 3.5.3.1.3)两份分别于两个 50 mL 容量瓶中，各加入 10 mL 硫代硫酸钠溶液(3.2.11)，5 mL 硝酸铋溶液(3.2.12)，混匀。一份作显色溶液，一份作参比溶液。

3.5.3.2.2　显色溶液:加入 5 mL 钼酸铵溶液(3.2.13),混匀,5 mL 抗坏血酸溶液(3.2.14),混匀,用水稀至刻度,混匀。

3.5.3.2.3　参比溶液:加入 5 mL 水、5 mL 抗坏血酸溶液(3.2.14),用水稀释至刻度,混匀。

3.5.3.2.4　静置 15 min,于分光光度计上 700 nm 波长处,用适当吸收皿,以对应参比溶液调零,测量其吸光度,减去随同试料空白溶液的吸光度得到试料溶液的净吸光度。从校准曲线上查得相应的磷量。

3.5.4　校准曲线的绘制

3.5.4.1　分别移取 0、0.50 mL、1.00 mL、1.50 mL、2.00 mL、3.00 mL、5.00 mL、6.00 mL 磷标准溶液(3.2.16.2)分别置于 8 个 50 mL 的容量瓶中,加入 2.0 mL 硫酸铁铵溶液(3.2.15)、3.0 mL 硫酸(3.2.9)、10 mL 硫代硫酸钠溶液(3.2.11)、5 mL 硝酸铋溶液(3.2.12),混匀。以下按照 3.5.3.2.2 进行。室温静置 15 min,用蒸馏水为参比,于分光光度计上 700 nm 波长处,用适当吸收皿测量其吸光度。

3.5.4.2　校准曲线系列每一溶液的吸光度减去零浓度溶液的吸光度,为磷校准曲线系列溶液的净吸光度,以磷量(μg)为横坐标,净吸光度为纵坐标,绘制校准曲线。

3.6　分析结果的计算

按式(1)计算试样中磷的含量(质量分数)$w(\mathrm{P})$,数值以%表示:

$$w(\mathrm{P})(\%)=\frac{m_1\times V}{m\times V_1\times 10^6}\times 100 \qquad\cdots\cdots(1)$$

式中:

m_1——自校准曲线上查得的磷量,单位为微克(μg);

m——试料量,单位为克(g);

V_1——分取试液的体积,单位为毫升(mL);

V——试液的总体积,单位为毫升(mL)。

3.7　允许差

实验室之间分析结果的差值应不大于表 1 所列允许差。

表 1　允许差

%

磷含量(质量分数)	允　许　差
0.008～0.020	0.004
>0.020～0.040	0.006
>0.040～0.080	0.008

4　方法二　磷钼蓝分光光度法

4.1　原理

试料用高氯酸分解或者用过氧化钠熔融,使磷氧化成正磷酸或者用硝酸-氢氟酸分解,在高氯酸冒烟状态下,用高氯酸和氯化钠除去铬;以亚硫酸氢钠将铁等还原,加入钼酸铵和硫酸肼使之反应,生成磷钼蓝,于分光光度计上 825 nm 波长外测量其吸光度。

4.2　试剂和材料

除非另有说明,在分析中仅使用确认为分析纯的试剂和蒸馏水或与其纯度相当的水。

4.2.1　过氧化钠,固体。

4.2.2　氯化钠,固体,干燥后使用。

4.2.3　高氯酸,ρ1.67 g/mL。

4.2.4　盐酸,ρ1.19 g/mL。

4.2.5　硝酸,ρ1.42 g/mL。

4.2.6 氢氟酸,ρ1.15 g/mL。

4.2.7 溴饱和盐酸。

4.2.8 盐酸,1+1。

4.2.9 硫酸,1+1。

4.2.10 氨水,ρ0.90 g/mL。

4.2.11 氨水,1+50。

4.2.12 三氯化铁溶液,10 g/L。

4.2.13 亚硫酸氢钠溶液,100 g/L。

4.2.14 抗坏血酸溶液,12 g/L。乙醇(1+1)溶液,用时配制。

4.2.15 显色剂溶液。

4.2.15.1 称取 20 g 钼酸铵[$(NH_4)_6Mo_7O_{24}\cdot 4H_2O$],溶解在 100 mL 温水中,然后加 700 mL 硫酸(4.2.9),冷却后用水洗实至 1 L,混匀。

4.2.15.2 称取 1.5 g 硫酸肼,溶解于水中,并稀释至 1 L,混匀。

4.2.15.3 使用时取 25 mL 钼酸铵溶液(4.2.15.1)、10 mL 硫酸肼溶液(4.2.15.2)及 65 mL 水混匀。每次使用 25 mL。

4.2.16 磷标准溶液

称取 0.439 4 g 预先在 105℃～110℃烘至恒量的磷酸二氢钾(基准试剂)于 250 mL 烧杯中,以水溶解后移入 1 000 mL 容量瓶中,用水稀至刻度,混匀。此溶液 1 mL 含磷 100 μg。

4.3 仪器

分析中使用通常的实验室仪器。

4.4 取制样

按照 GB/T 4010 的规定进行取制样。高碳铬铁、氮化铬铁试样应通过 0.098 mm 筛孔,硅铬合金试样应通过 0.125 mm 筛孔,中、低、微碳铬铁和真空微碳铬铁的试样(钻取)应通过 1.68 mm 筛孔。

4.5 分析步骤

4.5.1 试料量

称取 0.50 g 试样,精确至 0.000 1 g。

4.5.2 空白试验

随同试料进行空白试验。

4.5.3 测定

4.5.3.1 试料的分解与分析试液的制备

4.5.3.1.1 试料的酸溶分解方法Ⅰ(硅铬合金适用)

将试料(4.5.1)置于 100 mL 铂皿中,加入 20 mL 硝酸(4.2.5),把铂皿放在冷水浴中,逐滴缓慢加入 5 mL～10 mL 氢氟酸(4.2.6)进行分解。微热溶解试样至无明显反应。加入 15 mL 高氯酸(4.2.3),加热至冒高氯酸烟,待液体变红后,用温水将溶液转移入 300 mL 的烧杯中。继续加热至冒白烟,在高氯酸的蒸气沿烧杯壁呈回流状态下保持加热约 10 min。

在加热该溶液的同时,分次加入 5 mL 盐酸(4.2.4),使铬挥发。继续加热将被还原的铬氧化后,再加入 5 mL 盐酸(4.2.4),反复挥铬。然后边加热边加入约 1 g 氯化钠(4.2.2),使铬挥发,再反复进行加氯化钠的操作,至不再出现氯化铬酰棕色蒸气,继续使之产生白烟以除去氯。

自然冷却后,加 40 mL 水溶解可溶性盐类。用放有少量纸浆的滤纸过滤入 200 mL 容量瓶中,用温水洗涤滤纸 4 次～5 次,流水冷却至室温,用水稀释至刻度,混匀。以下按 4.5.3.2 操作。

4.5.3.1.2 试料的酸溶分解方法Ⅱ(中、低、微碳铬铁和真空微碳铬铁适用)

将试料(4.5.1)置于 300 mL 的烧杯中,盖上表皿,加入 20 mL 溴饱和盐酸(4.2.7)加热至试样完全溶解，再加入 20 mL 高氯酸(4.2.3)，待蒸发至冒白烟，继续加热，在高氯酸的蒸气沿烧杯壁呈回流状态下保持加热约 10 min。

在加热该溶液的同时，分次加入 5 mL 盐酸(4.2.4)，使铬挥发。继续加热将被还原的铬氧化后，再加入 5 mL 盐酸(4.2.4)，反复挥铬。然后边加热边加入约 1 g 氯化钠(4.2.2)，使铬挥发，再反复进行加氯化钠的操作，至不再出现氯化铬酰棕色蒸气，继续使之产生白烟以除去氯。

自然冷却后，加 40 mL 水溶解可溶性盐类。用放有少量纸浆的滤纸过滤入 200 mL 容量瓶中，用温水洗涤滤纸 4 次～5 次，流水冷却至室温，用水稀释至刻度，混匀。以下按 4.5.3.2 操作。

4.5.3.1.3　试料的碱熔分解法(高碳铬铁、氮化铬铁适用)

将试料(4.5.1)置于已经盛有 10 g 过氧化钠(4.2.1)的镍坩埚中，搅匀。再在上面覆盖 1 g 过氧化钠(4.2.1)。置于 750℃高温炉内熔融 10 min，取出。稍冷，用热水浸提于 500 mL 烧杯中。缓慢的边搅边加入硫酸(4.2.9)中和并过加 10 mL。加入 3 mL 三氯化铁溶液(4.2.12)，用氨水(4.2.10)中和并过量 5 mL，慢慢煮沸 1 min，沉淀用中速定量滤纸过滤，用氨水(4.2.11)洗涤。

将沉淀用水和盐酸(4.2.8)冲洗入 300 mL 烧杯中，加热溶解后，加入 10 mL 高氯酸(4.2.3)，待蒸发至冒白烟，使才残存的铬氧化，然后边加热边加入约 1 g 氯化钠(4.2.2)，使铬挥发，再反复进行加氯化钠的操作，至不再出现氯化铬酰棕色蒸气，继续使之产生白烟以除去氯。

自然冷却后，加 40 mL 水溶解可溶性盐类。用放有少量纸浆的滤纸过滤入 200 mL 容量瓶中，用温水洗涤滤纸 4 次～5 次，流水冷却至室温，用水稀释至刻度，混匀。以下按 4.5.3.2 操作。

4.5.3.2　显色与测定

4.5.3.2.1　移取 25.00 mL 试液(4.5.3.1.1 或 4.5.3.1.2 或 4.5.3.1.3)于 100 mL 容量瓶中，加入 10 mL亚硫酸氢钠溶液(4.2.13)，在沸水浴中加热至溶液无色，立即加入 25 mL 显色剂溶液(4.2.15.3)，再在沸水浴中加热 15 min，取下，流水冷却至室温，用水稀释至刻度，混匀。

4.5.3.2.2　将部分溶液移入适当吸收皿中，于分光光度计上 825 nm 波长处，用水为参比调零，测量其吸光度，减去随同试料空白溶液的吸光度得到试料溶液的净吸光度。从校准曲线上查得相应的磷量。

4.5.4　校准曲线的绘制

4.5.4.1　分别移取 0、1.00 mL、2.00 mL、3.00 mL、4.00 mL、5.00 mL 磷标准溶液(4.2.16)分别置于一组 100 mL 的烧杯中，加入 5 mL 高氯酸(4.2.3)，加热蒸发至高氯酸冒白烟。自然冷却后，加40 mL 水溶解可溶性盐类。用放有少量纸浆的滤纸过滤入 250 mL 容量瓶中，用温水洗涤滤纸4 次～5 次，流水冷却至室温，用水稀释至刻度，混匀。以下按 4.5.3.2.1 操作，将部分溶液移入当吸收皿中，于分光光度计上 825 nm 波长处，用水为参比调零，测量其吸光度。

4.5.4.2　校准曲线系列每一溶液的吸光度减去零浓度溶液的吸光度，为磷校准曲线系列溶液的净吸光度，以磷量(μg)为横坐标，净吸光度为纵坐标，绘制校准曲线。

4.6　分析结果的计算

按式(2)计算试样中磷的含量(质量分数)$w(\mathrm{P})$，数值以％表示：

$$w(\mathrm{P})(\%)=\frac{m_1\times V}{m\times V_1\times 10^6}\times 100 \qquad \cdots\cdots(2)$$

式中：

m_1——自校准曲线上查得的磷量，单位为微克(μg)；

m——试料量，单位为克(g)；

V_1——分取试液的体积，单位为毫升(mL)；

V——试液的总体积，单位为毫升(mL)。

4.7　允许差

实验室之间分析结果的差值应不大于表 2 所列允许差。

表 2　允许差　%

磷含量(质量分数)	允许差
≤0.010	0.004
＞0.010～0.040	0.006
＞0.040～0.060	0.008
＞0.060～0.10	0.010
＞0.10～0.15	0.015

5　试验报告

试验报告应包括下列内容：

a)　鉴别试料、实验室和分析日期的资料；

b)　遵守本部分规定的程度；

c)　分析结果及其表示；

d)　测定中观察到的异常现象；

e)　对分析结果可能有影响而本部分未包括的操作或者任选的操作。

ICS 29.180
K 41

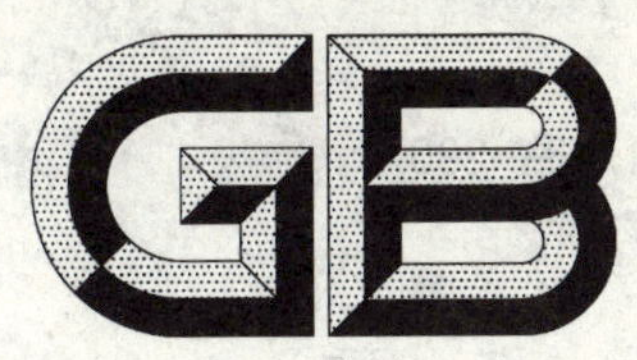

中华人民共和国国家标准

GB/T 4703—2007
代替 GB/T 4703—2001

电容式电压互感器

Capacitor voltage transformers

(IEC 60044-5:2004,Instrument transformers—
Part 5:Capacitor voltage transformers,MOD)

2007-12-03 发布　　2008-05-01 实施

中华人民共和国国家质量监督检验检疫总局
中国国家标准化管理委员会　发布

前　言

本标准修改采用 IEC 60044-5:2004《互感器　第5部分:电容式电压互感器》(英文版)。

本标准根据 IEC 60044-5:2004 重新起草。在附录 A 中列出了本标准章条编号与 IEC 60044-5:2004《互感器　第5部分:电容式电压互感器》章条编号的对照一览表。

考虑到我国国情,在采用 IEC 60044-5:2004 时,本标准作了一些修改,有关技术差异已编入正文中,并在它们所涉及的条款的页边空白处用垂直单线标识。在附录 B 中给出了这些技术差异及其原因的一览表,以供参考。

为了便于使用,本标准对 IEC 60044-5:2004 还作了下列编辑性修改:

a) 按 GB/T 1.1—2000 的要求,对书写格式进行了修改;
b) 用小数点“.”代替作为小数点的逗号“,”;
c) 在物理量的符号中,表示额定值的下标 R 及表示互感器一次量的下标 P 和二次量的下标 S 等均改为小写字母(与我国现行的相关标准统一);
d) 删除了 IEC 前言;
e) 将规范性引用文件按修改后的内容进行了调整,且将原 IEC 标准中有对应的国家标准或行业标准的均予更换;
f) 第3章的引导语按 GB/T 1.1—2000 的要求作了修改;
g) 表 20 中表示适用的“×”更改为“○”;
h) 删除了参考文献。

本标准代替 GB/T 4703—2001《电容式电压互感器》。

本标准与 GB/T 4703—2001《电容式电压互感器》相比主要变化如下:

a) 将对电容分压器的主要要求和试验直接纳入本标准的文本中;
b) 额定输出分为两类,其输出值大幅降低;
c) 在例行试验中增加了铁磁谐振检验;
d) 将暂态响应特性要求分为3级,第3级的要求比原标准提高;
e) 增加了对传递过电压的限值和试验;
f) 增加了对无线电干扰电压的要求和试验;
g) 增加了特殊试验类别;
h) 重复性工频耐压试验电压由规定值的75%提高到80%。

本标准的附录 C 和附录 F 为规范性附录,附录 A、附录 B、附录 D、附录 E 及附录 G 为资料性附录。

本标准由中国电器工业协会提出。

本标准由全国互感器标准化技术委员会(SAC/TC 222)归口。

本标准负责起草单位:西安电力电容器研究所、沈阳变压器研究所。

本标准参加起草单位:西安西电电力电容器有限责任公司、传奇电气(沈阳)有限公司、武汉高压研究院、日新电机(无锡)有限公司、桂林电力电容器总厂、上海 MWB 互感器有限公司、新东北电气(锦州)电力电容器有限公司、无锡华能电力电容器有限公司、天津市泰莱电力设备技术有限公司、江苏精科互感器有限公司、江苏思源赫兹互感器有限公司。

本标准主要起草人:郭天兴、房金兰、高祖绵、王晓琪、杨一民、王增文、刘菁、潘红梅、谷劲松、尹世安、邓塔、张军、刘卫红、孙敏、毛立新、魏朝晖。

本标准所代替标准的历次版本发布情况为:

——GB 4703—1984;GB/T 4703—2001。

电容式电压互感器

1 范围

本标准适用于连接到线与地之间的新的单相电容式电压互感器，其系统电压U_m≥72.5 kV，频率为15 Hz～100 Hz。它们为测量、控制和继电保护装置提供低电压。

电容式电压互感器可以装载波附件，用于载波频率为30 kHz～500 kHz的电力线路载波(PLC)系统。

以下三项标准构成本标准的基础：

——GB 1207，有关电磁式电压互感器；

——GB/T 19749，有关耦合电容器及电容分压器；

——GB/T 7329，有关电力线载波(PLC)结合设备。

测量功能包括指示测量和计费测量。

注1：附录C给出了本标准适用的电容式电压互感器电路图示例；

注2：如有用户需要，U_m为40.5 kV的电容式电压互感器也可采用本标准。

2 规范性引用文件

下列文件中的条款通过本标准的引用而成为本标准的条款。凡是注日期的引用文件，其随后所有的修改单(不包括勘误的内容)或修订版均不适用于本标准，然而，鼓励根据本标准达成协议的各方研究是否可使用这些文件的最新版本。凡是不注日期的引用文件，其最新版本适用于本标准。

GB 156 标准电压(GB 156—2003，IEC 60038:1983，IEC standard voltages，NEQ)

GB 311.1 高压输变电设备的绝缘配合(GB 311.1—1997，neq IEC 60071-1:1993)

GB 1207—2006 电磁式电压互感器(IEC 60044-2:2003，Instrument transformers—Part 2:Inductive voltage transformers，MOD)

GB/T 2900.15 电工术语 变压器、互感器、调压器和电抗器(GB/T 2900.15—1997，neq IEC 60050(421):1990，IEC 60050(321):1986)

GB/T 2900.16 电工术语 电力电容器(GB/T 2900.16—1996，neq IEC 60050(436):1990)

GB/T 2900.50 电工术语 发电、输电及配电 通用术语(GB/T 2900.50—1998，neq IEC 60050(601):1985)

GB/T 2900.57 电工术语 发电、输电及配电 运行(GB/T 2900.57—2002，eqv IEC 60050(604):1987)

GB/T 4798(系列) 电工电子产品应用环境条件(idt，eqv或neq IEC 60721系列)

GB/T 5585.1—2005 电工用铜、铝及其合金母线 第1部分：铜和铜合金母线

GB/T 7329 电力线载波结合设备(GB/T 7329—1998，neq IEC 60481:1974)

GB/T 7354—2003 局部放电测量(IEC 60270:2000，IDT)

GB/T 11021 电气绝缘 耐热性分级(GB/T 11021—2007，IEC 60085:2004，IDT)

GB/T 11023 高压开关设备六氟化硫气体密封试验方法

GB/T 11604 高压电器设备无线电干扰测试方法(GB/T 11604—1989，eqv IEC CISPR 18-1:1982，IEC CISPR 18-2:1986)

GB/T 16927.1 高电压试验技术 第一部分：一般试验要求(GB/T 16927.1—1997，eqv IEC 60060-1:1989)

GB/T 19749—2005　耦合电容器及电容分压器(IEC 60358:1990,MOD)

JB/T 5895　污秽地区绝缘子　使用导则(JB/T 5895—1991,neq IEC 60815:1986)

IEC/TS 61462:1998　复合绝缘子　户内和户外电气设备用空心绝缘子　定义、试验方法、试验准则和推荐结构

IEC 62155:2003　额定电压 1 000 V 以上电气设备用承压及非承压空心瓷和玻璃绝缘子

3　术语和定义

GB/T 2900.15、GB/T 2900.16、GB/T 2900.50、GB/T 2900.57 确立的以及下列术语和定义适用于本标准。

3.1　通用定义

3.1.1

电容式电压互感器　capacitor voltage transformer

CVT

电容式电压互感器由电容分压器和电磁单元组成,其设计和相互连接使电磁单元的二次电压实质上正比于一次电压,且相位差在连接方向正确时接近于零。

3.1.2

电容式电压互感器的额定频率　rated frequency of a capacitor voltage transformer

f_r

电容式电压互感器设计所依据的频率。

3.1.3

标准的频率参考范围　standard reference range of frequency

额定准确级适用的频率范围。

3.1.4

额定一次电压　rated primary voltage

U_{pr}

用于电容式电压互感器标识并作为其性能基准的一次电压值。

3.1.5

额定二次电压　rated secondary voltage

U_{sr}

用于电容式电压互感器标识并作为其性能基准的二次电压值。

3.1.6

二次绕组　secondary winding

向测量仪器、仪表、保护或控制装置的电压回路提供电压的绕组。

3.1.7

二次电路　secondary circuit

由互感器二次绕组供电的外部电路。

3.1.8

电压互感器的实际电压比　actual transformation ratio of a voltage transformer

电压互感器实际一次电压与实际二次电压之比。

3.1.9

电压互感器的额定电压比　rated transformation ratio of a voltage transformer

K_r

电压互感器的额定一次电压与额定二次电压之比。

3.1.10

电压误差(比值差)　voltage error(ratio error)

ε_U

电压互感器测量电压时出现的误差,它是由于实际电压比不等于额定电压比而造成的。

注:此定义仅涉及一次和二次电压的额定频率分量,不包括直流电压分量和剩余电压。

电压误差　$\varepsilon_U=\frac{K_r U_s - U_p}{U_p}\times 100\%$

式中:

K_r——额定电压比;

U_p——实际一次电压;

U_s——在测量条件下,施加 U_p 时的实际二次电压。

3.1.11

相位差　phase displacement

φ_U

二次电压相量和一次电压相量的相位之差:

$$\varphi_U=\varphi_s-\varphi_p$$

相量方向是以理想互感器的相位差(φ_U)为零来确定。

注1:当二次电压相量(φ_s)超前于一次电压相量(φ_p)时相位差为正值。它通常用分或厘弧度表示。

注2:此定义仅在电压为正弦波时严格正确。

3.1.12

准确级　accuracy class

对电容式电压互感器给定的准确度等级标识,其误差在指定使用条件下应在规定的限值内。

3.1.13

负荷　burden

二次电路的导纳,用西门子和功率因数(滞后或超前)表示。

注:负荷通常以在规定功率因数和额定二次电压下的视在功率伏安值表示。

3.1.14

额定负荷　rated burden

本标准准确级要求所依据的负荷值。

3.1.15

输出　output

a)　**额定输出　rated output**

在额定二次电压下和接有额定负荷时,电容式电压互感器所供给二次电路的视在功率值(在规定功率因数下的伏安值)。

b)　**热极限输出　thermal limiting output**

在额定一次电压下温升不超过6.5规定的限值(且不损坏电容式电压互感器部件)的条件下,二次绕组所能供给的以额定电压为基准的视在功率伏安值。

注1:在此状态下,误差可能超过限值。

注2:有两个及以上二次绕组时,各二次绕组的热极限输出应分别标出。

注3:除非制造方与用户协商同意,不允许两个及以上二次绕组同时供给热极限输出。

3.1.16

设备最高电压　highest voltage for equipment

U_m

设备在绝缘方面按其设计并能适用的相间最高电压方均根值。

3.1.17

额定绝缘水平　rated insulation level

一组电压值,它表征互感器绝缘耐受电压的能力。

3.1.18

中性点绝缘系统　isolated neutral system

其中性点除了通过供保护或测量用的高阻抗接地外无其他接地连接的系统。

3.1.19

(中性点)直接接地系统　solidly earthed (neutral) system

其一个或多个中性点直接接地的系统。

3.1.20

(中性点)阻抗接地系统　impedance earthed (neutral) system

其一个或多个中性点通过限制接地故障电流的阻抗接地的系统。

3.1.21

(中性点)谐振接地系统　resonant earthed (neutral) system

一个或多个中性点通过电抗接地的系统,借以大体上补偿单相接地故障电流的电容分量。

注:在谐振接地系统中,其故障时的剩余电流被限制到可使空气中的故障电弧自行熄灭。

3.1.22

接地故障因数　earth fault factor

在三相系统的一定位置上,以及对于给定系统的结构,由于接地故障的影响在健全相引起电压升高,其最高工频电压的方均根值与该位置无故障时的工频电压方均根值的比值。

3.1.23

中性点接地系统　earthed neutral system

一种系统,其中性点直接接地,或是通过电阻或电抗接地,其阻值低到既能抑制暂态振荡,又能得到足够的电流供接地故障保护选择用。

a)　给定位置的中性点有效接地三相系统,是指该点接地故障系数不超过1.4的系统。

注:对所有的系统布置,当其零序电抗与正序电抗之比小于3及零序电阻与正序电抗之比小于1时,此条件大体可以达到。

b)　给定位置的中性点非有效接地三相系统,是指该点接地故障系数超过1.4的系统。

3.1.24

暴露安装　exposed installation

其设备会遭受大气过电压的一种安装。

注:这种安装通常是直接或经过一段短电缆与架空输电线连接。

3.1.25

非暴露安装　non-exposed installation

其设备不会遭受大气过电压的一种安装。

注:这种安装通常是与地下电缆网络连接。

3.1.26

测量用电容式电压互感器　measuring capacitor voltage transformer

为指示仪器、积分仪表和类似装置供电的电容式电压互感器。

3.1.27

保护用电容式电压互感器　protective capacitor voltage transformer

为继电保护装置供电的电容式电压互感器。

3.1.28

剩余电压绕组　residual voltage winding

单相电容式电压互感器的一个绕组，在3台单相互感器组成的三相组中，各互感器的该绕组接成开口三角形，用于在接地故障状态下产生剩余电压。

3.1.29

额定电压因数　rated voltage factor

F_V

与额定一次电压 U_{pr} 相乘以确定最高电压的系数，在此电压下，互感器必须满足相应的规定时间的热性能要求和相应的准确级要求。

3.1.30

电容式电压互感器的额定温度类别　rated temperature category of a capacitor voltage transformer

电容式电压互感器设计所指定的环境空气或冷却介质的温度范围。

3.1.31

线路端子(高压端子)　line terminal (high voltage terminal)

与电网线路导体连接的端子。

3.1.32

铁磁谐振　ferro-resonance

电容和非线性磁饱和电感组成电路的持续谐振。

注：铁磁谐振可以由一次侧或二次侧的开关操作激发。

3.1.33

暂态响应(瞬变响应)　transient response

在暂态条件下，对比于高压端子的电压波形，所测得的二次电压波形的保真度。

3.1.34

机械应力　mechanical stress

电容式电压互感器各部分所受的机械应力，主要是下述4种力作用的结果：

——与电力线路的连接对端子的作用力；

——电容式电压互感器在其耦合电容器顶部有无安装阻波器情况下，其迎风面受风的作用力；

——地震力；

——短路电流产生的电动力。

3.1.35

电压连接式 CVT　voltage-connected CVT

与高压线路仅有一个连接的 CVT。

注：在正常条件下，顶部连接仅承载电容式电压互感器的电流。

3.1.36

电流连接式 CVT　current-connected CVT

与高压线路有两个连接的 CVT。

注：各端子和顶部连接设计为正常条件下承载线路电流。

3.1.37

阻波器连接式 CVT　line trap-connected CVT

顶部装有阻波器的 CVT。

注1：在这种情况，阻波器的两个连接承载高压线路电流，阻波器到 CVT 的一个连接承载 CVT 的电流。

注2：当多相短路时，两相上的支座安装式阻波器产生附加的作用力。

3.2 电容分压器的定义

3.2.1

电容分压器　capacitor voltage divider

构成交流分压器的电容器叠柱单元。

3.2.2

(电容器)元件　(capacitor) element

主要由电介质和被它隔开的电极构成的部件。

3.2.3

(电容器)单元　(capacitor) unit

由一个或多个电容器元件组装于同一外壳中并有引出端子的组装体。

注：耦合电容器单元的一般形式，是具有一个绝缘材料制成的圆筒形容器和作为端子的金属法兰。

3.2.4

(电容器)叠柱　(capacitor) stack

电容器单元串联的组装体。

注：各电容器单元通常是垂直排列安装。

3.2.5

电容器　capacitor

当不需要说明是电容器单元还是电容器叠柱时使用的通用术语。

3.2.6

电容器的额定电容　rated capacitance of a capacitor

C_r

电容器设计时选用的电容值。

注：本定义适用于：

——对于电容器单元，指单元的端子之间的电容；

——对于电容器叠柱，指叠柱的线路端子与低压端子之间或线路端子与接地端子之间的电容；

——对于电容分压器，指总电容：$C_r = C_1C_2/(C_1 + C_2)$。

3.2.7

耦合电容器　coupling capacitor

一种用来在电力系统中传输信号的电容器。

3.2.8

(电容分压器的)高压电容器　high voltage capacitor (of a capacitor divider)

C_1

电容分压器中接于线路端子与中压端子之间的电容器。

3.2.9

(电容分压器的)中压电容器　intermediate voltage capacitor (of a capacitor divider)

C_2

电容分压器中接于中压端子与低压端子之间的电容器。

3.2.10

(电容分压器的)中压端子　intermediate voltage terminal (of a capacitor divider)

连接中压电路(例如电容式电压互感器的电磁单元)的端子。

3.2.11

(电容分压器的)低压端子　low voltage terminal (of a capacitor divider)

直接接地或通过额定频率下阻抗值可以忽略的排流线圈接地的端子(N)，该端子供电力线路载波

(PLC)使用。

3.2.12

电容允许偏差　capacitance tolerance

在规定条件下,实际电容与额定电容之间的允许差值。

3.2.13

电容器的等值串联电阻　equivalent series resistance of a capacitor

一个假想的电阻,如果将它和一个电容值与所研究电容器相等的理想电容器串联时,则在给定高频的规定工作条件下,该电阻上的功率损耗等于此电容器消耗的有功功率。

3.2.14

(电容器的)高频电容　high frequency capacitance(of a capacitor)

给定高频下的有效电容值,是电容器的固有电容和自感共同作用的结果。

3.2.15

(电容分压器的)中间电压　intermediate voltage(of a capacitor divider)

U_C

当一次电压施加在高压端子与低压端子或接地端子之间时,电容分压器中压端子与低压端子或接地端子之间的电压。

3.2.16

(电容分压器的)分压比　voltage ratio(of a capacitor divider)

K_{CR}

施加在电容分压器上的电压与开路中间电压的比值。

注1:此比值对应于高压和中压电容器的电容之和除以高压电容器的电容:$K_{CR}=(C_1+C_2)/C_1$;

注2:C_1 和 C_2 包括杂散电容,这些杂散电容通常可以忽略。

3.2.17

电容器损耗　capacitor losses

电容器所消耗的有功功率。

3.2.18

电容器的损耗角正切　tangent of the loss angle of a capacitor

tan δ

有功功率 P_a 与无功功率 P_r 的比值:$\tan\delta=P_a/P_r$。

3.2.19

电容温度系数　temperature coefficient of capacitance

T_C

给定温度变化量下的电容变化率:

$$T_C=\frac{\frac{\Delta C}{\Delta T}}{C_{20℃}},\left(\frac{1}{K}\right)$$

式中:

ΔC——在温度间隔 ΔT 内所测得的电容变化值;

$C_{20℃}$——20℃时测得的电容值。

注:本定义的 $\Delta C/\Delta T$ 项,仅当电容在所研究的温度范围内是温度的近似线性函数时方可使用。否则,电容与温度的关系应以曲线或表格表示。

3.2.20

低压端子杂散电容　stray capacitance of the low voltage terminal

低压端子与接地端子之间的杂散电容。

3.2.21

低压端子杂散电导　stray conductance of the low voltage terminal

低压端子与接地端子之间的杂散电导。

3.2.22

电容器的电介质　dielectric of a capacitor

电极之间的绝缘材料。

3.3　电磁单元的定义

3.3.1

电磁单元　electromagnetic unit

电容式电压互感器的组成部分，接在电容分压器的中压端子与接地端子之间(或当使用载波耦合装置时直接接地)，用以提供二次电压。

注：电磁单元主要由一台变压器和一个补偿电抗器组成。变压器将中间电压降低到二次电压要求值。在额定频率下，补偿电抗器的感抗值近似等于分压器两部分电容并联(C_1+C_2)的容抗值。补偿电感可以全部或部分并入变压器之中。

3.3.2

中压变压器　intermediate transformer

一台电压互感器，在正常使用条件下，其二次电压实质上正比于一次电压。

3.3.3

补偿电抗器　compensating reactor

一个电抗器，通常接在中压端子与中压变压器一次绕组的高压端子之间，或接在接地端子与中压变压器一次绕组的接地侧端子之间，或者将其电感值并入中压变压器的一次和二次绕组内。

注：补偿电抗器的电感 L 的设计值为：$L=\frac{1}{(C_1+C_2)(2\pi f_r)^2}$

3.3.4

阻尼装置　damping device

电磁单元中的一种装置，其用途有：

a)　限制可能出现在一个或多个部件上的过电压；

b)　抑制持续的铁磁谐振；

c)　改善电容式电压互感器暂态响应特性。

3.3.5

补偿电抗器的保护器件　protection element of compensating reactor

并联于补偿电抗器两端的一个器件，用以限制电抗器的过电压，且有利于阻尼 CVT 的铁磁谐振。

3.4　载波附件的定义

3.4.1

载波附件　carrier-frequency accessories

接在电容分压器低压端子与地之间用以注入载波信号的电路元件(见图 C.2)，其阻抗在工频下很小，但在载波频率下相当大。

3.4.2

排流线圈　drain coil

接在电容分压器低压端子与地之间的一个电感元件，排流线圈的阻抗在工频下很小，但在载波频率下具有高阻抗值。

3.4.3

限压器件　voltage limitation element

跨接在排流线圈两端或接在电容分压器低压端子与地之间的一个器件，用以限制在下列情况下出现在排流线圈上的过电压：

a） 在高压端子对地发生短路时；

b） 在高压端子与地之间施加冲击电压时；

c） 在一次侧开关合闸时。

3.4.4

载波接地开关 carrier earthing switch

当需要时，用于低压端子接地的开关。

4 通用要求

所有的电容式电压互感器皆应适合于测量用途，但除此之外有些类型产品适合于保护用途。测量和保护双重用途的电容式电压互感器应遵循本标准的全部条款。

5 使用条件

5.1 环境条件分类

有关环境条件分类的详细信息见 GB/T 4798 系列标准。

5.2 正常使用条件

5.2.1 环境温度

电容式电压互感器分为 3 种温度类别，列于表 1。

表 1 额定环境温度类别

类　别	最低温度/℃	最高温度/℃
−5/40	−5	40
−25/40	−25	40
−40/40	−40	40
注：选择温度类别时还应考虑储存和运输条件。		

5.2.2 海拔

海拔不超过 1 000 m。

5.2.3 振动或轻微地震

由于外部原因造成电容式电压互感器的振动或者轻微地震皆不考虑。

5.2.4 户内电容式电压互感器的其他使用条件

其他应考虑的使用条件如下：

a） 太阳幅射影响可以忽略；

b） 环境空气无明显地被尘埃、烟气、腐蚀性气体、蒸气或盐分所污染；

c） 湿度条件如下：

1） 相对湿度，在 24 h 期间测得的平均值不超过 95%，在 1 个月期间内的平均值不超过 90%；

2） 水蒸气压强，在 24 h 期间内的平均值不超过 2.2 kPa，在 1 个月期间内的平均值不超过 1.8 kPa。

在这些条件下，凝露可能会偶然发生。

注 1：高湿度期间发生温度突变时将会出现凝露。

注 2：为了耐受高湿度和凝露的作用，例如为防止绝缘击穿或金属件腐蚀，应采用按这种条件设计的电容式电压互感器。

注 3：采用专门设计的房间，采取适当的通风和加热或者使用去湿设备，可以防止凝露。

5.2.5 户外电容式电压互感器的其他使用条件

其他应考虑的使用条件如下：

a) 环境温度，在 24 h 期间测得的平均值不超过 35℃；

b) 太阳幅射水平应不超过 1 000 W/m^2(晴天午间)；

c) 环境空气可能被尘埃、烟气、腐蚀性气体、蒸气或盐分所污染。污秽不超过表 6 所列的污秽水平；

d) 风压不超过 700 Pa(对应风速为 34 m/s)；

e) 凝露或降水。

5.3 特殊使用条件

当电容式电压互感器的使用条件与 5.2 的正常使用条件不相同时，用户的要求应参照下述标准化的方法提出。

5.3.1 海拔

当安装处海拔超过 1 000 m 时，海拔每升高 100 m，外绝缘强度约降低 1%。在海拔不高于 1 000 m 的地点试验时，其外绝缘试验电压应按额定耐受电压乘以海拔校正因数 k。

$$k=\frac{1}{1.1-h\times10^{-4}}$$

式中：

h——CVT 安装地点的海拔高度，m。

注：IEC 60044-5:2004 规定的外绝缘耐受电压海拔校正因数参见附录 D。

5.3.2 环境温度

安装地点的环境温度明显超出 5.2.1 所列正常使用条件的范围时，优先的最低和最高温度范围应规定为：

——特别寒冷的气候 −50℃和＋40℃；

——特别热的气候 −5℃和＋50℃。

在频繁出现湿热风的某些地区，可能发生温度的突然变化以致凝露，即使在户内也如此。

注：在某些太阳幅射条件下，可能需要采取适当的措施，例如遮盖、强迫通风等，以避免温升超过规定值。

5.3.3 地震

其要求和试验正在考虑中。

5.4 系统接地方式

所考虑的系统接地方式为：

a) 中性点不接地系统(见 3.1.18)；

b) 中性点谐振接地系统(见 3.1.21)；

c) 中性点接地系统(见 3.1.23)：

1) 中性点直接接地系统(见 3.1.19)；

2) 中性点阻抗接地系统(见 3.1.20)。

6 额定值

6.1 额定频率标准值

标准值为 50 Hz 和 60 Hz。

6.2 额定电压标准值

6.2.1 额定一次电压 U_{pr}

接在三相系统线与地之间的电容式电压互感器，其额定一次电压标准值应为系统标称电压的 $1/\sqrt{3}$。

优先值见 GB 156 中的规定。

注：测量用或保护用的电容式电压互感器，其性能以额定一次电压 U_{pr} 为基准，其额定绝缘水平则以 GB 311.1 所列的设备最高电压 U_m 之一为基准。

6.2.2 额定二次电压

额定二次电压应按互感器使用场合的实际需要来选择。接在三相系统的线与地之间的电容式电压互感器的二次额定电压标准值为 $100/\sqrt{3}$V。剩余电压绕组的额定电压标准值见 15.6.1。

6.3 额定输出标准值

功率因数为 1 的额定输出标准值，以伏安表示为：1.0 VA，1.5 VA，2.5 VA，3.0 VA，5.0 VA，7.5 VA（负荷范围Ⅰ，见 9.7）。

功率因数为 0.8 滞后的额定输出标准值，以伏安表示为：10 VA，15 VA，25 VA，30 VA，40 VA，50 VA，100 VA（负荷范围Ⅱ，见 9.7）。

有下划线者为优先值。

注：对给定的互感器，只要其额定输出之一为标准值并满足一个标准准确级，则其余的额定输出可允许规定为非标准值，但要满足另一个标准准确级。

6.4 额定电压因数标准值

额定电压因数由最高运行电压确定，而后者又取决于系统接地方式。

表 2 列出了各种接地方式所对应的额定电压因数，及其在最高运行电压下的允许持续时间（即额定时间）。

表 2 满足准确度和热性能要求的额定电压因数标准值

额定电压因数 F_V	额定时间	一次端子连接方式和系统接地方式
1.2	连续	中性点有效接地系统（3.1.23a）的线与地之间
1.5	30 s	
1.2	连续	带有接地故障自动跳闸的中性点非有效接地系统（3.1.23b）的线与地之间
1.9	30 s	
1.2	连续	无接地故障自动跳闸的中性点不接地系统（3.1.18）或无接地故障自动跳闸的谐振接地系统（3.1.21）的线与地之间
1.9	8 h	

注 1：允许采用缩短的额定时间，由制造方和用户协商确定。

注 2：电容式电压互感器的热性能和准确度要求以额定一次电压为基准，而其额定绝缘水平则以设备最高电压 U_m（GB 311.1）为基准。

注 3：电容式电压互感器的最高运行电压，必须低于或等于设备最高电压 U_m 除以 $\sqrt{3}$ 或额定一次电压 U_{pr} 乘以连续工作的额定电压因数 1.2，取其较低者。

6.5 温升限值

除非另有规定，电容式电压互感器在规定电压、额定频率和额定负荷（或如有多个额定负荷时的最大额定负荷）及负荷的功率因数 0.8 滞后与 1 之间任意值时，其温升 ΔT 应不超过表 3 所列的相应值。

如果规定的环境温度超过 5.1 的给定值，表 3 的允许温升 ΔT 应减去环境温度的超过值。

如果电容式电压互感器规定在海拔超过 1 000 m 的地区使用，而试验处海拔低于 1 000 m，则表 3 的温升限值 ΔT 应按工作地点的海拔超过 1 000 m 后的每 100 m 减去下列百分比：

a) 油浸式电磁单元：0.4%（见图 1）；

b) 干式电磁单元：0.5%（见图 1）。

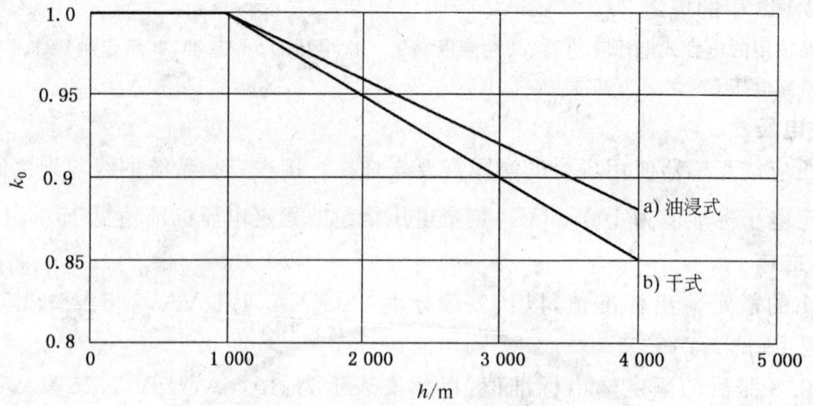

温升的海拔校正因数 $k_0=\dfrac{\Delta T_h}{\Delta T_{h_0}}$

ΔT_h　在海拔 $h>1\,000$ m 处的温升，和

ΔT_{h_0}　表 3 所规定在海拔 $h_0\leqslant 1\,000$ m 处的温升限值 ΔT 。

图 1　温升的海拔校正因数

绕组的温升 ΔT 由它本身或包围它的介质的最低绝缘等级限定。各绝缘等级的温升限值列于表 3。

表 3　绕组的温升限值

绝缘材料的耐热等级(依据 GB/T 11021)	温升限值 $\Delta T/K$
浸在油中的所有等级 电磁单元无以下所述的配置时，其容器的油顶层温升 ΔT 应不超过 50 K。	60
浸在油中且是全密封的所有等级 电磁单元的油面上充有惰性气体或干燥空气时，其容器的油顶层温升 ΔT 应不超过 55 K。	65
充填沥青胶的所有等级	50
不浸油也不充沥青胶的各等级	
Y	45
A	60
E	75
B	85
F	110
H	135
与绝缘材料相接触或邻近的铁心和其他金属件外表面测得的温升 ΔT，应不超过绝缘材料的相应值。	
注：对某些材料(例如树脂)，制造方应指明其相当的绝缘等级。	

7　设计要求

7.1　绝缘要求

电容式电压互感器的绝缘水平应按照表 4 的标准绝缘水平选取。额定绝缘水平应以其设备最高电压 U_m 为基准。

一般规则为：

——正极性额定操作冲击耐受电压湿试验是确定电容式电压互感器最小闪络距离(外绝缘)的依据。

——外绝缘强度的试验，通常是进行额定短时工频耐受电压湿试验(范围Ⅰ)或正极性操作冲击耐受电压湿试验(范围Ⅱ)(见9.5)。

——额定雷电冲击耐受电压值，是确定电容器电介质强度和电磁单元绝缘强度的一个因素。

——按照GB 311.1，对应于每一U_m值仅用两种标准耐受电压足以确定设备的标准绝缘水平：

- 范围Ⅰ：72.5 kV≤U_m<300 kV：额定雷电冲击耐受电压和额定短时工频耐受电压；
- 范围Ⅱ：300 kV≤U_m≤800 kV：额定操作冲击耐受电压和额定雷电冲击耐受电压。

——由于电容式电压互感器的内绝缘为非自恢复性的，表4对范围Ⅱ规定了3种标准的耐受电压。对范围Ⅱ所规定的短时工频耐受电压用于例行试验及局部放电测量。交流电压的耐受强度确定电容式电压互感器非自恢复内绝缘的长期性能。

——范围Ⅱ的额定短时工频耐受电压试验(表4)并测量局部放电(PD)，是电容式电压互感器绝缘强度的一种指示。

——额定绝缘水平是以设备最高电压U_m为基准的，而电压互感器的热性能和准确度要求则是以额定一次电压U_{pr}为基准的。

——绝缘水平应按照表4选取。

注：如用户另有要求，绝缘水平可参照附录E选取，但应在合同中注明。

表4　标准绝缘水平

单位为千伏(kV)

<table>
<tr><th>范围</th><th>系统标称电压
(方均根值)</th><th>设备最高电压U_m
(方均根值)</th><th>额定短时工频耐受电压
(方均根值)</th><th>额定雷电冲击耐受电压
(峰值)</th><th>额定操作冲击耐受电压
(峰值)</th></tr>
<tr><td rowspan="7">Ⅰ</td><td>35</td><td>40.5</td><td>80/95</td><td>185/200</td><td>—</td></tr>
<tr><td rowspan="2">66</td><td rowspan="2">72.5</td><td>140</td><td>325</td><td rowspan="2">—</td></tr>
<tr><td>160</td><td>350</td></tr>
<tr><td rowspan="2">110</td><td rowspan="2">126</td><td rowspan="2">185/200</td><td>450/480</td><td rowspan="2">—</td></tr>
<tr><td>550</td></tr>
<tr><td rowspan="2">220</td><td rowspan="2">252</td><td>360</td><td>850</td><td rowspan="2">—</td></tr>
<tr><td>395</td><td>950</td></tr>
<tr><td rowspan="6">Ⅱ</td><td rowspan="2">330</td><td rowspan="2">363</td><td>460</td><td rowspan="2">1175</td><td>850</td></tr>
<tr><td>510</td><td>950</td></tr>
<tr><td rowspan="3">500</td><td rowspan="3">550</td><td>630</td><td rowspan="2">1550</td><td rowspan="2">1050</td></tr>
<tr><td>680</td></tr>
<tr><td>740</td><td>1675</td><td>1175</td></tr>
<tr><td>750</td><td>800</td><td>975</td><td>2100</td><td>1550</td></tr>
</table>

注1：额定短时工频耐受电压中斜线下的数据为外绝缘的干耐受电压。

注2：额定雷电冲击耐受电压中斜线下的数据仅适用于内绝缘。

注3：U_m为800 kV的设备绝缘水平为我国目前示范工程所采用的数值。

注4：对同一设备最高电压给出两个绝缘水平者，在选用时应考虑到电网结构及过电压水平、过电压保护装置的配置及其性能、可接受的绝缘故障率等。

7.2 其他绝缘要求

7.2.1 电容分压器的低压端子

具有低压端子的电容分压器，其低压端子与接地端子之间应承受工频试验电压4 kV(方均根值)，历时 1 min。

——进行本项试验和 7.2.2 试验时，电磁单元不必断开。

注：各试验电压适用于无论装有或不装带过电压保护的载波附件的电容式电压互感器。

——如果低压端子与地之间装有保护间隙，试验时应防止它动作。试验时载波附件应断开。

——如果试验电压对载波附件与低压端子的绝缘配合而言过低，可按用户要求采用较高值。

7.2.2 暴露于大气中的低压端子

如果电容分压器的低压端子暴露于大气中，其低压端子与接地端子之间应承受工频试验电压 10 kV(方均根值)，历时 1 min。

7.2.3 局部放电

按照 10.2.3.2 的试验程序，施加预加电压之后，在表 5 所规定局部放电测量电压下的局部放电水平应不超过该表中规定的限值。

局部放电要求适用于完整的电容分压器，或作为叠柱的一部分的电容器单元，或作为电容分压器的一部分的电容器叠柱。

局部放电测量时电磁单元不接入。电磁单元中绝缘的场强低，不要求测量局部放电。

表 5 局部放电的测量电压和允许水平

系统的接地方式	局部放电测量电压(方均根值)	对浸于液体中的绝缘局部放电允许水平/pC
中性点有效接地系统	U_m	10
	$\frac{1.2U_m}{\sqrt{3}}$	5
中性点不接地或非有效接地系统	$1.2U_m$	10
	$\frac{1.2U_m}{\sqrt{3}}$	5

注 1：如果系统中性点的接地方式不明确，则以中性点不接地或非有效接地系统的规定值为准。

注 2：局部放电允许水平对采用不同于系统额定值的频率进行试验时也适用。

注 3：如果仅测试电容分压器的部件时，其测量电压值等于：

$$1.05\times \text{CVT 的测量电压}\times\frac{\text{单元的额定电压}}{\text{CVT 的额定电压}}$$

或者，$1.05\times \text{CVT 的测量电压}\times\frac{\text{叠柱的额定电压}}{\text{CVT 的额定电压}}$。

7.2.4 截断雷电冲击试验

本试验是为了检验电容器的内部连接。试验应在完整的电容式电压互感器上进行。试验电压的峰值为额定雷电冲击耐受电压的 115%。

7.2.5 工频电容

单元、叠柱及电容分压器的电容 C 的偏差，应不超过其额定电容的 −5%～+10%。组成电容器叠柱的任何两个单元的电容之比值偏差，应不超过其单元额定电压之比的倒数的 5%。

注 1：$C=\frac{C_0}{n}$

式中：

n ——串联的元件数量；

C_0——单个元件的电容。

注 2：实际电容应在定义额定电容的温度下测量，或参照此温度进行折合。

7.2.6 电容器的工频损耗

电容器的损耗用 10 kV 和 $0.9U_{pr}$~$1.1U_{pr}$ 下测得的 $\tan\delta$ 来表示，其要求值可由制造方与用户协商确定。

注 1：目的是检验生产制造的一致性。允许变化的限值可由制造方与用户协商确定。

注 2：$\tan\delta$ 值取决于绝缘设计以及电压、温度和测量频率。

注 3：某些介质的 $\tan\delta$ 值是测量前施加电压时间的函数。

注 4：电容器的损耗是检验干燥和浸渍工艺的指标。

注 5：作为参考值，用矿物油或合成油浸渍的各种介质的电容器，在 20℃(293 K)及 $0.9U_{pr}$~$1.1U_{pr}$ 条件下的典型 $\tan\delta$ 值为：

a) 纸介质：≤0.004；

b) 复合介质：膜—纸—膜或纸—膜—纸≤0.001 5；

c) 全膜介质：≤0.001。

7.2.7 电磁单元

7.2.7.1 绝缘水平

a) 电磁单元的额定雷电冲击耐受电压应等于：

$$\text{CVT 的额定雷电冲击试验电压}\times\frac{C_{1r}}{C_{1r}+C_{2r}}\times K(\text{峰值})$$

式中：

K——电压分布不均匀系数，可取 1.05；

C_{1r}——高压电容器的额定电容；

C_{2r}——中压电容器的额定电容。

b) 电磁单元的额定短时工频耐受电压应等于：

$$\text{CVT 的额定短时工频试验电压}\times\frac{C_{1r}}{C_{1r}+C_{2r}}\times K(\text{方均根值})$$

式中：

K——电压分布不均匀系数，可取 1.05；

C_{1r}——高压电容器的额定电容；

C_{2r}——中压电容器的额定电容。

注 1：试验 a)可在完整的电容式电压互感器上进行。

注 2：对试验 b)，电磁单元可与电容分压器断开。

7.2.7.2 段间绝缘要求

绕组分为两段或多段时，段间绝缘应能承受额定短时工频耐受电压 3 kV(方均根值)，历时 1 min。

7.2.7.3 二次绕组的绝缘要求

绕组绝缘应能承受额定短时工频耐受电压 3 kV(方均根值)，历时 1 min。

7.2.7.4 补偿电抗器及其保护器件的绝缘要求

补偿电抗器绕组端子之间的绝缘水平及其保护器件的电压特性，应与在二次侧短路和开断等暂态过程中电抗器上可能出现的最大过电压水平相适应。具体数值由制造方确定。

7.2.7.5 中压回路低压端子的绝缘要求

电磁单元中压回路的低压端子应单独引出，低压端子对地之间的绝缘应能承受工频耐受电压 4 kV(方均根值)，历时 1 min。

7.2.8 外绝缘要求

对于易受污染的户外绝缘，沿绝缘表面测量的以毫米数确定的最小标称爬电比距列于表 6。

表 6 爬电距离

污秽水平	最小标称爬电比距[a]/(mm/kV[b])	爬电距离/闪络距离
Ⅰ轻	16	≤3.5
Ⅱ中	20	≤3.5
Ⅲ重	25	≤4.0
Ⅳ严重	31	≤4.0

[a] 规定的制造允许偏差可适用于实际爬电距离(见 IEC 62155)。

[b] 比距为相对地实测爬电距离毫米数除以设备最高电压 U_m 的相对相方均根值千伏数。有关爬电距离的其他规定和制造允许偏差见 JB/T 5895。

注 1:众所周知,表面绝缘特性受绝缘子形状的影响很大。

注 2:在极轻污秽地区,根据运行经验可采用低于 16 mm/kV 的标称爬电比距,下限值为 12 mm/kV。

注 3:对特别严重的污秽情况,标称爬电比距 31 mm/kV 可能不满足要求。根据运行经验和/或试验室试验结果,可采用更大的爬电比距,但对某些情况有必要考虑冲洗的可行性。

注 4:所列值适用于瓷绝缘子。根据 IEC 61462 的规定,复合绝缘子具有较好的耐污秽性能。

7.3 短路承受能力

设计和制造的电容式电压互感器在施加额定电压时,应能承受历时 1 s 的二次绕组外部短路造成的机械、电和热的效应而无损伤。

7.4 铁磁谐振

7.4.1 总则

在不超过 $F_V \times U_{pr}$ 的任一电压下和负荷为 0 至额定负荷之间的任一值时,由开关操作或者由一次或二次端子上暂态过程引起 CVT 的铁磁谐振应不持续。

7.4.2 铁磁谐振的暂态振荡

$$\hat{\varepsilon}_F = \frac{\hat{U}_s - \frac{\sqrt{2}U_p}{K_r}}{\frac{\sqrt{2}U_p}{K_r}} = \frac{K_r\hat{U}_s - \sqrt{2}U_p}{\sqrt{2}U_p}$$

式中:

$\hat{\varepsilon}_F$——最大瞬时误差;

$\hat{U}_s$——在时间 T_F 之后的二次电压(峰值);

U_p——一次电压(方均根值);

U_{pr}——额定一次电压(方均根值);

K_r——额定电压比;

T_F——铁磁谐振时间。

时间 T_F 之后的最大瞬时误差 $\hat{\varepsilon}_F$ 要求为:

a) 中性点有效接地系统(见表 7a);

b) 中性点非有效接地系统或中性点绝缘系统(见表 7b)。

表 7a　铁磁谐振要求

一次电压 U_p(方均根值)	铁磁谐振振荡时间 T_F/s	经时间 T_F 之后最大瞬时误差 $\hat{\varepsilon}_F$/%
$0.8U_{pr}$	≤0.5	≤10
$1.0U_{pr}$	≤0.5	≤10
$1.2U_{pr}$	≤0.5	≤10
$1.5U_{pr}$	≤2	≤10

表 7b　铁磁谐振要求

一次电压 U_p(方均根值)	铁磁谐振振荡时间 T_F/s	经时间 T_F 之后最大瞬时误差 $\hat{\varepsilon}_F$/%
$0.8U_{pr}$	≤0.5	≤10
$1.0U_{pr}$	≤0.5	≤10
$1.2U_{pr}$	≤0.5	≤10
$1.9U_{pr}$	≤2	≤10

7.5　电磁发射要求

7.5.1　无线电干扰电压(RIV)

本要求适用于 U_m≥126 kV 安装在空气绝缘变电站的电容式电压互感器。在 $1.1U_m/\sqrt{3}$ 电压下的无线电干扰电压应不超过 2 500 μV。

注：纳入此要求以满足某些电磁兼容规程的要求。

7.5.2　传递过电压(TO)

按 11.1 规定的试验和测量条件，由一次传递至二次端子的过电压应不超过表 8 所列值。

A 型冲击波要求适用于空气绝缘变电站中的电容式电压互感器，而 B 型冲击波要求适用于安装在气体绝缘金属封闭变电站(GIS)内的电容式电压互感器。

注 1：纳入此要求以满足某些电磁兼容规程的要求。

注 2：A 型冲击波代表放电间隙闪络和开关操作引起的电压振荡。B 型冲击波代表开关操作时产生的陡波前冲击波。

表 8　传递过电压限值

冲击波类型	A	B
施加电压峰值(U_P)	$1.6\times\frac{\sqrt{2}U_m}{\sqrt{3}}$	$1.6\times\frac{\sqrt{2}U_m}{\sqrt{3}}$
波形参数： ——常规波前时间(T_1) ——半峰值时间(T_2) ——波前时间(T_1) ——波尾时间(T_2)	 0.50×(1±20%) μs ≥50 μs — —	 — — 10×(1±20%) ns >100 ns
传递过电压峰值的限值(U_s)	1.6 kV	1.6 kV

7.6　机械强度要求

独立式电容式电压互感器应能承受表 9 所列的静态试验载荷。

规定的试验载荷是指可施加于一次端子任意方向的载荷。

表 9 静态耐受试验载荷

<table>
<tr><td rowspan="4">设备最高电压 U_m/kV</td><td colspan="3">静态承受试验载荷 F_r/N</td></tr>
<tr><td colspan="3">电容式电压互感器</td></tr>
<tr><td rowspan="2">电压端子</td><td colspan="2">通过电流的端子</td></tr>
<tr><td>Ⅰ类载荷</td><td>Ⅱ类载荷</td></tr>
<tr><td>72.5(40.5)</td><td>500</td><td>1 250</td><td>2 500</td></tr>
<tr><td>126</td><td>1 000</td><td>2 000</td><td>3 000</td></tr>
<tr><td>252～363</td><td>1 250</td><td>2 500</td><td>4 000</td></tr>
<tr><td>≥550</td><td>1 500</td><td>4 000</td><td>5 000</td></tr>
</table>

注 1：本要求不适用于悬挂型电容式电压互感器。

注 2：正常运行条件下所加诸载荷的总和应不超过规定承受试验载荷的 50%。

注 3：在某些应用情况下，电容式电压互感器具有通过电流的端子，应能承受罕见的强烈动态载荷(例如短路)，其值不超过静态试验载荷的 1.4 倍。

注 4：电容式电压互感器或电容分压器的悬挂系统能承受的拉应力，应至少为电容式电压互感器或电容分压器质量的千克数乘以 9.81 和安全系数 2.5 所得到的相应作用力牛顿数。

注 5：如电容式电压互感器用以支撑阻波器，另外的试验载荷应由制造方和用户协商确定。

注 6：在某些应用情况中，一次端子可能需要抗扭转。试验施加的扭矩应由制造方和用户协商确定。

7.7 电容分压器和电磁单元的密封性能

7.7.1 电容分压器

电容器单元或组装完整的电容分压器，应在所采用温度类别规定的整个温度范围内密封良好。

7.7.2 电磁单元

电磁单元应在所采用温度类别规定的整个温度范围内密封良好。

8 试验分类

8.1 概述

本标准所规定的试验分为型式试验、例行试验和特殊试验。型式试验和例行试验应按流程图(见图 2)所列的顺序进行。试验顺序的开始和终结，应测量电容 C、tan δ 和准确度。

注：电容式电压互感器的高频特性参见附录 F。

型式试验

对每种型号的 1 台互感器或 2 台互感器所进行的试验，用来验证按同一技术规范制造的所有互感器均应满足除例行试验外所规定的要求。

注 1：在一台具有较少差别的互感器上所做的型式试验也可认为有效。但这些差别应经制造方与用户协商同意。

注 2：型式试验必须遵循图 2 流程图规定的过程。

例行试验

每台电容式电压互感器皆应经受的试验。

特殊试验

型式试验或例行试验之外的一类试验，须经制造方和用户协商同意才能进行。

8.2 型式试验

下列各试验为型式试验，详见有关条款：

a) 准确度检验(见 10.6)；

b) 温升试验(见 9.1)；

c) 工频电容和 tan δ 测量(见 9.2);

d) 截断雷电冲击试验(见 9.4.3);

e) EMC 无线电干扰电压(RIV)试验,如果适用(见 9.9);

f) 短路承受能力试验(见 9.3);

g) 额定雷电冲击试验(见 9.4.2);

h) 操作冲击湿试验,电压范围 $U_m \geqslant 300$ kV(见 9.5.2);

i) 户外型互感器的交流耐压湿试验,电压范围 $U_m < 300$ kV(见 9.5.1);

j) 暂态响应试验(见 9.8)(仅适用于保护用电容式电压互感器);

k) 铁磁谐振试验(见 9.6);

l) 准确度试验(见 9.7)。

电容式电压互感器在经受 8.2 规定的绝缘型式试验后,还应经受 8.3 规定的全部例行试验。

重复性工频耐压试验应在规定试验电压的 80%下进行。型式试验可用 1 台或 2 台电容式电压互感器按图 2 流程图规定的顺序进行。

在任何试验过程中,单元或叠柱或电容分压器的电容 C 的变化值应不超过相当于一个(串联)元件击穿造成的变化值(见 7.2.5)。

选择 1 台或者 2 台互感器进行试验,由制造方自行决定。

型式试验报告应包括例行试验的结果。

注:经制造方和用户协商同意,试验顺序(见图 2)可以修改。

8.3 例行试验

下列各试验为例行试验,详见有关条款:

a) 电容分压器密封性能试验(见 10.1);

b) 工频电容和 tan δ 测量(见 9.2);

c) 工频耐压试验(见 10.2);

d) 局部放电测量(见 10.2.3);

e) 端子标志检验(见 10.3);

f) 电磁单元的工频耐压试验(见 10.4);

g) 电容分压器低压端子的工频耐压试验(见 10.2.4);

h) 铁磁谐振检验(见 10.5);

i) 准确度检验(误差测定)(见 10.6);

j) 电磁单元密封性能试验(见 10.7)。

在 c)、d)、e)、f)和 g)项试验后应进行 i)项误差测定,局部放电测量应在 c)项试验之后进行。其余试验的顺序或可能的组合不作规定。

重复性工频耐压试验应在规定试验电压值的 80%下进行。

非重复性工频耐压试验应在规定试验电压值的 100%下进行。

8.4 特殊试验

下列各试验为特殊试验,详见有关条款:

a) 传递过电压测量(见 11.1);

b) 机械强度试验(见 11.2);

c) 温度系数测定(见 11.3);

d) 电容器单元密封性设计试验(见 11.4)。

8.5 1 台或 2 台产品的试验顺序

试验顺序应按图 2 流程图执行。

注:试验顺序的少量修改应经制造方与用户协商同意。

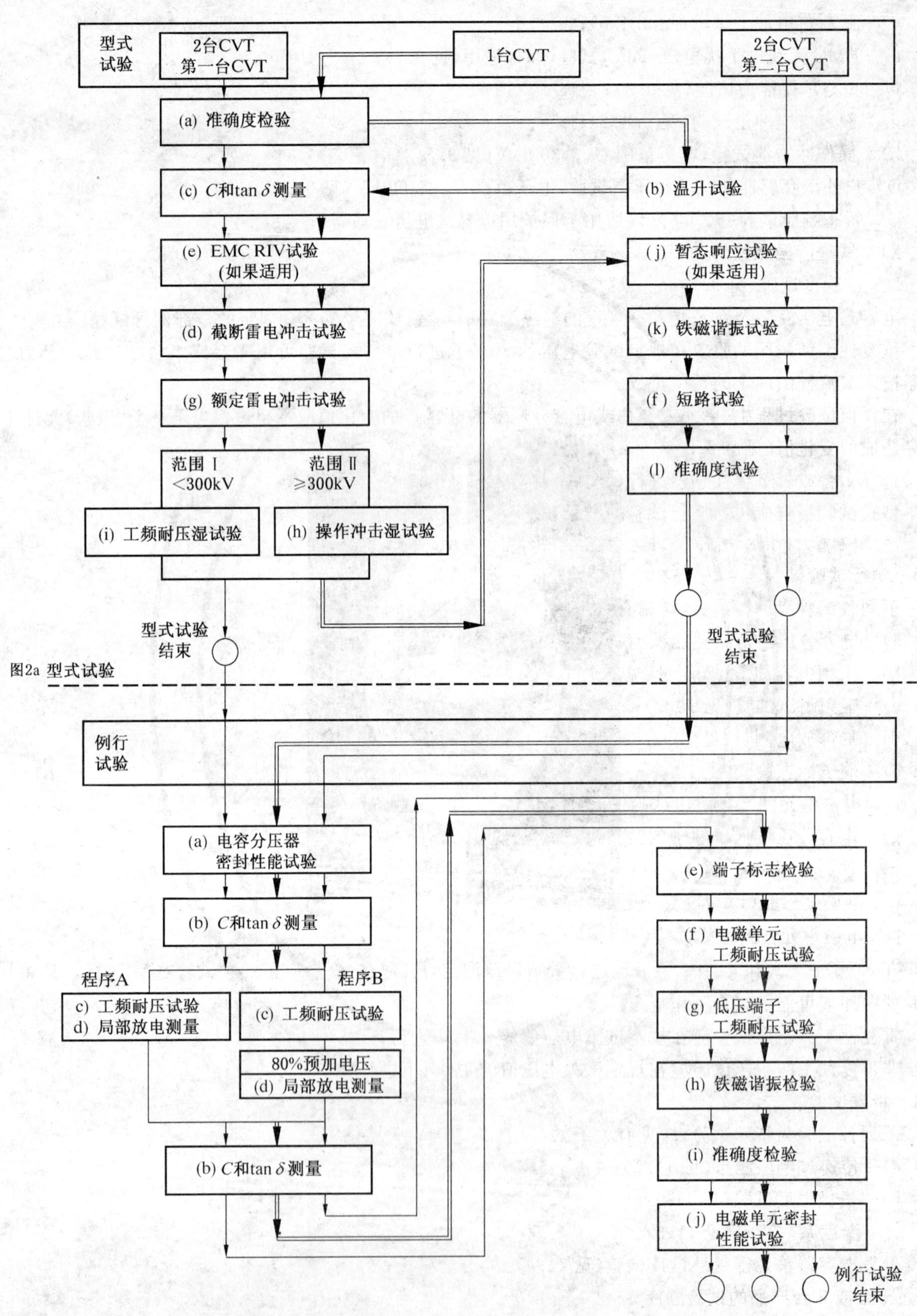

图 2 型式试验(图 2a)和例行试验(图 2b)的试验顺序流程图

9 型式试验

9.1 温升试验

为验证是否符合6.5的要求，应进行本试验。

试验可在完整的电容式电压互感器或单独的电磁单元上进行。在完整的电容式电压互感器上进行时，其一次电压 U_p 应按照表10的规定调整。

在电磁单元上进行时，中压变压器应调整到其二次电压 U_2 符合表10的规定。

温升试验应在连接额定负荷或如有多个额定负荷的最大额定负荷时进行(见6.5)。温度须记录。

当有多个二次绕组时，除制造方与用户另有协议外，各二次绕组应同时连接各自的额定负荷进行本试验。

剩余电压绕组应按15.6.5.1的要求连接负荷。

试验场地的环境温度应为5℃～40℃。

无论其电压因数和额定时间如何，电容式电压互感器或单独的电磁单元均应在1.2倍额定一次电压下进行试验。二次侧电压也必须是相应值。试验连续进行至(电磁单元的)温度达到稳定状态。

当温升的变化率每小时不超过1 K时，可认为电磁单元已达到稳定状态。绕组的温升应采用电阻法测定。绕组以外其他部位的温升可用温度计或热电偶测量。

环境温度可用浸在液体绝缘介质中的温度计或热电偶测量，这样的系统具有与电磁单元相近的热时间常数。

表10 温升试验的试验电压

负荷	额定负荷						热极限输出[a]	
电压因数和(故障)持续时间	$F_V=1.2$ 连续		$F_V=1.5$ 或 1.9 30 s		$F_V=1.9$ 8 h		— —	
试验连接	电磁单元	完整的电容式电压互感器	电磁单元	完整的电容式电压互感器	电磁单元	完整的电容式电压互感器	电磁单元	完整的电容式电压互感器
持续到温升变化率小于1 K/h的试验电压	$U_s=\frac{1.2U_{pr}}{K_r}$	$U_p=1.2U_{pr}$	$U_s=\frac{1.2U_{pr}}{K_r}$	$U_p=1.2U_{pr}$	$U_s=\frac{1.2U_{pr}}{K_r}$	$U_p=1.2U_{pr}$	$U_C=\frac{U_{pr}}{K_{CR}}$	$U_p=U_{pr}$
故障持续时间内的试验电压	—	—	$U_s=\frac{F_V\cdot U_{pr}}{K_r}$	$U_p=F_V\cdot U_{pr}$	$U_s=\frac{1.9U_{pr}}{K_r}$	$U_p=1.9U_{pr}$	—	—

[a] 如规定热极限输出时的补充试验。

9.2 工频电容和 tan δ 测量

9.2.1 电容测量

本试验可在电容分压器，或电容器叠柱或单独的单元上进行。试验时应将电磁单元分开。

电容测量采用的方法应能排除由于谐波和测量电路附件所引起的误差。推荐采用电桥法进行电容测量。测量方法的不确定度应在报告中给出。

最终的电容测量应在绝缘的型式和/或例行试验之后进行，测量时的电压为(0.9～1.1)U_{pr}。测量应在额定频率下或经协商同意在0.8～1.2倍额定频率之间的任一频率下进行。

为了显示出由于一个或多个元件击穿所引起的电容变化，应在绝缘的型式和/或例行试验之间进行预先的电容测量，采用足够低的测量电压(低于15%额定电压)以避免元件发生击穿。

注1：当组装完整的电容式电压互感器的中压端子仍外露时，应进行以下测量：

a) 线路端子与低压端子或线路端子与接地端子之间的电容。

b) 中压端子与低压端子或中压端子与接地端子之间的电容。

注 2：如果电容器介质系统的电容是随测量电压而变化，则在耐压试验后，先以耐压试验前测量时所用的相同电压然后以不低于额定电压的电压值进行测量，这样进行重复电容测量更有意义。

注 3：如果被测单元的串联元件数很多时，可能因为下列不确定因素很难判断是否发生击穿：

——测量的复现性。

——耐压试验时元件受机械力作用所造成的电容变化。

——试验前后电容器的温度差异所造成的电容变化。

对这种情况，应该由制造方验证未发生击穿，例如通过比较同型号电容器的电容变化和/或计算试验时温度上升造成的电容变化。为减小测量不确定因素宜选择对各个单元的电容进行测量。

注 4：应在 CVT 的结构上采取措施，以便在现场能对 C_1 和 C_2 分别进行测量。

9.2.2 tan δ 测量

电容器的损耗角正切（tan δ）应在（0.9～1.1）U_{pr} 的电压下与电容测量同时进行，所用方法应能排除由于谐波和测量电路附件所引起的误差。推荐采用电桥法进行 tan δ 测量。应给出测量方法的准确度。测量应在额定频率下或经协商同意在 0.8～1.2 倍额定频率之间的任一频率下进行。

9.3 短路承受能力试验

本试验是为验证是否符合 7.3 规定的要求。试验时互感器的起始温度应在 5℃～40℃范围内。电容式电压互感器应在高压端子与地之间施加电压，二次端子之间短接。短路试验进行 1 次，持续时间为 1 s。应对电流进行测量和记录。

注：本要求也适用于熔断器是互感器的一个组成部分的情况。

在短路期间，互感器一次端子所施加电压的方均根值应不低于额定一次电压 U_{pr}。

在互感器具有多个二次绕组，或分段，或有抽头时，其试验接线应由制造方与用户协商确定。

冷却到环境温度的电容式电压互感器如果满足下列要求，则认为通过本试验：

a） 无可见损伤；

b） 误差与本试验前的差异，不超过其准确级相应误差限值的一半，且电容值无显著变化；

c） 能够承受第 10 章中规定的绝缘试验；

d） 经检查，电磁单元中一次和二次绕组表面接触的绝缘无明显的劣化现象（例如碳化）。

如绕组是采用导电率不低于 GB/T 5585.1—2005 规定值 97％的铜线，且绕组的电流密度不大于 160 A/mm² 时，则可以不进行 d）项的检查。电流密度的计算以测得二次绕组对称短路电流方均根值为依据。

注：电容变化值的试验见 9.2.1 的注 1、注 2 和注 3。

9.4 冲击试验

9.4.1 总则

冲击试验应按照 GB/T 16927.1 的规定对完整的电容式电压互感器进行。

试验电压应施加在高压端子与地之间。试验时，电磁单元中压回路的低压端子、电容分压器的低压端子、各二次绕组的一个端子和底座均应接地。

冲击试验一般是由施加参考的电压试验和额定的电压试验组成。参考冲击电压应为额定冲击耐受电压的 50％～75％。

冲击电压的波形和峰值应予记录。

试验中绝缘的损坏，可以参考电压下和额定耐受电压下两者的波形变异为依据。为了示伤检测，除电压录波外还应记录对地电流或二次绕组两端的电压。

注 1：在最后的例行试验中，也将检测电容式电压互感器有无故障。

注 2：对地的连接可通过适当的电流记录装置。

注 3：为进行本试验，各过电压限制元件应被断开。

9.4.2 额定雷电冲击试验

所施加的冲击波形应按照 GB/T 16927.1 的规定，若因受试验设备的限制，波前时间最大可延长到 8 μs。

试验电压应按设备最高电压和规定的绝缘水平，取表 4 的相应值。

a) 范围Ⅰ：U_m<300 kV

试验应在正、负两种极性下进行。每一极性连续冲击 15 次。

如果各极性的试验情况如下，则电容式电压互感器通过本试验：

- 非自恢复性内绝缘未发生击穿；
- 非自恢复性外绝缘未出现闪络；
- 自恢复性外绝缘出现的闪络不超过 2 次；
- 未发现绝缘损伤的其他证据(例如，同一电压水平下各记录参数波形的变异。过电压限制元件在不同电压水平下对波形的影响可能不相同)。

注：施加 15 次正极性和 15 次负极性冲击电压是为试验内绝缘和外绝缘而规定的。如果制造方和用户协商同意用其他方法检验外绝缘(见 9.5.1)，则雷电冲击次数可减至每一极性 3 次。

b) 范围Ⅱ：U_m≥300 kV

试验应在正、负两种极性下进行。每一极性连续冲击 3 次。

如果各极性的试验情况如下，则电容式电压互感器通过本试验：

- 未发生击穿放电和未发生外绝缘击穿；
- 未发现绝缘损伤的其他证据(例如，各记录参数波形的变异，见范围Ⅰ的说明)。

9.4.3 截断雷电冲击试验

试验应在完整的电容式电压互感器上进行，仅以负极性按下述方式与负极性额定雷电冲击试验结合进行。

电压应为 GB/T 16927.1 规定的标准雷电冲击波在峰值后 2 μs～8 μs 之间截断。截断线路的配置应使所记录冲击波的反冲值限制为峰值的 30%。应采用合适的间隙使雷电冲击波截断。

额定雷电试验电压应按设备最高电压和规定的绝缘水平，取表 4 的相应值。截断雷电冲击试验电压应是该电压值的 1.15 倍。

施加冲击的程序如下：

a) U_m<300 kV 的电容式电压互感器

- 1 次额定雷电冲击；
- 2 次截断雷电冲击；
- 14 次额定雷电冲击。

b) U_m≥300 kV 的电容式电压互感器

- 1 次额定雷电冲击；
- 2 次截断雷电冲击；
- 2 次额定雷电冲击。

截断雷电冲击前后的额定雷电冲击波形的变异作为内部故障的指示。截断雷电冲击时，自恢复外绝缘上出现闪络不纳入对绝缘性能的评价。

注：截断雷电冲击试验代替 GB/T 19749 的放电试验。

9.5 户外电容式电压互感器的湿试验

湿试验程序应按照 GB/T 16927.1 的规定。

9.5.1 U_m<300 kV(范围Ⅰ)的电容式电压互感器

试验应在完整的电容式电压互感器上进行，试验电压依据设备最高电压取表 4 中适当的额定短时工频耐受电压值。

交流耐压湿试验时，应将阻尼和保护装置断开。如果电磁单元与电容分压器之间的中压连接是在内部，可将电磁单元断开。如果电磁单元与电容分压器之间的中压连接是在外部，可将电磁单元断开，但它必须随后按 10.4.1 规定的交流电压和试验时间单独进行湿试验。

9.5.2 $U_m \geqslant 300$ kV(范围Ⅱ)的电容式电压互感器

试验应在完整的电容式电压互感器上依照9.4.1仅以正极性操作冲击电压进行,试验电压应依据设备最高电压和规定的绝缘水平,取表4的适当值。

试验应连续冲击15次,户外型互感器应承受湿试验,不进行干试验。

如果试验情况如下,则电容式电压互感器通过本试验:

——非自恢复性内绝缘未发生击穿;

——非自恢复性外绝缘未出现闪络;

——自恢复性外绝缘出现的闪络不超过2次;

——未发现绝缘损伤的其他证据(例如,同一电压水平下各记录参数波形的变异)。

注:试验布置和试验连接依照9.4.1的规定。

9.6 铁磁谐振试验

为了验证是否符合7.4.2的规定,下列试验应在完整的电容式电压互感器上或等效电路上进行。

等效电路应使用实际的电容器。本试验应采用将二次端子短路的方法进行。切除短路所用保护装置(例如熔丝、断路器等)的选择,由制造方与用户协商确定。如果没有协议,则由制造方自行选用。

如采用熔丝作为保护装置,短路的持续时间可小于0.1 s。

消除短路后电容式电压互感器的负荷,应仅为录波装置造成的负荷,并须不超过1 VA。试验时应记录高压端子的电源电压、二次电压和短路电流。录波图应列入试验报告。

试验时,电源电压与短路前电压的差异应不超过10%,并应保持为实际正弦波。整个短路回路(包括接触器闭合时的接触电阻)的电压降,在电容式电压互感器二次端子间直接测得值,应小于短路前该端子间电压的10%。

a) 对中性点有效接地系统用CVT的铁磁谐振试验(7.4.2;表7a):试验应在表7a规定的一次电压下至少各进行10次。

b) 对中性点非有效接地系统或中性点不接地系统用CVT的铁磁谐振试验(7.4.2;表7b):试验应在表7b规定的一次电压下至少各进行10次。

注1:如果已知使用中将采用饱和型负荷,用户与制造方应商定在该负荷或近似该负荷的条件下进行本试验。

注2:为了确保试验时电源电压与短路前电压的差异不超过10%,电源的短路阻抗必须低。

9.7 准确度试验

9.7.1 总则

试验应在额定频率、室温和上下两个极限温度条件下对完整的电容式电压互感器进行。

等效电路可在1级和准确度更低的互感器上使用。

对于0.5级和0.2级,使用等效电路或采用计算方法确定温度影响,应经用户与制造方协商同意。

注:在完整的电容式电压互感器上进行极限温度下的试验,比等效电路试验或计算温度影响更为严格,但很困难而且费用高。在完整的电容式电压互感器上的试验,也将最大可能地给出使用中由于环境温度变化所引起的测量误差。

如果使用等效电路,必须在电压、负荷、频率和温度(标准参考范围之内)相同的条件下进行两次测量:一次在完整的产品上,一次在等效电路上。

这两次测量结果的差异必须不超过其准确级规定值的20%(例如,对0.5级为0.1%和4′)。当确定在温度和频率的极限值条件下完整的电容式电压互感器的误差时,应考虑增加20%裕度。

倘若整个参考温度范围内电容分压器的温度特性为已知,可依据一种温度下的测量结果和电容分压器的温度系数,计算确定温度极限值时的误差。另一种方法是选工频等效电容值为考虑实际电容分压器的温度系数后温度极限值所对应的电容值(例如专为此目的所做的电容器),就可以用这样的等效电路仅在室温下进行测量。

应在一恒定温度下进行频率极限条件下的试验。

试验频率和试验温度的实际值应列入试验报告。

注1：各试验显示负荷、电压和频率以及温度(影响等效电容 C_1+C_2)对误差的影响。应该注意，温度对电磁单元的感抗和绕组电阻的影响，仅在实际电磁单元处于极限温度时才可以确定。作为电容分压器分压比随温度而变化的补充说明，推荐在9.1对电容式电压互感器进行直接法温升试验之前和结束时(或温升试验中)测量电压误差和相位差。这种情况下，测量以及温升试验不能在等效电路上或单独的电磁单元上进行。

注2：目前的运行经验表明，电容式电压互感器可以满意地作为0.5级准确度使用。温度的突变、特殊气候和污秽条件、杂散电容和泄漏电流皆会影响电压误差和相位差。这些仅用理论方法可以估量的影响，对于准确级较高的电容式电压互感器极为重要。

9.7.2 测量用CVT

为验证是否符合14.4的规定，型式试验应在80%、100%和120%额定电压，在测量级频率标准参考范围，采用表11所列功率因数为1(负荷范围Ⅰ)或0.8滞后(负荷范围Ⅱ)的额定输出值，在完整的电容式电压互感器上进行。

表11 准确度试验的负荷范围

负荷范围	额定输出的优先值/VA	额定输出的试验值/%
Ⅰ	1.0 2.5 5	0和100
Ⅱ	10 25 50 100	25和100

9.7.3 保护用CVT

为验证是否符合15.4的规定，型式试验应在2%、5%和100%额定电压以及额定电压乘以额定电压因数(1.2，1.5或1.9)的电压，在保护级频率标准参考范围的两极限值，采用表11所列功率因数为1(范围Ⅰ)或0.8滞后(范围Ⅱ)的额定输出，在完整的电容式电压互感器上进行。

9.7.4 测量和保护用CVT

为验证是否符合14.4和15.4的规定，型式试验应对所有的测量和保护绕组按9.7.2和9.7.3的规定进行。

订购具有两个或多个二次绕组的互感器时，由于它们相互有影响，用户应规定每个绕组各自的输出范围，各输出范围的上限值对应于某标准额定输出值。各绕组应在其输出范围内，同时其余绕组的输出为其输出范围的0%～100%之间的任一值时，满足它相应的准确度要求。为验证是否符合此要求，可仅在各极限值进行试验。如果未规定输出范围，则认为这些输出范围符合表11的规定。

9.8 暂态响应试验

9.8.1 总则

本试验仅适用于保护用电容式电压互感器。试验可在完整的电容式电压互感器上或在实际电容器组成的等效电路上进行。

试验应在实际一次电压 U_p 或等效电路上为 $U_p\cdot\frac{C_1}{C_1+C_2}$，及100%和25%或0%额定负荷时，将高压电源短接进行。

负荷应为下列之一：

a) 串联负荷，由纯电阻和感抗组成，串联后功率因数为0.8(范围Ⅱ)。

b) 纯电阻负荷(范围Ⅰ)，功率因数为1。

电容式电压互感器负荷的性质影响暂态响应试验结果。

测量绕组或其余绕组应连接实际的负荷，但不超过规定负荷的100%。

试验应在一次电压峰值时进行2次和在一次电压过零值时进行2次。偏离一次电压峰值和过零点的相位角不得超过±20°。

注1：现代微机继电保护系统的功率因数为1。

注2：经制造方与用户协商同意，试验可以用实际连接的负荷进行。

9.8.2 实际一次电压(U_p)的试验值

U_p 取决于规定的电压因数 F_V。

a) 连续运行:1.0 和 $1.2U_{pr}$;

b) 短时过电压:1.5 或 1.9 U_{pr}。

对于 a)和 b)见表 2。

等效法试验电路如图 3 所示。

一次和二次电压应用示波器记录。录波图应列入试验报告。

注 1:暂态响应的要求见 15.5.3。

注 2:测量输入电压 U 也可用 RC 分压器。

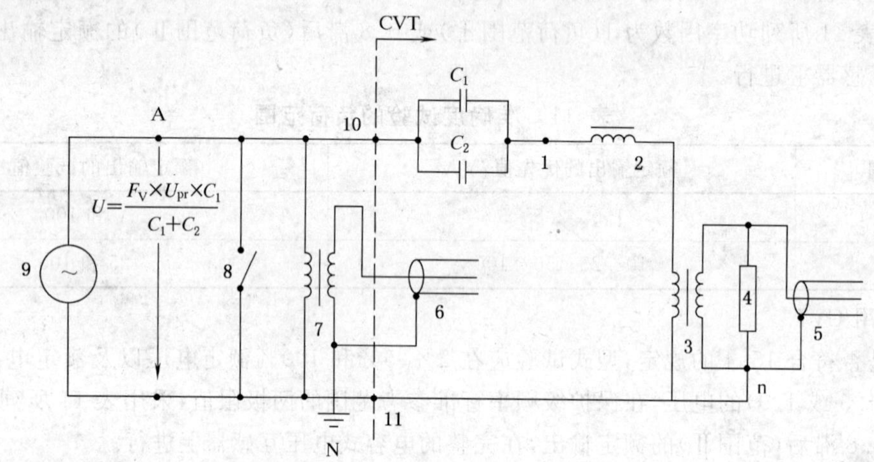

组成:

1——中压端子;

2——补偿电感;

3——中间变压器;

4——负荷 Z_B;

5——二次电压记录;

6——一次电压记录;

7——电压测量互感器;

8——短路装置;

9——电源;

10——高压端子;

11——低压端子。

图 3 等效电路法的电容式电压互感器暂态响应试验电路图

暂态响应试验的负荷见图 4 和图 5。

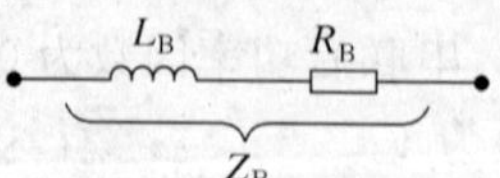

图 4 串联负荷

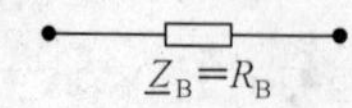

图 5 纯电阻

暂态响应试验用的串联负荷阻抗值为：

$$|Z_B|=\frac{U_{sr}^2}{S_r}$$

R_B	$\omega \cdot L_B$
0.8 $\|Z_B\|$	0.6 $\|Z_B\|$

式中：

S_r——额定负荷，VA；

U_{sr}——额定二次电压，V；

$|Z_B|$——阻抗，Ω。

注1：以上所列的 R_B 和 $\omega \cdot L_B$ 值得到的总阻抗的功率因数为0.8滞后。

注2：感抗应为线性类型，例如空心电抗。串联电阻由感抗的等效串联电阻(绕组的电阻)和单独的电阻组成。

注3：负荷的允许偏差为：$|Z_B|$ 的偏差小于±5%，功率因数的偏差小于±0.03。

9.9 无线电干扰电压试验

组装完整的电容式电压互感器应干燥和清洁，其温度与试验所在试验室的室温大致相同。

依据本标准，试验应在下列大气条件下进行：

——温度为5℃～40℃；

——气压为87 kPa～107 kPa；

——相对湿度为45%～75%。

注1：经用户与制造方协商同意，试验可以在其他的大气条件下进行。

注2：GB/T 16927.1 所述的大气条件修正系数不适用于无线电干扰试验。

试验连接线及其端头不应产生无线电干扰电压。

线路端子应当模拟运行条件进行屏蔽，以避免不符合实际的放电。建议采用具有球形端头的管子作为连线。

试验电压施加到CVT的线路端子与地之间。座架、箱壳(如果有)、铁心(如果打算接地)和每个二次绕组的一个端子均应接地。

测量回路(见图6)应符合GB/T 11604。测量回路应调谐到0.5 MHz～2 MHz范围内，应记录测量频率。测量结果以微伏(μV)表示。图6中试验导线与地之间的阻抗 $Z_S+(R_1+R_2)$ 在测量频率下应为300 Ω±40 Ω，相位角不超过20°。

也可以用一个电容 C_S 代替滤波阻抗 Z_S，1 000 pF的电容通常是适用的。

注：为防止过低的谐振频率，可能需要一种专门设计的电容器。

滤波器 Z 在测量频率下应具有高阻抗，以便排除工频电源对测量回路的影响。在测量频率下这个阻抗的适当值为10 000 Ω～20 000 Ω。

背景的无线电干扰水平(由外部电场和高压变压器引起的无线电干扰)至少比规定的无线电干扰水平低6 dB(最好10 dB)。

注：应当注意防止邻近物体对CVT、试验回路和测量回路产生的干扰。

测量仪器和测量回路的校正方法见GB/T 11604。

应施加预加电压 $1.5U_m/\sqrt{3}$ 并保持30 s。

然后，约在10 s内将电压下降到 $1.1U_m/\sqrt{3}$，保持30 s后测量无线电干扰电压。

如果在 $1.1U_m/\sqrt{3}$ 下的无线电干扰水平不超过7.5.1规定的限值，则认为电容式电压互感器通过本试验。

注：经用户与制造方协商同意，上述RIV试验可用上述预加电压和测量电压下的局部放电测量来代替。按照10.2.3进行局部放电测量时所采用避免外部放电的任何措施(即屏蔽)应取消。这种情况不适用平衡试验电路。虽然尚无RIV的微伏值与局部放电的皮库值之间的直接换算关系，但如果在 $1.1U_m/\sqrt{3}$ 下的局部放电水平不超过300 pC，可认为电容式电压互感器通过本试验。

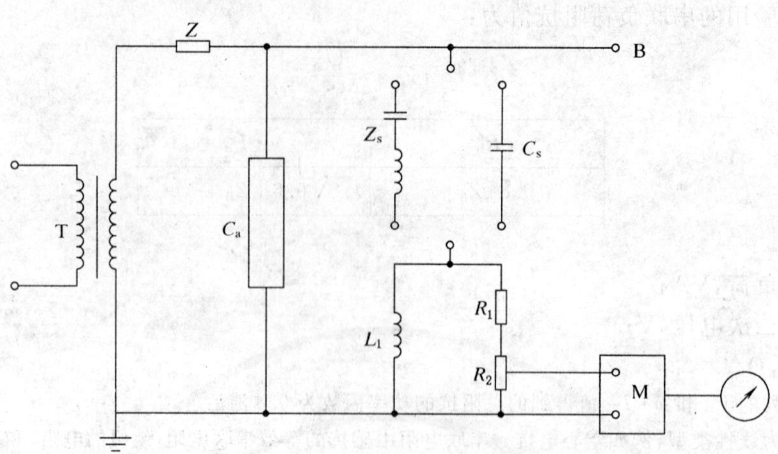

T ——试验变压器；

C_a——被试 CVT；

Z ——滤波器；

B ——无晕端头；

M ——测量装置；

$Z_s + R_1 + R_2 = 300\ \Omega$；

Z_s, C_s, L_1, R_1, R_2 见 GB/T 11604。

图 6　无线电干扰电压测量电路

10　例行试验

10.1　液体浸渍的电容分压器的密封性能试验

密封性能试验是对电容分压器或单独单元进行的例行试验。

密封性能试验应在液体压力超过工作压力的条件下进行，保持 8 h，试验压力取决于电容器单元所用膨胀装置的类型。

注 1：经用户与制造方协商同意，可规定特殊试验来验证电容器单元的密封设计(11.4)。

注 2：充气式电容分压器的密封性能试验应参照 GB/T 11023 执行。

10.2　工频耐压试验及电容、tan δ 和局部放电的测量

10.2.1　总则

工频耐压试验应按照 GB/T 16927.1 的规定进行。

试验应以实际正弦波的电压进行。电压应从较低值迅速升高到试验电压值，保持 1 min(除非另有协议)，然后迅速下降到较低电压值再切断电源。在本试验中，电磁单元可以与电容分压器断开。

电容 C 和 tan δ(见 9.2)及局部放电测量(见 10.2.3)可以在电容分压器或其子系统的交流耐压试验时一并进行。

10.2.2　电容分压器或其子系统的交流耐压试验及电容 C 和 tan δ 测量

应对电容分压器、或电容器叠柱、或电容器单元进行交流耐压试验及 C 和 tan δ 测量。电容分压器试验时，试验电压施加在线路端子与接地端子之间，单元和叠柱试验时试验电压施加在两个端子之间。当带有低压端子时，在试验时它应直接或通过低阻抗接地。试验中，击穿(见 9.2.1)和闪络皆不得发生。

在工频耐压试验前后，应在低于 15% 额定一次电压 U_{pr} 的电压下测量电容 C，供参考用。

对构成电容器叠柱一部分的单个单元进行试验时，其试验电压应为：

$$1.05 \times 叠柱的试验电压 \times \frac{单元的额定电压}{叠柱的额定电压}$$

对构成完整电容式电压互感器一部分的单个叠柱进行试验时，其试验电压应为：

$$1.05\times 完整的\,CVT\,的试验电压\times\frac{叠柱的额定电压}{完整的\,CVT\,的额定电压}$$

CVT 的试验电压应依据设备最高电压取表 4 中的适当值。

注：一台 500 kV 电容式电压互感器的单元和叠柱的试验电压举例见表 12。

——设备最高电压：U_m＝550 kV；

——额定短时工频耐受电压：740 kV。

表 12 单元、叠柱和电容分压器整体的试验电压

数量		试验电压(方均根值)/kV		
单元	叠柱	单元	叠柱	完整的电容式电压互感器
2	—	370×1.05	—	740
3	—	247×1.05	—	740
4	2	185×1.05	370×1.05	740

电容 C 和 $\tan\delta$ 应在单元的额定电压下对单元进行测量，也可在叠柱的额定电压下对叠柱进行测量。

10.2.3 局部放电测量

10.2.3.1 试验电路和测试设备

所用试验电路和测试设备应符合 GB/T 7354 的规定。图 7～图 10 为一些试验电路的举例。

所用仪器应为测量以皮库(pC)表示的视在放电量 q。其校正应在试验电路中进行(见图 10 的举例)。

宽频带仪器应具有频带宽度至少为 100 kHz，其上限截止频率不超过 1.2 MHz。窄频带仪器应具有 0.15 MHz～2 MHz 范围的谐振频率。优先值应是 0.5 MHz～2 MHz 范围，但如有可能，测量应在灵敏度最高的频率下进行。

为验证是否符合表 5 的规定，灵敏度及噪音水平应能检测出 5 pC 的局部放电水平。

注 1：已知为外部干扰的脉冲可以不计。

注 2：为抑制外部噪音，适宜采用平衡试验电路(图 9)。

汁 3：当采用电子信号处理和复原技术降低背景噪音时，应通过改变其参数达到能够检测出重复脉冲信号。

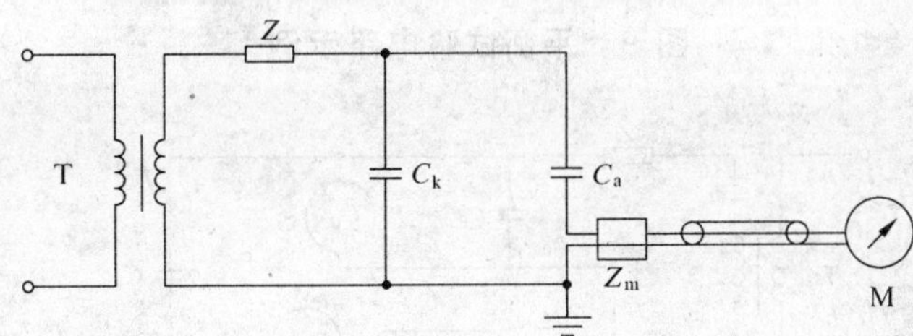

组成：

T ——试验变压器；

C_a——被试电容分压器；

C_k——耦合电容器 ≈ 1 nF；

M——局部放电测量仪器；

Z_m——测量阻抗；

Z ——滤波器。

注：如果 C_k 是试验变压器的电容，则不需要滤波器。

图 7 局部放电测量试验电路

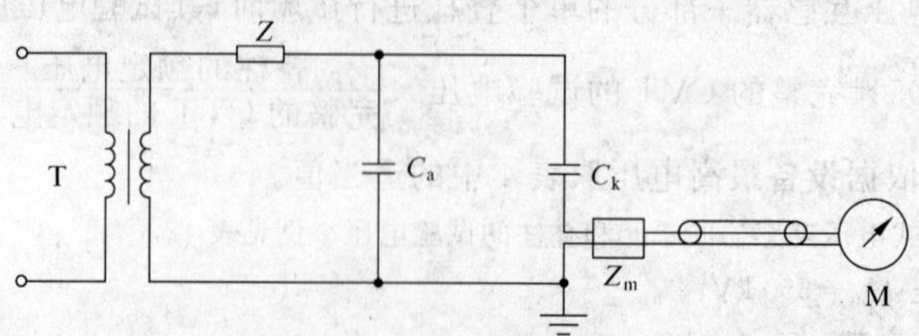

组成：

T——试验变压器；

C_a——被试电容分压器；

C_k——耦合电容器 ≈ 1 nF；

M——局部放电测量仪器；

Z_m——测量阻抗；

Z——滤波器。

图 8　局部放电测量另一种试验电路

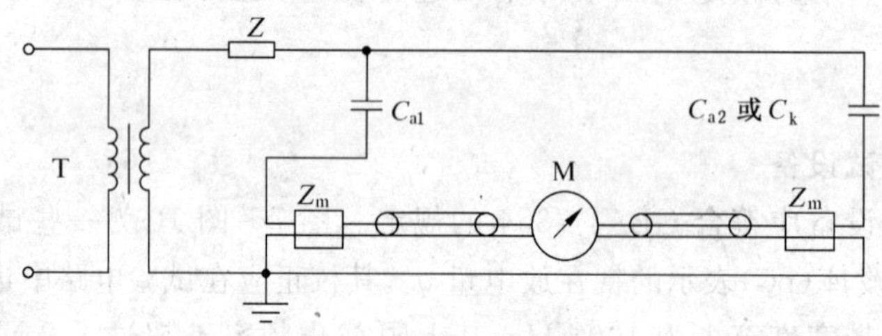

组成：

T——试验变压器；

C_{a1}——被试电容分压器；

C_{a2}——辅助电容器(或 C_k——耦合电容器)；

M——局部放电测量仪器；

Z_m——测量阻抗；

Z——滤波器。

注：第二个桥臂的电容器 C_{a2} 或 C_k 的阻抗应与电容分压器 C_{a1} 相同。C_{a2} 可以是电容相同的另一个电容分压器。

图 9　平衡试验电路示例

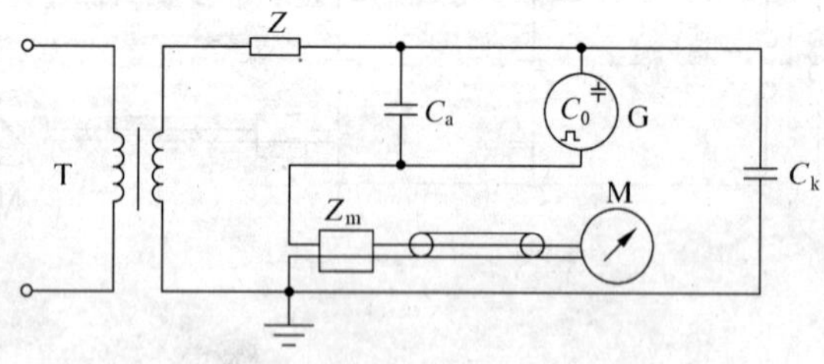

组成：

T——试验变压器；

C_a——被试电容分压器；

C_k——耦合电容器；

M——局部放电测量仪器；

Z_m——测量阻抗；

Z——滤波器；

G——具有电容 C_0 的脉冲发生器。

图 10　校正电路示例

10.2.3.2 **电容分压器或其子系统的试验程序(见 10.2.2)**

按照下述程序 A 或 B 进行预加电压后,施加表 5 规定的局部放电测量电压,并应在 30 s 内测量相应的局部放电水平。

测得的局部放电水平应不超过表 5 规定的限值。

程序 A:在工频耐压试验后的降压过程中达到局部放电测量电压。

程序 B:局部放电测量在工频耐压试验后进行。施加的电压升高到工频耐受电压的 80%,保持时间不少于 60 s,然后不间断地降到规定的局部放电测量电压。

除非另有规定,程序的选用由制造方自定。所用试验方法应在试验报告中写明。

10.2.4 **电容分压器低压端子的交流耐压试验(7.2.1 和 7.2.2)**

具有低压端子的电容分压器应在低压端子与接地端子之间承受 1 min 的试验电压。试验电压应为交流电压 10 kV(方均根值)。如果低压端子不暴露于大气中,或有带有过电压保护的载波耦合装置为电容式电压互感器的组成部分,则试验电压应为交流电压 4 kV(方均根值)。

——进行本试验时电磁单元不断开。

注:试验电压适用于无论装或不装带过电压保护的载波附件的电容式电压互感器。

——如果低压端子与地之间装有保护间隙,试验时应防止它动作。试验时载波附件应当断开。

——如果对载波附件与低压端子的绝缘配合而言试验电压太低,可按用户要求采用较高值。

10.3 **端子标志检验**

应验证端子标志是否正确(见 13.1 和 13.2)。

10.4 **电磁单元的工频耐压试验**

10.4.1 **电磁单元的绝缘试验**

试验电压应施加在中压端子与地之间。其额定短时工频耐受电压应为:

$$\text{CVT 的工频试验电压} \times \frac{C_{1r}}{C_{1r}+C_{2r}} \times K(\text{方均根值})$$

式中:

K——电压分布不均匀系数,可取 1.05;

C_{1r}——高压电容器的额定电容;

C_{2r}——中压电容器的额定电容。

为避免铁心饱和,试验电压的频率可以高于额定频率。试验时间为 1 min。如果试验频率超过两倍额定频率时,试验时间可少于 1 min,按下式计算:

$$\text{试验时间} = \frac{\text{两倍的额定频率}}{\text{试验频率}} \cdot 60 \text{ s}$$

最少为 15 s。

注:如果电磁单元跨接有保护装置,试验时应防止它动作,试验时,跨接载波附件的保护间隙应短接。

10.4.2 **段间、二次绕组、补偿电抗器及其保护器件、中压回路低压端子的绝缘试验**

段间、二次绕组、中压回路低压端子的试验电压应分别按 7.2.7.2、7.2.7.3、7.2.7.5 规定的相应值,试验时间为 1 min。

补偿电抗器的耐受电压试验用单独电源来进行,历时 1 min。为避免铁心过度饱和,可以提高试验电压的频率,此时试验时间按 10.4.1 的规定适当缩短。试验电压的要求见 7.2.7.4。

保护器件的试验方法由制造方规定。

试验时座架、箱壳(如果有)、铁心(如果打算接地)和所有其余绕组或线段的各端子应连在一起接地,不进行试验的中压回路低压端子也应接地。

10.5 **铁磁谐振检验**

试验应在完整的电容式电压互感器上或在等效电路上进行。

一次试验电压 U_p、二次端子的短路次数和铁磁谐振暂态振荡的限值皆按表 13 的规定。

表 13　铁磁谐振检验

一次电压 U_p(方均根值)	二次端子的短路次数	铁磁谐振振荡时间 T_F/s	在时间 T_F 之后误差 $\hat{\varepsilon}_F$/%
$0.8 \cdot U_{pr}$	3	≤0.5	≤10
$F_V \cdot U_{pr}$	3	≤2	≤10

除电压点数和短路次数外,试验程序必须按照 9.6 的规定。如果振荡时间和误差不超过表 13 规定的限值,则电容式电压互感器通过铁磁谐振检验。

10.6　准确度检验

准确度检验应以额定频率和在环境温度下,在完整的电容式电压互感器上或当准确度为 1 级或更低时在等效电路上进行,试验要求如表 14 所示。

注 1:对等效电路的附注

a)　如果对比完整的电容式电压互感器的型式试验中准确度试验与等效电路的准确度试验,它们的实测值之差小于准确级限值的 20%,则等效电路可以采用。

b)　等效电路可以用实际电容器或另外的电容器构成。如采用另外的电容器时,它们要调节到实际电容测量值。

注 2:完整的 CVT 和等效电路

a)　当电容式电压互感器在其温度和频率的参考范围内使用时,考虑到温度和频率所引起的误差变化,其例行试验结果应留有裕度。允许值由温度和频率影响同时出现的最不利情况来确定。裕度取决于电容器介质的类型及其设计。在图 11 的误差图中画出了 20%+裕度。裕度由制造方规定。

b)　如果是在完整的电容式电压互感器上作准确度检验,要对温度和频率的综合影响而增加一些裕度。

表 14　准确度检验点(示例)

<table>
<tr><th rowspan="4">二次绕组</th><th rowspan="4">检验电压</th><th colspan="4">试验的额定输出范围/%</th></tr>
<tr><th colspan="2">范围Ⅰ
功率因数 1
额定输出标准值</th><th colspan="2">范围Ⅱ
功率因数 0.8(滞后)
额定输出标准值</th></tr>
<tr><th colspan="2">1.0…≤7.5 VA</th><th colspan="2">≥10…100 VA</th></tr>
<tr><th>测量用</th><th>保护用</th><th>测量用</th><th>保护用</th></tr>
<tr><td rowspan="2">一个测量用绕组</td><td rowspan="2">$1 \times U_{pr}$</td><td>0</td><td>—</td><td>25</td><td>—</td></tr>
<tr><td>100</td><td>—</td><td>100</td><td>—</td></tr>
<tr><td rowspan="4">一个保护用绕组</td><td rowspan="2">$0.05 \times U_{pr}$</td><td>—</td><td>0</td><td>—</td><td>25</td></tr>
<tr><td>—</td><td>100</td><td>—</td><td>100</td></tr>
<tr><td rowspan="2">$F_V \times U_{pr}$</td><td>—</td><td>0</td><td>—</td><td>25</td></tr>
<tr><td>—</td><td>100</td><td>—</td><td>100</td></tr>
<tr><td rowspan="6">一个测量用绕组
和一个保护用绕组</td><td rowspan="2">测量用
$1 \times U_{pr}$</td><td>0</td><td>0</td><td>25</td><td>0</td></tr>
<tr><td>100</td><td>100</td><td>100</td><td>100</td></tr>
<tr><td rowspan="2">保护用
$0.05 \times U_{pr}$</td><td>0</td><td>0</td><td>0</td><td>25</td></tr>
<tr><td>100</td><td>100</td><td>100</td><td>100</td></tr>
<tr><td rowspan="2">保护用
$F_V \times U_{pr}$</td><td>0</td><td>0</td><td>0</td><td>25</td></tr>
<tr><td>100</td><td>100</td><td>100</td><td>100</td></tr>
<tr><td colspan="6">注:一个绕组同时用于测量和保护时,则应分别按测量和保护的要求进行试验。</td></tr>
</table>

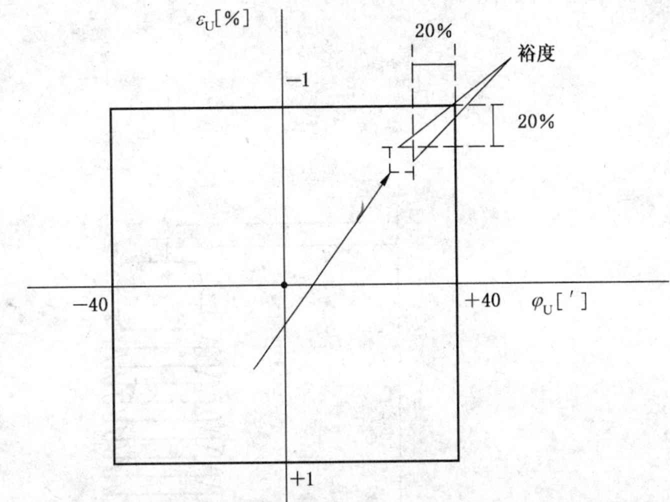

图 11 用等效电路作准确度检验的 1 级 CVT 误差图示例

10.7 液体浸渍的电磁单元的密封性能试验

密封性能试验应是对按正常使用状态装配并充满规定液体的电磁单元进行的试验。在电磁单元内，应以超过最大工作压力至少 50 kPa±10 kPa 的压力保持 8 h。如无泄漏现象，则认为电磁单元通过本试验。

注：充气式电磁单元的密封性能试验可参照 GB/T 11023 执行。

11 特殊试验

11.1 传递过电压测量

将一低电压脉冲(U_1)施加于 CVT 的线路端子与接地端子之间。

对于金属封闭电站(GIS)用 CVT，施加脉冲需通过一段 50 Ω 同轴电缆匹配器(见图 12)。GIS 的壳体与运行时一样接地。

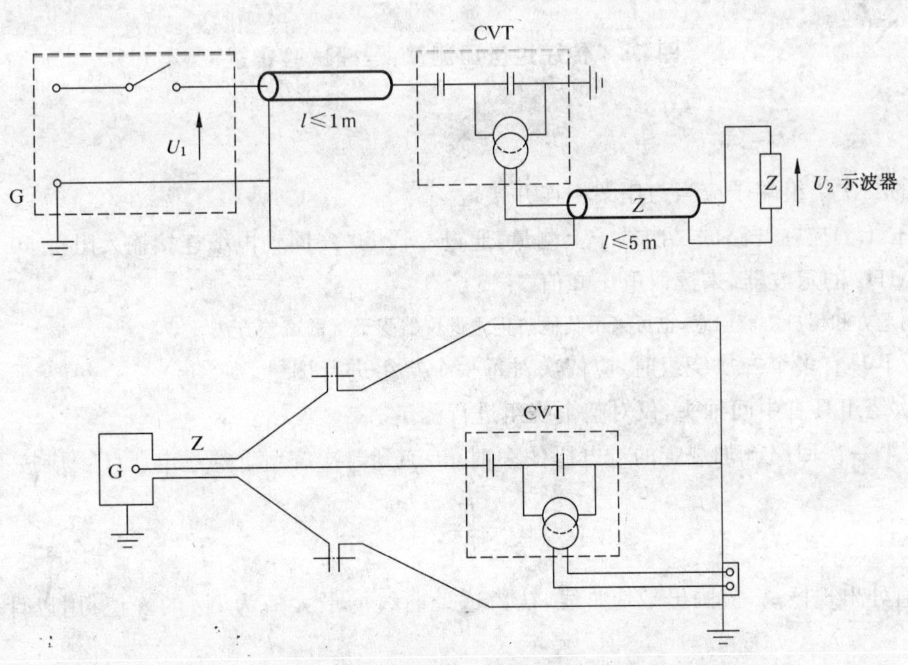

图 12 传递过电压测量：试验电路及 GIS 试验布置

对于其他应用情况，试验电路如图 13 所示。

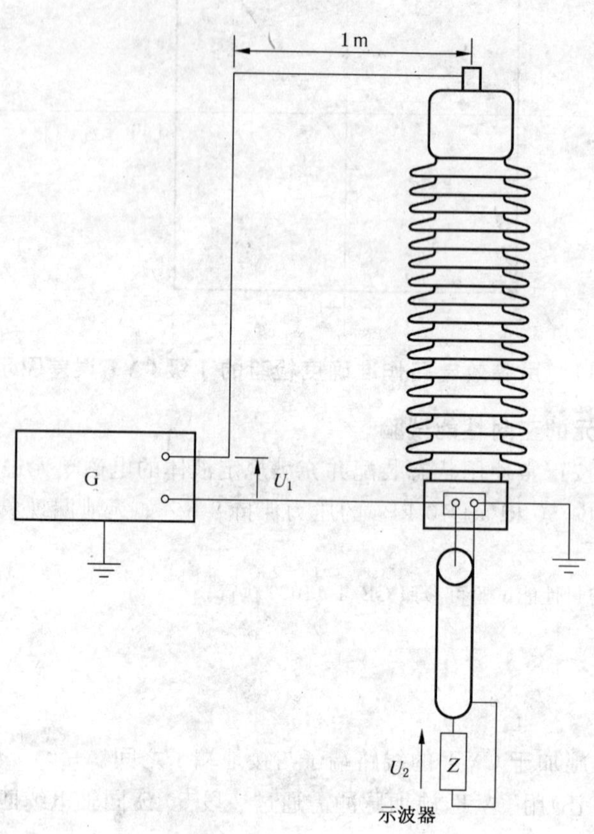

图 13　传递过电压测量：一般试验布置

拟接地的二次绕组端子应当与座架相连并接地。

传递电压(U_2)应在开路的二次端子上测量，通过一段 50 Ω 同轴电缆连接输入阻抗 50 Ω、频带宽度不低于 100 MHz 的示波器，来读取电压峰值。

注 1：经制造方和用户协商同意，也可采用其他防止测量仪器受干扰的试验方法。

如果 CVT 具有多个二次绕组时，应依次对每一个绕组进行测量。

如果二次绕组具有中间抽头，仅对整个绕组进行测量。

当在 CVT 一次回路施加规定的过电压(U_p)时，传递到二次绕组上的过电压(U_s)应按下式计算：

$$U_s = \frac{U_2}{U_1} \times U_p$$

如果峰值处出现振荡，应画出平均曲线，认为这条曲线的最大值为 U_1 的峰值，用以计算传递电压(见图 14)。

图 14 传递过电压测量：试验波形

注 2：电压波形上的振荡的幅值和频率可能影响传递电压。

注 3：在对 CVT 整体进行测量时，由于有很大的电容负载，其一次电压脉冲的波前时间可能达不到表 8 的要求值，经制造方和用户协商，波前时间可以适当延长。此时二次传递过电压的计算为：

$$U_s=\frac{U_2}{U_1'}\times U_p\times\frac{C_2}{C_1+C_2}$$

式中：

U_1'——测量高频过电压传递系数时施加到电磁单元一次绕组上的电压峰值。

如果传递过电压(U_s)不超过表 8 规定的限值，则认为电容式电压互感器通过本试验。

11.2 机械强度试验

进行本试验以验证电容式电压互感器是否符合 7.6 的要求。

电容式电压互感器应装配完整，应以垂直方式牢固安装在座架上。

试验载荷应按照表 15 所示的方式施加 1 min。

如果无损坏迹象(变形、断裂或泄漏),则认为电容式电压互感器通过本试验。

表 15 一次线端端子施加试验载荷的方式

电容式电压互感器类型	施加方式	
电压端子	水平方向	
	垂直方向	
通过电流的端子	各端子水平方向	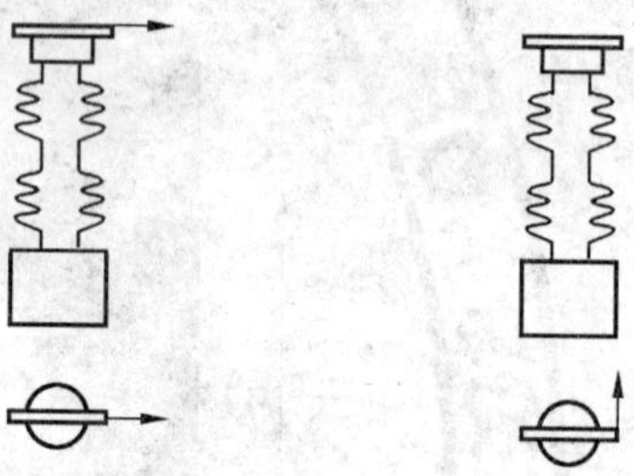
	各端子垂直方向	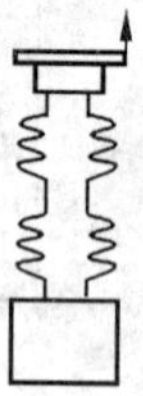

注 1：试验载荷应施加在端子的中心。

注 2：如果电容器单元上具有穿通瓷件壁的侧向中压端子或低压端子,还应在该端子相反方向对一次线路端子施加试验载荷。

11.3 温度系数(T_C)的测定

电容值 C_1 和 C_2 及其 $\tan\delta$ 值的温度系数的测定应按照 GB/T 19749 的规定进行。

11.4 电容器单元的密封设计试验

本试验是验证电容器单元密封设计是否满足 7.7 和 10.1 的要求。

注：本试验不是一项老化试验。并非用以解决老化所引起的密封问题,此问题曾经在特定设计的电容分压器部件上出现。

密封性试验应按液体压力超过最高工作压力至少 100 kPa 的压力下进行,在温度 80℃下保持 8 h,最高工作压力为正常使用条件下可能达到的压力值。

电容分压器应按正常使用状态组装。电容单元的膨胀装置可按试验温度 80℃专门校正。可以采用适当的机构限制过压力引起的机械变形。

如果试验时和试验后无泄漏迹象,则认为液体浸渍式电容分压器通过本试验。

注：充气式电容器单元的密封性能试验应按 GB/T 11023 进行年泄漏率试验。

12 电容器单元的标志

12.1 概述

如果电容器单元所含的材料(例如矿物油或合成油)可能会污染环境,或者可能有任何其他的危险性时,电容器单元应按国家的有关法规装上标志牌,这样的法规应由用户负责通知制造方。

12.2 标志

各电容器单元的铭牌应有下列内容:

a) 制造企业名称;

b) 制造的年份和序号;

c) 额定电容 C_r,pF;

d) 额定电压 U_r,kV;

e) 质量,kg。

13 端子标志

13.1 概述

下述这些标志适用于单相电容式电压互感器。

13.2 标志

端子标志应符合图 15、图 16、图 17 和图 18 所示。

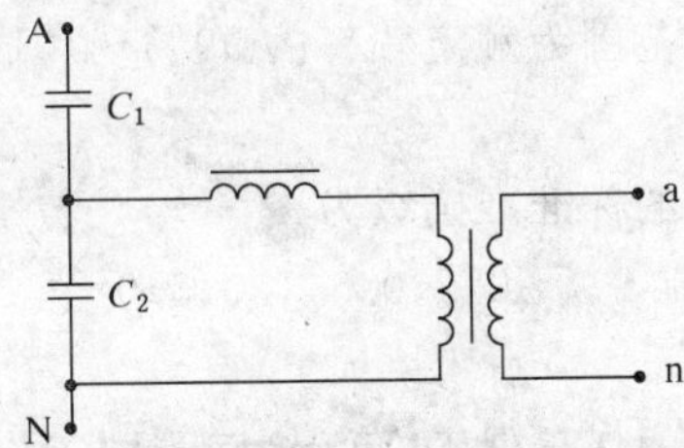

图 15 具有一个二次绕组的单相互感器

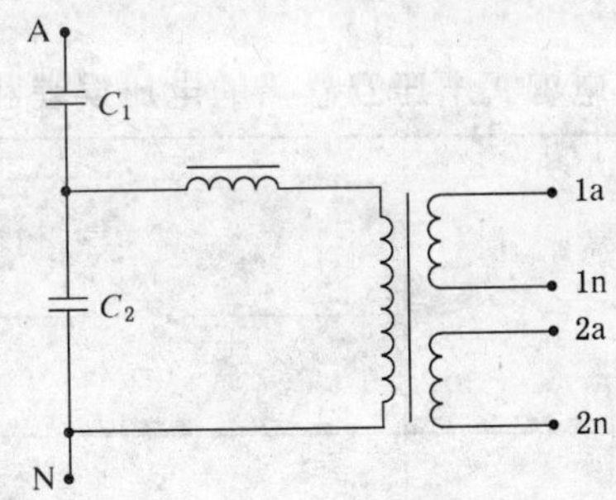

图 16 具有两个二次绕组的单相互感器

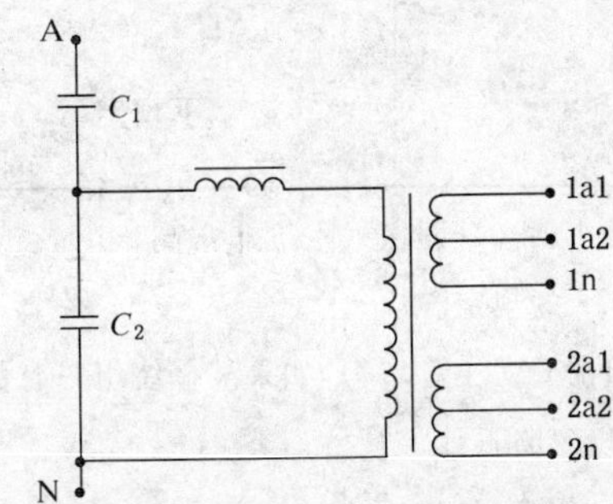

图 17 具有两个带抽头的二次绕组的单相互感器

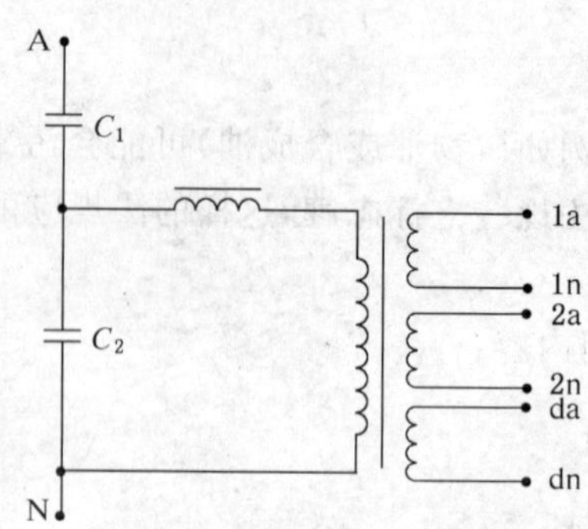

图 18　具有一个剩余电压绕组和两个二次绕组的单相互感器

14　测量用电容式电压互感器的补充要求

14.1　准确级的标识

测量用电容式电压互感器的准确级是以该准确级所规定的最大允许电压误差百分数来标识，它是额定电压和额定负荷下的误差。

14.2　频率的标准参考范围

测量用准确级频率的标准参考范围为额定频率的99%～101%。

14.3　标准准确级

单相测量用电容式电压互感器的标准准确级为：

0.2，0.5，1.0，3.0

14.4　电压误差和相位差的限值

当温度和频率在其参考范围内的任一值下，负荷为范围Ⅰ额定负荷的0%～100%额定值或范围Ⅱ额定负荷的25%～100%额定值时，相应准确级的电压误差和相位差不应超过表16所列值(参见图19)。

表 16　测量用电容式电压互感器的电压误差和相位差的限值

准确级	电压(比值)误差 ε_U ±%	相位差 φ_U ±	
		(′)	crad
0.2	0.2	10	0.3
0.5	0.5	20	0.6
1.0	1.0	40	1.2
3.0	3.0	不规定	不规定

注1：误差校验电桥的输入负荷非常小(≈0)(即输入阻抗非常高)。

注2：额定负荷的功率因数应按9.7.2的规定。

注3：对于具有两个或多个二次绕组的CVT(见9.7)，如果某一绕组只有偶然的短时负荷或仅作为剩余电压绕组使用时，它对其余绕组的影响可以忽略不计。

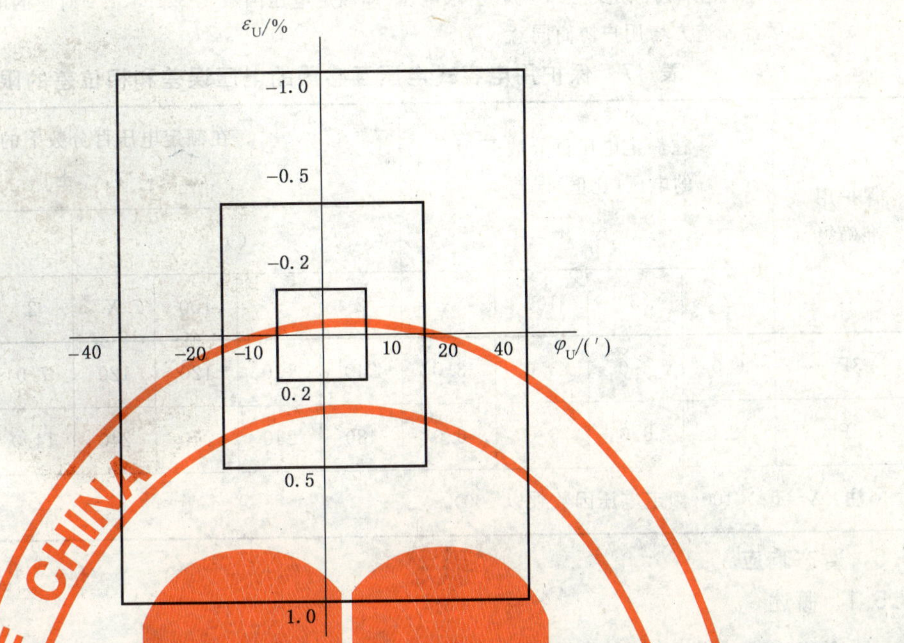

图 19 准确级为 0.2、0.5 和 1.0 的电容式电压互感器的误差图

14.5 准确度试验

14.5.1 型式试验

为验证是否符合 14.4 的要求，型式试验应在 80%、100% 和 120% 额定电压下，在频率标准参考范围的极限值(14.2)及额定负荷的上限值和下限值(9.7.1 和 9.7.2)下进行。

14.5.2 例行试验

例行试验的准确度检验应在环境温度、额定频率下，以减少的电压点数和/或负荷点数进行(见表 14)，只要已在同样的电容式电压互感器上的型式试验证实，这种减少点数的试验仍足以验证它符合 14.4 的要求。

15 保护用电容式电压互感器的补充要求

15.1 准确级的标识

保护用电容式电压互感器的准确级，以该准确级所规定的最大允许电压误差百分数来标识，它是 5% 额定电压到额定电压因数(见 6.4)所对应电压的误差。

其表示是在该数值后标以字母“P”。在 15.5 给出了暂态特性的补充级：T1、T2 和 T3。例如，3PT1 级是 3P 级和暂态特性 T1 的组合。

15.2 频率的标准参考范围

保护用准确级频率的标准参考范围为额定频率的 96%～102%。

15.3 标准准确级

保护用电容式电压互感器的标准准确级为“3P”和“6P”。

15.4 电压误差和相位差的限值

在 2% 和 5% 额定电压和额定电压乘以额定电压因数(1.2、1.5 或 1.9)的电压下，当温度和频率在其参考范围内的任一值下，负荷为范围Ⅰ负荷的 0%～100% 额定值或范围Ⅱ负荷的 25%～100% 额定值时，相应准确级的电压误差和相位差不应超过表 17 所列值。

注 1：额定负荷的功率因数应按 9.7.2 的规定。

注 2：对于具有两个或多个二次绕组的 CVT (见 9.7.4)：如果某一个绕组只有偶然的短时负荷或仅作为剩余电压绕组使用但电压不超过 120% 额定电压时，它对其余绕组的影响可以忽略不计。

注3：若互感器在5%额定电压下与在上限电压(即额定电压因数1.2、1.5、1.9对应的电压)下的误差限值不相同，必须经制造方与用户协商同意。

表17 保护用电容式电压互感器的电压误差和相位差的限值

保护用准确级	在额定电压百分数下的电压(比值)误差 ε_U ±%				在额定电压百分数下的相位差 φ_U ±							
					(′)				crad			
	2	5	100	X	2	5	100	X	2	5	100	X
3P	6.0	3.0	3.0	3.0	240	120	120	120	7.0	3.5	3.5	3.5
6P	12.0	6.0	6.0	6.0	480	240	240	240	14.0	7.0	7.0	7.0

注：$X=F_v\times100$(额定电压因数乘以100)。

15.5 暂态响应

15.5.1 概述

暂态响应特性为一次短路后规定时间 T_s 时的二次电压 $U_2(t)$ 对一次短路前的二次电压峰值 $\sqrt{2}U_2$ 之比值。一次电压 $U_1=U_1(t)$ 短路后的二次电压 $U_2=U_2(t)$ 可以用图20表示。

注：故障条件下电容式电压互感器的暂态响应参见附录G。

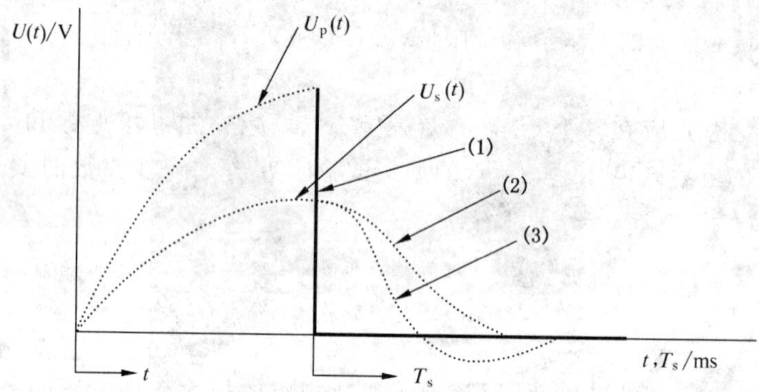

图中：

(1)——$U_p(t)$ 短路；

(2)——$U_s(t)$ 非周期性衰减；

(3)——$U_s(t)$ 周期性衰减。

图20 电容式电压互感器的暂态响应

15.5.2 暂态响应要求

在高压端子A与接地的低压端子N之间的电源短路后，电容式电压互感器的二次电压，应在规定时间 T_s 内衰减到相对于短路前峰值电压的某一规定值(见图20)。

15.5.3 标准的暂态响应级

暂态响应特性为一次短路后规定时间 T_s 时的二次电压 $U_2(t)$ 对一次短路前的二次电压峰值 $\sqrt{2}U_2$ 之比值。标准的暂态响应级见表18。

表 18 暂态响应级标准值

时间 T_s/ms	比值 $\frac{\lvert U_s(t)\rvert}{\sqrt{2}\cdot U_s}\cdot 100\%$		
	分级		
	3PT1 6PT1	3PT2 6PT2	3PT3 6PT3
10	—	≤25	≤4
20	≤10	≤10	≤2
40	<10	≤2	≤2
60	<10	≤0.6	≤2
90	<10	≤0.2	≤2

注 1：对于某一规定的级，二次电压 $U_s(t)$ 的暂态响应可能是非周期性或周期性衰减，可采用可靠的阻尼装置。

注 2：对电容式电压互感器的 3PT3 和 6PT3 暂态响应级需采用阻尼装置。

注 3：由制造方与用户协商确定可采用其他的比值和时间 T_s 值。

注 4：暂态响应级的选用依据所用保护继电器的特性。

如果采用阻尼装置，其可靠性的验证应该包含在制造方与用户的协议之中。

15.5.4 暂态响应的型式试验

试验应按照 9.8 的规定进行。

15.6 对用于产生剩余电压的二次绕组的要求

15.6.1 额定二次电压

要求与同类绕组连接成开口三角以产生剩余电压的绕组，其额定二次电压列于表 19。

表 19 用以产生剩余电压的电容式电压互感器的额定二次电压

优先值/V	可用值(非优先值)/V	备　　注
100	$\frac{100}{\sqrt{3}}$	用于中性点有效接地系统
$\frac{100}{3}$	100	用于中性点非有效接地或不接地系统

15.6.2 额定输出

要求与同类绕组连接成开口三角形以产生剩余电压的绕组，其额定输出应以伏安值表示，并应在 6.3 的规定值中选取。

15.6.3 额定热极限输出

剩余电压绕组的额定热极限输出应以伏安值表示，在额定二次电压下和功率因数为 1 时，其数值应为 15VA、25VA、50VA、75VA、100VA 及其 10 的倍数。有下划线者为优先值。

注：由于剩余电压绕组接成开口三角形，这些绕组仅在故障条件下承担负荷。

与 3.1.15b)的定义不同，剩余电压绕组的额定热极限输出应是持续时间 8 h。

15.6.4 准确级

剩余电压绕组的准确级应为 15.3 和 15.4 规定的 3P 或 6P。

15.6.5 型式试验

15.6.5.1 温升试验

如果二次绕组中有一个作为剩余电压绕组使用，试验应按照 9.1 的规定进行，试验结果应满足 6.5 的要求。

在预先按一次电压 $1.2U_{pr}$ 进行试验时，剩余电压绕组不接负荷。

在1.9倍额定一次电压持续8h的试验时，剩余电压绕组连接对应于额定热极限输出(见15.6.3)的负荷，而其他绕组皆连接其额定负荷。

如果其他绕组规定了热极限输出，应按9.1在 U_{pr} 下进行补充试验，但剩余电压绕组不接负荷。

注：试验电压测量必须在一次绕组上进行，因为实际二次电压可能明显低于额定二次电压乘以电压因数。

15.6.5.2 准确度试验

为验证是否符合15.4的要求，型式试验应在2%、5%和100%额定电压及额定电压因数乘以额定电压的电压下进行，所接负荷是：输出在1 VA～7.5 VA和功率因数1时，为0%～100%额定值，或输出在10 VA～100 VA和功率因数0.8滞后时，为25%～100%额定值。

当互感器有多个二次绕组时，它们的负荷按照15.4注2的说明施加。

剩余电压绕组在电压不超过120%额定电压的各个试验中不接负荷，而在电压等于额定电压乘以额定电压因数(1.5或1.9)的试验中连接额定负荷。

15.6.6 例行试验

15.6.6.1 准确度试验

准确度例行试验或准确度检验原则上与15.6.5.2的型式试验相同。例行试验应在额定频率下以减少的电压点数和/或负荷点数进行(见10.6和表14)，只要已在同样的电容式电压互感器上的试验证实，这种减少点数的试验仍足以验证它符合15.4的要求。

16 铭牌

16.1 铭牌标志

铭牌标志内容见表20。

表20 铭牌标志

序号	项　　目	缩写符号[单位]	M－CVT	(M＋P)－CVT	条款
1	制造企业名称或缩写		○	○	
2	品名:电容式电压互感器		○	○	
3	型号,牌号		○	○	
4	制造年份		○	○	12.2
5	序号		○	○	12.2
6	设备最高电压	U_m[kV]	○	○	7/7.1
7	额定绝缘水平按 U_m 用SIL/BIL/AC表示， 例如　范围Ⅰ:AC/BIL 范围Ⅱ:AC/SIL/BIL		○	○	7/7.1
8	额定频率	f_r[Hz]	○	○	3.1.2
9	额定电压因数(及时间)	F_V	○	○	6.4
10	电容分压器额定电容	C_r[pF]	○	○	3.2.6
11	高压电容器额定电容	C_{1r}[pF]	○	○	3.2.8
12	中压电容器额定电容	C_{2r}[pF]	○	○	3.2.9
13	电容器单元数量		○	○	3.2.3
14	电容器单元序号		○	○	12.2
15	环境温度类别		○	○	5.2.1 5.3.2

表 20(续)

序号	项　　目	缩写符号[单位]	M—CVT	(M+P)—CVT	条款
16	电容分压器:绝缘油 (矿物油或合成油)	种类 质量[kg]	○	○	12.1
17	电磁单元:绝缘油 (矿物油或合成油)	种类 质量[kg]	○	○	10.7
18	完整 CVT 的质量	kg	○	○	
19	标准代号	GB/T 4703—2007	○	○	
20	一次端子　电流 I: 联结 A1—A2	I[A] A1—A2	○	○	3.1.36
21	额定一次电压和端子标志	A—N U_{pr}[V]	○	○	3.1.4
22	二次绕组端子标志	1a—1n 2a—2n da—dn	○	○	13.2
23	二次绕组电压	U_{sr}[V]	○	○	3.1.5 6.2.2
24	额定输出值($\cos\varphi = 0.8$ 或 $\cos\varphi = 1.0$)	[VA]	○	○	6.3
25	准确级	M	○		14.4
26	准确级	M P	○	○	14.4 15.4
27	在满足其准确级要求时,完整 CVT 的各绕组最大同时总输出	[VA] M	○		14.4
		[VA] P		○	15.4
		[VA] M		○	14.4
		[VA] P		○	15.4
28	热极限输出	[VA]	○	○	15.6.3
29	暂态响应级			○	15.5.3
30	载波附件 排流线圈 限压装置,BIL 1.2/50 μs	 [mH] [kV]	 ○ ○	 ○ ○	 17.2.1 17.2.2

注 1:缩写符号的含义:

○——在填表中表示适用;

M——测量用;

P——保护用;

(M+P)——测量用和保护用;

AC——短时工频耐受电压;

BIL——基本冲击绝缘水平;

SIL——操作冲击绝缘水平。

注 2:载波附件各项可列在补充铭牌上。

16.2 典型铭牌示例

典型铭牌示例见图 21。

(1)
(2) 电容式电压互感器 型号 (3)
序号 (5) 年份 (4) 质量 (18) kg
U_m (6) kV f_r (8) Hz 绝缘水平 (7) AC/SIL/BIL kV 额定电压因数 F_V (9)
温度范围 (15) ℃ 电容器:绝缘油种类 (16) 质量 (16) kg
电磁单元:绝缘油种类 (17) 质量 (17) kg
C_r (10) pF C_{1r} (11) pF C_{2r} (12) pF
电容器单元序号 (14) 电容器单元数量 (13)
载波附件:排流线圈 (30) mH 通过A1—A2的线电流 (20)
限压装置 BIL1.2/50 μs (30) kV
U_{pr} [V] (21) A—N (19) GB/T 4703 — 2007
(22) 1a—1n 2a—2n 3a—3n da—dn
U_{sr} [V] (23) (23) (23) (23)
额定输出 [VA] (24) (24) (24) (24)
准确级 (25)/(26) (25)/(26) (25)/(26) (25)/(26)
最大同时总输出 [VA] (27)
最大热极限输出 [VA] (28) (28) (28) (28)
暂态响应级 (29) (29) (29) (29)

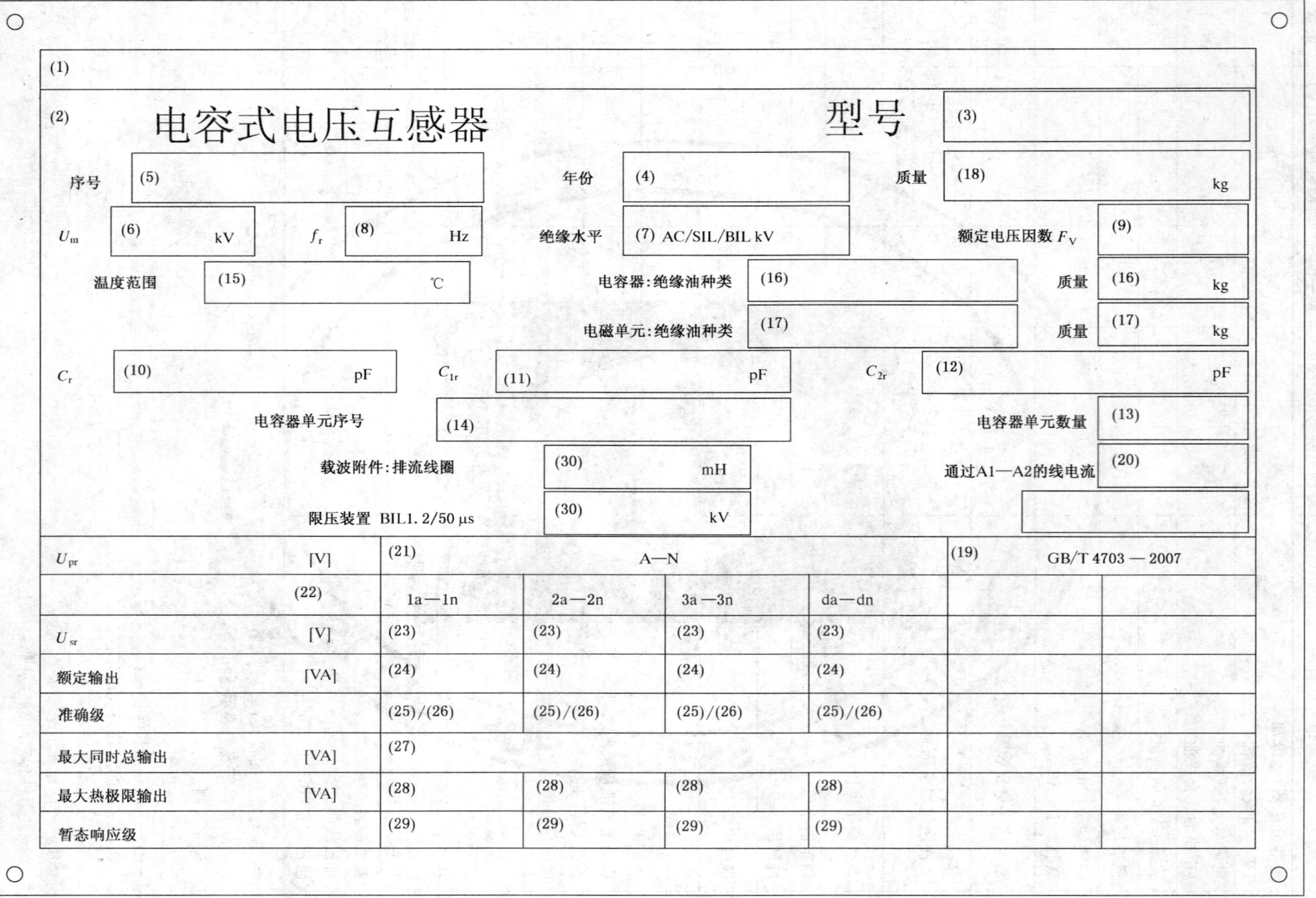

图 21 典型铭牌示例

17 对载波附件的要求

17.1 概述

载波附件包括一个排流线圈和一个限压装置，应接在电容分压器低压端子与接地端子之间。典型的连接如图 C.2 所示。载波附件为可选配置。

当载波附件由制造方连接在中压电容器的接地连接线上时，电容式电压互感器的准确度应保持其规定的准确级(见图 C.2)。

对完整的耦合装置的要求按照 GB/T 7329 的规定。

17.2 排流线圈和限压装置

17.2.1 排流线圈

排流线圈应设计为：

a) 排流线圈工频阻抗必须尽可能低，不得超过 20 Ω。

b) 工频电流的承载能力：

- 连续工作：1 A(方均根值)；
- 短时电流：50 A(方均根值)，时间 0.2 s。

c) 排流线圈应能承受 1.2/50 μs 冲击电压，其峰值为限压装置冲击火花放电电压值的两倍。

17.2.2 限压装置

限压装置可以是火花放电间隙或其他类型的避雷器，其工频火花放电电压 U_{SP} 大于额定工作条件下排流线圈两端最大交流电压的 10 倍。

电压 U_{SP} 用下式表示：

$$U_{SP} \geqslant 10F_V(2\pi f_r)^2 C_r L_D U_m/\sqrt{3}$$

式中：

L_D——排流线圈的电感，H。

注 1：绝缘水平示例：

a) 工频耐受电压：

- 空气间隙避雷器：2 kV(方均根值)；
- 有火花间隙的非线性避雷器：额定电压约 1 kV(方均根值)。

b) 冲击耐受电压：

- 空气间隙避雷器和有火花间隙的非线性避雷器：在波形 8/20 μs、峰值约 4 kV 的冲击试验电压下，避雷器须能承受峰值电流至少 5 kA。

注 2：仅空气间隙避雷器或有火花间隙的非线性避雷器适用于本用途。

17.3 载波附件的型式试验

17.3.1 排流线圈的型式试验

17.3.1.1 冲击电压试验

排流线圈的冲击耐压试验应按图 C.2 电路图进行，应预先将限压装置断开。应依次施加 1.2/50 μs 电压冲击 10 次，负极性 5 次和正极性 5 次(见 GB/T 16927.1)。

17.3.1.2 交流电压耐受试验

交流电压耐受试验应在排流线圈两端子之间施加工频电压进行。其试验电压必须调整到能获得 1 A电流(方均根值)。试验中应测量温升 ΔT，试验连续进行直至温升达到稳定(变化率 ΔT 不超过 1 K/h)。温升应不超过表 3 的相应值。

17.3.2 限压装置的型式试验

规定为冲击电压试验。

试验时应连接排流线圈，按图 C.2 电路图进行。

对空气间隙避雷器和有火花间隙的非线性避雷器，应依次施加 8/20 μs 火花放电电压，负极性 5 次和正极性 5 次。

注：有关 PLC 系统的完整耦合装置的其他试验，例如工作衰耗和回波损耗试验由 GB/T 7329 规定。这些试验仅适用于装有 PLC 附件的电容式电压互感器。

17.4 载波附件的例行试验

17.4.1 排流线圈的例行试验

排流线圈的例行试验如下：

a) 工频阻抗测量。

b) 交流试验：

试验时应在排流线圈两端子之间施加工频电压持续 1 min。其试验电压必须调整到能获得 1 A电流（方均根值）。

17.4.2 限压装置的例行试验

对以下情况规定如下例行试验：

a) 空气间隙避雷器

工频火花放电电压的测量。

b) 有火花间隙的非线性避雷器

用持续额定耐受电压进行交流试验。

17.5 铭牌标志

装有载波附件的电容式电压互感器，其铭牌应包含的附加内容如表 21 所示：

表 21 装有载波附件的电容式电压互感器的铭牌标志的附加项目

<table>
<tr><td colspan="2">载波附件</td></tr>
<tr><td colspan="2">排流线圈 L_D[mH]</td></tr>
<tr><td rowspan="2">限压装置</td><td>型号：</td></tr>
<tr><td>火花放电电压
(1.2/50 μs 或
8/20 μs)</td></tr>
</table>

附　录　A
（资料性附录）
本标准章条编号与 IEC 60044-5:2004 章条编号对照

表 A.1 给出了本标准章条编号与 IEC 60044-5:2004 章条编号的对照。

表 A.1　本标准章条编号与 IEC 60044-5:2004 章条编号对照

本标准章条编号	对应 IEC 60044-5:2004 章条编号
3.3.5	—
7.2.7.4	—
7.2.7.5	—
8.1	—
8.2	8.1
8.3	8.2
8.4	8.3
8.5	8.4
10.7	9.7
9.7	9.8
9.8	9.9
9.9	9.10
10.7	9.7
附录 A	—
附录 B	—
附录 C	附录 A
附录 D	—
附录 E	—
附录 F	附录 C
附录 G	附录 B

附 录 B
（资料性附录）
本标准与 IEC 60044-5:2004 技术性差异及其原因

表 B.1 给出了本标准与 IEC 60044-5：2004 技术性差异及原因。

表 B.1 本标准与 IEC 60044-5:2004 技术性差异及原因

本标准章条编号	技术性差异	原因
1	删除“本标准代替 IEC 60186 中有关电容式电压互感器的内容”句。	前言中已有说明。
	将注 1 中“本标准适用的电容式电压互感器电路图见图 A.1 和图 A.2”更改为“附录 C 给出了本标准适用的电容式电压互感器电路图示例”。	将附录引入标准正文(附录排序调整见附录 A)。
	新增“注 2：用户如有需要，本标准也适用于 U_m 为 40.5 kV 的电容式电压互感器”。	根据我国电力用户的使用需要。
2	增加引用标准 GB/T 11023－1989《高压开关设备六氟化硫气体密封试验方法》。	在充气式 CVT 的密封性试验中引用。
3.1.15	在 b)项中增加“……(且不损坏电容式电压互感器部件)……”。	增加限定条件的附加说明。
3.3.5	新增术语“补偿电抗器的保护器件”。	根据本标准内容增加。
3.4.3	新增 c)项“在一次侧开关合闸时”。	根据本标准内容增加。
5	新增条标题“5.1 环境条件分类”，以下各条号顺延。	原 IEC 标准此处要求为悬置段。
5.3.1	用 GB 311.1 规定的海拔校正因数代替 IEC 60044-5 推荐的海拔校正因数，并将后者在附录 F 中给出，以供参考。	GB 311.1 是我国电力系统的强制性基础标准，其要求与 IEC 60044-5 有差异。
6.2.2	额定二次电压选用了 IEC 6044-5 推荐的一种标准值 $100/\sqrt{3}$ V。	根据我国电力系统实用情况选用。
7.1	表 4 中标准绝缘水平数值用 GB 311.1 的规定值代替 IEC 60044-5 的推荐值。	GB 311.1 是我国电力系统的强制性基础标准，其要求与 IEC 60044-5 有差异。
7.2.1 7.2.2	将原 7.2.2 下的列项(三项)移至 7.2.1 下，并根据内容要求将第 1 项修改为“进行本项试验和 7.2.2 试验时……”。	这些列项的要求为 7.2.1 和 7.2.2 的共同要求。
7.2.6	对注 5 中 $\tan\delta$ 的参考值，根据我国实际情况提出了更严格的要求。分别用“0.004”和“0.0015”代替 IEC 60044-5 提出的“0.005”和“0.002”。	有利于控制产品质量。
7.2.7.1	a) 电磁单元的额定雷电冲击耐压表达式中增加“额定”二字。 同一表达式中“C_1、C_2”分别用“C_{1r}”“C_{2r}”代替，并且增加一个电压不均匀系数 K； b) 电磁单元的额定短时工频耐压表达式“CVT 的额定短时工频试验电压$\times\frac{C_{1r}}{C_{1r}+C_{2r}}\times K$”代替 IEC 60044-5 推荐的“$U_{PR}\times 3.3\times\frac{C_1}{C_1+C_2}$”，且删除注 3。	IEC 60044-5 原文采用“C_1、C_2”计算不确切，且 b)中乘以 3.3 的系数亦不合理。 根据我国经验修改。

表 B.1(续)

本标准章条编号	技术性差异	原因
7.2.7.4	增加了对“补偿电抗器及其保护器件的绝缘要求”。	符合我国实际情况,有利于控制产品质量。
7.2.7.5	增加了对“中压回路低压端子的绝缘要求”。	符合我国实际情况,有利于控制产品质量。
7.4.2	$\hat{\varepsilon}_{F}$的表达式删除了“(T_F)”,并在$\hat{U}_s$的说明中增加了在“时间T_F之后”。	避免了 IEC 60044-5 原表达式中可能造成的混淆。
7.6	表 9 中电压值调整为 GB 311.1 的规定值,并在 72.5(kV)后增加“(40.5)”。	GB 311.1 是我国电力系统的强制性基础标准,其要求与 IEC 60044-5 有差异。
8	新增条标题“8.1　概述”,以下各条号顺延。	原 IEC 标准此处要求为悬置段。
8.1	第 1 段后增加“注:电容式电压互感器的高频特性参见附录 F”。	将附录引入标准正文。
8.2	删除了型式试验项目中的“电磁单元密封性试验”项,将该项目调整到例行试验中(同时将有关试验项目的序号进行了调整)。	有利于控制产品质量。
8.3	将例行试验项目中的“二次绕组的工频耐压试验”合并到“电磁单元的工频耐压试验”中,并增加了“电磁单元密封性能试验”项(同时将有关试验项目的序号进行了调整)。	二次绕组是电磁单元的组成部分,合并一起试验更趋合理,但不改变原试验要求和方法。
8.5	图 2 根据 8.2 和 8.3 的试验项目进行调整。	原因同 8.2、8.3。
9.1	将试验的环境温度“10℃～30℃”用“5℃～40℃”代替(下文中的 9.3 和 9.9 同此)。	根据我国各地试验室温度的实际情况而修改。
9.2.1	增加“注 4:应在 CVT 的结构上采取措施,以便在现场能对 C_1 和 C_2 分别进行测量。”	为方便运行现场进行绝缘监测。
9.4.2	删除 a)和 b)项中的“不作大气条件校正”句。	对外绝缘而言,大气条件校正是必要的。
	a)项注中的“为试验外绝缘而规定的”更改为“为试验内绝缘和外绝缘而规定的”。	内绝缘和外绝缘无法分开试验。
9.9	删除本条中的“试验应按照 IEC 60044-2(互感器　第 2 部分:电磁式电压互感器)的规定进行”,将完整的试验方法直接写进本标准。	便于标准的使用。
10.1	增加“注 2:充气式电容分压器的密封性能试验应参照 GB/T 11023执行”。	用于充气式 CVT 电容分压器的密封性能试验。
10.2.2	注中举例 CVT 的设备最高电压、额定短时工频耐受电压、电容分压器单元数目以及相应的试验电压均以我国 GB 311.1 规定和产品结构为基础作相应修改。	不符合我国国情。
10.2.3.1	图 10 中的注脚按正图进行修改。	图与注不符。
10.4.1	将额定短时工频耐受电压的计算公式中的“C_1、C_2”分别用“C_{1r}”“C_{2r}”代替,并将电压不均匀系数“3.3”更改为“K”。	同 7.2.7.1。

表 B.1(续)

本标准章条编号	技术性差异	原因
10.4.2	条标题用"段间、二次绕组、补偿电抗器及其保护器件、中压回路低压端子的耐压试验"代替 IEC 60044-5 中的"段间及二次绕组的耐压试验",并对试验要求作相应的调整和补充。	便于实际操作。
10.6	表 14 中增加"注:一个绕组同时用于测量和保护时,则应分别按测量和保护的要求进行试验"。	便于实际操作。
10.7	将"液体浸渍的电磁单元的密封性能试验"从 IEC 60044-5 的型式试验(9.7)移至例行试验,增加"注:充气式电磁单元的密封性能试验应参照 GB/T 11023 执行。"	有利于控制产品质量,用于充气式 CVT 电磁单元的密封性试验
11.1	删除本条中的"试验和测量条件应按照 IEC 60044-2(互感器 第 2 部分:电磁式电压互感器)的规定",将完整的试验方法和试验条件直接写进本标准。	便于使用。
11.2	表 15 中(对具有通过电流端子的水平力的施加方式)增加了俯视图; 并增加"注 2:如果电容器单元上具有穿通瓷件壁的侧向中压端子或低压端子,还应在该端子相反方向对一次线路端子施加试验载荷"。	以清楚地表明水平纵向及水平横向力的施加方式; 对具体的载荷的施加方式进行补充说明。
11.4	在末段增加"注:充气式电容器单元的密封性能试验应按 GB/T 11023 进行年泄漏率试验"。	用于充气式 CVT 电容器单元的密封设计试验。
12.2	铭牌标志中增加"额定电压"和"质量"。	便于用户使用。
13.2	图 18 中增加一个二次绕组。	更广泛地覆盖我国实际应用情况。
15.4	注 2 内容增加"……如果电容器单元上具有穿通瓷件壁的侧向中压端子或低压端子,还应在该端子相反方向对一次线路端子施加试验载荷……"。	根据我国电力系统的实际应用情况。
15.5.1	新增"注:故障条件下电容式电压互感器的暂态响应参见附录 G"。	将附录引入标准正文。
15.6.1	将表 19 中的二次电压按我国电力系统实用情况进行调整。	不符合我国国情。
16.6.5.2	将末段的"……在电压不超过 100%额定电压……"更改为"……在电压不超过 120%额定电压……"。	根据我国电力系统的实际应用情况。
16.1	表 20 中的序 9 增加"(及时间)"; 序 24 增加"($\cos\varphi = 0.8$ 或 $\cos\varphi = 1.0$)"。	使铭牌内容更加完整。
16.2	增加"典型铭牌示例见图 21",并增加图标题"图 21 典型铭牌示例"。	便于标准的使用。
附录 D	将 IEC 60044-5:2004 中规定的海拔校正因数列出作为参考。	作为参考资料,供不同用户选用。
附录 E	将 IEC 60044-5:2004 中规定的标准绝缘水平列出作为参考。	作为参考资料,供不同用户选用。

附 录 C
（规范性附录）
电容式电压互感器电路图示例

图 C.1 电容式电压互感器电路图示例

图 C.2 具有载波附件的电容式电压互感器电路图示例

附 录 D
（资料性附录）
IEC 60044-5：2004 标准规定的海拔校正因数

当安装处海拔超过 1 000 m 时，在标准大气条件下的闪络距离，应由使用地区要求的耐受电压乘以图 D.1 查得的系数 k 来确定。

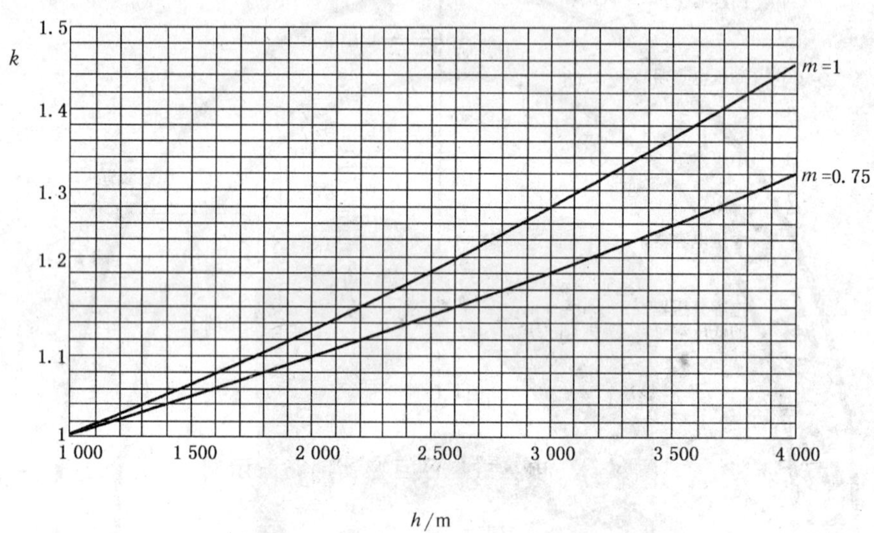

图 D.1 外绝缘的海拔校正因数

这些系数可用下式计算：

$$k=e^{m(h-1\,000)/8\,150}$$

式中：

h——海拔，m；

$m=1$——适用于工频和雷电冲击电压；

$m=0.75$——适用于操作冲击电压。

注：内绝缘的耐电强度不受海拔影响。检验外绝缘的方法应由制造方和用户协商确定。

附 录 E
（资料性附录）
IEC 60044-5：2004 标准规定的标准绝缘水平

IEC 60044-5：2004 标准规定的标准绝缘水平见图 E.1。

范围	设备最高电压 U_m（方均根值）/kV	额定操作冲击耐受电压（峰值）/kV	额定雷电冲击耐受电压（峰值）/kV	额定短时工频耐受电压（方均根值）/kV
I	72.5		325	140
	100		450	185
	123		450	185
			550	230
	145		550	230
			650	275
	170		650	275
			750	325
	245		950	395
			1 050	460
II	300	750	950	395
		850	1 050	460
	362	850	1 050	460
		950	1 175	510
	420	950	1 300	570
		1 050	1 425	630
	525	1 050	1 425	630
		1 175	1 550	680
	765	1 425	1 950	880
		1 550	2 100	975

注1：对于暴露安装，推荐选用最高的绝缘水平。

注2：由于 U_m=765 kV的试验电压水平尚未最终确定，故其操作和雷电冲击试验水平可能需要调整。

图 E.1 标准绝缘水平

附 录 F
（规范性附录）
电容式电压互感器的高频特性

在 GB/T 19749—2005 的 2.8 和附录 B 中，阐述和规定了高频特性、要求和试验，这对用于载波系统中的电容式电压互感器至为重要。

GB/T 19749—2005 附录 B 的内容：

——B.1 高频电容和等效串联电阻。

——B.2 低压端子的杂散电容和电导。

——B.3 耦合电容器的高频电流。

——B.4 高频电容和等效串联电阻的测量。

GB/T 19749 适用于电容式电压互感器有关高频特性的要求和试验。

附 录 G
（资料性附录）
故障条件下电容式电压互感器的暂态响应

对于采用纯电容分压器作为高电压传感器的电容式电压互感器，极重要的暂态问题是“陷阱电荷”现象。

当电力线路被切断时，电荷可能滞留在线路上。如果线路未进行接地或通过所接低阻抗装置放电，电荷可保持数日。电荷量取决于切断瞬间的电压相位。最坏的情况是电压在其峰值$\sqrt{2}\cdot U_1$ 的瞬间，这时分压器的高压电容器 C_1 充电，积累电荷 $q_1=C_1\cdot\sqrt{2}\cdot U_1$，而二次电容器 C_2 通过并联的电磁单元放电。当线路再接入时 C_2 将重新充电。

$$U_{C_2}(t)=-q_1/(C_1+C_2)=-\sqrt{2}\cdot U_1 C_1/(C_1+C_2)\approx-\sqrt{2}\cdot U_1(C_1/C_2)$$

此电压按电磁单元确定的时间常数作指数衰减，叠加在正弦波信号上，造成非常大的误差。

ICS 97.030
Y 63

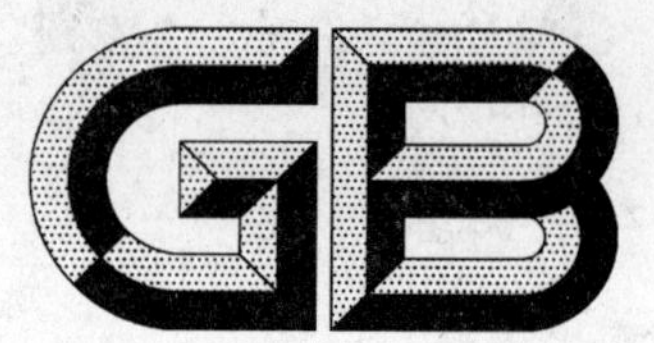

中华人民共和国国家标准

GB 4706.2—2007/IEC 60335-2-3:2005(Ed5.1)
代替 GB 4706.2—2003

家用和类似用途电器的安全 第2部分:电熨斗的特殊要求

Household and similar electrical appliances—Safety—
Part 2:Particular requirements for electric irons

(IEC 60335-2-3:2005(Ed5.1),IDT)

2007-11-12 发布 2009-01-01 实施

中华人民共和国国家质量监督检验检疫总局
中国国家标准化管理委员会 发布

前言

本部分的全部技术内容为强制性。

GB 4706 是家用和类似用途电器的安全的系列标准，分为以下几部分：

第 1 部分：通用要求；

第 2 部分：特殊要求。

本部分是家用和类似用途的电熨斗的特殊安全要求，等同采用 IEC 60335-2-3:2005(Ed5.1)《家用和类似用途电器的安全 第 2 部分：电熨斗的特殊要求》(英文版)。

本部分应与 GB 4706.1—2005《家用和类似用途电器的安全 第 1 部分：通用要求》配合使用。

本部分通过增补或修改 GB 4706.1—2005 而形成，写明“适用”的部分，表示 GB 4706.1—2005 的相应条文适用于本部分；写明“代替”的部分，则以本部分的条文为主；写明“修改”的部分，表示 GB 4706.1—2005相应条文的相关内容应以本部分修改后的内容为准，而该条文中的其他内容仍适用；写明“增加”的部分，表示除要符合 GB 4706.1—2005 的相应条文外，还应符合本部分所增加的条文。

本部分代替 GB 4706.2—2003《家用和类似用途电器的安全 电熨斗的特殊要求》。

为便于使用，本部分对 IEC 60335-2-3 作了下列编辑性修改：

a) “第 1 部分”一词改为“GB 4706.1”；

b) 用小数点“.”代替作为小数点的逗号“,”。

本部分与 GB 4706.2—2003《家用和类似用途电器的安全 电熨斗的特殊要求》的主要差异如下：

a) 本部分应与 GB 4706.1—2005 配合使用，而 GB 4706.2—2003 与 GB 4706.1—1998 配合使用。

b) 本部分第 2 章至第 5 章的内容编排与 GB 4706.2—2003 的第 2 章至第 5 章的编排有变化。

c) 本部分 5.3 规定 22.102 的试验在第 11 章的试验中进行，而 GB 4706.2—2003 则规定在第 11 章试验结束时进行(注意：本部分的 22.102 为 2003 版的 22.103,22.103 为 2003 版的22.102)。

d) GB 4706.2—2003 中 7.1 增加了脚注 1)，本部分取消。

e) GB 4706.2—2003 中 11.6 为不适用项，而本部分为适用。

f) GB 4706.2—2003 第 14 章的空章改为本部分的瞬时过电压。

g) 15.2 中溢水试验试验的方法略有改变。

h) 19.4 的试验要求有变化。

i) 本部分增加 21.102 跌落试验要求。

j) GB 4706.2—2003 中 22.102“为满足 19.4 要求而装在电熨斗内的任何装置应是非自复位型的，并只能用工具才能触及到”一句在本部分中移至 24.101。

k) 本部分增加 22.107 的要求。

对 GB 4706.1 增加的条款从 101 开始编号。

本部分由中国轻工联合会提出。

本部分由全国家用电器标准化技术委员会归口。

本部分起草单位：广州电器科学研究院、飞利浦香港电子香港有限公司、松下·万宝(广州)电熨斗有限公司、漳州灿坤实业股份有限公司、中国华裕电器集团有限公司、上海赛博电器有限公司、广州日用电器检测所、超人集团有限公司。

本部分主要起草人：徐艳容、彭咏添、陈子良、张涛、李正、黄照奇、高承荣、李秉成、唐仙强。

本部分于 1986 年首次发布，1996 年第 1 次修订，2003 年第 2 次修订。

IEC 前言

1) IEC(国际电工委员会)是由所有国家的电工委员会(IEC 国家委员会)组成的世界范围内的标准化组织,IEC 的宗旨就是促进各国在电气和电子标准化领域的全面合作。鉴于以上的目的并考虑到其他活动的需要,IEC 还出版国际标准、技术规范、技术报告、公开可得到的规范(PAS)和导则(以下统称为"IEC 出版物"),这些标准的制定工作是委托各技术委员会来完成的。任何对此技术问题感兴趣的 IEC 国家委员会都可以参加制定工作。与 IEC 有联系的国际、政府及非政府组织也可参加标准制定工作。根据 IEC 和 ISO 两组织达成的协议,它们在工作上有着密切的协作关系。

2) IEC 有关技术问题的决议或协议是由所有对此问题感兴趣的 IEC 国家委员会参加的技术委员会制定的,并尽可能表述对所涉及的问题在国际上的一致意见。

3) IEC 出版物具有推荐给国际上使用的形式,并在此意义上为 IEC 国家委员会所接受。虽然 IEC 有责任努力确保 IEC 出版物的技术内容是准确的,但没有责任对他们使用的方式或任何最终使用者的误译进行控制。

4) 为了促进国际上的统一,IEC 希望各国家委员会在本国情况允许的范围内采用 IEC 出版物的内容作为他们国家的或地区性出版物。IEC 出版物与相应的国家或地区性出版物有差异的,应尽可能在本国出版物中明确地指出。

5) IEC 规定了表示其认可的无标志程序,但并不表示对某一设备声称符合某一 IEC 出版物承担责任。

6) 所有使用者都应保证他们拥有本出版物的最新版本。

7) 由于对本 IEC 出版物或其他任何 IEC 出版物的使用或依赖,而造成的任何人员伤害、财产损坏或任何形式的破坏(不论是直接还是间接的)或者成本(包括法律费用)和支出,IEC 或其理事会、雇员、服务人员或代理,包括其技术委员会及 IEC 国家委员会的专家和委员对此不负任何责任。

8) 要注意本出版物所引用的参考标准。为了正确地应用本出版物,使用这些被引用的出版物是必不可少的。

9) 本 IEC 出版物中的某些内容有可能涉及一些专利权问题,对此应引起注意。IEC 组织不负责识别任一或所有该类专利权问题。

IEC 60335 的本部分标准由 IEC 第 61 技术委员会:"家用和类似用途电器的安全"制定。

本加强版是基于 IEC 60335-2-3 的 2002 年第五版(依据 61/2096/FDIS 和 61/2127/RVD 文件)、2004 年第一次修改(依据 61/2740/FDIS 和 61/2798/RVD 文件)以及 2002 年 6 月勘误表。

它构成 5.1 版。

页边的垂直线表示基础出版物已经由增补件 1 进行修改。

本第 2 部分应与 IEC 60335-1 的最新版本及其增补件一起使用,它是在 IEC 60335-1 的第 4 版(2001)的基础上建立起来的。

注 1:在本标准里提到"第一部分"时,指的是 IEC 60335-1 标准。

本第 2 部分增补或修改了 IEC 60335-1 的相应章条,从而将其转化为 IEC 标准:电熨斗的安全要求。

如果"第一部分"中的某特殊条款在"第二部分"中没有提及,则该条款可以合理地使用。如果在本标准中标明"增加","修改",或"代替",则"第一部分"中对应的内容都要做相应的修改。

注 2:采用下列编号系统:

——从 101 开始编号的条、表、图是对"第一部分"增加的;

——除在新条中的注或在“第一部分”中涉及的注外，其余注要从 101 开始编号，包括已被替换了的条或小条里的注；

——增加的附录编号为 AA、BB 等。

注 3：采用下列印刷体：

——要求正体：罗马字体；

——试验技术规范：*斜体*；

——注释内容：小罗马字体。

正文中用黑体字印刷的词在第 3 章中给出定义，当一个定义涉及一个形容词时，该形容词和相关的名词也是黑体字。

委员会已经决定本基础出版物（即 IEC 60335-2-3 的 2002 年第五版）和其增补件的内容在 IEC 网站（http://webstore.iec.ch）中与该出版物相关数据栏里发布的维护结果日期前保持不变，届时本出版物将被：

- 重新确认；
- 废止；
- 由修订版本取代，或
- 被修改。

在一些国家中存在下述差异：

——6.1：不允许 0 类、01 类电熨斗（中国、土耳其）；

——11.8：对 PVC 绝缘，60K 的限值不适用（日本）；

——11.8：对于在点式支架上进行的电熨斗试验，所有温升限值适用（美国）；

——19.4：试验也应在点式支架上进行（美国）；

——21.101：跌落试验不同（美国）；

——22.105：不进行耐久性试验（美国）；

——25.7：不允许使用 PVC 软线（加拿大、日本、美国）；

——25.14：弯曲试验不同（美国）。

引 言

在起草本部分时已假定,由取得适当资格并富有经验的人来执行本部分的各条款。

本部分所认可的是家用和类似用途电器在注意到制造商使用说明的条件下按正常使用时,对器具的电气、机械、热、火灾以及辐射等危险防护的一个国际可接受水平。它也包括了使用中预计可能出现的非正常情况,并且考虑电磁干扰对于器具的安全运行的影响方式。

在制定本部分时已尽可能地考虑了 GB 16895 中规定的要求,以使得器具在连接到电源电路时符合布线的规则。但各国的布线规则可能不同。

如果一台器具的多项功能涉及到 GB 4706 第 2 部分的其他标准所覆盖的功能时,则只要是在合理的情况下,相关的第 2 部分标准要分别应用于每一功能。如果适用,应考虑到一种功能对其他功能的影响。

本部分是一个涉及器具安全的产品族标准,并在覆盖相同主题的同一水平和同一类别的标准中处于优先地位。

一个符合本部分文本的器具,当进行检查和试验时,发现该器具的其他特性会损害本部分要求所涉及的安全水平时,则将未必判定其符合本部分中的各项安全准则。

产品使用了本部分要求中规定以外的材料和结构形式时,则该产品可以按照这些要求的意图来进行检查和试验。如果查明其基本等效,则可以判其符合本部分的安全原则。

家用和类似用途电器的安全
第2部分:电熨斗的特殊要求

1 范围

GB 4706.1—2005 的该章用下述内容代替:

本部分涉及家用和类似用途的干式电熨斗和蒸汽电熨斗的安全,包括带有一个容量不超过5 L的分离式水箱或蒸发器的蒸汽电熨斗的安全,器具的额定电压不超过 250 V。

不打算作为一般家用,但对公众仍可能引起危险的器具,例如打算在商店、轻工业和农场中由非专业人员使用的电熨斗,也属于本部分的范围。

就实际情况而言,本部分所涉及的各种器具存在的普通危险,是在住宅和住宅周围环境中所有的人可能会遇到的。然而,一般说来本部分并未涉及:

——无人照看的幼儿和残疾人使用器具时的危险;

——幼儿玩耍器具的情况。

注 101:注意下述事实:

——对于打算用在车辆、船舶或航空器上的器具,可能需要附加要求;

——在许多国家中,全国性的卫生保健部门、全国性劳动保护部门以及类似的部门都对器具规定了附加要求;

——高压容器的附加要求由负责高压容器安全的国家相关部门来规定。

注 102:本标准不适用于:

——夹烫机(IEC 60335-2-44);

——专为工业用途设计的器具;

——打算使用在经常产生腐蚀性或爆炸性气体(如灰尘、蒸气或瓦斯气体)特殊环境场所的器具。

2 规范性引用文件

GB 4706.1—2005 的该章适用。

3 定义

GB 4706.1—2005 的该章除下述内容外,均适用。

3.1.9 代替:

正常工作 normal operation

器具在下述情况下工作:

把电熨斗放置在它的支座上,并将温控器调整到最高挡的位置下工作。

如果电熨斗没有温控器,则通过控制电源开关的通、断使底板中线的中点处表面温度维持在 250℃±10℃,或如果表面温度较低,则置于最高温度。

带有一个分离式水箱或蒸发器的蒸汽电熨斗在水箱或蒸发器注满水的情况下工作。

带有蒸发器的压力式蒸汽电熨斗在注水或不注水的情况下工作,选较不利者。

其他类型的蒸汽电熨斗在无水的情况下工作。

3.101

蒸汽电熨斗 steam iron

在熨烫时能对织物产生和提供蒸汽的电熨斗。

注:蒸汽电熨斗可装有一个对衣物喷发蒸汽的装置。

3.102

开口式蒸汽电熨斗 vented steam iron

水箱处于常压(大气压力)下,当水接触底板时产生蒸汽的蒸汽电熨斗。

注:水箱可以被装在电熨斗中或通过软管连接到电熨斗上。

3.103

压力式蒸汽电熨斗 pressurized steam iron

蒸发器在压力超过 50 kPa 时产生蒸汽的蒸汽电熨斗。

注:蒸发器可以被装在电熨斗中或通过软管连接到电熨斗上。

3.104

快速式蒸汽电熨斗 instantaneous steam iron

水箱和蒸发器处于常压(大气压力)下,从水箱抽取少量的水并当水接触到蒸发器的各壁时产生蒸汽的蒸汽电熨斗。

注:把水箱和蒸发器通过软管接到电熨斗上。

3.105

无绳电熨斗 cordless iron

仅当放置在本机支座上才能与电源连接的电熨斗。

注:在熨烫时,无绳电熨斗也可以通过一个带电源线的可拆卸部件直接与电源连接。

3.106

底板 soleplate

熨烫时在织物上熨压的电熨斗加热部分。

3.107

支座 stand

电熨斗的后盖或随电熨斗交付时提供的独立部件,供电熨斗不熨烫时放置使用。

注:分离式水箱或蒸发器可以作支座用。

4 一般要求

GB 4706.1—2005 的该章适用。

5 试验的一般条件

GB 4706.1—2005 的该章除下述内容外,均适用:

5.2 增加:

注 101:如果 21.101 的试验导致一个保护装置开路,则后面的试验应在另外一个单独的器具上继续进行。

注 102:21.102 的试验应在另外一个单独的器具上进行,25.14 增加的试验应在另外一个单独的器具上进行。

5.3 增加:

对于带温控器的电熨斗,应在第 11 章的试验之前进行 21.101 的试验。

22.102 的试验在第 11 章的试验中进行。

5.101 电熨斗应按电热器具进行试验,即使它装有电机。

5.102 如果无绳电熨斗在熨烫时也能直接与电源连接,那么两种操作模式的相关试验都要进行。

6 分类

GB 4706.1—2005 的该章适用。

7 标志和说明

GB 4706.1—2005 的该章除下述内容外,均适用:

7.1 **修改：**

器具应标明额定输入功率。

增加：

独立支座应标出下述内容：

——制造商或责任承销商的名称，商标或识别标志；

——支座的型号或系列号。

无绳电熨斗的支座应标出下述内容：

——额定电压或额定电压范围；

——额定输入功率。

7.12 **增加：**

使用说明应包含下述内容：

——在电熨斗接通电源期间，使用者不得离开；

——对于蒸汽电熨斗和装有喷水装置的电熨斗：在给水箱注水前必须将器具的电源软线的插头从插座上拔掉；

——对于压力式蒸汽电熨斗：在使用时不得打开注水口。应给出如何安全地给水箱注水的说明；

——对于无绳电熨斗：电熨斗必须与随机提供的支座一起使用；

——对于旅行用电熨斗：电熨斗是不打算经常使用的；

——电熨斗必须在稳定的表面上使用和搁置；

——当把电熨斗放置在其支座上时，应确保支座已放在稳定的表面上；

——如果电熨斗发生跌落、有可见的损坏迹象或有渗漏现象，则这个电熨斗不能使用。

7.15 **增加：**

对于带有一个分离的水箱或蒸发器的蒸汽电熨斗，应在包含有电源端子或电源软线的部件上标出总的额定输入功率。

8 对触及带电部件的防护

GB 4706.1—2005 的该章除下述内容外，均适用：

8.1.2 **增加：**

注 101：在无绳电熨斗支座上的连接器件不被认为是插座。

9 电动器具的启动

GB 4706.1—2005 的该章不适用。

10 输入功率和电流

GB 4706.1—2005 的该章适用。

11 发热

GB 4706.1—2005 的该章除下述内容外，均适用：

11.2 **代替：**

把电熨斗放置在测试角底板上的本机支座上，并远离两边壁，但蒸汽电熨斗的分离式水箱或蒸发器应放置在尽可能靠近测试角两边壁的位置上。测试角用厚度约为 20 mm、涂有无光黑漆的胶合板制成。

带有一个分离式水箱的开口式蒸汽电熨斗、压力式蒸汽电熨斗和快速式蒸汽电熨斗应在水箱空着和注满水但无蒸汽喷出两种条件下进行试验。

除无绳电熨斗外，其他电熨斗也应使底板以水平位置放置在三点式金属支架上进行试验，支架的高度至少为100 mm。带有一个独立水箱的开口式蒸汽电熨斗、压力式蒸汽电熨斗和快速式蒸汽电熨斗应在水箱或蒸发器注满水的条件下工作。

对于带有自动卷线盘的器具，其软线总长度的三分之一不卷入，然后在尽可能靠近卷线盘的毂盘并在卷线盘的最外两层软线之间来测定软线外皮的温升。但如果卷线盘作为在熨烫时可移动的部件，则软线完全不卷入。

对于除自动卷线盘以外的打算在器具工作时存放部分电源软线的贮线装置，其软线的50 cm不卷入，但对于用在熨烫时可移动的部件上的贮线装置，其软线完全不卷入。在最不利的位置上测量软线存放部分的温升。

11.4 增加：

如果装有电动机、变压器或电子电路的器具温升值超过规定的限值，而且输入功率小于额定输入功率，则器具在1.06倍的额定电压下重复进行试验。

11.7 代替：

电熨斗工作直至建立稳定状态。

当带有一个分离式水箱的开口式蒸汽电熨斗、压力式蒸汽电熨斗和快速式蒸汽电熨斗放在点式支架上进行试验时，应周期性喷发蒸汽，每个周期包括持续喷发蒸汽10 s和中断喷发蒸汽10 s。

11.8 修改：

除连接到独立容器的电源软线外，其他布线和电源软线的绝缘温升限值从50 K改为60 K。

增加：

在点式支架上的试验期间，仅测量内部布线和软线绝缘的温升。然而，这些温升限值适用于压力式蒸汽电熨斗和快速式蒸汽电熨斗的水箱和软管。软管的可触及表面的温升应符合对在正常使用中仅短时握持的手柄的温升值要求。如果非金属软管用编织材料包覆，则编织材料表面的温升值应不超过80 K。

当器具在1.15倍的额定输入功率下工作时，电动机、变压器、电子电路元件和直接受其影响的部分的温升可以超过规定的限值。

12 空章

13 工作温度下的泄漏电流和电气强度

GB 4706.1—2005的该章适用。

14 瞬态过电压

GB 4706.1—2005的该章适用。

15 耐潮湿

GB 4706.1—2005的该章除下述内容外，均适用：

15.2 修改：

除带有一个分离水箱或蒸发器的蒸汽电熨斗外，其他的蒸汽电熨斗应按下述要求进行试验：

将电熨斗按使用说明书规定注水时的位置放置，并用约含1%NaCl的盐水把水箱注满，再用0.1 L同样的水在1 min的时间均匀地注入，使水溢出，然后将电熨斗放在支座上经受16.3规定的电气强度试验，并放在支座上10 min后再重做一次16.3规定的电气强度试验。

电熨斗在水箱依然装满盐水的情况下，在正常工作条件及额定输入功率下工作1 min，然后应经受16.3规定的电气强度试验。

对于无绳电熨斗，如果把电熨斗放在本机支座上时也能容易地给水箱充水，那么也应在这个位置上对电熨斗进行溢出试验。

16 泄漏电流和电气强度

GB 4706.1—2005 的该章适用。

17 变压器和相关电路的过载保护

GB 4706.1—2005 的该章适用。

18 耐久性

GB 4706.1—2005 的该章不适用。

19 非正常工作

GB 4706.1—2005 的该章除下述内容外，均适用：

19.1 修改：

不需要进行 19.2 和 19.3 的试验。19.5 的试验仅在蒸汽电熨斗的分离蒸发器上进行。

增加：

无绳电熨斗还需要进行 19.101 的试验。

19.4 修改：

试验在额定输入功率下进行。

增加：

蒸汽电熨斗应在水箱注水或不注水两种情况中选择较不利情况进行试验。

本试验仅在电熨斗本机支座上进行。

在第 11 章限制压力的所有控制器都应失效。

19.7 增加：

除非电动机是用手来保持开关接通，否则试验时间为 5 min。

19.101 无绳电熨斗在正常工作条件下，且输入功率为额定输入功率的情况下工作直至温控器第一次动作为止，然后把电熨斗放在本机支座上，放置的位置应对本机支座的材料产生最不利影响。

20 稳定性和机械危险

GB 4706.1—2005 的该章除下述内容外，均适用：

20.1 代替：

电熨斗应有足够的稳定性。

应通过下述试验来确定是否合格：

带有自身支座的电熨斗通过其支座放置在与水平成 10°角的平板上，将软线按最不利位置放置在该平板上。带有一个分离式支座的电熨斗则通过其支座放置在与水平成 15°角的平板上。

打算在正常使用中由用户注液的器具应在水箱空着的状态或灌注最不利的水量到使用说明书标出的容量下进行试验。

注 101：轻轻敲击支座以克服电熨斗与支座之间的静摩擦力。

注 102：器具不与电源连接。

如果电熨斗在一个或多个位置上翻倒或滑离支座，则应在所有翻倒或滑离支座后的位置上进行第 11 章的试验。

温升均应不超过表 9 规定的限值。

21 机械强度

GB 4706.1—2005 的该章除下述内容外，均适用：

21.1 增加：

还应通过 21.101 和 21.102 的检验来确定是否合格。

21.101 电熨斗在正常工作条件和额定输入功率的情况下工作。除无绳电熨斗外，整个试验期间应保持这些条件以维持电熨斗的底板温度。

然后通过电熨斗的手柄把电熨斗悬吊起来并使底板成水平位置，从 40 mm 高处将电熨斗跌落在厚度至少 15 mm、质量至少为 15 kg 的刚性支承钢板上，试验以每分钟不超过 20 次的频率进行 1 000 次。

进行试验时，应使电熨斗有大约 15% 的试验时间停留在钢板上。

注：对悬吊电熨斗的要求是：使冲击能量仅受其本机质量的影响。

试验后，电熨斗不应出现本标准不允许的损坏，尤其是对 8.1、15.2 和第 29 章的符合程度不应受到损害。如有疑问，附加绝缘和加强绝缘要经受 16.3 的电气强度试验。

21.102 取另外一个单独的电熨斗，供以额定电压并使其温控器设置在最高温位置上。当温控器动作时，电熨斗断开电源。

然后，把电熨斗放进吊袋内，这个吊袋是通过把一张单层粗棉布的四角绑在一起做成。把吊袋悬吊起来，吊袋的最低点距放置在混凝土或类似的硬质表面上的、厚度约 20 mm 的水平硬木板上方 900 mm 处。

将吊袋内的电熨斗从一个固定的位置跌落，试验要进行三次。电熨斗的放置应使其首先是右边跌落在木板上，然后是左边跌落在木板上，紧接着是后盖跌落在木板上。

试验后，电熨斗应经受 16.3 的电气强度试验，蒸汽电熨斗首先按使用说明的规定注水并允许在其支座上放置 10 min。

电熨斗不应出现本标准不允许的损坏，尤其是对 8.1 和 19.4 的符合程度不应受到损害。

注：本试验仅对电熨斗的手持部件适用。

22 结构

GB 4706.1—2005 的该章除下述内容外，均适用：

22.7 代替：

压力式蒸汽电熨斗和快速式蒸汽电熨斗应有可靠的安全保护措施以防止过压的危险。

如果蒸汽或热水是通过保护装置喷出，则电气绝缘不应受到损害，也不应造成对使用者的危害。

应通过视检和通过下述的试验来确定是否合格：

对于压力式蒸汽电熨斗，测量在第 11 章试验期间在其蒸发器注满水但无蒸汽喷出的情况下出现的最大压力。然后使在试验期间动作的所有压力调节器不起作用，压力不应超过前面测得值的三倍。接着使所有用来限制压力的保护装置不起作用，并且用水压的方法把蒸发器内的压力增加至最初测得的压力值的 5 倍或增加到使在第 11 章试验期间动作的压力调节器不起作用时所测得的压力值的 2 倍，取较大者。这个压力保持 1 min，器具应无泄漏现象。

对于调节蒸汽的装置是装在蒸发器内的压力式蒸汽电熨斗应按第 11 章的规定工作，但应使在第 11 章试验期间动作的所有压力调节器不起作用，把底板上的所有开口封闭、并把调节蒸汽的装置打开。除在蒸发器外壳上预留的薄弱处外，软管应无泄漏现象。如果泄漏发生在预留的薄弱处，则应在另外一个样品上重复试验，并应在同样的地方泄漏。

封闭快速式蒸汽电熨斗底板上的所有开口，并用水压的方法把水箱内的压力增加直至压力限制保护装置动作。这个压力应不超过 50 kPa。然后封闭保护装置的出口，使水箱内的压力升至 100 kPa，并在此压力下保持 1 min。器具应无泄漏现象。

22.101 电熨斗应带有一个支座。

通过视检来确定是否合格。

22.102 蒸汽电熨斗的结构应使得在按使用说明书使用电熨斗时，不会出现可能对用户造成危害的水溢出或者是蒸汽或热水的突然喷射。

当移开蒸发器的注水盖时，应有一种控制方式使得在盖子完全移开前能把压力释放掉，以免由于蒸汽或热水的突然喷射对使用者造成危害。

通过对在第11章试验期间的视检和通过在试验结束时移动注水盖来检查是否合格。

22.103 对于带有一个分离式蒸发器的蒸汽电熨斗，水箱至少应装有一个只能用工具才能触及的非自复位热断路器。

通过视检来确定是否合格。

22.104 在19.4和22.7试验期间动作的限制压力的保护装置应有一个直径至少为5 mm或面积为20 mm^2、宽度至少为4 mm的进气孔，排气孔的面积不能小于进气孔的面积。

通过测量来确定是否合格。

22.105 无绳电熨斗的连接触点在结构上应确保在正常使用中出现的任何电气或机械故障都不会产生危险。

通过下述试验来检验是否合格。

把电熨斗的两个带电极连接起来，并把一个外部的电阻性负载串接到电源上。当供给电熨斗额定电压时，调整外部电阻性负载使线路中的电流为1.1倍的额定电流。

以每分钟10次的频率把电熨斗放在本机支座上，然后拿起，共进行50 000次。在断开电源的情况下，再继续进行下一个50 000次的试验。

试验后，电熨斗应能继续使用，并应完全符合8.1、16.3、27.5和第29章的要求，应无损坏。

22.106 在熨烫时可以直接与电源连接的无绳电熨斗在结构上应使得：从电熨斗上拔出连接器所需要的力至少应为30 N。

通过测量来确定是否合格。

注：在试验前安装好所有的锁定装置。

22.107 带有一个以上连接在一起的水箱的压力式蒸汽电熨斗应在每个带有电热元件的水箱里安装一个限制压力的保护装置。

通过视检来确定是否合格。

23 内部布线

GB 4706.1—2005的该章适用。

24 元件

GB 4706.1—2005的该章除下述内容外，均适用：

24.1.3 **增加：**

用于控制蒸汽或水喷射的开关应经受50 000个工作循环的试验。

24.4 **增加：**

注101：本要求不适用于在无绳电熨斗的熨斗和支座之间的连接。

24.101 为满足19.4要求而装在电熨斗内的任何装置应是非自复位型的，并只能用工具才能触及到。

通过视检来确定是否合格。

25 电源连接和外部软线

GB 4706.1—2005的该章除下述内容外，均适用：

25.5 增加：

旅行电熨斗和无绳电熨斗允许Z型连接。

注101：对于在熨烫时也可以直接与电源连接的无绳电熨斗不允许Z型连接。

25.7 增加：

可以使用编织软线。

聚氯乙烯护套软线只允许用作无绳电熨斗支座的电源软线和蒸汽电熨斗的分离式水箱或蒸发器的电源软线，但这个要求不适用于带有交联聚氯乙烯(XLPVC)护套(60245 IEC 87或60245 IEC 88)的电源软线。

注101：聚氯乙烯护套软线不允许用在熨烫时也可直接与电源连接的无绳电熨斗上。

25.14 修改：

代替对软线规定的负载：给软线加上一个质量为2 kg的负载。

代替对弯曲规定的次数：弯曲的次数为20 000次。

注101：除在熨烫时也可以直接与电源连接的无绳电熨斗外，其他的无绳电熨斗不进行本条试验。

增加：

对于带有一个分离式水箱或蒸发器的蒸汽电熨斗，应对蒸汽软管和互连软线一起进行试验，如果它们被装在同一护套内或用另一种方法相互捆在一起，那么这个组件不必旋转90°角。

该试验不应导致：

——软管的松动；

——软管在本部分范围内的损坏；

——从软管中泄漏。

器具还应装到类似于图8的装置上经受下述试验：

首先把电源软线垂直悬挂并加上一个可施加10 N力的负载，摆动机构摆动180°然后回到起始位置，以每分钟6次的速率弯曲2 000次。

注102：器具的安装应使得弯曲方向与当把电源软线卷进贮线装置时最可能出现的弯曲方向一致。

注103：如果软线不可能卷绕在器具上，则不进行本条试验。例如：无绳电熨斗和带有一个分离式水箱的电熨斗。

26 外部导线用接线端子

GB 4706.1—2005的该章适用。

27 接地措施

GB 4706.1—2005的该章适用。

28 螺钉和连接

GB 4706.1—2005的该章适用。

29 电气间隙、爬电距离和固体绝缘

GB 4706.1—2005的该章适用。

30 耐热和耐燃

GB 4706.1—2005的该章除下述内容外，均适用：

30.1 增加：

对于带有温控器的电熨斗，不考虑在第19章试验期间出现的温升。

30.2.3 不适用。

31 防锈

GB 4706.1—2005 的该章适用。

32 辐射、毒性和类似危险

GB 4706.1—2005 的该章适用。

附　录

GB 4706.1—2005 的附录均适用。

参　考　文　献

GB 4706.1—2005 的参考文献除下述内容外，均适用：

增加：

GB 4706.83 家用和类似用途电器的安全　夹烫机的特殊要求(GB 4706.83—2007,IEC 60335-2-44:2002,IDT)

ICS 97.100.10
K 09

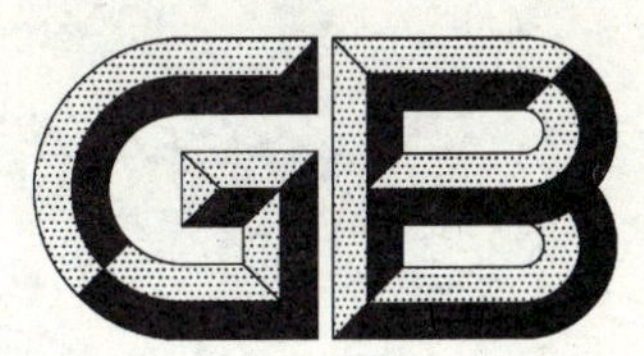

中华人民共和国国家标准

GB 4706.23—2007/IEC 60335-2-30:2004(Ed4.1)
代替 GB 4706.23—2003

家用和类似用途电器的安全 第2部分：室内加热器的特殊要求

Household and similar electrical appliances—Safety—Part 2:Particular requirements for room heaters

(IEC 60335-2-30:2004(Ed4.1),IDT)

2007-11-12 发布　　　　2009-01-01 实施

中华人民共和国国家质量监督检验检疫总局
中国国家标准化管理委员会　发布

前　言

本部分的全部技术内容为强制性。

GB 4706 是家用和类似用途电器的安全的系列标准，分为以下几部分：

第 1 部分：通用要求；

第 2 部分：特殊要求。

本部分是家用和类似用途的室内加热器的特殊安全要求，等同采用 IEC 60335-2-30:2004(Ed4.1)《家用和类似用途电器的安全　第 2-30 部分：室内加热器的特殊要求》(英文版)。

本部分应与 GB 4706.1—2005《家用和类似用途电器的安全　第 1 部分：通用要求》配合使用。

本部分通过增补或修改 GB 4706.1—2005 而形成，写明“适用”的部分，表示 GB 4706.1—2005 的相应条文适用于本部分；写明“代替”的部分，则以本部分的条文为主；写明“修改”的部分，表示 GB 4706.1—2005相应条文的相关内容应以本部分修改后的内容为准，而该条文中的其他内容仍适用；写明“增加”的部分，表示除要符合 GB 4706.1—2005 相应条文外，还应符合本部分所增加的条文。

本部分代替 GB 4706.23—2003《家用和类似用途电器的安全　室内加热器的特殊要求》。

为便于使用，本部分对 IEC 60335-2-30 作了下列编辑性修改：

a)　“第 1 部分”一词改为“GB 4706.1—2005”；

b)　用小数点“.”代替作为小数点的逗号“,”。

本部分与 GB 4706.23—2003《家用和类似用途电器的安全　室内加热器的特殊要求》的主要差异如下：

a)　本部分应与 GB 4706.1—2005 配合使用，而 GB 4706.23—2003 与 GB 4706.1—1998 配合使用；

b)　本部分第 1 章注 3 中的不适用器具有变化；

c)　本部分第 2 章至第 5 章的内容编排与 GB 4706.2—2003 的第 2 章至第 5 章的编排有变化；

d)　本部分第 7 章中增加“禁止覆盖”符号及其他警告用语；

e)　本部分 19.1 中增加了进行 19.5 试验的要求；

f)　本部分 20.1 修改：便携式加热器只有在质量超过 5 kg 时才需要进行在水平放置顶部施加力的试验；

g)　本部分 22.7 修改：取消装有气体的加热器的要求；

h)　本部分 22.24 增加对螺旋状电热元件切断试验的方法和要求。

对 GB 4706.1 增加的条款从 101 开始编号。

本部分由中国轻工联合会提出。

本部分由全国家用电器标准化技术委员会归口。

本部分起草单位：广州电器科学研究院、杭州奥普电器有限公司、深圳市联创实业有限公司、飞利浦香港电子香港有限公司、珠海格力电器股份有限公司中山小家电制造分公司、广东美的环境电器制造有限公司、江门市金羚风扇制造有限公司、上海龙胜实业有限公司、漳州灿坤实业股份有限公司、宝尔马电器集团有限公司、中国华裕电器集团有限公司、广州日用电器检测所。

本部分主要起草人：徐艳容、左明芳、李瑞山、赖伴来、彭咏添、陈子良、廖泓斌、迟学君、赵建江、李正、黄晓明、王如君、黄照奇。

本部分于 1988 年首次发布，1996 年第 1 次修订，2003 年第 2 次修订。

IEC 前言

1) IEC(国际电工委员会)是由所有国家的电工委员会(IEC 国家委员会)组成的世界范围内的标准化组织,IEC 的宗旨就是促进各国在电气和电子标准化领域的全面合作。鉴于以上的目的并考虑到其他活动的需要,IEC 还出版国际标准、技术规范、技术报告、公开可得到的规范(PAS)和导则(以下统称为"IEC 出版物"),这些标准的制定工作是委托各技术委员会来完成的。任何对此技术问题感兴趣的 IEC 国家委员会都可以参加制定工作。与 IEC 有联系的国际、政府及非政府组织也可参加标准制定工作。根据 IEC 和 ISO 两组织达成的协议,它们在工作上有着密切的协作关系。

2) IEC 有关技术问题的决议或协议是由所有对此问题感兴趣的 IEC 国家委员会参加的技术委员会制定的,并尽可能表述对所涉及的问题在国际上的一致意见。

3) IEC 出版物具有推荐给国际上使用的形式,并在此意义上为 IEC 国家委员会所接受。虽然 IEC 有责任努力确保 IEC 出版物的技术内容是准确的,但没有责任对他们使用的方式或任何最终使用者的误译进行控制。

4) 为了促进国际上的统一,IEC 希望各国家委员会在本国情况允许的范围内采用 IEC 出版物的内容作为他们国家的或地区性出版物。IEC 出版物与相应的国家或地区性出版物有差异的,应尽可能在本国出版物中明确地指出。

5) IEC 规定了表示其认可的无标志程序,但并不表示对某一设备声称符合某一 IEC 出版物承担责任。

6) 所有使用者都应保证他们拥有本出版物的最新版本。

7) 由于对本 IEC 出版物或其他任何 IEC 出版物的使用或依赖,而造成的任何人员伤害、财产损坏或任何形式的破坏(不论是直接还是间接的)或者成本(包括法律费用)和支出,IEC 或其理事会、雇员、服务人员或代理,包括其技术委员会及 IEC 国家委员会的专家和委员对此不负任何责任。

8) 要注意本出版物所引用的参考标准。为了正确地应用本出版物,使用这些被引用的出版物是必不可少的。

9) 本 IEC 出版物中的某些内容有可能涉及一些专利权问题,对此应引起注意。IEC 组织不负责识别任一或所有该类专利权问题。

IEC 60335 的本部分是由 IEC 第 61 技术委员会"家用和类似用途的电器的安全"制定的。

本加强版是基于 IEC 60335-2-30 的 2002 年第四版(依据 61/2166/FDIS 和 61/2246/RVD 文件)、2004 年第一次修改(依据 61/2689/FDIS 和 61/2721/RVD 文件)以及 2002 年勘误表。

它构成 4.1 版。

页边的垂直线表示基础出版物已经由增补件 1 进行修改。

本部分应与 IEC 60335-1 的最新版本及其增补件一起配合使用,本部分是在 IEC 60335-1 的第四版(2001)的基础上建立起来的。

注 1:在本标准里提到"第一部分"时,指的是 IEC 60335-1 标准。

本部分增补或修改了 IEC 60335-1 的相应章条,从而将其转化为 IEC 标准:室内加热器的安全要求。

如果"第一部分"中的某特殊条款在"第二部分"中没有提及,则该条款可以合理地使用。如果在本部分中标明"增加","修改",或"代替",则"第一部分"中对应的内容都要做相应的修改。

注 2:采用下列编号系统:

——从 101 开始编号的条、表、图是对"第一部分"增加的;

——除在新条中的注或在“第一部分”中涉及的注外，其余注要从101开始编号，包括已被替换了的条或小条里的注；

——增加的附录编号为AA、BB等。

注3：采用下列印刷体：

——要求正体：罗马字体；

——试验技术规范：斜体。

——注释内容：小罗马字体。

正文中用黑体字印刷的词在第3章中给出定义。当一个定义涉及一个形容词时，该形容词和相关的名词也是黑体字。

委员会已经决定本基础出版物（即IEC 60335-2-30的2002年第四版）和其增补件的内容在IEC网站（http://webstore.iec.ch）中与该出版物相关数据栏里发布的维护结果日期前保持不变，届时本出版物将被：

- 重新确认；
- 废止；
- 由修订版本取代；或
- 被修改。

在某些国家中存在下列差异：

——3.105：防火保护罩的紧邻四周表面扩大到50 mm（奥地利，德国和英国）。

——7.1：除了高位安装的加热器外，其余加热器应标有防止覆盖的警告内容（挪威）。

——7.1：除了固定连接的加热器外，其余加热器应标有距可燃表面的最小距离（挪威）。

——7.1：器具不要求标注：“不要覆盖”（美国）。

——7.12：在加热器上应标有某些规定的说明（挪威和美国）

——第11章：试验方法是不同的（美国）。

——11.8：对于其他与试验探棒触及的金属表面，限值为95 K（澳大利亚）。

——11.8：对于所有的固定式加热器，除了高位安装的以外，对于金属出气口栅格及其四周表面，限值为115 K（法国）。

——11.8：对于在住宅的卫生间，托儿所或课后中心使用的加热器，与IEC 61032的B型探棒触及的表面温度不应超过60℃（瑞典）。

——第19章：试验不同（加拿大和美国）。

——19.103：除了安装在高位的可见发光的辐射式加热器外，其余应承受本条的试验（瑞典）。

——20.1：试验不同（美国）。

——22.7：试验不同（美国）。

——22.24：试验不同（美国）。

——22.101：要求不同（加拿大和美国）。

——22.102：要求不同（加拿大和美国）。

——22.103：要求不同（加拿大和美国）。

——22.105：要求不同（美国）。

——22.108：要求不同（美国）。

——24.1.3：工作循环次数是6000次（美国）

——24.1.4：装在风扇式加热器和打算安装在墙上或靠墙安装的驻立式加热器（除了在高位安装的以外）内用于防止发热元件过热的热断路器应是非自复位型的（瑞典）。

——25.3：固定式器具应是永久连接到固定布线上的器具（法国）。

引　言

在起草本部分时已假定,由取得适当资格并富有经验的人来执行本部分的各条款。

本部分所认可的是家用和类似用途电器在注意到制造商使用说明的条件下按正常使用时,对器具的电气、机械、热、火灾以及辐射等危险防护的一个国际可接受水平。它也包括了使用中预计可能出现的非正常情况,并且考虑电磁干扰对于器具的安全运行的影响方式。

在制定本部分时已尽可能地考虑了 GB 16895 中规定的要求,以使得器具在连接到电源电路时符合布线的规则,但各国的布线规则可能不同。

如果一台器具的多项功能涉及到 GB 4706 第 2 部分的其他标准所覆盖的功能时,则只要是在合理的情况下,相关的第 2 部分标准要分别应用于每一功能。如果适用,应考虑到一种功能对其他功能的影响。

本部分是一个涉及器具安全的产品族标准,并在覆盖相同主题的同一水平和同一类别的标准中处于优先地位。

一个符合本部分文本的器具,当进行检查和试验时,发现该器具的其他特性会损害本部分要求所涉及的安全水平时,则将未必判定其符合本部分中的各项安全准则。

产品使用了本部分要求中规定以外的材料和结构形式时,则该产品可以按照这些要求的意图来进行检查和试验。如果查明其基本等效,则可以判其符合本部分的安全原则。

家用和类似用途电器的安全
第2部分：室内加热器的特殊要求

1 范围

GB 4706.1—2005的该章用下述内容代替：

本部分涉及家用和类似用途的室内加热器的安全，单相器具的额定电压不超过250 V，其他器具的额定电压不超过480 V。

注1：属于本部分范围的器具事例为：

——对流式加热器；

——风扇式加热器；

——温室中使用的加热器；

——充液式散热器；

——板状加热器；

——辐射式加热器；

——管状加热器。

不打算作为一般家用，但对公众仍可能引起危险的器具，例如打算在商店、轻工业和农场中由非专业人员使用的室内加热器，也属于本部分范围。

就实际情况而言，本部分所涉及的各种器具存在的普通危险，是在住宅和住宅周围环境中所有的人可能会遇到的。然而，一般说来本部分并未涉及：

——无人照看的幼儿和残疾人使用器具时的危险；

——幼儿玩耍器具的情况。

注2：提请注意下述情况：

——对于打算用在车辆、船舶或航空器上的器具，可能需要附加要求；

——在许多国家中，全国性的卫生保健部门、全国性劳动保护部门以及类似的部门都对器具规定了附加要求；

——对于准备在有可燃性灰尘的地方，例如马厩或畜舍使用的器具，可能需要附加要求。

注3：本部分不适用于：

——专为工业用途设计的器具；

——打算使用在经常产生腐蚀性或爆炸性气体(如灰尘、蒸气或瓦斯气体)特殊环境场所的器具；

——在空调器内部安装的加热器(GB 4706.32)；

——干衣机和毛巾烘杆(GB 4706.60)；

——桑拿浴加热器(GB 4706.31)；

——贮热式室内加热器(GB 4706.44)；

——动物繁殖和饲养用加热器(GB 4706.47)；

——暖脚器和热脚垫(GB 4706.80)；

——薄层柔性加热元件(GB 4706.82)；

——发热地毯；

——中央供热系统；

——加热电缆(IEC 60800)。

2 规范性引用文件

GB 4706.1—2005的该章除下述内容外，均适用：

增加：

GB 4706.60 家用和类似用途电器的安全　干衣机和毛巾烘杆的特殊要求(GB 4706.60—2002，IEC 60335-2-43:1995,IDT)。

ISO 2758　纸张碎裂强度的确定

ISO 3864　安全色彩和安全标识

3　定义

GB 4706.1—2005 的该章除下述内容外，均适用：

3.101

可见发光的辐射式加热器　visibly glowing radiant heater

至少装有一个可见发光发热元件的加热器。

3.102

风扇式加热器　fan heater

借助风扇使通过发热元件的气流加速流动的加热器。

3.103

高位安装的加热器　heater for mounting at high level

打算固定到离地高度至少 1.8 m 的加热器。

3.104

防火保护罩　fireguard

可见发光的辐射式加热器的部分外壳。通常通过它可以看到发热元件并且打算用以防止直接接触发热元件。

3.105

四周表面　immediate surround

在出气口栅格或防火保护罩边缘 25 mm 以内的任何表面。

注：对于出气口栅格，有关该距离测定的详细方法见图 101，对于防火保护罩，详细见图 102。

4　一般要求

GB 4706.1—2005 的该章适用。

5　试验的一般条件

GB 4706.1—2005 的该章除下述内容外，均适用：

5.2　增加：

注 101：对于打算彼此邻近安装的加热器，要备足试样，以确定在试验时的试验装置上相应邻近加热器对试验结果的影响。

5.3　增加：

用于第 19 章试验的器具同样也用于 22.24 的试验。如果是在同一器具上进行，则 22.24 的试验在第 29 章的试验后进行。

5.6　增加：

把对室温敏感的温控器(如置于加热器进气口处的敏感元件)短路。然而，如果温控器可以设置为不工作，则其不短路。

注 101：对于电子控制器，可能需要使敏感元件设置为不工作以代替温控器的短路。

5.10　增加：

打算彼此邻近安装的加热器按照制造厂的说明来安装。

5.101 对于打算作为便携和固定式两用器具的加热器,则应经受适用于这两种形式的试验。

5.102 如果加热器是两种或两种以上加热器的组合,则需经受适合于每种加热器的相关试验,除非某一型式的试验包括了其他型式的试验。

墙壁安装式加热器要按照高位安装式加热器和非高位安装式加热器进行试验,除非安装说明书规定了加热器必须安装在离地高度至少 1.8 m 的位置上。

6 分类

GB 4706.1—2005 的该章除下述内容外,均适用:

6.2 增加:

打算用于温室或建筑现场的加热器至少应是 IPX4 型器具。

7 标志和说明

GB 4706.1—2005 的该章除下述内容外,均适用:

7.1 增加:

打算由用户来充液的加热器应标有最高和最低液位。

加热器应标有结合 ISO 3864 禁止标识(颜色除外)的 IEC 60417-5641(DB:2002-10)符号或标上下述内容:

警告:禁止覆盖。

下列加热器不要求标上该标志:

——高位安装的加热器;

——可见发光的辐射式加热器;

——结构能够保证其不被覆盖的加热器;

——打算用于干衣并符合 GB 4706.60 的加热器。

在运输或储藏时设计拆掉防火保护罩的加热器应标有:"加热器的防火保护罩未安装好,加热器不得工作"的内容。

7.6 增加:

禁止覆盖

注:这个符号是结合 ISO 3864 禁止标识(颜色除外)的 IEC 60417-5641(DB:2002-10)符号。

7.12 增加:

如果器具上使用"禁止覆盖"符号进行标示时,应解释其含义。

标有"禁止覆盖"或带有"禁止覆盖"符号的加热器,其使用说明应包括下述内容:

警告:为避免过热,禁止覆盖加热器。

使用说明应规定:加热器不得直接置于电源插座下面。

对于带有可与易触及的玻璃板直接接触的发热元件的加热器,其使用说明应规定:加热器在玻璃损坏时不得使用。

对于可见发光的辐射式加热器,除了高位安装外,使用说明应包括下述内容:

因为加热器的被覆盖或不正确的放置会引起火灾危险,故不得利用带有可自动接通电源的程序器、定时器或任何其他装置来使用本加热器。

对于带有不用工具就可部分拆掉防火保护罩的可见发光的辐射式加热器,其使用说明应包括以下内容:

——本加热器的防火保护罩是用于防止直接接触发热元件的，当加热器使用时，防火保护罩必须安装在位。

——防火保护罩对儿童和残疾人没有提供全面的保护。

便携式加热器的使用说明应包括下述内容：

在浴缸、喷头或游泳池的四周不得使用本加热器。

如果适用，使用说明应包括清洁可见发光辐射式加热器的反射器的内容。

对于燃油加热器，应提供更换灯泡的说明。

充油式散热器的使用说明应包括下述内容：

——本加热器要充灌定量的特殊油类。如果因泄漏在修理时需要打开盛油容器，则该项工作仅能由制造厂来完成或与制造厂的售后服务代理接洽。

——当废弃加热器时，要符合油类处理的有关规定。

7.12.1 增加：

打算通过螺钉或其他方式固定安装的加热器，使用说明应给出安装方法的详细内容。

对于驻立式可见发光的辐射式加热器，使用说明应包括靠近窗帘和其他可燃材料安装时可能存在危险的警告。

对于高位安装的加热器，使用说明应规定加热器必须安装在离地高度至少 1.8 m 的位置上。

可能用于浴室的固定式加热器，使用说明应规定加热器的安装要使得在浴缸内或淋浴区的人不能够触及到开关和其他控制器。

如果加热器的滚轮或支脚是单独提供的，则使用说明应规定前述部件如何固定到加热器上。

打算安装在衣橱中的加热器，使用说明应给出在衣橱中正确安装的详细内容。

7.14 增加：

“禁止覆盖”符号的高度至少是 15 mm。

“禁止覆盖”字体的高度至少 3 mm。

通过测量来检查是否符合。

7.15 增加：

对于高位安装的加热器，应能从 1 m 远的距离看清开关的不同挡位。

在加热器安装后，有关覆盖的标志应是可视的。该标志不能标在便携式器具后面。

有关可拆防火保护罩的标志应在其安装之前是可视的。

8 对触及带电部件的防护

GB 4706.1—2005 的该章除下述内容外，均适用：

8.1.1 增加：

如果需要借助工具才可以拆下可拆防火保护罩，则不用拆卸防火保护罩，条件是：

——使用说明中说明：在清洗反射器前必须把插头从电源插座中拔出；或

——加热器装有一个Ⅲ类过电压类别的全极断开开关。

8.1.3 不适用。

9 电动器具的启动

GB 4706.1—2005 的该章不适用。

10 输入功率和电流

GB 4706.1—2005 的该章适用。

11 发热

GB 4706.1—2005 的该章除下述内容外，均适用：

11.2 代替：

通常放置在地板上使用的加热器按下述要求放置在测试角内：

——对于便携式风扇加热器，要使其背部离一边壁 150 mm，并远离另一边壁；

——对于其他加热器，要放置在地板上，使其背部尽可能紧靠一边壁，并远离另一边壁。但是，对于能够从几个方向散发热量的圆形和类似圆型的加热器，要放置到距离一边壁 300 mm，并远离另一边壁的位置上。对于带有 PTC 发热元件的加热器，如果其远离边壁放置会导致较高的温度，则将其远离边壁放置。

注 101：如果加热器的后背不明显，则加热器要朝向最不利的位置。

注 102：对于圆形和类似加热器，距离的测量在边壁和加热器的外壳之间进行。

固定式加热器要按下述要求安装在测试角内，除非使用说明另有规定：

——对于高位安装的加热器，要固定到一边壁上，并尽可能地靠近另一边壁和天花板；

——对于其他墙壁安装式加热器，要固定到一边壁上，并尽可能地靠近另一边壁和底板。将一个深度为 200 mm、长度足以超过加热器的搁板固定在加热器上方。搁板要尽可能地靠近加热器；

——对于天花板安装的加热器，要固定到天花板上，并尽可能地靠近边壁。

嵌入式加热器要尽可能地靠近底板或天花板安装，除非使用说明另有规定。

约 20 mm 厚的涂黑胶合板用于测试角、搁板和嵌入式加热器的安装。

测试角的天花板覆盖有绝热系数约 3.2 m^2 · K/W 的绝缘材料。

如果固定式加热器在地面上有一个开口，则将一块 20 mm 厚的毡垫放置在地板上并就其结构尽可能地将毡垫平推入开口。如果提供有保护罩或开口太小不能推入毡垫时，则毡垫应尽可能地靠近开口。

注 103：毡垫的目的是模拟地毯可能阻碍气流的情况。

打算凹入地板的具有出气口栅格的加热器，其窗棱或类似位置也要在出气口覆盖有 19.103 规定的毡条时进行试验。毡条要以与出气栅格最长边成直角的角度置放。毡条要依次施放到栅格的每一半，最后放满整个栅格。

11.3 增加：

毡垫的温升要用热电偶来测量，热电偶要连接到直径为 15 mm、厚度为 1 mm 的铜或黄铜制成的涂黑小圆片上，并放置到毡垫的表面上。

11.4 增加：

如果装有电动机、变压器或电子电路的器具温升超过规定的限值，并且输入功率小于额定输入功率，则器具应在 1.06 倍的额定电压下重复试验。

11.6 代替：

组合型器具要按电热器具工作。

11.7 代替：

加热器应工作至稳定状态建立。

11.8 增加：

在表 3 中，驻立式加热器被认为是长期连续工作的器具。

当器具在 1.15 倍的额定输入功率下工作时，电动机、变压器或电子电路元件和直接受其影响的部分的温升可能会超过规定的限值。

对于充液式散热器，与油接触的部件的温升不进行测量。但是，非通风充液式散热器储液容器外表面的温升要进行测量，温升应至少比液体的沸点低 50 K。

注 101：即使容器位于器具的内部，也要进行测量。

加热器的表面温升不应超过表 101 所示的规定值。

表 101 表面的最高温升值

表 面	温升/K
高位安装的加热器和防火保护罩及其四周邻近表面	不限制
出气口栅格[a] 及其四周邻近表面是由金属制成并可与试验杆[b] 接触：	
——风扇式加热器；	175
——其他加热器。	130
与试验杆[b] 触及的其他表面：	
——如果是金属；	85
——如果是玻璃、陶瓷或类似材料。	100
出气口在地板上的嵌入式加热器的出气口、窗棱或类似位置：	
——如果是金属；	45
——如果是其他材料。	50
毡垫的表面	60

[a] 如果出气口栅格不能被识别，并且空气是从外壳的实体部分散出，则 85 K 温升限值适用。

[b] 试验杆的直径为 75 mm，长度不限并且端头为半球型。

打算固定在凳子下的加热器，与试验杆触及的表面温升不应超过表 3 中对仅短时握持部件规定的限值。

12 空章

13 工作温度下的泄漏电流和电气强度

GB 4706.1—2005 的该章适用。

14 瞬态过电压

GB 4706.1—2005 的该章适用。

15 耐潮湿

GB 4706.1—2005 的该章适用。

16 泄漏电流和电气强度

GB 4706.1—2005 的该章适用。

17 变压器和相关电路的过载保护

GB 4706.1—2005 的该章适用。

18 耐久性

GB 4706.1—2005 的该章不适用。

19 非正常工作

GB 4706.1—2005 的该章除下述内容外，均适用：

19.1 修改：

用19.5、19.6、19.11、19.12和19.101～19.114的试验来代替规定的试验，以确定加热器是否合格。

19.13 增加：

在19.106的试验期间，电动机绕阻的温升应不超过表8的规定值。

19.101 加热器在第11章规定的条件下工作，但是，输入功率为1.24倍的额定输入功率。

在第11章试验期间动作的所有热控制器均要同时短路。

注：为进行22.7的试验，需测量充液式散热器的压力。

19.102 以几个方向散热的圆形或类似的便携式加热器要尽可能地靠近测试角的某一边壁放置，并在1.24倍的额定输入功率下工作。

注：在第11章试验期间动作的热控制器允许动作。

19.103 除下述的加热器外，其余要在器具覆盖的情况下，在第11章规定的条件下工作。

——高位安装的加热器，打算在衣橱中高位安装的加热器除外；

——可见发光的辐射式加热器；

——便携式风扇加热器。

覆盖物是宽度为100 mm、镶有单层纺织材料衬里的毡条。毡的单位面积质量为4 kg/m^2 ± 0.4 kg/m^2、厚度为25 mm。纺织材料衬里是由干燥条件下单位面积质量为140 g/m^2～175 g/m^2的预洗过的双层卷边棉布制成。

热电偶要连接在铜或黄铜制成的涂黑小圆片背后，该小圆片的直径为15 mm，厚为1 mm。小圆片要以50 mm为间隔放置在纺织材料与毡之间，并位于带的垂直中心线上。小圆片要固定以防其陷入毡里。

毡条带有纺织材料衬里的一面要紧贴到加热器上，以覆盖加热器的顶部和落地覆盖整个前表面。

如果符合下列要求，则要把加热器的背面用毡条完全落地覆盖。

——加热器的结构是离墙放置的；

——对于固定式加热器，加热器与墙固定时的距离超过30 mm，而且水平距离为：

- 任何两个固定点或定位架之间超过200 mm，或
- 在任何固定点或定位架和加热器的边缘之间的距离超过100 mm。

  否则覆盖加热器的背面约为加热器从顶部算起高度的五分之一处。

对于其他加热器，应同时覆盖加热器顶部和背面约为加热器从顶部算起高度的五分之一处。

把毡条依次盖到加热器的每一半上，然后整个覆盖加热器。

在试验期间，毡条的温升不应超过150 K，但在试验的第一个小时内允许有25 K的过冲。

注1：在第11章试验期间动作的温控器允许动作。

注2：为进行22.7的试验，需测量充液式散热器的压力。

打算安装在衣橱内的加热器(包括高位安装的加热器)应在任何自复位热断路器短路的情况下满足试验。

19.104 设计嵌入地板、窗台或类似位置安装并带有出气口的嵌入式加热器要在栅格覆盖的情况下，按第11章规定的条件工作。在第11章试验期间动作的热控制器要短路。

在试验期间，毡条的温升不应超过150 K，但在试验的第一个小时内允许有25 K的过冲。

19.105 带有打算由用户充灌的液体容器的加热器要将容器排空，并在第11章规定的条件下工作。

注：在第11章试验期间动作的热控制器允许动作。

19.106 风扇式加热器和其他装有电动机的其他加热器要按第11章的规定条件工作。但是，电动机的转子要锁住并且加热器要在额定电压下供电。

注：在第11章试验期间动作的热控制器允许动作。

19.107 外壳基本上是非金属材料的风扇式加热器要在第11章规定的工作电压下工作，但电动机单独以其工作电压供电。在第11章试验期间工作的热控制器要短路。

当达到稳态时，要降低施加在电动机上的电压，直到电动机的运转速度恰好足以防止热断路器动作，发热元件上施加的电压保持在11.4所用的电压值。

在该条件下，加热器再次工作直至达到稳态或1 h，取其较长者。

在此之后，进一步限制气流以证实热断路器是否动作。

注：电动机的电压降低可以通过下述步骤来测定。每次将电压降低5%，电动机在该条件下工作5 min。重复该程序直到热断路器动作。然后，电压升高5%，这个电压就是供试验用的减少后的电压。

19.108 便携式风扇加热器要在第11章规定的条件下工作。

将一矩形纸片在不施加任何附加力的情况下放置在进气口处。纸片的面积足以把进气口覆盖，并且在任何方向上移动纸片以便将气流限制到一个最不利的条件。

纸片的单位面积质量为72 g/m^2±2 g/m^2，破裂指数为ISO 2758规定的3.7 kPa m^2/g。

试验进行4 h。

如果外壳有一个以上的进气口表面，则要依次覆盖这些表面。

注1：加热器同一侧的表面认为是一个表面。

注2：通常通过使纸片置于某一位置以防止热断路器动作来获得最不利的条件。

注3：当向下移动纸片时，一定要注意确保支撑表面不会限制纸片的运动。

注4：在第11章试验期间动作的热控制器允许动作。

19.109 便携式风扇加热器要按照第11章规定的条件工作，但其放置要使得气流直接对着测试角的某一边壁。然后，将加热器尽可能地靠近边壁而使热断路器不动作。在第11章试验期间动作的热控制器要短路。

边壁的温升应不超过150 K。

19.110 便携式可见发光的辐射式加热器要按照第11章规定的条件工作，但其放置要使得辐射直接对着测试角的某一边壁。加热器要放置在使其防火保护罩离边壁500 mm并且该距离逐渐增加以测得最高的边壁温度。

边壁的温升不应超过70 K。

19.111 对于可见发光的辐射式加热器，除高位安装的加热器外，要在第11章规定的条件和额定输入功率下工作。

当达到稳态时，将一块干燥的宽为100 mm、单位面积质量为130 g/m^2～165 g/m^2的棉织法兰绒布紧紧地裹在防火保护罩的中心部分。绒布从顶到底紧裹防火保护罩，或当防火保护罩处在水平面时，则从后向前裹紧。

棉织法兰绒布在10 s内应不冒烟或点燃。

注：如果已开始冒烟，则会在材料上烧出洞来，洞的边缘也会发红。不冒烟的变黑可忽略不计。

19.112 便携式加热器要按第11章的规定进行工作，但要放置在盖有两层单位面积质量约为40 g/m^2的棉纱布的软木表面上。然后，将加热器以最不利的位置翻倒。

注1：在第11章试验期间动作的热控制器允许动作。

棉纱布和软木表面不应冒烟或点燃。

充油式散热器的表面温度至少应比油的沸点低40 K。应不出现容器变形，油液泄漏或冒出火焰。

注2：为进行22.7的试验，需测量充油式散热器的压力。

注3：19.13的试验不适用。

打算放置在壁炉内的燃油加热器不经受该试验。

19.113 对于外壳基本上是非金属材料的风扇式加热器，除使其所有的自复位热断路器和在第11章试验期间动作的控制器处于不工作状态和风扇电动机堵转外，按第11章的规定工作。

注：电动机保护器不应短路。

19.114 将一定量的油从充油式散热器的容器内排出直到容器内的油高于发热元件大约 10 mm 左右，然后，重新密封容器，器具在第 11 章规定的条件下，在额定输入功率下工作。

容器的表面温度应至少比油的沸点低 40 K。

注：为了避免出现危险情况，当温度超过限值时，将试验中止。

20 稳定性和机械危险

GB 4706.1—2005 的该章除下述内容外，均适用：

20.1 代替：

便携式加热器应有足够的稳定性。

通过下述试验来确定其是否合格。

装有器具插口的加热器要装配电线组件。将加热器放置在与水平面成 15°的正常使用中最不利的位置。

加热器应不翻倒。

质量超过 5 kg 的加热器放置在水平面上，以最不利的水平方向在加热器的顶部施加 5N±0.1N 的力。

加热器应不翻倒。

注 101：可以采取适当的方式防止加热器滑动。

21 机械强度

GB 4706.1—2005 的该章除下述内容外，均适用：

21.1 增加：

也应通过 21.101 和 21.102 的试验来确定其是否合格。

对于发热元件直接与玻璃面板接触的加热器，应使用弹簧冲击器对其面板进行冲击，冲击的能量为 2 J。

21.101 可见发光的辐射式加热器，除高位安装的加热器外，其余的放置应使防火保护罩的中心部分处于水平位置。将质量为 5 kg、直径为 100 mm 的平底重物放在防火保护罩的中心部位 1 min。

在试验后，防火保护罩应没有明显的永久变形。

21.102 对于装有铰链部件，其活动受到链条或类似装置限制的固定式加热器，要按照说明书进行固定。然后，让铰链部分在自身的重量下从正常工作位置上跌落。试验进行五次。

在试验后，加热器应不损坏到影响其符合本标准的程度，特别是不应影响其符合 8.1 和第 29 章的要求。

21.103 天花板安装的板状加热器的悬挂装置应有足够的强度。

通过将一质量为四倍于器具质量的负载悬挂在面板的中心 1 h 的试验来确定其是否合格。如果悬挂装置是可调的，则试验要在装置完全伸展的情况下进行。如果悬挂装置是刚性的，则在每一方向上对面板施加 2.5 Nm 的扭矩 1 min。

悬挂装置不应有明显变形。

22 结构

GB 4706.1—2005 的该章除下述内容外，均适用：

22.7 代替：

装有液体的加热器，其结构应能承受在使用中可能出现的压力。

通过对器具施加两倍于 19.101、19.103 或 19.112 试验期间测得的最高压力来确定其是否合格。

器具应没有液体的泄漏。

22.17 增加：

如果器具在没有滚轮或滑轮时符合第19章的试验，则本要求不适用于滚轮或滑轮。

22.24 代替：

裸露的发热元件的支撑应使得发热元件在正常使用中能防止发生过大移位的情况。断裂的发热元件不应导致危险。

通过视检和进行下述试验来确定其是否合格。

发热元件在最不利的位置被切断后，导体不能够接触到易触及的金属部件或掉出加热器体外。

如果螺旋状的发热元件通过细线来支撑，则在靠近支撑点的每一端将导体切断。并以垂直于细线轴的方向，在支撑点的中间对细线施加5 N的力。

细线不应断裂。

22.101 除高位安装的加热器外，其余的加热器应加以保护以防止与发热元件接触。

通过视检和进行下述试验来确定其是否合格。

使用IEC 61032中41号试验探棒，对防火保护罩施加不超过5 N的力，试验探棒不应触及到发热元件。

对防火保护罩的开孔尺寸进行测量，应没有超过下述尺寸：

——长为126 mm，宽为12 mm，或

——长为53 mm，宽为20 mm。

这些尺寸也适用于防火保护罩和四周邻近表面间的距离。但是，尺寸小于5 mm的孔眼可忽略不计。

22.102 防火保护罩的总开口面积应不少于防火保护罩面积的50%。

通过测量来确定其是否合格。

22.103 防火保护罩要紧固在加热器上，以使防火保护罩不使用工具就不可能完全拆下来。

通过视检和手动试验来确定其是否合格。

22.104 对于墙壁安装的加热器，其结构应使得加热器安全地固定在墙上。

注：采用孔、槽、钩和类似手段而没有进一步措施来防止加热器被无意提离墙壁，都认为是不能可靠固定加热器的手段。

通过视检来确定其是否合格。

22.105 与发热元件直接接触的易触及玻璃面板应能耐受热冲击。

通过下述试验来确定其是否合格。加热器在1.15倍的额定输入功率下工作，直至达到稳态。通过一直径为5 mm的管子将1 L温度为15℃±5℃的水以约10 mL/s速率直接倒向面板的中心部分。

面板不应损坏。

22.106 便携式加热器的底部应没有允许小物件进入和触及带电部件的孔眼。

通过视检和通过孔眼测量支撑表面和带电部件间的距离来确定其是否合格。该距离至少为6 mm。但是，如果器具装有支脚，则对于打算放置在桌面上的器具，该距离增加到10 mm；对于打算放置在地面上的器具，该距离增加到20 mm。

22.107 打算固定到墙壁或天花板上的可见发光的辐射式加热器，其结构应使得在加热器安装后，不使用工具就不能明显改变辐射的方向。

通过视检和手动试验来确定其是否合格。

注：如果在说明中规定了限制条件，则允许辐射方向的有限改变。

22.108 对于可见发光的辐射式加热器，除高位安装的加热器外，不应装有可以自动接通发热元件电源的温控器、定时器或类似装置，除非至少有一个发热元件已是可见发光的。

通过视检来确定其是否合格。

22.109 在断开位置由开关断开电源时不应依赖电子元件。

通过视检来确定其是否合格。

23 内部布线

GB 4706.1—2005 的该章适用。

24 元件

GB 4706.1—2005 的该章除下述内容外，均适用：

24.1.3 增加：

对于在 19.112 的试验期间工作的开关，工作的循环次数为 300 次。

24.1.4 修改：

在第 11 章试验期间动作，将表面温升限制到 85 K 的充液式散热器的温控器，其工作循环次数要增加到 100 000。

对于自复位热断路器，其工作循环次数要增加到 10 000 次。

对于在 19.112 的试验期间动作的非自复位热断路器，工作的循环次数为 300 次。

对于其他非自复位热断路器，其工作循环次数要增加到 1 000 次。

24.101 装在充油式散热器内用以满足 19.114 要求的装置应是非自复位型的。

通过视检来确定其是否合格。

25 电源连接和外部软线

GB 4706.1—2005 的该章除下述内容外，均适用：

25.7 增加：

打算用于温室内使用的便携式加热器的电源线应是氯丁橡胶护套软线。

打算用于建筑现场使用的加热器的电源线应不轻于重型的氯丁橡胶护套软线 GB 5013.1 (idt 1EC 60245)的 66 号线。

注 101：对于便携式充油式散热器，在正常使用可能碰触电源软线的金属部件包括：用直径 75 mm 的试验杆无法触及到但在电源软线缠绕加热器时却可能接触电源软线的那些金属部件。如果加热器提供贮藏电源线的方法，则该注不适用。

26 外部导线用接线端子

GB 4706.1—2005 的该章适用。

27 接地措施

GB 4706.1—2005 的该章适用。

28 螺钉和连接

GB 4706.1—2005 的该章适用。

29 电气间隙、爬电距离和固体绝缘

GB 4706.1—2005 的该章除下述内容外，均适用。

29.2 增加：

对于风扇式加热器，除非绝缘是封闭的或设置得使器具在正常使用中不会暴露在污染中，否则微观环境按 3 级污染。

30 耐热和耐燃

GB 4706.1—2005 的该章除下述内容外，均适用：

30.1 增加：

对于便携式风扇加热器，不考虑在第 19 章的试验期间测得的温升。

30.2.1 修改：

在外壳上进行温度为 650℃的灼热丝试验。

30.2.3 不适用。

30.101 基本上由非金属材料构成的风扇式加热器的外壳应能耐燃。

通过视检和使器具的外壳承受附录 E 的针焰试验来确定其是否合格。

如果试样厚度不厚于相关部分的厚度，则在按 GB/T 5169.16(idt IEC 60695-11-10)分类为 V-0 或 V-1 的材料上不进行针焰试验。

31 防锈

GB 4706.1—2005 的该章适用。

32 辐射、毒性和类似危险

GB 4706.1—2005 的该章适用。

尺寸单位为毫米

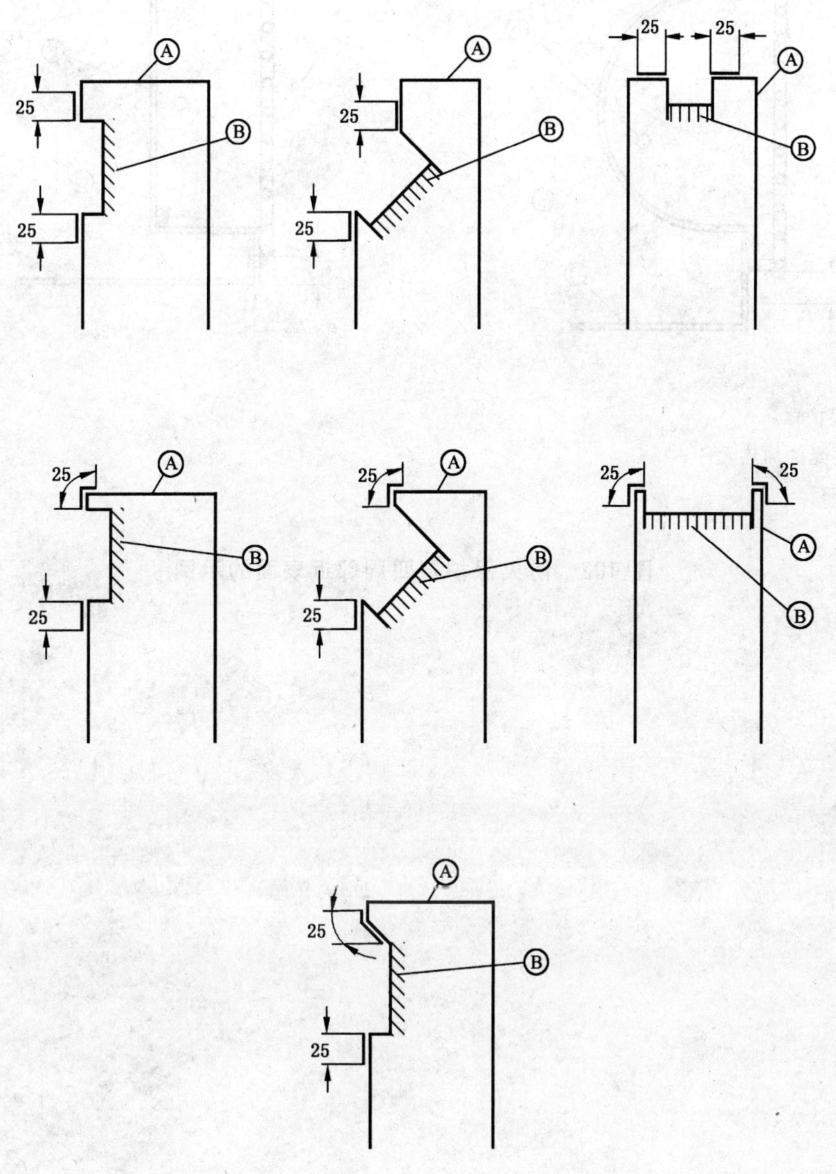

A——加热器主体；

B——出风口栅格。

图 101 出风口栅格四周邻近表面的示例

尺寸单位为毫米

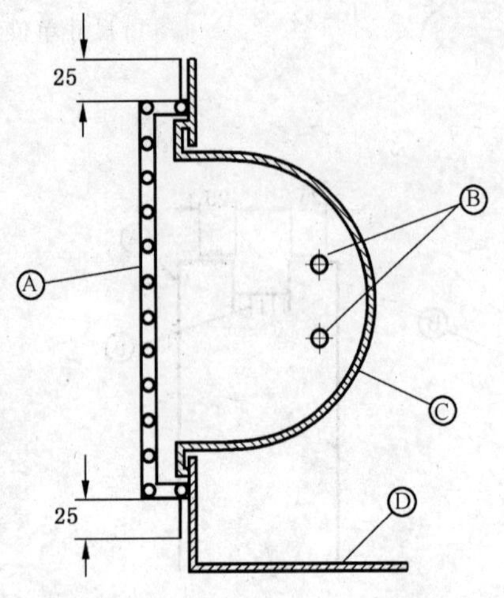

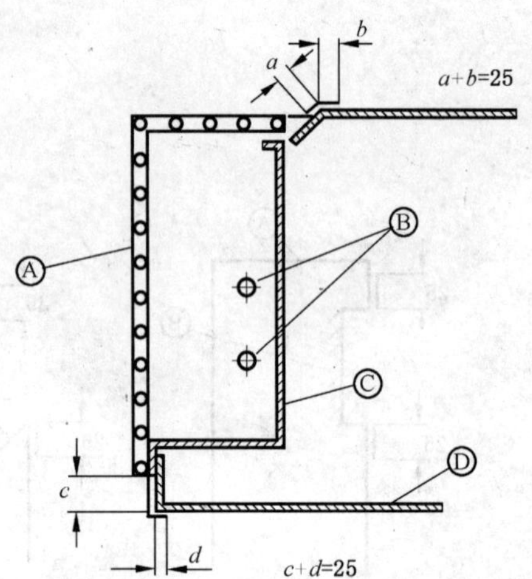

A——防火保护罩；

B——可见发光的加热元件；

C——反射体；

D——外壳。

图 102 防火保护罩四周邻近表面的示例

附　录

GB 4706.1—2005 的附录均适用。

参 考 文 献

GB 4706.1—2005 的参考文献除下述内容外,均适用:

增加:

GB 4706.32　家用和类似用途电器的安全　热泵、空调器和除湿器的特殊要求(GB 4706.32—2004,IEC 60335-2-40:1995,IDT)

GB 4706.31　家用和类似用途电器的安全　桑拿浴加热电器的特殊要求(GB 4706.31—2003,IEC 60335-2-53:1997,IDT)

GB 4706.44　家用和类似用途电器的安全　贮热式房间加热器的特殊要求(GB 4706.44—2005,IEC 60335-2-61:2002,IDT)

GB 4706.47　家用和类似用途电器的安全　动物繁殖和饲养用电加热器的特殊要求(GB 4706.47—2005,IEC 60335-2-71:2002,IDT)

GB 4706.80　家用和类似用途电器的安全　暖脚器和热脚垫的特殊要求(GB 4706.80—2005,IEC 60335-2-81:2002,IDT)

IEC 60335-2-96　家用和类似用途电器的安全　室内加热用的柔性电热元件的特殊要求

IEC 60800　用于适度加热阻止结冰的额定电压为 300/500 V 的加热电缆

ICS 13.120
K 09

中华人民共和国国家标准

GB 4706.82—2007/IEC 60335-2-96:2002

家用和类似用途电器的安全 房间加热用软片加热元件的特殊要求

Household and similar electrical appliances—Safety—Particular requirements for flexible sheet heating elements for room heating

（IEC 60335-2-96:2002,IDT）

2007-11-12 发布　　2009-01-01 实施

中华人民共和国国家质量监督检验检疫总局
中国国家标准化管理委员会　发布

前　言

本部分的全部技术内容为强制性。

GB 4706《家用和类似用途电器的安全》共分为以下部分。

第1部分：通用要求；

第2部分：特殊要求。

本部分为房间加热用软片加热元件的特殊要求。

本部分等同采用 IEC 60335-2-96:2002《家用和类似用途电器的安全　第2部分：房间加热用软片加热元件的特殊要求》。本部分与 GB 4706.1—2005《家用和类似用途电器的安全　第1部分：通用要求》配合使用。

本部分中写明“适用”的部分，表示 GB 4706.1—2005 中的相应条款适用于本部分；本部分中写明“代替”或“修改”的部分，以本部分为准；本部分中写明“增加”的部分，表示在 GB 4706.1—2005 中的相应条款中增加本部分的条款。

本部分的附录 AA 为资料性附录。

本部分由中国轻工业联合会提出。

本部分由全国家用电器标准化技术委员会(SAC/TC 46)归口。

本部分主要起草单位：中华人民共和国深圳出入境检验检疫局、宁波市产品质量监督检验所、广州电器科学研究院。

本部分主要起草人：谢晋雄、鲍俊、左明芳、徐蓓蓓、胡方。

本部分委托全国家用电器标准化技术委员会负责解释。

IEC 前言

1. IEC(国际电工委员会)是由所有国家电工委员会(IEC 国家委员会)组成的国际标准化组织,其宗旨是促进在电气和电子领域有关标准化问题上的国际间的合作。为此,IEC 开展国际标准化活动,并出版国际标准。这些标准的制定委托各技术委员会完成,任何关注该项工作的 IEC 国家委员会均可参与制定工作。与 IEC 有联系的国际、政府及非政府组织也可以参加这项工作。IEC 与国际标准化组织(ISO)依据双方协议密切合作。

2. IEC 有关技术问题的正式决议或协议是由所有特别关注该问题的国家委员会都参加的技术委员会制定的。它们尽可能代表了对所涉及的标准在国际上的一致意见。

3. 这些正式决议或协议以标准、技术报告或导则等形式出版,推荐国际采用,并就此意义被各国家委员会接受。

4. 为了促进国际统一,IEC 各国家委员会致力于在其国家及地区标准中尽可能最大程度地使用 IEC 国际标准。IEC 标准与相应的国家或地区标准之间的差异应在后者中清楚地指出。

5. IEC 并未制定表明认可的标志程序。如某设备宣称其符合 IEC 的某一项标准时,IEC 对此不负任何责任。

6. 本国际标准的部分内容可能涉及专利权。IEC 没有义务识别任何或所有这些专利权。

本标准由 IEC 第 61 技术委员会(家用和类似用途电器的安全)制定。

本标准为 IEC 60335-2-96 的第一版。

本标准的内容以下述文件为依据:

FDIS	表决报告
61/2088/FDIS	61/2105/RVD

有关本标准表决通过时的全部材料可在上述表决报告中找到。

本标准依据 IEC 60335-1 第四版(2001)制定,应与 IEC 60335-1 的最新版及其增补件配合使用。

注 1:本标准中的“第一部分”指 IEC 60335-1。

本标准增补或修改了 IEC 60335-1 中的相应条款,从而将其转化为 IEC 标准:房间加热用软片加热元件的安全要求。

本标准中未涉及的 IEC 60335-1 的条款在合理情况下适用。本标准中写明“增加”、“修改”或“代替”之处,应对 IEC 60335-1 的相关条款进行相应修改。

注 2:本标准中使用下列编号方式:

——对第一部分增加的条款、表格和图从 101 开始编号;

——注释,包括被替代的章节或条款,除非出现在新的条款中或涉及到第一部分的注释,从 101 开始编号;

——增加的附录编号为 AA、BB 等。

注 3:本标准中使用下列印刷字体:

——要求:罗马字体;

——*测试方法:斜体*;

——注:小号罗马字体。

黑体字在第三章中定义。如果一条定义涉及形容词,则该形容词和相关的名词也以黑体字表示。

本委员会决定在 2003 年以前不改变本出版物的内容。届时,本出版物将

- 重新确认;
- 取消;

- 由修订版替代或
- 增补。

一些国家存在下列差异：

——第1章：不允许在现场切割的软片加热元件（法国、德国和以色列）。

——6.1：装置应为Ⅱ类结构（德国）。

——6.1：加热元件应为Ⅱ类结构（以色列）。

——7.1：预定安装方式不包括墙壁（加拿大和美国）。

——7.12.1c)：木质地板的说明（书）中应声明加热单元应以附加的绝缘覆盖，通过隔离变压器供电或为Ⅱ类结构（瑞典）。

——7.12.1c)：说明（书）中不必涉及残余电流装置（美国）。

——7.12.101a)：安装在栅格中的端子的规格可以较小（加拿大）。

——第18章：进行不同的测试（美国）。

——22.102：进行不同的测试（美国）。

——22.103：进行不同的测试（美国）。

——25.3：不允许加热元件含有电源软线（加拿大和美国）。

引　言

本部分在起草时，设定其条款由具备适当资格和经验的人员执行。

本部分所认可的是器具在按生产商的说明(书)正常使用时，对电气、机械、热、火及辐射等危险防护的国际公认水平。它也包括了在实际应用中可能预计到的非正常情况。

本部分尽可能考虑了 IEC 60364 的要求，以保证器具与电网电源连接时，与布线标准协调一致。但是，不同国家的布线标准可能存在差异。

如果本部分范围内的器具同时包含 GB 4706 第 2 部分的其他标准所覆盖的功能，则相关标准应在合理情况下尽可能地分别适用于各项功能。适用时还应考虑一种功能对另一种功能的影响。

本部分是一个涉及器具安全的产品族标准，优先于覆盖同一主题的同类和通用标准。

符合本部分内容的器具，如果在检查和试验时，发现其他特性可能损害这些要求规定的安全水平，则未必判其符合标准的安全原则。

器具使用了本部分要求中规定以外的材料或结构形式时，可以根据这些要求的意图进行检查和试验。如果认为充分等效，则可认为符合本标准。

家用和类似用途电器的安全
房间加热用软片加热元件的特殊要求

1 范围

GB 4706.1—2005 的该章以下述内容代替：

本部分涉及预定安装在建筑物内为其所在的房间加热的软片加热元件的安全，其单相装置额定电压不超过 250 V，其他装置额定电压不超过 480 V。

按照说明(书)安装在建筑物内，达到要求的危险防护等级后，软片加热元件即成为加热单元。

注 101：注意以下情况：

——许多国家适用不同的布线标准；

——对于预定用在车辆、船舶或航空器上的加热单元，可能需要一些附加要求；

——在许多国家，附加要求由国家防火部门、国家建筑法规部门、国家卫生保健部门、负责劳动保护的部门和类似的部门规定。

注 102：本部分不适用于以下情况：

——仅用于工业用途的加热单元；

——预定在特殊场所使用的器具，诸如存在腐蚀性或爆炸性的环境(粉尘、蒸气或煤气)；

——毯、垫及类似柔性加热器具(IEC 60335-2-17)；

——加热席和暖脚器(IEC 60335-2-81)；

——预定在地毯下使用的加热器具；

——安装在其他器具中的柔性加热元件。

2 规范性引用文件

GB 4706.1—2005 的该章除下述内容外适用：

增加：

GB 2099.1—1996 家用和类似用途插头插座 第1部分：通用要求(eqv IEC 60884-1:1994)

IEC 60364-7-701 建筑物电气装置 第7部分：特殊装置或场所的要求 第701节：浴室中的电气装置

3 定义

GB 4706.1—2005 的该章除下述内容外适用：

3.1.9 代替：

正常工作 normal operation

加热元件在按照说明(书)装入建筑物后工作。

如果软片加热元件可根据加热元件的长度改变电流，或可以为其他软片加热元件供电，则施加的负载应使得流经加热单元的电流为加热元件上标示的值。

用于储热式加热的加热单元的充电时间为额定充电时间的 75%。

3.5.4 增加：

加热单元被认为是固定式器具。

3.101

软片加热元件 flexible sheet heating element

由电阻材料和电绝缘片层压组成，或由绝缘的发热丝固定在基材上组成的加热元件。

注：该定义不排除绝缘和电阻材料的其他组合方法。

3.102

加热单元 heating unit

通过某种方法连接到电源并由绝缘包覆带电部件的软片加热元件。

注：加热单元可以部分或全部预制。

3.103

模块式加热单元 modular heating unit

由加热单元和其他材料组成刚性结构以便安装在天花板上的预制组件。

3.104

储热式加热 storage heating application

使用加热单元加热聚热性材料。

注：热量自然释放，热量的输出可以通过调节能量输入而变化。

3.105

额定充电时间 rated charging period

生产商规定的加热单元的最长连续充电时间。

3.106

电极 electrode

安装在软片加热元件内，为发热材料供电的导电部件。

4 一般要求

GB 4706.1—2005 的该章适用。

5 试验的一般条件

GB 4706.1—2005 的该章除下述内容外适用：

5.2 代替：

通常需要八个样品进行测试。

13.3 和第 15 章、第 16 章的测试在一个样品上进行。

18.101 和第 30 章的测试在一个样品上进行。

21.102 的测试在两个样品上进行。其中一个也用于 22.101 的测试。

22.103 的测试在一个样品上进行。

其他测试在第六个样品上进行。另外两个样品用于安装在测试装置中形成必要的热环境。

注 101：如需重复进行测试，可能需要增加样品。

11.2.102 的测试需要九个模块式加热单元的样品。

如需进行 18.102 的测试，则需要增加样品。

为测试不同规格的加热单元，可能需要增加样品。

5.6 增加：

将对室内、外空气温度敏感的控温器短路。但如果可以将其设置成不能反复动作，则不短路。

注 101：对于电子控制装置，可能需要使感应元件失效，而代替短路控温器。

5.10 增加：

但是对于现场切割的软片加热元件，测试应在按照说明(书)连接电源引线并保护好其边缘后进行。

6 分类

GB 4706.1—2005 的该章除下述内容外适用：

6.1 增加：

加热单元不必分类。但是如果对加热单元分类,应适用有关要求。

6.2 增加:

安装在混凝土或类似材料的地板中的加热单元的防护等级应至少为 IPX7。

其他加热单元应至少为 IPX1。

7 标志和说明

GB 4706.1—2005 的该章除下述内容外适用:

7.1 修改:

有关额定输入功率或额定电流的标志的要求由下述内容代替:

——加热单元应标出额定输入功率;

——相邻元件间没有连接的软片加热元件应单独标出额定输入功率;

——其他软片加热元件应标出每米长度的额定输入功率。

在下列情况下,软片加热元件应标出最大电流:

——电流可以根据加热元件的长度变化;

——可以为其他软片加热元件供电。

增加:

软片加热元件应标出:

——方向指示,除非加热单元是对称的;

——预定的安装方式(天花板、墙壁或地板);

——加热方式(直接加热或储热式加热),除非预定用两种方式。

如果加热单元仅预定用于混凝土或类似材料的地板中,也应做出相应标示。

注 101:标志可以采用在说明(书)中加以解释的符号。

标志应至少每 0.5 m 标注一次,或在可能切割形成加热单元的每一段上标注。

可以在现场切割且应在指定位置切割的软片加热元件应有适当的标示。

7.12.1 增加:

应提供说明(书),并包括以下内容:

1) 必要时对标志的解释。

2) 有关将加热单元安装在建筑物中的信息,尤其是以下内容:

——为避免安装时出现的损伤,如尖锐物体坠落或踩踏加热单元,或浇注混凝土的疏忽,所采取的预防措施;

——应考虑的尺寸和距离;

——有关加热单元应与灯具或烟囱等其他发热源隔离的声明;

——有关加热单元的安装区域的描述;

——有关如何避免在加热元件和混凝土地板石之间形成空气间隙的指引;

——如何避免安装后的相对移动引起的对加热元件及其在木质结构中的端子的损伤;

——有关不得在低于 2.3 m 的墙中或与垂直方向夹角小于 45°的天花板中安装加热单元的警告;

——加热单元可以安装的最低环境温度;

——适用时,弯曲加热元件的最小半径。

除模块式加热单元外,说明(书)应包括以下内容:

——避免加热元件折皱的措施;

——有关加热单元不得安装在不规则表面上的声明;

——有关加热单元应以正确方向安装的声明。

3） 有关应按照国家布线标准安装的声明。应包括以下内容：

——加热单元应通过额定动作漏电流不超过 30 mA 的漏电保护器(RCD)供电。或者，加热单元也可以通过隔离变压器供电，但安装在游泳池周围的地板中的除外。当加热单元安装在以下环境中时，不需要这一声明：

- 加热单元和地板之间有空气间隙的木质地板；
- 木质天花板；
- 干燥区域(干燥区域是指 IEC 60364-7-701 中定义的区域 3 以外的范围)的混凝土或类似材料的地板，且基本绝缘和附加的电气绝缘均可分别承受 16.3 中对加强绝缘的电气强度测试；

——如何将加热单元连接至电源，适用时给出引线的横截面积；

——如何将加热单元互相连接，适用时给出引线的横截面积。

4） 当其他单元通过某一加热单元供电时，或当电流可根据加热单元的长度而变化时，允许流经该加热单元的最大电流。

5） 控制装置的清单，除非它们安装在加热单元中。

注 101：只需列出保证符合标准所需的控制装置的清单。

6） 加热单元和房间之间的最大热阻。

7） 允许与加热单元共同使用的覆盖材料的类型，并声明如不使用推荐材料，应征求生产商的意见；覆盖材料的厚度，对于地板应至少为 5 mm。

8） 插在加热地板和其下面的天花板的独立加热单元之间的热绝缘的特性。

9） 使用的所有粘合剂的参数。

10） 有关在配电板附近应加贴标签，且标签中应包含加热单元的位置的声明。

11） 如果加热单元安装在天花板吊顶中，或从屋顶空间可以触及，有关包含该信息的标签应加贴在天花板的触及点的声明。

注 102：附录 AA 中给出了关于不同应用的特殊安装要求的一览表。

7.12.101 对于在混凝土或类似材料的地板中或在砖下使用的情况，说明(书)应声明以下内容：

1） 在加热单元上方应安装栅格。栅格应：

——防腐蚀但不应电绝缘。

——在电气和机械性能方面，与网格不超过 50 mm×50 mm，线径 1 mm 的钢栅格等效，除非栅格覆盖的是：

- Ⅱ类加热单元；
- 安装了附加的电气绝缘的加热单元。

——完全覆盖加热单元，包括安装区域。它可能覆盖几个加热单元。

——接地。

——装有适用于连接两根标称横截面积各为 2.5 mm^2 的导线的端子。

——在安装时检查其电气连续性。

对于以下情况，不要求安装栅格：

——Ⅲ类加热单元；

——通过隔离变压器供电的Ⅱ类加热单元；

——装有在干燥区域(干燥区域为 IEC 60364-7-701 中定义的区域 3 以外的范围)，且由漏电保护器(RCD)供电的Ⅱ类加热单元；

——安装在干燥区域(干燥区域为 IEC 60364-7-701 中定义的区域 3 以外的范围)的加热单元，且其基本绝缘和附加的电气绝缘均可分别承受 16.3 对加强绝缘的电气强度测试；

——带有单位长度阻值与 0.5 mm^2 铜线相当的金属网罩或编织物的加热单元。

2）加热单元定位后，必须用一层厚约 250 μm 的聚乙烯薄膜或具有相似机械特性的其他材料覆盖。如果加热单元放置在混凝土上，应在加热单元和混凝土之间插入一层类似材料。相邻的材料应相互重叠并固定。该层材料应从各墙延伸至混凝土石板的表面高度。对以下情况不要求该声明：

——屏蔽的绝缘发热丝被外鞘覆盖；

——附加的电气绝缘符合 21.102 的要求。

3）如果仅有基本绝缘的加热单元，以安全特低电压供电的除外，提供了附加的电气绝缘，则该附加的电气绝缘应直接放置在加热单元上；

4）Ⅱ类加热单元应安装在距离建筑物中水管等导电部件至少 30 mm 处。

注：以上说明适用于混凝土或类似材料放置在木质地板上的情况。

7.12.102 对于仅带基本绝缘的加热单元（以安全特低电压供电的除外），在金属天花板或金属地板中使用的情况，说明（书）应声明：

1）软片加热元件应被天花板或地板完全覆盖；

2）天花板或地板的金属部件应接地。说明书中应声明他们应安装适用于连接两根标称横截面积各为 2.5 mm^2 的导线的端子，并解释如何连接至接地端子以保证低电阻。如果已经声明应在加热单元和天花板之间安装一层附加的电气绝缘，则无需有关接地必要性的声明。如果未提供该绝缘，应给出生产商的名称和绝缘材料的介绍。

7.12.103 对于加热单元用在地板上并被砖覆盖的情况，除非为Ⅱ类加热单元，说明（书）应声明加热单元应由附加的电气绝缘覆盖。

7.12.104 可以在现场切割的软片加热元件的说明（书）应声明，该工作仅可由生产商授权的人员进行，并应提供如下信息：

——如何切割元件；

——如何保护元件的边缘；

——如何连接电源引线和互连引线以及如何使这些连接绝缘。

7.12.105 对于储热式加热单元，说明（书）应规定额定充电时间。

7.14 修改：

不进行用汽油擦拭的测试。

7.15 修改：

仅开关和控制器的要求适用。

7.101 每套装置均应提供有足够空间用于标出要列明的加热单元的位置的标签，并包含以下内容：

——生产商或责任承销商的名称、商标或识别标记；

——器具型号或规格；

标签应声明以下内容：

——天花板/地板中安装了软片加热元件；

——不要限制被加热的天花板/地板散热。

注：专门用途应在标签中声明。

——不要使用非推荐的材料。

——不要插入钉或螺钉。

通过视检，检查其合格性。

8 对触及带电部件的防护

GB 4706.1—2005 的该章适用。

9 电动器具的启动

GB 4706.1—2005 的该章不适用。

10 输入功率和电流

GB 4706.1—2005 的该章除下述内容外适用：

10.1 增加：

注 101：该要求也适用于软片加热元件的每米长度额定输入功率。

11 发热

GB 4706.1—2005 的该章除下述内容外适用：

11.1 增加：

测试在环境温度保持在 20℃±2℃的房间内进行。

11.2 代替：

预定安装在天花板中的加热单元按照 11.2.101 放置。

预定安装在天花板吊顶中的模块式加热单元按照 11.2.102 放置。

预定安装在地板中的加热单元按照 11.2.103 放置。

预定加热木质地板和下边的天花板的独立加热单元按照 11.2.104 放置。

如果加热单元带有带独立传感器的控温器，则将该传感器放置于某一个邻近加热单元的中心线上，但在地板上的保温材料的范围之外。

11.2.101 预定安装在木质天花板中的加热单元放置在图 101 所示的测试框架中。将至少三个加热单元放置在面积至少为 4 m^2、短边不小于 2 m 的区域上，被测单元放置在中间。按照说明(书)安装加热单元，并注意可以安装在横梁等木质结构下的情况。加热单元的上侧由一层热阻约为 5 m^2K/W 的热绝缘充分覆盖。加热单元的下侧用说明(书)中的最不利的材料覆盖。

将测试框架悬空，使得上表面以上的空间高度约为 0.3 m，下表面以下至少 1.5 m。测试框架由木板包围，木板向下延伸至下表面以下 0.2 m。

如果安装说明中允许使用石膏板作为覆盖材料，应使用该材料进行附加试验。

预定安装在金属天花板中的加热单元应按照说明(书)安装。

11.2.102 按照说明(书)安装九个模块式加热单元。将它们排列成 3×3 的矩阵，被测单元放置在中间，如图 102 所示。但是，如果矩阵的一边小于 1.8 m，需加装加热单元。矩阵的上表面由一层保温材料完全覆盖，使得软片加热元件上方的总热阻约为 5 m^2K/W。将绝缘放置在完全接触加热单元上表面的位置。

将测试框架悬空，使得上表面以上的空间高度约为 0.3 m，下表面以下至少 1.5 m。测试框架由木板包围，木板向下延伸至下表面以下 0.2 m，向上延伸至房间的天花板。

11.2.103 预定安装在木质地板中的加热单元放置在图 103 所示的测试框架中。将至少三个加热单元放置在面积至少为 4 m^2、短边不小于 2 m 的区域上，被测单元放置在中间。加热单元的下侧由一层热阻约为 5 m^2K/W 热绝缘充分覆盖。按照说明(书)安装加热单元，并注意可以安装在横梁等木质结构上的情况。框架的上侧用说明(书)中的对总热阻最不利的材料覆盖，如果说明(书)中有规定，在地板和加热单元间保留空气间隙。

测试框架的下表面以下的自由空间高度至少 0.1 m，上表面以上至少 1.5 m。测试框架由木板包围，木板延伸至上表面以上至少 1 m。

将一片热阻约为 1.25 m^2K/W 的热绝缘放置在地板上，跨过加热单元的中心位置，如图 103 所示。绝缘片长度为 0.8 m，宽度与加热单元相等。

预定安装在混凝土或类似材料的地板中的加热单元如图104所示放置。按照说明(书)安装加热单元,并在其上放置任何规定的附加的电气绝缘。将至少三个加热单元放置在面积至少为4 m^2、短边不小于2 m的区域上,被测单元放置在中间。加热单元放置在热阻约为2.5 m^2K/W热绝缘上,热绝缘由厚度约为20 mm,涂有无光黑漆的胶合板支撑。

加热单元由聚乙烯薄膜或说明(书)规定的类似材料覆盖,然后用一层混凝土覆盖,其厚度为约40 mm或说明(书)中规定的最大厚度中的较大者。如有规定,应在混凝土中包含栅格。可以使用厚40 mm、面积至少50 cm×50 cm的混凝土板覆盖加热单元,并将板间空隙用干沙填充,以代替在加热单元上浇注混凝土。如果加热单元预定用于储热式加热,则混凝土板的厚度增加至80 mm。用说明(书)中列出的最不利的地板材料覆盖混凝土。地板以上的自由空间高度至少1.5 m。

注1:也可以使用热绝缘代替最不利的地板材料。

将一片热阻约为1.25 m^2K/W的热绝缘放置在地板上,跨过加热单元的中心位置,如图104所示。绝缘长度为0.8 m,宽度与加热单元相等。

注2:在热阻不变的前提下,混凝土厚度的一部分可以由沙代替。

注3:应注意减小地板中和混凝土板间空气间隙。

注4:为测量地板的最高温升,必要时可用说明(书)中规定的最小厚度的覆盖材料重复进行试验。

按照说明(书)安装预定安装在金属地板中的加热单元。

11.2.104 预定加热木质地板和下边的天花板的独立加热单元按照说明(书)安装在图105所示的测试框架中。将由热绝缘分开的两套至少三个加热单元放置在面积至少为4 m^2、短边不小于2 m的区域上。被测加热单元放置在中间,上下重叠。绝缘的热阻约为1.45 m^2K/W,除非说明(书)规定了较小值。有关布置的其他详细情况参照11.2.101和11.2.103对木质结构的规定。

11.7 代替:

加热单元工作直至稳定状态建立。

用于储热式加热的加热单元按照正常工作的规定工作,或如果充电控制器首先动作,则工作至其第一次动作。

11.8 增加:

表面温升不得超过表101中所示的值。

表101 表面的温升限值

部 件	温升/K
地板表面,热绝缘片边缘外5 cm处	22[a]
测试框架的木材	60
加热元件和附加的电气绝缘的表面[b]	—

a 对于储热式加热应用,温升在不超过3 h的期间内最高可超过4 K。

b 不规定温升限值。但为了进行其他测试,必须确定其温度。

12 空章

13 工作温度下的泄漏电流和电气强度

GB 4706.1—2005的该章除下述内容外适用:

13.1 增加:

加热单元按照11.2的规定安装,使用电气绝缘特性最不利的覆盖材料。

注101:试验前混凝土应充分干燥。

13.2 增加：

对0类器具规定的值适用于仅带有基本绝缘的加热单元。

对Ⅱ类器具规定的值适用于预定安装在导电表面上或由混凝土或类似材料覆盖的加热单元。

注101：如果加热单元预定安装在导电表面上或由混凝土或类似材料覆盖，则说明(书)中规定的任何附加的电气绝缘应安装到位。

绝缘发热丝的栅格和屏蔽网应与地断开。

金属箔片放置在易触及表面上。在测试模块式加热单元时，薄片与测试装置的金属支架相连。金属箔片不与栅格的端子或绝缘发热丝的屏蔽网接触。

13.3 修改：

测试直接在加热单元和附加的电气绝缘上进行。在11章试验确定的温度下处理1 h后施加试验电压。

14 瞬态过电压

GB 4706.1—2005的该章适用。

15 耐潮湿

GB 4706.1—2005的该章除下述内容外适用：

15.1 增加：

试验直接在加热单元上进行。

15.1.1 增加：

IPX7的加热单元浸水72 h。

15.1.2 代替：

除IPX7以外，加热单元按照IEC 60529，并考虑方向标记，水平放置在带孔的支架上。如果未标出方向，则在两个位置进行试验。

15.3 修改：

试验直接在加热单元和附加的电气绝缘上进行。

16 泄漏电流和电气强度

GB 4706.1—2005的该章除下述内容外适用：

16.1 修改：

试验直接在加热单元和附加的电气绝缘上进行。

16.2 增加：

对0类器具规定的值适用于仅带有基本绝缘的加热单元。

对Ⅱ类器具规定的值适用于预定安装在导电表面上或由混凝土或类似材料覆盖的加热单元。

注101：如果加热单元预定安装在导电表面上或由混凝土或类似材料覆盖，则说明(书)中规定的任何附加的电气绝缘应安装到位。

16.3 增加：

对0类器具规定的值适用于仅带有基本绝缘的加热单元。

对Ⅱ类器具规定的值适用于预定安装在导电表面上或由混凝土或类似材料覆盖的加热单元。

注101：如果加热单元预定安装在导电表面上或由混凝土或类似材料覆盖，则说明(书)中规定的任何附加的电气绝缘应安装到位。

如果仅带有基本绝缘的加热单元，除非以安全特低电压供电，在混凝土或类似材料的地板中使用时提供了附加的电气绝缘，则各绝缘均应可承受对加强绝缘规定的试验电压。

如果仅带有基本绝缘的加热单元，除非以安全特低电压供电，在金属天花板中使用时提供了附加的电气绝缘，则各绝缘均应可承受对附加绝缘规定的试验电压。

17 变压器和相关电路的过载保护

GB 4706.1—2005 的该章适用。

18 耐久性

GB 4706.1—2005 的该章除下述内容外适用：

18.101 加热元件与电源引线和内部布线的连接应是可靠的。

通过下述试验检查其合格性。

将加热单元置于 20℃±2℃的烘箱中，调节其电压使其电流等于加热元件标称电流或其额定电流，视情况而定。在各连接处测量电压降。

注 1：加热单元应尽可能短，但不低于 0.5 m。

注 2：加热单元置于烘箱中后，不应移动。

注 3：如果采用旗形连接器进行连接，应在电源引线和连接器之间、以及连接器和加热元件之间测量。测量点尽可能靠近连接处。

使加热单元循环发热。每一周期 1 h，包括：

——30 min，其间：

- 加热单元以测量电压降时的电压供电；
- 前 20 min，使烘箱中的温度升到 85℃或在第 11 章中测得的加热元件的温度，取较低值；
- 后 10 min，使烘箱中保持在此温度，偏差不超过±5 K。

——20 min，烘箱中温度降低至约 30℃；

——10 min，保持温度稳定。

注 4：在距加热单元至少 50 mm 处，测量烘箱温度。

注 5：可强制冷却。

试验进行 400 个循环。然后使烘箱温度降至 20℃±2℃，并再次在各连接处测量电压降。

电压降不应超过 22.5 mV 或第一次测量值的 1.5 倍，取较低值。

试验后，视检应表明没有本标准意义内的损坏。

18.102 软片加热元件的阻性材料和电极之间的电气连接应是可靠的。

在二个长度超过 1 m 的加热单元上进行试验，检查其合格性。

一个加热单元经受 18.102.2 的试验，然后经受 18.102.5 的试验。另一个加热单元进行18.102.1至18.102.5的试验。

试验后，第二个加热单元上，经受过 18.102.2 的弯折处的电压降不得超过第一个加热单元的该位置电压降的 1.5 倍。另外，第二个加热单元其他位置的平均电压降不得超过第一个加热单元的平均电压降的 1.5 倍。

视检应表明电极的接触性能未降级，如电极下面出现凹坑或电极附近有损坏等。

18.102.1 将加热单元卷绕在一个圆柱上，然后展开，圆柱的直径为说明书中规定的软片加热元件的最小弯曲半径的 2 倍。在加热元件的另一面重复此试验。

该试验进行 3 次。

如果说明书中规定该加热单元只能沿一个方向弯曲，则该试验在该方向进行六次。

18.102.2 加热元件的一部分夹持在两块厚度为 100 mm 的木板间，木板的尺寸应足以沿加热元件的宽度方向将其完全覆盖。两木板的一对边倒圆角，半径为 50 mm。

将此组合件置于－5℃或规定的加热元件的最低安装环境温度中，取较低值。当加热元件达此温度后，将其自由端沿着木板的圆角边弯折 180°，回复到正常位置，再沿着另一方向重复此动作。重复三次。

18.102.3 将加热单元置于相对湿度为 80%±5%，温度为 40℃±2℃ 潮湿箱中，以额定电压供电工作 1 h，然后断电 1 h。

该试验进行 1 000 个周期。

18.102.4 加热元件按 18.101 的规定进行 2 000 个周期的试验，但不检查电压降和损坏情况。

18.102.5 将加热单元置于水平表面上，以额定电压供电。在距电极内边 5 mm 处，将一根针从 45°角的方向插入加热元件的阻性材料中。

注 1：在阻性材料和电极之间的任何导电材料均视为电极的一部分。

注 2：可用类似图 106 所示的夹具使针定位。

测量针和电极的电源连接处之间的电压（U_m）。

注 3：允许电极本身的电压降补偿。

触点的电压降（ΔU）通过下列公式计算：

$$\Delta U = U_m - 5U_r/d$$

式中：

U_r——加热单元的额定电压；

d——各电极内边之间的距离，单位为 mm。如果导电路径与电极不垂直，则该距离沿路径的中心线测量。

在 18.102.2 试验中的弯折位置测量电压降。在至少 6 个其他位置测量电压降，计算平均值。

注 4：可以借助热显像装置选择测量位置。

18.103 在使用期间加热单元的电阻不应有明显的下降。

通过下述试验检查其合格性。

将加热单元置于烘箱中，烘箱的温度比第 11 章中测得的加热元件表面温度高 5 K。

2 h 后，测量加热单元的电阻。之后，每隔一段时间测量电阻，间隔时间不超过 72 h。加热单元在烘箱中放置 3 000 h。试验期间加热单元电阻的减小不得大于最初 2 h 后测量值的 5%。

19 非正常工作

GB 4706.1—2005 的该章除下述内容外适用：

19.1 增加：

预定串联连接在木质地板或天花板的加热单元还应进行 19.101 的测试。

19.2 增加：

对应用于天花板的情况，用热阻为约 0.9 m^2K/W 的一片热绝缘材料紧靠天花板的表面，且跨过加热单元的中心放置。绝缘材料长 0.8 m，与加热单元等宽。

对应用于地板的情况，热绝缘材料置于地板上，热阻增加到约 1.45 m^2K/W，且置于最不利位置。

对储热式加热应用，以额定充电时间充电。

19.13 增加：

地板和测试框架的木材的温升不得超过 150 K。

19.101 加热单元按照第 11 章的规定安装。被测加热单元以装置标称电压的 1.1 倍供电。

20 稳定性和机械危险

GB 4706.1—2005 的该章不适用。

21 机械强度

GB 4706.1—2005 的该章除下述内容外适用：

增加：

仅对加热单元的刚性部件进行冲击试验。

注 101：正常使用包括运输和安装。

加热单元进行 21.101 的试验。

预定安装于地板中的加热单元，还应进行 21.102 的试验。

预定安装于地板中且带有绝缘发热丝的加热单元，还应进行 21.103 的试验。

以上试验不适用于模块式加热单元。

21.101　加热元件的一部分夹在两块厚度为 100 mm 的木板间，木板的尺寸应充分覆盖加热元件的宽度。两木板的一对边倒圆角，半径为 50 mm。

将此组合件置于－5℃或规定的加热元件的最低安装环境温度中，取较低值。当加热元件达此温度后，将其自由端沿着木板的圆角边弯折 180°，回复到正常位置，再沿着另一方向重复此动作。重复三次。

试验后加热单元应经受 16.3 的电气强度试验，且不应出现本标准意义内的损坏。

21.102　本试验在 2 个加热单元上进行。将加热单元置于表面光滑的水平钢板上，用淬硬的钢针刻划加热元件的表面。钢针的端部呈顶角为 40°的锥形，其尖端倒圆半径为 0.25 mm±0.02 mm。对钢针施加适当的负载，以使其沿轴向施加的力对安装在混凝土及类似地板中的器具为 10 N±0.5 N，对安装于其他地板中的器具为 5 N±0.5 N。沿着表面以约 20 mm/s 的速度拖动钢针刻划。钢针沿移动方向偏离垂直位置 5°到 10°。

在一个加热元件的两面分别刻划三条划痕，划痕间距至少 50 mm。划痕应平行于加热单元的长度方向，且距其一边至少 10 mm。划痕的长度应大约等于加热单元的宽度。如果加热元件带有电极，则一条划痕沿着其中一个电极刻划。

跨过加热元件的整个宽度，在其两面分别刻划两条类似的划痕。

试验后，加热单元应经受 16.3 的电气强度试验。

21.103　将加热单元中带有绝缘发热丝的部分置于刚性钢板上。将一根直径为 6 mm 的钢棒与发热丝交叉放置，以使其仅有一处与发热丝接触。

对钢棒施加 30 s 下述大小的力：

——对安装于混凝土地板中的加热单元，600 N；

——对安装于其他地板中的加热单元，300 N。

在五个不同位置施力，各点相距至少 50 mm。

随后加热单元应经受 16.3 的电气强度试验。如果绝缘发热丝包含不止一根导线，则导线之间也要经受基本绝缘的电气强度试验。

22　结构

GB 4706.1—2005 的该章除下述内容外适用：

增加：

22.101　与电源的连接应可靠地固定在加热元件上。

通过下述在两个加热单元上进行的试验，检查其合格性。

将加热单元平放在水平表面上，并使约 100 mm 长的加热元件与电源引线悬在该表面的边缘。电源引线的自由长度约 300 mm。

在电源引线上施加 60 N 的力 1 min，但不得使猛力。松开 1 min 后重复此动作。

引线、连接处或加热元件不应出现本标准意义内的损坏。加热单元应经受 16.3 的电气强度测试。

22.102　覆盖连接处和加热元件边缘的绝缘物不应对加热元件的材料产生影响。

通过下述试验，检查其合格性。

将加热单元置于烘箱，箱中温度为80℃或45℃加上第11章中试验所确定的温升，取较高值。试验进行336 h。

加热单元冷却到接近室温后，应经受16.3的电气强度试验。

22.103 叠层软片加热元件的电气绝缘层应可靠地结合在一起。但对用于混凝土或类似材料的地板中的加热单元，仅要求将各加热元件的边缘结合。

通过下述试验，检查其合格性。

从一个全新的加热元件上剪下二组各三个尺寸均约为15 mm×150 mm的样条。每组样条分别从边缘处以及平行和垂直于边缘的加热表面上取下。对用于混凝土或类似材质地板中的加热元件，每组只从边缘剪下一个样条。

将一组样条置于烘箱中336 h，烘箱温度为第11章试验确定的加热元件的温度。

然后从各样条的一端分别将绝缘层分开，并依次固定在张力仪的夹具上。

注：如果无法将绝缘层分开，可以使用特殊制备的样条。

张力仪的夹具以250 mm/min±50 mm/min的速率张开。

每个样条的结合强度至少为1.5 N。

经过处理的样条的平均结合强度不得低于未经处理的样条的平均结合强度的80%。

22.104 电源引线和互连引线的连接装置应为Ⅱ类结构。不借助工具不能将其拆开。

通过视检检查其合格性。

23 内部布线

GB 4706.1—2005的该章适用。

24 元件

GB 4706.1—2005的该章除下述内容外适用：

24.101 使装置符合第19章所需的热断路器应是非自复位的，且带有脱扣机构。

通过视检检查其合格性。

24.102 为使加热单元符合本标准而必需的控制装置和其他元件，应随软片加热元件提供。

通过视检检查其合格性。

25 电源连接和外部软线

GB 4706.1—2005的该章除下述内容外适用：

25.3 代替：

除可在现场切割的加热单元外，其他加热单元应通过下述方式之一与固定布线永久连接：

——一组接线端子；

——一组电源引线；

——一条电源软线。

可在现场切割的加热单元应以适当的方式与电网连接。电源引线应带双层绝缘或带绝缘护套。该套管至少300 mm长，其厚度与电源线(IEC 60245的53号线)的护套厚度相当。

通过视检检查其合格性。

25.5 修改：

允许Z型连接。

26 外部导线用接线端子

GB 4706.1—2005的该章除下述内容外适用：

26.1 增加:

加热单元不应有螺纹型的接线端子。

27 接地措施

GB 4706.1—2005 的该章适用。

28 螺钉和连接

GB 4706.1—2005 的该章适用。

29 电气间隙、爬电距离和固体绝缘

GB 4706.1—2005 的该章除下述内容外适用:

29.1 修改:

模块式加热单元属于过电压类别Ⅱ,其他加热单元属于过电压类别Ⅲ。

29.3 修改:

对软片加热元件的绝缘或附加的电气绝缘没有尺寸要求。

对Ⅱ类加热单元,其软片加热元件应有两层绝缘,每层都应经受 16.3 中规定的对加强绝缘的电气强度试验。如果两层绝缘不可拆分,则应一起经受 16.3 中规定的对加强绝缘的电气强度试验。

30 耐热和耐燃

GB 4706.1—2005 的该章除下述内容外适用:

30.1 增加:

本试验不适用于软片加热元件。

IEC 60884-1 的 25.1 和 25.4 的试验适用于连接装置的柔性部件。

30.2 修改:

本要求不适用于预定用于混凝土及类似材料地板中的加热单元。

30.2.1 修改:

对于软片加热元件只进行 ISO 9772 的燃烧试验。IEC 60695-2-11 中规定的灼热丝试验适用于其他元件,而温度增加到 650℃。

30.2.3.1 修改:

对于任何电流值本条均适用。

30.2.3.2 修改:

对于任何电流值,此试验均在较高温度下进行。

31 防锈

GB 4706.1—2005 的该章适用。

32 辐射、毒性和类似危险

GB 4706.1—2005 的该章适用。

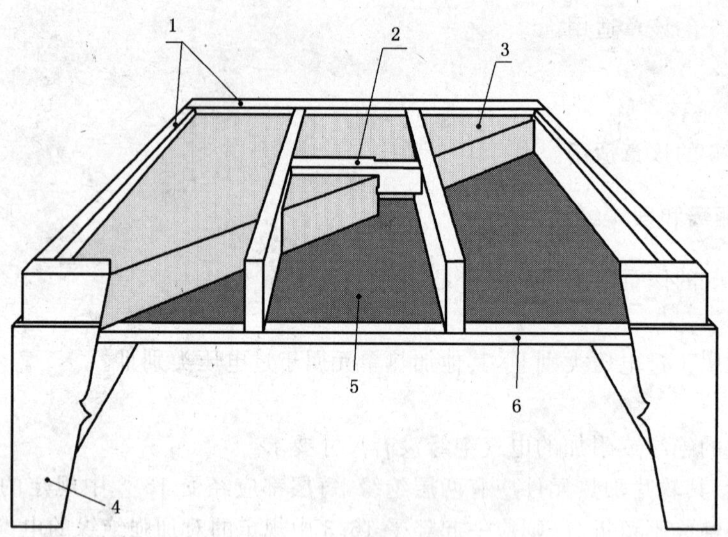

图例：

1——50 mm×200 mm 的木架；

2——横梁；

3——热绝缘层；

4——木板；

5——加热单元；

6——覆盖材料。

图 101　木质天花板中的加热单元的试验装置

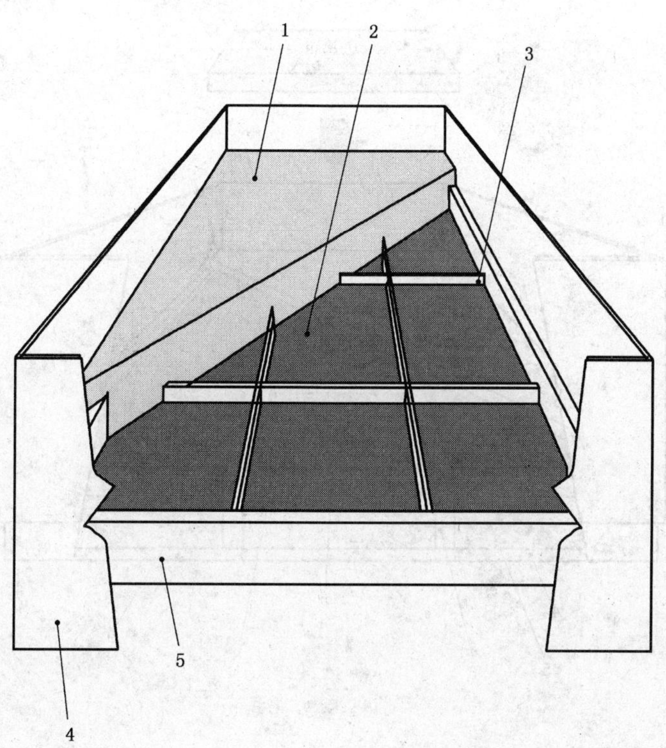

图例：

1——热绝缘层；

2——模块式加热单元；

3——支撑框架；

4——木板；

5——50 mm×200 mm 的木架。

图 102　模块式加热单元的试验装置

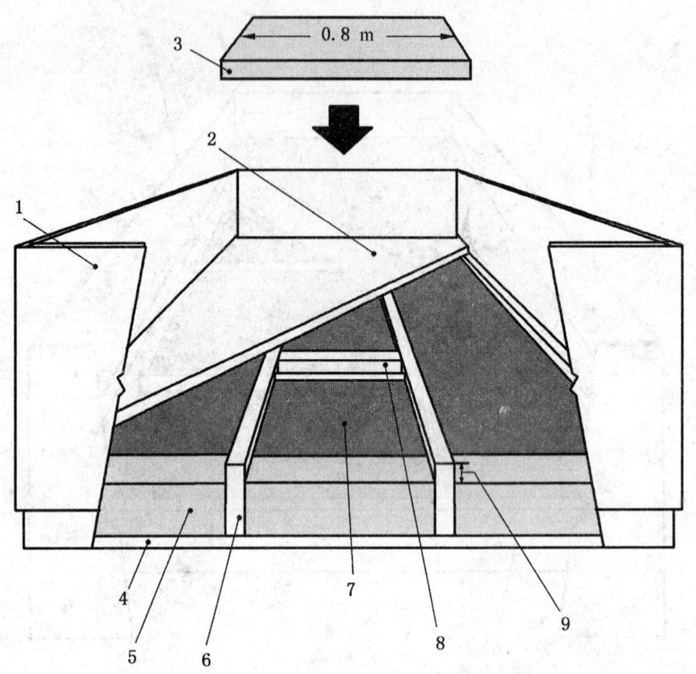

图例：

1——木板；

2——地板；

3——绝缘片；

4——热绝缘材料的支架；

5——热绝缘材料；

6——50 mm×200 mm 的木架；

7——加热单元；

8——横梁；

9——空气间隙。

图 103　木质地板中的加热单元的试验装置

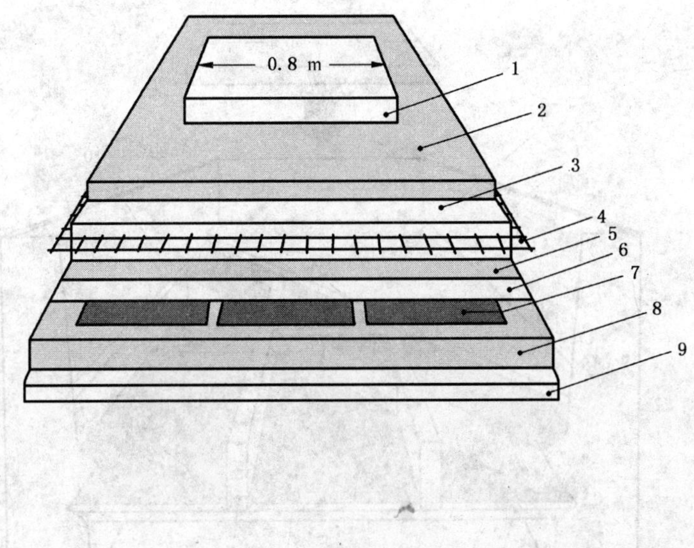

图例：

1——绝缘片；

2——地板材料；

3——混凝土；

4——栅格(如有规定)；

5——聚乙烯薄膜(如要求)；

6——附加的电气绝缘(如有规定)；

7——加热单元；

8——热绝缘层；

9——胶合板。

图 104 混凝土地板中的加热单元的试验装置

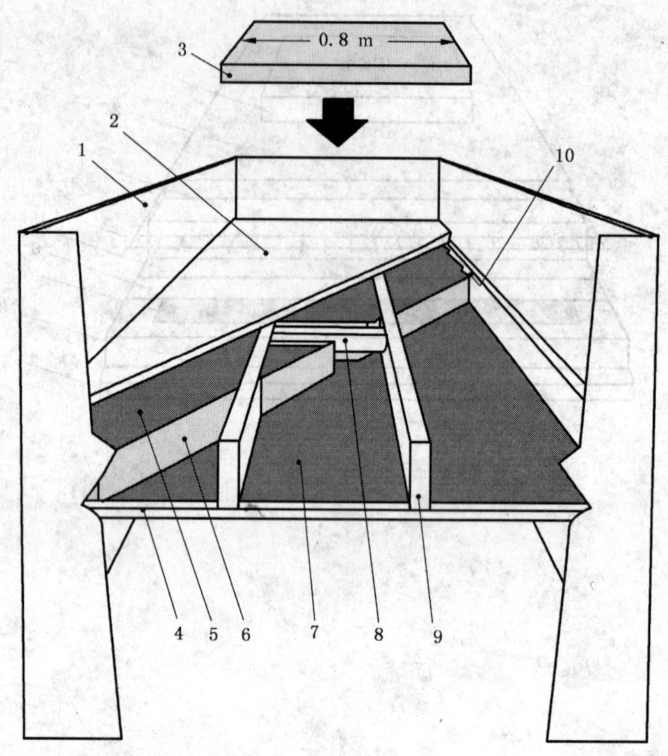

图例：

1——木板；

2——地板；

3——绝缘片；

4——覆盖材料；

5——地板加热单元；

6——热绝缘层(隔热层)；

7——天花板加热单元；

8——横梁；

9——50 mm×200 mm 的木架；

10——空气间隙。

图 105 木质地板和天花板中的组合式加热单元的试验装置

单位为毫米

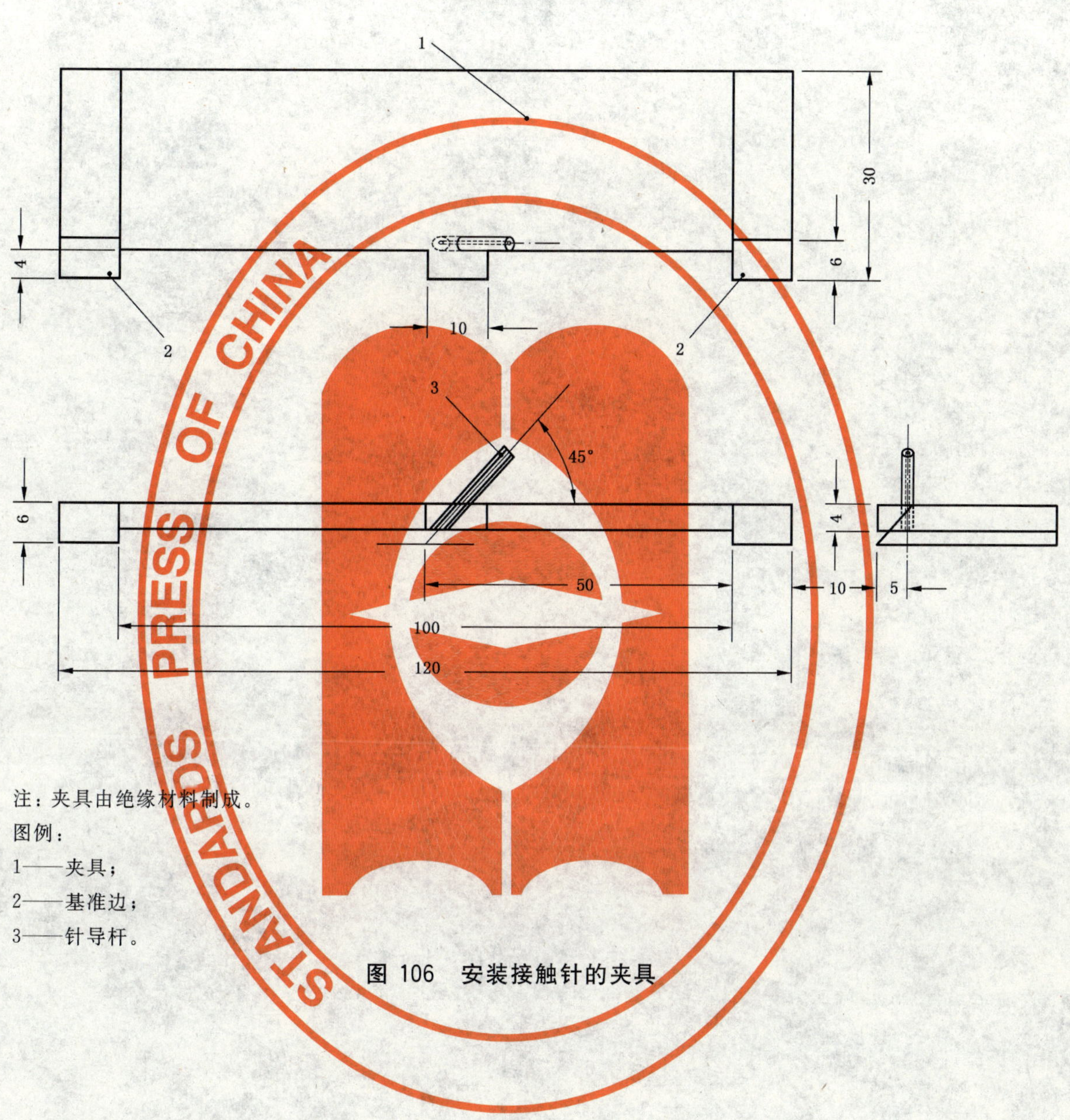

注：夹具由绝缘材料制成。

图例：

1——夹具；

2——基准边；

3——针导杆。

图 106 安装接触针的夹具

附　录

GB 4706.1—2005 的附录除下述内容外适用。

附　录　AA
（资料性附录）
安装说明一览表

<table>
<tr><td rowspan="4">加热单元的结构</td><td colspan="8">使用场合</td></tr>
<tr><td rowspan="2">天花板</td><td colspan="7">地板</td></tr>
<tr><td colspan="3">干燥位置</td><td colspan="4">除区域 0 之外的其他位置</td></tr>
<tr><td rowspan="2">金属</td><td rowspan="2">金属</td><td rowspan="2">砖下</td><td rowspan="2">混凝土或类似材料</td><td rowspan="2">砖下</td><td rowspan="2">混凝土或类似材料</td><td colspan="2">游泳池</td></tr>
<tr><td></td><td>砖下</td><td>混凝土或类似材料</td></tr>
<tr><td>基本绝缘</td><td>漏电保护器[a]
接地天花板[d]
或
隔离变压器[a]
接地天花板[d]
或
漏电保护器[a]
附加的绝缘[e]
或
隔离变压器[a]
附加的绝缘[e]</td><td>漏电保护器[a]
接地地板[d]
或
隔离变压器[a]
接地地板[d]
或
漏电保护器[a]
附加的绝缘[e]
或
隔离变压器[a]
附加的绝缘[e]</td><td>漏电保护器[a]
栅格[c]
附加的绝缘[f]
或
隔离变压器[a]
栅格[c]
附加的绝缘[f]
或
3 kV 基本绝缘
3 kV 附加的绝缘[b]</td><td>漏电保护器[a]
栅格[c]
或
隔离变压器[a]
栅格[f]
或
3 kV 基本绝缘
3 kV 附加的绝缘[b]</td><td>漏电保护器[a]
栅格[c]
附加的绝缘[f]
或
隔离变压器[a]
栅格[c]
附加的绝缘[f]</td><td>漏电保护器[a]
栅格[c]
或
隔离变压器[a]
栅格[c]</td><td>漏电保护器[a]
栅格[c]
附加的绝缘[f]</td><td>漏电保护器[a]
栅格[c]</td></tr>
<tr><td>Ⅱ类</td><td>漏电保护器[a]
或
隔离变压器[a]</td><td>漏电保护器[a]
或
隔离变压器[a]</td><td>漏电保护器[a]
或
隔离变压器[a]</td><td>漏电保护器[a]
或
隔离变压器</td><td>漏电保护器[a]
栅格[c]
或
隔离变压器</td><td>漏电保护器[a]
栅格[c]
或
隔离变压器</td><td>漏电保护器[a]
栅格[c]</td><td>漏电保护器[a]
栅格[c]</td></tr>
<tr><td colspan="9">注 1：区域 0 的定义参见 IEC 60364-7-701。
注 2：对应用于木质地板和天花板的情况，除 7.12.1 外，无其他附加要求。
注释：
a ——7.12.1 3)；
b ——7.12.1 3)，第 1 个破折号第 3 点；
c ——7.12.101 1)；
d ——7.12.102，第 1 句；
e ——7.12.102 2)，第 3 句；
f ——7.12.103。</td></tr>
</table>

参 考 文 献

GB 4706.1—2005 的参考文献除以下内容外适用：

增加：

IEC 60335-2-17 家用和类似用途电器的安全 毯、垫和类似柔性加热器具的特殊要求

IEC 60335-2-81 家用和类似用途电器的安全 暖脚器和加热垫的特殊要求

ICS 13.120
K 09

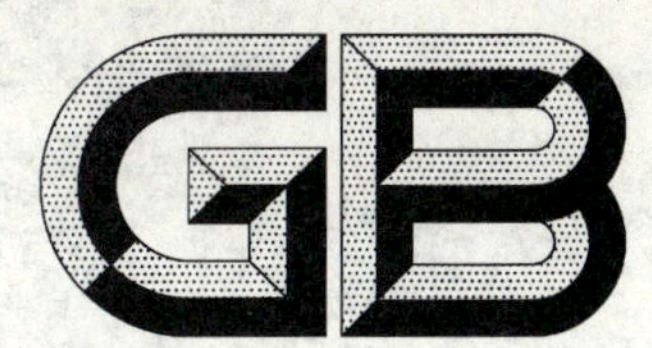

中华人民共和国国家标准

GB 4706.83—2007/IEC 60335-2-44:2002

家用和类似用途电器的安全 第2部分:夹烫机的特殊要求

Household and similar electrical appliances—Safety—Part 2:Particular requirements for ironers

(IEC 60335-2-44:2002,IDT)

2007-11-12 发布　　2009-01-01 实施

中华人民共和国国家质量监督检验检疫总局
中国国家标准化管理委员会　发布

前　言

GB 4706 本部分的全部技术内容为强制性。

GB 4706 是家用和类似用途电器的安全的系列标准，分为以下几部分：

第 1 部分：通用要求；

第 2 部分：特殊要求。

本部分是家用和类似用途夹烫机的特殊安全要求，等同采用 IEC 60335-2-44:2002《家用和类似用途电器的安全　第 2-44 部分：夹烫机的特殊要求》(英文版)。

本部分应与 GB 4706.1—2005《家用和类似用途电器的安全　第 1 部分：通用要求》配合使用。

本部分通过增补或修改 GB 4706.1—2005 而形成，写明“适用”的部分，表示 GB 4706.1—2005 的相应条文适用于本标准；写明“代替”的部分，则以本标准的条文为主；写明“修改”的部分，表示 GB 4706.1—2005 相应条文的相关内容应以本标准修改后的内容为准，而该条文中的其他内容仍适用；写明“增加”的部分。表示除要符合 GB 4706.1—2005 相应条文外，还应符合本标准所增加的条文。

为便于使用，本标准对 IEC 60335-2-85 作了下列编辑性修改：

a) “第 1 部分”一词改为“GB 4706.1”；

b) 用小数点“.”代替作为小数点的逗号“,”。

对 GB 4706.1 增加的条款从 101 开始编号。

本部分由中国轻工业联合会提出。

本部分由全国家用电器标准化技术委员会归口。

本部分起草单位：广州电器科学研究院。

本部分参加起草单位：江苏海狮机械集团有限公司、山东小鸭电器股份有限公司蓬莱洗涤设备厂。

本部分主要起草人：徐艳容、周东华、王恒强。

本部分首次发布。

IEC 前言

1) IEC(国际电工委员会)是由所有国家电工委员会(IEC 国家委员会)组成的世界范围内的标准化组织,IEC 的宗旨是促进与电气和电子领域有关标准化问题上的国际合作。为此,IEC 除开展其他活动外,还出版国际标准。这些标准的制定委托各技术委员会来完成。任何对要制定的标准感兴趣的 IEC 国家委员会均可参加制定工作。与 IEC 有联系的国际政府及非政府组织亦可参加标准制定工作。IEC 与国际标准化组织(ISO)在两个组织协议的基础上密切合作。
2) IEC 的有关技术问题的正式决议或协议是由所有对该问题特别关注的国家委员会参加的技术委员会制定的。它们尽可能地表达了对所涉及的问题在国际上的一致意见。
3) 这些正式决议或协议以标准、技术报告或导则的形式出版并推荐给国际上使用,并在此意义上为各国家委员会所接受。
4) 为了促进国际上统一,IEC 各国家委员会应保证在最大限度将 IEC 标准转化为他们国家或地区标准。IEC 标准与相应的国家或地区性标准之间的任何差异应在国家或地区性标准中清楚地指出。
5) IEC 并未制定认可标志的程序,如对某设备宣称其符合 IEC 的某一项标准时,IEC 对此不负任何责任。
6) 注意这个国际标准中的一些部分可能会涉及专利,IEC 没有责任鉴别任何或全部的专利。

IEC 60335 的本部分标准由 IEC 第 61 技术委员会:"家用和类似用途电器的安全"制定。

本标准第三版废止和代替了 1997 出版的第二版,它构成一次技术修订。

IEC 60335 的本部分标准的正文以下列文件为依据:

FDIS	表决报告
61/2167/FDIS	61/2247/RVD

有关本标准被表决通过的全部材料可在上表所列的表决报告中查到。

本第二部分标准应与 IEC 60335-1 的最新版本及其增补件一起使用,本标准是在 IEC 60335-1 的第四版(2001)的基础上建立起来的。

注 1:在本标准提到的"第一部分",指的是 IEC 60335-1。

本标准增补或修改了 IEC 60335-1 的相应章条,从而将其转化为 IEC 标准:织物蒸汽机的安全要求。

如果"第一部分"中的某特殊条款在"第二部分"中没有提及,则该条款可以合理地使用。如果在本部分中标明"增加","修改",或"代替",则"第一部分"中对应的内容都要做相应的修改。

注 2:采用下列编号系统:

——从 101 开始编号的条、表、图是对"第一部分"增加的;

——除在新条中的注或在"第一部分"中涉及的注外,其余注要从 101 开始编号,包括已被替换了的条或小条里的注;

——增加的附录编号为 AA、BB 等。

注 3:采用下列印刷体:

——要求正体:罗马字体;

——试验技术规范:斜体。

——注释内容:小罗马字体。

正文中用黑体字印刷的词在第3章中给出定义。当一个定义涉及一个形容词时，该形容词和相关的名词也是黑体字。

委员会已经决定本出版物的内容在2004年前保持不变。届时，本出版物将被：

- 重新确认；
- 废止；
- 被修订版替代，或
- 被修改。

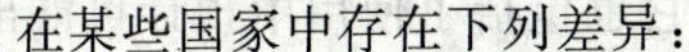

在某些国家中存在下列差异：

——11.7 试验条件不同(美国)；

——19.13 试验标准不同(美国)；

——20.2 对夹带和机械危险的要求不同(美国)；

——22.7 试验不同(美国)；

——22.101 试验不同(美国)；

——22.104 试验不同(美国)。

引　言

在起草本部分时已假定，由取得适当资格并富有经验的人来执行本部分的各条款。

本部分所认可的是家用和类似用途电器在注意到制造商使用说明的条件下按正常使用时，对器具的电气、机械、热、火灾以及辐射等危险防护的一个国际可接受水平。它也包括了使用中预计可能出现的非正常情况。

在制定本部分时已尽可能地考虑了 GB 16895 中规定的要求，以使得器具在连接到电源电路时符合布线的规则。但各国的布线规则可能不同。

如果一台器具的多项功能涉及到 GB 4706 第 2 部分的其他标准所覆盖的功能时，则只要是在合理的情况下，相关的第 2 部分标准要分别应用于每一功能。如果适用，应考虑到一种功能对其他功能的影响。

本部分是一个涉及器具安全的产品族标准，并在覆盖相同主题的同一水平和同一类别的标准中处于优先地位。

一个符合本部分文本的器具，当进行检查和试验时，发现该器具的其他特性会损害本部分要求所涉及的安全水平时，则将未必判定其符合本部分中的各项安全准则。

产品使用了本部分要求中规定以外的材料和结构形式时，则该产品可以按照这些要求的意图来进行检查和试验。如果查明其基本等效，则可以判其符合本部分的安全原则。

家用和类似用途电器的安全 第2部分:夹烫机的特殊要求

1 范围

GB 4706.1—2005 的该章由下述内容代替:

本部分涉及家用和类似用途的电夹烫机的安全,单相器具的额定电压不超过 250 V,其他器具的额定电压不超过 480 V。

不作为一般家用,但对公众仍可能引起危险的器具,例如打算在商店、轻工业和农场中由非专业人员使用的器具,也属于本部分范围。

注 101:本标准范围内的器具举例:

——单人操作的熨平板;

——轧布机;

——单人操作的旋转式夹烫机;

——裤子熨平板。

就实际情况而言,本部分所涉及的各种器具存在的普通危险,是在住宅和住宅周围环境中所有的人可能会遇到的。然而,一般说来本部分并未涉及:

——无人照看的幼儿或残疾人使用器具时的危险;

——幼儿玩弄器具的情况。

注 102:注意下述事实:

——对于打算用在车辆、船舶或航空器上的器具。可能需要附加要求;

——在许多国家中,全国性的卫生保健部门、全国性劳动保护部门以及类似的部门都对器具规定了附加要求。

注 103:本部分不适用于:

——多于一人操作的旋转式夹烫机,这种器具的滚筒长度一般超过 1.6 m;

——专为工业用途设计的器具;

——打算使用在经常产生腐蚀性或爆炸性气体(如灰尘、蒸气或瓦斯气体)特殊环境场所的器具;

——电熨斗(GB 4706.2)。

2 规范性引用文件

GB 4706.1—2005 的该章适用。

3 定义

GB 4706.1—2005 的该章除下述内容外,均适用:

3.1.9 代替:

正常工作 normal operation:

是指器具在下述条件下工作:

器具应在没有织物的情况下工作。

熨平板应在压平表面尽可能分离的情况下工作。能产生蒸汽的器具应在水箱充满水和最大蒸汽喷出的情况下循环工作,每个循环周期包括压平表面相互接触 10 s 和分开 10 s。能产生蒸汽或喷水的器具还应在水箱排空的情况下工作。

旋转式夹烫机应在活动表面升高和下降的情况下循环工作,每个循环周期包括压平表面相互接触

24 s 和分开 6 s。

裤子熨平板应在压平表面相互接触下工作。

轧布机应在滚筒相互接触下工作。

注：不要移走轧布机布。

3.101

夹烫机　ironer

是指由一个带衬垫的表面支撑织物，且能使一个加热表面与织物接触的器具。

3.102

旋转式夹烫机　rotary ironer

是指织物在一个加热表面和一个带衬垫的滚筒之间穿过，而滚筒是由一个电动机带动旋转的夹烫机。

注：旋转式夹烫机可以有多于一个加热表面。

3.103

熨平板　ironing press

是指一种支撑织物的表面和加热表面都是平面的夹烫机。

注：熨平板可以有产生蒸汽或喷水的装置。

3.104

裤子熨平板　trouser press

是指一种带有一对平面，其中一个或两个平面能被加热且这对平面能在把裤子放置其间时相互闭合的器具。

3.105

轧布机　mangle

是指一种通过不加热的滚筒压平织物的器具，这些滚筒紧压在一起且由电动机带动旋转。

注：轧布机可以有一块布，布的一端固定在其中一个滚筒上，在布上放置织物进行压平。

4　一般要求

GB 4706.1—2005 的该章适用。

5　试验的一般条件

GB 4706.1—2005 的该章适用。

6　分类

GB 4706.1—2005 的该章适用。

7　标志和说明

GB 4706.1—2005 的该章除下述内容外，均适用：

7.1　增加：

应在器具的灯座上或灯座附近标出下述可替换照明灯的最大输入功率：

灯最大功率 ……………………………………… W

“灯”字可以用 GB/T 5465.2 中图形符号 5012 代替。

打算需供以压缩空气的器具应标出最大空气压力，单位为 MPa。

7.12　增加：

轧布机的说明中应说明：在不用轧布机和更换轧布机布时，器具应切断电源。

在压力下产生蒸汽的熨平板，其说明应写有：在使用期间，不得打开水箱盖。应给出水箱再次安全注水的说明。

8 对触及带电部件的防护

GB 4706.1—2005 的该章适用。

9 电动器具的启动

GB 4706.1—2005 的该章不适用。

10 输入功率和电流

GB 4706.1—2005 的该章适用。

11 发热

GB 4706.1—2005 的该章除下述内容外，均适用：

11.2 修改：

通常在地面或桌面上使用的器具应远离测试角的边壁来放置。

熨平板的分离式蒸汽发生器应尽可能靠近测试角的两边壁来放置。

11.4 增加：

装有电动机、变压器或电子线路的器具，如果温升超过其限值且功率输入低于额定输入功率，则器具在供以 1.06 倍额定电压下重做本试验。

11.6 代替：

组合型器具按电热器具工作。

11.7 增加：

装有定时器的裤子熨平板在连续运转的情况下工作三个周期。

注 101：每个周期为定时器所允许的最大工作时间。

其他器具工作直至建立稳定状态为止。

11.8 增加：

当器具在 1.15 倍额定输入功率下工作时，电动机、变压器或电子线路和直接受它们影响的部件的温升允许超过其限值。

12 空章

13 工作温度下的泄漏电流和电气强度

GB 4706.1—2005 的该章适用。

14 瞬态过电压

GB 4706.1—2005 的该章适用。

15 耐潮湿

GB 4706.1—2005 的该章适用。

16 泄漏电流和电气强度

GB 4706.1—2005 的该章适用。

17 变压器和相关电路的过载保护

GB 4706.1—2005 的该章适用。

18 耐久性

GB 4706.1—2005 的该章不适用。

19 非正常工作

GB 4706.1—2005 的该章除下述内容外,均适用:

19.2 增加:

器具在压平表面相互接触下进行试验,除非夹紧力被释放时两个压平表面自动分开。

19.4 增加:

对于产生蒸汽的器具,应使在第 11 章试验期间用于限制压力的任一控制器不工作。

19.7 增加:

轧布机工作 5 min。

19.9 不适用。

19.13 增加:

在一个保护装置动作 5 min 后,打算用于支撑织物的表面的温升应不超过 150 K。

20 稳定性和机械危险

GB 4706.1—2005 的该章除下述内容外,均适用:

20.1 增加:

不进行倾斜角增大到 15°的试验。

轧布机还应进行下述试验来检查:

轧布机以使用中的任一正常放置状态放在一个水平面上,在轧布机的顶部水平地施加一个 90 N 的力。消去该力,并在轧布机最不利的位置上垂直向下地施加一个 180 N 的力。

轧布机不应翻倒。

注 101:在试验期间应防止轧布机滑动。

21 机械强度

GB 4706.1—2005 的该章适用。

22 结构

GB 4706.1—2005 的该章除下述内容外,均适用:

22.7 代替:

在压力下产生蒸汽的熨平板应有足够的超压危险安全保护措施。

如果保护装置使得蒸汽喷射或热水溢出,其电气绝缘不应受到影响或使用户不应受到危害。

通过视检和下述试验来确定是否合格:

器具在按第 11 章的规定但无蒸汽喷出的情况下工作,测量水箱的压力。使在试验期间动作的所有压力调节器不动作并再次测量压力,其压力的增加不得超过 200 kPa。

然后使任何压力限制保护装置不动作,且把水箱的压力升高至最初测得的压力值的五倍或在压力调节器不动作时测得的压力值的二倍,两者选较大值者。

水箱不得有渗漏。

22.101 旋转式夹烫机的结构应使其在工作期间进料口的宽度不大于 8 mm,并且在表面完全分开时进料口的宽度至少为 20 mm。当把分开表面的装置启动时,滚筒应在转动大于 10 mm 之前停止转动。

对于由一个电动机来带动表面下降和升高的旋转式夹烫机,其结构应使得:一旦闭合力释放,这些表面会立即分开;当电源中断时,应能分开这些表面。

通过视检、测量和手动试验来确定是否合格。

22.102 熨平板的结构应使得:通过用手、肘、膝或脚的操作,能把压平表面相互保持夹紧,当闭合力释放时,压平表面分开。然而,如果加热元件通过非自动复位装置在 15 s 内自动断电且当释放锁定装置时压平表面分开,则用双手直接操作的器具的压平表面可以在被锁定相互接触状态。这种器具的结构应使得:即使电源中断,压平表面也能不用手即可分开。

通过视检、测量和手动试验来确定是否合格。

22.103 轧布机的结构应使得:在保护进料口的活动部件之间的机械连接应能承受在正常使用中所生产的应力。

使活动部件承受其结构允许的最大角度的运动 10 000 个循环,运动速度为每分钟 15 次,然后检查是否合格。

试验后,轧布机应无导致影响符合本部分要求的损坏。

注:一个循环由两次运动组成,每一个方向计一次运动。

22.104 轧布机应装有防止在输送织物时与滚筒接触的装置。

进料口的尺寸应与图 101 一致,当进料口被与滚筒联锁的可移动挡板保护时,其尺寸应与滚筒停转时挡板的位置相对应。

通过视检和测量来确定是否合格。

22.105 蒸汽发生器应至少有一个仅用工具才能复位的非自复位热断路器。

通过视检来确定是否合格。

22.106 产生蒸汽的器具的结构应使得:当按说明要求使用器具时,不会出现可能使用户受到伤害的漏水或者突然喷出蒸汽或水。

通过第 11 章试验期间的视检和在试验结束时移开水箱盖来确定是否合格。

22.107 在 19.4 和 22.7 试验期间动作的压力限制保护装置应有一个直径至少为 5 mm 或宽至少为 3 mm 且面积为 20 mm^2 的进气孔。出气口的口径面积应不小于进气口的口径面积。

通过测量来确定是否合格。

23 内部布线

第一部分的该章除下述内容外,均适用:

23.3 增加:

对于除裤子熨平板外的器具,在正常工作时受弯曲的导线弯曲次数增加至 100 000 次。

24 元件

GB 4706.1—2005 的该章除下述内容外。均适用:

24.1.3 增加:

由保护进料口的装置来推动的轧布机开关应进行 50 000 个工作周期的试验。

25 电源连接和外部软线

GB 4706.1—2005 的该章适用。

26 外部导线用接线端子

GB 4706.1—2005 的该章适用。

27 接地措施

GB 4706.1—2005 的该章适用。

28 螺钉和连接

GB 4706.1—2005 的该章适用。

29 电气间隙、爬电距离和固体绝缘

GB 4706.1—2005 的该章适用。

30 耐热和耐燃

GB 4706.1—2005 的该章除下述内容外,均适用。

30.2 增加:

对于裤子熨平板,30.2.3 适用;对于其他器具,30.2.2 适用。

31 防锈

GB 4706.1—2005 的该章适用。

32 辐射、毒性和类似危险

GB 4706.1—2005 的该章适用。

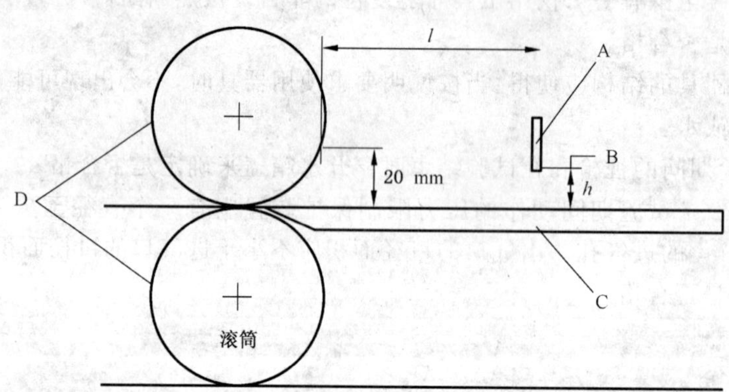

高度 h/mm	长度 l/mm
≤4	≥15
≤8	≥40
≤15	≥95
≤20	≥120

注:

h——进料口的高度。

l——进料口挡板的外部与进料台上方 20 mm 处滚筒上的点之间的距离。

A——挡板;

B——进料口;

C——进料台;

D——滚筒。

图 101 轧布机进料口的尺寸

附 录

GB 4706.1—2005 的附录均适用。

参 考 文 献

GB 4706.1—2005 的参考文献除下述内容外，均适用。

增加：

GB 4706.2 家用和类似用途电器的安全 电熨斗的特殊要求(GB 4706.2—2007,IEC 60335-2-3:2005,IDT)

ICS 13.120
K 09

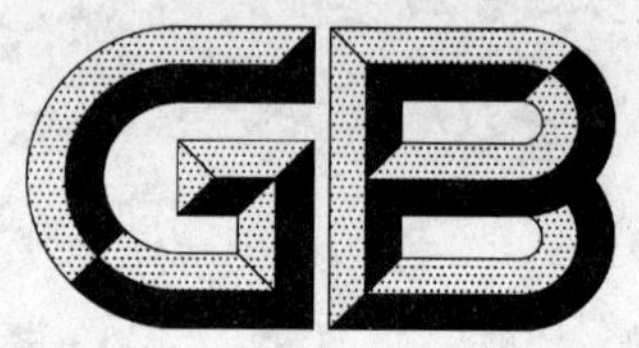

中华人民共和国国家标准

GB 4706.84—2007/IEC 60335-2-85:2002

家用和类似用途电器的安全 第2部分:织物蒸汽机的特殊要求

Household and similar electrical appliances—Safety—Part 2:Particular requirements for fabric steamers

(IEC 60335-2-85:2002,IDT)

2007-11-12 发布　　2009-01-01 实施

中华人民共和国国家质量监督检验检疫总局
中国国家标准化管理委员会　发布

前　言

本标准的全部技术内容为强制性。

GB 4706 是家用和类似用途电器的安全的系列标准，分为以下几部分：

第 1 部分：通用要求；

第 2 部分：特殊要求。

本部标准是家用和类似用途织物蒸汽机的特殊安全要求，等同采用 IEC 60335-2-85：2002《家用和类似用途电器的安全　第 2-85 部分：织物蒸汽机的特殊要求》(英文版)。

本标准应与 GB 4706.1—2005《家用和类似用途电器的安全　第 1 部分：通用要求》配合使用。

本标准通过增补或修改 GB 4706.1 而形成，写明“适用”的部分，表示 GB 4706.1 的相应条文适用于本标准；写明“代替”的部分，则以本标准的条文为主；写明“修改”的部分，表示 GB 4706.1 相应条文的相关内容应以本标准修改后的内容为准，而该条文中的其他内容仍适用；写明“增加”的部分，表示除要符合 GB 4706.1 相应条文外，还应符合本标准所增加的条文。

为便于使用，本标准对 IEC 60335-2-85 作了下列编辑性修改：

a) “第 1 部分”一词改为“GB 4706.1”；

b) 用小数点“.”代替作为小数点的逗号“,”。

对 GB 4706.1 增加的条款从 101 开始编号。

本标准由中国轻工业联合会提出。

本标准由全国家用电器标准化技术委员会归口。

本标准起草单位：广州电器科学研究院、广州日用电器检测所。

本标准主要起草人：左明芳、李秉成、徐艳容。

本标准首次发布。

IEC 前言

1） IEC(国际电工委员会)是由所有国家电工委员会(IEC 国家委员会)组成的世界范围内的标准化组织,IEC 的宗旨是促进与电气和电子领域有关标准化问题上的国际合作。为此,IEC 除开展其他活动外,还出版国际标准。这些标准的制定委托各技术委员会来完成。任何对要制定的标准感兴趣的 IEC 国家委员会均可参加制定工作。与 IEC 有联系的国际政府及非政府组织亦可参加标准制定工作。IEC 与国际标准化组织(ISO)在两个组织协议的基础上密切合作。

2） IEC 的有关技术问题的正式决议或协议是由所有对该问题特别关注的国家委员会参加的技术委员会制定的,它们尽可能地表达了对所涉及的问题在国际上的一致意见。

3） 这些正式决议或协议以标准、技术报告或导则的形式出版并推荐给国际上使用,并在此意义上为各国家委员会所接受。

4） 为了促进国际上统一,IEC 各国家委员会应保证在最大限度将 IEC 标准转化为他们国家或地区性标准。IEC 标准与相应的国家或地区性标准之间的任何差异应在国家或地区性标准中清楚地指出。

5） IEC 并未制定认可标志的程序,如对某设备宣称其符合 IEC 的某一项标准时,IEC 对此不负任何责任。

6） 注意这个国际标准中的一些部分可能会涉及专利,IEC 没有责任鉴别任何或全部的专利。

IEC 60335 的本部分标准由 IEC 第 61 技术委员会:“家用和类似用途电器的安全”制定。

本标准第二版废止和代替了 1997 出版的第一版和其增补件 1(2000),它构成一次技术修订。

IEC 60335 的本部分标准的正文以下列文件为依据:

FDIS	表决报告
61/2228/FDIS	61/2303/RVD

有关本标准被表决通过的全部材料可在上表所列的表决报告中查到。

本第二部分标准应与 IEC 60335-1 的最新版本及其增补件一起使用,本标准是在 IEC 60335-1 的第四版(2001)的基础上建立起来的。

注 1:在本标准提到的“第 1 部分”,指的是 IEC 60335-1。

本标准增补或修改了 IEC 60335-1 的相应章条,从而将其转化为 IEC 标准:织物蒸汽机的安全要求。

如果“第一部分”中的某特殊条款在“第二部分”中没有提及,则该条款可以合理地使用。如果在本部分中标明“增加”,“修改”,或“代替”,则“第一部分”中对应的内容都要做相应的修改。

注 2:采用下列编号系统:

——从 101 开始编号的条、表、图是对“第一部分”增加的;

——除在新条中的注或在“第一部分”中涉及的注外,其余注要从 101 开始编号,包括已被替换了的条或小条里的注;

——增加的附录编号为 AA、BB 等。

注 3:采用下列印刷体:

——要求正体:罗马字体;

——试验技术规范:斜体;

——注释内容:小罗马字体。

正文中用黑体字印刷的词在第3章中给出定义。当一个定义涉及一个形容词时，该形容词和相关的名词也是黑体字。

委员会已经决定本出版物的内容在2003年前保持不变。届时，本出版物将被：

- 重新确认；
- 废止；
- 被修订版替代，或
- 被修改。

在一些国家中存在下述差异：

——第1章　电极式器具和带有裸露的发热元件的器具只允许是直接连接到固定布线上的器具(荷兰)。

——6.1　允许0类电极式器具(美国)。

——7.12　说明书中应说明只能使用软化水或蒸馏水(丹麦)。

——13.2　不进行增加的测量(美国)。

——19.2　试验不同(美国)。

引　言

在起草本部分时已假定,由取得适当资格并富有经验的人来执行本部分的各条款。

本部分所认可的是家用和类似用途电器在注意到制造商使用说明的条件下按正常使用时,对器具的电气、机械、热、火灾以及辐射等危险防护的一个国际可接受水平。它也包括了使用中预计可能出现的非正常情况。

在制定本部分时已尽可能地考虑了 GB 16895 中规定的要求,以使得器具在连接到电源电路时符合布线的规则。但各国的布线规则可能不同。

如果一台器具的多项功能涉及到 GB 4706 第 2 部分的其他标准所覆盖的功能时,则只要是在合理的情况下,相关的第二部分标准要分别应用于每一功能。如果适用,应考虑到一种功能对其他功能的影响。

本部分是一个涉及器具安全的产品族标准,并在覆盖相同主题的同一水平和同一类别的标准中处于优先地位。

一个符合本部分文本的器具,当进行检查和试验时,发现该器具的其他特性会损害本部分要求所涉及的安全水平时,则将未必判定其符合本部分中的各项安全准则。

产品使用了本部分要求中规定以外的材料和结构形式时,则该产品可以按照这些要求的意图来进行检查和试验。如果查明其基本等效,则可以判其符合本部分的安全原则。

家用和类似用途电器的安全
第2部分:织物蒸汽机的特殊要求

1 范围

GB 4706.1—2005 的该章用下述内容代替:

本部分涉及家用和类似用途的织物蒸汽机的安全,器具的额定电压不超过 250 V。

不打算作为一般家用,但对公众仍可能引起危险的器具,例如打算在商店、轻工业和农场中由非专业人员使用的织物蒸汽机,也属于本部分范围。

注 101:例如在洗衣房和熨干衣物的地方使用。

就实际情况而言,本部分所涉及的各种器具存在的普通危险,是在住宅和住宅周围环境中所有的人可能会遇到的。然而,一般说来本部分并未涉及:

——无人照管的幼儿或残疾人使用器具时的危险;

——幼儿玩耍器具的情况。

注 102:注意下述事实:

——对于打算用在车辆、船舶或航空器上的器具,可能需要附加要求;

——在许多国家中,全国性的卫生保健部门、全国性劳动保护部门以及类似的部门都对器具规定了附加要求。

注 103:本部分不适用于:

——打算使用在经常产生腐蚀性或爆炸性气体(如灰尘、蒸气或瓦斯气体)特殊环境场所的器具;

——电熨斗(GB 4706.3);

——夹烫机(IEC 60335-2-44);

——连接水源的器具。

2 规范性引用文件

GB 4706.1—2005 的该章适用。

3 定义

GB 4706.1—2005 的该章除下述内容外,均适用:

3.1.6 增加:

注 101:对于电极式器具,如果器具没有规定电流,则其额定电流通过器具的额定电压和开始工作 2 min 内的平均输入功率进行计算而获得,器具在额定电压和正常工作条件下工作。

3.1.9 代替:

正常工作 normal operation

是指使器具充满水并将盖子盖上,在远离任何表面的正常使用位置上工作。

对于电极式器具,在 20℃时其水的电阻率约为 500 Ωcm。

注 101:可通过在水中增加氯化钠来获得所需的电阻率。

3.101

纺织物蒸汽机 fabric steamers

是指通过在衣服的外表和纺织物的表面上直接施加蒸汽以去除皱折的器具。

3.102

电极式器具 electrode-type appliance

是指由流经可导电液体的电流对液体进行加热的器具。

4 一般要求

GB 4706.1—2005 的该章适用。

5 试验的一般条件

GB 4706.1—2005 的该章适用。

6 分类

GB 4706.1—2005 的该章除下述内容外，均适用：

6.1 修改：

电极式器具和带有裸露发热元件的器具应是Ⅰ、Ⅱ或Ⅲ类器具。

7 标志和说明

GB 4706.1—2005 的该章除下述内容外，均适用：

7.1 修改：

电极式器具应标有额定输入功率。

7.12 增加：

使用说明应给出充液、清洁和除垢的说明。

使用说明应说明下述的内容：

——当使用器具时要注意防止由于蒸汽喷溅的危险；

——在充液和清洁时，应将电源插头拔掉；

对于电极式器具，使用说明书还应说明下述内容：

——注意使用盐水溶液的成分和量，并建议不要使用过量的盐；

——器具不能连接到直流电源上工作。

带有输入插口的器具并且在清洁时可以部分或全部浸在水中的器具，应说明在清洁器具前拔出连接器，再次使用前应将输入插口进行干燥处理。

8 对触及带电部件的防护

GB 4706.1—2005 的该章适用。

9 电动器具的启动

GB 4706.1—2005 的该章不适用。

10 输入功率和电流

GB 4706.1—2005 的该章除下述内容外，均适用：

10.1 修改：

注 101：对于电极式器具，不限定负偏差。

11 发热

GB 4706.1—2005 的该章除下述内容外，均适用：

11.4 修改：

电极式器具应供以 0.94 倍和 1.06 倍额定电压之间的最不利电压。

11.7 代替：

器具工作直到稳定状态建立为止。

注 101：可加水以补充蒸汽的蒸发。

对于电极式器具，应迅速对其容器进行再充液，如有必要可多次进行。

注 102：在再充液期间，不用对器具进行清洁。

12 空章

13 工作温度下的泄漏电流和电气强度

GB 4706.1—2005 的该章除下述内容外，均适用：

13.1 修改：

电极式器具应供以 1.06 倍的额定电压。

13.2 增加：

对于电极式器具和带有裸露发热元件的器具，应测量放在离蒸汽出口 10 mm 处的金属网筛与易触及的金属部件之间的泄漏电流。

泄漏电流不应超过 0.25 mA。

注 101：易触及金属部件包括金属箔。

14 瞬态过电压

GB 4706.1—2005 的该章适用。

15 耐潮湿

GB 4706.1—2005 的该章适用。

16 泄漏电流和电气强度

GB 4706.1—2005 的该章适用。

17 变压器和相关电路的过载保护

GB 4706.1—2005 的该章适用。

18 耐久性

GB 4706.1—2005 的该章不适用。

19 非正常工作

GB 4706.1—2005 的该章除下述内容外，均适用：

19.2 增加：

器具以任何稳定的位置放在涂有黑漆的胶合平板上，将器具充满水或空载，选取较不利的情况。但对于电极式器具，其容器应充满 20℃±5℃ 的 NaCl 的饱和溶液，在额定电压下工作。

注 101：不能再溶解盐的盐液为饱和盐溶液。

19.3 增加：

本试验对电极式器具不适用。

20 稳定性和机械危险

GB 4706.1—2005 的该章适用。

21 机械强度

GB 4706.1—2005 的该章适用。

22 结构

GB 4706.1—2005 的该章除下述内容外，均适用：

22.33 修改：

可以采用电极加热液体，并且液体可以直接与带电部件以及裸露发热元件的带电部件相接触。

22.101 器具的结构应保证器具在按正常使用状态运行时，不会出现蒸汽突然喷射或热水溢泻出对使用者造成伤害的可能。

通过第 11 章的试验确定是否合格。

22.102 水容器应开有一个与大气相通的开口，孔的直径至少为 5 mm，或一边宽度至少为 3 mm、面积至少为 20 mm^2。

通过视检和测量来确定是否合格。

22.103 电极式器具的结构应能保证当打开容器充水时，两电极均能切断电源，并实现在Ⅲ过电压分类条件下的全极断开。

注：需要拔下器具连接器才能接近充液孔的器具可认为满足本要求。

通过视检来确定是否合格。

22.104 对于便携的电极式器具和带有裸露发热元件的便携式器具，其结构应保证在翻倒时不会出现危险的情况。

通过下述试验来确定是否合格：

器具按正常使用状态充液和工作，然后将其在最不利的位置上翻倒，在提供全极断开的保护装置动作之前，水不能溢出。

23 内部布线

GB 4706.1—2005 的该章适用。

24 元件

GB 4706.1—2005 的该章适用。

25 电源连接和外部软线

GB 4706.1—2005 的该章除下述内容外，均适用：

25.1 修改：

对于手持式器具和其他器具的手持式部件，如果水溶液通过容器的封口可泄漏到器具的插脚时，则器具不应装有输入插口。

注 101：本要求不适用Ⅲ类结构的手持式部件。

25.5 增加：

Z 连接允许用于手持式器具。

25.14 修改：

对于采用 Z 型连接的弯曲次数为 50 000 次，对于其他连接的弯曲次数为 20 000 次。

26 外部导线用接线端子

GB 4706.1—2005 的该章适用。

27 接地措施

GB 4706.1—2005 的该章适用。

28 螺钉和连接

GB 4706.1—2005 的该章适用。

29 电气间隙、爬电距离和固体绝缘

GB 4706.1—2005 的该章除下述内容外，均适用：

29.2 增加：

对于电极式器具，支撑电极的绝缘件的微观环境按 3 级污染。

30 耐热和耐燃

GB 4706.1—2005 的该章除下述内容外，均适用：

30.2.3 不适用。

31 防锈

GB 4706.1—2005 的该章适用。

32 辐射、毒性和类似危险

GB 4706.1—2005 的该章适用。

附　录

GB 4706.1—2005 的附录均适用。

参 考 文 献

GB 4706.1 的参考文献除下述内容外，均适用。

增加：

GB 4706.2　家用和类似用途电器的安全　电熨斗的特殊要求(GB 4706.2—2007,IEC 60335-2-3:2005,IDT)

GB 4706.83　家用和类似用途电器的安全　夹烫机的特殊要求(GB 4706.83—2007,IEC 60335-2-44:2002,IDT)

ICS 43.040.20
T 38

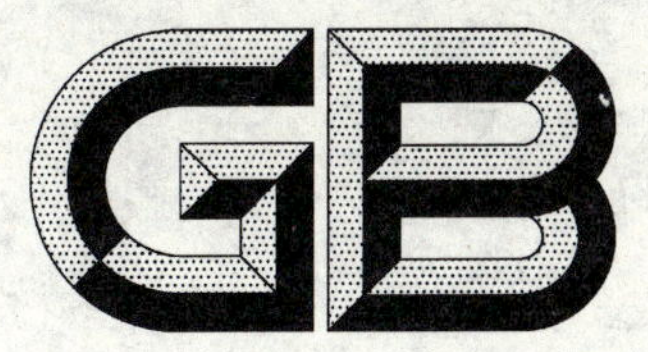

中华人民共和国国家标准

GB 4785—2007
代替 GB 4785—1998

汽车及挂车外部照明和光信号装置的安装规定

Prescription for installation of the external lighting and light-signalling devices for motor vehicles and their trailers

2007-11-01 发布　　　　2008-06-01 实施

中华人民共和国国家质量监督检验检疫总局
中国国家标准化管理委员会　发布

前　言

本标准的全部技术内容为强制性。

本标准对应于联合国欧洲经济委员会 ECE R48—2001《关于在照明和光信号装置安装方面对机动车辆进行认证的统一规定》。本标准与 ECE R48 的一致性程度为非等效，主要差异如下：

——修改了“1 范围”。

——增加了规范性引用文件。

——删除了 ECE R.48 中有关管理方面的下列章节和附录：

.3. 认证申请；

.4. 认证；

.7. 车辆型式及照明和光信号装置安装的改型和扩展认证；

.8. 生产一致性；

.9. 生产不一致性的处理；

.10. 正式停产；

.11. 负责认证试验的技术部门和管理部门的名称和地址；

.12. 过渡规定；

.附录 1　关于按照第 48 号法规一种车型在照明和光信号装置安装方面的批准认证、或拒绝认证、或扩展认证、或撤消认证、或正式停产通知书；

.附录 2　认证标志的布局。

——增加了灯具光色的色度特性。

——增加了各种灯具几何可见度的示图。

——增加了昼间行驶灯内容。

——考虑到快速发展的交通运输对汽车照明的要求，本标准参照 ECE R48 的 2003 版，修改了有关倒车灯的相关内容；参照 ECE R48 的 2004 版，增加汽车用气体放电光源前照灯，弯道照明等内容。

本标准的主要技术要求如：一般规定，特殊规定，灯具表面、基准轴线、基准中心和几何可见度角，前视红光和后视白光的不可见度，确定近光光束在垂直方向上变化的各种装载状况，近光光束倾斜度随装载变化的测量，初始调整的指示，前照灯调光装置控制器和生产一致性控制则与 ECE R.48 一致。

本标准代替 GB 4785—1998《汽车及挂车外部照明和信号装置的安装规定》。本标准与前版相比较主要变化如下：

——修改增加了前版第 2 章引用标准内容；

——修改了前版第 3 章的“定义”的内容，改为本版第 3 章的“术语和定义”；

——修改了前版第 4 章技术要求中的有关条款(如：一般规定、灯具光色和特殊规定)；

——修改了前版第 5 章“试验方法”和第 6 章“检验规则”；

——增加了前照灯调光装置的有关条款；

——增加了汽车用气体放电光源前照灯，弯道照明，昼间行驶灯等内容。

本标准附录 A、附录 B、附录 C、附录 D、附录 E 和附录 F 都是规范性附录。

本标准实施之日起，GB 4785—1998 废止。新申请型式检验的汽车产品必须符合本标准。

本标准实施的过渡要求：

对于新申请型式检验的汽车产品，本标准 4.3.2.6.2 中涉及手动前照灯调光装置的技术内容和规定,自本标准实施之日起 24 个月后实施。

对于现生产车型或通过现生产车型上改型而形成的新车型(不涉及照明和光信号装置安装规定的改变),给予 60 个月的过渡期;有关前照灯手动或自动调光装置的安装给予直至停产的过渡期。

本标准由全国汽车标准化技术委员会归口。

本标准由上海汽车灯具研究所负责起草。

本标准主要起草人:许谋和、周涛、卜伟理。

本标准所代替标准的历次版本发布情况为:

——GB 4785—1984、GB 4785—1998。

汽车及挂车外部照明和光信号装置的安装规定

1 范围

本标准规定了汽车及挂车的外部照明和光信号装置安装的技术要求、试验方法和检验规则等。

本标准适用于M、N和O类汽车及挂车等。

2 规范性引用文件

下列文件中的条款通过本标准的引用而成为本标准的条款，凡是注日期的引用文件，其随后所有的修改单(不包括勘误的内容)或修订版均不适用于本标准，然而，鼓励根据本标准达成协议的各方研究是否可以使用这些文件的最新版本。凡是不注日期的引用文件，其最新版本同样适用于本标准。

GB/T 3977 颜色的表示方法

GB/T 3978 标准照明体及照明观测条件

GB 4599 汽车用灯丝灯泡前照灯

GB/T 7922 照明光源颜色的测量方法

GB 21259 汽车用气体放电光源前照灯

GB 21260 汽车用前照灯清洗器

3 术语和定义

下列术语和定义适用于本标准。

3.1

一种车辆的型式试验 type test of a vehicle

就外部照明和光信号装置的安装数量和方式对某一车型进行型式试验。

3.2

横截面 transverse plane

与车辆纵向对称平面正交的垂直面。

3.3

空载车辆 unladen vehicle

无驾驶员、乘务员、乘客和载荷，但带有充足的燃料、备用车轮和常用工具的车辆。

3.4

装载车辆 laden vehicle

装载着制造商确定的技术上允许的最大质量的车辆，并按附录A中的装载状况分布在车轴上。

3.5

灯具 lamp

设计用于照明道路或向其他使用道路者发出光信号的装置。牌照灯和回复反射器也属于灯具。

3.5.1

等效灯 equivalent lamps

具有相同的功能，并得到主管部门认可的灯具。在满足本标准要求的条件下，等效灯可以具有与车辆通过型式检验所安装灯具不同的特性。

3.5.2

独立灯 independent lamps

具有分开的发光面(对于牌照灯和第5、6类转向信号灯,发光面不存在时,用透光面取代)、分开的光源和分开的灯体的装置。

3.5.3

组合灯 grouped lamps

具有分开的发光面(对于牌照灯和第5、6类转向信号灯,发光面不存在时,用透光面取代)、分开的光源和共同的灯体的装置。

3.5.4

复合灯 combined lamps

具有分开的发光面(对于牌照灯和第5、6类转向信号灯,发光面不存在时,用透光面取代)、共同的光源和共同的灯体的装置。

3.5.5

混合灯 reciprocally incorporated lamps

具有分开的光源或在不同情况下工作的单一光源(如光学的、机械的、电气的差异),全部或部分共有发光面(对于牌照灯和第5、6类转向信号灯,发光面不存在时,用透光面取代)和共同的灯体的装置。

3.5.6

可藏灯 concealable lamp

不使用时,可以通过移动罩盖,或灯,或采用其他适当的方法,能部分或全部隐藏起来的灯具。术语可隐(retractable)专指那些通过自身移动藏入车身内的可藏灯。

3.5.7

远光灯 driving beam(main-beam)headlamp

照明车辆前方远距离道路的灯具。

3.5.8

近光灯 passing beam(dipped-beam)headlamp

照明车辆前方道路,对来车驾驶员和其他使用道路者不造成眩目,或产生不舒适感的灯具。

3.5.9

转向信号灯 direction-indicator lamp

用于向其他使用道路者表明车辆将向右或向左转向的灯具。

3.5.10

制动灯 stop lamp

向车辆后方其他使用道路者,表明车辆正在制动的灯具。制动灯可以通过缓速器或一种类似装置点亮。

3.5.11

后牌照板照明装置(以下简称牌照灯) rear-registration plate illuminating device

用于照明后牌照板空间的装置,该装置可由几个光学元件组成。

3.5.12

前位灯 front position lamp

从车辆前方观察,表明车辆存在和宽度的灯。

3.5.13

后位灯 rear position lamp

从车辆后方观察,表明车辆存在和宽度的灯

3.5.14

回复反射器 retro-reflector

通过外来光源照射后的反射光，向位于光源附近的观察者表明车辆存在的装置。本标准规定：回复反射牌照板，有关危险物品运输中的各种回复反射信号和按国家规定必须用于某些类型车辆或操纵方法上的其他回复反射板和信号均不属于回复反射器。

3.5.15

危险警告信号 hazard warning signal

同时打开车辆上所有的转向信号灯，以向其他使用道路者表明，车辆暂时具有某种特殊危险。

3.5.16

前雾灯 front fog lamp

用于改善在雾、雪、雨或尘埃情况下道路照明的灯具。

3.5.17

后雾灯 rear fog lamp

在大雾情况下，从车辆后方观察，使得车辆更为易见的灯具。

3.5.18

倒车灯 reversing lamp

照明车辆后方道路和警告其他使用道路者，车辆正在或即将倒车的灯。

3.5.19

驻车灯 parking lamp

用于引起人们注意，在某区域内有一静止车辆存在的灯具。在此情况下，驻车灯代替前位灯和后位灯。

3.5.20

示廓灯 end-outline marker lamp

安装在车辆最外缘和尽可能靠近车顶，用来表明车宽的灯具；对于某些车辆和挂车，用来补充前、后位灯，以引起对其整体的特别关注。

3.5.21

侧标志灯 side marker lamp

从车辆侧面观察时，表明车辆存在的灯具。

3.5.22

昼间行驶灯 daytime running lamp

昼间行驶时，使得车辆更为易见的一种面向前方的灯具。

3.6

发光面 illuminating surface（见附录 B）

3.6.1

照明装置的发光面 illuminating surface of a lighting device（3.5.7、3.5.8、3.5.16 和 3.5.18）

反射镜整个口径在一横截面上的垂直投影。或者，对于椭球面反射镜的前照灯，投影透镜在一横截面上的垂直投影。若照明装置不带反射镜，则适用 3.6.2 定义。若灯具的透光面只占据反射镜口径的一部分，则只考虑该部分的投影。

对于近光灯，发光面受到明暗截止在配光镜上视在图样的限制。若反射镜和配光镜可以调节，则应处在平均调节位置上。

3.6.2

除回复反射器外的光信号装置的发光面 illuminating surface of a light-signalling device other than a retro-reflector（3.5.9～3.5.13、3.5.15，3.5.17，3.5.19～3.5.22）

光信号装置在垂直于基准轴线，且与透光面（外表面）相切的平面上的垂直投影。该投影的周边由位于投影平面上的诸屏蔽框边缘确定，在基准轴线方向上每次仅能发射出98%的发光强度。为了确定发光面的上、下以及横向各边缘、屏蔽框边缘必须是水平的或垂直的。

3.6.3

回复反射器的发光面　illuminating surface of a retro-reflector（3.5.14）

回复反射器上由一组平面所围成的面在垂直于其基准轴线平面上的投影。该组平面平行于回复反射器基准轴线，且通过它的光学组件的最外边缘，为了确定回复反射器的上、下和横向边缘，只考虑水平面和垂直面。

3.7

视表面　apparent surface（见附录 B）

某一特定观察方向上的视表面，按制造商要求，或是投影在配光镜外表面上的发光面边界在一平面上的垂直投影（a-b），或是透光面在一平面上的垂直投影（c-d），该平面垂直于观察方向，且与配光镜最外面的点相切。

3.8

基准轴线　axis of reference（reference axis）

由制造商规定的，在配光测量和灯具安装时，作为角视场的基准方向（H=0°，V=0°）。

3.9

基准中心　center of reference

由制造商确定的基准轴线与外部透光面的交点。

3.10

几何可见度　angles of geometric visibility

灯具视表面可见的最小立体角，该立体角由球的一部分确定，球心位于灯具的基准中心，赤道与地面平行。以基准轴线为基准，水平方向角 β 表示经度，垂直方向角 α 表示纬度。当从远处观察时，在几何可见度范围内，不应有阻碍视表面所发光线传播的障碍物。若在灯具近处测量，则沿观察方向平行移动，以得到相同的准确度。若灯具在以往的型式检验时已存在障碍物，则在几何可见度内的这些障碍物可不予考虑。若安装灯具时，其视表面受到车辆部件的部分遮蔽，则应提供证明，表明灯具未受遮蔽的部分仍满足型式检验所需的配光值。然而，当水平面以下的垂直方向几何可见度角可减至5°（灯的离地高度小于750 mm）时，安装后的灯具，其配光测量范围可减至水平以下5°。

3.11

外缘端面　extreme outer edge

车辆两侧的外缘端面是指：平行于车辆纵向对称平面，且与车辆横向外缘接触的平面。本标准规定下列突出物除外：

a）　轮胎与地面接触（变形）部分以及轮胎压力传感器的连接件。

b）　轮胎上的各种防滑装置。

c）　后视镜。

d）　侧转向信号灯，示廓灯，前、后位灯，驻车灯，回复反射器和侧标志灯。

e）　固定在车辆上的海关封印，以及为了保护和固定这些封印的装置。

3.12

车宽　overall width

上述3.11中定义的两个垂直平面间的距离。

3.13

单灯　a single lamp

指有一种装置或装置的部件，具有一个功能、一个在其基准轴线上的视表面、一个或多个光源。

对于车辆安装，单灯也指由两个独立灯或组合灯组成的组合件，这些灯无论相同与否，具有相同的功能且安装后其基准轴线上的视表面投影，不小于上述基准方向上视表面所围成的最小矩形面积的60%。

在上述情况下，这种单灯中的每个灯要求型式检验时，则应按"D"型灯进行型式检验。

但上述组合不适用于远光灯、近光灯和前雾灯。

3.14

双灯或偶数灯　two lamps or an even number of lamps

具有一带(条)状透光面的装置。且透光面对称于车辆纵向对称平面，其两端至车辆外缘端面的距离不大于400 mm，透光面长度不小于800 mm，光源不少于两个，并尽量靠近透光面的两端；透光面也可以由数个并列的发光单元构成，此时，几个并列的透光面在一横截面上的投影不小于上述各单个透光面投影的最小矩形面积的60%。

3.15

两灯间距　distance between two lamps

在基准轴线方向上两视表面之间的最短距离。若该间距明显满足本标准要求，则不需要确定视表面的精确边缘。

3.16

"工作"指示器　operating tell-tale

用于指示某一装置已被接通，并表明其工作是否正常的指示灯或蜂鸣器(或任何等效信号)。

3.17

"接通"指示器　closed-circuit tell-tale

用于指示某一装置已被接通，但并不表明其工作是否正常的指示灯(或任何等效信号)。

3.18

选装灯　optional lamp

一种由制造商决定是否安装的灯具。

3.19

透光面(见附录B)　light emitting surface

透明材料的全部或部分外表面，该表面由装置制造商在提交型式检验申请书所附的图纸中标出。

3.20

地面　ground

基本上是水平的车辆停放面。

3.21

车辆的可移动部件　movable components of the vehicle

不使用工具，可以通过倾斜，转动或滑动改变位置的车身面板或其他车辆部件。但不包括载货车的可倾斜驾驶室。

3.22

移动部件的正常使用位置　normal position of use of a movable component

由制造商规定的，在车辆正常使用和驻车状态下的可移动部件位置。

3.23

车辆正常使用状态　normal condition of use of a vehicle

a)　对于机动车，指车辆已准备行驶，发动机已起动，可移动部件已处于上述3.22中规定的正常位置。

b)　对于挂车，指已与牵引的机动车连接，后者已处于上述3.23.1的状态，其可移动部件也处于上述3.22中的正常位置。

3.24

车辆驻车状态　park condition of a vehicle

a）对于机动车，指车辆静止，其发动机停止工作，可移动部件处于上述3.22中的正常位置。

b）对于挂车，指已与处于上述3.24.1状态的牵引机动车连接，可移动部件处于上述3.22中的正常位置。

3.25

装置　device

用来执行一种或多种功能的部件或组合件。

3.26

光源　light source

"光源"指一个或几个发光体，其可由一个或几个灯罩以及一用于机械和电路连接的灯座组成。

光源还可以是光导元件的出光口，它可以是一个分布式照明装置的一部分或是不带内嵌式外配光镜的光信号系统的一部分。

3.26.1

可更换光源　replaceable light source

不用工具就能插入灯座和从灯座上取出的光源。

3.26.2

不可更换光源　non-replaceable light source

只能进行整体更换的光源。

3.26.3

光源模块　light source module

一个装置的专用光学部件，包含一个或几个不可更换光源，且只有使用工具才能从装置上卸掉。

3.26.4

灯丝光源（灯丝灯泡）　filament light source（filament lamp）

通过灯丝本身发热发光的光源。

3.26.5

气体放电光源　gas-discharge light source

通过电弧放电发光的光源。

3.26.6

发光二极管　light-emitting diode（LED）

一种由半导体材料制成的固体光源。

3.27

电光源控制器　electronic light source control gear

在电源和光源之间控制光源电压和/或电流的一个或几个部件。

3.27.1

镇流器　ballast

在电源和光源之间稳定气体放电光源电流的一种电子光源控制装置。

3.27.2

点火装置　ignitor

用于点燃气体放电光源电弧的一种电子光源控制装置。

3.28

单功能灯　single-function lamp

装置中执行单个照明或光信号功能的那部分。

3.29

弯道照明 bend lighting

一种在弯道提供增强照明的照明设备。

4 技术要求

4.1 一般规定

4.1.1 照明和光信号装置必须符合相应的标准,并通过产品型式检验。它们必须如此安装,即在上述3.23中3.23.1和3.23.2定义的正常使用状态下,即使受到振动,仍应保持本标准所要求的特性,特别是不能改变初始调整,车辆也符合本标准要求。

4.1.2 3.5.7、3.5.8和3.5.16所述的照明装置安装,必须便于将其调整至正确方向。

4.1.3 所有光信号装置包括安装在车侧的,安装时其基准轴线应平行于车辆在道路上的停放面。此外,对于侧回复反射器和侧标志灯,其基准轴线必须垂直于车辆纵向对称平面,而所有其他光信号装置的基准轴线则与之平行。每个方向上允差为±3°。如果制造商另有特殊安装说明,则必须遵循。

4.1.4 如无专门说明,检验灯具安装高度和方向时,被测车辆必须空载并置于水平地面上,车辆应处于上述3.23中3.23.1和3.23.2规定的状态中。

4.1.5 如无专门说明,成对配置的灯具必须:

4.1.5.1 相对于纵向对称平面,对称地安装在车辆上(以灯具外形来判断,而不是3.6中的发光面边缘);

4.1.5.2 相对于纵向对称平面,相互对称,本要求不适用于灯具内部结构;

4.1.5.3 满足相同的色度要求;

4.1.5.4 具有相同的配光性能。

4.1.6 对于外形不对称的车辆,也应尽可能满足上述要求。

4.1.7 只要每个灯满足各自的光色、安装位置、方向、几何可见度、电路连接和其他要求,则彼此可以组合、复合或混合。

4.1.8 离地最大和最小高度应分别从基准轴线方向上视表面的最高和最低点开始测量。

对于近光灯,离地最小高度应从光学系统(诸如,反射镜.配光镜.投射透镜)有效口径的最低点开始测量,若(最大和最小)离地高度明显满足本标准要求,则不需要确定任何表面的精确边缘。

横向安装位置,对于全宽度:由离车辆纵向对称平面最远的基准轴线方向上的视表面边缘确定。对于灯具间的间距,由基准轴线方向上视表面的诸内边缘确定。

若横向安装位置明显满足本标准要求,则不需要确定任何表面的精确边缘。

4.1.9 如无专门说明,只有转向信号灯,危险警告信号和符合下述4.3.18.7规定的侧标志灯是闪烁的。

4.1.10 对于3.5中的诸灯,从车前应观察不到红光,从车后应观察不到白光(倒车灯除外),车辆内部灯除外。如有异议,应按下述方法检验:

4.1.10.1 前视红灯的不可见度:当观察者在车前25 m处横截面的Ⅰ区(见附录C)内移动观察时,不应直接看到红色灯具的透光面。

4.1.10.2 后视白光的不可见度:当观察者在车后25 m处横截面的Ⅱ区(见附录C)内移动观察时,不应直接看到白色灯具的透光面。

4.1.10.3 在上述两个横截面内,观察者进行目视探测的Ⅰ区和Ⅱ区范围如下:

4.1.10.3.1 高度:由两个离地高度各为1 m和2.2 m的水平面限定;

4.1.10.3.2 横向:在车前和车后,分别由两个垂直平面限定。该两垂直平面与车辆纵向对称平面成向外15°角,且通过与限定车宽的,平行于车辆纵向对称平面的垂直平面的接触点。若有多个接触点,则车前相交于最前面的接触点,车后的相交于最后面的接触点。

4.1.11 电路连接应保证前位灯、后位灯、示廓灯(若安装)、侧标志灯(若安装)和牌照灯只能同时打开或关闭。但当前位灯、后位灯、侧标志灯作为驻车灯使用(复合或混合)以及允许侧标志灯闪烁时，则上述情况不适用。

4.1.12 电路连接应保证，即只有当上述4.1.11中的诸灯打开时，远光灯、近光灯和前雾灯才能打开。然而，当远光灯和近光灯发警告信号时，则上述情况不适用(即间歇地打开远光灯或近光灯，或间歇地交替打开远光灯和近光灯)。

4.1.13 指示器

本标准中的“接通”指示器可用“工作”指示器替代。

4.1.14 可藏照明灯

4.1.14.1 除了远光灯、近光灯和前雾灯在不使用时可隐藏外，其他灯具禁止隐藏。

4.1.14.2 若使用中的可藏照明灯的控制装置出现故障时，灯具必须仍处于使用位置，或者不使用工具即可移动到使用位置上。

4.1.14.3 利用一个控制开关，即可将可藏照明灯移至使用位置并打开，也可以不打开，然而当远光灯和近光灯组合时，上述控制开关只要求打开近光灯。

4.1.14.4 在到达使用位置之前，驾驶座旁的控制开关应不可能停止已打开灯的移动。若在移动过程中会引起对其他使用道路者的眩目，则应在达到使用位置时才打开灯。

4.1.14.5 可藏装置在－30℃～＋50℃的范围内，一旦开启控制开关，前照灯应在3 s内达到使用位置。

4.1.15 除了下述4.1.16、4.1.17和4.1.18规定外，灯具可以安装在可移动部件上。

4.1.16 除非在可移部件所有的固定位置上均各自满足安装位置、几何可见度和配光性能要求，否则，后位灯、后转向信号灯、三角形和非三角形回复反射器不应安装在可移动部件上。

若上述的诸功能由标有“D”标记的两灯组合件完成(见3.13)，则只要其中的一个灯满足上述要求即可。

4.1.17 当从基准轴线方向观察时，任何可移动部件(不管是否装有光信号装置)，在其任何固定位置上，遮蔽前、后位灯，前、后转向信号灯和前、后回复反射器不应超过其视表面的50%。

若上述要求不适用，则：

4.1.17.1 在型式检验通知书的备注栏目中加以说明，注明在基准轴线方向上，可移动部件可以遮蔽50%以上的视表面；

4.1.17.2 在上述情况下，车辆上应有注意事项明示用户，在可移动部件的某些位置上，应使用一种警告三角牌或国家规定的其他装置，以警告其他道路使用者车辆的存在。

4.1.18 当可移动部件不处于上述3.22的正常使用位置上时，安装在该部件上的装置，不应引起其他道路使用者过分的不舒适感。

4.1.19 当一种灯安装在可移动部件上，后者又处于上述3.22的正常使用位置上时，则按本标准要求，灯应始终能返回到制造商规定位置上。对于近光灯和前雾灯，若可移动部件从正常使用位置上移开并返回10次，每次所测量的相对于其支撑件的倾斜角与10次平均值之间的偏差不大于0.15%，即满足了上述要求。

若偏差大于0.15%，当按附录D检验车辆时，为了减小倾斜度的允许范围，应根据超差情况修改下述4.3.2.6.1.2中规定的每种极限。

4.1.20 除回复反射器外，所有的灯具(包括已有通过型式检验的灯具)，在装有本身的灯泡之后，均应能正常工作。

4.1.21 车辆上灯具的安装数量，应符合4.3.1～4.3.19中相应规定。

4.1.22 当后位灯发生暂时故障时，允许使用光色，发光强度和位置与其相近的灯代替，同时替代灯保持原有的功能。此时，面板上的指示器(见3.16)应表明，发生暂时替代，需要检修。

4.2 光色和色度特性

4.2.1 光色采用 GB/T 3977 中 1931XYZ 色度系统。

4.2.2 标准照明体及照明观测条件按 GB/T 3978 相应规定。

4.2.3 灯具光色按表 1 规定。

表 1 光色

灯具名称	光色
远光灯	白色
近光灯	白色
转向信号灯	琥珀色
制动灯	红色
牌照灯	白色
前位灯	白色
后位灯	红色
非三角形后回复反射器	红色
三角形后回复反射器	红色
非三角形前回复反射器 (即白色或无色回复反射器)	与入射光相同
非三角形侧回复反射器	琥珀色。若与后位灯、后示廓灯、后雾灯、制动灯或最后面的红色侧标志灯组合、或共有透光面则可以为红色
危险警告信号	琥珀色
前雾灯	白色或黄色
后雾灯	红色
倒车灯	白色
驻车灯	前面白色,后面红色。若与侧转向信号灯、侧标志灯混合则为琥珀色
示廓灯	前面白色、后面红色
侧标志灯	琥珀色。若与后位灯、后示廓灯、后雾灯、制动灯组合,或复合,或混合,或与后回复反射器组合或共有透光面,则最后面的侧标志灯可以为红色
昼间行驶灯	白色

4.2.4 色度特性按表 2 规定,采用 GB/T 7922 的测量方法,色品坐标应在表 2 的边界范围内。

表 2 色度特性

光色	色度特性	
红色	趋黄极限	$y \leqslant 0.335$
	趋紫极限	$y \geqslant 0.980 - x$
白色	趋蓝极限	$x \geqslant 0.310$
	趋黄极限	$x \leqslant 0.500$
	趋绿极限	$y \leqslant 0.150 + 0.640x$
	趋绿极限	$y \leqslant 0.440$
	趋紫极限	$y \geqslant 0.050 + 0.750x$
	趋红极限	$y \geqslant 0.382$

表 2（续）

光色	色度特性	
琥珀色	趋绿极限	$y \leqslant x-0.120$
	趋红极限	$y \geqslant 0.390$
	趋白极限	$y \geqslant 0.790-0.670x$
黄色	趋红极限	$y \geqslant 0.138+0.580x$
	趋绿极限	$y \leqslant 1.29x-0.100$
	趋白极限	$y \geqslant x+0.940$
		$y \geqslant 0.440$
	趋光谱轨迹极限	$y \leqslant -x+0.992$

4.3　特殊规定

4.3.1　远光灯

4.3.1.1　配备：汽车必须配备，挂车禁止使用。

4.3.1.2　数量：2 只或 4 只，对于 N_3 类车辆可以多安装 2 只远光灯。当车辆安装 4 只可藏式前照灯时，其中 2 只附加前照灯，只对其昼间发出间歇闪烁警告信号认可。

4.3.1.3　布局：无特殊要求。

4.3.1.4　位置

4.3.1.4.1　横向：无特殊要求。

4.3.1.4.2　高度：无特殊要求。

4.3.1.4.3　纵向：安装在车辆前面，要求发射光不直接或间接地通过后视镜或车辆其他反射面而引起驾驶员的不舒适感。

4.3.1.5　几何可见度：发光面的可见度（包括从观察方向看来似乎不发光的区域的可见度），必须保证在其周长上的众母线形成的扩散区域内。该区域与前照灯基准轴线间的夹角不小于 5°。发光面在配光镜最前部分横切面内的投影边界是几何可见度角的始端，见图 1。

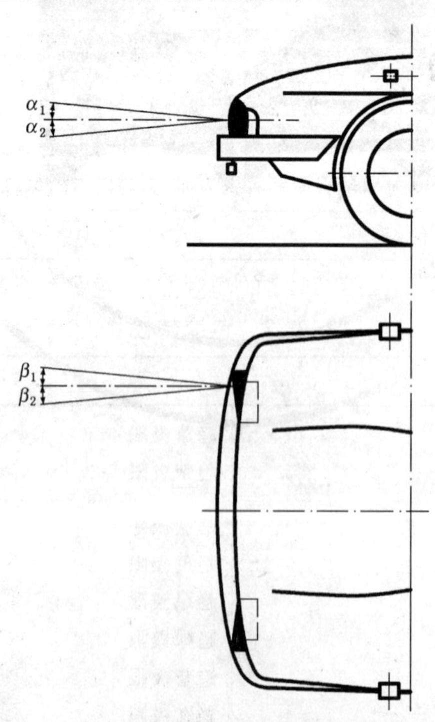

图 1　远光灯几何可见度

4.3.1.6　方向:朝前。车辆单侧不得安装超过一只具有弯道照明功能而转动的远光灯。

4.3.1.7　电路连接

4.3.1.7.1　远光灯可以同时或成对打开,当按照4.3.1.2多安装2只远光灯时,N_3类车辆最多只能同时打开两对。从近光变远光时,至少要打开一对远光灯。从远光变为近光时,所有的远光灯必须同时关闭。

4.3.1.7.2　远光灯打开时,允许近光灯也开着。

4.3.1.7.3　当安装4只可藏式前照灯时,其上升位置应防止任何附加前照灯同时工作,后者只是用于在昼间发出间歇光信号。

4.3.1.8　指示器:必须配备接通指示器。

4.3.1.9　其他要求:同时打开各前照灯,其总的最大远光发光强度应不超过225 000 cd。

4.3.2　**近光灯**

4.3.2.1　配备:汽车必须配备,挂车禁止使用。

4.3.2.2　数量:2只。

4.3.2.3　布局:无特殊要求。

4.3.2.4　位置

4.3.2.4.1　横向:离车辆纵向对称平面最远的基准轴线方向上的视表面外缘到车辆外缘端面的距离应不大于400 mm。

在基准轴线方向上,两视表面相邻边缘间的距离应不小于600 mm。然而,该规定不适用于M_1类和N_1类车辆。对于其他类车辆,若车辆宽度小于1 300 mm,则上述间距可减至400 mm。

4.3.2.4.2　高度:离地高度不小于500 mm,不大于1 200 mm。对于N_3G类(越野)车辆,最大高度可增加到1 500 mm。

4.3.2.4.3　纵向:装在车前。若发射光不直接或间接地由于后视镜,或车辆其他反射面而引起驾驶员的不舒适感,即满足要求。

4.3.2.5　几何可见度:有3.10定义的α和β角来确定。

α:向上15°,向下10°;

β:向外45°,向内10°。

由于近光灯所要求的配光值并不覆盖整个几何视场,所以对于型式检验,剩余空间中的最小发光强度要求为1 cd。前照灯邻近其他部件的存在,不应引起其他道路使用者的不舒适感。见图2。

4.3.2.6　方向:朝前。

4.3.2.6.1　垂直方向

4.3.2.6.1.1　制造商应按0.1%的准确度规定,在驾驶座上1名人员的空载车条件下,近光明暗截止线的初始下倾度,并以规定的符号(见附录E),将此数值标明在每辆车的制造商铭牌或前照灯附近。此标记应清晰持久。

4.3.2.6.1.2　下倾度值的确定,取决于空载车条件下测量的近光灯在基准轴线方向上视表面下边缘的安装高度h(单位:m),对处于附录A各装载状况下的静止车辆,其近光明暗截止线的垂直向倾斜度应保持在以下极限内,同时初始照准也在以下范围内:

$h<0.8$	极限:−0.5%~−2.5%
	初始照准:−1.0%~−1.5%
$0.8\leqslant h\leqslant 1.0$	极限:−0.5%~−2.5%
	初始照准:−1.0%~−1.5%

或根据制造商规定:

	极限:−1.0%~−3.0%

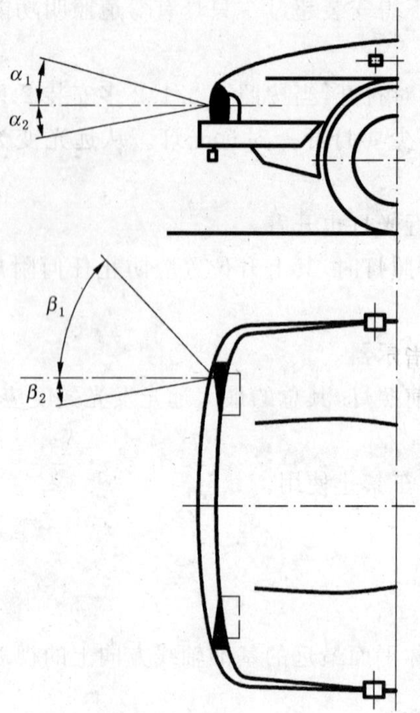

图 2 近光灯几何可见度

初始照准：−1.5%～−2.0%

在这种情况下，使用哪一种数值，提交车型认可时应予以说明。

$h>1.0$ 极限：−1.0%～−3.0%

初始照准：−1.5%～−2.0%

有关极限和初始照准值的上述要求见图 3。

对于前照灯高度大于 1 200 mm 的 N_3G 类（越野）车辆为：

极限：−1.5%～−3.5%

初始照准：−2.0%～−2.5%

4.3.2.6.2 前照灯调光装置

4.3.2.6.2.1 如果前照灯调光装置是自动的，则必须满足 4.3.2.6.1.1 和 4.3.2.6.1.2 要求。

4.3.2.6.2.2 如果手动前照灯调光装置有一个停止位置，可以通过调节螺丝或者类似的方法使灯具回到 4.3.2.6.1.1 定义的初始倾斜位置，那么不管是连续或者不连续调节的，都是被允许的。

手动前照灯调光装置必须坐在驾驶座上就能被操作。

连续调节的装置必须要有标志来指示近光需要调节的装载情况。

不是自动调节的装置上的调节位置数，在附录 A 定义的全部装载情况下，必须符合 4.3.2.6.1.2 中要求的范围。

对于这种装置，近光要求调节的附录 A 中的各类装载情况应该明确地标志在该装置的控制器附近（见附录 F）。

4.3.2.6.2.3 如果 4.3.2.6.2.1 和 4.3.2.6.2.2 所述的装置调节失效时，近光的下倾位置不应该高于发生故障时的位置。

4.3.2.6.3 测量方法：经初始倾斜度调节后，以百分数表示的近光垂直向倾斜度，应在附录 A 确定的所有装载状况的静态条件下测量，测量方法应按附录 D 规定。

4.3.2.7 水平方向

为了形成弯道照明，可以改变一只或两只近光灯的水平方向，但是当移动整个光束或明暗截止线弯曲肘部时，明暗截止线弯曲肘部不得与离车辆前面的距离为相应近光灯安装高度100倍的车辆重心轨迹相交。

4.3.2.8 电路连接

变换近光时，必须同时关闭所有的远光灯。

远光灯开着时，近光灯允许开着。

气体放电光源近光灯在远光开时，气体放电光源应保持开着。

为了形成弯道照明，可以再打开一个位于近光灯中的或者与相应近光灯组合或混合的灯具(除远光灯外)中的光源，但是车辆重心轨迹曲率水平半径应不大于500 m。制造商可以通过计算或型式检验主管部门认可的其他方式予以证实。

近光灯的开关可以是自动的。然而，近光灯的开关应能随时手动操作。

图3 近光灯下倾斜度值的确定

4.3.2.9 指示器

选用。

然而，为了形成弯道照明，移动整个光束或明暗截止线弯曲肘部时，必须配备一个能使用的指示器。指示器应为一只闪烁警告灯，当明暗截止线弯曲肘部的位移发生故障时，发出闪烁警告光线。

4.3.2.10 其他要求

上述4.1.5.2的要求不适用于近光灯。

如果近光灯使用光通量超过2 000 lm的光源，必须配备符合GB 21260要求的前照灯清洗器，并且上述4.3.2.6.2.2的要求将不适用。

只有符合GB 21259和GB 4599的近光灯才能用于实现弯道照明。

如果弯道照明是通过水平移动整个光束或明暗截止线弯曲肘部来实现，那么只有在车辆前行时才能被开启；对于右行交通右转弯时，本条要求不适用。

4.3.3 转向信号灯

4.3.3.1 配备：汽车和挂车必须配备。布局A适用于各种汽车，布局B只适用于挂车。

4.3.3.2 数量：根据布局而定。

4.3.3.3 布局：见图 4a)和图 4b)。

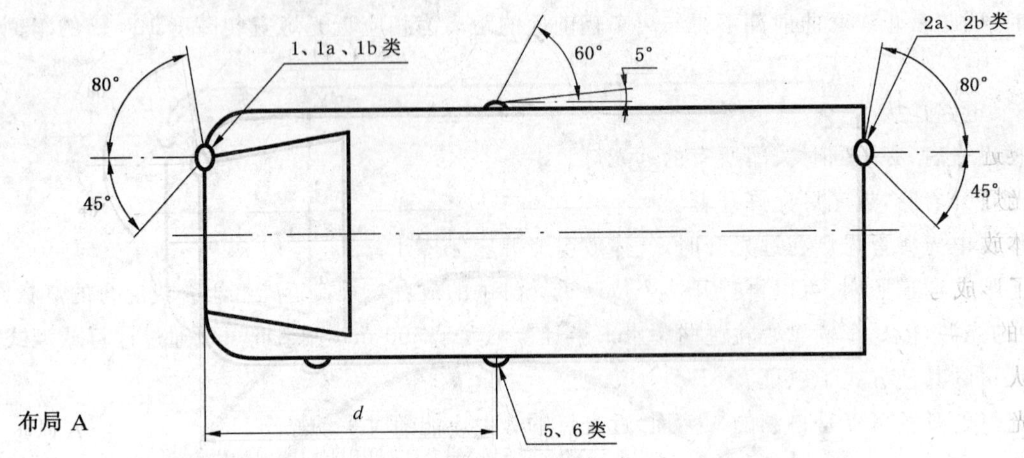

布局 A

侧转向信号灯向后的可见度死角上限为 5°，$d \leqslant 1.80\text{m}$。
（对于M_1和N_1类车辆 $d \leqslant 2.50\text{m}$）

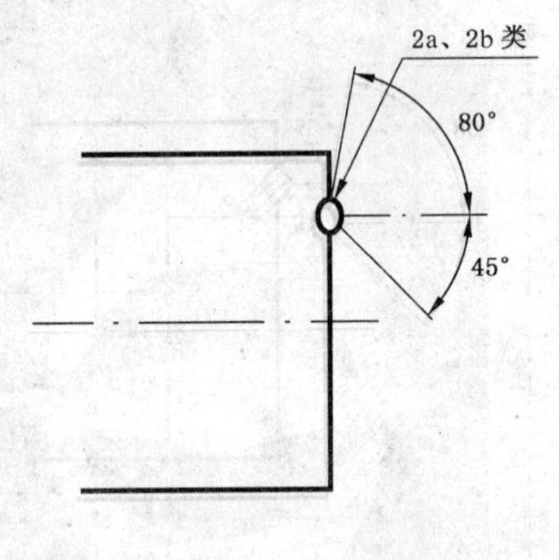

布局 B

a） 布局

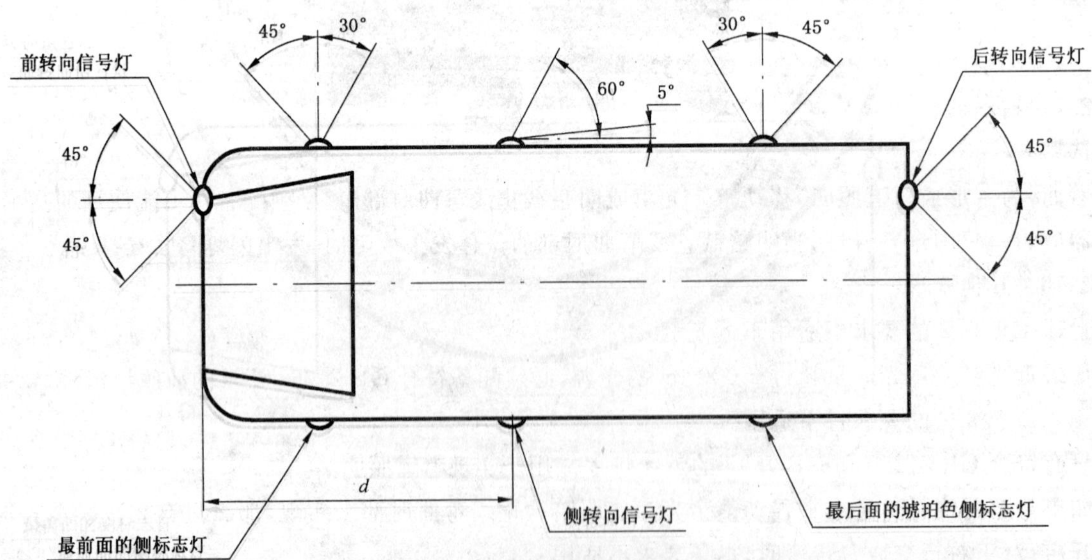

侧转向信号向后的可见度死角上限为 5°，$d \leqslant 2.50\text{m}$。

b） 对于 M_1 类和 N_1 类车辆，转向信号灯按制造商决定的布局

图 4 转向信号灯布局

4.3.3.3.1 布局 A 适用于各种汽车。

4.3.3.3.1.1 2 只前转向信号灯：若在基准轴线方向上，该转向信号灯的视表面边缘与相邻近光灯或前雾灯的视表面边缘间距离不小于 40 mm，则配备 2 只 1 类、或 1a 类、或 1b 类前转向信号灯。

若上述间距为大于 20 mm，小于 40 mm，则配备 2 只 1a 类、或 1b 类前转向信号灯。

若上述间距不大于 20 mm，则配备 2 只 1b 类前转向信号灯。

4.3.3.3.1.2 2 只(2a 类或 2b 类)后转向信号灯。对于 M_2、M_3、N_2 和 N_3 类车辆，2 只选装的 2a 类或 2b 类后转向信号灯。

4.3.3.3.1.3 2 只第 5 类或第 6 类侧转向信号灯(最低要求)：

第 5 类适用于 M_1 类车辆，以及长度不大于 6 m 的 N_1、M_2 和 M_3 类车辆。

第 6 类适用于 N_2 和 N_3 类车辆，以及长度大于 6 m 的 N_1、M_2 和 M_3 类车辆。

在所有情况下，允许使用第 6 类侧转向信号灯代替第 5 类。

当配备的转向信号灯兼有前转向信号灯(1、1a、1b 类)和侧转向信号灯(5 类或 6 类)功能时，为满足 4.3.3.5 几何可见度要求可以再配备 2 只附加的侧转向信号灯(5 类或 6 类)。

4.3.3.3.2 布局 B：只适用于挂车。2 只(2a 类或 2b 类)后转向信号灯。对于 O_2、O_3 和 O_4 类车辆，2 只选装的(2a 类或 2b 类)后转向信号灯。

4.3.3.4 安装位置

4.3.3.4.1 横向：在基准轴线方向上，离车辆纵向对称平面最远的视表面边缘，到车辆外缘端面之间的距离应不大于 400 mm。本条件不适用于选装的后转向信号灯。

在基准线方向上，两相邻视表面内边缘之间的距离应不小于 600 mm。

若车辆宽度小于 1 300 mm，上述间距离可减至 400 mm。

4.3.3.4.2 离地高度

4.3.3.4.2.1 第 5 或第 6 类转向信号灯透光面的离地高度，从最低点测量，对于 M_1 类和 N_1 类车辆应不小于 350 mm，对于其他类车辆，应不小于 500 mm，从最高点测量应不大于 1 500 mm。

4.3.3.4.2.2 第 1、1a、1b、2a 和 2b 类转向信号灯的离地高度，按 4.1.8 规定测量时应不小于 350 mm，不大于 1 500 mm。

4.3.3.4.2.3 若车型结构不能保证上述的诸离地高度上限，则第 5 和第 6 类侧转向信号灯为不大于 2 300 mm，第 1、1a、1b、2a 和 2b 类转向信号灯为不大于 2 100 mm。

4.3.3.4.2.4 选装灯的安装，在兼顾横向安装位置(4.3.3.4.1)、灯具对称性和车身形状的情况下，应位于尽可能高处，与必须配备灯具间的垂直距离应不小于 600 mm。

4.3.3.4.3 纵向

侧转向信号灯(第 5 和第 6 类)透光面到标志车辆全长前边界的横向平面的距离应不大于 1 800 mm。然而，对于 M_1 类和 N_1 类车辆以及其他类车辆，当车型结构不能保证最小几何可见度角时，该距离可增至为不大于 2 500 mm(见图 4a)和图 4b))。

4.3.3.5 几何可见度

水平方向角：见图 4a)。

垂直方向角：对于第 1、1a、1b、2a、2b 和 5 类转向信号灯为水平面上、下各 15°，若离地高度小于 750 mm，则水平面以下的垂直方向角可减至 5°。对于第 6 类转向信号灯为水平面上 30°，水平面下 5°。若选装灯的离地高度不小于 2 100 mm，则水平面以上的垂直方向角可减至 5°。

或者，根据制造商决定，对于 M_1 类和 N_1 类车辆，前、后转向信号灯和侧标志灯的几何可见度如下：

水平方向角：见图 4b)。

垂直方向角：水平面上、下各 15°。若离地高度小于 750 mm，则水平面以下的垂直方向角可减至5°。

除了第5和第6类侧转向信号灯外，其他灯的无碍观察的视表面必须不小于12.5 cm^2(不包括任何不透光的回复反射器发光面)。

4.3.3.6 方向：根据制造商规定安装。

4.3.3.7 电路连接：转向信号灯的开关应独立于其他的灯。在车辆同一侧的所有转向信号灯，应由一个开关控制同时打开或关闭，并同步闪烁。对于布局符合图4b)规定，长度小于6 m的M_1类和N_1车辆，琥珀色的侧标志灯也应以与转向信号灯相同的频率同相闪烁。

4.3.3.8 指示器：前、后转向信号灯必须配备工作指示器，可以是指示灯(视觉的)或发声器(听觉的)，或者两者兼有。若是指示灯应是闪烁的，当前或后转向信号灯任一发生故障时，该指示灯或熄灭，或不再闪烁，或以另一种明显不同的频率闪烁。若为发生器必须响声清晰，发生故障时声频应明显变化。

对于牵有挂车的汽车，除非汽车上的指示器能够显示出车辆组合上每个转向信号灯的故障，否则应配备一种专用于显示挂车上转向信号灯工作状况的指示灯。

4.3.3.9 其他要求

闪光频率为$(90\pm30)min^{-1}$。

起动光信号开关后，在不大于1 s时间内发光，在1 s～1.5 s时间内首次熄灭。

对于牵有挂车的汽车，牵引车上的转向信号灯控制开关，应能控制挂车上的转向信号灯。

若某一转向信号灯发生故障(短路除外)时，其他转向信号灯必须继续工作，但闪光频率可以不同于上述规定的频率。

4.3.4 制动灯

4.3.4.1 配备：S1或S2类装置，各类车辆必须配备；S3类装置，M_1类车辆必须配备，其他类车辆选装。

4.3.4.2 数量：对于各类车辆，S1或S2类制动灯2只、S3类制动灯1只。

4.3.4.2.1 安装S3类制动灯的情况除外，M_2、M_3、N_2、N_3、O_2、O_3和O_4类车辆可以安装2只选装的S1或S2类制动灯。

4.3.4.2.2 当车辆的纵向对称平面不位于固定的车身板而位于可移动部件上，车身板由一或两个可移动部件(如车门)组成，而且在纵向对称平面上又无足够的空间安装1只S3类制动灯，则可以安装2只"D"型S3类制动灯，或在向左、向右偏离车辆纵向对称平面位置上，安装1只S3类制动灯。

4.3.4.3 布局：无特殊要求。

4.3.4.4 安装位置

4.3.4.4.1 横向：对于S1或S2类制动灯：对于M_1和N_1类车辆，在基准轴线方向上离车辆纵向对称平面最远的视表面上的点，到车辆外缘端面之间的距离应不大于400 mm。在基准轴线方向上，视表面内边缘间的距离无特殊要求；对于所有其他类车辆，在基准轴线方向上视表面内边缘间的距离应不小于600 mm。若车宽小于1 300 mm，可减至400 mm。

对于S3类制动灯，其基准中心应位于车辆纵向对称平面上。然而，若按上述4.3.4.2规定，安装2只S3类制动灯时，则应尽量靠近车辆纵向对称平面，并分别位于该平面的两侧。

当按4.3.4.2规定，允许1只S3类制动灯偏离车辆纵向对称平面时，则灯具基准中心偏离前者应不大于150 mm。

4.3.4.4.2 高度

4.3.4.4.2.1 对于S1或S2类制动灯：离地高度应不小于350 mm，不大于1 500 mm。若未安装选装灯具，车型结构不能保证在1 500 mm内；若安装了选装灯具，并按灯具宽度和对称性要求，以及车身结构尽可能高的垂直距离定位高度，使其位于必须配备的灯具以上，且距离不小于600 mm，则可增至

2 100 mm。

4.3.4.4.2.2　对于S3类制动灯：与其视表面下边缘相切的水平面，应不低于与后窗玻璃下边缘相切的水平面150 mm，或其离地高度不小于850 mm。然而，与S3类制动灯视表面下边缘相切的水平面，应高出于与S1或S2类制动灯视表面上边缘相切的水平面。

4.3.4.4.3　纵向：S1或S2类制动灯装在车后，S3类制动灯无特殊要求。

4.3.4.5　几何可见度：见图5。

水平方向角：S1或S2类制动灯：车辆纵向轴线左、右各45°。

S3类制动灯：车辆纵向轴线左、右各10°。

垂直方向角：S1或S2类制动灯：水平面上、下各15°，若安装高度小于750 mm，则水平面以下的垂直方向角可减至5°。对于离地高度不小于2 100 mm的选装灯具，水平面以上的垂直方向角可减至5°。

S3类制动灯：水平面上10°，水平面下5°。

图5　制动灯几何可见度

4.3.4.6　方向：朝后。

4.3.4.7　电路连接：当使用行车制动装置时，制动灯应点亮。

制动灯可以使用缓速器或类似装置点亮。

4.3.4.8　指示器：选用。若配备，则应是一种非闪烁的报警工作指示灯，当制动灯发生故障时，该指示灯亮。

4.3.4.9　其他要求

4.3.4.9.1　S3类制动灯不应与其他任何灯混合。

4.3.4.9.2　S3类制动灯可以安装在车辆外部或内部。若安装在车内，要求其发射光不应通过后视镜或车辆的其他表面(如后窗玻璃)，而引起的驾驶员的不舒适感。

4.3.5 **后牌照板照明装置(牌照灯)**

4.3.5.1 配备:必须配备。

4.3.5.2 数量:根据牌照板的照明要求而定。

4.3.5.3 布局:根据牌照板的照明要求而定。

4.3.5.4 安装位置:横向、高度、纵向均根据牌照板的照明要求而定。

4.3.5.5 几何可见度:根据牌照板的照明要求而定。

4.3.5.6 方向:根据牌照板的照明要求而定。

4.3.5.7 电路连接:按 4.1.11 规定。

4.3.5.8 指示器:选用。若配备,其功能应由前、后位置灯指示器完成。

4.3.5.9 其他要求

当牌照灯与后位灯复合,与制动灯或后雾灯混合时,则在制动灯或后雾灯点亮期间,牌照灯的光度特性可以予以修正。

4.3.6 **前位灯**

4.3.6.1 配备:汽车和宽度大于 1 600 mm 的挂车必须配备。宽度不大于 1 600 mm 的挂车允许选装。

4.3.6.2 数量:2 只。

4.3.6.3 布局:无特殊要求。

4.3.6.4 安装位置

4.3.6.4.1 横向:在基准轴线方向上,离车辆纵向对称平面最远的视表面上的点,到车辆外缘端面的距离,应不大于 400 mm。

对于挂车,上述间距应不大于 150 mm。

在基准轴线方向上,两视表面内边缘间的距离,对于 M_1 和 N_1 类车辆无特殊要求;对于其他车辆应不小于 600 mm。

若车宽小于 1 300 mm,上述间距可减至 400 mm。

4.3.6.4.2 高度:离地高度不小于 350 mm,不大于 1 500 mm。对于 O_1 和 O_2 类车辆,或者,若车型结构不能保证在 1 500 mm 内的其他类车辆,可增至 2 100 mm。

4.3.6.4.3 纵向:无特殊要求。

4.3.6.4.4 当前位灯与其他灯混合时,必须使用其他灯在基准轴线方向上的视表面来验证是否满足 4.3.6.4.1 至 4.3.6.4.3 的位置要求。

4.3.6.5 几何可见度:2 只位置灯的水平方向角为向内 45°,向外 80°。对于挂车向内的水平方向角可减至 5°。垂直方向角为水平面上、下各 15°。当灯的离地高度小于 750 mm 时,水平面以下的垂直方向角可减至 5°,见图 6。

对于 M_1 和 N_1 类车辆,按制造商决定,若用前侧标志灯替代前位灯时,则为:

水平方向角:向外、向内各 45°。

垂直方向角:水平面上、下各 15°。若灯离地高度小于 750 mm。则水平面以下的垂直方向角可减至 5°。

为了可见,灯的无碍观察的视表面必须不小于 12.5 cm^2(不包括任何不透光的回复反射器的发光面)。

4.3.6.6 方向:朝前。

4.3.6.7 电路连接:按 4.1.11 规定。

4.3.6.8 指示器:必须配备接通指示器。该指示器应是非闪烁的,若仪表灯只能与前位灯同时打开,则可省去。

4.3.6.9 其他要求:无。

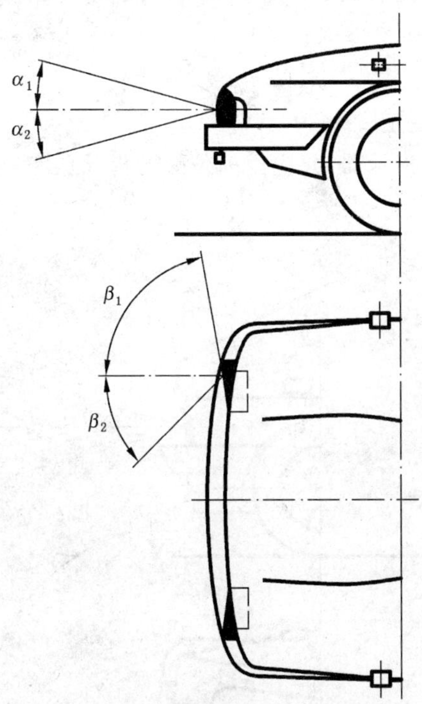

图6 前位灯几何可见度

4.3.7 后位灯

4.3.7.1 配备:必须配备。

4.3.7.2 数量:2只。安装示廓灯的情况除外,M_2、M_3、N_2、N_3、O_2、O_3 和 O_4 类车辆可以安装2只选装的后位灯。

4.3.7.3 布局:无特殊要求。

4.3.7.4 安装位置

4.3.7.4.1 横向:在基准轴线方向上,离车辆纵向对称平面最远的视表面上的点到车辆外缘端面的距离应不大于400 mm。此规定不适用选装的后位灯。在基准轴线方向上,两视表面内缘间的距离,对于 M_1 和 N_1 类车辆,无特殊要求;对于其他类车辆,应不小于600 mm,若车宽小于1 300 mm,则该距离可减至为不小于400 mm。

4.3.7.4.2 高度:离地高度不小于350 mm,不大于1 500 mm,若未安装选装灯具,车型结构不能保证在1 500 mm内,则可增至2 100 mm;若安装了选装灯具,其高度应与上述4.3.7.4.1横向位置相适应,并按灯具对称性要求,以及车身结构尽可能高的垂直距离定位高度,使其位于必须配备的灯具以上,且距离不小于600 mm。

4.3.7.4.3 纵向:装在车后。

4.3.7.5 几何可见度:见图7。

水平方向角:向内45°,向外80°。

垂直方向角:水平面上、下各15°,若灯的离地高度小于750 mm,则水平面以下的垂直方向角可减至5°。对于选装灯,若离地高度不小于2 100 mm,则水平面以上的垂直方向角可减至5°。

对于 M_1 和 N_1 类车辆,按制造商决定,用后侧标志灯替代后位灯时,则为:

水平方向角:向内、向外各45°。

垂直方向角:水平面上、下各15°。若灯的离地高度小于750 mm。则水平面以下的垂直方向角可减至 5°。

为了可见，灯的无碍观察的视表面必须不小于 12.5 cm^2（不包括任何不透光的回复反射器发光面）。

4.3.7.6　方向：朝后。

4.3.7.7　电路连接：按 4.1.11 规定。

4.3.7.8　指示器：必须配备接通指示器，并应由前位灯的指示器完成。

4.3.7.9　其他要求：无。

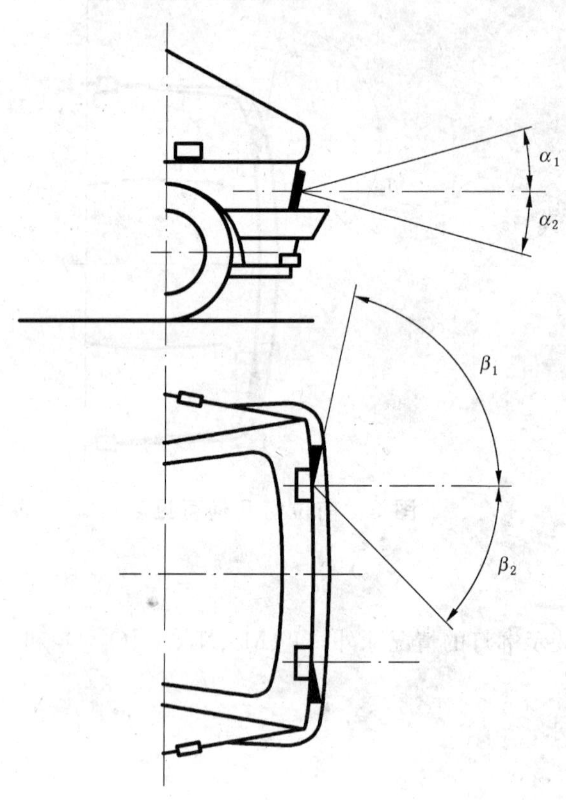

图 7　后位灯几何可见度

4.3.8　**非三角形后回复反射器**

4.3.8.1　配备：汽车必须配备。挂车可以选装与其他后信号装置组合的非三角形后回复反射器。

4.3.8.2　数量：2 只。其性能应符合ⅠA 类或ⅠB 类回复反射器的要求。只要不损害必须配备的照明和光信号装置的有效性，允许安装和使用附加的回复反射器和回复反射材料。

4.3.8.3　布局：无特殊要求。

4.3.8.4　安装位置

4.3.8.4.1　横向：离车辆纵向对称平面最远的发光面上的点到车辆外缘端面间的距离应不大于 400 mm；在基准轴线方向上，回复反射器两视表面内边缘间的距离：对于 M_1 和 N_1 类车辆，无特殊要求；对于其他类车辆，应不小于 600 mm，若车宽小于 1 300 mm，则该间距可为不小于 400 mm。

4.3.8.4.2　高度：离地高度不小于 250 mm，不大于 900 mm。若车型结构不能保证在 900 mm 内，可增至 1 500 mm。

4.3.8.4.3　纵向：装在车后。

4.3.8.5　几何可见度：见图 8。

水平方向角：向内、向外各 30°。

垂直方向角:水平面上、下各10°,若回复反射器的离地高度小于750 mm,则水平面以下的垂直方向角可减至5°。

4.3.8.6 方向:朝后。

4.3.8.7 其他要求:回复反射器的发光面可与装在车后其他灯的视表面部分共有。

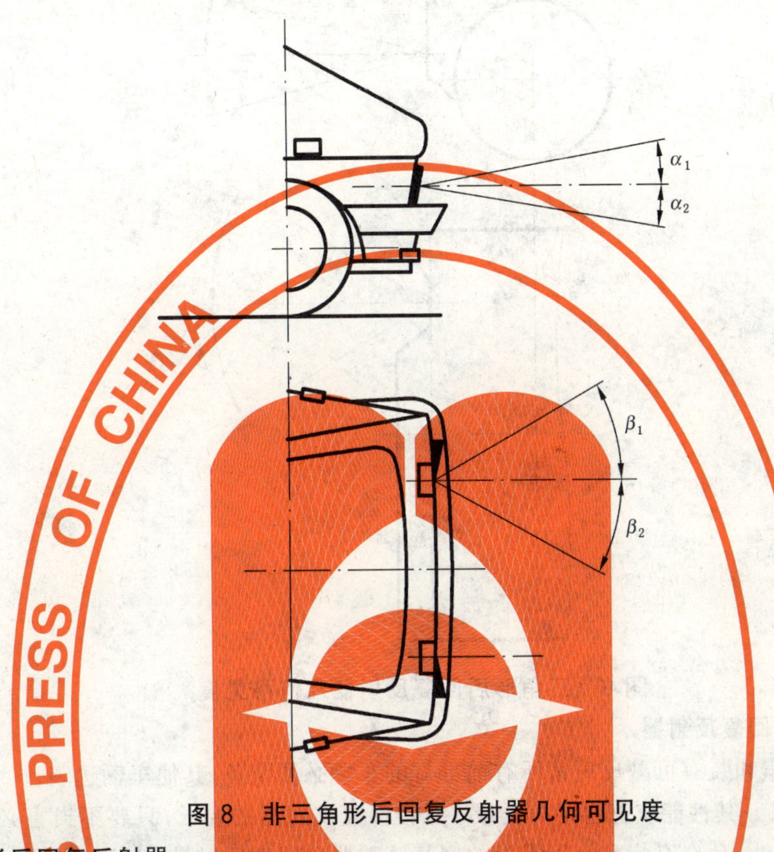

图8 非三角形后回复反射器几何可见度

4.3.9 三角形后回复反射器

4.3.9.1 配备:挂车必须配备,汽车禁止使用。

4.3.9.2 数量:2只。其性能应符合ⅢA类回复反射器的要求。只要不损害必须配备的照明和光信号装置的有效性,允许安装和使用附加的回复反射器和回复反射材料。

4.3.9.3 布局:三角形顶端必须朝上。

4.3.9.4 安装位置

4.3.9.4.1 横向:离车辆纵向对称平面最远的发光面上的点到车辆外缘端面间的距离应不大于400 mm,回复反射器内边缘的距离应不小于600 mm,若车宽小于1 300 mm,则该距离可减至为不小于400 mm。

4.3.9.4.2 高度:离地高度不小于250 mm,不大于900 mm。若车型结构不能保证在900 mm内,可增至1 500 mm。

4.3.9.4.3 纵向:装在车后。

4.3.9.5 几何可见度:见图9。

水平方向角:向内、向外各30°。

垂直方向角:水平面上、下各15°,若回复反射器的离地高度小于750 mm,则水平面以下的垂直方向角可减至5°。

4.3.9.6 方向:朝后。

4.3.9.7 其他要求:在三角形内不能装灯。

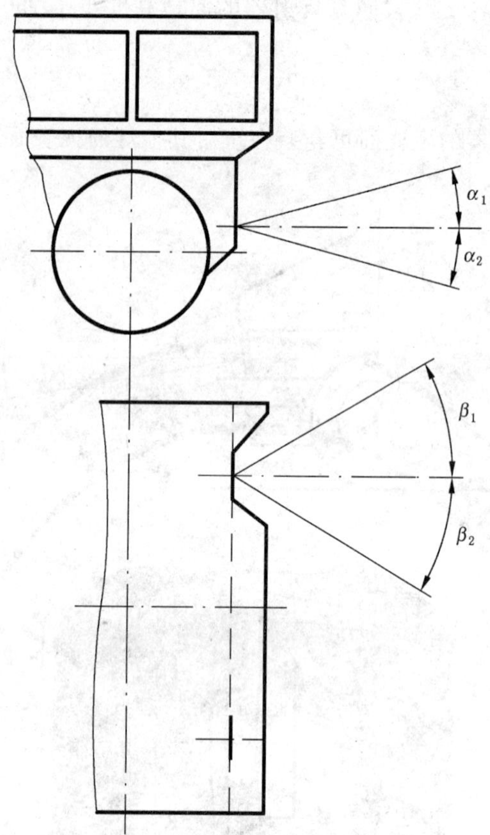

图 9 三角形后回复反射器几何可见度

4.3.10 非三角形前回复反射器

4.3.10.1 配备:挂车和装有可藏反射镜所有前部灯的车辆必须配备;其他车辆选装。

4.3.10.2 数量:2 只。其性能应符合ⅠA类或ⅠB类回复反射器的要求,只要不损害必须配备的照明和光信号装置的有效性,允许安装和使用附加的回复反射器和回复反射材料。

4.3.10.3 布局:无特殊要求。

4.3.10.4 安装位置

4.3.10.4.1 横向:离车辆纵向对称平面最远的发光面上的点到车辆外缘端面间的距离应不大于 400 mm,对于挂车,该距离应不大于 150 mm。在基准轴线方向上,回复反射器两视表面内边缘间的距离:对于 M_1 和 N_1 类车辆,无特殊要求;对于其他类车辆,应不小于 600 mm,若车宽小于 1 300 mm,则该距离可减至为不小于 400 mm。

4.3.10.4.2 高度:离地高度不小于 250 mm,不大于 900 mm。若车型结构不能保证在 900 mm 内,可增至 1 500 mm。

4.3.10.4.3 纵向:装在车前。

4.3.10.5 几何可见度:见图 10。

水平方向角:向内、向外各为 30°;对于挂车向内的水平方向角可减至 10°。若由于挂车的结构,必须配备的回复反射器不能满足上述角度要求,则应安装横向安装位置不受限制的附加(补充)回复反射器,它们与必须配备的回复反射器一起,应满足必需的可见度角要求。

垂直方向角:水平面上、下各 10°,若回复反射器的离地高度小于 750 mm,则水平面以下的垂直方向角,可减至 5°。

4.3.10.6 方向:朝前。

4.3.10.7 其他要求:回复反射器的发光面可与装在车前其他灯的视表面部分共有。

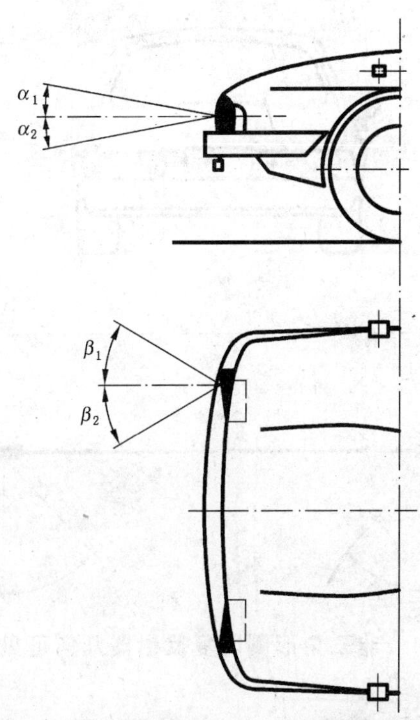

图 10 非三角形前回复反射器几何可见度

4.3.11 非三角侧回复反射器。

4.3.11.1 配备:长度大于 6 m 的汽车和所有挂车必须配备。长度不大于 6 m 的汽车和所有挂车可以选装。

4.3.11.2 数量:满足纵向定位要求。其性能应符合ⅠA 类或ⅠB 类回复反射器要求。只要不损害必须配备的照明和光信号装置的有效性,允许安装和使用附加的回复反射器和回复反射材料。

4.3.11.3 布局:无特殊要求。

4.3.11.4 安装位置

4.3.11.4.1 横向:无特殊要求。

4.3.11.4.2 高度:离地高度不小于 250 mm,不大于 900 mm。若车型结构不能保证在 900 mm 内,可增至 1 500 mm。

4.3.11.4.3 纵向:在车辆的中间 1/3 范围内至少安装一只侧回复反射器,最前面的侧回复反射器离车辆前端不大于 3 m。然而,本规定不适用 M_1 和 N_1 类车辆;对于挂车,车长应包括牵引杆长度。相邻两侧回复反射器间的距离应不大于 3 m。

若车型结构不能满足上述要求,则该间距可增至 4 m。最后面的侧回复反射器离车辆后端应不大于 1 m。

然而,对于车长不大于 6 m 的汽车,在车辆总长的前或后 1/3 范围内,配备一只侧回复反射器即满足要求。

4.3.11.5 几何可见度:见图 11。

水平方向角:向前和向后各 45°。

垂直方向角:水平面上、下各 10°。若离地高度小于 750 mm,则水平面以下的垂直方向角可减至 5°。

4.3.11.6 方向:朝向侧面。

4.3.11.7 其他要求:侧回复反射器的发光面可与装在车侧其他灯的视表面部分共有。

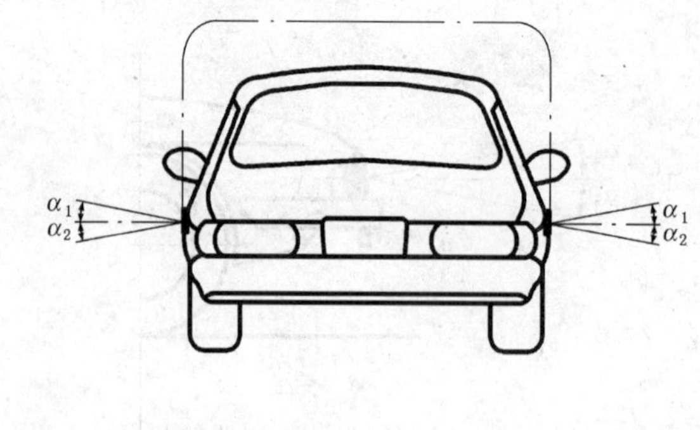

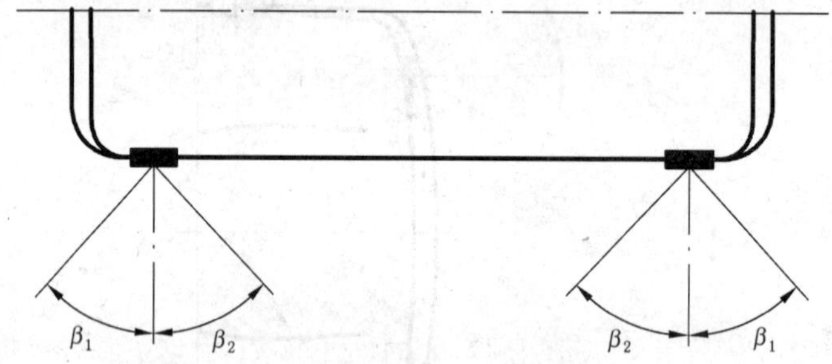

图 11 非三角形侧回复反射器几何可见度

4.3.12 危险警告信号

4.3.12.1 配备:必须配备。危险警告信号应由诸转向信号灯同时工作发出。

4.3.12.2 数量:按 4.3.3.2 规定。

4.3.12.3 布局:按 4.3.3.3 规定。

4.3.12.4 安装位置:

4.3.12.4.1 横向:按 4.3.3.4.1 规定。

4.3.12.4.2 高度:按 4.3.3.4.2 规定。

4.3.12.4.3 纵向:按 4.3.3.4.3 规定。

4.3.12.5 几何可见度:按 4.3.3.5 规定。

4.3.12.6 方向:按 4.3.3.6 规定。

4.3.12.7 电路连接:由单独配置的开关打开各转向信号灯,并同步闪烁。对于长度小于 6 m 的 M_1 和 N_1 类车辆,其布局符合图 4b)规定,琥珀色侧标志灯也应以与转向信号灯相同的频率同相位闪烁。

4.3.12.8 指示器:必须配备接通指示器。闪光警告指示灯可与 4.3.3.8 规定的指示器一起工作。

4.3.12.9 其他要求:按 4.3.3.9 规定,对于牵有挂车的汽车,危险警告信号控制开关也应能打开挂车上的所有转向信号灯,即使在发动机控制装置处于不能再行启动的情况下,应仍能发出危险警告信号。

4.3.13 前雾灯

4.3.13.1 配备:汽车选装。挂车禁止使用。

4.3.13.2 数量:2 只。

4.3.13.3 布局:无特殊要求。

4.3.13.4 安装位置

4.3.13.4.1 横向:在基准轴线方向上,离车辆纵向对称平面最远的视表面上的点到车辆外缘端面的距离应不大于 400 mm。

4.3.13.4.2 高度:离地高度不小于 250 mm,对于 M_1 类车辆,不大于 800 mm;对于其他车辆,无最大离地高度规定。在基准轴线方向上,整个视表面应在近光灯视表面最高点以下。

4.3.13.4.3 纵向:装在车前。要求该灯的发射光不直接或间接地通过后视镜或车辆其他反射面,而引起驾驶员的不舒适感。

4.3.13.5 几何可见度：由3.10定义的α和β来度量。见图12。

α角：向上、向下均为5°，β角：向外45°、向内10°。

4.3.13.6 方向：朝前。其方向不随转向角变化，发射光不应对迎面驾驶员和其他使用道路者造成眩目或不舒适感。

4.3.13.7 电路连接：前雾灯的控制开关必须独立于远光灯、近光灯或任何远近光灯。

4.3.13.8 指示器：必须配备接通指示器，一种独立的非闪烁型指示灯。

4.3.13.9 其他要求：无。

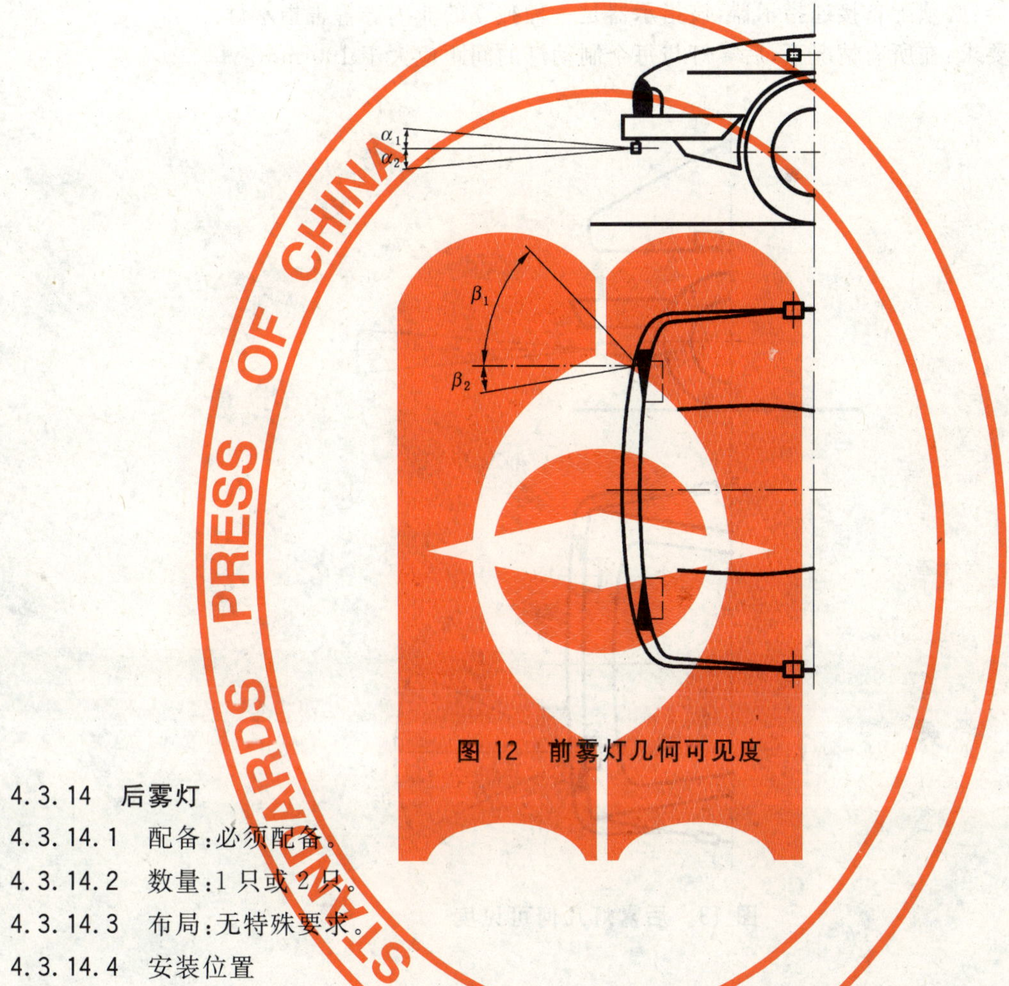

图12 前雾灯几何可见度

4.3.14 后雾灯

4.3.14.1 配备：必须配备。

4.3.14.2 数量：1只或2只。

4.3.14.3 布局：无特殊要求。

4.3.14.4 安装位置

4.3.14.4.1 横向：若只配备1只后雾灯，则应安装在车辆前进方向的左侧，其基准中心也可位于车辆纵向对称平面上。

4.3.14.4.2 高度：离地高度不小于250 mm，不大于1 000 mm。对于N_3G类(越野)车辆，最大离地高度可增至1 200 mm。

4.3.14.4.3 纵向：装在车后。

4.3.14.5 几何可见度：由3.10定义的α和β角来度量。见图13。

α角：向上、向下均为5°，β角：向左、向右均为25°。

4.3.14.6 方向：朝后。

4.3.14.7 电路连接：必须满足下述要求：

4.3.14.7.1 只有当远光灯、近光灯或前雾灯打开时，后雾灯才能打开。

4.3.14.7.2 后雾灯可以独立于任何其他灯而关闭。

4.3.14.7.3 应满足以下两个要求之一：

4.3.14.7.3.1 后雾灯可以连续工作，直至位置灯关闭时为止。之后，一直处于关闭状态，直至再次打开。

4.3.14.7.3.2 除了必须配备的指示器外(4.3.14.8)，应至少配备一种音响报警装置，无论远光灯、近光灯或前雾灯开着与否，当点火开关关闭、或点火钥匙取出、驾驶员门未关的同时，后雾灯开着时，给出报警信号。

4.3.14.7.4 除了上述4.3.14.7.1和4.3.14.7.3要求外，后雾灯的工作应不受其他任何灯开、关的影响。

4.3.14.8 指示器：必须配备接通指示器，该指示器是一种独立的非闪烁警告指示灯。

4.3.14.9 其他要求：在所有情况下，后雾灯与每个制动灯的间距应大于100 mm。

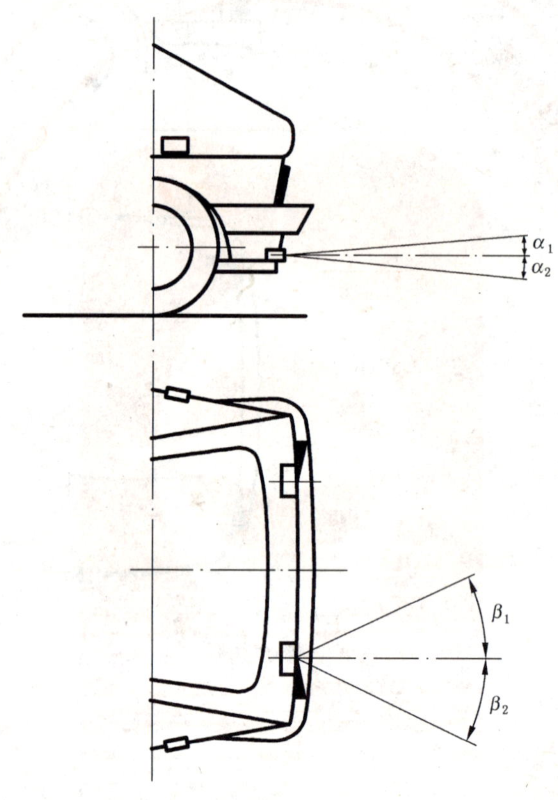

图13 后雾灯几何可见度

4.3.15 **倒车灯**

4.3.15.1 配备：汽车和O_2、O_3和O_4类挂车必须配备。O_1类挂车选装。

4.3.15.2 数量

4.3.15.2.1 对于M_1类和长度不大于6 m的所有其他车辆，必须配备1只，选装1只。

4.3.15.2.2 除了M_1类车辆外，对于长度大于6 m的所有车辆必须配备2只，选装2只。

4.3.15.3 布局：无特殊要求。

4.3.15.4 安装位置

4.3.15.4.1 横向：无特殊要求。

4.3.15.4.2 高度：离地高度不小于250 mm，不大于1 200 mm。

4.3.15.4.3 纵向：装在车后。如果根据4.3.15.2.2在车后或车侧面安装了2只选装倒车灯，那么该选装灯应符合4.3.15.5和4.3.15.6的要求。

4.3.15.5 几何可见度：由3.10定义的α和β角来度量。见图14。

α 角：向上 15°，向下 5°。

β 角：向左、向右均为 45°(1 只倒车灯)，向外 45°，向内 30°(2 只倒车灯)。

对于根据 4.3.15.2.2 在车侧面安装的选装倒车灯，它的基准轴线必须在水平面上，且与车辆纵向对称面成 10°±5°角

4.3.15.6 方向：朝后或侧面。

4.3.15.7 电路连接：只有当倒车齿轮处于啮合状态，而且发动机的点、熄火控制装置处于使发动机能工作的状态时，倒车灯才能打开，否则就打不开。

4.3.15.8 指示器：选用。

4.3.15.9 其他要求：无。

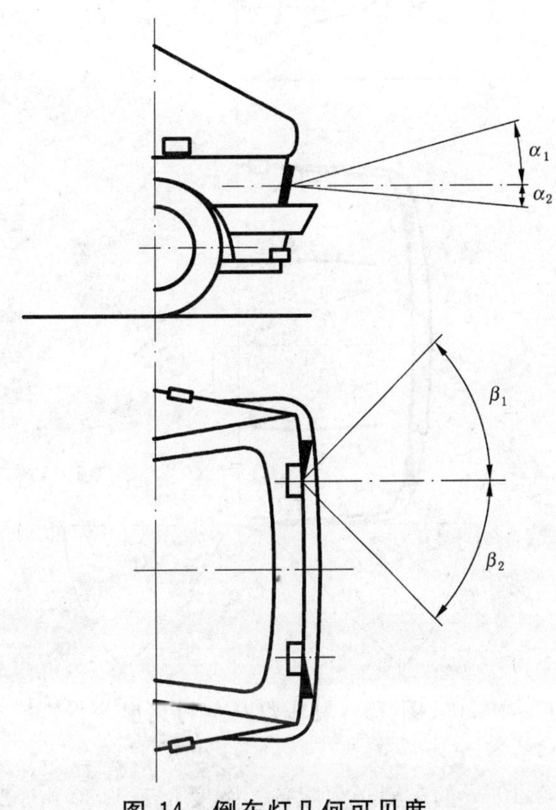

图 14 倒车灯几何可见度

4.3.16 **驻车灯**

4.3.16.1 配备：长度不大于 6 m 和宽度不大于 2 m 的汽车选装，其他车辆禁用。

4.3.16.2 数量：根据布局而定。

4.3.16.3 布局：车前和车后各 2 只，或车辆两侧各 1 只。

4.3.16.4 安装位置

4.3.16.4.1 横向：在基准轴线方向上，离车辆纵向对称平面最远的视表面上的点，到车辆外缘端面的距离应不大于 400 mm，而且两只驻车灯必须安装在车辆两侧。

4.3.16.4.2 高度：对于 M_1 和 N_1 类车辆，无特殊要求；对于其他车辆，离地高度不小于 350 mm，不大于 1 500 mm。若车型结构不能保证在 1 500 mm 内，则可增至为 2 100 mm。

4.3.16.4.3 纵向：无特殊要求。

4.3.16.5 几何可见度：见图 15。

水平方向角：向外、向前和向后均为 45°。

垂直方向角：水平面上、下各为 15°，若灯的离地高度小于 750 mm，则水平面以下的垂直方向角可减至 5°。

4.3.16.6 方向:应满足向前和向后的可见度要求。

4.3.16.7 电路连接:与其他任何灯无关,应能单独打开车辆同一侧的驻车灯,甚至当发动机的点、熄火控制装置处于使发动机不能工作的状态时,也应能打开驻车灯。

4.3.16.8 指示器:接通指示器选用。若选用,不应与前、后位灯的指示器混淆。

4.3.16.9 其他要求:驻车灯的功能可由同时打开车辆同一侧的前、后位灯来实现。

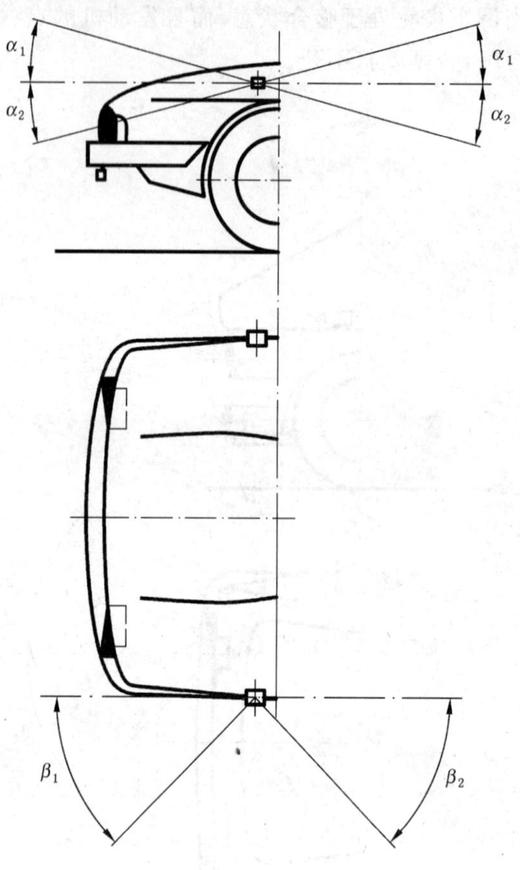

图 15 驻车灯几何可见度

4.3.17 示廓灯

4.3.17.1 配备:宽度大于 2.10 m 的车辆必须配备。宽度介于 1.80 m～2.10 m 的车辆选装。带驾驶室的底盘选装后示廓灯。

4.3.17.2 数量:车前 2 只,车后 2 只。

4.3.17.3 布局:无特殊要求。

4.3.17.4 安装位置

4.3.17.4.1 横向

前和后:尽量靠近车辆的外缘端面。当在基准轴线方向上,离车辆纵向对称平面最远的视表面上的点到车辆外缘端面间的距离不大于 400 mm 时,就满足该要求。

4.3.17.4.2 高度

前:对于汽车,在基准轴线方向上,与视表面上边缘相切的水平面,应不低于与挡风玻璃上边缘相切的水平面。

对于挂车和半挂车,在考虑车宽,设计和操作要求,以及灯的对称性的情况下,尽可能达到最大高度。

后:在考虑车宽,设计和操作要求,以及灯的对称性的情况下,尽可能达到最大高度。

4.3.17.4.3 纵向:无特殊要求。

4.3.17.5 几何可见度:见图16。

水平方向角:向外80°。

垂直方向角:水平向上5°,向下20°。

图16 示廓灯几何可见度

4.3.17.6 方向:满足朝前或朝后可见度要求。

4.3.17.7 电路连接:按4.1.11规定。

4.3.17.8 指示器:选用。若选用,其功能应由前、后位灯指示器完成。

4.3.17.9 其他要求

只要满足所有其他要求,则位于车辆同侧的车前可见的示廓灯和车后可见的示廓灯,可以复合成一种装置。

示廓灯与相应位置灯的相对位置要求如下,即在两灯各自的基准轴线方向上,视表面上最相邻的点在一横向垂直平面内的投影间距应不小于200 mm。

4.3.18 **侧标志灯**

4.3.18.1 配备:除了带驾驶室底盘外,长度大于6 m的车辆必须配备。挂车长度的计算应包括牵引杆。SM1类侧标志灯适用于各类车辆。SM2侧标志灯可适用于M_1类车辆。此外,在长度小于6 m的M_1和N_1类车辆上,可使用侧标志灯来补充前位灯和后位灯减小的几何可见度,使之符合各自的规定(4.3.6.5和4.3.7.5)。其他类车辆可以选装SM1或SM2侧标志灯。

4.3.18.2 每侧的最少数量:满足纵向定位要求。

4.3.18.3 布局:无特殊要求。

4.3.18.4 安装位置

4.3.18.4.1 横向:无特殊要求。

4.3.18.4.2 高度:离地高度不小于250 mm,不大于1 500 mm。若车型结构不能保证1 500 mm内,则可增加至2 100 mm。

4.3.18.4.3 纵向:至少有1只侧标志灯必须安装在车辆的中间1/3范围内,最前面的侧标志灯离车辆前端不大于3 m;对于挂车,距离测量应计入牵引杆的长度。

两相邻侧标志灯的间距应不大于 3 m,若车型结构不能保证在 3 m 内,则可增至 4 m。

最后面的侧标志灯离车辆后端应不大于 1 m。

然而对于车长不大于 6 m 的车辆和带驾驶室底盘,在车辆长度的前或后 1/3 范围内,安装 1 只侧标志灯即满足要求。

4.3.18.5 几何可见度:见图 17。

水平方向角:向前和向后各为 45°。对于选装侧标志灯的车辆,该角度可减至 30°。若车辆上安装了用来补充前、后转向信号灯和/或前、后位灯减小的几何可见度的侧标志灯,使之符合各自的规定(4.3.3.5,4.3.6.5 和 4.3.7.5),则指向车辆前、后端的角度为 45°,指向车辆中间部分的角度为 30°[见图 4b)]。

垂直方向角:水平面上、下各 10°。若侧标志灯离地高度小于 750 mm,则水平面以下的垂直方向角可减至 5°。

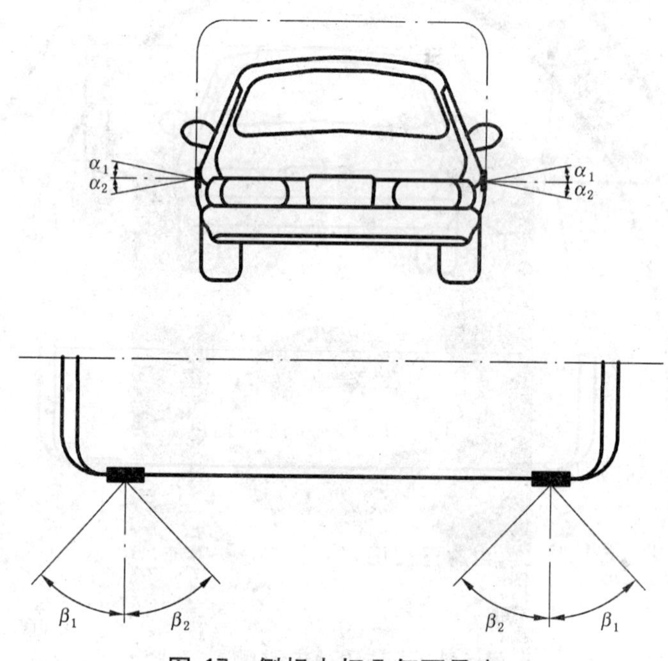

图 17 侧标志灯几何可见度

4.3.18.6 方向:朝向侧面。

4.3.18.7 电路连接:在长度小于 6 m 的 M_1 和 N_1 类车辆上,琥珀色侧标志灯可以与车辆同一侧的转向信号灯相同的频率,同相位闪烁。对于其他类车辆,无特殊规定。

4.3.18.8 指示器:选用。若选用,其功能应由前、后位灯指示器完成。

4.3.18.9 其他要求:当最后面的侧标志灯,与后位灯复合,与后雾灯或制动灯混合时,则在打开后雾灯或制动灯期间,侧标志灯的配光性能可予以修正。

4.3.19 **昼间行驶灯**

4.3.19.1 配备:汽车选装。挂车禁止使用。

4.3.19.2 数量:2 只。

4.3.19.3 布局:无特殊要求。

4.3.19.4 安装位置

4.3.19.4.1 横向:在基准轴线方向上,离车辆纵向对称平面最远的视表面上的点到车辆外缘端面的距离应不大于 400 mm。

在基准轴线方向上,两视表面内缘间的距离应不小于 600 mm,若车宽小于 1 300 mm,则该距离可减至为不小于 400 mm。

4.3.19.4.2　高度：离地高度不小于 250 mm，不大于 1 500 mm。

4.3.19.4.3　纵向：装在车前。若发射光不直接或间接地通过后视镜和/或车辆其他反射表面，引起驾驶员的不舒适感，即满足要求。

4.3.19.5　几何可见度：见图 18

水平方向角：向外、向内各 20°。

垂直方向角：向上、向下各 10°。

4.3.19.6　方向：朝前。

4.3.19.7　电路连接：除了前照灯发出间歇的警告信号外，前照灯打开时，昼间行驶灯应自动关闭。

4.3.19.8　指示器：选用。

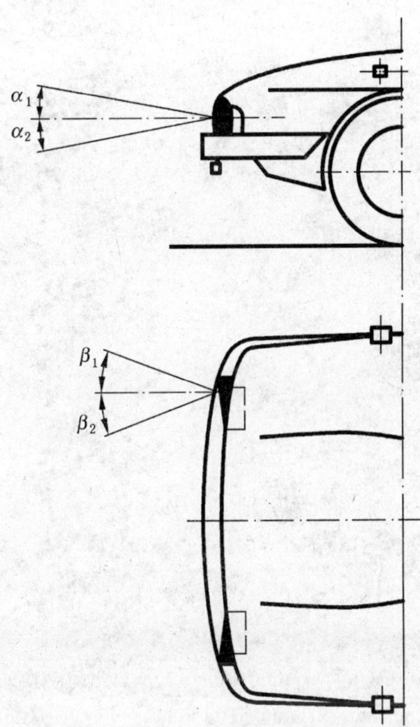

图 18　昼间行驶灯几何可见度

5　试验方法

5.1　灯的位置

本标准 3.5 定义的诸灯具的位置（横向、高度和纵向）应按 3.6、3.7、3.11、3.19 和 4.1.4 规定的通用要求进行检验。

距离的测量值应满足每种灯的各自规定。

5.2　灯的几何可见度

5.2.1　几何可见度应按本标准 3.10 的规定检验。

角度的测量值应满足每种灯的各自规定，但 4.1.3 中规定的±3°安装角度允差除外。

5.2.2　前视红光的不可见度和后视白光的不可见度应按本标准 4.1.10 规定检验。

5.3　近光前照灯的照准

5.3.1　初始向下倾斜度

近光明暗截止线的初始向下倾斜度应设定在相应铭牌数字上。

另一方面，制造商也可将初始照准装定在与铭牌数字不同的数值上，后者可以表示是按附录 D、特别是 D.5 规定的试验方法，进行型式检验的数字。

5.3.2 倾斜度随装载的变化

本条规定，近光光束向下的倾斜度随装载状况的变化应保持在下述范围内：

前照灯安装高度 $h<0.8$：0.2%～2.8%。

前照灯安装高度 $0.8\leqslant h\leqslant 1.0$：

a) 0.2%～2.8%或；

b) 0.7%～3.3%（按制造商在提交检验时选择的照准范围）。

前照灯安装高度 $1.0<h\leqslant 1.2$：0.7%～3.3%。

前照灯安装高度 $h>1.2$：1.2%～3.8%。

对于每种系统调整，应依此使用本标准附录 A 中下述的装载状况：

5.3.2.1 M_1 类车辆：

——A.2.1.1a)；

——A.2.1.1f)；

——A.2.1.2。

5.3.2.2 M_2 和 M_3 类车辆：

——A.2.2a)；

——A.2.2b)。

5.3.2.3 具有承载面的 N 类车辆：

——A.2.3a)；

——A.2.3b)。

5.3.2.4 无承载面的 N 类车辆：

5.3.2.4.1 半挂牵引车：

——A.2.4.1a)；

——A.2.4.1b)。

5.3.2.4.2 全挂牵引车：

——A.2.4.2a)；

——A.2.4.2b)。

5.4 电路连接和指示器

打开由车辆电气系统供电的所有灯具，检查其灯和指示器的功能应符合本标准 4.1.11 至 4.1.13 要求，以及每种灯的特殊规定。

5.5 发光强度

5.5.1 远光前照灯

远光前照灯总的最大发光强度应按本标准 4.3.1.9 规定的方法进行检验，其值应符合 4.3.1.9 要求。

5.6 灯具的配备、数量、光色、布局以及类别应使用目视方法进行检验，包括相应的标记，以及每种灯的特殊规定，应符合本标准第 4 章要求。光色有异议时按 4.2 进行检验。

6 检验规则

6.1 在照明和光信号装置的安装方面所指的同一型式的规定。

在下述基本方面相同的车辆，即认为是同一车辆型式：

a) 车辆的尺寸和外形；

b) 各种装置的安装数量和位置；

c) 前照灯调光系统；

d) 悬挂系统；

e) 以下情况也视作同一型式：

某些车辆虽与上述 a)～d)的含义有所不同，但其差异并不改变对所讨论车型规定的安装灯具的种类、数量、位置和几何可见度，以及近光光束的倾斜度，有无安装、选装灯具。

6.2 型式检验

6.2.1 某种车型照明和光信号装置的型式检验申请，应有该车型制造商提交并附下述文件资料一式三份：

a) 一份有关车型的外形和尺寸、各种装置安装数量和位置、前照灯调光系统和悬挂系统的说明书，并说明限定装载量，特别是行李箱的最大装载量。

b) 一份由制造商规定的照明和光信号装置表格。在该表格内，对每种功能可以列出几种型式的装置；每种型式应给出适当标记（如已经通过型式检验的，则标明国家或国际认证标志，制造商名称等）。此外，对于每种功能可另有备注，注明其等效装置。

c) 一份照明和光信号装置的整体安装图，标明各装置的车辆上的安装位置。

d) 一套能显示每种灯具发光面、透光面、基准轴线和基准中心的外形图，以及一份有关视表面确定方法的说明，但牌照灯除外。

6.2.2 应提交被型式检验车型的空载车辆一辆，其上装有整套照明和光信号装置。按第5章进行检验，并符合相应要求。

6.3 生产一致性检验

6.3.1 每辆通过型式检验的车辆，其照明和光信号装置的安装及其特性，按第5章进行检验必须符合型式检验的车型。

6.3.2 对连续生产的具有通过本标准型式检验的车辆，必须进行随机抽查。

6.4 符合以上6.2或6.3相应规定的，则认为通过就外部照明和光信号装置的安装数量和方式对某一种车型的型式检验或一致性检验。

6.5 经型式检验后，车辆型式或照明和光信号装置的变动和扩充，必须通过型式检验的管理部门，由该部门决定是否确认。

附 录 A
（规范性附录）
确定近光光束在垂直方向上变化的各种装载状况

A.1 在以下试验中，每个乘员的计算重量为 75 kg。

A.2 不同车型的装载状况：

A.2.1 M_1 类车辆

A.2.1.1 应在以下装载状况下，确定近光光束的角度：

a） 1 个驾驶员。

b） 1 个驾驶员，离驾驶员最远的前排座位上 1 个乘员。

c） 1 个驾驶员，离驾驶员最远的前排座位上 1 个乘员，最后排的所有座位均坐满乘员。

d） 全部座位均坐满乘员。

e） 全部座位均坐满乘员，加上行李箱内均匀分布的装载，由此达到后轴或前轴（若行李箱设置在前面）的允许轴荷。若车辆前、后各有 1 个行李箱，则行李箱内的装载必须恰当分布，以便达到各车轴的允许轴荷。若在达到车轴之一的允许轴荷之前，就超出最大允许装载质量，则必须限制行李箱的装载量，以保证不超出最大允许装载质量。

f） 1 个驾驶员，加上行李箱内均匀分布的装载，由此达到相应车轴的允许轴荷。

若在达到车轴之一的允许轴荷之前，就超出最大允许装载质量，则必须限制行李箱的装载量，以保证不超出最大允许装载质量。

A.2.1.2 在确定上述装载状况时，必须考虑制造商对装载状况的限制说明。

A.2.2 M_2 类和 M_3 类车辆

应在以下承载状况下，确定近光光束的角度：

a） 车辆空载，1 名人员坐在驾驶座上；

b） 车辆装载，使每根车轴都达到其最大技术允许轴荷；或者对前、后轴按其最大技术允许轴荷之比例进行加载，直至达到最大允许装载质量，以先达到者为准。

A.2.3 具有装载面的 N 类车辆

应在以下装载状况下，确定近光光束的角度。

a） 车辆空载，1 名人员坐在驾驶座上。

b） 1 个驾驶员，其装载量的分布应使后轴（或数根后轴）达到最大技术允许轴荷，或最大允许装载质量，以先达到者为准，条件是不超出前轴的轴荷。该轴荷是按照空载车辆的前轴轴荷，加上前轴上最大允许有效轴荷的 25%；当装载面位于车前面时，前轴的承载状况如此考虑。

A.2.4 无承载面的 N 类车辆

A.2.4.1 半挂牵引车

应在以下承载状况下，确定近光光束的角度：

a） 挂车上没有装载的空载车辆，驾驶座上有 1 名人员；

b） 驾驶座上有 1 名人员，在牵引车连接件上施加技术允许载荷，其加载位置使后轴达到最大轴荷。

A.2.4.2 全挂牵引车

a） 车辆空载，1 名人员坐在驾驶座上；

b） 驾驶座上有 1 名人员，驾驶室内的其余座位上均有乘员。

附　录　B
（规范性附录）
几种定义的图示

B.1　灯具表面、基准轴线、基准中心、几何可见度（见图B.1）

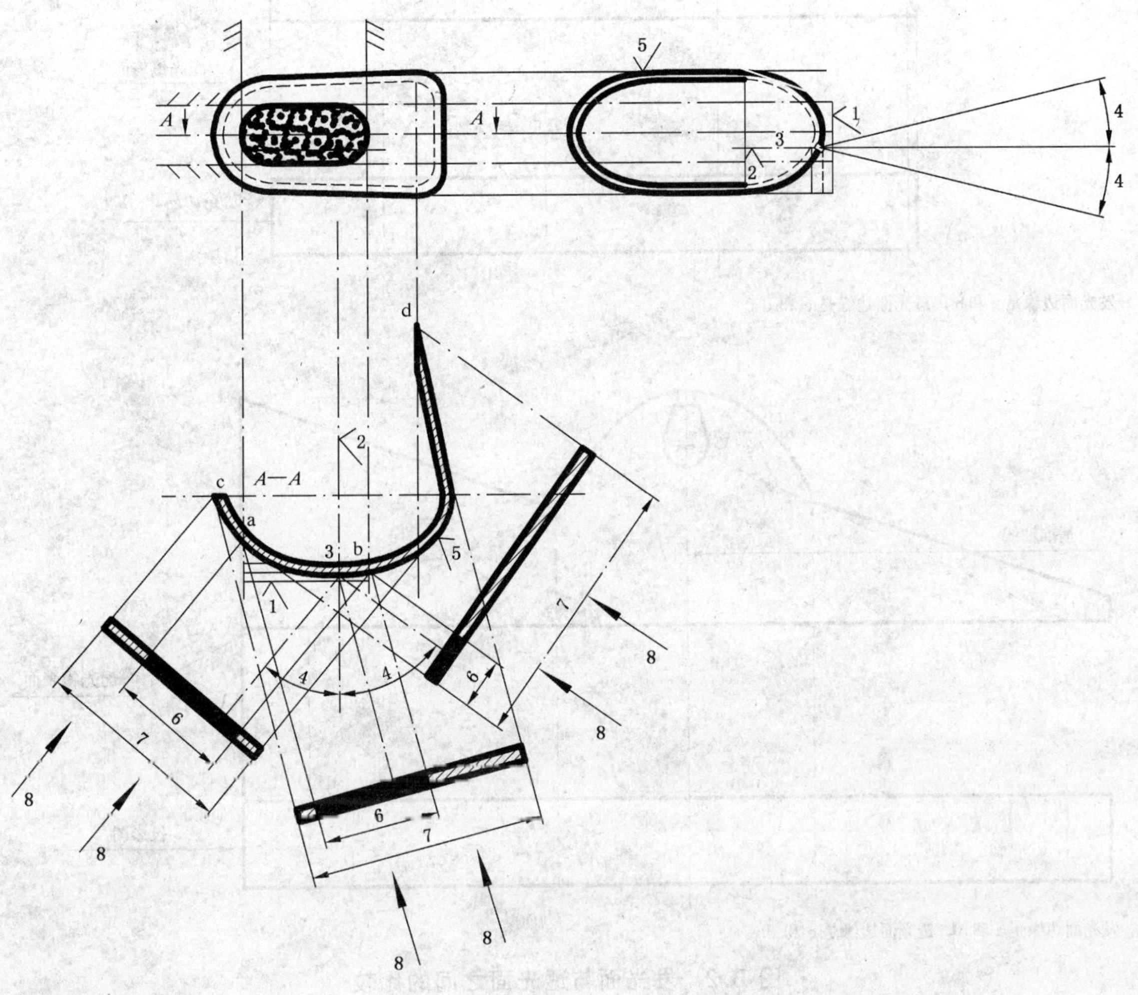

符号说明：

1——发光面；

2——基准轴线；

3——基准中心；

4——几何可见度；

5——透光面；

6——以发光面为基准的视表面；

7——以透光面为基准的视表面；

8——可见度方向。

注：视表面应与透光面相切，此图仅为示意图。

图B.1　灯具表面、基准轴线、基准中心、几何可见度

B.2 发光面与透光面之间的比较(见图 B.2)

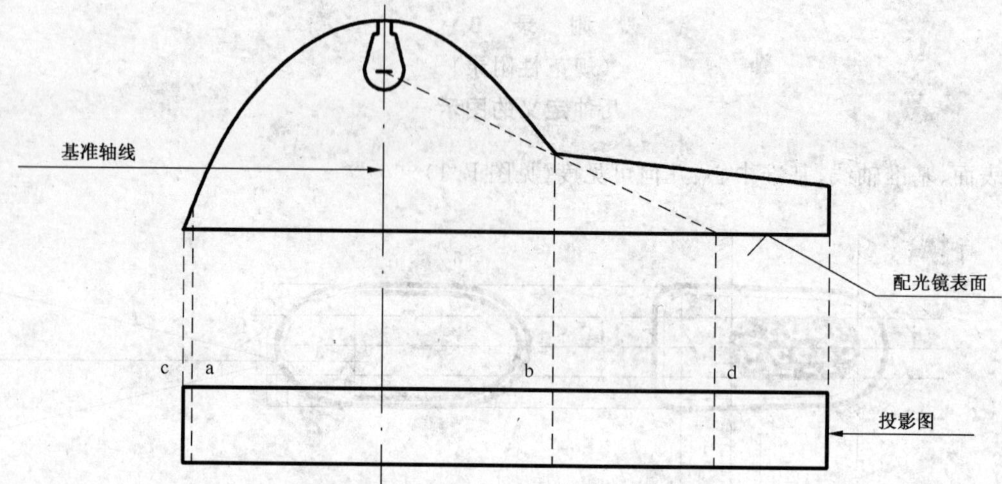

发光面边缘是 a 和 b，透光面边缘是 c 和 d。

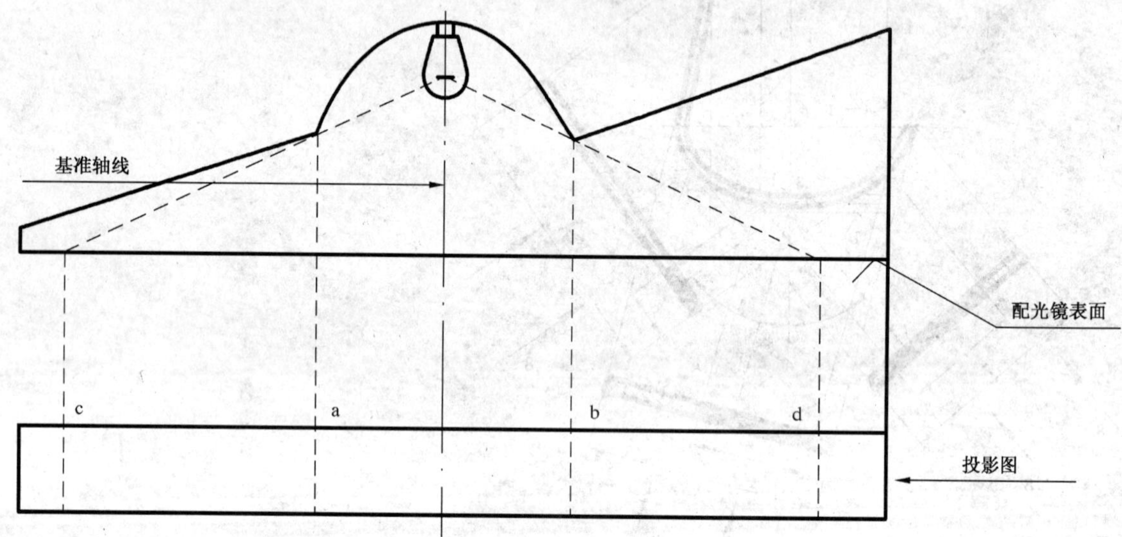

发光面边缘是 a 和 b，透光面边缘是 c 和 d。

图 B.2 发光面与透光面之间的比较

附 录 C
（规范性附录）
前视红光和后视白光的不可见度

图 C.1 前视红光和后视白光的不可见度

附 录 D
（规范性附录）
近光光束倾斜度随装载变化的测量

D.1 范围

本附录规定了车辆近光光束倾斜度(相对于初始倾斜度)随装载变化的测量方法。

D.2 定义

D.2.1 初始倾斜度

D.2.1.1 标出的初始倾斜度

由车辆制造商规定的近光光束初始倾斜度值,作为计算允许变化的基准值。

D.2.1.2 测量的初始倾斜度

近光光束或车辆倾斜度的测量平均值,测量时各类车辆处于附录A第一种状况下:即一个驾驶员(M_1类),一个驾驶员的空载车(其他类),该平均值作为光束倾斜度随装载变化评定的基准值。

D.2.2 近光光束倾斜度

以毫弧度(mrad)表示的角度,该角度由射向前照灯配光明暗截止线水平部分上一个特性点的光束方向和水平面所构成;或者,是以百分数倾斜度表示的上述角度的正切。由于角度小,所以,1%等于10 mrad。

若倾斜度以百分数表示,则可用下式计算:

$$\frac{(h_1-h_2)}{L}\times 100$$

式中:

h_1——是在垂直屏幕上测量的上述特性点的离地高度,单位为毫米(mm),该垂直屏幕与车辆纵向对称平面垂直,且位于车前L距离处;

h_2——是基准中心的离地高度,单位为毫米(mm),该基准中心是h_1特性点的标称原点;

L——是屏幕到基准中心间的距离,单位为毫米(mm)。

如图D.1所示,负值表示向下的倾斜度,正值表示向上的倾斜度。

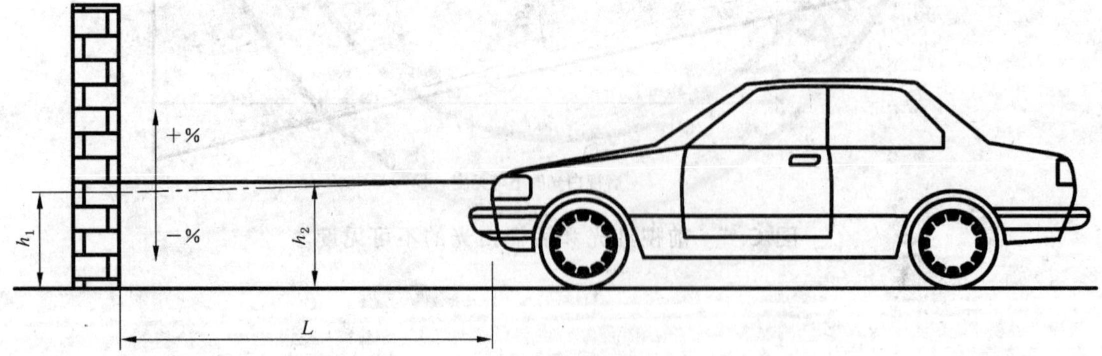

注1:图中给出的是M_1类车辆,但其原理同样适用于其他类车辆。

注2:当车辆未配置前照灯调光系统时,则近光光束倾斜度的变化与车辆本身倾斜度的变化一致。

图D.1 M_1类车辆,近光光束向下的倾斜度

D.3 测量条件

D.3.1 若用目视或光度方法检验近光光束在屏幕上的配光性能，则测量应在暗环境（如暗室）中进行，该暗室应足够大，可以允许车辆驶入，并放置图 D.1 所示的屏幕，前照灯基准中心与屏幕至少相距 10 m。

D.3.2 测量用地面尽可能水平和平整，以确保近光光束倾斜度测量复现性的准确度为±0.5 mrad（±0.05%倾斜度）。

D.3.3 若使用屏幕，则其相对于地面和车辆纵向对称平面的位置、取向和标记，应保证近光光束倾斜度测量的再现性准确度为±0.5 mrad（±0.05%倾斜度）。

D.3.4 测量期间，环境温度应介于 10℃～30℃之间。

D.4 车辆准备

D.4.1 应对已经行驶 1 000 km 至 10 000 km 的车辆进行测量，最好是已行驶 5 000 km 的车辆。

D.4.2 轮胎按车辆制造商规定的满承载压力充气。车辆补足燃油、水、润滑油，并按制造商规定备齐所有的附件和工具。补足燃油是指油箱所注燃油不少于其容积的 90%。

D.4.3 车辆驻车制动器已松开，齿轮变速箱处于空档位置。

D.4.4 车辆在上述 D.3.4 规定的环境温度下，停放的时间不少于 8 h。

D.4.5 若使用光度或目视检测方法，为了便于测量，试验车辆应最好安装近光明暗截止线清晰的前照灯。也可以使用读数更精确的其他方法（如卸去前照灯的配光镜）。

D.5 试验方法

D.5.1 总则

近光光束或车辆倾斜的变化与所选择的测量方法有关，并应对车辆两侧分别进行测量。在按附录 A 规定的所有装载状况下，测得的左、右前照灯的结果应位于下述 D.5.5 规定的极限范围内。为了使车辆不遭受过大的冲击，应逐渐施加载荷。

D.5.2 测量的初始倾斜度的确定

车辆应按上述 D.4 规定准备，并按附录 A 规定加载（对应于各类车辆的第一种装载状况）。

在每次测量前，车辆应按下述 D.5.4 规定晃动。

测量应进行 3 次。

D.5.2.1 若每次测量结果与算术平均值之间的偏差不大于 2 mrad（0.2%倾斜度），则该平均值即为最终结果。

D.5.2.2 若任何一次测量结果与算术平均值之间的偏差大于 2 mrad（0.2%倾斜度），则再应进行 10 次测量，该测量系列的算术平均值即为最终结果。

D.5.3 测量方法

只要读数准确到±0.2 mrad（±0.02%倾斜度）的任何方法，均可用来测量倾斜度的变化。

D.5.4 在每种装载状况下车辆的处理方法

影响近光光束倾斜度的悬挂或任何其他部件，应按下述方法驱动。

然而，技术管理部门和制造商可以联合推荐其他方法（或是试验方法，或是计算方法），特别是当试验遇到特殊问题时，只要这类计算方法明显有效。

D.5.4.1 安装常规悬挂系统的 M_1 类车辆

车辆停放在测量场地，如需要车轮停在活动平台上（当无活动平台会限制可能影响测量结果的悬挂机构的移动时，必须使用），车辆至少连续晃动 3 次，每次分别先向下推压车辆的后端部，之后是前端部，晃动结束，在测量之前，车辆应处于自然静止状态，替代活动平台，车辆先向后行驶至少一个车轮圆周距离，然后向前行驶同样距离，可以取得同样的效果。

D.5.4.2 安装常规悬挂系统的 M_2、M_3 和 N 类车辆

D.5.4.2.1 若不能使用上述 D.5.4.1 中 M_1 类车辆的处理方法，则可以使用以下 D.5.4.2.2 或 D.5.4.2.3中的方法。

D.5.4.2.2 车辆停放在测量场地上，车轮位于地面，通过改变装载晃动车辆。

D.5.4.2.3 车辆停放在测量场地上，车轮位于地面，利用一种振动装置驱动可能影响近光光束倾斜度的车辆悬挂系统和所有其他部件。这种振动装置可以是振动平台，此时车轮位于该平台上。

D.5.4.3 非常规悬挂系统的车辆，必须启动发动机，待车辆达到稳定状态后开始进行测量。

D.5.5 测量

对于不同装载状况下的每种装载状况，应评定近光光束倾斜度相对于测量的初始倾斜度的变化，后者按上述 D.5.2 规定确定。

若车辆配备前照灯手动调光系统，则应按制造商规定，调节到相应装载状况的位置上。

D.5.5.1 开始时，对应每种装载状况，进行一次测量。若对于所有的装载状况，倾斜度的变化位于一种安全界限为 4 mrad(0.4%倾斜度)的计算极限内(如，位于标出的初始倾斜度与型式检验规定上、下限之间的偏差内)，则就满足要求。

D.5.5.2 若任一测量结果不在上述 D.5.5.1 的安全界限内，或超过极限值，则应在相应的装载状况下进行 3 次测量，其结果应符合下述 D.5.5.3 规定。

D.5.5.3 对于以上每种装载状况

D.5.5.3.1 若 3 次测量结果与其算术平均值的偏差均不大于 2 mrad(0.2%倾斜度)，则以算术平均值作为最终结果。

D.5.5.3.2 若任何一次测量结果与其算术平均值的偏差大于 2 mrad(0.2%倾斜度)，则再应进行 10 次测量，并以该测量系列的算术平均值作为最终结果。

所有的测量应按上述 D.5.5.3.1 和 D.5.5.3.2 规定进行。

D.5.5.4 若在所有装载状况下，按上述 D.5.2 确定的测量的初始倾斜度，与在每一种装载状况下测量的倾斜度之间的变化，小于上述 D.5.5.1 中的计算值(如果无安全界限)则就满足要求。

D.5.5.5 若只是超出计算的变化上限或下限(两者之一)，则应允许制造商在型式检验规定的极限内，为标出的初始倾斜度选择一个不同的数值。

附　录　E
（规范性附录）
初始调整指示的示例

示例：

图 E.1　初始调整指示的示例

附 录 F
（规范性附录）
本标准 4.3.2.6.2.2 中的前照灯调光装置控制器

F.1 技术要求

F.1.1 在所有情况下必须通过下面三种方法中一种来使近光向下倾斜：

a） 向下或向左移动控制器；

b） 逆时针旋转控制器；

c） 按下一个按钮。

如果是用多个按钮调节，那么向下降量最大的按钮必须放于其他按钮最下方或最左边。

对于安装后或者只是边缘可见的旋转类控制器，宜依照 a）或 b）类的操作原则。

F.1.1.1 控制器上必须具有明确表明近光向上和是向下的倾斜的符合。

F.1.2 “0”位表示 4.3.2.6.1.1 中的初始倾斜位置。

F.1.3 如果是 4.3.2.6.2.2 中所提的手动调节装置，其必须要求的“停止位”就标为“0”位，并且不需要一定是极限位置。

F.1.4 说明书上必须要有控制器上标志的含义。

F.1.5 必须用下列符号来识别控制器：

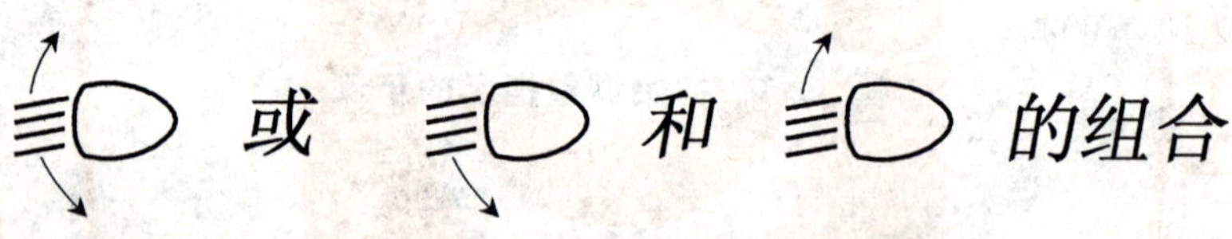

符号中的 4 条线也可以用 5 条来代替

例图 1：

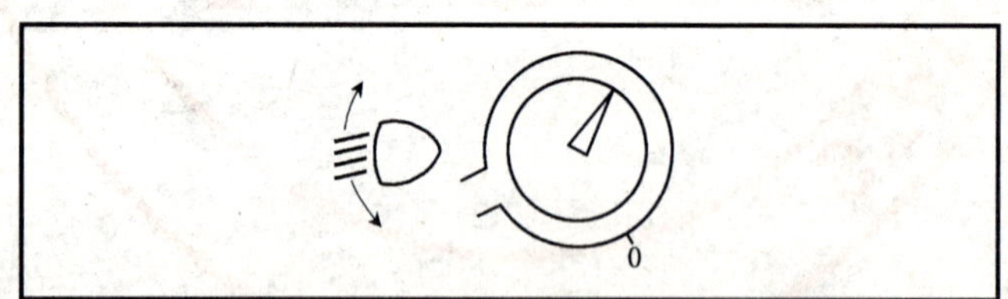

例图 2：

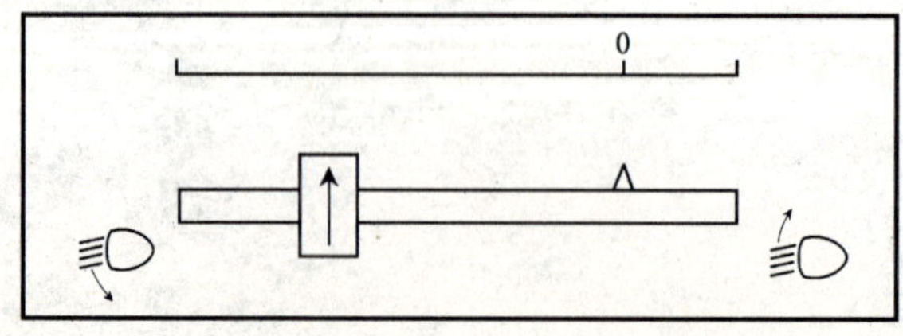

例图 3：

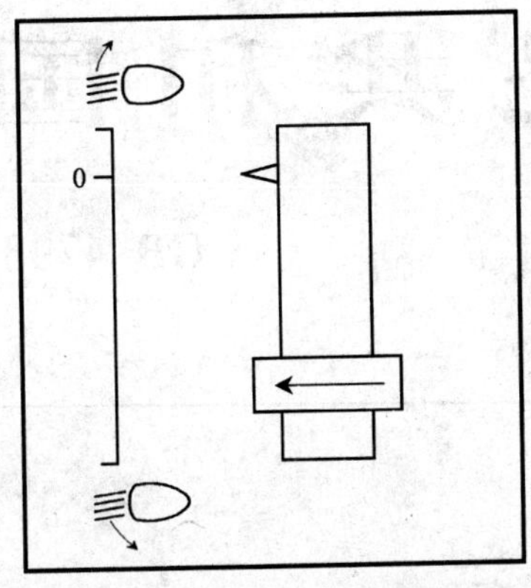

ICS 19.080;71.040.10
L 09

中华人民共和国国家标准

GB 4793.1—2007/IEC 61010-1:2001
代替 GB 4793.1—1995

测量、控制和实验室用电气设备的安全要求 第1部分：通用要求

Safety requirements for electrical equipment for measurement, control, and laboratory use—Part 1: General requirements

(IEC 61010-1:2001,IDT)

2007-06-07 发布　　2007-09-01 实施

中华人民共和国国家质量监督检验检疫总局
中国国家标准化管理委员会　发布

前　言

GB 4793 的本部分的全部技术内容为强制性。

GB 4793《测量、控制和实验室用电气设备的安全要求》目前拟分为 7 个部分：

——第 1 部分：通用要求（IEC 61010-1）；

——第 2 部分：试验和测量电路的特殊要求（IEC 61010-2-030）；

——第 3 部分：实验室用混合和搅拌设备的特殊要求（IEC 61010-2-051）；

——第 4 部分：实验室用处理医用材料的蒸压器的特殊要求（IEC 61010-2-040）；

——第 5 部分：电工测量和试验用手持探头组件的特殊要求（IEC 61010-2-031）；

——第 6 部分：用于医疗材料的消毒器和清洗消毒设备的特殊要求（IEC 61010-2-010）；

——第 7 部分：实验室用离心机的特殊要求（IEC 61010-2-020）。

注：上述部分的名称会随 IEC 标准名称的变化而改变。

本部分为 GB 4793 的第 1 部分。

本部分等同采用 IEC 61010-1:2001《测量、控制和实验室用电气设备的安全要求　第 1 部分：通用要求》（英文版），其技术内容和结构与 IEC 61010 完全等同，并纳入了其技术勘误 1 和 2 的内容（右侧用双竖线表示）。本部分是对 GB 4793.1—1995《测量、控制和实验室用电气设备的安全要求　第 1 部分：通用要求》（idt IEC 61010-1:1990）的修订。

本部分的 2007 版与 1995 版比较有较大的改动：标准的许多条款在文字上作了修改，标准的结构也进一步调整，对一些试验方法有了更详细的阐述。例如在环境条件的正常环境条件基础上增加了扩展环境条件；防电击部分中重新定义了安全电压限值，并补充了潮湿场所的限值；在防火要求中新引入了限能电路的概念，并给出了判定数据；对应于防液体危险，标准新增了液体压力试验的程序等。

为了使用方便，本部分做了下列编辑性修改：

a）用小数点“.”代替作为小数点的逗号“,”。

b）略去 IEC 61010-1:2001 的前言和“附录 H（资料性附录）定义索引”的内容。

c）对于 IEC 61010-1:2001 引用的其他国际标准中有被等同或修改采用作为我国标准的，本部分用我国的这些国家标准或行业标准代替对应的国际标准；其余未有等同或修改采用为我国标准的国际标准，在本部分中均被直接引用（见本部分的第 2 章）。

d）对原文中个别编辑性错误进行了修正。

本部分从实施之日起代替 GB 4793.1—1995；GB 4793.1—1995 并于该日起予以废止。

本部分的附录 A、附录 B、附录 C、附录 D、附录 E、附录 F 为规范性附录。

本部分的附录 G 为资料性附录。

本部分由中华人民共和国信息产业部提出。

本部分由中国电子技术标准化研究所（CESI）归口。

本部分起草单位：中国电子技术标准化研究所（CESI）。

本部分主要起草人：贾真、郭建宇、肖向荣。

GB 4793.1 首次发布时间为 1995 年 12 月 29 日。

引 言

GB 4793 的本部分规定了对其适用范围内的所有设备均能普遍适用的通用安全要求。对于特定类型的设备，这些普遍适用的通用安全要求要用 GB 4793 的其他部分的一条或一条以上的特殊要求来补充或修改。GB 4793 的其他部分的特殊要求必须结合本部分的通用要求一起阅读。

测量、控制和实验室用电气设备的安全要求 第1部分:通用要求

1 范围与目的

1.1 范围

1.1.1 本部分适用的设备

GB 4793 的本部分规定了预定作专业用、工业过程用以及教育用的电气设备的通用安全要求,当在1.4的环境条件下使用时,这些符合下列a)~d)定义的任何一种设备可以配备计算装置:

a) 电气试验和测量设备

是指用电气方法试验、测量、指示或记录一个或多个电量或非电量的设备,也包括非测量设备,如信号发生器、测量标准器、电源、换能器和发射机等。

注:除了设计成仅嵌装在其他设备上的面板仪表外,所有指示和记录用的电气测量仪器(1.1.2的那些设备除外)均在GB 4793的范围内。嵌装式面板仪表被认为是元件,仅需要满足GB 4793的相关要求,或者作为嵌装这些仪表的设备的一个部件满足其他标准。

b) 电气控制设备

是指将一个或多个输出量控制在特定量值的设备,而且每一个量值由手动设置、本地或远地编程,或者由一个或多个输入变量来确定的。

c) 电气实验室设备

是指测量、指示、监视或分析物质的设备,或者用于制备材料的设备,包括体外诊断(IVD)设备。

这种设备也可用于实验室以外的地方,例如自我检查用的IVD设备就可以在家庭中使用。

d) 预定要与上述设备一起使用的附件(例如样品处理设备)。

1.1.2 不包括在本部分范围内的设备

不适用于包括在下列标准范围内的设备:

a) GB 8898(音频、视频及类似电子设备安全要求);

b) GB 4706(家用和类似用途电器的安全);

c) GB 4943(信息技术设备的安全,但1.1.3规定的设备除外);

d) GB 9706(医用电气设备);

e) GB/T 15283(0.5、1和2级交流有功电度表);

f) GB 19212(电力变压器、电源装置和类似产品的安全);

g) IEC 60204(电气机械控制装置);

h) IEC 60364(建筑物电气装置);

i) IEC 60439-1(低压开关装置和控制装置)。

1.1.3 计算设备

本部分仅适用于组成本部分范围内的设备的一部分或设计成仅与设备一起使用的计算机、处理器等。

注:在GB 4943范围内的并符合其要求的计算装置和类似设备被认为适合与本部分范围内的设备一起使用。但是,GB 4943对防潮和防液体的某些要求没有本部分严格。如果潮湿和液体引起的危险可能会影响符合GB 4943的设备,而且该符合GB 4943的设备如果又与符合本部分的设备一起使用,则使用说明要规定出所需要的任何附加的预防措施。

1.2 目的

1.2.1 包括在本部分范围内的各方面的内容

规定本部分要求的目的是要确保所使用的结构的设计和方法能对操作人员和周围环境在以下几个方面提供足够的防护：

a) 电击和电灼伤(见第6章)；

b) 机械危险(见第7章和第8章)；

c) 过高温(见第9章和第10章)；

d) 火焰从设备内向外蔓延(见第9章)；

e) 液体和液体压力的影响(见第11章)；

f) 辐射影响，包括激光源、声压力和超声压力(见第12章)；

g) 释放的气体、爆炸和内爆(见第13章)。

注：要注意国家负责劳动者健康和安全的当局可能已有规定的、现行的附加要求。

1.2.2 不包括在本部分范围内的各方面的内容

本部分不包括：

a) 与安全无关的设备的可靠功能、性能或其他特性；

b) 运输包装的有效性；

c) 包括在IEC 61326范围内的电磁兼容(EMC)要求；

d) 对爆炸环境的防护措施(见IEC 60079)；

e) 维修(修理)；

f) 维修(修理)人员的防护。

注：可以预料到维修人员会相当认真地来对待各种明显的危险，但是在设计上还是要使用警告标签、对危险电压端子采取防护措施、将低电压电路与危险电压隔离等来防止发生意外事故。更重要的是，维修人员要经过培训，使其能意识到还有各种难以预料的危险，并能到时作出相应的反应。

1.3 鉴定

本部分也规定了通过检查和型式试验来鉴定设备是否符合本部分要求的方法。

注：例行试验的要求在附录F中给出。

1.4 环境条件

1.4.1 正常的环境条件

本部分适用于被设计成至少在下述条件下使用是安全的设备：

a) 室内使用；

b) 海拔高度不超过2 000 m；

c) 温度在5℃～40℃；

d) 温度低于31℃时最大相对湿度为80%；温度为40℃时相对湿度线性降到50%；

e) 电源电压波动不超出标称电压的±10%；

f) 电网电源上出现的典型的瞬态过电压；

注：瞬态过电压的标称等级为GB 16895.12规定的脉冲承受电压(过电压)类别Ⅱ。

g) 适用的额定污染等级。

1.4.2 扩展的环境条件

本部分适用于被设计成不仅在1.4.1规定的环境条件下使用是安全的设备，而且在制造厂对设备规定的下列任何条件下使用仍是安全的设备：

a) 室外使用；

b) 海拔高度超过2 000 m；

c) 环境温度低于5℃或高于40℃;

d) 相对湿度高于1.4.1的规定;

e) 电网电源的电压波动超过标称电压的±10%。

2 规范性引用文件

下列文件中的条款通过GB 4793的本部分的引用而成为本部分的条款。凡是注日期的引用文件，其随后所有的修改单(不包括勘误的内容)或修订版均不适用于本部分，然而，鼓励根据本部分达成协议的各方研究是否可使用这些文件的最新版本。凡是不注日期的引用文件，其最新版本适用于本部分。

GB/T 1633—2000 热塑性塑料维卡软化温度(VST)的测定(GB/T 1633—2000,idt ISO 306:1994)

GB/T 3768 声学 声压法测定噪声源声功率 反射面上方采用包络测量表面的简易法(GB/T 3768—1996,eqv ISO 3746:1995)

GB 4208 外壳防护等级(IP代码)(GB 4208—1993,eqv IEC 60529:1989)

GB 4706(所有部分) 家用和类似用途电器的安全

GB 5013 额定电压450 V/750 V及以下橡皮绝缘电缆(GB 5013—1997,idt IEC 60245:1994)

GB 5023 额定电压450 V/750 V及以下聚氯乙烯绝缘电缆

GB 7247.1 激光产品的安全 第1部分:设备分类、要求和用户指南(GB 7247.1—2001,idt IEC 60825-1:1993)

GB 8898 音频、视频及类似电子设备 安全要求(GB 8898—2001,eqv IEC 60065:1998)

GB/T 11020 测定固体电器绝缘材料暴露在引燃源后燃烧性能的试验方法(GB/T 11020—1989,eqv IEC 60707:1981)

GB/T 11021 电气绝缘的耐热性评定和分级(GB/T 11021—1989,eqv IEC 60085:1984)

GB/T 11918 工业用插头、插座和耦合器 第1部分:通用要求(GB/T 11918—2001,idt IEC 60309-1:1999)

GB/T 11919 工业用插头、插座和耦合器 第2部分:带插销和插套的电器附件的尺寸互换性要求(GB/T 11919—2001,idt IEC 60309-2:1999)

GB/T 12241 安全阀 一般要求(GB/T 12241—1989,eqv ISO 4126:1984)

GB 14048.1 低压开关设备和控制设备 总则(GB/T 14048.1—2000,eqv IEC 60947-1:1999)

GB 14048.3 低压开关设备和控制设备 第3部分:低压开关、隔离器、隔离开关及熔断器组合电器(GB 14048.3—2002,IEC 60947-3:2001,IDT)

GB 15934 电线组件(GB 15934—1996,idt IEC 60799:1984)

GB/T 16404 声学 声强法测定噪声源的声功率级 第1部分:离散点上的测量(GB/T 16404—1996,eqv ISO 9614-1:1993)

GB/T 16927 高电压试验技术

GB/T 17181 积分平均声级计(GB/T 17181—1997,idt IEC 60804:1985)

IEC 60027 电工用文字符号

IEC 60651 声级计

IEC 60664-3 低压系统的绝缘配合 第3部分:利用涂层以改善印制板系统的绝缘配合

3 术语和定义

下列术语和定义适用于GB 4793的本部分。

除另有规定外,"电压"值和"电流"值均指交流、直流,或者合成的电压或电流的有效值。

3.1 设备和设备的类别

3.1.1

固定式设备 fixed equipment

固定在支撑件上的或需另外固定在特定位置上的设备。[IEV 826-07-07]

3.1.2

永久性连接式设备 permanently connected equipment

以只有用工具才能断开的永久性连接方法与电源电气连接的设备。

3.1.3

便携式设备 portable equipment

预定可随手携带的设备。

3.1.4

手持式设备 hand-held equipment

在正常使用中预定可用单手来握住的便携式设备。

3.1.5

工具 tool

为帮助人来执行某种机械功能而使用的,包括钥匙和硬币在内的外部装置。

3.2 零部件和附件

3.2.1

端子 terminal

为使装置(设备)与外部导体相连而提供的一种元件。[IEV 151-01-03,修订版]

注:端子可以含有一个或几个接触件,因此该术语也包括插座、连接器等。

3.2.2

功能接地端子 functional earth terminal

用来直接与测量电路或控制电路的某一点,或者直接与某个屏蔽部分进行电气连接的,而且预定还要用来为安全目的以外的任何功能目的接地的端子。

注:对测量设备,该端子常被称为测量接地端子。

3.2.3

保护导体端子 protective conductor terminal

为安全目的而与设备的导电零部件相连接的,而且预定还要与外部保护接地系统相连接的端子。

3.2.4

外壳 enclosure

防止设备受到某些外部影响和防止从任何方向直接接触而提供的零部件。

3.2.5

挡板 barrier

防止从任何正常接近的方向直接接触而提供的零部件。

注:外壳和挡板可以提供火焰蔓延的防护[见 9.2.1 b)]。

3.3 电气量值

3.3.1

额定(值) rated(value)

通常由制造厂针对元器件、装置或设备达到某一工作状态而给出的量值。[IEV 151-04-03]

3.3.2

额定值 rating

一组额定值和工作条件。[IEV 151-04-04]

3.3.3

工作电压 working voltage

当设备以额定电压供电时，在任何特定的绝缘上能出现的最大交流电压有效值或直流电压值。

注1：瞬态值不考虑。

注2：开路条件和正常工作条件均要考虑。

3.4 试验

3.4.1

型式试验 type test

针对特定的设计，为证明该设计和结构是否能满足本部分的一项或多项要求而对设备的一台或多台样品(或设备零部件)进行的试验。[IEV 151-04-15,修订版]

注：这是对 IEV 151-04-15 定义的扩充，以便既包括设计要求又包括结构要求。

3.4.2

例行试验 routine test

在制造中或制造后为确定装置(设备)是否符合某个判据而对每一台单独的装置(设备)进行的试验(见附录F)。[IEV 151-04-16,修订版]

3.5 安全术语

3.5.1

(零部件的)可触及 accessible(of a part)

当按6.2的规定能用标准试验指或试验针触及到的。

3.5.2

危险 hazard

潜在的伤害源。

3.5.3

危险带电 hazardous live

在正常条件或单一故障条件下能使之发生电击或电灼伤。

注：对正常条件适用的数值见6.3.1，对在单一故障条件下被认为是适用的更高的数值见6.3.2。

3.5.4

高完善性 high integrity

不易出现会引起危险险情的故障；高完善性的部件被认为是在进行故障条件下的试验时不易出现不合格。

3.5.5

电网电源 mains

设计成使有关设备需要与其连接的、为设备提供电力为目的的低压供电系统[其值大于6.3.2 a)的规定值]。

注：有些测量电路也可以与供测量目的用的电网电源相连。

3.5.6

电网电源电路 mains circuit

预定要与电网电源连接的、为设备提供电力的电路。

注：测量电路和利用感应原理从电网电源电路获得供电的电路不属于电网电源电路。

3.5.7

保护阻抗 protective impedance

元器件、元器件的组件或者基本绝缘和限流或限压装置的组合，当其连接在可触及导电零部件与危险带电零部件之间时，其阻抗、结构和可靠性在正常条件和单一故障条件下提供的防护程度达到本部分的要求。

3.5.8

保护连接　protective bonding

为使可触及导电零部件或保护屏与供外部保护导体连接用的装置具有电气连续性而进行的电气连接。

3.5.9

正常使用　normal use

按使用说明或按明显的预期用途的说明进行的操作，包括待机。

注：多数情况下，正常使用也指正常条件，因为使用说明书会警告用户不要在非正常条件下使用设备。

3.5.10

正常条件　normal condition

防止危险的所有防护措施均完好无损的条件。

3.5.11

单一故障条件　single fault condition

防止危险的一个防护措施发生失效的条件或可能引起某种危险而出现一个故障的条件。

注：如果某个单一故障条件会不可避免地引起另一个单一故障条件，则这样的两个故障被认为是一个单一故障条件。

3.5.12

操作人员　operator

按设备的预期用途来操作设备的人。

注：操作人员应当为这一目的而接受适当的培训。

3.5.13

责任者　responsible body

负责设备的使用或维护和确保操作人员得到足够培训的个人或组织。

3.5.14

潮湿场所　wet location

可能存在水或其他导电液体，而且由于人体与设备之间的潮湿接触或人体与环境之间的潮湿接触而可能使人体阻抗减小的场所。

3.6　绝缘

3.6.1

基本绝缘　basic insulation

其失效会引起电击危险的绝缘。

注：基本绝缘可用于功能绝缘的目的。

3.6.2

附加绝缘　supplementary insulation

除基本绝缘以外施加的独立的绝缘，用以保证在基本绝缘一旦失效时仍能防止电击。

3.6.3

双重绝缘　double insulation

由基本绝缘和附加绝缘构成的绝缘。

3.6.4

加强绝缘　reinforced insulation

其提供防电击能力不低于双重绝缘的绝缘，它可以由几层不能像附加绝缘或基本绝缘那样单独进行试验的绝缘构成。

3.6.5

污染 pollution

会导致介电强度或表面电阻率降低的固态、液态或气态（电离气体）的附加的外来物质。

3.6.6

污染等级 pollution degree

为了评价间隔距离而规定的下述微环境的污染等级。

3.6.6.1

污染等级 1 pollution degree 1

无污染或只有干燥的非导电性污染，该污染无不利影响。

3.6.6.2

污染等级 2 pollution degree 2

通常仅有非导电性污染，但偶尔也会由于凝聚作用而短时导电。

3.6.6.3

污染等级 3 pollution degree 3

导电污染或干燥的非导电污染由于凝聚作用而变成导电。

注：在这种条件下，设备通常要防止暴露于直射的日光、降雨、强烈的风压中，但不用控制温度或湿度。

3.6.7

电气间隙 clearance

两个导电零部件在空气中的最短距离。

3.6.8

爬电距离 creepage distance

两个导电零部件沿绝缘材料表面的最短距离。[IEV 151-03-37]

4 试验

4.1 概述

本部分中的所有试验均是在设备或零部件的样品上进行的型式试验。这些试验的唯一目的是要检验设计和结构是否能确保符合标准要求。此外，制造厂应当对所生产的、同时具有危险带电零部件和可触及导电零部件的设备 100％地进行附录 F 的例行试验。

对满足本部分规定的相关标准要求且按这些要求使用的设备的分组件，在整个设备的型式试验期间不必再重复进行试验。

应当通过所有适用的试验来检验是否符合本部分要求，但如果对设备的检查确能证明肯定能通过某项试验，则该项试验可以省略。试验在下面条件下进行：

——基准试验条件（见 4.3）；

——故障条件（见 4.4）。

注：如果在进行符合性试验时，某个所施加的或测得的量值（如电压）的实际值由于有误差而存在不确定性，则：

——制造厂要确保施加的值至少是规定的试验值；

——试验部门要确保施加的值不大于规定的试验值。

4.2 试验顺序

除本部分另有规定者外，试验顺序可以任选。在每项试验后应当仔细对受试设备进行检查。如果对试验的结果有怀疑，怀疑如果试验顺序颠倒，任何前面的各项试验是否真能通过，则前面的这些试验应当重复进行。如果故障条件下的试验会损坏设备，则这些试验可以放在基准试验条件下的试验之后。

4.3 基准试验条件

4.3.1 环境条件

除本部分另有规定者外，试验场所应当具有下述环境条件：

a) 温度:15℃~35℃;

b) 相对湿度:不超过75%,但不超过1.4.1 d)的限值;

c) 大气压力:75 kPa~106 kPa;

d) 无霜冻、凝露、渗水、淋雨和日照等。

4.3.2 设备状态

除另有规定者外,每项试验应当在组装好的供正常使用的设备上、且在4.3.2.1~4.3.2.13规定的最不利的组合条件下进行。

如果由于体积或质量原因不能对整台设备进行某些试验,则允许对分组件进行试验,只要经过验证证明组装好的设备能符合本部分的要求即可。

预定要装在墙上、凹座、机柜等上面的设备,应当按制造厂说明书的规定来进行安装。

4.3.2.1 设备位置

设备处于正常使用时的任一位置,且任何通风不受阻挡。

4.3.2.2 附件

由制造厂建议的或提供的、与设备一起使用的附件和操作人员可更换的零部件应当连接或不连接。

4.3.2.3 盖子和可拆除的零部件

不用工具就能拆除的盖子或零部件应当拆除或不拆除。

4.3.2.4 电网电源

应当符合下面的要求:

a) 供电电压应当在设备能设置的任何额定供电电压的90%~110%之间,或者如果对设备规定出要适应更大的电压波动,则供电电压应当达到该波动范围内的任何电压;

b) 频率应当为任何额定频率;

c) 交、直流两用设备应当连接到交流或直流电源上;

d) 使用直流电源或单相电源的设备应当分别按正常极性连接和相反极性连接;

e) 除了对设备规定只用于不接地的电网电源外,基准试验电源的一个极应当处于地电位或接近地电位;

f) 对电池供电的设备,如果其连接装置允许反接,则应当分别按正常极性和相反极性连接。

4.3.2.5 输入和输出电压

输入和输出电压,包括浮地电压但不包括电网电源电压在内,应当将其调节到额定电压范围内的任何电压上。

4.3.2.6 接地端子

对保护接地端子,如果有,应当接到大地。功能接地端子应当接地或不接地。

4.3.2.7 控制件

操作人员能手动调节的控制件应当设置在任何位置上,但下列情况除外:

a) 电网电源选择装置应当设置在正确值的位置上;

b) 如果标在设备上的制造厂的标志禁止组合设置,则不得进行组合设置。

4.3.2.8 连接

设备应当按其预定用途进行连接或不连接。

4.3.2.9 电动机负载

设备电动机驱动的零部件的负载条件应当符合预定用途的规定。

4.3.2.10 输出

对于提供电输出的设备:

a) 设备的工作状态应当能对额定负载提供额定输出功率;

b) 对任何输出,额定负载阻抗应当连接或不连接。

4.3.2.11 工作周期

短时或间歇工作的设备应当按制造厂使用说明书的规定，以最长的一段时间工作和以最短的一段时间恢复。

4.3.2.12 装料和灌料

对正常使用时预定要装入特定材料的设备，其材料的装入量应当是使用说明书规定材料的最不利的装入量，如果使用说明书允许正常使用时不装料，则包括不装料(空置)。

注 1：如有怀疑，试验要在一种以上的装料条件下进行。

注 2：如果规定的材料在试验期间可能引起危险，则可以使用另一种材料，只要能证明试验结果不受影响即可。

4.3.2.13 加热设备

当测量加热设备的温度以评估其火焰蔓延时，应当按 10.4.1 的要求在试验角中进行。

4.4 单一故障条件下的试验

4.4.1 概述

应当按下面要求：

a) 检查设备及其电路图通常就能判断是否有可能引起危险的和因此是否应当施加的故障条件。

b) 除了能证明某个特定的故障条件不可能引起危险外，各项故障试验均应当进行，或者选择检验符合性的规定的替换方法来代替故障试验[见 9 b)和 9 c)]。

c) 设备应当在基准试验条件(见 4.3)的最不利的组合条件下工作，对不同的故障，这些组合条件可以有所不同，在进行每一个试验时应当记录这些组合条件。

4.4.2 故障条件的施加

故障条件应当包括 4.4.2.1～4.4.2.12 规定的故障条件。这些故障条件一次只能施加一个，并应当按任何方便的顺序依次施加，不能同时施加多个故障，除非这些故障是施加某故障后引发的结果。

在每一次施加故障条件后，设备或零部件应当能通过 4.4.4 的适用的试验。

4.4.2.1 保护阻抗

a) 如果保护阻抗是由元器件的组合来组成的，则应当将每个元器件短路或开路，选择其中较为不利者。

b) 如果保护阻抗是由基本绝缘和限流或限压装置组合来组成的，则基本绝缘和限流或限压装置这两者均应当承受单一故障条件，一次施加一个故障条件。对基本绝缘应当进行短路，而对限流或限压装置应当进行短路或开路，选择其中较为不利者。

   由高完善性元器件组成的保护阻抗的零部件不必将其短路或开路(见 6.5.3 和 14.6)。

4.4.2.2 保护导体

保护导体应当断开，但对永久性连接式设备或使用符合 GB/T 11918～GB/T 11919 的连接器的设备除外。

4.4.2.3 短时或间歇工作的设备或零部件

如果单一故障条件下可能导致这些设备或零部件连续工作，则应当使其连续工作。各个单独的零部件包括电动机、继电器、其他电磁装置和加热器。

4.4.2.4 电动机

电动机应当在完全被激励的情况下使其停转或阻止其启动，选择其中较为不利者。

4.4.2.5 电容器

电动机辅助绕组电路中的电容器(自愈式电容器除外)应当将其短路。

4.4.2.6 电源变压器

电源变压器的次级绕组应当按 4.4.2.6.1 的规定将其短路，并按 4.4.2.6.2 的规定使其过载。

在一个试验中损坏的变压器，允许修复或更换后再作下一个试验。

对作为单独的元器件来进行试验的变压器，其试验项目在 14.7 中规定。

4.4.2.6.1 **短路**

在正常使用时接负载的每一个不带抽头的输出绕组和带抽头输出绕组的每一部分应当依次进行试验，一次试验一个来模拟负载短路。试验中过流保护装置保持在位，所有其他绕组接负载或不接负载，选择正常使用的负载条件中较为不利者。

4.4.2.6.2 **过载**

每一个不带抽头的输出绕组和带抽头的输出绕组的每一部分应当依次进行过载试验，一次试验一个。其他绕组接负载或不接负载，选择正常使用的负载中较为不利者。如果在4.4的故障条件试验时出现任何过载，则各次级绕组应当承受那些过载。

在绕组上跨接一个可变电阻器来进行过载试验。电阻器尽可能快地进行调节，如有必要，在1 min后再次进行调节来保持该适用的过载。以后允许不再作进一步的调节。

如果用电流断路装置来提供保护，则过载试验电流为过流保护装置刚好能导通1 h的最大电流。试验前，保护装置用可以忽略阻抗的连接来代替。如果该试验电流值不能从保护装置的规范中获得，则要通过试验来确定。

对设计成当达到规定的过载时输出电压即消失的设备，过载要缓慢地增加，达到刚好在引起输出电压消失的该过载点靠前的一个过载点。

在所有的其他情况下，该过载是从变压器能获得的最大输出功率。

具有满足14.3要求的过温保护的变压器，在进行4.4.2.6.1短路试验时不必再承受过载试验。

4.4.2.7 **输出**

应当将各个输出短路，一次短路一个。

4.4.2.8 **一种以上类型的电源供电的设备**

设计成可由一种以上类型的电源供电的设备应当同时与这些电源相连，除非在结构上能阻止这样的连接。

4.4.2.9 **冷却**

应当按下面规定的故障限制设备冷却，一次只施加一个故障：

a) 关闭过滤器的通风孔；

b) 停止由电动机驱动风扇的强制冷却；

c) 停止由循环水或其他冷却介质的冷却。

4.4.2.10 **加热装置**

在装有加热装置的设备中，应当施加下面的故障，一次施加一个：

a) 取消限制加热时间的计时器，使加热电路连续通电；

b) 除符合14.3要求的过温保护器外取消温度控制装置，使加热电路连续通电；

c) 模拟冷却液的损失。

4.4.2.11 **电路和零部件之间的绝缘**

在电路和零部件之间，对低于针对基本绝缘规定的量值的绝缘应当将其短路，以检验是否能防止火焰的蔓延。

注：检验防止火焰蔓延的替换方法见9 a)和9 b)。

4.4.2.12 **联锁**

如果在不用工具拆除盖子等时，联锁系统能防止操作人员接触危险，则应当将保护操作人员的联锁系统中的每一部分依次短路或开路。

联锁系统中的高完善性元器件(见14.6和15.3)不必短路或开路。

4.4.3 **试验持续时间**

4.4.3.1 应当使设备一直工作到由所施加的故障产生的结果不可能再有进一步的变化为止。每项试验一般限制在1 h以内，因为单一故障条件引发的二次故障通常就在那段时间内显现出来。如果有迹象表明最终可能产生电击、火焰蔓延或人身伤害的危险，则试验应当一直继续到出现这些危险为止，或者最长时间为 4 h，除非在此之前出现危险。

4.4.3.2 如果为限制能易于触及到的零部件的温度而装有在工作时能切断或限制电流的装置，则不论该装置是否动作，均应当测量设备能达到的最高温度。

4.4.3.3 如果因熔断器的断开而使某个故障中断，而且如果该熔断器不在约 1 s 内动作，则应当测量在有关故障条件下流过熔断器的电流。为了确定电流是否达到或超过熔断器的最小动作电流以及更长时间熔断器才动作，应当利用熔断器的预飞弧时间/电流特性来进行评定。通过熔断器的电流是会随时间而发生变化的。

如果在试验中电流未达到熔断器的最小动作电流，则应当使设备工作一段对应于最长的熔断时间，或者应当使设备连续工作 4.4.3.1 规定的时间。

4.4.4 施加故障条件后的符合性

4.4.4.1 在施加单一故障后，通过下面的测量来检验电击防护是否符合要求：

a) 通过进行 6.3.2 的测量来检验可触及导电零部件是否变成危险带电；
b) 通过对双重绝缘或加强绝缘进行电压试验来检验绝缘是否还有一重保护，电压试验按 6.8 的规定(符合性预处理除外)用对应于基本绝缘的试验电压来进行。
c) 如果电气危险防护是通过变压器内的双重绝缘或加强绝缘来实现的，则测量变压器绕组的温度。其温度不得超过表 16 规定的温度。

4.4.4.2 通过测量外壳的外表面或能易于触及到的零部件外表面的温度来检验温度防护是否符合要求。

除加热设备的受热表面外，这些零部件的温度在环境温度为 40℃时，或者如果环境温度更高，则在最高额定环境温度时，不得超过 105℃。

该温度是通过测量表面或零部件的温升加上 40℃，或者如果高于 40℃，则加上最高额定环境温度来确定。

4.4.4.3 通过将设备放在白色薄棉纸包裹的软木材表面上，设备上包上纱布来检验着火蔓延的防护是否符合要求。熔融金属、燃烧的绝缘物、带火焰的颗粒等不得滴落到放置设备的表面上，而且棉纸或纱布不得炭化、灼热或起火。如果不可能引发危险，则绝缘材料的熔化应当忽略不计。

4.4.4.4 按第 7 章和第 8 章以及第 11～16 章的规定来检验其他危险防护要求是否合格。

5 标志和文件

5.1 标志

5.1.1 概述

设备上应当标有符合 5.1.2～5.2 规定的标志。除了内部零部件的标志外，这些标志应当从外部就能看见，或者如果盖子或门是预定要由操作人员来拆下或打开的，则在不用工具拆下盖子或打开门后，这些标志应当从外部就能看见。适用于整台设备的标志不得标在操作者不用工具就能拆卸的零部件上。

对机柜安装或面板安装的设备，标志允许标在设备从机柜或面板上卸下之后能看见的表面上。

量值和单位的文字符号应当符合 IEC 60027 的规定，如果适用，图形符号应当符合表 1 的规定。符号无颜色要求。图形符号应当在文件中进行解释。

注 1：如果适用应当使用 IEC 和 ISO 规定的符号。

注 2：标志不得标在设备的底部，但手持式设备或空间有限的设备除外。

通过目视检查来检验是否合格。

5.1.2 标识

设备应当至少标有下列内容：

a) 制造厂或供应商的名称或商标；

b) 型号、名称或能识别设备的其他方法。如果标有相同识别标志(型号)的设备是在一个以上的生产场地制造的，则对每一个生产场地制造的设备，其标志应当能识别出设备的生产场地。

注：工厂地点的标志可以采用代码，而且不必标在设备的外部。

通过目视检查来检验是否合格。

5.1.3 电源

设备应当标有以下信息：

a) 电源性质：

1) 交流：额定电网电源频率或频率范围；

2) 直流：表1的符号1；

注1：就提供信息而言，标出下列内容可能是有益的：

——预定用交流电的设备用表1中的符号2；

——适合交直流两用的设备用表1中的符号3；

——用三相电源的设备用表1中的符号4。

b) 额定电源电压值或额定电源电压范围；

注2：也可标出额定电压波动值。

c) 接上所有附件或插件模块时的最大额定功率，单位W(有功功率)或单位VA(视在功率)，或者最大额定输入电流。如果设备可以使用一个以上的电压范围，则应当对应每个电压范围分别标出，除非最大值与最小值相差不大于平均值的20%。

d) 对操作者能设置成使用不同额定电源电压的设备，应当装有设置设备电压的指示装置。对于便携式设备，该电压指示应当从外部就能看见。如果设备在结构上做成不用工具就能改变电源电压的设置，则在改变电压设置的操作时也应当能同时改变电压的指示。

e) 对能插入标准电源插头的辅助电源插座，如果其供电与电网电源电压不同，则应当标出该供电电压。如果该插座仅供特定的设备使用，则该插座的标志应当能识别预定与其使用的设备，如果不标这种标志，则应当标出最大额定电流或功率，或者在插座旁标上表1的符号14，并将全部细节在文件中作出说明。

通过目视检查，以及通过测量功率或输入电流来检验c)规定的标志是否合格。测量应当在电流达到稳定状态后(通常1 min后)进行，以避免计入任何起始冲击电流。设备应当处在消耗最大功率的状态。不考虑瞬态值，测得值大于标志值时，不得超过标志值的10%。

表1 符号

序号	符号	标　准	说　明
1	⎓	GB/T 5465.2(5031)	直流
2	～	GB/T 5465.2(5032)	交流
3	⏦	GB/T 5465.2(5033)	交直流
4	3～		三相交流
5	⏚	GB/T 5465.2(5017)	接地端子
6	⊜	GB/T 5465.2(5019)	保护导体端子
7	⊥	GB/T 5465.2(5020)	机箱或机架端子

表 1(续)

序号	符号	标　　准	说　　明
8		GB/T 5465.2(5021)	等电位
9		GB/T 5465.2(5007)	通(电源)
10		GB/T 5465.2(5008)	断(电源)
11		GB/T 5465.2(5172)	全部由双重绝缘或加强绝缘保护的设备
12			小心,电击危险
13		GB/T 5465.2(5041)	小心,烫伤
14		ISO 7000	小心,危险(见注)
15		GB/T 5465.2(5268)	双位按钮控制的"按入"状态
16		GB/T 5465.2(5269)	双位按钮控制的"弹出"状态
注:要求制造厂说明在标有该符号的所有情况下都必须查阅文件,见 5.4.1。			

5.1.4 熔断器

对可由操作人员更换的任何熔断器应当在其熔断器座旁标上使操作人员能识别正确更换熔断器的标志(见 5.4.5)。

通过目视检查来检验是否合格。

5.1.5 端子、连接件和操作装置

如果对安全是有必要的话,则对端子、连接器、控制件以及指示器,包括供流体,如气体、水用的和供排放用的任何连接件应当给出其用途的指示。如果没有足够的空间,可以使用表 1 的符号 14。

注 1:对附加信息见 IEC 60445 和 IEC 60447。

注 2:对多针连接器的各个插针不必进行标志。

5.1.5.1 端子

与电网电源相连的端子应当是能识别的:

下列端子应当按下面规定进行标志:

a) 功能接地端子用表 1 的符号 5;

b) 保护导体端子用表 1 的符号 6,但当保护导体端子是经认可的电网电源器具输入插座的一部分时除外。该符号应当标在靠近端子处或标在端子上;

c) 对 6.6.3 允许与可触及导电零部件相连的控制和测量电路端子,如果该端子的这种连接不是显而易见的,则用表 1 的符号 7;

注:该符号也可以被看作是用来表示不得将危险电压接到该端子上的警告符号。如果有可能发生操作人员会无意中进行这样的连接,则也要使用该符号。

d) 从设备内部获得供电的而且是危险带电的端子应当标上电压、电流、电荷、能量值或量程,或者标上表 1 的符号 14。本要求不适用于使用的是标准电源插座的电源插座;

e) 与可触及导电零部件相连的可触及功能接地端子,应当标上这种连接情况的指示,除非这种连接是显而易见的。对这种标志可用表 1 的符号 8。

通过目视检查来检验是否合格。

5.1.5.2 测量电路端子

电压和电流测量电路的端子应当按如下规定进行标志，除非测量仪器上给出明确的指示(见下面的注)，说明电压和电流测量电路的端子预定不连接对地大于交流 50 V 或直流 120 V 的电压：

a) 在测量类别Ⅰ(见 6.7.4)的范围内进行测量时，测量电路的端子应当按适用的情况标上额定电压或电流以及标上表 1 的符号 14[见 5.4.1 f)和 g)]。

b) 在测量类别Ⅱ、Ⅲ和Ⅳ(见 6.7.4)的范围内进行测量时，测量电路的端子应当按适用的情况标上额定电压或额定电流以及相关的测量类别，测量类别的标志应当按适用的情况标为“类别Ⅱ”、“类别Ⅲ”或“类别Ⅳ”。

注：说明在所有情况下，预定输入端对地电压均小于交流 50 V 或直流 120 V 的可接受的指示，其例子有：

a) 单量程指示电压表的满刻度偏转标志或多量程电压表的最大标志；

b) 电压选择器开关的最大量程标志；

c) 仪器所有标志的预定功能(例如，毫伏表)。

永久连接的且不可触及的电压和电流测量电路的端子不必进行标志[见 5.4.3 i)]。这种端子的测量类别和额定最大工作电压或额定最大电流应当在设备安装说明书中作出说明(见 5.4.3)。

对只能用来与其他设备的特定的端子相连的电路端子(连接器)，如果具有识别这些端子的某种方法，则也可以例外。

标志应当标在端子的就近处，但是如果没有足够的标志面积(就像多输入的设备那样)，则允许标志标在铭牌上或刻度盘上，或者允许端子标有表 1 的符号 14。

通过目视检查来检验是否合格。

5.1.6 开关和断路器

如果电源开关或断路器被用来作为断开装置，则应当清楚地标出其“通”位和“断”位。在某些情况下，表 1 的符号 9 和 10 也能适合作为该装置的标识(见 6.11.3)。仅有指示灯不认为是符合要求的标志。对电源开关以外的其他开关不得使用符号 9 和 10。

如果按钮开关被用来作为电源开关，则可以用表 1 的符号 9 和 15 来表示“通”位，或可以用表 1 的符号 10 和 16 来表示“断”位，并将这一对符号(9 和 15；10 和 16)靠近在一起。

通过目视检查来检验是否合格。

5.1.7 用双重绝缘或加强绝缘保护的设备

全部用双重绝缘或加强绝缘保护的设备应当标上表 1 的符号 11，但装有保护接地端子的设备除外。

只有局部用双重绝缘或加强绝缘保护的设备不得标上表 1 的符号 11。

通过目视检查来检验是否合格。

5.1.8 现场接线端子盒

如果在正常条件下，在环境温度为 40℃时，或在最高额定的环境温度(如果高于 40℃时)现场接线盒或接线箱的端子或外壳的温度超过 60℃，则应当标出要与该端子连接的电缆的最低额定温度。该标志应当在连接前或连接时就能看见，或者将该标志标在端子的近旁。

在有怀疑的情况下按 10.3 a)的规定通过测量，以及如果适用，通过目视检查标志来检验是否合格。

5.2 警告标志

警告标志在设备准备作正常使用时就能看见。如果某个警告标志适用于设备的某个特定部分，则该标志应当标在该特定部分上或标在其附近。

警告标志的尺寸应当按如下规定：

a) 符号高度至少应当为 2.75 mm,文字高度至少应当为 1.5 mm,文字在颜色上应当与背景颜色形成反差。

b) 在材料上模注、模压或蚀刻的符号或文字的高度至少应当为 2.0 mm,如果不打算在颜色上形成反差,则这些符号或文字至少应当具有 0.5 mm 的凹陷深度或凸起高度。

如果为了保持设备提供的防护而需要责任者或操作人员去查阅说明书,则设备应当标有表 1 的符号 14。符号 14 不需要与在说明书中作出的解释的符号一起使用。

如果说明书说明,操作人员可以用工具接触在正常条件下可能是危险带电的零部件,则应当标有警告标志,说明在接触前必须使设备与危险带电电压隔离或断开危险带电电压。

警告标志在 5.1.5.1 c)、6.1.2 b)、6.5.1.2 g)、6.6.2、7.2 c)、7.3、10.1、13.2.2 中规定。

通过目视检查来检验是否合格。

5.3 标志耐久性

符合 5.1.2~5.2 要求的标志应当在正常使用条件下保持清晰可辨,并能耐受由制造厂规定的清洁剂的影响。

通过目视检查,以及通过对设备外侧的标志进行下述耐久性试验来检验是否合格。用布沾上规定的清洁剂(或者如果没有规定,则沾上异丙醇),用手不加过分压力地擦拭 30 s。

在上述处理后,标志仍应当清晰可辨,粘贴标牌不得出现松脱或卷边。

5.4 文件

5.4.1 概述

为了安全目的,应当随同设备提供含有下述内容的文件:

a) 设备的预定用途;

b) 技术规范;

c) 使用说明;

d) 可从其获得技术帮助的制造商或供货商的名称和地址;

e) 5.4.2~5.4.5 规定的信息;

f) 如果设备上需要标有端子标志,相关测量类别的定义(见 5.1.5.2);

g) 对标有测量类别Ⅰ的设备应当给出警告,告诫在测量类别Ⅱ、Ⅲ、Ⅳ的范围内进行测量时不能使用该仪器,而且还要在文件中给出详细的额定值,包括额定瞬态过电压值。

如果适用,警告语句和对标在设备上的警告符号所做的清楚的解释应当在说明书中给出,或者将其永久、清晰地标在设备上。特别是应当给出一段叙述,说明在标有表 1 符号 14 的所有的情况下均需要查阅文件,以便弄清潜在危险的性质以及必须采取的任何应对措施。

注:如果正常使用涉及对危险材料的处理,则要给出正确使用和安全措施的说明。如果设备制造厂规定或提供任何危险材料,则还要给出该危险材料的成分和正确处理的程序。

通过目视检查来检验是否合格。

5.4.2 设备额定值

文件应当包含下列信息:

a) 电源电压或电压范围,频率或频率范围,以及功率或电流额定值;

b) 所有输入和输出连接的说明;

c) 如果外部电路不可触及时,适用于单一故障条件的外部电路绝缘的额定值(见 6.6.2);

d) 为设备设计给定的环境条件范围的说明(见 1.4);

e) 如果标定了设备符合 GB 4208 时,设备防护等级的说明。

通过目视检查来检验是否合格。

5.4.3 设备安装

文件应当包括安装和特定的交付使用的说明(下面列出各种例子),以及如果对安全是必要的话,还应当包括在设备安装和交付使用过程中可能发生的危险的警告:

a) 装配、定位和安装要求;

b) 保护接地说明;

c) 与电源的连接;

d) 对永久性连接式设备:

1) 电源布线要求;

2) 对任何外部开关或断路器(见 6.11.2.1)和外部过流保护装置(见 9.5.1)的要求,以及将这些开关或电路断路器设置在设备近旁的建议;

e) 通风要求;

f) 特殊维护要求,如空气、冷却液;

g) 如果 12.5.1 要求测量的话,发出声响的设备产生的最大声功率等级;

h) 与声功率等级有关的说明(见 12.5.1);

i) 对永久连接且不可触及的电压和电流测量电路的端子,有关测量类别、额定最大工作电压或额定最大电流的信息(见 5.1.5.2)。

通过目视检查来检验是否合格。

5.4.4 设备的操作

如果适用,使用说明应当包括:

a) 操作控制件及其用于各种操作方式的标识;

b) 不要将设备放在难以操作断开装置的位置的说明;

c) 与附件和其他设备互连的说明,包括指出适用的附件、可拆卸的零部件和任何专用的材料;

d) 间歇工作限值的规范;

e) 在设备上使用的与安全有关的符号的解释;

f) 消耗材料更换的说明;

g) 清洗和消毒的说明;

h) 列出设备中能释放的任何潜在的有毒或有害的气体及其可能的释放量的说明;

i) 关于减小有关可燃液体危险的程序的详细说明[见 9.4 c)]。

在说明书中应当说明,如果不按制造厂规定的方法来使用设备,则可能会损害设备所提供的防护。

通过目视检查来检验是否合格。

5.4.5 设备的维护

对责任者为安全目的而需要涉及的预防性维护和检查应当给出足够详细的说明。如果任何软管或装有液体的零部件失效可能会引起危险(见 11.7),如有必要,这些说明应当包括任何软管或装有液体的零部件的检查和更换。

注:说明书要建议责任者为检验设备是否仍处于安全状态而必需进行的任何试验。说明书还要给出警告,说明重复进行本部分的任何试验有可能损伤设备和降低对危险的防护。

对于使用可更换电池的设备,应当说明该特定电池的型号。

制造厂应当规定出只能由制造厂或其代理机构才能检查或提供的任何零部件。

对可更换的熔断器的额定值和特性应当作出说明。

通过目视检查来检验是否合格。

6 防电击

6.1 概述

6.1.1 要求

设备在正常条件(见 6.4)和单一故障条件(见 6.5)下均应当保持防电击,设备的可触及零部件不得出现危险带电(见 6.3)。

通过按 6.2 的规定来确定是否是可触及的零部件以及测量是否达到 6.3 规定的限值,然后通过 6.4～6.11 的试验来检验是否合格。

6.1.2 例外

如果因操作原因,对下列零部件不可能做到既要防止可触及又要防止危险带电,则允许这些零部件在危险带电时,操作人员在正常使用中是可触及的:

a) 灯泡的零部件或灯泡取下之后的灯座;

b) 预定要由操作人员更换的零部件(如电池),它们在更换时或在操作人员的其他操作行为时可能是危险带电的,但只有在仅用工具才能可触及,而且标有警告标志(见 5.2);

c) 锁紧式和螺纹固定式测量端子,包括不需要使用工具的端子。

如果 a)和 b)中的任何零部件从内部电容器接受电荷,则在断开电源后 10 s,这些零部件不得危险带电。

如果从内部电容器接受电荷,则通过 6.3 的测量,确定是否未超过 6.3.1 c)的限值来检验是否合格。

6.2 可触及零部件的判定

除能明显看出者外,判定零部件是否可触及应当按 6.2.1～6.2.3 的规定来进行。除有规定者外,对试验指(见附录 B)和试验针不得施加作用力。如果用试验指或试验针能接触到这些零部件,或者如果打开不认为是提供适当绝缘(见 6.9.1)的盖子能接触到这些零部件,则认为这些零部件是可触及的。对于对地电压超过有效值 1 kV 或直流值 1.5 kV 的危险带电零部件,如果试验指或试验针靠近该危险带电零部件的距离小于对应的该工作电压的基本绝缘的相应电气间隙,则认为该零部件是可触及的。

如果在正常使用时操作人员预定会采取使零部件增加可触及性的任何操作(使用或不使用工具),则应当在 6.2.1～6.2.3 的检查前采取这样的操作。这样操作的例子包括:

a) 移开盖子;

b) 打开门;

c) 调节控制件;

d) 更换消耗材料;

e) 拆除零部件。

对机柜安装或面板安装的设备,这种设备在进行 6.2.1～6.2.3 检查前应当按制造厂说明书的规定安装好。对这样的设备,要假定操作人员的位置处于面板的正面。

6.2.1 检查

在每一个可能的位置上施加铰接式试验指(见图 B.2)。如果通过加力零部件会成为可触及,则施加刚性试验指(见图 B.1),同时施加 10 N 的力。施加的力要通过试验指的指尖施加,以避免出现楔入或撬开的动作。试验对所有的外部表面进行,包括底部。但是,对能接受插件式模块的设备,铰接式试验指的指尖仅需插入到离设备开口处 180 mm 的深度。

6.2.2 危险带电零部件上方的开孔

将长 100 mm、直径 4 mm 的金属试验针插入危险带电零部件上方的任何开孔。试验针应当自由悬挂，并允许进入达 100 mm。零部件只是因为本试验是可触及的，因此不需要采取 6.5 单一故障条件的防护的附加安全措施。

本试验对端子不适用。

6.2.3 预调控制件的开孔

将直径 3 mm 的金属试验针插入预定需要用改锥或其他工具来接触预调控制件的孔。试验针以每一个可能的方向插入预调控制件的孔。插入深度不得超过从外壳表面到控制轴距离的三倍或100 mm，取其较小者。

6.3 可触及零部件的允许限值

在可触及零部件与参考试验地之间，或在同一台设备上在 1.8 m(沿表面或通过空气)的距离内的任意两个可触及零部件之间，电压、电流、电荷或能量不得超过 6.3.1 正常条件下的限值，也不得超过 6.3.2 单一故障条件下的限值。

6.3.1 正常条件下的值

在正常条件下有关量值大于下列限值即被认为是危险带电。只有当电压值超过 a)的限值时，才采用 b)和 c)的限值。

a) 当电压限值为有效值 33 V 和峰值 46.7 V，或者直流值 70 V。对规定在潮湿场所使用的设备，电压限值为有效值 16 V 和峰值 22.6 V，或者直流值 35 V。

b) 电流限值为：

  1) 当用图 A.1 的测量电路测量时，对正弦波电流为有效值 0.5 mA，对非正弦波或混合频率电流为峰值 0.7 mA，或者直流值 2 mA。如果频率不超过 100 Hz，可以用图 A.2 的测量电路。对规定在潮湿场所使用的设备，用图 A.4 的测量电路。

  2) 当用图 A.3 的测量电路时，有效值 70 mA，这一限值涉及较高频率下可能的灼伤。

c) 电容的电荷和能量限值：

  1) 对电压小于或等于峰值 15 kV 或直流 15 kV，电荷为 45 μC；

  2) 对电压大于峰值 15 kV 或直流 15 kV，贮存能量为 350 mJ。

见图 2。

6.3.2 单一故障条件下的限值

在单一故障条件下有关量值大于下列限值即被认为是危险带电。只要电压超过 a)的限值，则还要采用 b)和 c)的限值。

a) 电压限值为有效值 55 V 和峰值 78 V，或者直流 140 V；对规定在潮湿场所使用的设备，电压限值为有效值 33 V 和峰值 46.7 V，或者直流 70 V。对瞬时电压，其限值为图 1 的规定值，在 50 kΩ电阻器上测量。

b) 电流值：

  1) 当用图 A.1 测量电路测量时，对正弦波电流为有效值 3.5 mA，对非正弦波或混合频率电流为峰值 5 mA；或者直流 15 mA。如果频率不超过 100 Hz，可以用图 A.2 测量电路。对规定在潮湿场所使用的设备，用图 A.4 的测量电路。

  2) 当用图 A.3 的测量电路测量时，有效值 500 mA，这一限值涉及较高频率下可能的灼伤。

c) 电容量限值见图 2 的规定值。

其中:A——潮湿条件下的交流限值;
B——干燥条件下的交流限值;
C——潮湿条件下的直流限值;
D——干燥条件下的直流限值

图 1 单一故障条件下瞬时可触及电压的短时最大持续时间[见 6.3.2 a)]

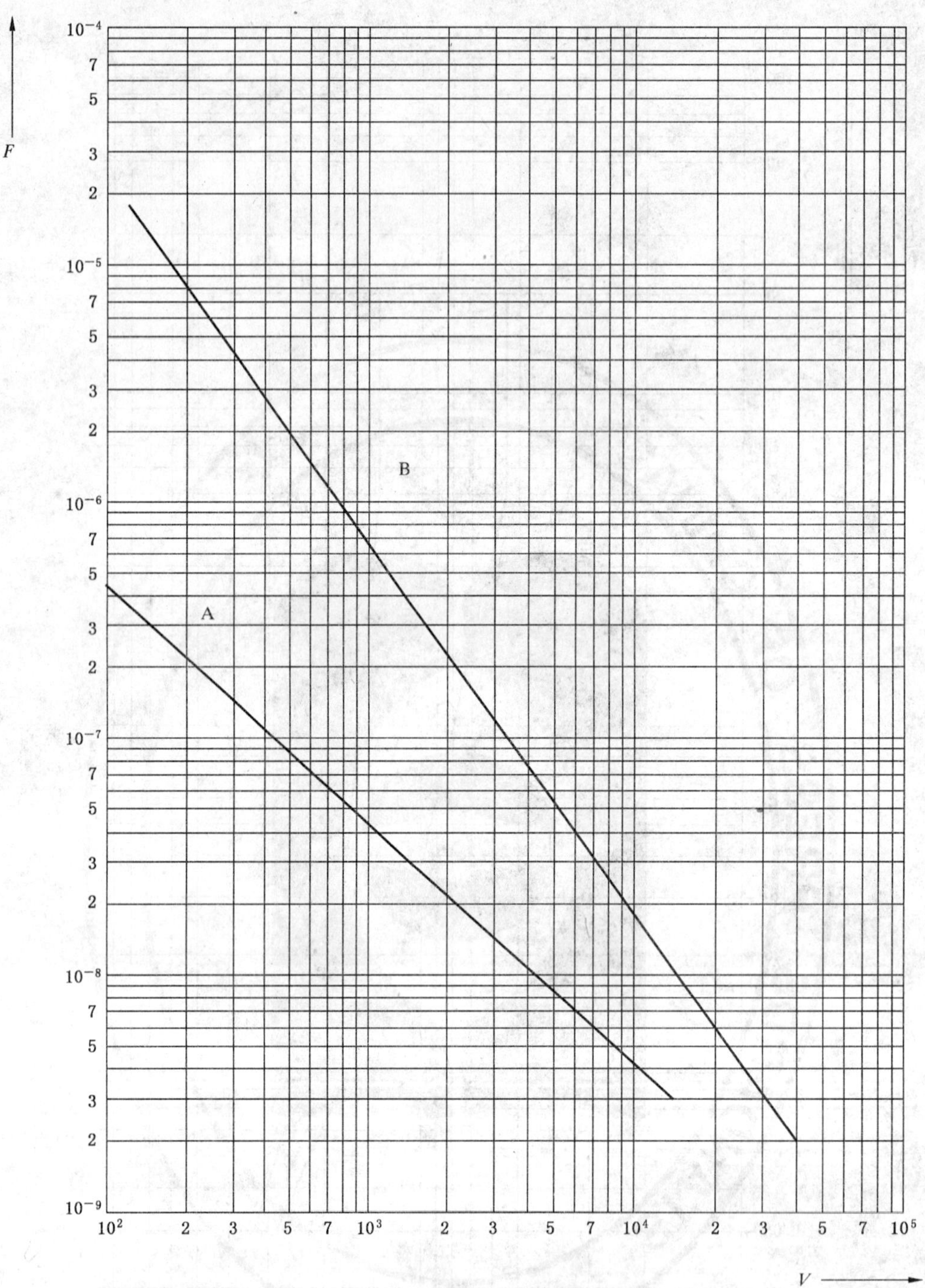

其中：A——正常条件；

B——单一故障条件

图 2　正常条件和单一故障条件下充电电容量限值[见 6.3.1 c)和 6.3.2 c)]

6.4　正常条件下的防护

应当采用下面一个或一个以上的措施来防止可触及零部件成为危险带电：

a)　基本绝缘(见附录 D)；

b)　外壳或挡板；

c)　阻抗。

外壳或挡板应当满足 8.1 的刚度要求。如果外壳或挡板用绝缘来提供防护，则它们应当满足基本绝缘的要求。

可触及零部件与危险带电零部件之间的电气间隙和爬电距离应当满足 6.7 的要求和基本绝缘适用的要求。

可触及零部件和危险带电零部件之间的固体绝缘应当能通过 6.8 对应基本绝缘的电压试验。

注：如果能通过 6.8 的介电强度试验，对固体绝缘无最小厚度要求。但是，在机械或热应力条件下，需要考虑第 8 章、第 9 章和第 10 章的要求。固体绝缘的局部放电试验在考虑中。

通过下面的测量和试验来检验是否合格：

1） 通过 6.2 的判定和 6.3.1 的测量，确定可触及零部件是否危险带电；

2） 按 6.7 的规定检查或测量电气间隙和爬电距离；

3） 6.8 的基本绝缘的介电强度试验；

4） 8.1 的外壳和挡板的刚性试验。

6.5 单一故障条件下的防护

应当提供附加防护，以确保在单一故障条件下防止可触及零部件成为危险带电，该附加防护应当由 6.5.1～6.5.3 规定的一种或多种防护措施组成，或者在出现故障的情况下自动切断电源（见 6.5.4）。

按 6.5.1～6.5.4 的规定检验是否合格。

6.5.1 保护连接

如果在 6.4 规定的初级保护装置出现单一故障的情况下可触及导电零部件会危险带电，则可触及导电零部件应当与保护导体端子相连，另一种方法是应用与保护导体端子相连的导电保护屏或挡板将这些可触及零部件与危险带电的零部件隔离。

注：如果用双重绝缘或加强绝缘将可触及导电零部件与所有危险带电零部件隔离，则可触及导电零部件不必与保护导体端子相连。

按 6.5.1.1～6.5.1.5 的规定检验是否合格。

6.5.1.1 保护连接的完整性

应当采用下列措施保证保护连接的完整性：

a） 保护连接应当由直接的结构件，或独立的导体或者这二者组成。保护连接应当能承受 9.5 规定之一的过流保护装置将设备从电源上断开之前可能会经受到的所有热应力和电动应力。

b） 对承受机械应力的焊接连接应当采用与焊接无关的方法进行机械固定。这种连接不得用于其他目的，例如固定结构件。螺钉连接件应当紧固防止松动。

c） 如果设备的某一部分可由操作人员来拆除，则不能使设备剩余部分的保护连接断开（但当设备的一部分带有对整个设备的电源输入连接时除外）。

d） 可移动的导电的连接件，例如：铰接件、滑销件等，不得成为唯一的保护连接通路，除非将它们专门设计成供电气互连用，并满足 6.5.1.3 的要求。

e） 电缆的外部金属编织物即使与保护导体端子连接也不得认为是保护连接。

f） 如果由电网电源供电的电源通过设备供其他设备使用，则还应当采取措施，使保护导体通过该设备来保护其他设备。通过该设备的保护导体通路的阻抗不得超过 6.5.1.3 的规定值。

g） 保护导体可以是裸导体也可以是绝缘导体，绝缘的颜色应当是黄绿色，但下列情况除外：

1） 对接地编织线，可以是黄绿色的也可以是无色透明的；

2） 对内部保护导体以及和组件中的保护导体端子连接的其他导体，例如带状电缆、汇流条、软印制导线等，如果不可能因保护导体无标识而引起危险，则可以使用任何颜色。黄绿双色组合只能用于识别保护导体，而不得用于其他目的。

注：在一些国家，使用绿色作为保护导体的颜色标识与黄绿双色组合是等效的。

h） 使用保护连接的设备应当装有满足 6.5.1.2 要求的端子并应当能适用于保护导体的连接。

通过目视检查来检验是否合格。

6.5.1.2 **保护导体端子**

保护导体端子应当满足下列要求。

a) 接触表面应当为金属表面。

注 1：选择保护连接系统的材料要能使端子与保护导体之间或与端子接触的任何其他金属之间的电化学腐蚀减小到最低限度。

b) 器具输入插座的整体式保护导体连接端应当认为是保护导体端子。

c) 对装有可拆线软线的设备以及对永久连接式设备，其保护导体端子应当位于电网电源端子的近旁。

d) 如果设备不需要与电网电源相连，但仍然具有需要保护接地的电路或零部件，则保护导体端子应当位于需保护接地的该电路端子的附近。如果该电路有外部端子，则保护导体端子也应当位于外部。

e) 电网电源电路的保护导体端子其载流能力至少应当与电网电源供电端子的载流能力相当。

f) 组合有其他端子的以及预定要手动连接和断开的插入式保护导体端子，例如电源线的插头和器具耦合器或插入单元的连接器组件，其设计应当使保护导体连接相对于其他连接最先接通和最后断开。

g) 如果保护导体端子还要用于其他连接目的，则应当首先用于连接保护导体，而且固定保护导体应当与其他连接无关。保护导体的连接方式应当确保不可能由于进行不涉及保护导体的维修而将保护导体拆除，或者应当标有警告标志(见 5.2)，说明拆除后需要更换保护导体。

h) 对需要用保护导体来对测量电路的单一故障提供防护的设备，应当采用下列要求：

1) 保护导体端子和保护导体至少应当具有测量端子的电流额定值。

2) 所装有的任何开关或断路装置不得断开保护连接。在试验和测量设备中用于间接保护连接的装置(见 6.5.1.5)允许成为保护连接的一部分。

i) 功能接地端子(例如测量接地端子)，如果有的话，应当提供独立于保护导体连接的连接。

注 2：设备可以装有功能接地端子，与所采用的保护措施无关。

j) 如果保护接地端子是一种连接螺钉，则该螺钉应当具有能与连接导体相应的尺寸，但不小于 M4(6 号)，并至少应当能啮合 3 圈螺纹。保护连接所需的接触压力应当不会由于构成连接部分的材料的变形而减小。

通过目视检查来检验是否合格。还要通过下列试验来检验是否符合 j)的要求。对金属件上的螺钉或螺母，连同被固定的最不利的接地导体，以及任何配套的导线固定装置的组件，当用表 2 规定的拧紧力矩时，应当能承受 3 次装配和拆卸的操作而不发生机械失效。

表 2 螺钉组件的拧紧扭矩

螺钉尺寸 mm	4.0	5.0	6.0	8.0	10.0
拧紧扭矩 N·m	1.2	2.0	3.0	6.0	10.0

6.5.1.3 **插头连接设备的保护连接阻抗**

保护导体端子与规定要采用保护连接的每一个可触及零部件之间的阻抗不得超过 0.1 Ω，电源线的阻抗不构成规定的保护连接阻抗的一部分。

通过施加试验电流 1 min，然后计算阻抗来检验是否合格，电流取下列电流值的较大者：

a) 直流 25 A 或额定电源频率交流 25 A 有效值；

b) 等于设备额定电流二倍的电流。

如果设备在电源的所有极上装有过流保护装置,以及如果在单一故障条件下过流保护装置电源一侧的导线不可能变成与可触及导电零部件相连,则试验电流不必大于内部过流保护装置额定电流的二倍。

6.5.1.4 永久连接式设备保护连接的阻抗

永久连接式设备的保护连接应当是低阻抗连接。

通过施加试验电流来检验是否合格。试验电流为设备安装说明针对建筑物供电电源电路规定的过流保护装置额定值的二倍,电流施加在保护导体端子与需要采用保护连接的每一个可触及导电零部件之间,持续时间 1 min。其电压不得超过交流有效值 10 V 或直流 10 V。

如果设备在电源的所有极上装有过流保护装置,以及如果在单一故障条件下过流保护装置电源一侧的导线不可能变成与可触及导电零部件相连,则试验电流不必大于内部过流保护装置额定电流的二倍。

6.5.1.5 试验和测量设备的间接保护连接

如果发生故障会使可触及导电零部件变成危险带电,则间接保护连接就是要在保护导体端子和可触及导电零部件间建立一种连接,能建立间接保护连接的装置有:

a) 其跨接的电压超过 6.3.2 a)的相关限值时能变成导通、同时又能防止其损坏的过流保护的电压限制装置。

   在设备按正常使用与电网电源连接时,通过将可触及导电零部件连到电网电源端子来检验是否合格。可触及导电零部件和保护导体端之间的电压超过 6.3.2 a)的相关限值的持续时间不得大于 0.2 s。

b) 一旦其跨接的电压超过 6.3.2 a)的相关限值就能断开电源所有的极,并能使可触及导电零部件与保护导体端子相连的电压敏感跳闸装置。

   在可触及导电零部件与保护导体端子之间,通过施加 6.3.2 a)的相关电压来检验是否合格。其跳闸动作应当在 0.2 s 内发生。

6.5.2 双重绝缘和加强绝缘

组成双重绝缘或加强绝缘(见附录 D)一部分的电气间隙和爬电距离应当满足 6.7 的适用的要求见附录 D,外壳应当满足 6.9.2 的要求。

对组成加强绝缘一部分的固体绝缘用应当能通过 6.8 的加强绝缘的电压值电压试验。

按 6.7,6.8 和 6.9.2 的规定来检验是否合格。如果可能的话,双重绝缘的两个部分要分开进行试验,否则要作为加强绝缘来进行试验。安全所需的电气间隙和爬电距离可以通过测量来检验。

6.5.3 保护阻抗

为确保在单一故障条件下可触及导电零部件不会成为危险带电,保护阻抗应当是下列规定的一种或一种以上的类型:

a) 一种合适的高完善性单一元器件(见 14.6);

b) 元器件的组合;

c) 基本绝缘和电流或电压限制装置的组合。

元器件、导线和连接件的额定值应当与正常条件和单一故障条件这两者相适应。

通过目视检查,以及在单一故障条件下(见 4.4.2.1),通过 6.3 的测量来检验是否合格。

6.5.4 电源的自动断开

如果电源的自动断开被用作单一故障条件下的保护,则该自动断开装置应当满足下列所有要求:

a) 自动断开装置应当随同设备一起提供,或者安装说明书应当规定自动断开要作为设施的一部分来进行安装。

b) 自动断开装置的额定特性应当规定成能在图1规定的时间范围内断开负载。

c) 自动断开装置的额定值应当与设备的最大额定负载条件相适应。

通过目视检查自动断开装置的规范，以及如果适用检查安装说明书来检验是否合格。在有怀疑的情况下，通过对自动断开装置进行试验来检验其是否在要求的时间范围内断开电源。

6.6 与外部电路的连接

6.6.1 概述

与外部电路的连接应当不会：

a) 在正常条件和单一故障条件下使外部电路的可触及零部件变成为危险带电；

b) 或者在正常条件和单一故障条件下使设备的可触及零部件变成为危险带电。

应当通过对电路的隔离来实现保护，除非将电路的隔离短路不可能产生危险。

为达到上述的要求，制造商的说明书或设备的标志应当按适用的情况对每个外部端子给出以下信息：

1) 端子已设计成的能保持安全工作的额定条件(最大额定输入/输出电压，连接器特定的型号，已设计的用途等)；

2) 为符合正常条件和单一故障条件下端子连接时的电击防护要求，对外部电路要求的绝缘额定值。

对端子的可触及性，见6.6.2。

按下列方法来检验是否合格：

i) 通过目视检查；

ii) 通过6.2的判定；

iii) 通过6.3和6.7的测量；

iv) 通过6.8介电强度试验(但潮湿预处理除外)。

6.6.2 外部电路的端子

在断开电源后10 s，从内部电容器接收电荷的端子不得危险带电。

由内部获得供电的、且危险带电电压超过有效值1 kV或直流1.5 kV，或者浮地电压超过有效值1kV或直流1.5 kV的端子应当是不可触及的。且有这种端子的设备其设计应当使连接器在未插合好时危险带电电压就不会出现，或者应当标有表1的符号12(见5.2)，以警告操作人员可能存在可触及危险电压。

当最大额定电压施加到未插合好的端子时，该端子是危险带电的，则该端子应当是不可触及的。

注：对锁紧式和螺纹固定式端子，见6.1.2 c)。

通过目视检查和按6.2的规定对可触及零部件的判定来检验是否合格。

6.6.3 具有危险带电端子的电路

这些电路不得连到可触及导电零部件，但非电网电源的电路，以及设计成要与一个处于地电位的端子接触件一起工作的电路除外。在这种情况下，可触及导电零部件不得危险带电。

如果这种电路也设计成要与一个处于非危险带电的电压、浮地的可触及接触件(信号低端)一起工作，则该端子接触件允许连到公共功能地端子或系统(例如同轴屏蔽系统)。该公共功能地端子或系统也允许连到其他的可触及导电零部件。

通过目视检查来检验是否合格。

6.6.4 供绞合导体用的可触及端子

a) 供绞合导体用的可触及端子其设置的位置或采用的防护应当确保在不同极性的危险带电零部件之间，或这种零部件与其他可触及零部件之间，即使绞合导体的一根脱离端子也不会存在偶然接触的危险。除非不会存在偶然接触的危险是显而易见的(显而易见是更为可取的),否则可触及端子应当标有标志,来表示它们是否能与可触及导电零部件相连[见 5.1.5.1 c)]。

先剥去 8 mm 长的绝缘,使绞合导线中的一根自由活动,然后在完全插入绞合导线后,通过目视检查来检验是否合格。绞合导线中的一根在不向后撕开绝缘,或在不围绕挡板锐弯的情况下,以任何可能的方向弯曲时,不得接触到不同极性的零部件或其他可能触及零部件。

b) 承载危险带电电压或电流的电路的可触及端子,其固定、安装或设计应当确保使这些端子在拧紧、松开时,或在进行连接时不会出现松动。

通过手动试验和目视检查来检验是否合格。

6.7 电气间隙和爬电距离

电气间隙和爬电距离在 6.7.1～6.7.4 中作出规定,以使能承受在设备预定要接入的系统上出现的过电压。对电气间隙和爬电距离也考虑了额定环境条件和设备中安装的或制造商说明书中要求的保护装置。

对内部无空隙的模制零部件,包括对多层印制电路板的内部各层,没有电气间隙和爬电距离的要求。

通过目视检查和测量来检验是否合格。在确定可触及零部件的电气间隙和爬电距离时,绝缘外壳的可触及表面被认为如同在能用标准试验指(见附录 B)触及到的该可触及表面任何地方包有金属箔那样是导电的。均匀结构按 6.7.3.1 c)的规定来检验是否合格。

6.7.1 一般要求

6.7.1.1 电气间隙

电气间隙被规定成要承受可能在电路中出现的,由外部事件(例如雷击或开关过渡过程)引起的,或者由设备运行引起的最大瞬态过电压。如果瞬态过电压不可能发生,则电气间隙按最大工作电压来规定。

电气间隙值取决于:

a) 绝缘类型(基本绝缘,加强绝缘等);

b) 电气间隙的微环境污染等级。

在所有情况下,污染等级 2 的最小电气间隙为 0.2 mm,污染等级 3 的最小电气间隙为 0.8 mm。

如果设备被规定成能在高于 2 000 m 的海拔高度上工作,则其电气间隙要乘以从表 3 查得的系数,该系数不适用于爬电距离,但是爬电距离始终应当至少等于电气间隙的规定值。

表 3 海拔 5 000 m 内的电气间隙倍增系数

额定工作海拔高度 m	倍增系数
≤2 000	1.00
2 001～3 000	1.14
3 001～4 000	1.29
4 001～5 000	1.48

6.7.1.2 爬电距离

对于两电路之间的爬电距离,要使用施加在两个电路之间的绝缘上的实际工作电压。爬电距离采用线性内插值是允许的。爬电距离始终应当至少等于电气间隙的规定值,如果计算所得的爬电距离小于电气间隙,则爬电距离应当加大到电气间隙的数值。

对其涂层满足 IEC 60664-3 的 A 类涂层要求的印制线路板,使用污染等级 1 的数值。

对加强绝缘,爬电距离应当是基本绝缘规定值的两倍。

就本条而言，材料按其CTI(相比漏电起痕指数)值被分为四个组别，如下：

材料组别Ⅰ　600≤CTI

材料组别Ⅱ　400≤CTI<600

材料组别Ⅲa　175≤CTI<400

材料组别Ⅲb　100≤CTI<175

上面的CTI值是指按GB/T 4207的规定，在为此目的专门制备的样品上，用溶液A来试验所获得的数值。

对玻璃、陶瓷或其他不产生漏电起痕的无机绝缘材料，爬电距离无需大于其相关的电气间隙。

附录E规定了能用于减小污染等级的方法。

爬电距离按附录C的规定测量。

6.7.2 电网电源电路

电气间隙和爬电距离应当满足表4的规定值。

表4　电网电源电路的电气间隙和爬电距离

相线-中线电压交流有效值或直流值 V	电气间隙数值（见注1） mm	爬电距离数值/mm								
		污染等级1		污染等级2				污染等级3		
		印制线路板 CTI≥100	所有材料组别 CTI≥100	印制线路板 CTI≥100	材料组别Ⅰ CTI≥600	材料组别Ⅱ CTI≥400	材料组别Ⅲ CTI≥100	材料组别Ⅰ CTI≥600	材料组别Ⅱ CTI≥400	材料组别Ⅲ CTI≥100
>50～≤100	0.1	0.1	0.25	0.16	0.71	1.0	1.4	1.8	2.0	2.2
>100～≤150	0.5	0.5	0.5	0.5	0.8	1.1	1.6	2.0	2.2	2.5
>150～≤300	1.5	1.5	1.5	1.5	1.5	2.1	3.0	3.8	4.1	4.7
>300～≤600	3.0	3.0	3.0	3.0	3.0	4.3	6.0	7.5	8.3	9.4

注1：不同污染等级的最小电气间隙数值是：

污染等级2：0.2 mm；

污染等级3：0.8 mm。

注2：所规定的数值是针对基本绝缘或附加绝缘的，对加强绝缘的数值是两倍基本绝缘的数值。

6.7.3　除电网电源电路以外的电路

6.7.3.1　电气间隙数值——一般要求

a)　对由电网电源电路供电的电路，其电气间隙应当符合表5规定的数值，但对下面b)中规定的情况除外。

b)　下列情况的电气间隙在6.7.3.2中作出规定，这些情况包括：

1)　在设备内已采取措施，将过电压限制在低于表5的适用的脉冲承受电压等级(见14.9)；

2)　最大可能的瞬态过电压高于表5的适用的脉冲承受电压；

3)　工作电压为一个以上电路的电压之和，或工作电压为混合电压；

4)　由电源(设备外部的，但按照制造商规定的)将瞬态过电压抑制到低于表5的脉冲承受电压值，只要设备预定不接到允许更高脉冲电压值的其他电源即可。

c)　对均匀结构可以采用减小的电气间隙，因为空气间隙的介电强度取决于间隙内电场的形状，以及取决于间隙的宽度。在均匀结构中，导电零部件的形状和配置应当确保使它们之间存在均匀的或接近均匀的电场条件。因此在除电网电源电路以外的电路，这种导电零部件之间减小的电气间隙是可以接受的。

对均匀结构减小的电气间隙不能规定出具体数值，但是它可以通过介电强度试验来试验。该介电强度试验是一种交流峰值试验或直流试验，使用针对适用于非均匀结构的电气间隙所规定的试验电压(见表9)。

表5　由电网电源供电的电路的电气间隙

工作电压/V	电气间隙/mm			
交流有效值或直流值	电网电源电压 U≤100 V 额定脉冲电压 500 V	电网电源电压 100 V<U≤150 V 额定脉冲电压 800 V	电网电源电压 150 V<U≤300 V 额定脉冲电压 1 500 V	电网电源电压 >300 V<U≤600 V 额定脉冲电压 2 500 V
50	0.05	0.12	0.53	1.51
100	0.07	0.13	0.61	1.57
150	0.10	0.16	0.69	1.64
300	0.24	0.39	0.94	1.83
600	0.79	1.01	1.61	2.41
1 000	1.66	1.92	2.52	3.45
1 250	2.23	2.50	3.16	4.16
1 600	3.08	3.39	4.11	5.21
2 000	4.17	4.49	5.30	6.48
2 500	5.64	6.02	6.91	8.05
3 200	7.98	8.37	9.16	10.2
4 000	10.6	10.9	11.6	12.8
5 000	13.7	14.0	14.9	16.1
6 300	17.8	18.2	19.1	20.3
8 000	23.5	23.9	24.7	26.0
10 000	30.3	30.7	31.6	32.9
12 500	39.1	39.6	40.5	41.9
16 000	52.0	52.5	53.5	54.9
20 000	67.4	67.9	68.9	70.5
25 000	87.4	87.9	89.0	90.6
32 000	117	117	118	120
40 000	151	151	153	154
50 000	196	196	198	199
63 000	258	258	260	261

6.7.3.2　表5不适用时的电气间隙数值和采用测量类别Ⅰ的电路的电气间隙数值

基本绝缘和附加绝缘的电气间隙按下列公式确定：

$$电气间隙 = D_1 + F(D_2 - D_1)$$

式中：

D_1 和 D_2——取自表6的电气间隙；

D_1——可适用于最大电压 U_m(如果仅由一个 $1.2\times 50\ \mu s$ 脉冲组成)的电气间隙；

D_2——可适用于最大电压 U_m(如果仅由没有任何瞬态过电压的峰值工作电压 U_w 组成)适用的电气间隙；

最大电压(U_m)是最大峰值工作电压(U_w)加上最大瞬态过电压(U_t)；

F——系数，按下列公式之一确定：

如果 $0.2<U_w/U_m\leqslant 1$，$F=1.25U_w/U_m-0.25$；

如果 $U_w/U_m\leqslant 0.2$，$F=0$。

加强绝缘的电气间隙用相同的公式计算，但按 1.6 倍实际工作电压使用表 6 规定的 D_1 和 D_2 数值。

注：下面是两个示例：

a) 峰值工作电压为 3 500 V 和最大瞬态过电压为 4 500 V 的加强绝缘的电气间隙：

$U_m=U_w+U_t=(3\,500+4\,500)\text{V}=8\,000\text{V}$；

$F=1.25U_w/U_m-0.25=1.25\times 3\,500/8\,000-0.25=0.347$；

$D_1=16.7$ mm，$D_2=29.5$ mm(按 8 000×1.6=12 800 V 确定的数值)；

电气间隙$=D_1+F(D_2-D_1)=16.7+0.347(29.5-16.7)=17.7+4.4=21.1$ mm。

b) 由初级电压 230V(a.c.)供电次级峰值工作电压为 400 V 的基本绝缘的电气间隙，但设备内过电压控制在最大为 2 100 V

$U_m=U_w+U_t=(400+2\,100)=2\,500$ V；

$U_w/U_m<0.2$，所以 $F=0$；

电气间隙$=D_1=1.45$ mm

表 6 按 6.7.3.2 计算的电气间隙数值

$\hat{U}_m$/V	电气间隙		$\hat{U}_m$/V	电气间隙	
	D_1/mm	D_2/mm		D_1/mm	D_2/mm
14.1～266	0.010	0.010	4 000	2.93	6.05
283	0.010	0.013	4 530	3.53	7.29
330	0.010	0.020	5 660	4.92	10.1
354	0.013	0.025	6 000	5.37	10.8
453	0.027	0.052	7 070	6.86	13.1
500	0.036	0.071	8 000	8.25	15.2
566	0.052	0.10	8 910	9.69	17.2
707	0.081	0.20	11 300	12.9	22.8
800	0.099	0.29	14 100	16.7	29.5
891	0.12	0.41	17 700	21.8	38.5
1 130	0.19	0.83	22 600	29.0	51.2
1 410	0.38	1.27	28 300	37.8	66.7
1 500	0.45	1.40	35 400	49.1	86.7
1 770	0.75	1.79	45 300	65.5	116
2 260	1.25	2.58	56 600	85.0	150
2 500	1.45	3.00	70 700	110	195
2 830	1.74	3.61	89 100	145	255
3 540	2.44	5.04	100 000	165	290

注 1：允许使用电气间隙内插值。

注 2：对污染等级 2 最小电气间隙为 0.2 mm，对污染等级 3 为 0.8 mm。

6.7.3.3 爬电距离数值

表 7 给出与工作电压有关的爬电距离值。

表 7 爬电距离

工作电压，有效值或直流	基本绝缘或附加绝缘								
	印制线路板上		其他电路						
	污染等级		污染等级						
	1	2	1	2			3		
	材料组别			材料组别			材料组别		
	Ⅲb	Ⅲa		Ⅰ	Ⅱ	Ⅲa—b	Ⅰ	Ⅱ	Ⅲa—b（见注）
V	mm	mm	mm	mm	mm	mm	mm	mm	mm
10	0.025	0.04	0.08	0.40	0.40	0.40	1.00	1.00	1.00
12.5	0.025	0.04	0.09	0.42	0.42	0.42	1.05	1.05	1.05
16	0.025	0.04	0.10	0.45	0.45	0.45	1.10	1.10	1.10
20	0.025	0.04	0.11	0.48	0.48	0.48	1.20	1.20	1.20
25	0.025	0.04	0.125	0.50	0.50	0.50	1.25	1.25	1.25
32	0.025	0.04	0.14	0.53	0.53	0.53	1.3	1.3	1.3
40	0.025	0.04	0.16	0.56	0.80	1.10	1.4	1.6	1.8
50	0.025	0.04	0.18	0.60	0.85	1.20	1.5	1.7	1.9
63	0.040	0.063	0.20	0.63	0.90	1.25	1.6	1.8	2.0
80	0.063	0.10	0.22	0.67	0.95	1.3	1.7	1.9	2.1
100	0.10	0.16	0.25	0.71	1.00	1.4	1.8	2.0	2.2
125	0.16	0.25	0.28	0.75	1.05	1.5	1.9	2.1	2.4
160	0.25	0.40	0.32	0.80	1.1	1.6	2.0	2.2	2.5
200	0.40	0.63	0.42	1.00	1.4	2.0	2.5	2.8	3.2
250	0.56	1.0	0.56	1.25	1.8	2.5	3.2	3.6	4.0
320	0.75	1.6	0.75	1.60	2.2	3.2	4.0	4.5	5.0
400	1.0	2.0	1.0	2.0	2.8	4.0	5.0	5.6	6.3
500	1.3	2.5	1.3	2.5	3.6	5.0	6.3	7.1	8.0
630	1.8	3.2	1.8	3.2	4.5	6.3	8.0	9.0	10.0
800	2.4	4.0	2.4	4.0	5.6	8.0	10.0	11	12.5
1 000	3.2	5.0	3.2	5.0	7.1	10.0	12.5	14	16
1 250	4.2	6.3	4.2	6.3	9.0	12.5	16	18	20
1 600	5.6	8.0	5.6	8.0	11	16	20	22	25
2 000	7.5	10.0	7.5	10.0	14	20	25	28	32
2 500	10.0	12.5	10.0	12.5	18	25	32	36	40
3 200	12.5	16	12.5	16	22	32	40	45	50
4 000	16	20	16	20	28	40	50	56	63
5 000	20	25	20	25	36	50	63	71	80
6 300	25	32	25	32	45	63	80	90	100
8 000	32	40	32	40	56	80	100	110	125
10 000	40	50	40	50	71	100	125	140	160
12 500	50	60	50	60	90	125			
16 000	53	80	63	80	110	160			
20 000	80	100	80	100	140	200			
25 000	100	125	100	125	180	250			
32 000	125	160	125	160	220	320			
40 000	160	200	160	200	280	400			
50 000	200	250	200	250	360	500			
63 000	250	320	250	320	450	600			

注 1：对高于 630 V 污染等级 3 的应用场合不推荐材料组别Ⅲb。

注 2：允许使用爬电距离的内插值。

6.7.4 测量电路

测量电路在测量或测试期间承受工作电压和来自与其相连接的电路的瞬态应力。当测量电路用来测量电网电源时,瞬态应力可以通过在其进行测量时位于设施范围中的位置来估计。当测量电路用来测量任何其他电信号时,用户必须考虑瞬态应力,以确保瞬态应力不超过该测量设备的能力。在本部分中,将电路划分为下述测量类别:

测量类别Ⅳ为适用于在低压设施的源端处进行的测量。

注1:例如电表、在初级过流保护装置上和纹波控制单元上的测量。

测量类别Ⅲ为适用于在建筑物设施中进行的测量。

注2:例如在配电板上、断路器上、布线上,包括电缆、汇流条上、接线盒上、开关上、固定设施的输出插座上、工业用设备上以及其他设备上,例如与固定设施永久连接的驻立式电动机上的测量。

测量类别Ⅱ为适用于在直接与低压设施连接的电路上进行的测量。

注3:例如在家用电器上、便携式工具上和类似设备上的测量。

测量类别Ⅰ为适用于在不直接与电网电源连接的电路上进行的测量。

注4:例如在不由电网电源供电的电路上和作了特殊保护由(内部)电网供电的电路上的测量。在后一种情况下,瞬态应力是各不相同的,由于这一原因,所以5.4.1 g)要求将该种设备的瞬态耐压能力告知用户。

6.7.4.1 电气间隙数值

测量类别Ⅰ的电气间隙按6.7.3.2的规定计算。

测量类别Ⅱ,Ⅲ,Ⅳ的电气间隙在表8中作出规定。

表8 测量类别Ⅱ,Ⅲ,Ⅳ的电气间隙

电网电源相线-中线标称电压,交流或直流	基本绝缘或附加绝缘			双重绝缘或加强绝缘		
	测量类别			测量类别		
	Ⅱ	Ⅲ	Ⅳ	Ⅱ	Ⅲ	Ⅳ
V	mm	mm	mm	mm	mm	mm
≤50	0.04	0.1	0.5	0.1	0.3	1.5
>50~≤100	0.1	0.5	1.5	0.3	1.5	3.0
>100~≤150	0.5	1.5	3.0	1.5	3.0	6.0
>150~≤300	1.5	3.0	5.5	3.0	5.9	10.5
>300~≤600	3.0	5.5	8	5.9	10.5	14.3
>600~≤1 000	5.5	8	14	10.5	14.3	24.3

6.7.4.2 爬电距离数值

表7规定了与工作电压有关的爬电距离。

6.8 介电强度试验程序

6.8.1 参考试验地

参考试验地是电压试验的参考点,它是下面的一个或一个以上的零部件,如果是一个以上的零部件则要将它们连接在一起:

a) 任何保护导体端子或功能接地端子。

b) 任何可触及导电零部件,但对因未超过6.3.1的规定值而允许触及的任何带电零部件除外。

这种带电零部件要连接在一起,但不构成参考试验地的一部分。对6.1.2的例外允许危险带电的可触及导电零部件也不包括在内。

c) 外壳的任何可触及绝缘部分,在除端子以外的每一个地方要包上金属箔。对试验电压小于或等于交流峰值10 kV或直流10 kV时,从金属箔到端子的距离要不大于20 mm,对于更高的电压,该距离要达到能防止飞弧的最小值。

d) 控制件上由绝缘材料制成的可触及零部件,包上金属箔或压上软导电材料。

6.8.2 潮湿预处理

为确保设备在1.4的潮湿条件下不会产生危险,在6.8.4的电压试验前,设备要进行潮湿预处理,在预处理期间设备不工作。

如果6.8.1要求包上金属箔,则要在完成潮湿预处理和恢复后包上金属箔。

能手动拆除的电气元器件、盖子及其他零部件要拆除,并与主机一起进行潮湿预处理。

预处理要在潮湿箱中进行,箱内空气相对湿度为92.5%±2.5%。箱内空气温度保持在40℃±2℃。

在加湿之前,设备要处在42℃±2℃环境中。通常在进行潮湿预处理前,将其保持在该温度下至少4 h。

箱内的空气要搅动,且箱子的设计要使得凝露不致滴落在设备上。

设备在箱内保持48 h,取出设备后使其在4.3.1规定的环境条件下恢复2 h,非通风设备的盖子要打开。

6.8.3 试验的实施

6.8.4规定的试验要在潮湿处理后恢复时间结束时的1 h内进行并完成。试验期间设备不工作。

如果在两个电路之间或某个电路与某个可触及导电零部件之间彼此是连接在一起的,或彼此是不隔离的,则在它们之间不进行电压试验。

与被试绝缘并联的保护阻抗和限压装置要断开。

在组合使用两个或两个以上保护装置的情况下(见6.5和6.6.1),对双重绝缘和加强绝缘所规定的电压就可能会加在不必承受这些电压的电路零部件上。为了避免出现这种情况,这样的零部件在试验期间可以断开,或者对要求双重绝缘或加强绝缘的电路零部件可以分开进行试验。

6.8.4 电压试验

进行电压试验要采用表9的规定值,不得出现击穿或重复飞弧。电晕效应和类似现象可忽略不计。

对固体绝缘,交流试验和直流试验是可任选其一的试验方法。绝缘只要通过这两种试验之一即可。在进行试验时,电压要在5 s或5 s以内逐渐升高到规定值,使电压不出现明显的跳变,然后保持5 s。

对均匀结构的电气间隙[见6.7.3.1 c)]进行试验时,要采用表9针对非均匀结构所规定的电气间隙值来规定交流电压、直流电压和以峰值表示的峰值脉冲电压。为了简便可以选择交流试验,或为了避免容性电流可以选择直流试验,或者为了减小元器件的功耗可以选择脉冲试验。

脉冲试验是GB/T 16927规定的1.2/50 μs的试验,每一极性至少三个脉冲,间隔时间至少1 s。如果是选择交流试验或直流试验,则对交流试验,试验的持续时间至少应当为三个周期,或者对直流试验,则应当为每一极性10 ms持续时间的三倍。

双重绝缘或加强绝缘的试验值是表9中对基本绝缘试验值的1.6倍。

注1:在对电路进行试验时,可能难以将电气间隙的试验和对固体绝缘的试验分开进行。

注2:试验设备的最大试验电流通常要加以限制,以避免由于试验而发生危险以及由于试验不合格而损坏设备。

注3:设法观察绝缘材料内部的局部放电也许是有用的(见IEC 60270)。

注4:试验后要注意释放储存的能量。

表 9 基本绝缘的试验电压

电气间隙 mm	脉冲试验的峰值电压 1.2/50 μs V	交流电压有效值（50/60 Hz） V	交流电压峰值（50/60 Hz）或直流电压 V	电气间隙 mm	脉冲试验的峰值电压 1.2/50 μs V	交流电压有效值（50/60 Hz） V	交流电压峰值（50/60 Hz）或直流电压 V
0.010	330	230	330	16.5	14 000	7 600	10 700
0.025	440	310	440	17.0	14 300	7 800	11 000
0.040	520	370	520	17.5	14 700	8 000	11 300
0.063	600	420	600	18.0	15 000	8 200	11 600
0.1	806	500	700	19	15 800	8 600	12 100
0.2	1 140	620	880	20	16 400	9 000	12 700
0.3	1 310	710	1 010	25	19 900	10 800	15 300
0.5	1 550	840	1 200	30	23 300	12 600	17 900
1.0	1 950	1 060	1 500	35	26 500	14 400	20 400
1.4	2 440	1 330	1 880	40	29 700	16 200	22 900
2.0	3 100	1 690	2 400	45	32 900	17 900	25 300
2.5	3 600	1 960	2 770	50	36 000	19 600	27 700
3.0	4 070	2 210	3 130	55	39 000	21 200	30 000
3.5	4 510	2 450	3 470	60	42 000	22 900	32 300
4.0	4 930	2 680	3 790	65	45 000	24 500	34 600
4.5	5 330	2 900	4 100	70	47 900	26 100	36 900
5.0	5 720	3 110	4 400	75	50 900	27 700	39 100
5.5	6 100	3 320	4 690	80	53 700	29 200	41 300
6.0	6 500	3 520	4 970	85	56 610	30 800	43 500
6.5	6 800	3 710	5 250	90	59 400	32 300	45 700
7.0	7 200	3 900	5 510	95	62 200	33 800	47 900
7.5	7 500	4 080	5 780	100	65 000	35 400	50 000
8.0	7 800	4 300	6 030	110	70 500	38 400	54 200
8.5	8 200	4 400	6 300	120	76 000	41 300	58 400
9.0	8 500	4 600	6 500	130	81 300	44 200	62 600
9.5	8 800	4 800	6 800	140	86 600	47 100	66 700
10.0	9 100	4 950	7 000	150	91 900	50 000	70 700
10.5	9 500	5 200	7 300	160	97 100	52 800	74 700
11.0	9 900	5 400	7 600	170	102 300	55 600	78 700
11.5	10 300	5 600	7 900	180	107 400	58 400	82 600
12.0	10 600	5 800	8 200	190	112 500	61 200	86 500
12.5	11 000	6 000	8 500	200	117 500	63 900	90 400
13.0	11 400	6 200	8 800	210	122 500	66 600	94 200
13.5	11 800	6 400	9 000	220	127 500	69 300	98 000
14.0	12 100	6 600	9 300	230	132 500	72 000	102 000
14.5	12 500	6 800	9 600	240	137 300	74 700	106 000
15.0	12 900	7 000	9 900	250	142 200	77 300	109 000
15.5	13 200	7 200	10 200	264	149 000	81 100	115 000
16.0	13 600	7 400	10 500				

注：允许采用试验电压的内插值法。

6.8.4.1 检验均匀结构电气间隙的试验电压海拔高度的修正

如果试验地点的海拔高度不是2 000 m，则试验电压需要乘以表10规定的相应的系数。系数仅用于检查均匀结构中电气间隙的电压试验。在试验地点对电气间隙施加修正后的试验电压和在海拔2 000 m处施加原试验电压所承受的电压应力是相同的。

表10 按试验地点海拔高度规定的试验电压的修正系数

试验地点海拔高度/m	对应试验电压范围的海拔高度修正系数			
	327 V≤$\hat{U}_{试验,峰值}$<600 V 231 V<$U_{试验,有效值}$<424 V	600 V≤$\hat{U}_{试验,峰值}$<3 500 V 424 V<$U_{试验,有效值}$<2 475 V	3 500 V≤$\hat{U}_{试验,峰值}$<25 kV 2 475 V<$U_{试验,有效值}$<17.7 kV	25 kV≤$\hat{U}_{试验,峰值}$ 17.7 kV<$U_{试验,有效值}$
海平面	1.08	1.16	1.22	1.24
1～500	1.06	1.12	1.16	1.17
501～1 000	1.04	1.08	1.11	1.12
1 001～2 000	1.00	1.00	1.00	1.00
2 001～3 000	0.96	0.92	0.89	0.88
3 001～4 000	0.92	0.85	0.80	0.79
4 001～5 000	0.88	0.78	0.71	0.70

6.9 防电击保护的结构要求

6.9.1 概述

如果发生故障时可能会导致危险，则应当采取下列措施：

a) 对承受机械应力的导线连接的固定不得仅依靠焊接；

b) 对固定可拆卸的盖子的螺钉，若其长度已确定可触及导电零部件与危险带电零部件间的电气间隙或爬电距离，则该螺钉应当是不脱落的螺钉；

c) 导线、螺钉等的意外松动或脱落不得使可触及零部件成为危险带电。

下列材料不得用来作为安全目的的绝缘：

1) 容易受到损坏的材料(如漆，瓷釉，氧化层，阳极氧化膜)；

2) 未浸渍的吸湿性材料(如纸，纤维制品和纤维材料)。

通过目视检查来检验是否合格。

6.9.2 双重绝缘或加强绝缘设备的外壳

全部用双重绝缘或加强绝缘防护的设备应当有一个包围所有金属零部件的外壳，如果诸如铭牌、螺钉或铆钉之类的小金属零件已用加强绝缘或等效方法与危险带电零部件隔离，则这一要求不适用。

由绝缘材料制成的外壳或外壳零部件应当满足双重绝缘或加强绝缘的要求。

由金属制成的外壳或外壳零部件，除使用了保护阻抗的零部件外，应当对其采用下述的措施之一：

a) 在外壳的内侧提供绝缘涂层或挡板，该涂层或挡板应当包围所有的金属零部件，以及包围当危险带电零部件松脱可能会使其接触到外壳的金属零部件的所有空间；

b) 确保外壳与危险带电零部件之间的电气间隙和爬电距离不会因为零部件或导线的松脱而减小到小于对基本绝缘的规定值。

对具有锁紧垫圈的螺钉或螺母不认为是易于发生松动的，对用机械方法进行固定的而不只是单独用焊接方法固定的导线也不认为是易于发生松动的。

通过目视检查和测量以及通过6.8的试验来检验是否合格。

6.9.3 超出量程的指示

如果危险是由于操作人员信赖设备的显示值(如电压)而引起的，则不论指示值是大于设定的仪表量程的正向最大值，还是小于设定的仪表量程的负向最小值，仪器的显示均应当给出不会使人误解的指示。

注：下面列出了存在危险指示的例子，除非有一个单独的不会使人误解的超出量程值的指示：

a) 模拟仪表上具有的止挡刚好设置在位于量程的两端；

b) 数字仪表在实际值大于量程最大值时显示一个低值(如 1001.5 V 电压显示为 001.5 V)；

c) 图形记录仪在记录纸的边缘打印图形，从而造成当实际值更大时只在量程最大值处指示数值。

通过目视检查，以及如有怀疑，通过产生一个超量程的量值来检验是否合格。

6.10 与电网电源的连接和设备零部件之间的连接

6.10.1 电源线

下列要求适用于不可拆卸的电源线和随同设备一起提供的可拆卸的电源线：

a) 电源线的额定值应当与设备的最大电流相适应，且所用的缆线应当符合 GB 5023 或 GB 5013。经某个认可的检测机构认证或批准的电源线被认为符合这一要求；

b) 如果电源线有可能与设备外部的发热零部件接触，则该电源线应当采用合适的耐热材料来制造；

c) 如果电源线是可拆卸的，则电源线和器具输入插座至少应当具有这两个部件之一的最高温度；

注：对电源线和器具输入插座这两者要求具有同样的温度额定值是为了确保不可能无意中使用低温度额定值的电源线组件。

d) 与保护导体端子连接的只能使用具有黄绿双色外皮的导线。

带符合 GB 17465 的连接器的可拆卸的电源线应当满足 GB 15934 的要求，或者其额定值至少应当与装在电源线上的电源连接器的电源额定值相一致。

电源线术语在图 3 中给出。

通过目视检查，以及如有必要，通过测量来检验是否合格。

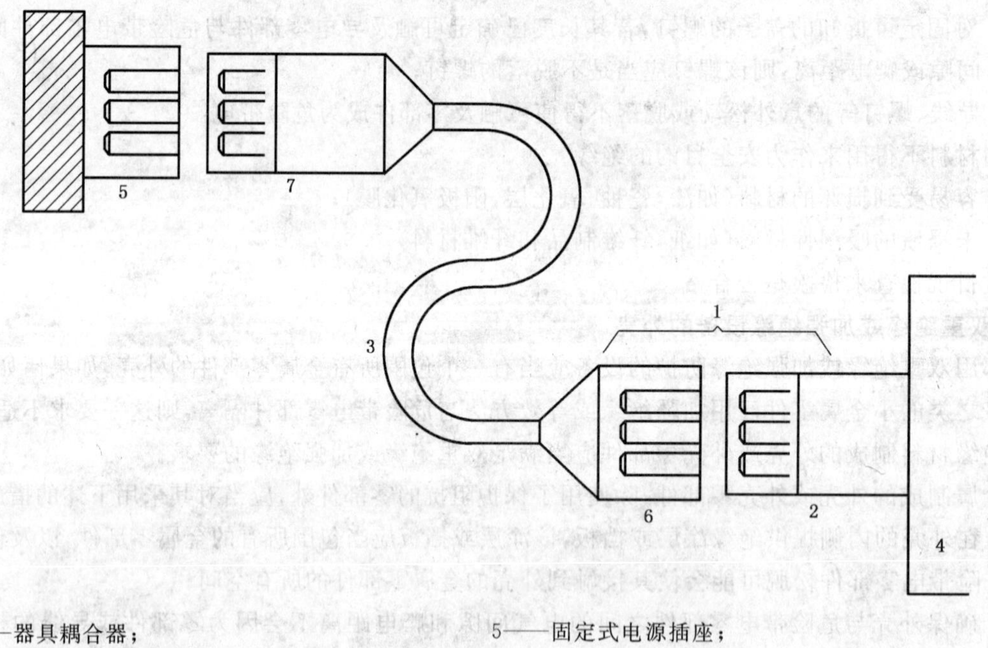

1——器具耦合器；

2——器具输入插座；

3——可拆卸电源线；

4——设备；

5——固定式电源插座；

6——电源连接器；

7——电源插头

图 3 可拆卸电源线和连接

6.10.2 不可拆卸的电源线的安装

应当采取下面的措施之一来防止电源线在电线进线口处发生磨损和锐弯：

a) 采用具有光滑倒圆开孔的进线口和套管；

b) 采用由绝缘材料制成的能可靠固定的软线护套，护套伸出进线口处至少为能安装的最大截面积电线的外径的5倍。对于扁平软线，要取其外形截面的大尺寸作为软线的外径。

通过目视检查，以及如有必要，通过测量尺寸来检验是否合格。

软线固定装置应当能使设备内连接软线处软线的导线免受应力，包括扭力，并应当能防止导线的绝缘受到磨损。如果软线在其固定装置中滑脱，则其保护接地导体，如果有的话，应当最后承受到应力。

软线固定装置应当符合下列要求：

a) 不得用螺钉直接压在软线上来夹紧软线；

b) 不得采取在软线上打结；

c) 应当不可能将软线推入设备内达到可能引起危险的程度；

d) 在具有金属零部件的软线固定装置内，软线绝缘的损坏不得使可触及导电零部件变成危险带电；

e) 紧缩套管不得作为软线固定装置来使用，除非紧缩套管具有能夹紧符合6.10.1要求的所有型号和尺寸的电源线，且适合与所提供的端子相连接，或者该套管已设计成能端接有护套的电源线；

f) 软线固定装置的设计应当保证软线的更换不会引起危险，且采用消除应力的方法应当是明显的。

通过目视检查和下述的推拉力试验来检验是否合格：手动将软线尽可能地推入设备内，然后软线使承受表11规定的稳定拉力值25次，拉力沿最不利的方向施加，每次持续1 s。然后立即承受表11规定的力矩值持续1 min。

表11 电源线的物理试验

设备质量/kg	拉力/N	力矩/N·m
≤1	30	0.10
>1~≤4	60	0.25
>4	100	0.35

试验后：

1) 软线不得出现损伤；

2) 软线纵向位移不得超过2 mm；

3) 位于固定装置夹紧软线处不得有变形的迹象；

4) 电气间隙和爬电距离不得减小到规定值以下；

5) 电源线应当能通过6.8的电压试验(但不进行潮湿预处理)。

6.10.3 插头和连接器

a) 将设备连接到电网电源上的插头和连接器，包括用来连接可拆卸的电源线的器具耦合器，均应当符合插头、插座和连接器的相关规范。

b) 如果设备是设计成在正常条件或单一故障条件下仅由低于6.3.2 a)规定值的电压供电，或者是用一个电源单独为其供电，则电源线的插头应当不能插入其电压高于设备额定电源电压的电源系统的插座中。电网电源类型的插头和插座不得作为连接电网电源以外的其他用途。

c) 如果软线连接的设备，其插头的插销从内部电容器接收电荷，则在断开电源后5 s，插销不得危险带电。

d) 在装有辅助电源插座的设备上：

   1) 如果该插座能插入标准电源插头，则应当标有符合5.1.3 e)规定的标志；

   2) 如果该插座上具有供保护接地导体用的端子接触件，则设备的输入电源的连接应当包括与保护导体端子连接的保护接地导体。

通过目视检查来检验是否合格。对从内部电容器接收电荷的插头，要进行6.3规定的测量，以此来确定是否超过6.3.1 c)的规定值。

6.11 供电电源的断开

6.11.1 概述

除6.11.1.1的规定外，不论在设备的内部还是外部，应当装有使设备能从每一个供给能量的电源上断开的断开装置。断开装置应当断开所有载流导体。

注：设备也可以装有用于功能目的的开关或其他断开装置。

按6.11.1.1～6.11.3.2的规定来检验是否合格。

6.11.1.1 例外

如果短路或过载不会引起危险，则不需要断接装置。

不需要断开装置的例子有：

a) 预定仅由低能量电源，如小电池供电的设备。

b) 预定仅连接到有阻抗保护的电源上的设备。这种电源是其阻抗值能确保一旦设备出现过载或短路，设备的供电条件不会超过其额定供电条件且设备不会发生危险的一种电源。

c) 构成阻抗保护负载的设备。这种负载是非分离的过流或热保护的元器件，而且其阻抗能确保一旦该元器件所在的电路出现过载或短路，电路不会超过其额定值的一种元器件。

通过目视检查来检验是否合格，如有怀疑，则设置短路或过载来检验是否会发生危险。

6.11.2 按设备的类型规定的要求

6.11.2.1 永久连接式设备和多相设备

对永久连接式设备和多相设备应当采用开关或断路器作为断开装置。

如果开关不是作为设备的一部分，则设备的安装文件应当规定：

a) 开关或断路器应当包含在建筑物的设施中；

b) 开关应当靠近设备，而且应当是在操作人员易于达到的地方；

c) 开关或断路器的标志应当标成是该设备用的断开装置。

通过目视检查来检验是否合格。

6.11.2.2 单相软线连接的设备

单向软线连接的设备应当装有下列之一的断开装置：

a) 开关或断路器；

b) 不用工具就能断开的器具耦合器；

c) 无锁紧装置的、能与建筑物上的插座相配的可分离的插头。

通过目视检查来检验是否合格。

6.11.2.3 由功能引起的危险

对其功能可能会引起危险的设备应当装有紧急开关，该开关不必断开安全所需的辅助电路(如冷却电路)。

对具有可能引起危险的可触及运动零部件的设备应当装有供断开用的紧急开关，该开关离运动零部件不得超过1 m。

通过目视检查来检验是否合格。

6.11.3 断开装置

如果断开装置是作为设备的一部分，则断开装置在电路上应当尽可能靠近电源。对产生功耗的元器件在电路上不得置于电源和断开装置之间。

对电磁干扰抑制电路允许置于断开装置的电源侧。

通过目视检查来检验是否合格。

6.11.3.1 开关和断路器

用作断开装置的设备开关或断路器应当符合 GB 14048.1 和 GB 14048.3 的有关要求，并应当能适用于其适用场合。

如果开关或断路器用作断开装置，则其标志应当能表示出这种功能。如果仅有一个装置(一个开关或一个断路器)，则用表 1 的符号 9 和符号 10 即可。

开关不得装在电源线上。

开关或断路器不得断开保护接地导体。

具有作断开用的触点和具有作其他目的用的触点的开关或断路器应当符合 6.6 和 6.7 对电路之间的隔离的要求。

通过目视检查来检验是否合格。

6.11.3.2 器具耦合器和插头

如果器具耦合器或可分离插头用作断开装置，则应当使操作人员能很快识别，而且应当能很容易达到。对单相便携式设备，软线长度不大于 3 m 的插头被认为是容易达到的。器具耦合器的保护接地导体应当在供电导体连接前先行连接，而在供电导体断开后再行断开。

通过目视检查来检验是否合格。

7 防机械危险

7.1 概述

在正常条件下或单一故障条件下操作不得导致机械危险。

注：设备外壳上所有易于接触到的边缘、凸起物、拐角、开孔、挡板、把手等应当光滑圆润，避免在正常使用设备时造成伤害。

按 7.2～7.6 的规定来检验是否合格。

7.2 运动零部件

运动零部件应当不会挤破、划破或刺破可能接触它们的操作人员的身体的各个部位，也不得严重夹伤操作人员的皮肤。

本要求不适用于明显要用来对设备外部零部件或材料进行加工的容易接触的运动零部件，例如：钻孔设备和搅拌设备的运动零部件。这类设备应当设计成能使不留心接触这种运动零部件的可能性减小到最低的限度(如安装挡板、把手等)。

除正常使用外，在进行日常维修时，如果由于技术上无法避免的原因，操作人员不得不去接触可能会引起危险的运动零部件才能完成某种操作，例如调节，则如果采取了下列的所有措施，接触运动零部件是允许的：

a) 不用工具就不可能接触运动零部件；

b) 责任者给出的说明要包括一项声明，即操作人员必须经过培训才能允许进行带有危险性的操作；

c) 在接触运动零部件之前必须先行拆除的任何盖子或零部件上要有警告标志(见 5.2)，标明操作人员未经培训禁止接触。

通过目视检查来检验是否合格。

7.3 稳定性

在操作前不固定在建筑物结构件上的设备和设备的组件，在正常使用时物理上应当是稳定的。

如果配备一些装置来确保操作人员在拉开抽屉等操作后使设备仍能保持稳定性，则这种装置应当是自动的或者应当标有警告标志(见5.2)。

如果适用,通过进行下列的每一项试验来检验是否合格。容器装上正常使用时能造成最不利情况的规定量的物质。脚轮处在正常使用时最不利的位置。除另有规定者外,将门、抽屉关好。

a) 对除手持式设备以外的其他设备,应当从其正常位置向每一个方向倾斜10°角;

b) 对高度等于或大于1 m且质量等于或大于25 kg的设备,以及所有落地式设备,要在其顶部,或如果设备高度大于2 m,则在高度2 m处施加一个力。该力为250 N或设备重量的20%,取其较小者。力沿除向上的所有方向施加。正常使用时要使用的支撑物,以及预定要由操作人员打开的门、抽屉等,要处于其最不利的位置。

c) 对落地式设备要施加800 N的力,力要向下施加在下列表面上能产生最大力矩的位置上:

1) 所有水平工作表面;

2) 具有明显突出部分且离地面高度不大于1 m的其他表面。

在试验期间,设备不得失去平衡。

通过目视检查来检验标志要求是否合格。

7.4 提起和搬运用装置

如果供搬运用的提手或把手是装在设备上或随同设备一起提供的,则它们应当能承受设备重量4倍的力。

质量等于或大于18 kg的设备或部件应当装有供提起和搬运用的装置,或在制造厂文件中作出说明。

通过目视检查以及通过下面的试验来检验是否合格。

单个提手或把手要承受相当于设备重量4倍的力。要采用非钳夹方式,在提手或把手中部70 mm宽的范围均匀加力。力要平稳地增加,以便使力在10 s后达到试验值并保持1 min。

如果装有一个以上的提手或把手,则力应当按正常使用时相同的分配比例分配在提手或把手上。如果设备装有一个以上的提手或把手,但被设计成允许仅用一个提手或把手来迅速搬运,则每个提手或把手应当能承受总的力。

提手或把手不得从设备上断开,而且不得出现任何永久变形、开裂或其他损坏的迹象。

7.5 墙壁安装

对预定要安装在墙上或天花板上的设备,其支架应当能承受设备重量4倍的力。

按制造厂说明书的规定,用规定的紧固件和墙用结构件将设备安装好后来检验是否合格。对可调节的支架,要将其调节到离开墙面的伸出距离达到最大的位置。

如果墙的结构未作规定,则使用10 mm±2 mm厚的石膏板(无浆砌墙)作为支撑表面,石膏板置于标称50 mm×100 mm±10 mm的支柱上,支柱中心距为400 mm±10 mm。紧固件按说明书的规定施加,但如果说明书未作规定,则紧固件施加在位于支柱之间的石膏板上。

使安装支架承受设备重量,再通过设备重心加3倍设备重量的试验重量。试验重量缓慢增加,并且在5 s~10 s内从零加至满载,并持续1 min。

试验后,支架或安装表面不得出现损坏。

7.6 飞散的零部件

如果一旦零部件损坏飞散开来,则设备应当能控制或限制可能会引起危险的零部件的能量。

对飞散的零部件所采用的防护装置应当是不借助工具就不能拆除的。

在施加4.4规定的相关故障条件后,通过目视检查来检验是否合格。

8 耐机械冲击和撞击

当设备承受在正常使用时可能遇到的冲击和碰撞时不得引起危险。设备应当具有足够的机械强度,元器件应当可靠地固定且电气连接应当是牢固的。

通过进行 8.1 的试验,以及除固定式设备外,通过 8.2 的适用的试验来检验是否合格。试验期间设备不工作。对不构成外壳一部分的零部件不进行 8.1 的试验。

试验完成后,设备应当能通过 6.8 的电压试验(但不进行潮湿预处理),并且用目视检查来检验:

a) 危险带电零部件是否变成可触及;

b) 外壳是否出现可能会引起危险的裂纹;

c) 电气间隙是否小于允许值,内部导线的绝缘是否受到损伤;

d) 挡板是否损坏或松动;

e) 除 7.2 允许者外,是否露出运动零部件;

f) 是否出现可能会引起火焰蔓延的损坏。

饰面的损坏,不会使爬电距离或电气间隙减小到小于本部分规定值的小凹痕,以及对防电击或防潮不会带来不利影响的小缺口可忽略不计。对不构成外壳一部分的任何零部件的损坏可忽略不计。

8.1 外壳的刚性试验

8.1.1 静态试验

设备要牢固地固定在刚性支撑面上并承受 30 N 的力,力通过直径 12 mm 硬棒上的半球面端部来施加。该硬棒应当施加在当准备使用设备时其可触及的以及其变形可能会引起危险的外壳的每一部分,包括便携式设备底部的任何部分。

如果对非金属外壳在高温下是否能通过本试验有怀疑,则设备要在 40℃ 的温度下,或在最高额定温度下(如果该温度更高)工作,直至达到稳定状态后再进行本试验。在进行本试验前要先断开设备的供电电源。

8.1.2 动态试验

预定要由操作人员来拆除和更换的底座、盖子等要用在正常使用时可能施加的力矩将其固定螺钉拧紧。设备要牢固地固定在刚性支撑面上,试验要在正常使用时可能触及的以及如果损坏可能会引起危险的表面的任何位置进行。

对具有非金属外壳的设备,如果额定最低环境温度低于 2℃,则使设备冷却到最低额定环境温度,然后在 10 min 内完成试验。

试验使用钢球,最多试验三个点。试验能量为 5 J。

撞击元件为直径 50 mm、质量 500 g±25 g 的钢球。

试验按图 4 所示进行。对 5 J 的能量,高度 X 为 1 m。

另一种可供选择的方法是,设备可以固定在相对于其正常位置 90°的位置上,用撞击元件来进行试验。

试验后,在已明显损坏的窗口或显示屏后面的危险带电零部件不得变成可触及,而且外壳的其他部分应当符合基本绝缘的要求。

下列设备和零部件不进行本试验:

a) 面板仪表;

b) 手持式设备;

c) 直插式设备;

d) 不构成外壳一部分的零部件或窗口。

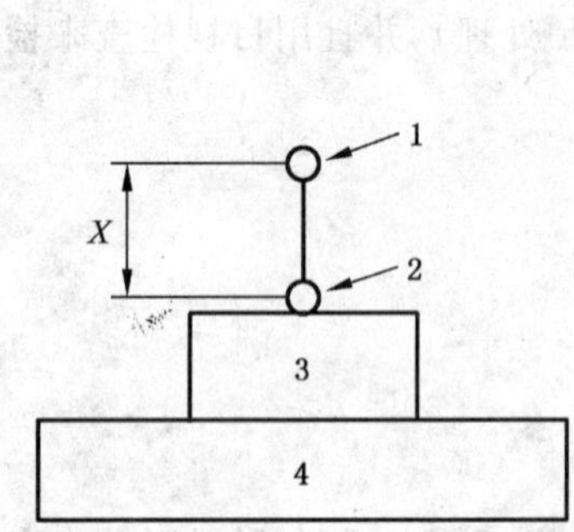

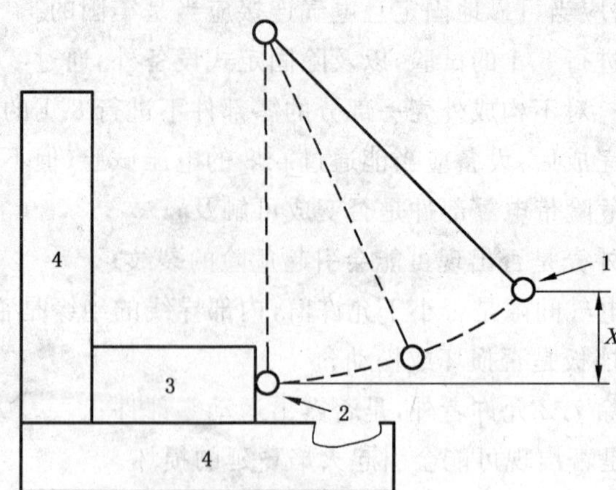

1——球的起始位置；

2——球的撞击位置；

3——试验样品；

4——刚性支撑面

图 4 使用钢球的撞击试验

8.2 跌落试验

8.2.1 除手持式设备和直插式设备以外的其他设备

试验按下列规定进行：

a) 对质量小于或等于 20 kg 的设备，按 8.2.1.1 的规定进行角跌落试验。

b) 对质量大于 20 kg 但小于或等于 100 kg 的设备，按 8.2.1.2 的规定进行面跌落试验。

c) 对固定式设备和质量大于 100 kg 的设备，不需要进行本试验。

注：如果设备是由两个或多个单元组成的设备，则质量值是指每一个单独的单元。如果一个或多个单元是预定要与另一个单元连接的，或要由另一个单元来支撑的，则对这些单元要视为一个单元。

试验的方法不得使设备倾倒在相邻的面上，而是应当使设备向后倾倒在规定的试验面上，也不得使设备绕相邻的边缘滚动。

如果设备底面的边缘数超过 4 个，则跌落次数应当限制在 4 次。

8.2.1.1 角跌落试验

将设备以其正常使用的位置放置在混凝土或钢材制成的光滑、坚硬的刚性表面上。在试验表面的上方抬高设备，在一个底角下放置一根高度 10 mm 的木柱，在相邻的一个底角下放置一根高度 20 mm 的木柱。然后，在试验表面的上方，围绕支撑在两个木柱上的底边转动抬高设备，直至与 10 mm 高的木柱相邻的另一个底角升高 100 mm±10 mm，或使设备与试验表面形成的夹角为 30°，取其较为严酷的情况。然后使设备自由跌落在试验表面上，要沿底面 4 个边缘依次进行试验，使设备在 4 个底角的每一个底角上跌落一次。

8.2.1.2 面跌落试验

将设备以其正常使用的位置放置在混凝土或钢材制成的光滑、坚硬的刚性表面上。然后使设备绕一个底边倾斜，使与其相对的底边与试验表面之间的距离为 25 mm±2.5 mm，或使底面与试验表面形成的夹角为 30°，取其最为严酷的情况。然后使设备自由跌落在试验表面上。

8.2.2 手持式设备和直插式设备

手持式设备和直插式设备应当从 1 m 的高度跌落到 50 mm 厚的坚硬木板上，跌落一次，木板的密度应当大于 700 kg/m^3，木板平放在刚性基座上，例如放在混凝土构件上。设备跌落时使其落地位置为可预见的最不利情况。

对具有非金属外壳的设备，如果额定最低环境温度低于 2℃，则使设备冷却到最低额定环境温度，然后在 10 min 内完成试验。

9 防止火焰蔓延

在正常条件下或单一故障条件下，火焰不得蔓延到设备的外面。图 5 是说明符合性检验方法的流程图。

至少采用下列的一种方法来检验是否合格。

a) 进行可能会导致火焰蔓延到设备外面的单一故障条件(见 4.4)下的试验。试验结果应当满足 4.4.4.3 的符合性判据。

b) 按 9.1 的规定检验是否消除或减少设备内的引燃源。

c) 按 9.2 的规定检验能否在一旦出现着火，火焰被控制在设备内。

这些供选择的方法可以全部在一台设备上使用，也可以针对不同的危险源或针对设备的不同部位在各台设备上采用。

注 1：方法 b)和 c)是基于执行了规定的设计准则，相反，方法 a)则是完全依靠单一故障条件下的试验。

注 2：关于防电池引起的着火见 13.2.2。

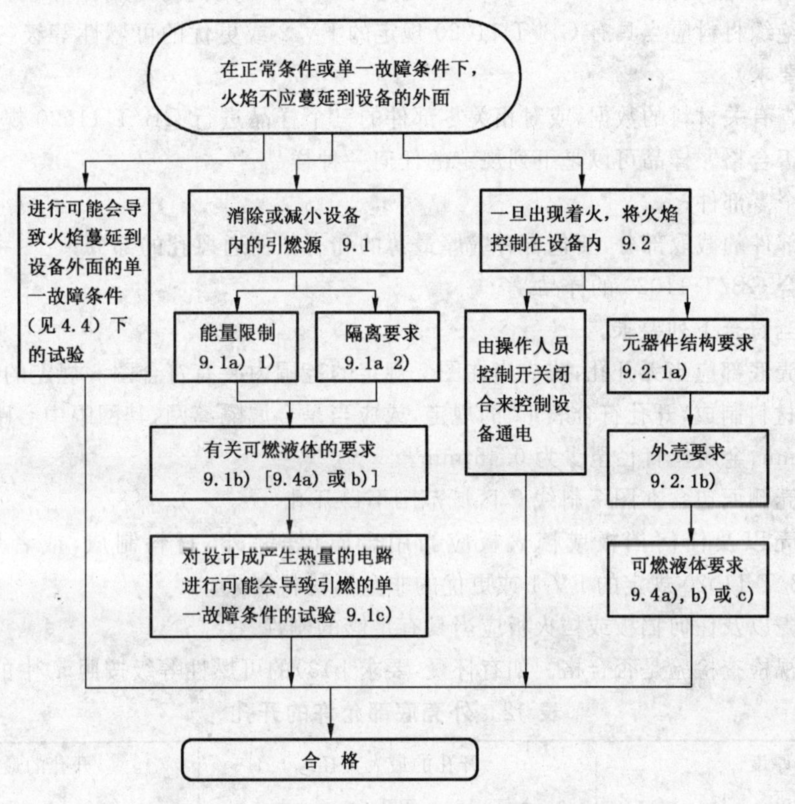

图 5 说明防止火焰蔓延要求的流程图

9.1 消除或减少设备内的引燃源

注：对设备中不能被划分成限能电路(见 9.3)的所有电路被认为是着火的引燃源，在这种情况下采用 9 a)方法或 9 c)方法。

就每一个引燃源的引燃危险而言，如果满足下列要求，则认为引燃危险和着火出现率已被减小到允许的水平。

a) 或者 1)，或者 2)

1) 按 9.3 的规定，限制设备的电路或零部件可获得的电压、电流和功率。

按 9.3 的规定，通过测量受限制的能量值来检验是否合格。

2) 不同电位的零部件之间的绝缘满足基本绝缘的要求，或能证明桥接绝缘不会导致引燃。

通过目视检查,如有怀疑,通过试验来检验是否合格。

b) 将有关可燃液体的任何引燃危险减小到 9.4 规定的允许水平。

按 9.4 的规定来检验是否合格。

c) 在设计成产生热量的电路中,当进行可能会导致引燃的任何单一故障条件(见 4.4)下的试验未出现引燃。

通过进行 4.4 的相关试验,采用 4.4.4.3 的判据来检验是否合格。

9.2 一旦出现着火,将火焰控制在设备内

如果设备满足下列之一的结构要求,则认为火焰蔓延到设备外面的危险已被减小到允许的水平。

a) 由操作人员控制开关闭合来控制设备通电。

b) 设备和设备的外壳符合 9.2.1 的结构要求而且符合 9.4 b)或 9.4 c)的要求。

通过目视检查以及按 9.2.1 和 9.4 的规定来检验是否合格。

9.2.1 结构要求

应当符合下列结构要求:

a) 绝缘导线应当具有相当于 GB/T 11020 规定的 FV-1 或更优的可燃性等级。连接器和安装元器件的绝缘材料应当具有 GB/T 11020 规定的 FV-2 或更优的可燃性等级(又见 14.8 印制线路板的要求)。

通过检查有关材料的数据,或对相关零部件的三个样品进行 GB/T 11020 规定的 FV 试验,来检验是否合格。样品可以是下列规定的任何一种样品:

1) 整个零部件;

2) 零部件的截取部分,要包含有壁厚最薄的和有任何通风孔的部分;

3) 符合 GB/T 11020 的样品。

b) 外壳应当符合下列要求。

1) 外壳底部应当无开孔,或应当在图 7 规定的范围内装有符合图 6 规定的挡板,或应当用金属材料制成,开孔符合表 12 的规定,或应当是金属隔离网,其网眼中心距不超过 2 mm × 2 mm,金属丝直径至少为 0.45 mm。

2) 外壳侧面包含在图 7 斜线 C 区域范围不得开孔。

3) 外壳以及任何挡板或挡火板应当用金属(镁除外)材料制成,或者用可燃性等级为 GB/T 11020 规定的 FV-1 或更优的非金属材料制成。

4) 外壳以及任何挡板或挡火板应当具有足够的刚性。

通过目视检查检验是否合格。如有怀疑,要求 b)3)的可燃性等级按照 a)中的要求进行检验。

表 12 外壳底部允许的开孔

最小厚度 mm	开孔的最大直径 mm	开孔的最小中心距 mm
0.66	1.14	1.70(233 个孔/645 mm^2)
0.66	1.19	2.36
0.76	1.15	1.70
0.76	1.19	2.36
0.81	1.91	3.18(72 个孔/645 mm^2)
0.89	1.90	3.18
0.91	1.60	2.77
0.91	1.98	3.18
1.00	1.60	2.77
1.00	2.00	3.00

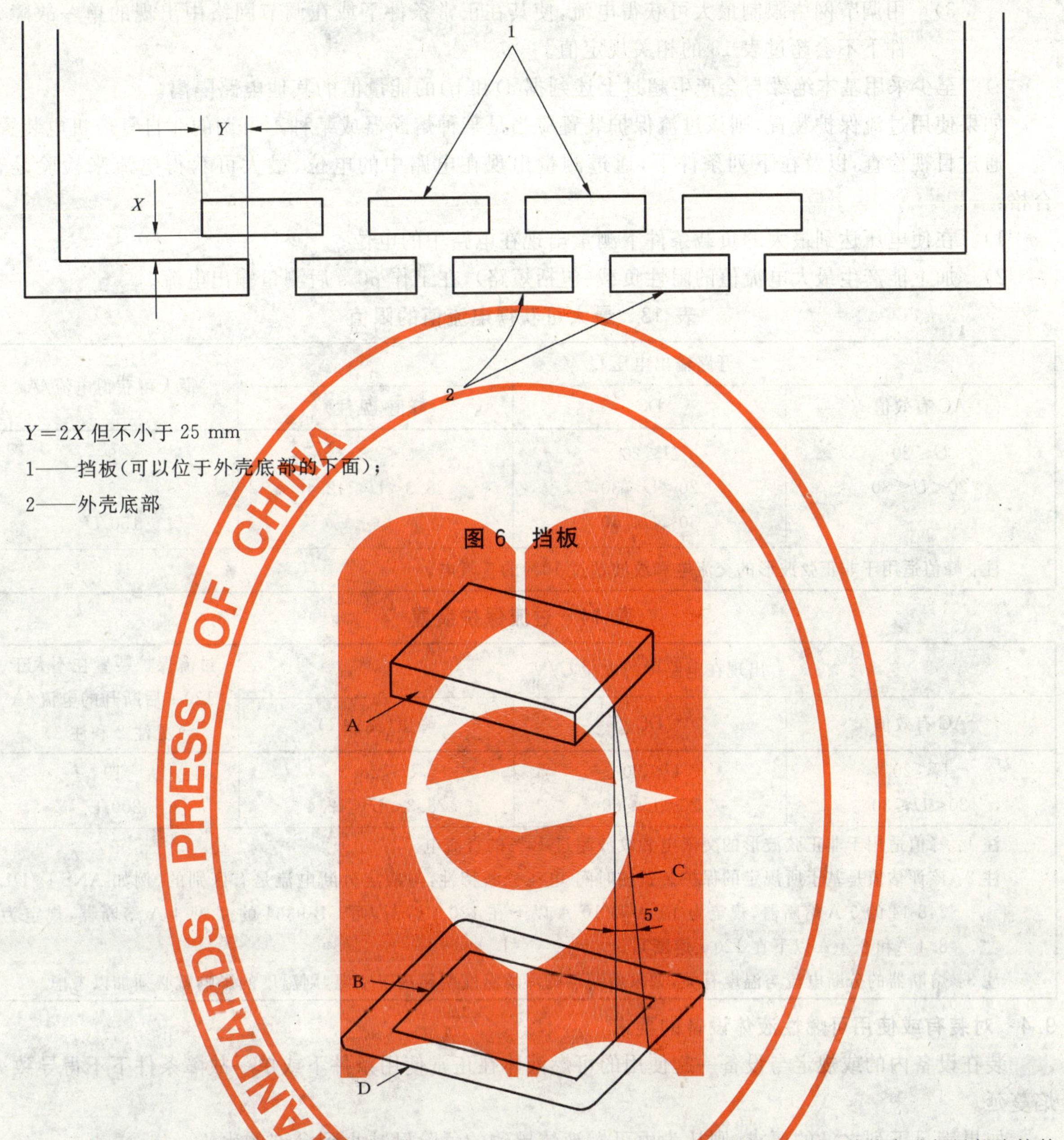

$Y=2X$ 但不小于 25 mm

1——挡板(可以位于外壳底部的下面);

2——外壳底部

图 6 挡板

A——被认为是危险着火源的设备的零部件和元器件。如果它是未另外防护的,或者是用其外壳进行局部防护的元器件的未防护部分,则该零部件和元器件包括设备的整个零部件和元器件。

B——A 的轮廓线在水平面上的投影。

C——斜线,用来划出结构要符合 9.2.1 b)1)和 9.2.1 b)2)规定的外壳底部和侧面的最小区域。该斜线围绕 A 的周边的每一点,以及相对于垂线呈 5°夹角投射,其取向要确保能划出最大的面积。

D——结构要符合 9.2.1 b)1)规定的底部的最小区域。

图 7 结构要符合 9.2.1 b)1)规定的外壳底部的区域

9.3 限能电路

限能电路是符合下列所有判据的电路:

a) 出现在电路中的电位不大于 30 V 有效值和 42.4 V 峰值,或者直流 60 V。

b) 用下列之一的方法来限制能出现在电路中的电流:

1) 由自身限制或用阻抗限制最大可获得电流,使其不会超过表 13 的相关规定值;

2) 用符合表 14 规定的过流保护装置限制电流; ‖

3) 用调节网络限制最大可获得电流，使其在正常条件下或在调节网络中出现的单一故障条件下不会超过表 13 的相关规定值。

c) 至少采用基本绝缘与会产生超过上述判据 a)和 b)的能量值的其他电路隔离。

如果使用过流保护装置，则该过流保护装置应当是某种熔断器或某种不可调的非自复位机电装置。

通过目视检查，以及在下列条件下，通过测量出现在电路中的电位、最大可获得电流来检验是否合格：

1) 在使电压达到最大的负载条件下测量出现在电路中的电位；

2) 加上能产生最大电流值的阻性负载(包括短路)，在工作 60 s 后测量输出电流。

表 13 最大可获得电流值的限值

开路输出电压 U/V			最大可获得电流/A
AC 有效值	DC	峰值(见注)	
$U \leqslant 20$ $20 < U \leqslant 30$ —	$U \leqslant 20$ $20 < U \leqslant 30$ $30 < U \leqslant 60$	$U \leqslant 28.3$ $28.3 < U \leqslant 42.4$ —	8 8 $150/U$
注：峰值适用于非正弦波形的交流电和纹波超过 10%的直流电。			

表 14 过流保护装置

出现在电路中的电位 U/V			过流保护装置在不大于 120 s 后断开的电流/A (见注 2 和注 3)
AC 有效值	DC	峰值(见注 1)	
$U \leqslant 20$ $20 < U \leqslant 30$	$U \leqslant 20$ $20 < U \leqslant 60$	$U \leqslant 28.3$ $28.3 < U \leqslant 42.4$	10 $200/U$
注 1：峰值适用于非正弦波形的交流电和纹波超过 10%的直流电。 注 2：该评估值是基于所规定的保护装置的时间-电流分断特性，与额定分断电流是有区别的(例如 ANSⅠ/UL 248-14 的 5 A 熔断器，规定为 10 A 和 10 A 以下在 120 s 熔断，而 GB 9364 的 T 型 4 A 熔断器，规定为 8.4 A和 8.4 A 以下在 120 s 熔断)。 注 3：熔断器的分断电流与温度有关，如果熔断器的环境温度明显高于室温，则温度的影响就必须加以考虑。			

9.4 对装有或使用可燃性液体设备的要求

装在设备内的或规定与设备一起使用的可燃液体在正常使用条件下或单一故障条件下不得导致火焰蔓延。

如果满足下列之一的要求，则认为由可燃液体导致的危险已减小到允许的水平。

a) 在正常条件或单一故障条件下，可燃液体表面的温度和与可燃液体表面接触的零部件的温度要限制在不超过 $t-25$℃的温度下，其中 t 为可燃液体的燃点[见 10.3 b)]。

注 1：燃点是指将某种液体加热(按规定的条件)到使其表面的蒸气和(或)空气混合物在施加和撤离外部火焰时能使火焰维持至少 5 s 的温度。

b) 要将可燃液体的液量限制在不可能导致火焰蔓延的液量。

c) 如果可燃液体能被引燃，则火焰要受到控制，以防止火焰蔓延到设备的外面。应当提供详细的使用说明，规定减小危险的适用程序(见 5.4.4)。

通过目视检查，以及按 10.4 的规定，通过温度测量来检验是否符合 a)和 b)的要求。

按 4.4.4.3 的规定来检验是否符合 c)的要求。

注 2：对具有危险燃烧产物的可燃液体，可以变通改用具有类似燃烧特性的不同可燃液体。

9.5 过流保护

预定要由电网电源供电的或要与电网电源连接的设备应当用熔断器、断路器、热切断器、阻抗限制电路或类似装置来进行保护，防止设备出现故障时从电网获得过大的能量。这种保护是要限制故障的进一步发展以及着火和火焰蔓延的可能性。过流保护装置也能在故障情况下提供防电击保护。

过流保护装置不得装在保护导线上，熔断器或单极断路器不得装在多相设备的中线上。

注1：过流保护装置(例如熔断器)最好要装在所有供电导线上。如果使用多个熔断器作过流保护装置，则熔断器座应当彼此靠近安装，这些熔断器应当具有相同的额定值和特性。过流保护装置，包括电源开关最好要装在设备中的电网电源电路的供电一侧。已认识到，在产生高频的设备中，还需要在电网电源与过流保护装置之间装上干扰抑制元件。

注2：在某些设备中，可能需要对过流保护装置的动作进行检测和指示。

9.5.1 永久性连接式设备

设备中的过流保护装置是可以任选的，如果不安装过流保护装置，则制造厂应当在说明书中规定在建筑物设施中要求过流保护装置。

通过目视检查来检验是否合格。

9.5.2 其他设备

如果采用过流保护装置，则应当装在设备内部。

通过目视检查来检验是否合格。

10 设备的温度限值和耐热

10.1 对防灼伤的表面温度限值

在40℃的环境温度或最高额定环境温度下(如果温度更高)，易接触表面的温度在正常条件下不得超过表15的规定值，或在单一故障条件下不得超过105℃。

如果易接触的发热表面由于功能原因是必需的，只要它们是可以辨认的，例如从外观上或功能上可以辨认，或者标有表1的符号13(见5.2)，则允许这些易接触的发热表面的温度在正常条件下超过表15的规定值，或在单一故障条件下超过105℃。

用防护装置来防护的，防止受到意外接触的表面不认为是易接触表面，只要该防护装置不用工具就不能被拆除即可。

表15 正常条件下的表面温度限值

零部件	限值/℃
1 外壳的外表面	
a) 金属的	70
b) 非金属的	80
c) 正常使用时不可能被接触的小区域	100
2 旋钮和手柄	
a) 金属的	55
b) 非金属的	70
c) 在正常使用时仅被短时间抓握的非金属零部件	85

按10.4的规定通过测量，以及通过目视检查防护装置是否能防止意外接触表面，温度是否超过表15的规定值和是否不用工具就不能拆除来检验是否合格。

10.2 绕组的温度

如果因温度过高可能会导致危险，则绕组绝缘材料的温度在正常条件下或单一故障条件下不得超过表16的规定值。

在正常使用条件下和在4.4.2.4、4.4.2.9、4.4.2.10的适用的单一故障条件下，以及在由于温度过高可能导致危险的任何其他单一故障条件下，按10.4的规定，通过测量来检验是否合格。

表 16 绕组的绝缘材料

绝缘等级 (见 GB/T 11021)	正常条件 ℃	单一故障条件 ℃
A	105	150
B	130	175
E	120	165
F	155	190
H	180	210

10.3 其他温度的测量

就其他条款而言,如果适用,则要进行下列其他温度的测量。除另有规定者外,试验要在正常条件下进行。

a) 如果在 40℃环境温度下或最高额定环境温度下(如果温度更高),现场接线端子盒或箱的温度有可能超过 60℃,则要测量现场接线端子盒或箱的温度(与 5.1.8 的标志要求有关)。

b) 在 4.4.2.9 和 4.4.2.10 的单一故障条件下,测量可燃液体表面的温度和接触可燃液体表面的零部件的温度[与 9.4 a)有关]。

c) 在进行 10.5.1 的试验时,测量非金属外壳的温度(建立供 10.5.2 的试验用的基础温度)。

d) 用来支撑与电网电源连接的,且用绝缘材料制成的零部件的温度[建立供 10.5.3 的试验 a)用的温度]。

e) 电流超过 0.5 A 的,以及如果在接触不良的情况下会散发大量热量的载流零部件的温度[建立供 10.5.3 的试验 a)用的温度]。

10.4 温度试验的实施

设备应当在基准试验条件下进行试验。除了另行规定特殊的单一故障条件外,要遵守制造厂说明书有关通风、冷却液、间歇使用的限值等规定。任何冷却液应当处于最高额定温度。

最高温度可以通过在基准试验条件下测量温升,然后将该温升值加上 40℃,或加上最高额定环境温度(如果温度更高)来确定。

绕组绝缘材料的温度通过测量绕组线的温度和与绝缘材料接触的铁心片的温度来确定。可以采用电阻法来测量温度,也可以采用温度传感器来测量温度,温度传感器的选择和放置要使其对绕组温度的影响可忽略不计。如果绕组是不均匀的,或者测量电阻有困难,则要采用后者的测量方法。

温度要在达到稳定时测量。

10.4.1 发热设备温度的测量

由于功能目的而预定会产生热量的设备要放在试验角中来进行试验。

试验角由相互成直角的墙板、地板,以及天花板(如有必要)组成,它们全部采用约 20 mm 厚的胶合板并涂上无光黑色涂料。试验角的直线尺寸至少应当大于被试设备尺寸的 15%。设备的安装离墙板、天花板或地板的距离要按制造厂商的规定。如果这些距离未作出规定,则按下列规定:

a) 对正常情况下是放在地板上或桌子上使用的设备要尽可能靠近两块墙板放置;

b) 对正常情况下是固定在墙上的设备要安装在其中的一块墙板上,并像正常使用时可能出现的情况那样尽可能靠近另一块墙板和地板,或天花板;

c) 对正常情况下是固定在天花板的设备要固定在天花板上,并像正常使用时可能出现的情况那样尽可能靠近两块墙板。

10.4.2 预定装在机柜中和墙壁上的设备

这种设备要使用涂上无光黑色涂料的胶合板,按安装说明书的规定进行安装,当设备是要在机柜的板壁上安装时,胶合板厚度约 10 mm,当设备是要在建筑物的墙壁上安装时,胶合板厚度约 20 mm。

10.5 耐热

10.5.1 电气间隙和爬电距离的完整性

当设备在环境温度 40℃或最高额定环境温度(如果温度更高)下工作时,其电气间隙和爬电距离应当符合 6.7 的要求。

如果对设备是否产生大量的热量有怀疑，则要使设备在 4.3 的基准试验条件下，但环境温度为 40℃或最高额定环境温度(如果温度更高)，通过设备工作来进行检验。在本试验后，电气间隙和爬电距离不得减小到小于 6.7 的要求值。

如果外壳是非金属材料的，则要在上述为 10.5.2 的目的而进行试验时测量外壳零部件的温度。

10.5.2 非金属外壳

非金属材料的外壳应当能耐高温。

在经过下列之一的处理后，通过试验来检验是否合格。

a) 非工作处理。设备不通电，在 70℃±2℃或在比 10.5.1 的试验时测得的温度高 10℃±2℃的温度下(取其较高的温度)贮存 7 h。如果设备装有用这种处理方法可能会受到损坏的元件，则可以对空外壳进行处理，然后在处理结束时装好设备。

b) 工作处理。设备在 4.3 的基准试验条件下工作，但环境温度要比 40℃高 20℃±2℃，或比最高额定环境温度(如果高于 40℃)高 20℃±2℃。

在经过处理后，危险带电零部件不得成为可触及，设备应当能通过 8.1 和 8.2 的试验，以及如有怀疑，则再另外进行 6.8 的试验(但不进行潮湿预处理)。

10.5.3 绝缘材料

绝缘材料应当有适当的耐热能力。

a) 对用来支撑与电网电源连接的且用绝缘材料制成的零部件，应当采用设备内一旦发生短路而不会导致危险的绝缘材料制成。

b) 如果在正常使用时，端子承载电流超过 0.5A，以及如果在不良接触的情况下散发大量的热量，则支撑这些端子的绝缘件应当采用其软化程度不会达到可能导致危险或进一步短路的材料来制成。

在有怀疑的情况下，通过检查材料的数据来检验是否合格。如果材料数据不能令人确信，则要进行下列之一的试验。

1) 采用至少 2.5 mm 厚的绝缘材料样品，用图 8 的试验装置来进行球压试验。试验在加热箱内进行，箱内温度为按 10.3 d)或 10.3 e)的规定测得的温度±2℃，或 125℃±2℃，取其较高的温度。对被试零部件的支撑要确保使其上表面呈水平状态，然后使试验装置的球面部分以 20 N 的力压在该表面上。1 h 后取下试验装置，并将样品浸入冷水中，使样品在 10 s 内冷却到接近室温。由球体引起的压痕的直径不得超过 2 mm。

注 1：如有必要，可以使用零部件的两个或多个截取部分来获得所要求的厚度。

注 2：对骨架，仅支撑或保持端子在位的那些部分才需要进行该试验。

2) GB/T 1633 的方法 A 的维卡软化试验。维卡软化温度至少应当为 130℃。

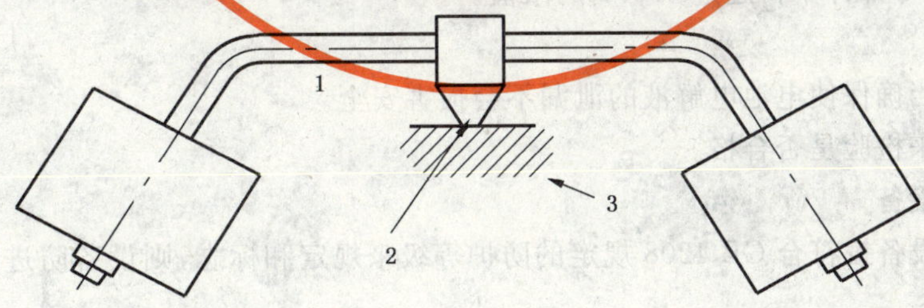

1——被试部分；

2——试验装置的球形部分；

3——支撑件

图 8 球压试验装置

11 防液体危险

11.1 概述

对装有液体的设备,或用于对液体加工过程进行测量的设备,应当在设计上对操作人员或周围环境提供在正常使用时遇到的液体危险的防护。

注:可能会遇到的液体分为三类:

a) 连续接触的液体,如预定盛液体的容器中的液体;

b) 偶然接触的液体,例如清洗液;

c) 无意中(不希望)接触的液体,制造厂无法对此类情况采取防护措施。

可以不考虑诸如清洗液(但制造厂规定的清洗液除外)和饮料之类的液体。

通过11.2~11.5的处理和试验来检查是否合格。

11.2 清洗

如果制造厂规定了清洗或消毒处理,则该处理方法不得导致直接的危险、电气危险或者因腐蚀原因或使保证安全的结构件强度降低的其他原因导致的危险。

按制造厂说明书的规定,如果规定了清洗处理,则通过对设备清洗三次,以及如果规定了消毒处理,则通过对设备消毒一次来检验是否合格。如果在该处理后,立即发现可能导致危险的零部件有受潮迹象,则设备应当能通过6.8的电压试验(但不进行潮湿预处理),而且可触及零部件不得超过6.3.1的限值。

11.3 洒落

如果正常使用时液体可能会洒落到设备中,则设备在设计上应当确保不会发生危险,例如由于绝缘或危险带电的内部无绝缘的零部件受潮带来的危险。

应当通过目视检查来检验是否合格,如有怀疑,用0.2 L的水从0.1 m的高度以15 s的时间平稳地倒在液体有可能接触到电气零部件的每个部位上。在该处理后,设备立即进行的6.8的电压试验(但不进行潮湿预处理)应能通过,而且可触及零部件不得超过6.3.1的限值。

11.4 溢出

在正常使用时,从能过量注入液体的设备内任何容器中溢出的液体不得导致危险,例如由于绝缘或危险带电的内部无绝缘的零部件受潮带来的危险。

在容器注满液体后可能要移动的设备应当防止液体从容器中荡出。

通过下列的处理和试验来检验是否合格。使容器完全注满液体。然后用等于容器容量15%的或0.25 L的额外液量,取其较大的液量,以60 s的时间平稳地倒入。如果是在容器注满液体后可能要移动的设备,则要使设备从正常使用的位置以最不利的方向倾斜15°,如果有必要以一个以上的方向倾斜,则要重新将液体注入容器。在该处理后,设备立即进行的6.8的电压试验(但不进行潮湿预处理)应能通过,而且可触及零部件不得超过6.3.1的限值。

11.5 电池电解液

电池的安装应当确保使电池电解液的泄漏不会损害安全。

通过目视检查来检验是否合格。

11.6 特殊保护的设备

如果制造厂对设备按符合GB 4208规定的防护等级来规定和标志,则设备防进水应当达到规定的等级。

通过目视检查以及通过对设备进行GB 4208规定的相应的处理来检验是否合格。在该处理后,设备应当能通过6.8的电压试验(但不进行潮湿预处理),而且可触及零部件不得超过6.3.1的限值。

11.7 液体压力和泄漏

注:满足本条要求的设备可能还不能认为是符合有关高压方面的国家要求。附录G规定了在美国、加拿大和其他

国家采纳作为国家条例符合性证据的要求和试验。

11.7.1 最大压力

在正常使用或单一故障条件下,设备的零部件能承受的最大压力不得超过该零部件的额定最大工作压力($p_{额定}$)。

最大压力被认为是下列的最大值:

a) 对外部压力源规定的额定最大供应压力;

b) 作为设备一部分提供的过压安全装置的压力设定值;

c) 除由过压安全装置限制压力外,由作为装置一部分的空气压缩机能产生的最大压力。

通过目视检查该部分的额定值,以及如有必要,通过测量压力来检验是否合格。

11.7.2 高压泄漏和破裂

在正常使用时同时具有下列两个特性的设备内装有液体的零部件不得由于破裂或泄漏而导致危险:

a) 压力和体积的乘积大于 200 kPa·L;

b) 压力大于 50 kPa。

通过下列的液压试验来检验是否合格:

试验压力为最大允许工作压力乘以从图 9 中查得的系数。试验时,要使用于限制最大工作压力的任何过压安全装置不起作用。

压力逐渐升高到规定的试验值,然后保持该压力值 1 min。样品不得出现破裂、发生永久(塑性)变形或泄漏。除了在低于要求的试验压力值 40%的压力下,或在低于最高允许工作压力下(取其较大的压力)发生密封处泄漏外,试验时发生密封处泄漏不认为构成失效。

不允许从装有液体的容器中泄漏出有毒的、可燃的或有其他危险的物质。

如果无标志的装有液体的零部件和管件不能进行液压试验,则要通过其他适用的试验,例如通过使用适当介质的气压试验,采用与液压试验相同的试验压力来检验其完整性。

作为上述要求的一个例外,装有液体的制冷系统的零部件要满足 GB 4706 的相关要求。

11.7.3 低压单元的泄漏

装有液体的零部件在较低压力下发生泄漏不导致危险。又见 5.4.5。

通过目视检查零部件的额定值,以及如有必要,对零部件施加在正常使用时的最大压力的两倍的压力,不得发生可能导致危险的泄漏。

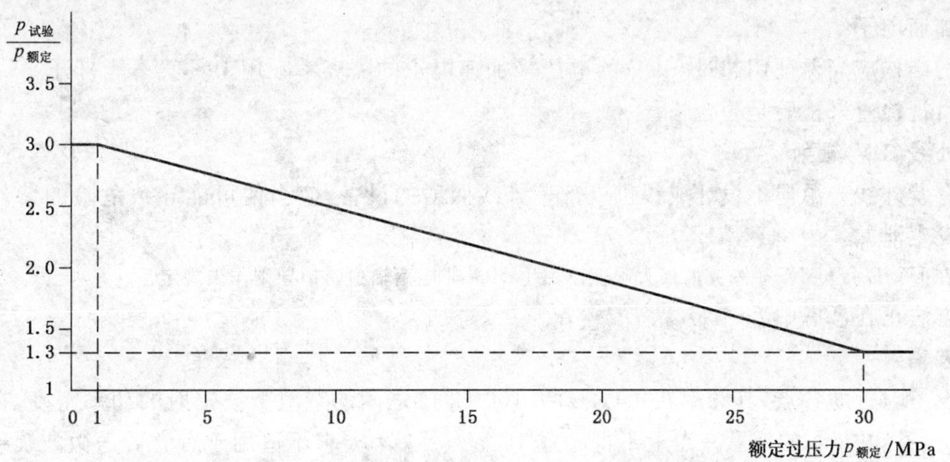

图 9 液压试验的压力与额定最大工作压力之比

11.7.4 过压安全装置

在正常使用时过压安全装置不得动作,应当符合 GB/T 12241 的要求和下列要求:

a) 过压安全装置应当尽可能连接在靠近预定要保护的系统中装有液体的零部件的附近。

b) 过压安全装置的安装应当确保能容易接触，以便进行检查、维护和修理。

c) 过压安全装置在不使用工具的条件下就不能对其进行调节。

d) 过压安全装置压力释放孔的位置和方向应当确保释放的物质不正对任何人员。

e) 过压安全装置压力释放孔的位置和方向应当确保过压安全装置的动作不会在可能导致危险的零部件上沉积释放的物质。

f) 过压安全装置应当具有足够的释放能力，以确保一旦供压控制失效，压力不会超过系统的额定最大工作压力。

g) 在过压安全装置和预定要保护的零部件之间不得装有截流阀。

通过目视检查和试验来检验是否合格。

12 防辐射(包括激光源)、声压力和超声压力

12.1 概述

设备应当提供防内部产生的紫外线、电离辐射和微波辐射、激光源，以及声压力和超声压力效应的保护。

如果设备可能导致这样的危险，则应当进行符合性试验。

12.2 产生电离辐射的设备

12.2.1 电离辐射

对含放射性物质和预定使电离辐射传送到外壳外面的设备，在离设备外表面 100 mm 的任何易于到达的位置，其有效辐射量率不得超过 1 μSv/h。

对其他设备，在离设备外表面 50 mm 的任何易于到达的位置，其偶然杂散辐射的辐射量率不得超过 5 μSv/h。这种设备包括阴极射线管和由超过 5 kV 的电压加速电子的设备，以及含有放射性物质和预定不将电离辐射传送到外壳外面的设备。

注 1：关于应用电离辐射的设备的要求，其进一步的信息见 IEC 60405。

注 2：对 X 射线和 γ 射线的辐射：1 μSv/h=0.1 mrem/h 和 5 μSv/h=0.5 mrem/h。

通过在能产生最大辐射的条件下测量辐射量来检验是否合格。测定辐射量的方法在可能的辐射能量的范围内应当是有效的。

对装有阴极射线管的设备，要使每一射束显示图像的尺寸不超过 30 mm×30 mm 或最小可能显示的尺寸，取其较小者来进行试验。要将显示调节到能产生最大的辐射。

12.2.2 加速电子

设备的结构应当保证用超过 5 kV 的电压来加速电子的隔离室不用工具就不能打开。

通过目视检查来检验是否合格。

12.3 紫外线(UV)辐射

对含有紫外线光源但不设计成提供外部紫外线照射的设备，应当使可能导致危险的紫外线辐射不能无意中发生泄漏。

注：能在 UV-B 和 UV-C 中暴露的最大限值已由 I RPA 非电离辐射防护导则作出规定。

检验方法正在考虑中。

12.4 微波辐射

位于设备附近的各点，其频率在 1 GHz 和 100 GHz 之间的杂散微波辐射的功率密度，在基准试验条件下，离设备 50 mm 的任意一点上不得超过 10 W/m²。本要求不适用于有意传送微波辐射的设备的零部件，例如位于波导输出端口。

通过试验来检验是否合格。

12.5 声压力和超声压力

12.5.1 声压等级

如果设备产生的噪声达到可能导致危害的等级，则制造厂应当测量设备能产生的最大声压等级(但报警产生的和位于远程的零部件的声压等级不包括在内)，而且应当按 GB/T 3768 和 GB/T 16404 的规定计算最大声功率等级。

安装说明书应当规定，责任者如何能确保在设备安装好后位于使用的位置上，设备产生的声压等级不会达到可能导致危害的声压等级值。这些说明应当明确能迅速得到的和切实可行的防护材料，或可以采用的一些措施，包括安装隔音板或消声罩。

注 1：目前，对高于 20 μPa 基准声压 85 dBA 的声压等级被许多机构认为是可能导致危害的阈值。采用某种特殊装置，例如使用防护耳机就可以使较高的声压等级不会对操作人员造成危害。

注 2：使用说明书应当建议，责任者要以在正常使用时操作人员的位置上和以离设备外壳 1 m 具有最大声压级的任何位置上来测量和计算声压等级。

按 GB/T 3768 或 GB/T 16404 的规定，通过在操作人员位置上和在旁观者的位置上测量 A 计权的声压等级，以及如有必要，计算设备产生的最大 A 计权的声功率等级来检验是否合格。还要遵守下列条件：

a) 在测量时，为使设备正确工作所必需的和由制造厂提供的作为这种设备的一个完整部分的任何零部件，例如泵，要装上并使其按正常使用工作。

b) 用于测量的声级计要符合 IEC 60651 的 1 型，或如果是复合声级计，则要符合 GB/T 17181 的 1 型。

c) 试验房间是具有坚硬反射地板的半反射房间。任何墙壁或任何其他物体与设备表面之间的距离不小于 3 m。

d) 在负载与其他运行条件(例如压力流量、温度)组合产生最大声压力等级时对设备进行试验。

12.5.2 超声压力

如果设备的超声压力达到可能会引起危险的等级，则制造商应当测量设备能产生的最大超声压力等级。当在操作人员的正常位置，同时在离设备具有最高压力等级的位置 1 m 的距离测量时，超声压力在频率 20 kHz～100 kHz 的范围内，不得超过 20 μPa 基准压力值 110 dB。

在基准试验条件下，通过测量超声压力来检验是否合格。

12.6 激光源

使用激光源的设备应当满足 GB 7247.1 的要求。

按 GB 7247.1 的规定来检验是否合格。

13 对释放的气体、爆炸和内爆的防护

13.1 有毒和有害气体

设备在正常条件下不得释放出达到危险量的有毒或有害气体。

制造厂的文件应当说明设备能释放出哪一种潜在有毒和有害的气体以及这种气体的释放量。

通过检查制造厂的文件来检验是否合格。由于气体种类的广泛性以致不可能规定出基于极限值的符合性试验，因此应当参照专业的临界限值表。

13.2 爆炸和内爆

13.2.1 元器件

如果因过热或过载易于引起爆炸的元器件，未装有压力释放装置，则在设备中应当装有保护操作人员的防护装置(见 7.6 飞散的零部件)。

压力释放装置的位置应当确保在卸荷时不会给操作人员造成危险。其结构应当确保任何压力释放装置不会被阻塞。

通过目视检查来检验是否合格。

13.2.2 电池和电池的充电

电池不得由于过度充电、放电或由于电池安装时极性不正确而引起爆炸或出现着火危险。如果有必要，设备中应当提供防护，除非制造厂的说明书规定，该设备只能使用具有内部保护的电池。

如果由于装上错误型号的电池(例如，如果规定要装具有内部保护的电池)可能会引起爆炸或着火危险，则应当在电池舱、安装支架上或在其近旁标上警告标记，而且还应当在制造厂说明书中给出警告语句。可接受的标志是表1的符号14。

如果设备具有能对可充电电池充电的装置，且如果不可充电电池有可能被安装和连接在电池舱内，则应当在电池仓内或其近旁标上标志(见5.2)。该标志应当给出警告，防止对不可充电电池充电，同时还应当标出能与充电电路一起使用的可充电电池的型号。可接受的标志是表1的符号14。

电池舱的设计应当做到不可能因可燃性气体的积聚而引起爆炸和着火。

又见11.5。

为确认某一元器件失效不会导致爆炸或着火危险，通过目视检查，包括检查电池数据来检验是否合格。如有必要，在其失效有可能导致这种危险的任何一个元器件上(电池本身除外)进行短路或开路试验。

对预定要由操作人员来更换的电池，试着反极性安装一块电池，应当无危险发生。

13.2.3 阴极射线管的内爆

对最大屏面尺寸超过160 mm的阴极射线管，其自身应当能防内爆和机械撞击的影响，除非管壳提供足够的防护。

自身无防护的阴极射线管应当装有不用工具就不能拆卸的有效的防护屏，如果使用玻璃的隔离屏，则它不得与阴极射线管的屏面接触。

当阴极射线管正确安装时无需再作附加防护，则认为这种阴极射线管自身具有对内爆影响的防护能力。

按GB 8898的规定来检验阴极射线管是否合格。

13.2.4 额定高压设备

见11.7。

14 元器件

14.1 概述

如果涉及安全，则元器件应当按其规定的额定值使用，除非已作出特定的例外规定。元器件应当符合下列之一的要求：

a） 某个相关的GB或IEC标准的适用的安全要求，不要求符合该元器件标准的其他要求。如果对应用有必要，则元器件应当承受本部分的试验，但不需要再进行已在检验元器件标准符合性时完成的等同或等效的试验。

b） 本部分的要求，以及如果对应用有必要，相关的GB或IEC元器件标准任何附加的适用的安全要求。

c） 本部分的要求，如果无相关的GB或IEC标准。

d） 某个非GB或IEC标准的适用的安全要求。这些适用的安全要求至少要与相关的GB或IEC标准的适用的安全要求相当，只要该元器件已由经认可的检测机构按该非GB或IEC标准获得批准即可。

注：即使试验采用非GB或IEC标准，只要试验已由经认可的检测机构完成并确认符合适用的安全要求就无需重新进行试验。

图10是表示符合性检验方法的流程图。

通过目视检查,以及如有必要,通过试验来检验是否合格。对电动机和变压器,如已经通过 4.4.2.4、4.4.2.6、14.2 和 14.7 适用的试验,则无需再进一步试验。

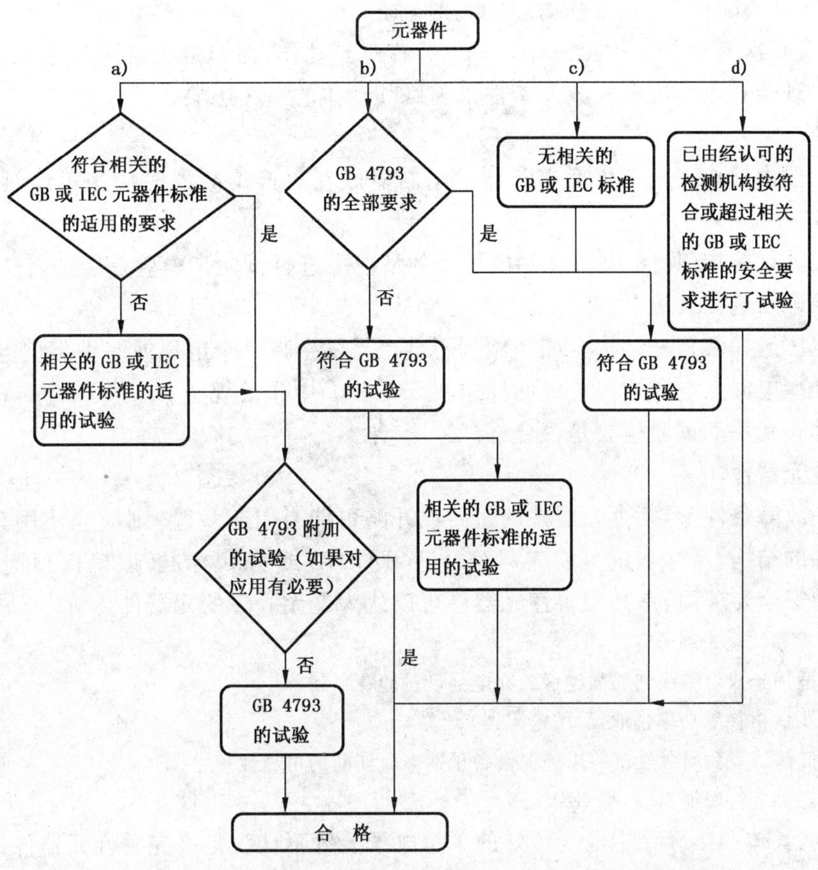

图 10 符合性选项 14.1 a)、b)、c)和 d)的流程图

14.2 电动机

14.2.1 电动机温度

当将电动机堵转或阻止启动(见 4.4.2.4)时,会出现电击危险、温度危险或着火危险,则应当采用符合 14.3 要求的过温保护装置或热保护装置来进行保护。

在 4.4.2.4 的故障条件下,按 10.2 的规定,测量单一故障条件下的温度来检验是否合格。

14.2.2 串激电动机

如果串激电动机转速过高会引起危险,则应当将串激电动机直接接到要由该串激电动机驱动的装置上。

通过目视检查来检验是否合格。

14.3 过温保护装置

过温保护装置是在单一故障条件下动作的装置,应当符合下列所有要求:

a) 在结构上应当做到能保证功能可靠;

b) 规定成能切断使用它们的电路中最大的电压和电流;

c) 在正常条件下不动作。

对在温度控制系统失效时才动作的过温保护装置,只要设备的被保护部分不能继续起作用,该过温保护装置应当自行复位。

通过研究过温保护装置的动作原理,以及使设备在单一故障条件下工作时,通过下列试验来检验是否合格。动作次数如下:

1) 对自复位过温保护装置使其动作 200 次;

2） 对非自复位过温保护装置，除热熔断器外，每次动作后要复位，因此要使其这样动作10次；

3） 对不能复位的过温保护装置使其动作1次。

注：为了防止设备的损坏，可以引入强制冷却和间歇时间。

试验期间，在每次施加单一故障条件后复位装置应当动作，而非复位装置应当动作一次。试验后，复位装置不得出现会在下一次单一故障条件下阻碍其动作的损坏迹象。

14.4 熔断器座

对装有预定要由操作人员来更换熔断器的熔断器座在更换熔断器时应当不能触及到危险带电零部件。

通过用铰接式试验指（见图B.2）在不施加力的情况下进行试验来检验是否合格。

14.5 电网电源电压选择装置

电网电源电压选择装置在结构上应当做到不会意外发生将一个电压或一种类型电源转换到另一个电压或另一种类型电源。电压选择装置的标志在5.1.3 d)中作出规定。

通过目视检查和手动试验检验是否合格。

14.6 高完善性元器件

如果在单一故障条件下，某个元器件的短路或开路可能会引起危险，则应当使用高完善性元器件。高完善性元器件的结构、尺寸和试验均应当符合适用的GB或IEC标准，以确保预期应用的安全和可靠。就本部分的安全要求而言，高完善性元器件可以认为是无故障的元器件。

注：这样的要求和试验的例子有：

a） 进行适用于双重绝缘和加强绝缘的介电强度试验；

b） 按至少两倍耗散功率选取尺寸（电阻器）；

c） 进行气候试验和耐久性试验以确保设备预期寿命期间的可靠性；

d） 对电阻器进行浪涌试验，见GB 8898。

利用在真空、气体或半导体中电子传导的单个电子装置不认为是高完善性元器件。

通过进行相关的试验来检验是否合格。

14.7 在设备外部试验的电源变压器

如果电源变压器在设备外部进行试验（见4.4.2.6）可能会影响试验结果，则应当在与设备内相同的环境条件下进行试验。

通过4.4.2.6规定的短路和过载试验，然后通过4.4.4.1 b)和c)的试验来检验是否合格。如果对变压器安装在设备内能否通过4.4.4和10.2的其他试验有任何怀疑，则要重新对安装在设备内部的变压器进行试验。

14.8 印制线路板

印制线路板应当采用可燃性等级为GB/T 11020的FV-1或更优的材料。

本要求不适用于包含有符合9.3要求的限能电路的薄膜挠性印制线路板。

通过检查材料的数据来检验可燃性额定值是否合格。另一种可供选择的方法是，在三个相关零部件的样品上，通过进行GB/T 11020规定的FV试验来检验是否合格。样品可以是下列规定的任一种样品：

a） 完整的零部件；

b） 零部件的截取部分，包括壁厚最薄的和带有任何通风孔的区域；

c） 符合GB/T 11020规定的样品。

14.9 用作瞬态过压限制装置的电路和元器件

如果在设备内采取对瞬态过压进行抑制的措施，则任何过压限制元器件或电路应当承受表17中适用的脉冲承受电压，10个正极性脉冲和10个负极性脉冲，脉冲间隔时间最长为1 min，脉冲由1.2/50 μs脉冲发生器（见GB/T 16927）产生。该脉冲发生器应当产生1.2/50 μs的开路电压波形和8/20 μs

的短路电流波形，且输出阻抗(峰值开路电压除以峰值短路电流)应当符合表18的规定。

对测量电路，试验电压在表17中作出规定。对其他电路，试验电压与测量类别Ⅱ的规定值相同。

表17 脉冲承受电压

电网电源标称相线-中线电压/V (交流或直流)	规定的脉冲承受电压/V 测量类别 Ⅱ	规定的脉冲承受电压/V 测量类别 Ⅲ	规定的脉冲承受电压/V 测量类别 Ⅳ
50	500	800	1 500
100	800	1 500	2 500
150	1 500	2 500	4 000
300	2 500	4 000	6 000
600	4 000	6 000	8 000
1 000	6 000	8 000	12 000

表18 脉冲发生器的输出阻抗

测量类别	输出阻抗/Ω
Ⅲ和Ⅳ	2
Ⅱ	12(见注)
注：可以在较低阻抗的发生器上串联电阻，使阻抗增加到该相应的数值。	

通过上面的试验来检验是否合格，试验后应当没有过载迹象，或者不得出现元器件性能的劣变。

注：用来抑制在GB 16895.11中所规定的瞬态过压的电路或元件不能采用上述的试验方法来进行试验。

15 利用联锁装置的保护

15.1 概述

用来防止操作人员遭受危险的联锁装置应当在危险消除之前防止操作人暴露在危险中，并应当符合15.2和15.3的要求。

通过目视检查和进行本部分的所有相关试验来检验是否合格。

15.2 防止重新启动

对保护操作人员的联锁装置，在引起联锁装置起作用的动作返回或取消之前，应当能防止由于操作人员重新手动启动而再次引起危险。

通过目视检查，以及如有必要，对能被铰接式试验指(见图B.2)触及到的任何联锁装置的零部件试着通过手动操作来检验是否合格。

15.3 可靠性

保护操作人员的联锁装置应当保证在设备的预期寿命期间不可能出现单一故障，或者不会引起危险。

通过对系统的评定来检验是否合格，如有怀疑，使联锁系统或系统中的有关零部件在正常使用中最不利的负载下循环通断。循环次数为设备预期寿命期间最多可能出现的循环次数的两倍，开关至少要进行10 000次循环动作的试验，通过这一试验的零部件被认为是高完善性元器件。

16 试验和测量设备

16.1 电流测量电路

对带有预定要与无内部保护的电流互感器连接的电流测量电路的设备应当具有足够的保护，以防止这些测量电路在工作期间断开而产生危险。电流测量电路的设计应当做到能确保在改变量程时，不出现可能引起危险的断开。

通过目视检查，以及通过过载试验，以 10 倍最大额定电流持续 1 s 来检验是否合格，试验期间不得产生会引起危险的断开。

通过目视检查，以及使开关装置通断最大额定电流 6 000 次来检验电流测量电路中的量程转换开关或类似装置。在完成 6 000 次循环操作后，开关装置不得出现电气或机械损坏，触点不得出现凹坑或烧毁。

16.2 多功能仪表和类似设备

多功能仪表和类似设备在额定输入电压、功能设置和量程控制的任何可能组合时不得引起危险，可能的危险包括电击、着火、飞弧和爆炸。

通过下列试验来检验是否合格。

在功能和量程控制的每种组合时，将针对任何一种功能所规定的最大额定电压依次施加到每一对端子上。在本试验期间，连接到设备测量端子的试验电源伏安值，对测量类别Ⅰ或测量类别Ⅱ限制在 3.6 kVA，对于测量类别Ⅲ或测量类别Ⅳ，试验电路应当能输出 30 kVA。

试验中和试验后应当无危险发生。

附 录 A
(规范性附录)
接触电流的测量电路
(见 6.3)

注:本附录是以 GB/T 12113 规定的测量接触电流的程序为基础的,该标准也规定了测试电压表的特性。

A.1 频率小于或等于 1 MHz 的交流和直流的测量电路

用图 A.1 的电路测量电流,并用下面公式计算:

$$I = \frac{U}{500}$$

式中:

I——电流,单位为安培(A);

U——电压表指示的电压,单位为伏特(V)。

该电路代表人体阻抗和补偿人体生理反应随频率的变化。

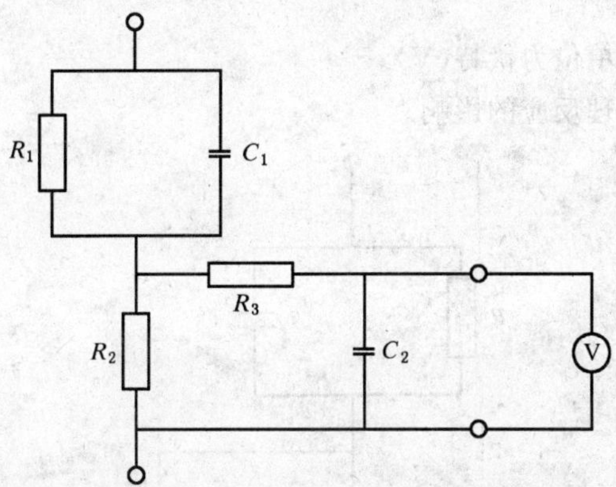

$R_1 = 1\ 500\ \Omega$

$R_2 = 500\ \Omega$

$R_3 = 10\ \text{k}\Omega$

$C_1 = 0.22\ \mu\text{F}$

$C_2 = 0.022\ \mu\text{F}$

图 A.1 频率小于或等于 1 MHz 的交流和直流测量电路

A.2 频率小于或等于 100 Hz 的正弦交流和直流的测量电路

当频率不超过 100 Hz 时,用图 A.2 的任一电路测量电流,当用电压表时,电流由下式计算:

$$I = \frac{U}{2\ 000}$$

式中:

I——电流,单位为安培(A);

U——电压表指示的电压,单位为伏特(V)。

该电路代表频率不超过 100 Hz 时的人体阻抗。

注:2 000 Ω 的阻值包括测量仪表的阻抗。

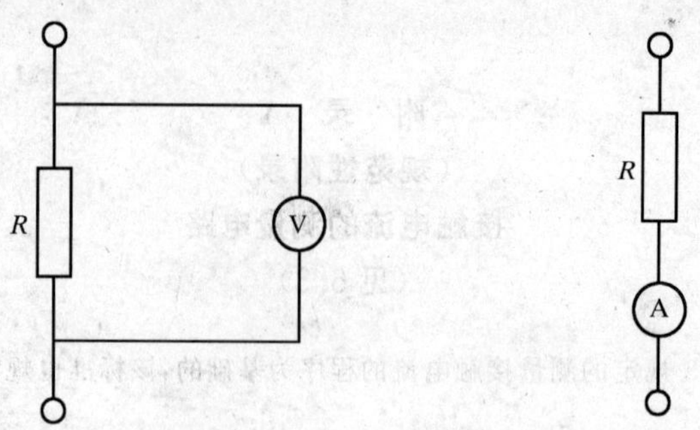

$R = 2\ 000\ \Omega$

图 A.2　频率小于或等于 100 Hz 的正弦交流和直流测量电路

A.3　高频电灼伤电流的测量电路

用图 A.3 的电路测量电流，并按下式计算：

$$I = \frac{U}{500}$$

式中：

I——电流，单位为安培(A)；

U——电压表指示的电压，单位为伏特(V)。

该电路补偿高频对人体生理反应的影响。

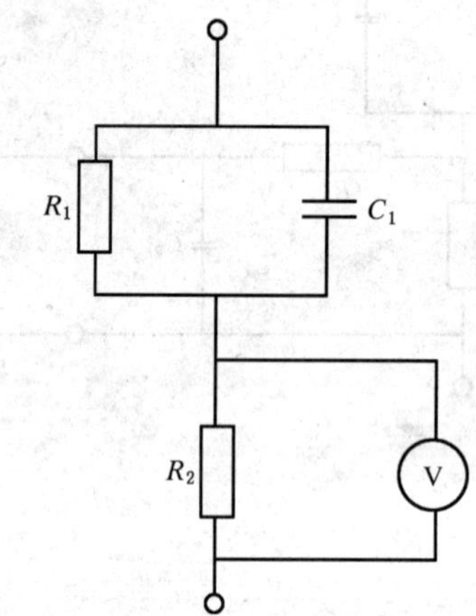

$R_1 = 1\ 500\ \Omega$

$R_2 = 500\ \Omega$

$C_1 = 0.22\ \mu F$

图 A.3　电灼伤电流测量电路

A.4　潮湿接触电流的测量电路

用图 A.4 的电路测量潮湿接触电流，并按下式计算：

$$I = \frac{U}{500}$$

式中：

I——电流，单位为安培(A)；

U——电压表指示的电压，单位为伏特(V)。

该电路代表无皮肤接触电阻的人体阻抗。

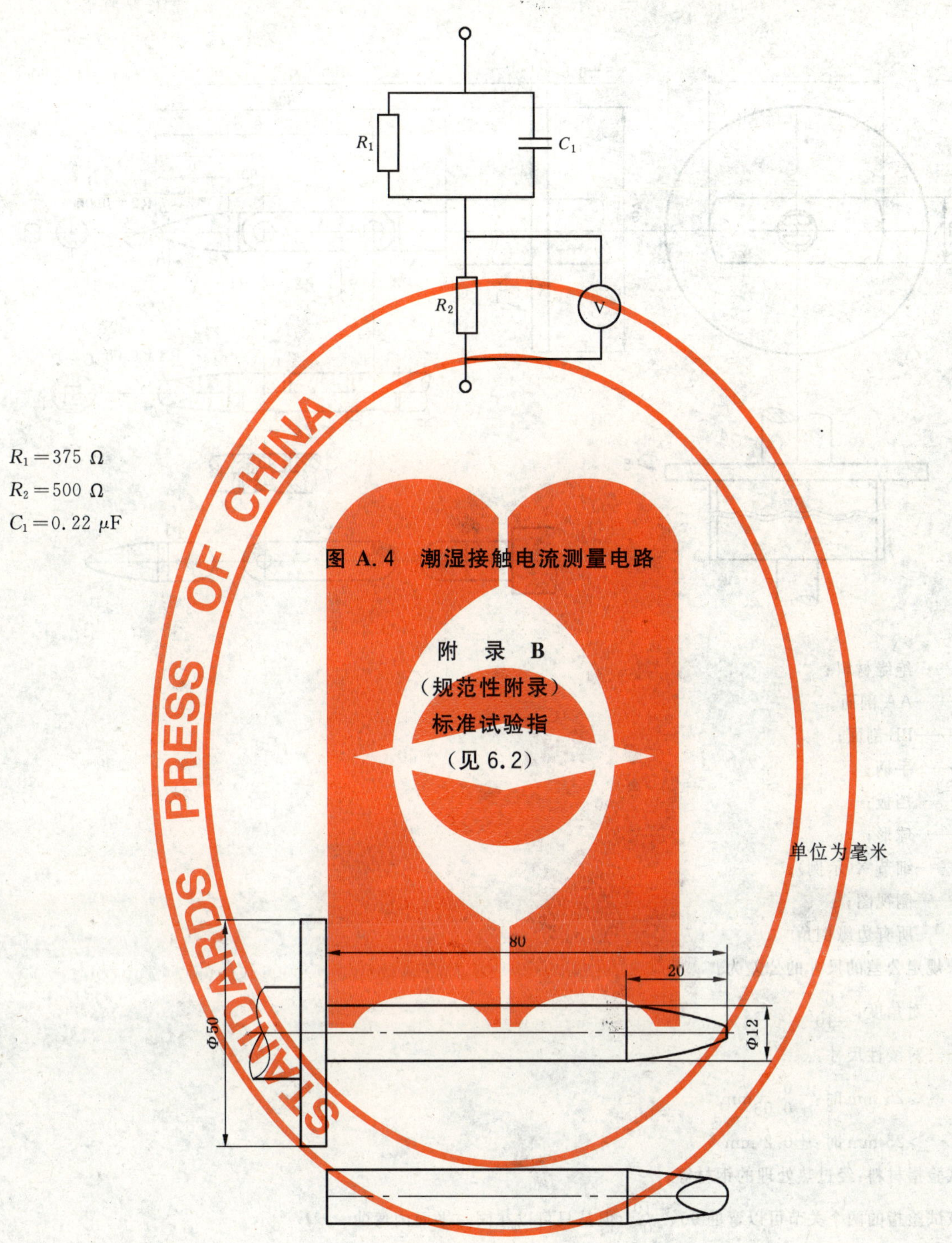

$R_1 = 375\ \Omega$

$R_2 = 500\ \Omega$

$C_1 = 0.22\ \mu F$

图 A.4 潮湿接触电流测量电路

附 录 B
（规范性附录）
标准试验指
（见 6.2）

单位为毫米

指尖的尺寸和公差见图 B.2。

图 B.1 刚性试验指(GB/T 16842 的试具 11)

单位为毫米

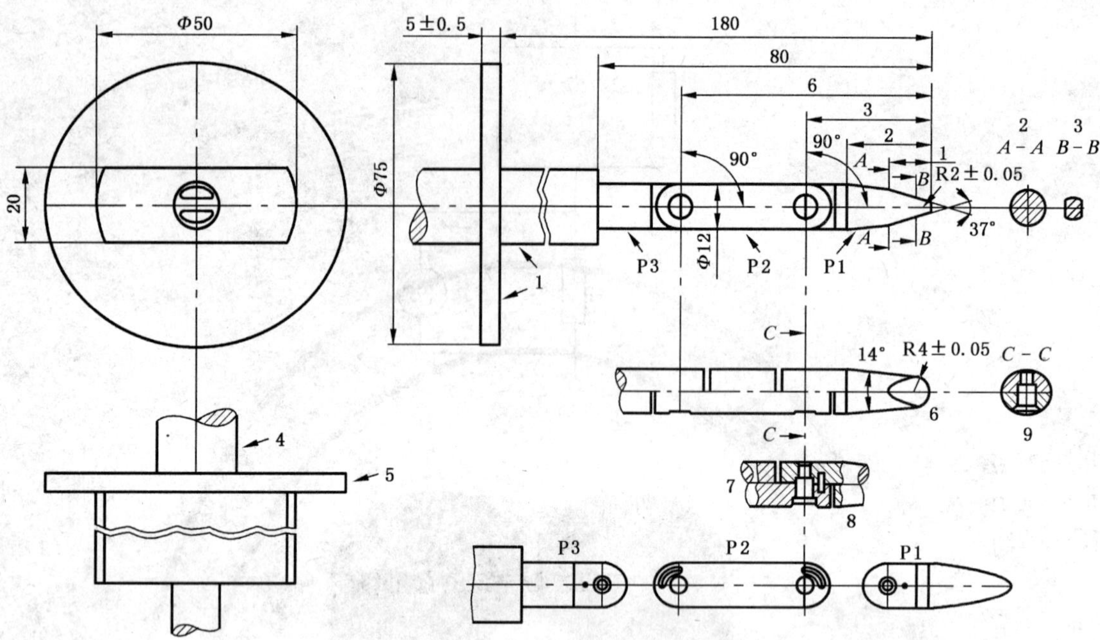

1——绝缘材料；

2——AA 剖面；

3——BB 剖面；

4——手柄；

5——挡板；

6——球形；

7——细节 X(示例)；

8——侧视图；

9——所有边缘倒角

未规定公差的尺寸的公差为：

——对角度：$^{0}_{-10'}$

——对线性尺寸：

$\leqslant$25 mm 时：$^{0}_{-0.05}$mm

$>$25 mm 时：$\pm$0.2 mm

试验指材料：经过热处理的钢材等。

该试验指的两个关节可以弯曲 $90^{\circ}{}^{+10^{\circ}}_{0^{\circ}}$，但是只可以在同一平面内弯曲。

为了使弯曲角度限制在 90°，采用销和槽的解决办法仅仅是各种可能解决的途径之一。由于这一原因，所以图中未给出这些细节的尺寸和公差。实际设计应当保证 $90^{\circ}{}^{+10^{\circ}}_{0^{\circ}}$ 的弯曲角。

图 B.2　铰接式试验指(GB/T 16842 的试具 B)

附　录　C
（规范性附录）
电气间隙和爬电距离的测量

例 1 至例 11 中规定的、适用于各种实例的沟槽宽度 X 按不同的污染等级规定如下。

下面的例子中规定的尺寸 X 有一个最小值，取决于表 C.1 给出的污染等级。

表 C.1　污染等级表

污染等级	尺寸 X 最小值/mm
1	0.25
2	1.0
3	1.5

如果所涉及的电气间隙小于 3 mm，则最小尺寸 X 可减小到该电气间隙的三分之一。

测量电气间隙和爬电距离的方法在下面例 1 至例 11 中说明。这些例子不区分裂缝和沟槽也不区分绝缘的类型。

需要做出以下一些假定：

a)　如果跨越沟槽的宽度大于或等于 X，爬电距离要沿沟槽的轮廓线进行测量（见例 2）。

b)　假定任何凹槽桥接有一段长度等于 X 的绝缘连杆，而且桥接在最不利的位置（见例 3）。

c)　在相互间能处于不同位置的零部件之间测量电气间隙和爬电距离时，要在这些零部件处于最不利的位置测量。

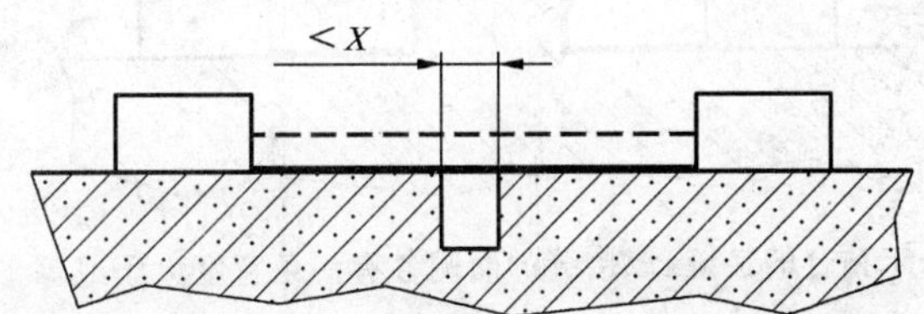

例 1　所测量的路径包含一条任意深度，宽度小于 X、槽壁平行或收敛的沟槽。

直接跨沟槽测量爬电距离和电气间隙。

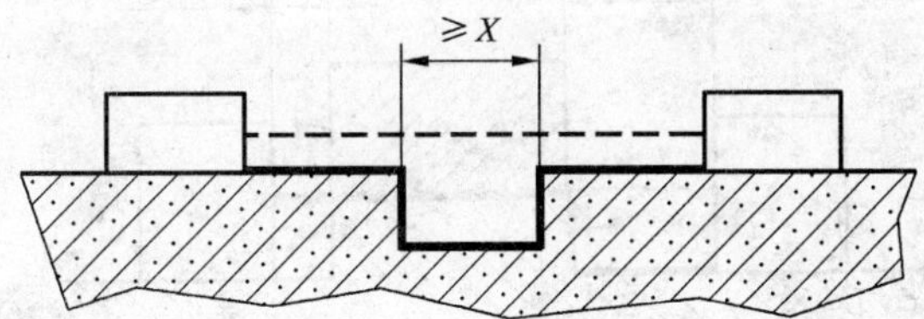

例 2　所测量的路径包含一条任意深度，宽度等于或大于 X、槽壁平行的沟槽。

电气间隙就是“视线”距离。爬电距离是沿沟槽轮廓线伸展的通路。

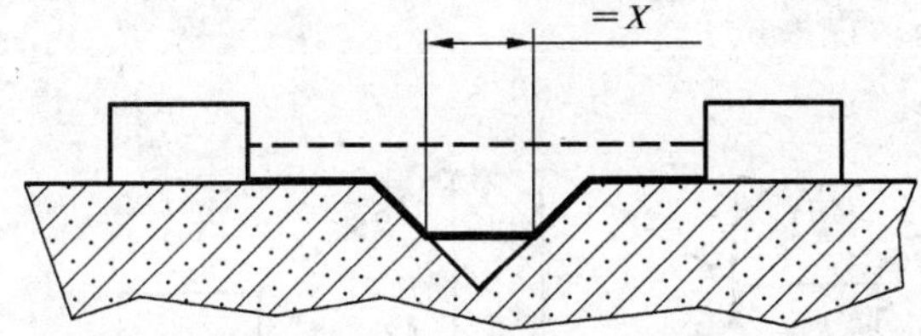

例 3　所测量的路径包含一条宽度大于 X 的 V 形沟槽。

电气间隙就是“视线”距离。

爬电距离是沿沟槽轮廓线伸展的通路，但沟槽底部用长度为 X 的连杆“短接”。

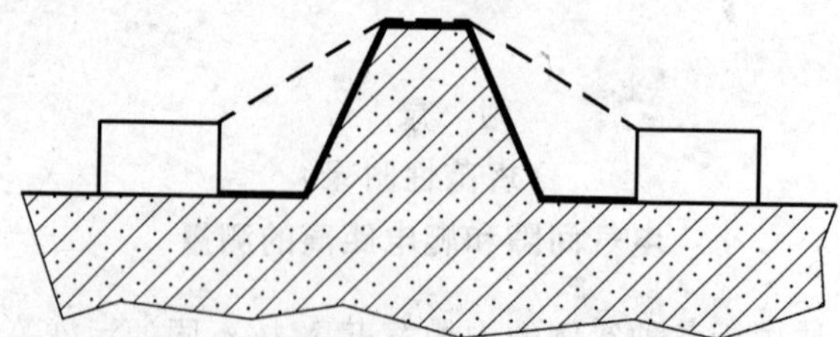

例 4　所测量的路径包含一根肋条。

电气间隙是越过肋条顶部最短直达空间通路。爬电距离是沿肋条轮廓线伸展的通路。

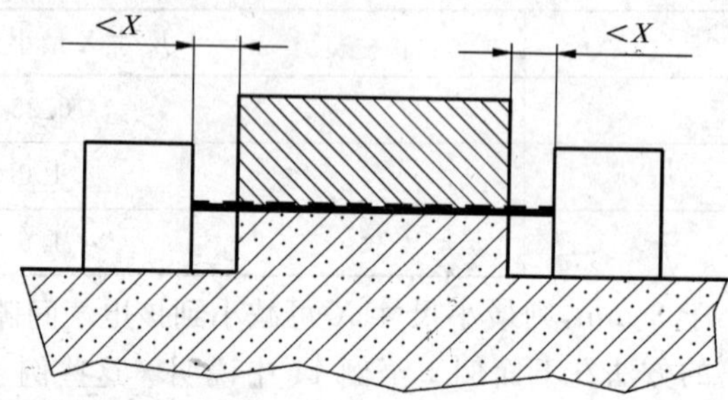

例 5　所测量的路径包含一条未粘合的接缝，该接缝的两侧各有一条宽度小于 X 的沟槽。

爬电距离和电气间隙是如图所示的"视线"的距离。

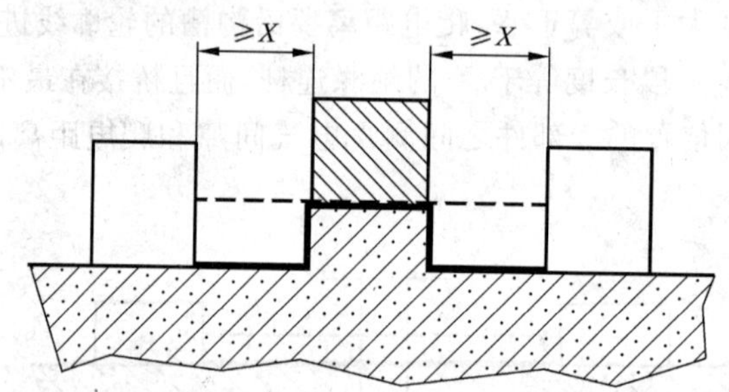

例 6　所测量的路径包含一条未粘合的接缝，该接缝的两侧各有一条宽度大于或等于 X 的沟槽。

电气间隙是"视线"的距离。

爬电距离是沿沟槽轮廓线伸展的通路。

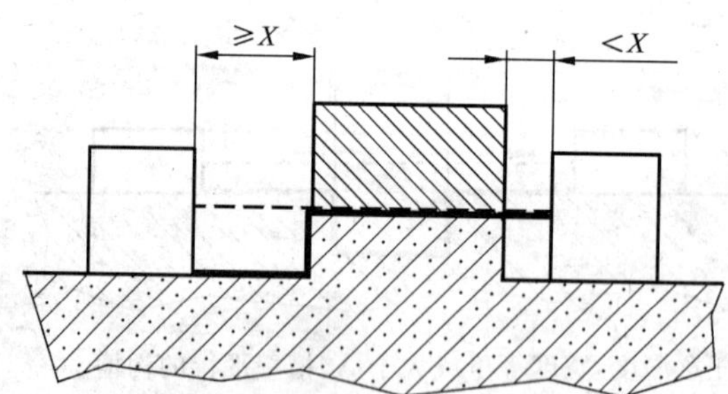

例 7　所测量的路径包含一条未粘合的接缝，该接缝的一侧有一条宽度小于 X 的沟槽，另一侧有一条宽度等于或大于 X 的沟槽。

爬电距离和电气间隙如图所示。

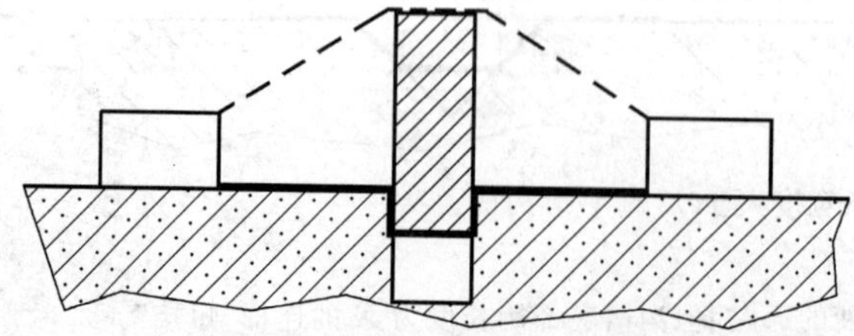

例 8　通过未粘合接缝的爬电距离小于越过挡板的爬电距离。

电气间隙是越过挡板顶部最短直达空间距离。

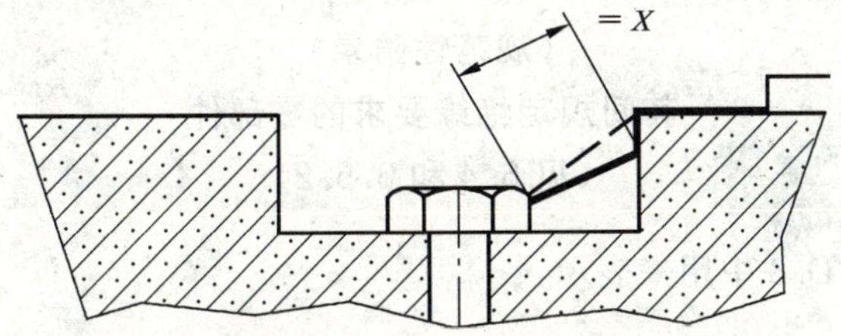

例 9　由于螺钉头与凹槽槽壁之间的空隙太窄，所以不必考虑该空隙。

例 10　由于螺钉头与凹槽槽壁之间的空隙足够宽，所以必须考虑该空隙。

当该空隙的距离等于 X 时，爬电距离的测量值就是从螺钉到槽壁的距离。

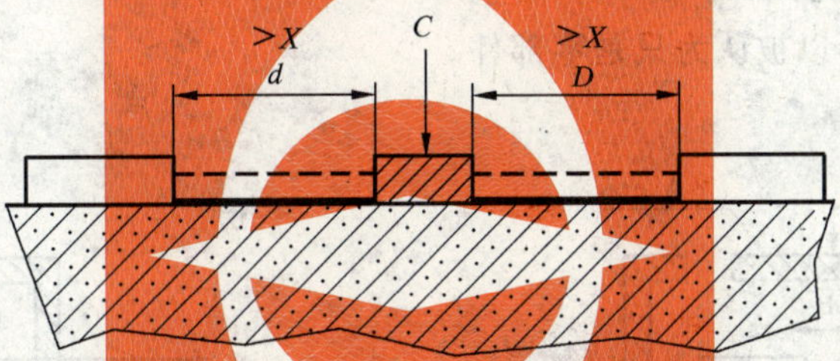

例 11　C 为一浮地零部件。

电气间隙和爬电距离 $d+D$。

———— 爬电距离

— — — — 电气间隙

图 C.1　电气间隙和爬电距离测量方法的例子

附　录　D
（规范性附录）
其间规定绝缘要求的零部件
（见 6.4 和 6.5.2）

下列符号在图 D.1～图 D.3 中用来表示：

a)　要求：

B　要求基本绝缘；

D　要求双重绝缘和加强绝缘。

b)　电路和零部件：

A　与保护导体端子不连接的可触及零部件；

H　正常条件下是危险带电的电路；

N　正常条件下不超过 6.3.2 限值的电路；

R　与基本绝缘组合形成保护阻抗的高阻抗[见 6.5.3 c)]；

S　保护屏；

T　可触及的外部端子；

Z　次级电路的阻抗。

所给出的次级电路也可以被认为只是零部件。

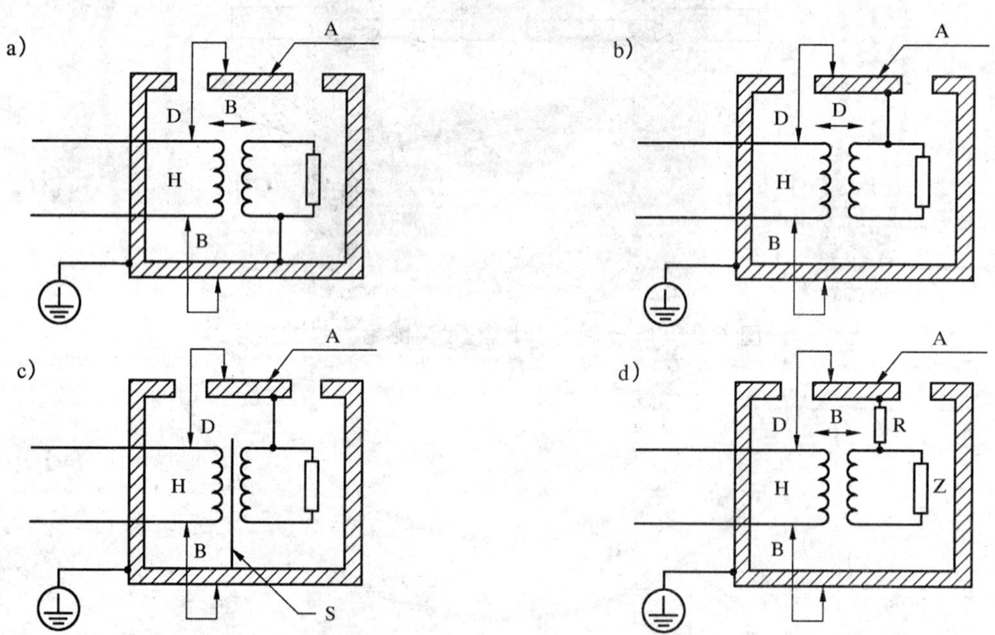

图 D.1 a)至 d)　危险带电电路与正常条件下不超过 6.3.2 限值且具有可触及零部件的外部端子的电路之间的防护

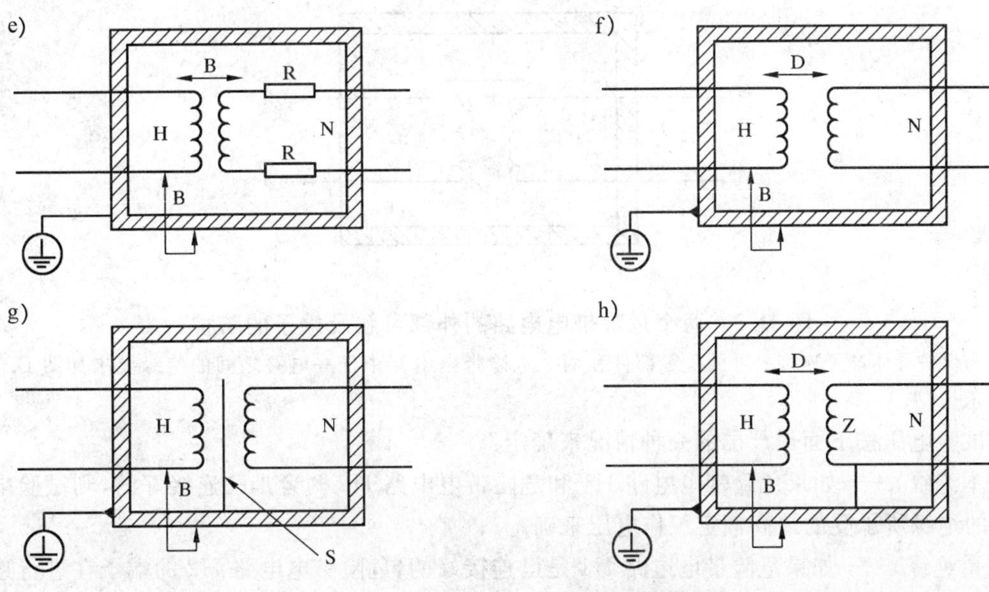

如果 Z 足够低，则 D 可以是 B(见 6.6.1)

图 D.1 e)至 h)　危险带电电路与正常条件下不超过 6.3.2 限值且具有外部端子的其他电路之间的防护

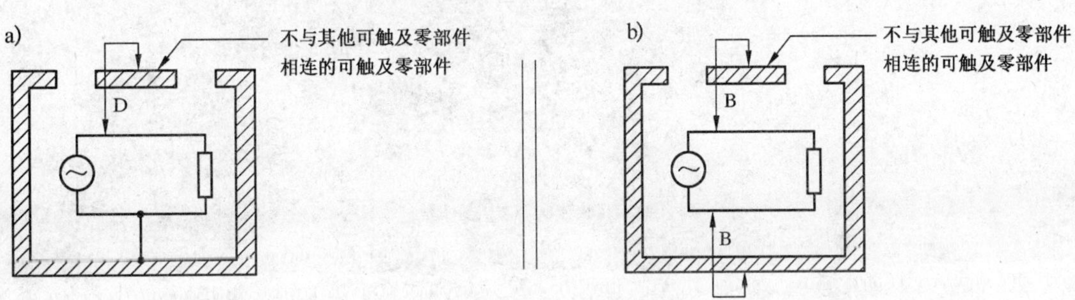

图 D.2 a)和 b)　不与其他可触及零部件相连的可触及件对内部危险带电电路的防护

图 D.2 c)和 d)　正常条件下不超过 6.3.2 限值的次级电路的可触及端子对初级危险带电电路的防护

注：图 D.2 c)和 D.2 d)所示的电路也可以有其他防护措施，例如保护屏、电路保护连接(见 6.5.1)和保护阻抗(见 6.5.3)。

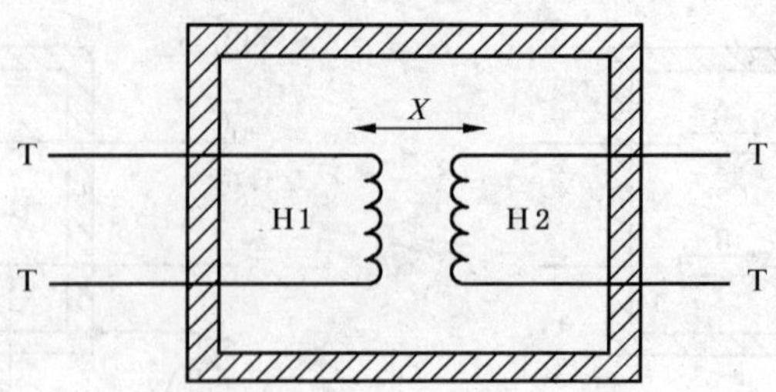

图 D.3 两个危险带电电路的外部可触及端子的防护

注：未与保护导体端子连接的可触及零部件和两个危险带电电路中任一电路之间的绝缘要求如图 D.1 a)至 d)所示。

X 的试验电压按下面最严酷的一种情况来确定：

B(基本绝缘)——如果危险带电电路 H1 和危险带电电路 H2 两者是已连接好的，则试验电压根据电路之间的绝缘所承受的最高额定工作电压来确定；

D(双重绝缘)——如果危险带电电路 H1 是已连接好的，危险带电电路 H2 的端子在进行连接时又是可触及的，则试验电压根据危险电路 H1 的绝缘所承受的最高额定工作电压来确定；

D(双重绝缘)——如果危险带电电路 H2 是已连接好的，危险带电电路 H1 的端子在进行连接时是可触及，则试验电压根据危险电路 H2 的绝缘所承受的最高额定工作电压来确定。

附 录 E
（规范性附录）
污染等级的降低

表 E.1 给出了通过采用附加防护使内部环境污染等级的降低。

表 E.1 通过采用附加防护使内部环境污染等级的降低

附加防护	从外部环境污染等级 2 降至	从外部环境污染等级 3 降至
采用 GB 4208 的 IPX4 外壳	2	2
采用 GB 4208 的 IPX5 或 IPX6 外壳	2	2
采用 GB 4208 的 IPX7 或 IPX8 外壳	2(见注)	2(见注)
采用气密密封的外壳	1	1
采用连续加热	1	1
采用密封	1	1
采用使用涂层	1	2
注：如果设备制造时已确保其内部是低湿度的，且说明书又规定，在打开外壳后再次合上外壳时，必须在湿度受控的环境中进行或者必须使用干燥剂，则污染等级就能降至 1 级。		

附 录 F
（规范性附录）
例 行 试 验

制造厂商对其生产的带有危险带电零部件和可触及导电零部件的设备应当100％地进行F.1～F.3的试验。

除非能清楚地表明其试验结果在后续的制造阶段是有效的，否则应当使用完全组装好的设备来进行试验。进行试验时不得拆掉设备电线、改装或拆开设备，但是如果扣式盖子和摩擦紧固的旋钮对试验有影响，则应当将其拆下。设备在试验期间不得通电，但其电源开关应当置于通位。

设备不需要包上金属箔，也不需要进行潮湿预处理。

F.1 保护接地

在一端为器具输入插座的接地插销或插头连接式设备的电源插头的接地插销，或者永久性连接式设备的保护导体端子，以及另一端为6.5.1要求与保护导体端子相连的所有可触及导电零部件之间进行接地连续性试验。

注：对试验电流值不作规定。

F.2 电网电源电路

在一端为连接在一起的电网电源端子，以及另一端为连接在一起的所有可触及导电零部件之间，施加6.8规定的（但不进行潮湿预处理）对应于基本绝缘的试验电压。就本部分而言，预定要与其他设备的非带电的电路相连的任何输出端子的接触件被认为是可触及导电零部件。

试验电压应当在2 s内升至规定值，并至少保持2 s。

不得出现击穿或重复的飞弧，不考虑电晕效应和类似现象。

F.3 其他电路

在一端为连接在一起的在正常工作时能成为危险带电的浮地输入电路的端子，以及另一端为连接在一起的可触及导电零部件之间施加试验电压。

还要在一端为连接在一起的在正常使用时能成为带电的浮地输出电路的端子，以及另一端为连接在一起的可触及导电零部件之间施加试验电压。

对每一种情况施加的电压值为工作电压的1.5倍。如果电压限制（箝位）装置在低于1.5倍的工作电压下动作，则施加的电压值为0.9倍的箝位电压，但不小于工作电压。

注：在具有与保护导体端子相连的可触及导电零部件的设备中，可触及导电零部件是能与器具输入插座的接地插销或电源插头的接地插销相连的，在进行试验时，要将设备与任何外部接地装置进行电气隔离。

不得出现击穿或重复的飞弧，不考虑电晕效应和类似现象。

附 录 G
（资料性附录）
液体压力产生的泄漏和破裂

美国、加拿大和其他一些国家采纳本附录的要求和试验，作为有关高压力方面国家法规的符合性检验标准。

G.1 概述

对承受压力设备中装有液体的部件，在正常工作条件下和单一故障条件下不得由于泄漏或破裂而产生危险。

按 G.2～G.4 的规定来检验是否合格。

G.2 压力大于 2 MPa 和压力与容积的乘积大于 200 kPa·L

G.2.1 概述

在正常使用时具有以下两个特点的设备中装有液体的部件不得由于破裂或泄漏而产生危险：

a) 压力与容积的乘积大于 200 kPa·L；

b) 压力大于 2 MPa。

注：此类设备包括使用软波纹管、膜片、布尔登管(Bourdon tube)的液压驱动设备，以及诸如要接在其额定压力等于或大于 2 MPa 加工压力上的流量计设备。

通过检查以及通过进行 G.2.2～G.2.6 的流体静力学试验来检验是否合格。试验期间要使任何用来限制最大工作压力的安全过压装置不起作用。

图 G.1 给出了符合性确认方法的流程图。

G.2.2 进行流体静力学试验

对设备正常工作时承受液体压力的部件注入适当的液体，例如注入水，以排出空气，然后接上液压泵，将压力逐渐升高至规定的试验压力。

当采用双液压系统时，要通过用原注入的液压液体，或者在无原注入的液压液体的情况下，要通过注入试验用液体，使设备在正常工作时承受间接压力负荷的那些部件同时承受试验压力。

试验压力值根据额定压力值($p_{额定}$)来确定。当设备上标出的是最大压力值，则试验压力就等于设备上标出的最大压力值，或者如果设备上标出的是最大瞬态过压值(可以施加的不会使性能发生永久性变化的最大压力)，则试验压力就等于最大瞬态过压值。对差动压力设备，其额定压力值等于工作压力和静态压力中的较高值。

G.2.3～G.2.6 规定的试验压力值适用于额定压力小于或等于 14 MPa 的设备。对额定压力更高的设备，采用表 G.1 的规定值。

如果规定，对“设备”施加压力，则“设备”是指设备在正常使用时承受压力的那个部件。如果规定，对“外部外壳”施加压力，则“外部外壳”是指将产生压力的设备全部或部分密封起来的不产生压力的，但也不承受压力的任何外壳、罩壳或机壳。

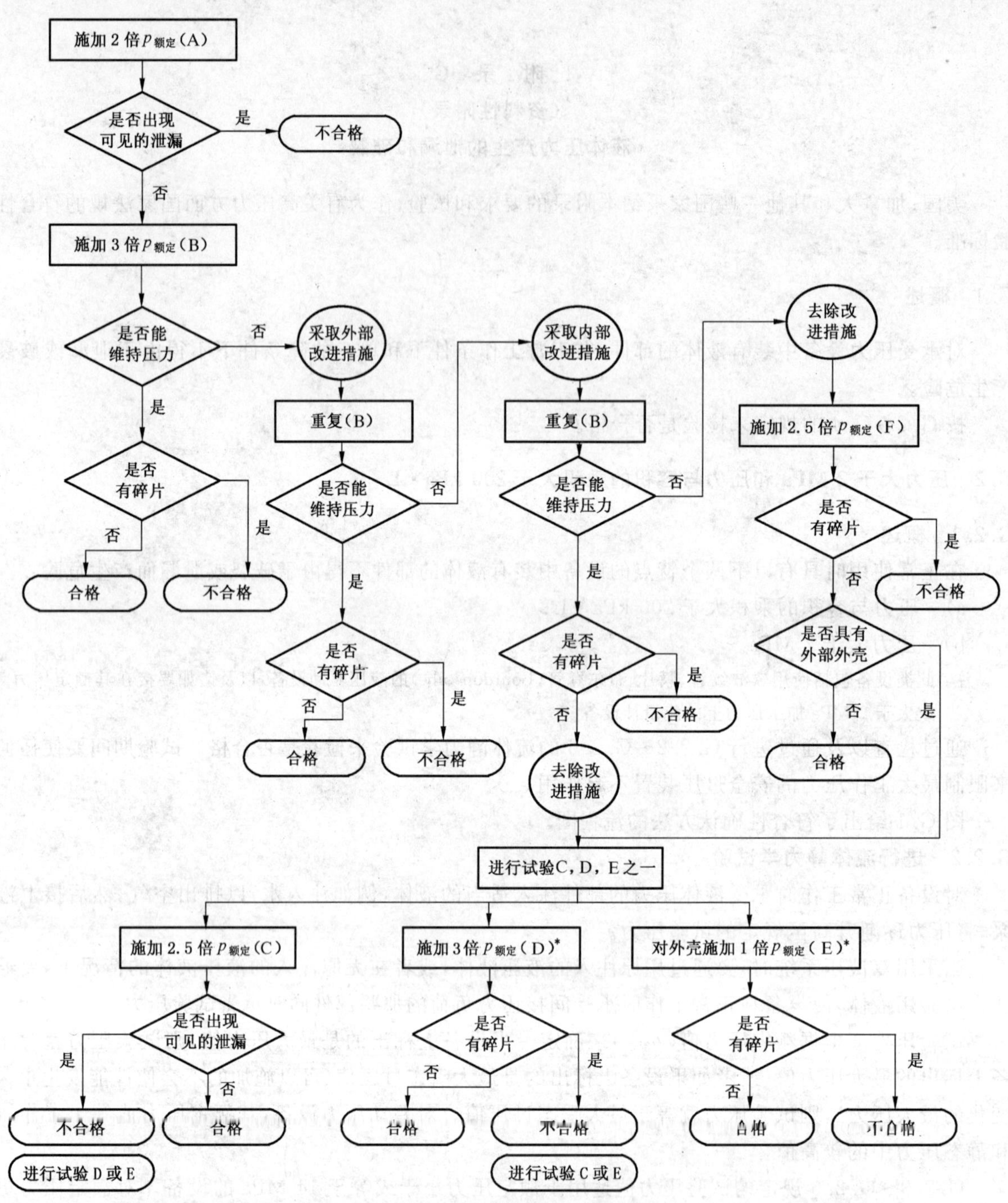

* 试验不适用于预定要使用有毒的、可燃的、或其他危险材料的设备。

试验A至F的条款号是:

A—G.2.3 a)　　D—G.2.5 b)

B—G.2.3 b)　　E—G.2.5 c)

C—G.2.5 a)　　F—G.2.6

$p_{额定}$=额定压力

图G.1 符合性确认程序(见第G.2章)

G.2.3 初始试验

按下列试验进行:

a) 对设备施加2倍$p_{额定}$压力1 min,无可见的泄漏;

b) 对设备施加 3 倍 $p_{额定}$ 压力 1 min，无导致碎片飞出设备外的任何破裂或失效。

在进行试验 b)时，可能由于布尔登管、膜片或波纹管出现裂缝，或者由于接缝或密封处失效而发生泄漏。如果压力能维持 1 min，则这些情况就不认为是试验不合格。但是如果泄漏的速率达到难以使压力维持 1 min，则可以采取 G.2.4 规定的改进措施，然后重新进行试验。

1) 如果设备仅按 G.2.4 a)采取改进措施后，通过了 G.2.3 b)的试验，则无需再做进一步的试验。

2) 如果设备按 G.2.4 b)采取改进措施后，通过了 G.2.3 b)的试验，则去除改进措施，然后进行 G.2.5 之一的试验。

3) 如果设备仍然未能通过 G.2.3 b)的试验，则去除改进措施，然后进行 G.2.6 的试验。

G.2.4 使泄漏减至最小的改进措施

可以采取下列改进措施：

a) 可以改进外部连接件以减小泄漏。

b) 可以用一种更加有效的非功能件来代替在正常使用时承受压力的设备部件与外部外壳之间构成结构性隔挡物的防漏密封垫或弹性密封件(非测量元件的一部分)。

G.2.5 改进措施能减小泄漏时的附加试验

如果设备在成功地重新进行 G.2.3 b)的试验前采取了 G.2.4 b)规定的改进措施，则将设备恢复到其原来的状态，然后在该未改进的设备上再进行下面 a)、b)或 c)之一的试验。对预定装有有毒的、可燃的或其他危险物质的设备，则进行 a)的试验。

a) 对设备施加 2.5 $p_{额定}$ 压力 1 min，无可见的泄漏。

b) 对设备施加 3 $p_{额定}$ 压力 1 min，无导致碎片飞出外壳外的任何破裂或失效。

注 1：在这种情况下，即使设备内不能维持 3 $p_{额定}$ 压力，但外部外壳的泄漏速率仍能保持在防止积累危险压力的速率上。

c) 如果设备具有一个能耐压力的外部外壳，则对外部外壳施加 $p_{额定}$ 压力 1 min，无导致碎片飞出外部外壳的任何破裂或失效。

注 2：在这种情况下，是由具有抗压能力的外部外壳来防止破裂或飞出碎片。

G.2.6 改进措施未能减小泄漏时的附加试验

如果在采取了 G.2.4 的改进措施后未能通过 G.2.3 b)的试验，但泄漏起着压力释放机构的作用，如果在去除改进措施后，设备能通过下列规定的试验，以及如果设备具有外部外壳，又通过了 G.2.5 的 a)、b)和 c)之一的试验，则仍认为设备符合 G.2.3 b)的要求。

对设备施加 2.5 $p_{额定}$ 压力 1 min，无导致碎片飞出设备外的任何破裂和失效。

表 G.1 压力超过 14 MPa 的设备的试验压力

$p_{额定}$	G.2.5 c)的试验的压力	G.2.3 a)的试验的压力	G.2.5 a)和 G.2.6 的试验的压力	G.2.3 b)和 G.2.5 b)的试验的压力
>14～≤70 MPa	$p_{额定}$	1.75$p_{额定}$ 加 3.5 MPa	2.0$p_{额定}$ 加 7 MPa	2.5$p_{额定}$ 加 7 MPa
>70 MPa	$p_{额定}$	1.3$p_{额定}$ 加 35 MPa	1.5$p_{额定}$ 加 42 MPa	2.0$p_{额定}$ 加 42 MPa

G.3 50 kPa～2 MPa 之间以及压力与容积的乘积大于 200 kPa·L

在正常使用时具有以下两个特点的设备中装有液体的部件不得由于破裂或泄漏而产生危险。

a) 压力与容积的乘积大于 200 kPa·L；

b) 压力在 50 kPa～2 MPa 之间。

按 G.2.2 的规定，通过进行流体静力学试验来检验是否合格。试验时，要使用来限制最大工作压力的任何过压安全装置不起作用。

对设备施加 3 $p_{额定}$ 压力 1 min，无泄漏、永久(塑性)变形、或爆炸。但是对预定不装有毒的、可燃的或其他危险物质的设备，在密封处出现大于 1.2 $p_{额定}$ 压力的泄漏是允许的。

如果在无标志的装有液体的部件上或管件上无法进行流体静力学试验，则通过适当的等效试验，例如以 3 $p_{额定}$ 的气压试验来检验它们的完整性。

作为上述符合性检验方法的一个例外，制冷系统装有液体部件的符合性要按 GB 4706 的规定来检验。

G.4 压力小于 50 kPa 或压力与容积的乘积小于 200 kPa・L

对在较小压力下或压力与容积的乘积小于 200 kPa・L 的装有液体的部件，其泄漏不得产生危险。

通过目视检查部件的额定值，以及如有必要，通过对部件施加液压等于两倍正常使用时的最大压力来检验是否合格。压力施加 1 min，不可能会产生危险的泄漏发生。

G.5 过压安全装置

过压安全装置不得在正常使用时动作，而且应当符合下列所有要求。

a) 应当尽可能紧密连接在其所要保护的系统装有液体的部件上。

b) 在安装上应当做到留有易于进入进行检查、维护和修理的通道。

c) 不使用工具应当不能进行调节。

d) 其泄放口的位置和方向应当确保所泄放出的材料不正对着任何人员。

e) 其泄放口的位置和方向应当确保不会因沉积可能会使零部件劣变的材料而使过压安全装置的动作产生危险。

f) 应当具有足够的泄放能力，以确保一旦供压控制失效而不会使压力超过 1.1 $p_{额定}$。

g) 在任何过压安全装置与预定要保护的部件之间不得装有截流阀。

又见 11.7.4。 ‖

通过目视检查和试验来检验是否合格。

参 考 文 献

GB 16895.11—2001 建筑物电气装置 第4部分:安全防护 第44章:过电压保护 第442节:低压电气装置对暂时过电压和高压系统与地之间的故障的防护(idt IEC 60364-4-442:1993)

GB 16895.12—2001 建筑物电气装置 第4部分:安全防护 第44章:过电压保护 第443节:大气过电压或操作过电压保护(idt IEC 60364-4-443:1995)

GB 17465.1 家用和类似用途的器具耦合器 第一部分:通用要求(GB 17465.1—1998,eqv IEC 60320-1:1994)

GB 17465.2 家用和类似用途的器具耦合器 第二部分:家用和类似设备用互联耦合器(GB 17465.2—1998,eqv IEC 60320-2:1990)

GB 4943—2001 信息技术设备的安全(idt IEC 60950:1999)

GB 9364.1 小型熔断器 第1部分:小型熔断器定义和小型熔断体通用要求(GB 9364.1—1997,idt IEC 60127-1:1988)

GB 9364.2 小型熔断器 第2部分:管状熔断体(GB 9364.2—1997,idt IEC 60127-2:1989)

GB 9364.3 小型熔断器 第3部分:超小型熔断体(GB 9364.3—1997,idt IEC 60127-3:1988)

GB 9364.4 小型熔断器 第4部分:通用模件熔断体(GB 9364.4—2006,IEC 60127-4:2004,IDT)

GB 9364.6 小型熔断器 第6部分:小型管状熔断体的熔断器座(GB 9364.6—2001,idt IEC 60127-6:1994)

GB 9706 医用电气设备(idt IEC 60601:1988)

GB/T 12113—2003 接触电流和保护导体电流的测量方法(IEC 60990:1999,IDT)

GB/T 16842—1997 检验外壳防护用的试具(idt IEC 61032:1990)

GB/T 16935.1—1997 低压系统内设备的绝缘配合 第一部分:原理、要求和试验(idt IEC 60664-1:1992)

GB/T 4207—2003 固体绝缘材料在潮湿条件下相比电痕化指数和耐电痕化指数的测定方法(IEC 60112:1979,IDT)

GB/T 4728.2—1998 电气简图用图形符号 第2部分 符号要素、限定符号和其他常用符号(idt IEC 60617-2:1996)

GB/T 5465.2—1996 电气设备用图形符号(idt IEC 60417:1994)

GB 19212(所有部分) 电力变压器、电源装置和类似产品的安全(IEC 61558:1998,MOD)

GB 4706.1—1998 家用和类似用途电器的安全 第一部分:通用要求(eqv IEC 60335-1:1991)

IEC 60050(151):1978 国际电工词典(IEV) 第151章:电磁装置

IEC 60050(826):1982 国际电工词典(IEV) 第826章:建筑物的电气装置

IEC 60079(所有部分) 爆炸气体大气的电气器具

IEC 60204(所有部分) 工业机器的绝缘设备

IEC 60405:1972 原子仪器:提供人体防护离子辐射的结构要求

IEC 60439-1:1999 低压接电装置和控制装置组件 第1部分:型式测试和部分型式测试组件

IEC 60445:1999 人机接口的基本和安全原则

IEC 60447:1993 人机接口(MMⅠ) 驱动原则

IEC 60521:1998 0.5、1和2级交流有功电度表

IEC 61326(所有部分) 测量、控制和实验室用的电设备电磁兼容性要求

ICS 19.04/20
A 21

中华人民共和国国家标准

GB/T 4798.3—2007
代替 GB/T 4798.3—1990

电工电子产品应用环境条件 第3部分:有气候防护场所固定使用

Environmental conditions existing in the application of electric and electronic products—Part 3:Stationary use at weather-protected locations

(IEC 60721-3-3:2002,Classification of environmental conditions—Part 3:Classification of groups of environmental parameters and their severities—Section 3:stationary use at weather-protected locations,MOD)

2007-07-13 发布　　2008-03-01 实施

中华人民共和国国家质量监督检验检疫总局
中国国家标准化管理委员会　发布

前言

GB/T 4798《电工电子产品应用环境条件》包括：

GB/T 4798.1—2005 电工电子产品应用环境条件 第1部分：贮存

GB/T 4798.2—1996 电工电子产品应用环境条件 运输

GB/T 4798.3—2007 电工电子产品应用环境条件 第3部分：有气候防护场所固定使用

GB/T 4798.4—2007 电工电子产品应用环境条件 第4部分：无气候防护场所固定使用

GB/T 4798.5—2007 电工电子产品应用环境条件 第5部分：地面车辆使用

GB/T 4798.6—1996 电工电子产品应用环境条件 船用

GB/T 4798.7—2007 电工电子产品应用环境条件 第7部分：携带和非固定使用

GB/T 4798.9—1997 电工电子产品应用环境条件 产品内部的微气候

GB/T 4798.10—1991 电工电子产品应用环境条件 导言

本部分为GB/T 4798.3—2007，修改采用IEC 60721-3-3：2002《环境条件分类 第3部分：环境参数组分类及其严酷程度分级 第3节：有气候防护场所固定使用》(英文版)。

本部分根据IEC 60721-3-3：2002重新起草，在附录G中列出了本部分章条编号与IEC 60721-3-3：2002章条编号的对照表。

考虑到我国国情，在采用IEC 60721-3-3：2002时，本部分做了一些修改。有关技术性差异和编辑性差异已编入正文中并在它们所涉及的条款的页边的空白处用垂直线标识。在附录H中给出了这些技术性和编辑性差异及其原因的一览表，以供参考。

本部分与IEC 60721-3-3：2002主要差异如下：

——删除IEC 60721-3-3：2002的前言；

——增加国家标准的前言；

——删去第3章定义；

——增加3K5L和3K6L等级及相应的气候图；

——增加附录F、附录G和附录H。

本部分是对GB/T 4798.3—1990的修订，与GB/T 4798.3—1990的主要不同如下：

——删去第3章术语；

——增加表7环境等级组合、表8闪络时间、表9闪络前的热条件、表10闪络后的热条件、表11穿过烟雾的可见度条件、表12化学活性物质条件，以及附录中的相应说明；

——典型冲击响应频谱图中Ⅰ、Ⅱ谱的频率上下限延拓；

——增加附录D、附录E、附录F、附录G和附录H。

GB/T 4798是电工电子产品环境条件系列标准之一。下面给出了这些国家标准的预计结构及其对应的国际标准以及将代替的国家标准。

a) GB/T 4796—2001 电工电子产品环境参数分类及其严酷程度分级(IEC 60721-1：1990，代替GB/T 4796—1984)

b) GB/T 4797.1—2005 电工电子产品自然环境条件 温度和湿度(IEC 60721-2-1：2002，代替GB/T 4797.1—1984)

c) GB/T 4797.2—2005 电工电子产品自然环境条件 海拔与气压、水深与水压(IEC 60721-2-3：1987，代替GB/T 4797.2—1986)

d) GB/T 4797.3—1986 电工电子产品自然环境条件 生物(IEC 60721-2-7)

e) GB/T 4797.4—1989 电工电子产品自然环境条件 太阳辐射和温度(IEC 60721-2-4:2002)
f) GB/T 4797.5—1992 电工电子产品自然环境条件 降水和风(IEC 60721-2-2:1988)
g) GB/T 4797.6—2001 电工电子产品自然环境条件 尘、沙、盐雾(IEC 60721-2-5:1991)
h) GB/T 4798.1—2005 电工电子产品应用环境条件 第1部分:贮存(IEC 60721-3-1:1997,代替GB/T 4798.1—1986)
i) GB/T 4798.2—1996 电工电子产品应用环境条件 运输(IEC 60721-3-2:1985,修正件1:1991,修件2:1993)
j) GB/T 4798.3—2007 电工电子产品应用环境条件 第3部分:有气候防护场所固定使用(IEC 60721-3-3:2002,代替GB/T 4798.3—1990)
k) GB/T 4798.4—2007 电工电子产品应用环境条件 第4部分:无气候防护场所固定使用(IEC 60721-3-4:1995,代替GB/T 4798.4—1990)
l) GB/T 4798.5—2007 电工电子产品应用环境条件 第5部分:地面车辆使用(IEC 60721-3-5:1997,代替GB/T 4798.5—1987)
m) GB/T 4798.6—1996 电工电子产品应用环境条件 船用(IEC 60721-3-6:1987,修正件1)
n) GB/T 4798.7—2007 电工电子产品应用环境条件 第7部分:携带和非固定使用(IEC 60721-3-7:2002,代替GB/T 4798.7—1987)
o) GB/T 4798.9—1997 电工电子产品应用环境条件 产品内部的微气候(IEC 60721-3-9:1993)
p) GB/T 4798.10—2006 电工电子产品应用环境条件 导言(IEC 60721-3-0:2002,修正件1)
q) GB/T 11804—2005 电工电子产品应用环境条件术语(代替GB/T 11804—1984)

本部分的附录A、附录B、附录C、附录D、附录E、附录F、附录G和附录H为资料性附录。

本部分由中国电器工业协会提出。

本部分由全国电工电子产品环境条件与环境试验标准化技术委员会(SAC/TC 8)归口。

本部分起草单位:铁道部标准计量研究所、国家轨道衡计量站。

本部分主要起草人:张一兵、陆霖、李建瑛、钱悦磊。

本部分所代替标准的历次版本发布情况为:

——GB/T 4798.3—1990。

电工电子产品应用环境条件
第3部分:有气候防护场所固定使用

1 范围

本部分适用于地面固定使用的产品在正常使用中(包括安装、停机和维修等)遇到的环境参数组分类及其严酷等级。

本部分包括产品安装于临时或永久性固定使用的有气候防护场所,如陆地、海边封闭和遮蔽场所。不包括车辆上和车辆内的产品。

本部分规定了仅限于直接影响产品性能的环境条件。只有这一类的环境条件才予以考虑。而不描述这些环境条件对产品的影响。

不考虑由着火、爆破和离子辐射造成的环境条件和其他意外的偶然事故造成的环境条件。在特殊情况下,应考虑这些因素发生的几率。

不包括产品内部的微气候。

无气候防护场所固定使用、携带和非固定使用、车用和船用、贮存和运输条件,以及产品内部的微气候在 GB/T 4798 的其他部分规定。

有限数量的环境条件等级包括广泛的应用场合。本部分使用者应选择能涵盖预期使用条件的最低等级。

2 规范性引用文件

下列文件中的条款通过 GB/T 4798 的本部分的引用而成为本部分的条款。凡是注日期的引用文件,其随后所有的修改单(不包括勘误的内容)或修订版均不适用于本部分,然而,鼓励根据本部分达成协议的各方研究是否可使用这些文件的最新版本。凡是不注日期的引用文件,其最新版本适用于本部分。

GB/T 4796　2001　电工电子产品环境参数分类及其严酷程度分级(IEC 60721-1:1990)

GB/T 4797.1—2005　电工电子产品自然环境条件　温度和湿度(IEC 60721-2-1:2002,MOD)

GB/T 4798.10—2006　电工电子产品应用环境条件　导言(IEC 60721-3-0:2002,IDT)

GB/T 11804—2005　电工电子产品环境条件术语

ISO/IEC 导则 52:1990　着火术语和定义

IEC 60721-2-8:1994　环境条件分类　第2部分:自然环境条件　第8节:着火

3 一般要求

本部分与 GB/T 4798.10—1991 同时使用;GB/T 11804—2005 确立的术语和定义适用于本部分。

安装时通常停工,标准的使用者应将这类情况与产品使用时区别开,除非有特殊说明,此时应选择其他等级。

超出规定严酷程度的几率很低。所有规定值是最大值或限制值。这些值可能会达到,但不会长久出现。在一段时间内,场所不同,严酷程度出现的频率也不同。本部分未考虑这类出现频率,但任何环境参数出现的频率都应考虑。如果需要,将额外规定。出现的频率和周期在 GB/T 4798.10—2006 中规定。

应当注意,所规定的几种环境参数同时出现,可能增大对产品的影响。在生物条件、化学活性物质和机械活性物质条件同时出现高相对湿度时尤为明显。

某一场所的环境条件可能会受其他因素影响，例如散热源、特殊过程条件等。

某一地点环境条件的测量，应在产品周围选点进行。

应当承认，存在极端和特殊环境条件。在这类特殊环境下使用的产品，由供需双方协商确定。

4 环境参数组分类及其严酷程度分级

表1～表6、表8～表12规定了一系列环境条件等级：

——气候条件(K)；

——特殊气候条件(Z)；

——生物条件(B)；

——化学活性物质条件(C)；

——机械活性物质条件(S)；

——机械条件(M)；

——着火初始条件(T,P,F,V,H)。

产品遇到的可能的环境条件组合，构成了一系列类别，代表了世界范围应用的实际情况，取决于户外气候、建筑物结构、安装、过程条件等。

较高数字环境条件等级通常包括较低数字环境条件等级。

某些参数还不能定量规定严酷程度。

对于给定地点和产品，应选择一整套等级组合，如：

3K2/3Z1/3Z4/3B1/3C2/3S1/3M4 和 3T1/3P3/3F2/3V2/3H3。

附录A解释了环境条件等级的依据，描述了每个等级所包括的使用场所，给出了影响环境参数及其严酷程度选择的情况。

附录B给出了表1规定的气候等级中气温、相对湿度和绝对湿度的相互关系图。

附录C给出两个环境参数分类应用实例。

4.1 气候条件

3K1至3K8规定的气候条件代表了有气候防护场所的环境条件，是世界范围内长期经历的环境条件，考虑了所有能够影响它们的参数，例如外部(户外)气候条件、建筑物结构类型、温度/湿度控制系统和内部条件(如安装设备的散热、人类活动等)。这些条件考虑了所有正常情况，但不包括特殊情况，例如空调系统故障等。

3K9和3K10规定了热带地区气候条件，在附录E中予以说明。

当选择适当的等级时，应注意建筑物内气候条件取决于外部(户外)条件，特别是气温、太阳辐射和建筑物结构类型。具有良好隔热能力或高热容能力的墙壁能够持续地平衡昼夜甚至更长时间温差变化，隔热能力差的墙壁没有这种效果，反而由于白天太阳辐射和夜晚建筑物散热而使温差放大。太阳辐射的效果由于集热效应和温室效应而增大。

气温和湿度的实际相互关系不能仅用严酷程度表达。因此附录B给出了气候图。

4.2 特殊气候条件

各种严酷程度的热辐射、周围空气运动、雨水外的其他水源、高气温和低气压均可伴随其他气候条件出现，因此表2规定了这些特殊环境条件。在这种情况下，几个事件同时发生会增加严酷程度，而考虑这些会导致不必要的设计。

4.3 生物条件

无法定量规定这些条件，表3的特殊参数是典型的，但未必完全。

4.4 化学活性物质

自然界的污染主要来自工业活动、机动车辆和采暖系统排放所致。更为严重的化学污染来自海洋盐雾。这些污染可能影响产品的材料和性能。

分类中给出的指标基于数年的调查。由于短期内高浓度的直接影响会导致材料更严重破坏，甚至不能再生，因此表中给出最大值。附带给出平均值，因为它对产品内部件的长期影响占有重要位置。

实际上，本部分的所有污染物不可能同时出现。即使这些污染物同时出现，其浓度同时均匀升高的可能性也是不大的。不同的场所，通常只有一种污染物浓度较高。3C1 等级规定值对应乡村和低工业活动地区。3C2 等级规定值对应城市地区。因此这两个等级的严酷程度满足所有参数综合作用结果。而 3C3 和 3C4 等级严酷程度不能认为满足所有参数综合作用结果，否则会导致不经济的过设计。对于 3C3 和 3C4 等级，可以仅选对应于使用场所的单一参数。如果选择 3C3 和 3C4 等级中单一参数，而未提及的其他参数可选 3C2 等级中数值。

注：本部分中不考虑除海盐以外的化学活性液体和化学活性固体。

4.5 机械活性物质

沙和尘作为同一环境参数，因为它们的作用相似。

4.6 机械条件

正弦振动按加速度和位移幅值分级，对应不同的频率范围。

本部分不考虑随机振动，当资料充足时再予考虑。

包括冲击的非稳态振动按第一级非阻尼最大冲击响应频谱分级，见 GB/T 4796—2001。

4.7 火灾初始状态条件

火灾环境条件见 IEC 60721-2-8：1994，与室内火灾初始状态相关的方面，是选择环境参数及其严酷等级的基础。主要参数如下：

a) 闪络前的火灾条件：

——闪络时间(见表 8)；

——对场所内各种表面和物体的热能量；

——场所内上层气体温度；

——热释效率(RHR)，与场所内导致闪络的热释放率有关($RHRf_0$)，因而以 $RHR/RHRf_0$ 比率表示(见表 9)。

b) 闪络后的火灾条件：

最高气体温度，发生在火灾场所散热阶段(见表 10)。

c) 烟雾和化学活性物质条件：

——光密度(见表 11)；

——氯化氢浓度(见表 12)。

所列参数用于说明环境火灾条件。某些参数规定了遇到火灾的特性。表 9 中等级是闪络前火灾条件下对材料和产品着火的反应，表 10 中等级对应的参数是闪络火灾条件后的火灾性质和负荷承载、分立结构、窗户、通风系统等的耐火性。虽然没有规定直接遭遇火灾的特性。表 9 热释放率参数和表 8 的时间参数对于闪络危险是极重要的，对于如果发生闪络时人们安全逃离火灾也是极重要的。表 9 的气体温度参数和表 11、表 12 参数都是遭遇火灾特性，对于光学仪器探测、疏散时逃生，以及遇火时在安全区避难均十分重要。电气产品遇火后产生的氯化氢浓度对于评估该产品此后的腐蚀极为重要。

5 环境条件等级组合

由一系列产品环境条件可能的组合构成环境条件组。组合的数量和灵活性非常大。实际上，这种灵活性并不总是有益的，例如不同方面共商环境条件文件时，肯定会有干扰性的微小差异。

在一般情况下为了避免这种可能，从表 7 选取严酷等级的标准组合。对于给定场所和产品，可参考本部分，例如选取 IE 32。只有当标准不包括所需严酷等级组合时，可按本部分中的每个等级选取等级组合。如果某些参数的严酷程度不同于本部分中规定的等级组合，应加如下短语表述：“但……(参数)……(严酷程度和单位)”,例如 IE 32 但沙为 30 mg/m^3。

附录 D 给出了组合环境条件说明。

表 1 气候条件等级

环境参数	单位	等级														
		3K1	3K2	3K3	3K4	3K5	3K5L	3K6	3K6L	3K7	3K7L	3K8	3K8H	3K8L	3K9[h]	3K10[h]
低温	℃	20[c]	15	5	5	−5	−5	−25	−25	−40	−40	−55	−25	−55	5	−20
高温[e]	℃	25[c]	30	40	40[e]	45[e]	40	55	40	70	40	70	70	55	40	55
低相对湿度	%	20	10	5	5	5	5	10	10	10	10	10	10	10	30	4
高相对湿度	%	75	75	85	95	95	95	100	100	100	100	100	100	100	100	100
低绝对湿度	g/m^3	4	2	1	1	1	1	0.5	0.5	0.1	0.1	0.02	0.5	0.02	6	0.9
高绝对湿度	g/m^3	15	22	25	29	29	29	29	29	35	35	35	35	29	36	27
温度变化率[a]	℃/min	0.1	0.5	0.5	0.5	0.5	0.5	0.5	0.5	1.0	1.0	1.0	1.0	1.0	1.0	1.0
低气压[g]	kPa	70	70	70	70	70	70	70	70	70	70	70	70	70	70	70
高气压[b]	kPa	106	106	106	106	106	106	106	106	106	106	106	106	106	106	106
太阳辐射	W/m^2	500	700	700	700	700	700	1120	1120	1120	—	1120	1120	1120	1120	1120
热辐射	—	—	f	f	f	f	f	f	f	f	f	f	f	f	f	f
周围空气运动[d]	m/s	0.5	1.0[e]	1.0[e]	1.0[e]	1.0[e]	1.0[e]	1.0[e]	1.0[e]	5.0[e]	5.0[e]	5.0[e]	5.0[e]	5.0[e]	5.0[e]	5.0[e]
凝露条件	—	无	无	无	有	有	有	有	有	有	有	有	有	有	有	有
降水条件(雨、雪、雹等)	—	无	无	无	无	无	无	有	有	有	有	有	有	有	有	有
除降雨以外其他水源	—	无	无	无	f	f	f	f	f	f	f	f	f	f	f	f
结冰条件	—	无	无	无	无	有	有	有	有	有	有	有	有	有	有	有

a 温度变化率按 5 min 时间的平均值。

b 不包括矿井的条件。

c 有空调的场所其温度偏差为规定值的±2 ℃。

d 非辅助对流的制冷系统可能受到周围空气逆向流动的干扰。

e 特殊情况下,可在表 2 中选取。

f 相关场所的条件选自表 2。

g 70 kPa 严酷程度值适合于全世界范围的应用(对应海拔高度 3 000 m),对于某些限制性使用场所,可从表 2 选取。

h 3K9(热带湿热)和 3K10(热带干热)等级的更多信息在附录 E 中给出。

表 2 特殊气候条件等级

环境参数	等级	单位	特殊条件
高温	3Z11	℃	55
低气压[c]	3Z12	kPa	84
热辐射	3Z1	—	可忽略
	3Z2	—	有热辐射条件。例如室内加热系统附近
	3Z3	—	有热辐射条件。例如室内加热系统或工业炉、商业炉附近

表 2(续)

环 境 参 数	等级	单位	特 殊 条 件
周围空气运动[a]	3Z4	m/s	5
	3Z5	m/s	10
	3Z6	m/s	30
除雨以外的其他水源[b]	3Z7	—	滴水条件
	3Z8	—	滴水条件
	3Z9	—	滴水条件
	3Z10	—	滴水条件

a 非辅助对流制冷系统可能受到周围空气逆向流动的干扰。

b 不包括水下条件。

c 3Z12 等级对应约 1 400 m 海拔高度。

表 3 生物条件等级

环境参数	单位	等级		
		3B1	3B2	3B3
植物	—	—	霉菌、真菌等	霉菌、真菌等
动物	—	—	啮齿动物和其他危害产品的动物,白蚁除外	啮齿动物或其他危害产品的动物,包括白蚁

表 4 化学活性物质条件等级

环境参数	单位[a]	等级[b]								
		3C1R	3C1L	3C1	3C2		3C3[c]		3C4[d]	
		最大值	最大值	最大值	平均值	最大值	平均值	最大值	平均值	最大值
海盐	mg/m^3 cm^3/m^3	—	—	—[d]	有盐雾		有盐雾		有盐雾	
二氧化硫	mg/m^3 cm^3/m^3	0.1 0.037	0.1 0.037	0.1 0.037	0.3 0.11	1.0 0.37	5.0 1.85	10 3.7	13 4.8	40 14.8
硫化氢	mg/m^3 cm^3/m^3	0.0015 0.001	0.01 0.0071	0.01 0.0071	0.1 0.071	0.5 0.36	3.0 2.1	10 7.1	14 9.9	70 49.7
氯气	mg/m^3 cm^3/m^3	0.001 0.00034	0.01 0.00034	0.01 0.0034	0.1 0.034	0.3 0.1	0.3 0.1	1.0 0.34	0.6 0.2	3.0 1.0
氯化氢	mg/m^3 cm^3/m^3	0.001 0.00066	0.01 0.00066	0.1 0.066	0.1 0.066	0.5 0.33	1.0 0.66	5.0 3.3	1.0 0.66	5.0 3.3
氟化氢	mg/m^3 cm^3/m^3	0.001 0.0012	0.003 0.0036	0.003 0.0066	0.01 0.012	0.03 0.036	0.1 0.12	2.0 2.4	0.1 0.12	2.0 2.4
氨气	mg/m^3 cm^3/m^3	0.03 0.042	0.3 0.42	0.3 0.42	1.0 1.4	3.0 4.2	10 14	35 49	35 49	175 247

表 4(续)

环境参数	单位[a]	等级[b]								
		3C1R	3C1L	3C1	3C2		3C3[c]		3C4[d]	
		最大值	最大值	最大值	平均值	最大值	平均值	最大值	平均值	最大值
臭氧	mg/m^3 cm^3/m^3	0.004 0.002	0.01 0.005	0.01 0.005	0.05 0.025	0.1 0.05	0.1 0.05	0.3 0.15	0.2 0.1	2.0 1.0
氧化氮(以氮氧化物当量值表示)	mg/m^3 cm^3/m^3	0.01 0.005	0.1 0.52	0.1 0.052	0.5 0.26	1.0 0.52	3.0 1.56	9.0 4.68	10 5.2	20 10.4

a cm^3/m^3 为单位的对应值出自 mg/m^3 单位对应值,在参考环境 20 ℃和 101.3 kPa 下计算表中的圆整值。

b 平均值应是长期值。最大值是限制值或峰值,每天不超过 30 min。

c 不应把 3C3 和 3C4 等级视为所有参数综合作用,如果需要,可在 3C3 和 3C4 等级中单选参数,此时其他参数按 3C2 等级确定。

d 盐雾可能出现在近海和沿海的遮蔽场所。

表 5　机械活性物质条件等级

环境参数	单位	等级			
		3S1	3S2	3S3	3S4
沙	mg/m^3	—	30	300	3000
尘(飘浮)	mg/m^3	0.01	0.2	0.4	4.0
尘(沉积)	$mg/(m^2 \cdot h)$	0.4	1.5	15	40

表 6　机械条件等级

环境参数	单位	等级															
		3M1		3M2		3M3		3M4		3M5		3M6		3M7		3M8	
正弦稳态振动																	
位移	mm	0.3		1.5		1.5		3.0		3.0		7.0		10		15	
加速度	m/s^2		1		5		5		10		10		20		30		50
频率范围	Hz	2~9	9~200	2~9	9~200	2~9	9~200	2~9	9~200	2~9	9~200	2~9	9~200	2~9	9~200	2~9	9~200
非稳态振动,包括冲击(见图 1)																	
冲击响应谱 L 加速度峰值 $\hat{a}$	m/s^2	40		40		70		—		—		—		—		—	
冲击响应谱 I 加速度峰值 $\hat{a}$	m/s^2	—		—		—		100		—		—		—		—	
冲击响应谱 II 加速度峰值 $\hat{a}$	m/s^2	—		—		—		—		250		250		250		250	

表 7 环境等级组合

环境条件	等级组合						
	IE31	IE32	IE33	IE34	IE35	IE36	IE37
气候	3K2	3K3	3K3	3K4	3K5	3K6	3K7
特殊气候	—	3Z2	3Z2	3Z2	3Z2	3Z2	3Z2
	—	3Z4	3Z4	3Z4	3Z4	3Z5	3Z5
	—	—	—	3Z8	3Z8	3Z8	3Z8
生物	3B1	3B1	3B1	3B2	3B2	3B2	3B2
化学活性物质	3C1	3C1	3C2	3C2	3C2	3C2	3C2
机械活性物质	3S1	3S1	3S2	3S2	3S3	3S3	3S3
机械	3M1	3M1	3M2	3M2	3M3	3M3	3M3

表 8 闪络时间

环境参数	单位	等级				
		3T1	3T2	3T3	3T4	3T5
闪络时间	min	20	12	8	4	2

表 9 闪络前的热条件

环境参数	单位	等级				
		3P1	3P2	3P3	3P4	3P5
材料和产品承受的热通量	kW/m^2	10	20	30	50	75
气体温度(气体上层)	℃	150	300	400	500	600
热释放率与导致闪络的热释放率之比	—	0.2	0.4	0.6	0.8	1

表 10 闪络后的热条件

环境参数	单位	等级			
		3F1	3F2	3F3	3F4
气体最高温度	℃	600	800	1000	1200
热态持续时间	min	10	20	30	60

表 11 穿过烟雾的可见度条件

环境参数	单位	等级				
		3V1	3V2	3V3	3V4	3V5
光密度	l/m	0.02	0.05	0.2	0.5	1
注：见 IEC 60721-2-8:1994 图 13 的说明。						

表 12 化学活性物质条件

环境参数	单位	等级			
		3H1	3H2	3H3	3H4
氯化氢浓度	mg/m^3	200	500	1000	4000
持续时间	min	10	10	10	10

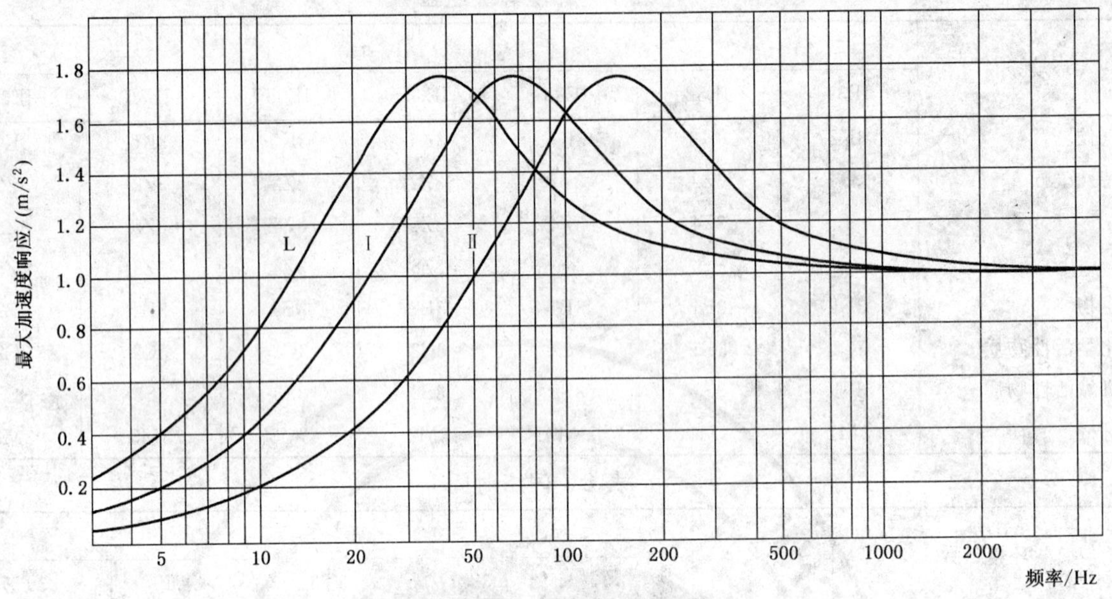

半正弦脉冲持续时间举例
频谱L：持续时间22 ms；
频谱Ⅰ：持续时间11 ms；
频谱Ⅱ：持续时间6 ms。

图1　典型冲击响应频谱
（第一级最大冲击响应频谱）

附　录　A
（资料性附录）
影响环境参数及严酷程度选择的条件说明

A.1　总则

本附录解释了每个等级的依据，给出了影响环境参数及严酷程度选择的条件说明，还包括每个等级涵盖的条件综述。

A.2　条件说明

对于每一个环境参数，给出了各种可能的使用场所，这些场所可能构成不同环境等级的环境条件。使用场所环境条件按严酷程度递增排序。

表 A.1～表 A.5 描述了使用场所的环境条件。等级栏内，“×”代表该使用场所的等级。从左向右遇到的第 1 个“×”即为该使用场所的最低等级。

上述确定适当等级的步骤适用于所有部分，但表 A.1 给出了气候类型附加因素，选择等级时应予以注意。

沿气候类型栏竖向阅读，沿使用场所横向阅读，再沿两者相交的第一个“×”，向右在等级栏内遇到的第一个“×”，即为涵盖该使用场所的最低等级。

IEC 60721-2-1 规定的气候类型如下：

极端寒冷（不包括南极中心）、寒冷、寒温、暖温、干热、中等干热、极干热、湿热、恒定湿热。

我国的气候类型及和 IEC 的气候类型对应关系见附录 F。

应当指出，如果某一等级涵盖本附录中的某一使用场所，这并不表明该等级的每一个环境参数构成了该使用场所的最低环境严酷程度。

A.2.1　气候条件 K

表 A.1 描述了气候环境参数及使用场所、气候类型和气候条件等级的应用一览表。

表 A.1　气候条件

场所	气候类型															等级[a]												
	中国						世界																					
	寒冷	寒温	暖温	干热	亚湿热	湿热	极寒	寒冷	寒温	暖温	干热	中等干热	极干热	湿热	恒定湿热	3K1	3K2	3K3	3K4	3K5	3K5L	3K6	3K6L	3K7	3K7L	3K8	3K8H	3K8L
低温/℃																+20	+15	+5	+5	−5	−5	−25	−25	−40	−40	−55	−25	−55
全空调场所	×	×	×	×	×	×	×	×	×	×	×	×	×	×	×	×[b]	×	×	×	×	×	×	×	×	×	×	×	×
有连续温度控制的场所	×	×	×	×	×	×	×	×	×	×	×	×	×	×	×		×	×	×	×	×	×	×	×	×	×	×	×
在温度控制场所，可关闭一段时间加热或冷却装置，但必须防止出现极端低温	×	×	×	×	×	×	×	×	×	×	×	×	×	×	×			×	×	×	×	×	×	×	×	×	×	×

表 A.1(续)

场所	气候类型															等级[a]												
	中国						世界																					
	寒冷	寒温	暖温	干热	亚湿热	湿热	极寒	寒冷	寒温	暖温	干热	中等干热	极干热	湿热	恒定湿热	3K1	3K2	3K3	3K4	3K5	3K5L	3K6	3K6L	3K7	3K7L	3K8	3K8H	3K8L
无温度控制场所,如需要可使用加热装置,以防止出现极端低温	×	×	×	×	×	×	×	×	×	×	×	×	×	×	×					×	×	×	×	×	×	×	×	×
在无温度控制场所,但建筑结构能防止室外气候日变化的影响	×	× ×	× × ×	× × ×	× × × ×	× × × × ×	×	×	× ×	× × ×	× × ×	× × × ×	× × × × ×	× × × × ×	× × × × × ×		×	× ×	× ×	× × ×	× × ×	× × × ×	× × × ×	× × × × ×	× × × × ×	× × × × × ×	× × × ×	× × × × × ×
在无温度控制场所,但建筑结构几乎不能防止室外气候日变化的影响	×	× ×	× × ×	× × ×	× × ×	× × × ×		×	× ×	× × ×	× × ×	× × ×	× × × ×	× × × × ×	× × × × ×			×	×	× ×	× ×	× × ×	× × ×	× × × ×	× × × ×	× × × × ×	× × ×	× × × × ×
高温/℃(见表 2)																+25	+30	+40	+40 Z	+45 Z	+40 Z	+55	+40	+70	+40	+70	+70	+55
全空调场所	×	×	×	×	×	×	×	×	×	×	×	×	×	×	×	×[b]	×	×	×	×	×	×	×	×	×	×	×	×
在有连续温度控制的场所	×	×	×	×	×	×	×	×	×	×	×	×	×	×	×		×	×	×	×	×	×	×	×	×	×	×	×
在有温度控制场所,可关闭一段时间加热或冷却装置,但必须防止出现极端高温	×	×	×	×	×	×	×	×	×	×	×	×	×	×	×			×	×	×	×	×	×	×	×	×	×	×
在无温度控制场所,但建筑结构的设计能防止极端高温	×	×	×	×	×	×	×	×	×	×	×	×	×	×	×					×	×	×	×	×	×	×	×	×
直接暴露在户外气候下的场所	× × ×	× × ×	× ×	×	×	×	× × × ×	× × × ×	× × × ×	× × ×	× ×	× ×	×	× ×	× × ×		×	×	× ×	× × ×	× × ×	× × × ×	× × × ×	×	× × × ×	× × × ×	× × × ×	× × ×
在无温度控制场所,但建筑结构几乎不能防止室外气候日变化的影响	× ×	× ×	× ×	×	×	× ×	× ×	× ×	× ×	× ×	×	×		× ×	× ×							×	×	× ×		× ×	× ×	×
低相对湿度/%																20	10	5	5	5	5	10	10	10	10	10	10	10
全空调场所	×	×	×	×	×	×	×	×	×	×	×	×	×	×	×	×	×	×	×	×	×	×	×	×	×	×	×	×

表 A.1(续)

场所	气候类型															等级[a]												
	中国						世界																					
	寒冷	寒温	暖温	干热	亚湿热	湿热	极寒	寒冷	寒温	暖温	干热	中等干热	极干热	湿热	恒定湿热	3K1	3K2	3K3	3K4	3K5	3K5L	3K6	3K6L	3K7	3K7L	3K8	3K8H	3K8L
有连续温度控制场所,如需要可使用加湿装置,以防止极端干燥	×	×	×	×	×	×	×	×	×	×	×	×	×	×	×		×	×	×	×	×	×	×	×	×	×	×	×
在有温度控制场所,可关闭一段时间加热或冷却装置。如需要可使用加湿装置,以防止极端干燥	×	×	×	×	×	×	×	×	×	×	×	×	×	×	×			×	×	×	×							
在无温度控制场所,但建筑结构能防止室外气候日变化的影响					×	×											×	×	×	×	×	×	×	×	×	×	×	×
	×	×	×	×	×	×	×	×	×	×	×	×		×	×			×	×	×	×	×	×	×	×	×	×	×
							×	×	×	×	×	×	×	×	×			×	×	×	×							
在无温度控制场所,但建筑结构几乎不能防止室外气候日变化的影响						×								×	×		×	×	×	×	×	×	×	×	×	×	×	×
					×	×								×	×			×	×	×	×							
高相对湿度/%																75	75	85	95	95	95	100	100	100	100	100	100	100
全空调场所	×	×	×	×	×	×	×	×	×	×	×	×	×	×	×	×	×	×	×	×	×	×	×	×	×	×	×	×
有连续温度控制场所,如需要可使用减湿装置,以防止极端潮湿	×	×	×	×	×	×	×	×	×	×	×	×	×	×	×		×	×	×	×	×	×	×	×	×	×	×	×
在有温度控制场所,可关闭一段时间加热或冷却装置。在无温度控制场所,但建筑结构能防止室外气候日变化的影响		×	×						×	×								×	×	×	×	×	×	×	×	×	×	×
	×	×	×	×	×		×	×	×	×	×	×							×	×	×	×	×	×	×	×	×	×
	×	×	×	×	×	×	×	×	×	×	×	×	×	×	×							×	×	×	×	×	×	×
在无温度控制场所,但建筑结构几乎不能防止室外气候日变化的影响	×	×	×	×	×	×	×	×	×	×	×	×	×	×	×							×	×	×	×	×	×	×
低绝对湿度/(g/m³)																4	2	1	1	1	1	0.5	0.5	0.1	0.1	0.02	0.5	0.02

表 A.1(续)

场所	气候类型															等级[a]												
	中国						世界																					
	寒冷	寒温	暖温	干热	亚湿热	湿热	极寒	寒冷	寒温	暖温	干热	中等干热	极干热	湿热	恒定湿热	3K1	3K2	3K3	3K4	3K5	3K5L	3K6	3K6L	3K7	3K7L	3K8	3K8H	3K8L
全空调场所	×	×	×	×	×	×	×	×	×	×	×	×	×	×	×	×	×	×	×	×	×	×	×	×	×	×	×	×
在有长期温度控制场所的，如需要可使用湿装置，以防止极端干燥	×	×	×	×	×	×	×	×	×	×	×	×	×	×	×		×	×	×	×	×	×	×	×	×	×	×	×
在有温度控制场所，可关闭一段时间加热或冷却装置。如需要可使用加湿装置，以防止极端干燥	×	×	×	×	×	×	×	×	×	×	×	×	×	×	×			×	×	×	×	×	×	×	×	×	×	×
在无温度控制场所，但建筑结构能防止室外气候日变化的影响					×	×						×	×	×	×		×	×	×	×	×	×	×	×	×	×	×	×
				×	×	×					×	×	×	×	×		×	×	×	×	×	×	×	×	×	×	×	×
			×	×	×	×				×	×	×	×	×	×			×	×	×	×	×	×	×	×	×	×	×
		×	×	×	×	×			×	×	×	×	×	×	×									×	×	×		×
	×	×	×	×	×	×	×	×	×	×	×	×	×	×	×											×		×
在无温度控制场所，但建筑结构几乎不能防止室外气候日变化的影响						×							×	×	×		×	×	×	×	×	×	×	×	×	×	×	×
					×	×						×	×	×	×		×	×	×	×	×	×	×	×	×	×	×	×
			×	×	×	×				×	×	×	×	×	×							×	×	×	×	×	×	×
		×	×	×	×	×			×	×	×	×	×	×	×									×	×	×		×
	×	×	×	×	×	×		×	×	×	×	×	×	×	×											×		×
高绝对湿度/(g/m³)																15	22	25	29	29	29	29	29	35	35	35	35	29
全空调场所	×	×	×	×	×	×	×	×	×	×	×	×	×	×	×	×	×	×	×	×	×	×	×	×	×	×	×	×
在有连续温度控制场所的，如需要可使用减湿装置，以防止极端潮湿	×	×	×	×	×	×	×	×	×	×	×	×	×	×	×		×	×	×	×	×	×	×	×	×	×	×	×
在有温度控制场所，可关闭一段时间加热或冷却装置。在无温度控制场所，但建筑结构能防止室外气候日变化的影响	×	×	×	×	×		×	×	×	×	×	×					×	×	×	×	×	×	×	×	×	×	×	×
							×	×	×	×	×	×	×					×	×	×	×	×	×	×	×	×	×	×
	×	×	×	×	×	×	×	×	×	×	×	×	×	×					×	×	×	×	×	×	×	×	×	×
							×	×	×	×	×	×	×	×	×									×	×	×	×	
在无温度控制场所，但建筑结构几乎不能防止室外气候日变化的影响	×	×	×				×	×	×	×							×	×	×	×	×	×	×	×	×	×	×	×
	×	×	×	×	×		×	×	×	×	×	×						×	×	×	×	×	×	×	×	×	×	×
							×	×	×	×	×	×	×						×	×	×	×	×	×	×	×	×	×
	×	×	×	×	×	×	×	×	×	×	×	×	×	×										×	×	×	×	

表 A.1(续)

场所	气候类型															等级[a]												
	中国						世界																					
	寒冷	寒温	暖温	干热	亚湿热	湿热	极寒	寒冷	寒温	暖温	干热	中等干热	极干热	湿热	恒定湿热	3K1	3K2	3K3	3K4	3K5	3K5L	3K6	3K6L	3K7	3K7L	3K8	3K8H	3K8L
温度的变化率/(℃/min)																0.1	0.5	0.5	0.5	0.5	0.5	0.5	0.5	1.0	1.0	1.0	1.0	1.0
有空调或连续温度控制的场所	×	×	×	×	×	×	×	×	×	×	×	×	×	×	×	×	×	×	×	×	×	×	×	×	×	×	×	×
有温度控制场所,可关闭一段时间加热或冷却装置	×	×	×	×	×	×	×	×	×	×	×	×	×	×	×		×	×	×	×	×	×	×	×	×	×	×	×
在无温度控制场所,但建筑结构能防止室外气候日变化的影响	×	×	×	×	× ×	×	×	×	×	×	×	×	×	× ×	× ×	×	× ×	× ×	× ×	× ×	× ×	× ×	× ×	× ×	× ×	× ×	× ×	× ×
在无温度控制场所,但建筑结构能轻微防止室外气候日变化的影响	×	×	×	×	×	×	×	×	×	×	×	×	×	×	× ×		×	×	×	×	×	×	×	× ×	× ×	× ×	× ×	× ×
低气压/kPa(见表 2)																70 Z	70 Z	70 Z	70 Z	70 Z	70 Z	70 Z	70 Z	70 Z	70 Z	70 Z	70 Z	70 Z
相当于在海拔3000米以下与周围大气相通场所	×	×	×	×	×	×	×	×	×	×	×	×	×	×	×	×	×	×	×	×	×	×	×	×	×	×	×	×
高气压/kPa																106	106	106	106	106	106	106	106	106	106	106	106	106
相当于在平面以上与周围大气相通场所	×	×	×	×	×	×	×	×	×	×	×	×	×	×	×	×	×	×	×	×	×	×	×	×	×	×	×	×
太阳辐射/(W/m^2)																500	700	700	700	700	700	1120	1120	1120	没有	1120	1120	1120
能防止太阳辐射场所	×	×	×	×	×	×	×	×	×	×	×	×	×	×	×	×	×	×	×	×	×	×	×	×	×	×	×	×
空调场所	×	×	×	×	×	×	×	×	×	×	×	×	×	×	×	×	×	×	×	×	×	×	×	×		×	×	×
在玻璃窗、玻璃门附近	×	×	×	×	×	×	×	×	×	×	×	×	×	×	×		×	×	×	×	×	×	×	×		×	×	×
在透明建筑物内或未装玻璃的敞口的场所	×	×	×	×	×	×	×	×	×	×	×	×	×	×	×							×	×	×		×	×	×

表 A.1(续)

场所	气候类型															等级[a]												
	中国						世界																					
	寒冷	寒温	暖温	干热	亚湿热	湿热	极寒	寒冷	寒温	暖温	干热	中等干热	极干热	湿热	恒定湿热	3K1	3K2	3K3	3K4	3K5	3K5L	3K6	3K6L	3K7	3K7L	3K8	3K8H	3K8L
热辐射(见表2)																—	Z	Z	Z	Z	Z	Z	Z	Z	Z	Z	Z	Z
有空调的场所	×	×	×	×	×	×	×	×	×	×	×	×	×	×	×	×	×	×	×	×	×	×	×	×	×	×	×	×
其他任何场所	×	×	×	×	×	×	×	×	×	×	×	×	×	×	×	×	×	×	×	×	×	×	×	×	×	×	×	×
周围空气运动/(m/s)(见表2)																	0.5 Z	1.0 Z	1.0 Z	1.0 Z	1.0 Z	1.0 Z	1.0 Z	5.0 Z	5.0 Z	5.0 Z	5.0 Z	5.0 Z
没有能与室外空气流通的门或窗,例如空调场所	×	×	×	×	×	×	×	×	×	×	×	×	×	×	×	×	×	×	×	×	×	×	×	×	×	×	×	×
有门、窗与室外通气,或不是完全封闭的场所,通风条件是经过采取措施的场所	×	×	×	×	×	×	×	×	×	×	×	×	×	×	×		×	×	×	×	×	×	×	×	×	×	×	×
冷凝条件																	没有	没有	有	有	有	有	有	有	有	有	有	有
空调或连续温度控制的场所	×	×	×	×	×	×	×	×	×	×	×	×	×	×	×	×	×	×	×	×	×	×	×	×	×	×	×	×
在有温度控制场所,可关闭一段时间加热或冷却装置		×	×						×	×							×	×	×	×	×	×	×	×	×	×	×	×
在无温度控制场所,但建筑结构能防止室外气候日变化的影响	×	×	×	×	×	×	×	×	×	×	×	×	×	×	×				×	×	×	×	×	×	×	×	×	×
在无温度控制场所,但建筑结构可轻微防止室外气候日变化的影响	×	×	×	×	×	×	×	×	×	×	×	×	×	×	×				×	×	×	×	×	×	×	×	×	×
风、雪、雹等条件																	没有	没有	没有	没有	没有	有	有	有	有	有	有	有
全封闭的场所	×	×	×	×	×	×	×	×	×	×	×	×	×	×	×	×	×	×	×	×	×	×	×	×	×	×	×	×
不完全封闭的场所	×	×	×	×	×	×	×	×	×	×	×	×	×	×	×							×	×	×	×	×	×	×
除雨以外的其他水源条件(见表2)																—	—	—	Z	Z	Z	Z	Z	Z	Z	Z	Z	Z
没有附加水的场所	×	×	×	×	×	×	×	×	×	×	×	×	×	×	×	×	×	×	×	×	×	×	×	×	×	×	×	×

表 A.1(续)

场所	气候类型															等级[a]												
	中国						世界																					
	寒冷	寒温	暖温	干热	亚湿热	湿热	极寒	寒冷	寒温	暖温	干热	中等干热	极干热	湿热	恒定湿热	3K1	3K2	3K3	3K4	3K5	3K5L	3K6	3K6L	3K7	3K7L	3K8	3K8H	3K8L
有附加水的场所,如由于建筑工程用水或工业用水等	×	×	×	×	×	×	×	×	×	×	×	×	×	×	×				×	×	×	×	×	×	×	×	×	×
结冰条件																没有	没有	没有	没有	有	有	有	有	有	有	有	有	有
有连续间断空调的场所	×	×	×	×	×	×	×	×	×	×	×	×	×	×	×	×	×	×	×	×	×	×	×	×	×	×	×	×
没有温度控制场所						×								×	×		×	×	×	×	×	×	×	×	×	×	×	×
	×	×	×	×	×		×	×	×	×	×	×	×						×	×	×	×	×	×	×	×	×	×

a 3K9 和 3K10 新等级在以后修订时插入本表。

b 空调场所温度值的允差为±2 ℃。

A.2.2 生物条件 B

表 A.2 描述了生物环境参数及使用场所和生物环境条件等级的应用一览表。

表 A.2 生物条件

生物参数及使用场所	等级		
	3B1	3B2	3B3
植物	—	霉菌、真菌等	霉菌、真菌等
霉菌、真菌基本上不生长的场所,或有防护措施的场所	×	×	×
有霉菌、真菌生长又无防护措施的场所		×	×
动物		啮齿动物及除白蚁外的其他产品有害的动物	啮齿动物及包括白蚁在内的,对产品有害的动物
基本上无啮齿动物和白蚁等及其他运行危害不大的地方,有防护动物侵袭设施的场所	×	×	×
有啮齿动物和除白蚁外的其他动物危害的地方,无防护动物破坏设施的场所		×	×
有啮齿动物和包括白蚁在内的其他动物危害的地方,无防护动物破坏设施的场所			×

A.2.3 化学活性物质条件 C

表 A.3 描述了化学活性物质环境参数及使用场所和化学活性物质环境条件等级的应用一览表。

表 A.3 化学活性物质条件

化学活性物质参数及使用场所	等级								
	3C1R	3C1L	3C1	3C2		3C3		3C4	
	最大值	最大值	最大值	平均值	最大值	平均值	最大值	平均值	最大值
海盐和路盐	—	—	—	有盐雾					
二氧化硫/(mg/m^3)	0.01	0.1	0.1	0.3	1.0	5.0	10	13	40
硫化氢/(mg/m^3)	0.0015	0.01	0.01	0.1	0.5	3.0	10	14	70
氯气/(mg/m^3)	0.001	0.01	0.1	0.1	0.3	0.3	1.0	0.6	3.0
氯化氢/(mg/m^3)	0.001	0.01	0.1	0.1	0.5	1.0	5.0	1.0	5.0
氟化氢/(mg/m^3)	0.001	0.01	0.003	0.01	0.03	0.1	2.0	0.1	2.0
氨气/(mg/m^3)	0.03	0.3	0.3	1.0	3.0	10	35	35	175
臭氧/(mg/m^3)	0.004	0.01	0.01	0.05	0.1	0.1	0.3	0.2	2.0
氧化氮/(mg/m^3)	0.01	0.1	0.1	0.5	1.0	3.0	9.0	10	20
严格监视和控制气候的场所	×	×	×	×	×	×	×	×	×
连续控制气候的场所		×	×	×	×	×	×	×	×
在农村或有少量工业污染的城市及交通不繁忙的场所			×	×	×	×	×	×	×
有工业污染或交通繁忙的城市				×	×	×	×	×	×
在接近工业化学污染源的场所						×	×	×	×
在高浓度化学污染的工业区								×	×
注：不应选择 3C3 和 3C4 等级中的所有参数来考虑化学活性物质的综合作用。如果需要，可选取这两个等级的单项参数，而其他参数按 3C2 等级，无须特意说明。									

A.2.4 机械活性物质条件 S

表 A.4 给出了机械活性物质环境参数及使用场所和机械活性物质环境条件等级的应用一览表。

表 A.4 机械活性物质条件

机械活性物质参数及其场所	等级			
	3S1	3S2	3S3	3S4
沙/(mg/m^3)	—	30	300	3000
尘(飘浮)/(mg/m^3)	0.01	0.2	0.4	4.0
尘(沉积)/[$mg/(m^2 \cdot h)$]	0.4	1.5	15	40
远离沙源并采取除尘措施的场所	×	×	×	×
无专门的防沙、防尘措施并且不靠近沙源的场所		×	×	×
靠近沙、尘源的场所			×	×
产生沙、尘和空气中有大量沙尘的场所				×

A.2.5 机械条件 M

表 A.5 给出了机械环境参数及使用场所和机械环境条件等级的应用一览表。

表 A.5 机械条件

环境参数及其场所		单位	等级							
			3M1	3M2	3M3	3M4	3M5	3M6	3M7	3M8
正弦稳态振动	位移	mm	0.3	1.5	1.5	3.0	3.0	7.0	10	15
	加速度	m/s^2	1	5	5	10	10	20	30	50
	频率范围	Hz	2～9 / 9～200	2～9 / 9～200	2～9 / 9～200	2～9 / 9～200	2～9 / 9～200	2～9 / 9～200	2～9 / 9～200	2～9 / 9～200
振动量级不显著或轻微的场所		—	×	× ×	× ×	× ×	× ×	× ×	× ×	× ×
振动量级显著或高的场所		—				×	×	× ×	× ×	× ×
振动量级很高或极高的场所		—							×	× ×
非稳态振动(包括冲击)	冲击响应谱 L 加速度峰值 a	m/s^2	40	40	70	—	—	—	—	—
	冲击响应谱 I 加速度峰值 a	m/s^2	—	—	—	100	—	—	—	—
	冲击响应谱 Ⅱ 加速度峰值 a	m/s^2	—	—	—	—	250	250	250	250
冲击量级不显著的场所		—	×	× ×	× ×	× ×	× ×	× ×	× ×	× ×
冲击量级轻微或显著的场所		—			×	× ×	 ×	× ×	× ×	× ×
冲击量级很高或极高的场所							×	× ×	× × ×	× × × ×
注：可根据产品设计、安装和振动冲击强度选择不同的等级。										

A.3 严酷等级所包括的环境条件说明

本部分包括全部环境条件分类的说明。

A.3.1 气候条件 K

15 个等级对应的气候条件如下：

3K1 本等级要求使用场所采取全空调封闭。

空气温度和湿度长期保持所要求的条件。

使用中的产品只受到微弱的阳光辐射和空调系统产生的空气流通。产品不能受热辐射、冷凝水、降水、冰冻和雨以外的其他水源的影响。

具有良好温度和湿度调节的房间适用此等级。

3K2 除 3K1 包括的条件外，本等级要求使用场所采取恒温控制，不要求控制湿度。

为了保持要求的条件，特别是当室内和室外气候条件有较大差别时，可采取加温、冷却或调湿措施。

使用中的产品可以受到阳光辐射、热辐射及建筑物内窗户或其他方式引起的空气流通。

为了保持要求的条件,特别是当室内与室外的气温差别较大时,可采取加热或冷却的措施。

本等级的条件适用于普通生活或居住场所,如公共场所(剧院、餐厅)办公室、商店、电子组件和电工产品车间、通信中心、贵重物品和对气候敏感产品的库房。

3K3　除3K2包括的条件外,本等级要求使用场所采取温度控制,不要求控制湿度。

为了保持要求的条件,特别是当室内和室外气候条件有较大差别时,可采取加温、冷却措施。

本等级的条件适用于某些生活和工作场所,如起居室、公共场所(剧院、餐厅)办公室、商店、电子组件和电工产品车间、通信中心、贵重物品和对气候敏感产品的库房。

3K4　除3K3包括的条件外,本等级适用于湿度变化大的有温度控制封闭场所。不采取湿度控制。

产品可能遇到冷凝水及雨水以外的其他水源的影响。

本等级的条件适用于某些生活和工作场所,如厨房、浴室、生产中产生高湿的车间,某些地下室、普通贮藏室、马厩、车库。对于户外更潮湿的气候,起居室和普通房间也属于这类等级的条件。

3K5、3K5L　除3K4包括的条件外,本等级适用于既无温度控制也无湿度控制的封闭场所。

当本等级条件和户外气候存在巨大差异时,可通过加热提升低温。

产品可能遇到冰冻。

本等级的条件适用于某些建筑物的入口外楼梯、汽车库、地下室、某些车间、厂房、工业加工厂、无值守机房、某些电信建筑物、防霜冻产品的普通贮藏室、农村建筑物等。

3K6、3K6L、3K7、3K7L、3K8、3K8H、3K8L　除3K5、3K5L包括的条件外,本等级适用于既无温度控制也无湿度控制的气候防护场所。该场所可能有与户外相通的出口,因而可能是部分气候防护。

本等级气候条件可在很大程度上受户外气候和建筑物类型的影响。

产品可能承受太阳辐射(3K7L除外)。还可能遇到降水和降雪。

这些等级的条件适用于某些建筑物的入口、某些车库、库房、棚房、顶楼、电话间、工厂厂房及工业加工厂,无人值守机房(站)、无人值守的通讯建筑物、防霜冻产品的普通贮藏室、农场建筑物等。

3K9　本等级湿热和恒定湿热的户外气候(在热带雨林地区的热带湿热气候类型)。

3K10　本等级代表干热、中等干热和极干热户外气候(靠近热带沙漠地区的热带干热气候类型)。

A.3.2　生物条件B

生物条件由下述3个等级组成:

3B1　本等级适用于无生物侵害的场所。要求采取防护措施,例如特殊设计的产品,或在无霉菌生长和动物侵害的建筑结构内。

3B2　除3B1包括的条件外,本等级适用于有霉菌生长和动物破坏,但无白蚁的场所。

3B3　除3B2包括的条件外,本等级适用于白蚁危害可能发生的场所。

A.3.3　化学活性物质C

化学活性物质由下述6个等级组成:

3C1R　本等级适用于空气受到严格监测和控制的场所(如净化室等)。

3C1L　除3C1R包括的条件外,本等级适用于气候连续控制的场所。

3C1　除3C1L包括的条件外,本等级适用于具有低工业活动和中等交通的乡村和城市地区。冬季在城市密集地区的取暖会导致污染增加。沿海和近海地区的遮盖场所会出现盐雾。

3C2　除3C1包括的条件外,本等级适用于一般污染程度,工业活动分布于整个地区或交通繁忙的城市。

3C3　除3C2包括的条件外,本等级适用于靠近化学排放工业源的场所。

3C4　除3C3包括的条件外,本等级适用于工业生产厂内,可能出现高浓度化学污染物质。

A.3.4　机械活性物质S

机械活性物质由下述4个等级组成:

3S1 本等级适用于采取措施将尘浮降至最低的场所。防止沙的进入。

3S2 除3S1包括的条件外，本等级适用于未采取措施将尘或沙降至最低的场所，但该场所不靠近沙尘源头。

3S3 除3S2包括的条件外，本等级适用于靠近沙尘源头的场所。

3S4 除3S3包括的条件外，本等级适用于生产过程产生沙或尘的场所，或空气中有大量吹来的沙尘的地理区域。

A.3.5 机械条件 M

机械条件由下述8个等级组成：

3M1 本等级适用于无显著振动和冲击的场所。

3M2 除3M1包括的条件外，本等级适用于低显著振动的场所，例如产品安装在轻型支撑结构上，承受可忽略振动。

3M3 除3M2包括的条件外，本等级适用于低显著冲击的场所，例如冲击来自局部爆破、打桩、撞门等。

3M4 除3M3包括的条件外，本等级适用于具有显著振动和冲击的场所，例如振动和冲击来自附近机械或过往车辆。

3M5 除3M4包括的条件外，本等级适用于冲击大的场所，例如靠近重型机械、传送带等。

3M6 除3M5包括的条件外，本等级适用于振动大的场所，例如靠近重型机械。

3M7 除3M6包括的条件外，本等级适用于振动很大的场所，例如产品直接安装于机器上。

3M8 除3M7包括的条件外，本等级适用于振动极大的场所，例如产品安装于气锤上。

注：相应等级的选择取决于产品设计、安装和振动冲击强度。

A.3.6 闪络时间 T

闪络时间由下述5个等级组成：

3T1 本等级适用于住所、办公室和旅馆内的封闭场所，墙上、天花板的材料不易燃，设施和家俱的材料具有低燃性。椅子、沙发和床类的家俱，填充材料应进行阻燃处理。

3T2 除3T1包括的条件外，本等级适用于墙上和天花板有中等易燃材料的场所，有灰胶纸柏板、聚氯乙烯或纤维贴面等。

3T3 除了3T2包括的条件外，本等级适用于具有中等易燃性的设施、家俱摆放的场所。椅子和沙发填充聚氨脂材料，用棉或羊毛毡作面料。

3T4 除3T3包括的条件外，本等级适用于墙上和天花板有易燃材料的场所，有刨花板等中等易燃材料。

3T5 除3T4包括的条件外，本等级适用于墙上和天花板有易燃材料、设施和家俱有高燃烧性的场所。例如，墙上和天花板有木质护板、绝缘纤维板，椅子和沙发用的聚丙烯面料。

A.3.7 闪络前的热条件 P

闪络前热条件由下述5个等级组成：

3P1 本等级适用于有低着火负荷密度和低燃烧性的封闭场所。例如车库、机械车间和体育中心。

3P2 除3P1包括的条件外，本等级适用于有中等燃烧性的设施和家俱摆放场所。

3P3 除3P2包括的条件外，本等级适用于有中等着火负荷密度的场所。例如住所、学校和医院。

3P4 除3P3包括的条件外，本等级适用于有高燃烧性的设施、家俱摆放的场所。

3P5 除3P4包括的条件外，本等级适用于有极高着火负荷密度的场所，例如某些办公室、购物中心、图书馆、塑料和木材加工业等。

A.3.8 闪络后的热条件 F

闪络后热条件由下述4个等级组成：

3F1 本等级适用于有低着火负荷密度的封闭场所。

3F2　除 3F1 包括的条件下，本等级适用于有中等着火密度的场所。

3F3　除 3F2 包括的条件下，本等级适用于有高着火密度的场所。

3F4　除 3F3 包括的条件下，本等级适用于有极高着火密度的场所。例如，特殊办公室、图书馆和档案室。

A.3.9　穿过烟雾的可见度条件 V

穿过烟雾的可见度条件由 4 个等级组成。

对各个等级没有作具体说明。公共场所疏散人群通常需要 10 m 可见度，对应光密度 0.1 l/m。住所疏散的可见度为 2 m～3 m，对应 0.5 l/m 光密度。

A.3.10　化学活性物质条件 H

化学活性物质由下述 4 个等级组成：

3H1　本等级适用于不靠近可能散发化学活性物质(例如聚乙烯电缆)火灾的封闭场所。

3H2　除 3H1 包括的条件外，本等级适用于靠近可能散发化学活性物质(例如聚乙烯电缆)火灾的场所。

3H3　除 3H2 包括的条件外，本等级适用于堆放相当数量材料，火灾时可能散发化学活性物质(例如聚乙烯电缆)的场所。

3H4　除 3H3 包括的条件外，本等级适用于堆放大量材料火灾时可能散发化学活性物质(例如聚乙烯电缆)的场所。

附 录 B
（资料性附录）
气 候 图

图 B.1～B.13 给出了 3K1～3K8L 等级气候图。

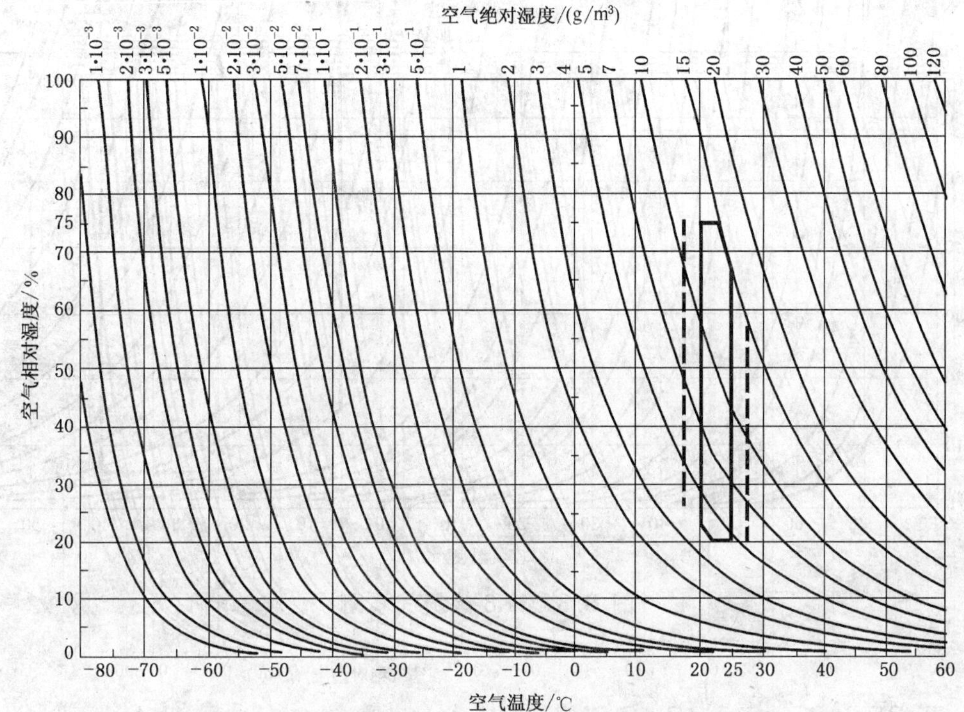

图 B.1　3K1 等级气候图

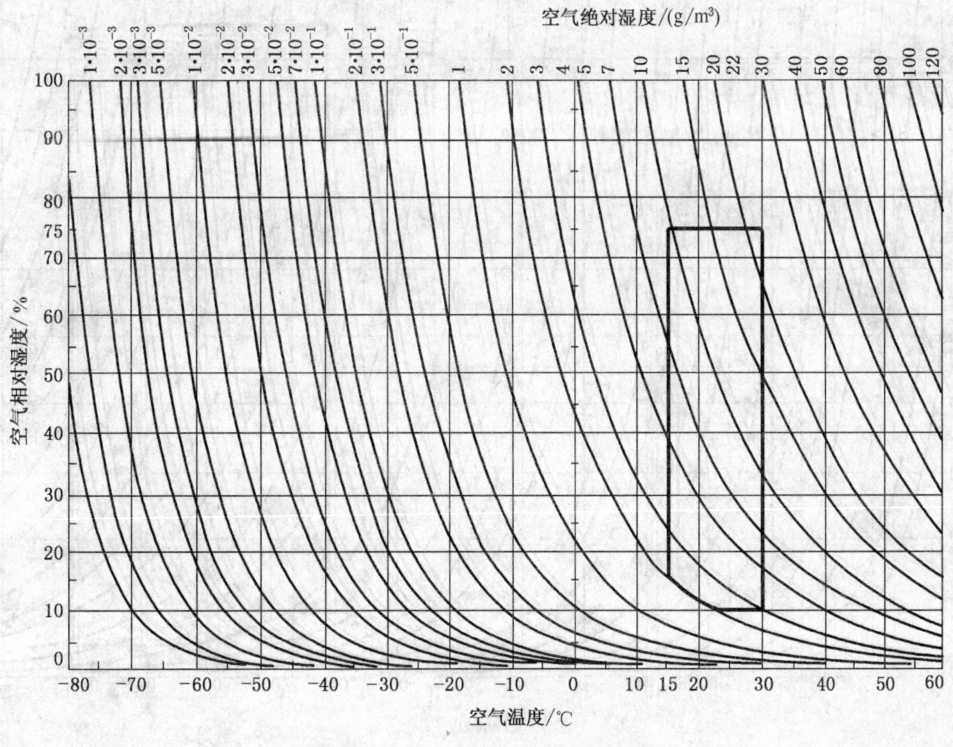

图 B.2　3K2 等级气候图

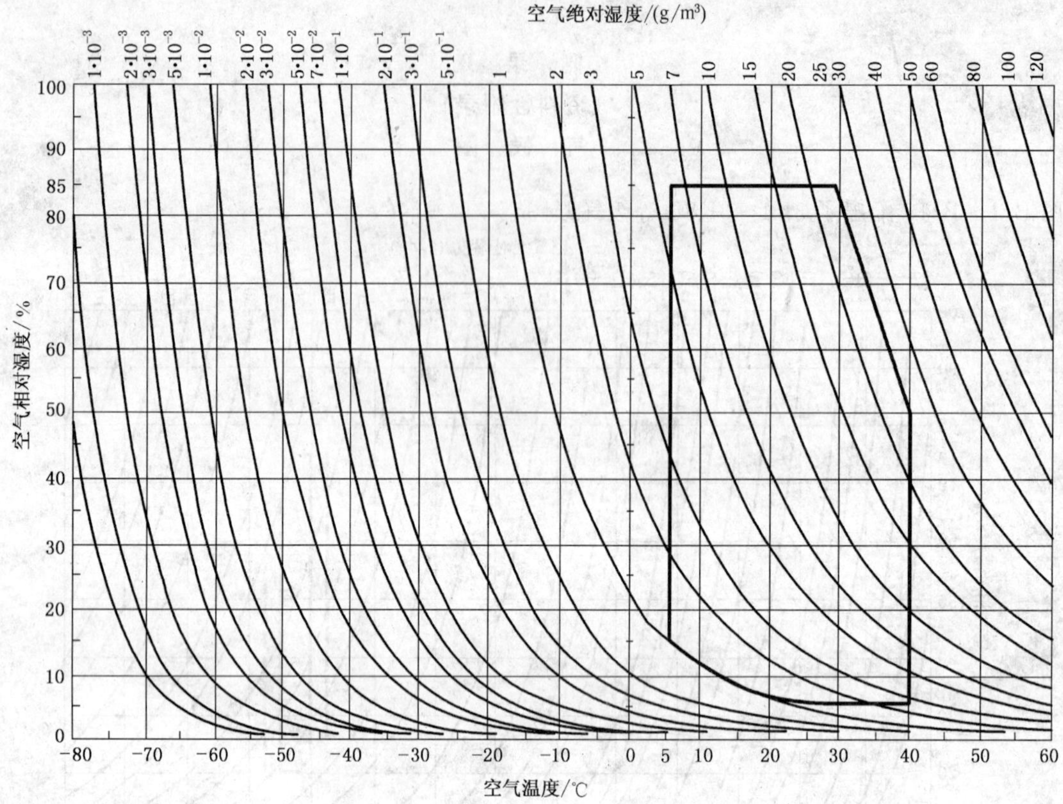

图 B.3 3K3 等级气候图

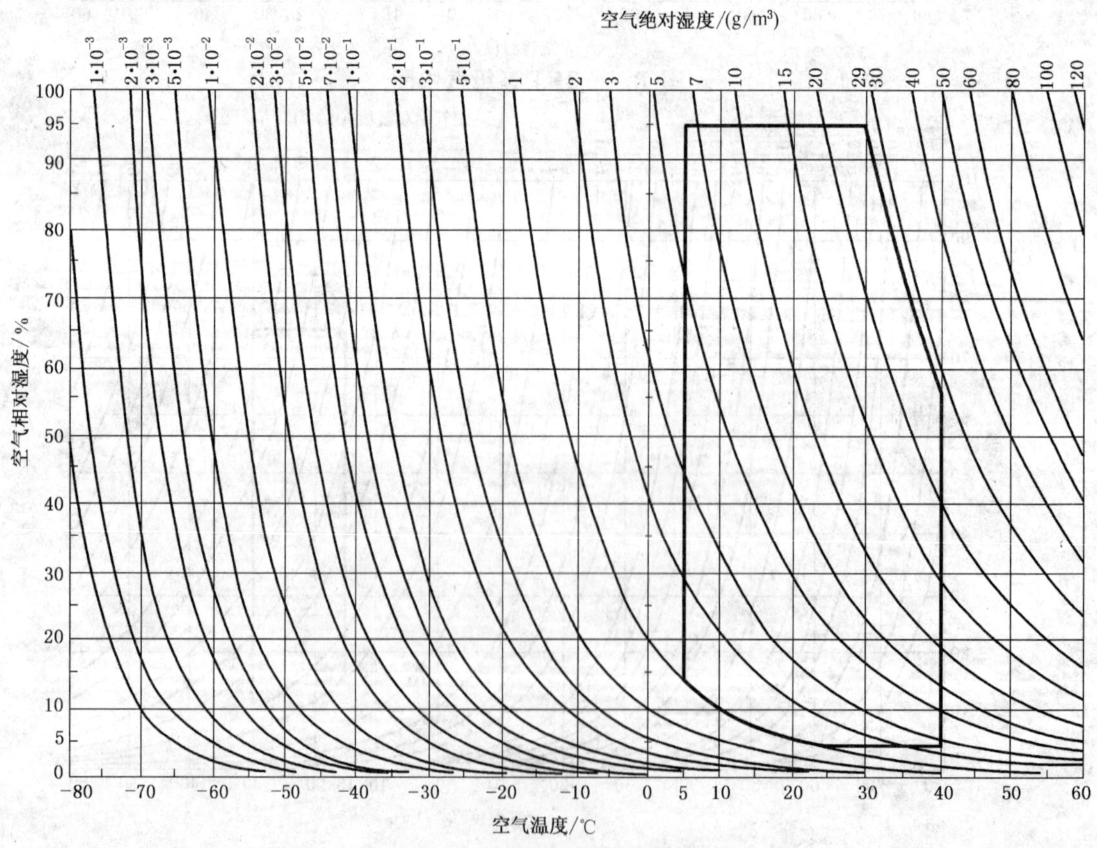

图 B.4 3K4 等级气候图

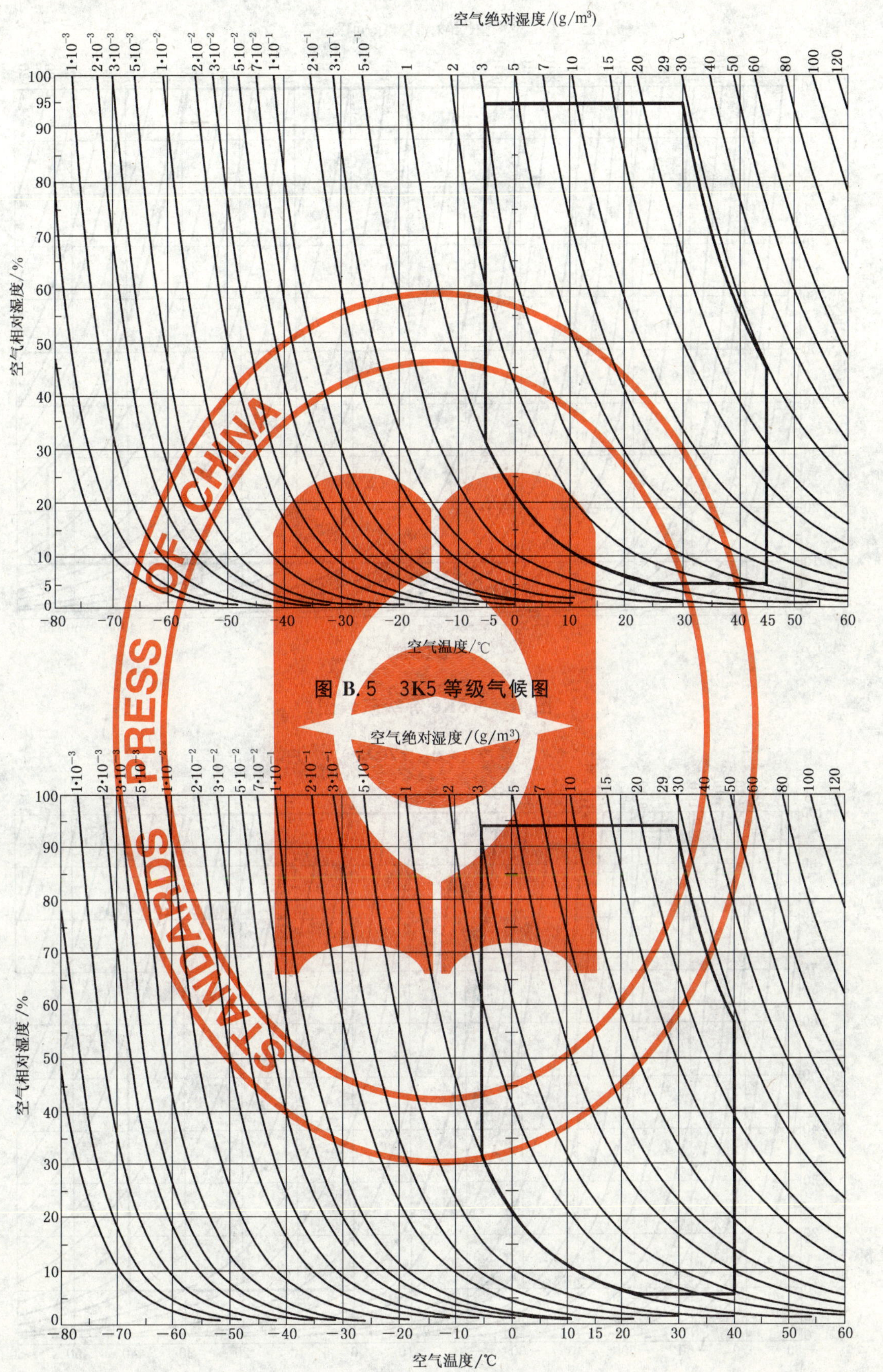

图 B.6 3K5L 等级气候图

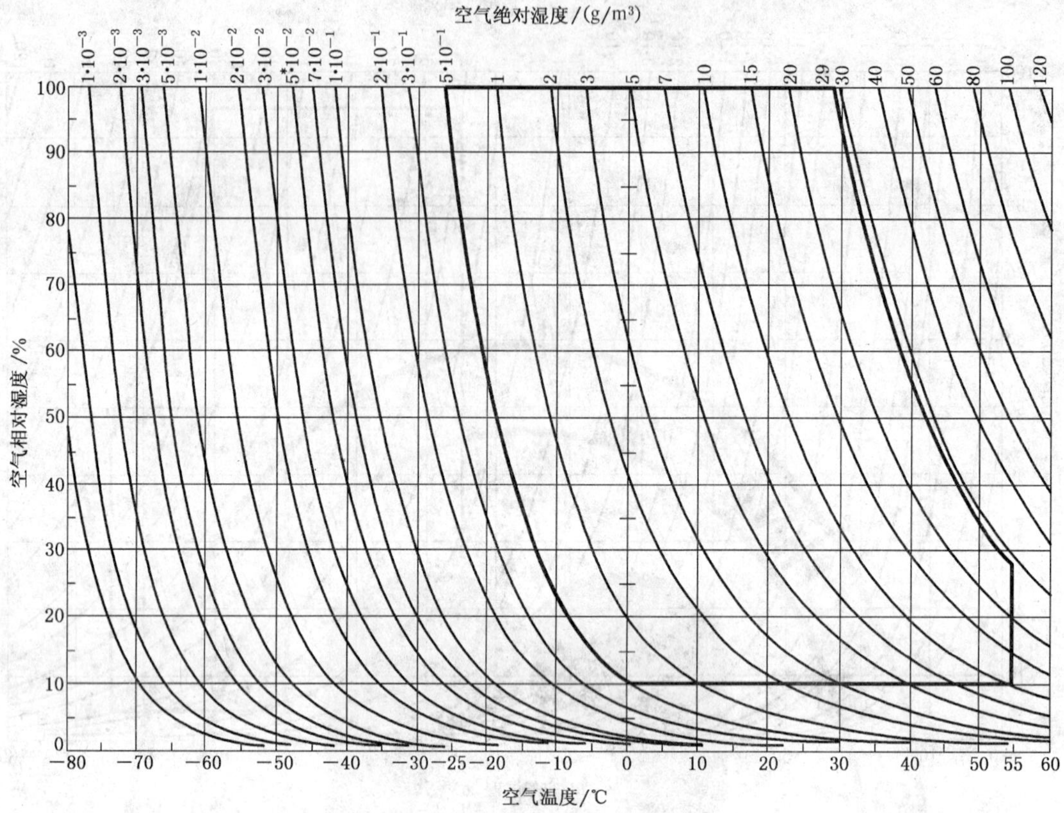

图 B.7 3K6 等级气候图

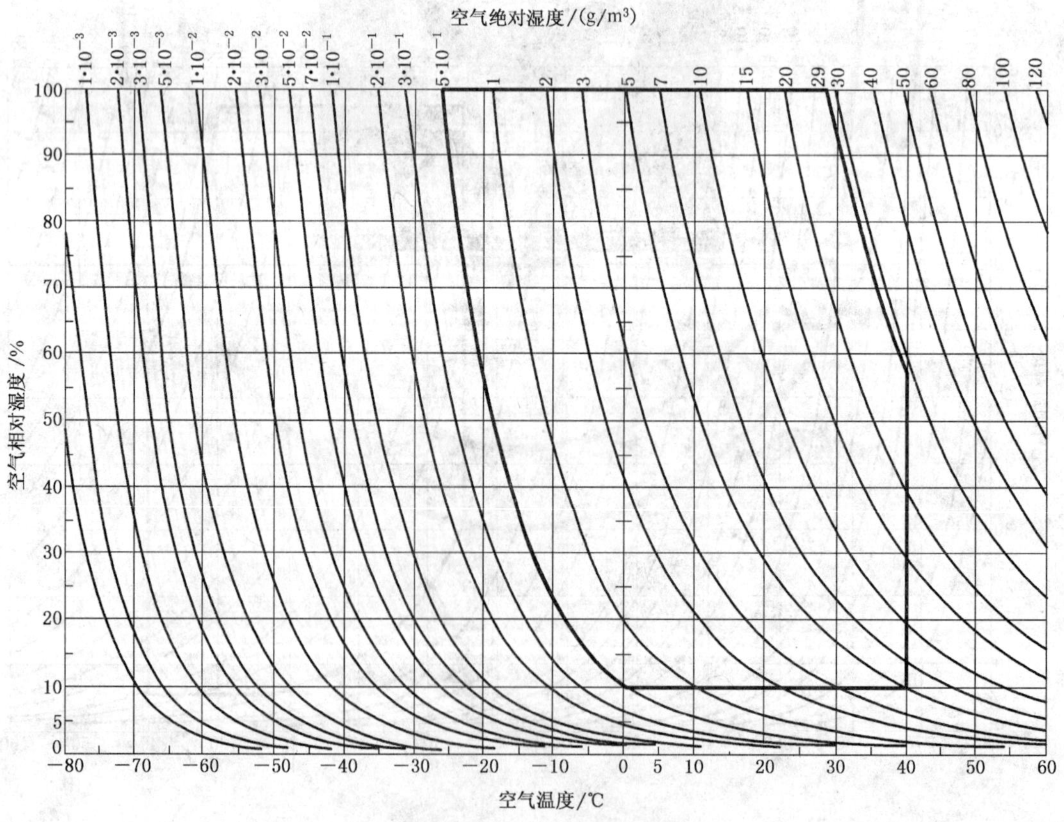

图 B.8 3K6L 等级气候图

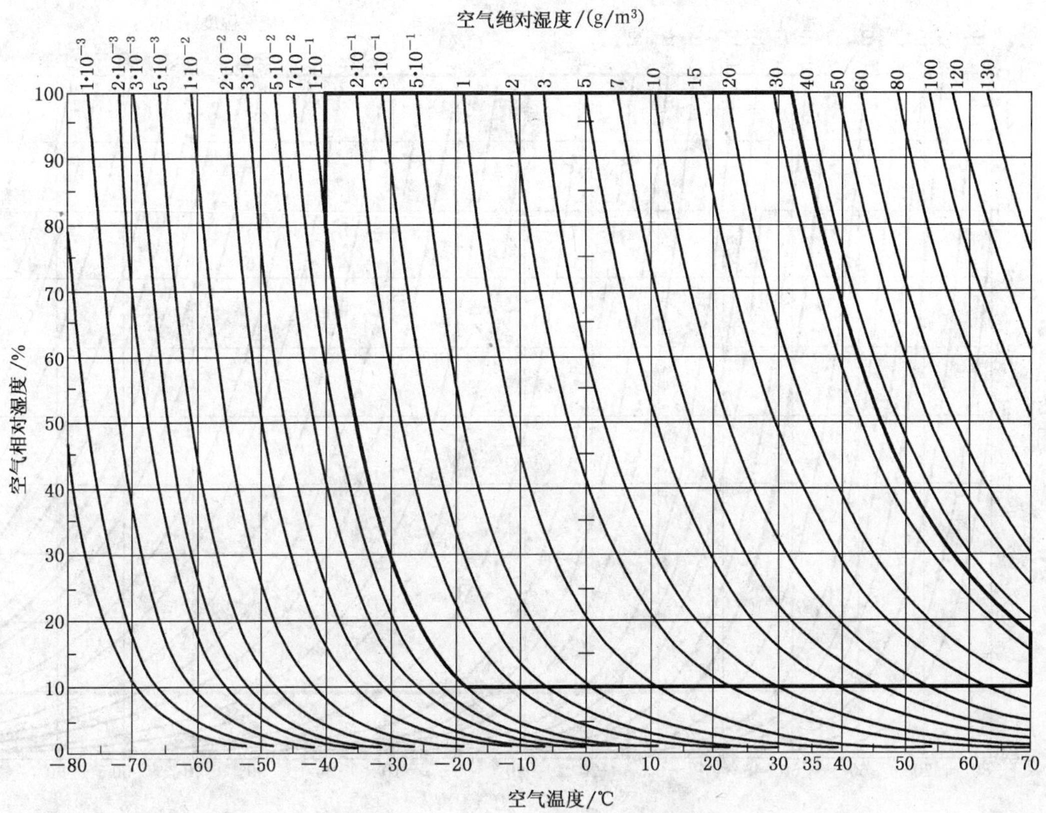

图 B.9　3K7 等级气候图

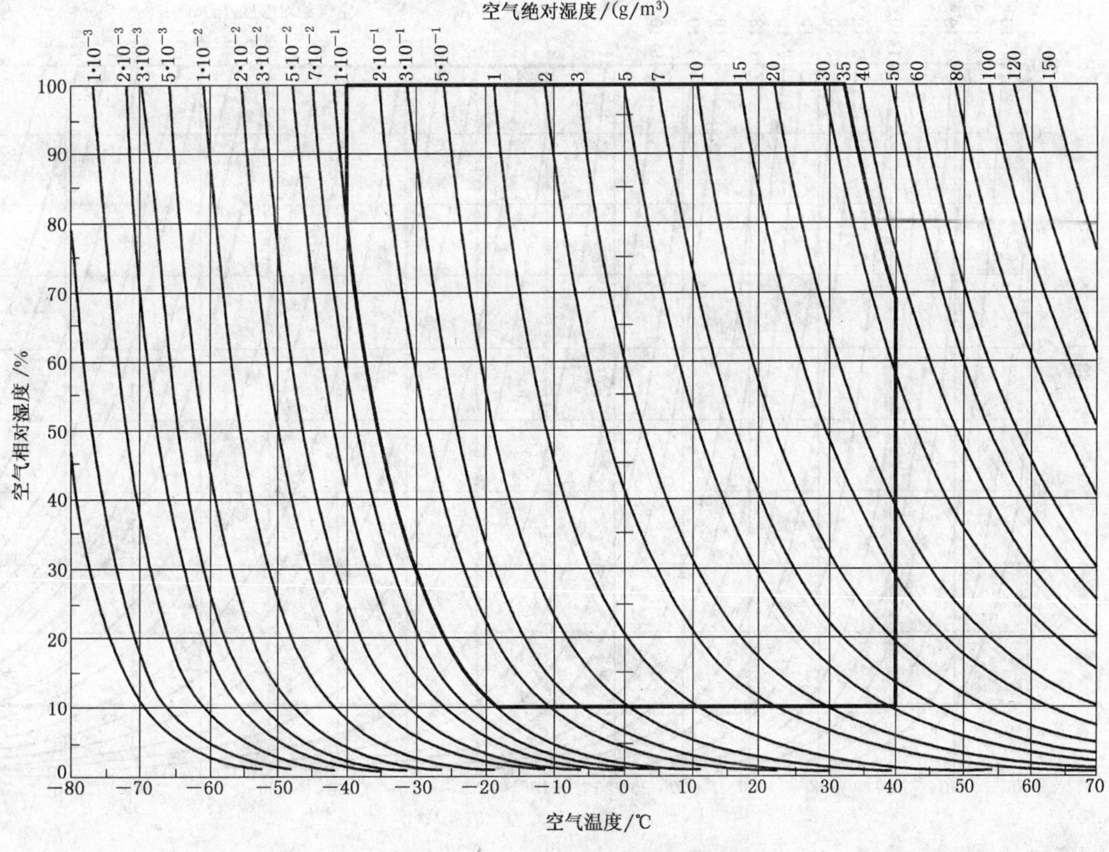

图 B.10　3K7L 等级气候图

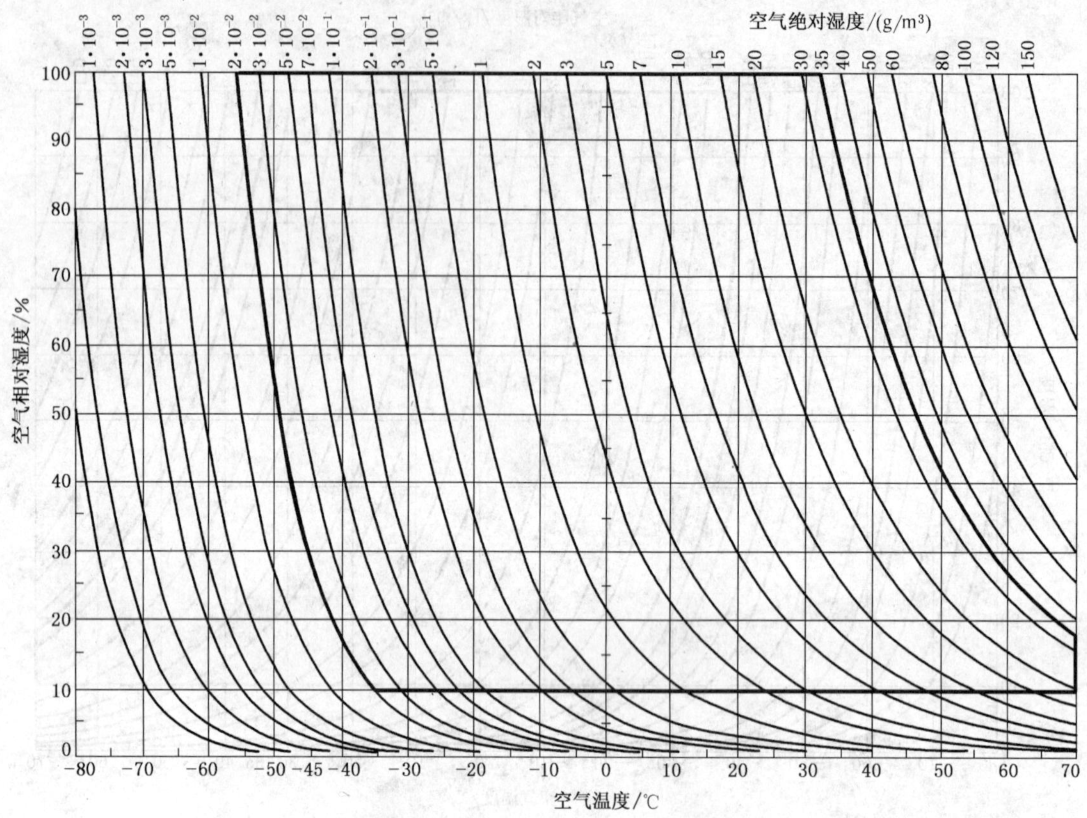

图 B.11 3K8 等级气候图

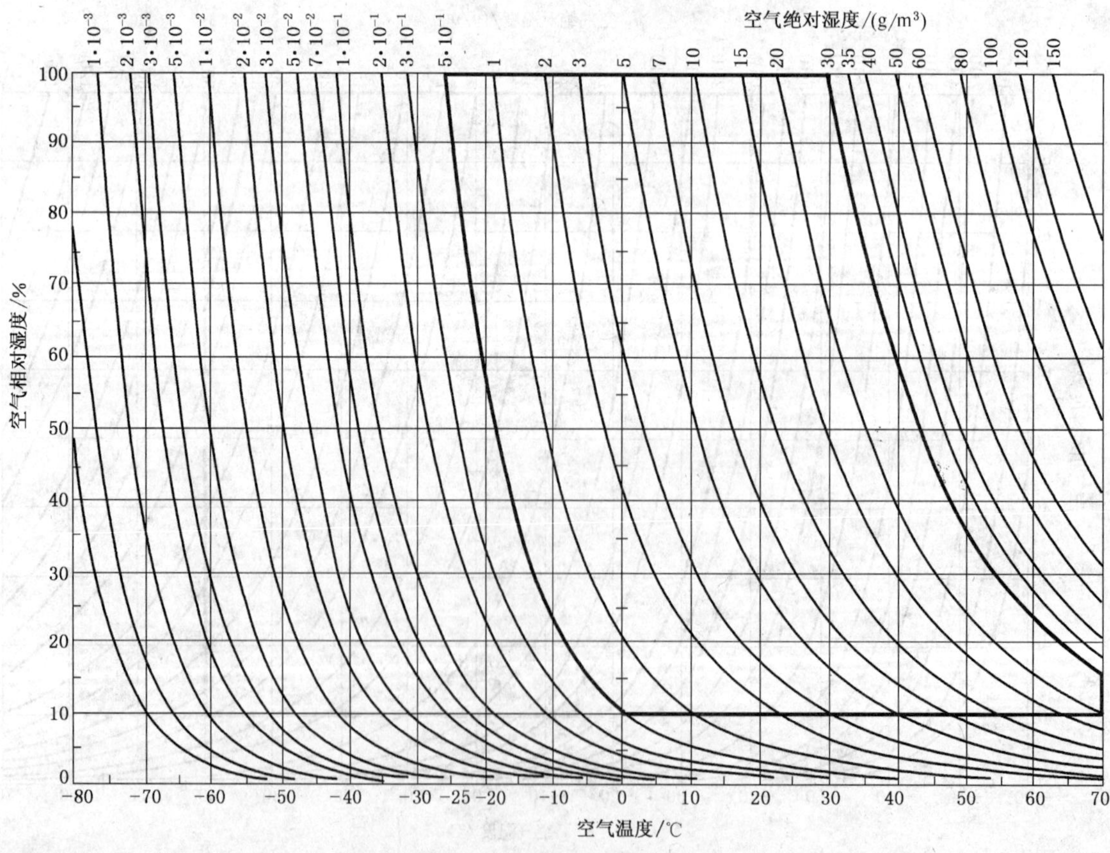

图 B.12 3K8H 等级气候图

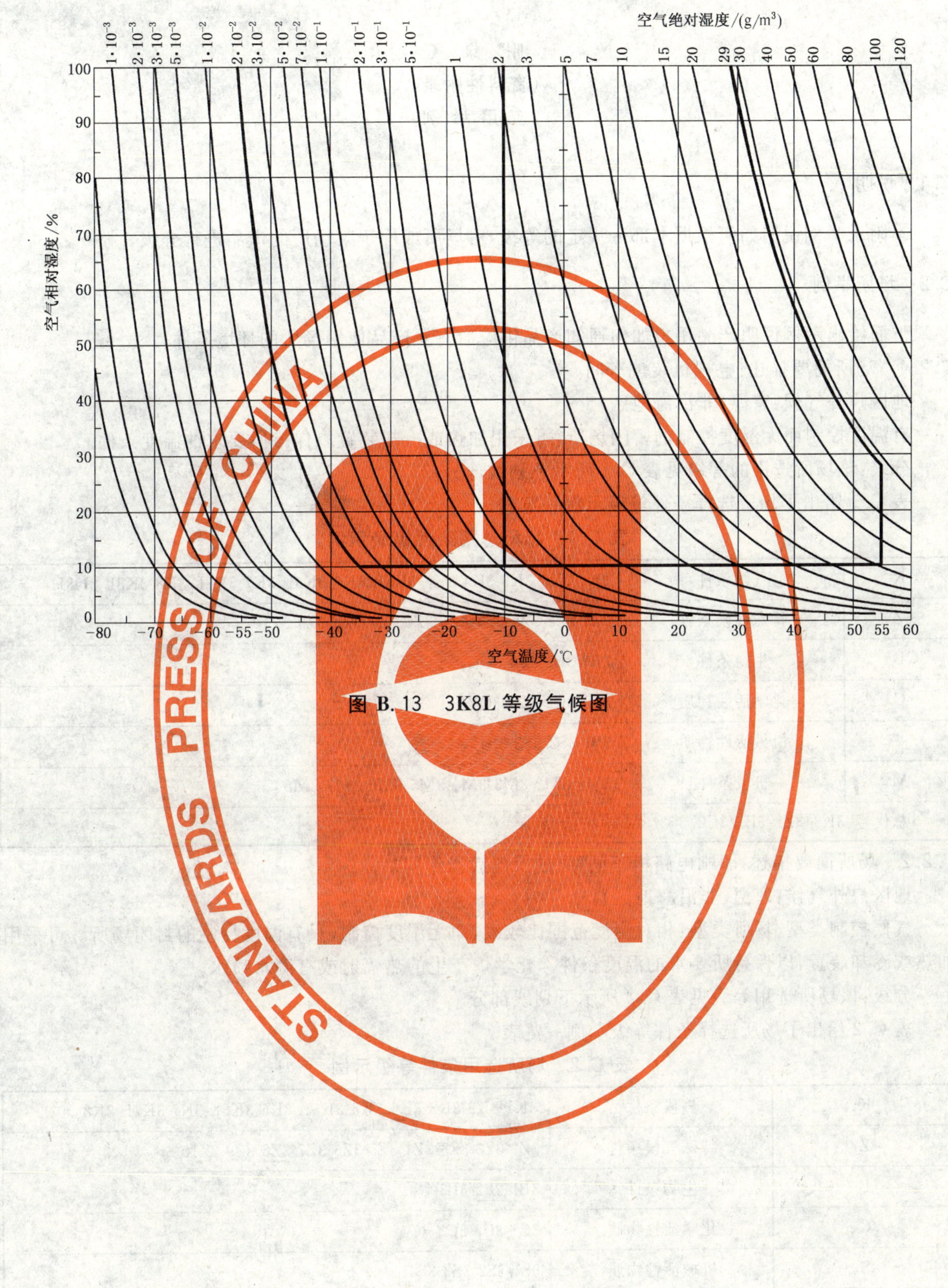

图 B.13 3K8L 等级气候图

附 录 C
（资料性附录）
应用举例

C.1 说明

本附录举例说明如何根据本部分规定的等级，对场所或用于某场所的产品进行分级。

C.2 场所举例

下面给出示例说明产品用户如何通知产品供应商有关产品使用场所的环境条件。

C.2.1 场所简要描述：电视机装配车间

地区户外气候：寒温（非沿海地区）。

有温度控制而无湿度控制的密闭场所，可采用加热或冷却装置以保持所要求的温度条件。

分级：该场所选用的等级见表C.1所示下划线部分。

表C.1给出了场所选择条件等级示例一览表。

表 C.1 场所选用条件等级示例

K	气候条件	3K1 3K2 <u>3K3</u> 3K4 3K5 3K5L 3K6 3K6L 3K7 3K7L 3K8 3K8L 3K8H
Z	特殊气候条件	<u>3Z1</u> 3Z2 3Z3 3Z4 3Z5 3Z6 3Z7 3Z8 3Z9 3Z10
B	生物条件	<u>3B1</u> 3B2 3B3
C	化学活性物质	3C1 <u>3C2</u> 3C3 3C4
S	机械活性物质	3S1 <u>3S2</u> 3S3 3S4
M	机械条件	3M1 <u>3M2</u> 3M3 3M4 3M5 3M6 3M7 3M8
总代号：3K3/3Z1/3B1/3C2/3S2/3M2。		

C.2.2 场所简要描述：印刷电路板车间（腐蚀及电镀操作间）

地区户外气候：寒温（非沿海地区）。

气候控制类型/场所类型：相对湿度范围比较大，而无湿度控制，只有温度控制的封闭场所。可采用加热或冷却装置，以保持所要求的温度条件。化学炉产生的热辐射或有滴水喷水。

分级：该场所选用等级见表C.2所示下划线部分。

表C.2给出了场所选择条件等级示例一览表。

表 C.2 场所选用条件等级示例

K	气候条件	3K1 3K2 3K3 <u>3K4</u> 3K5 3K5L 3K6 3K6L 3K7 3K7L 3K8
Z	特殊气候条件	3Z1 3Z2 <u>3Z3</u> 3Z4 3Z5 3Z6 3Z7 <u>3Z8</u> 3Z9 3Z10
B	生物条件	3B1 <u>3B2</u> 3B3
C	化学活性物质	3C1 3C2 <u>3C3</u> 3C4[a]
S	机械活性物质	3S1 <u>3S2</u> 3S3 3S4
M	机械条件	3M1 3M2 3M3 <u>3M4</u> 3M5 3M6 3M7 3M8
总代号：3K4/3Z3/3Z7/3Z8/3B2/3C3[a]/3S2/3M4。		
[a] 大气中含有氯化氢和氨气。		

C.3 产品应用示例

下面给出示例说明产品供应商如何通知用户有关产品的使用场所。

C.3.1 场所简要描述1

使用场所:同C.2.1。

户外气候:同C.2.1。

分级:产品的等级见表C.3。

表C.3给出了产品选择条件等级示例一览表。

表C.3 产品选用条件等级示例

K	气候条件	3K3
Z	特殊气候条件	3Z1
B	生物条件	3B1
C	化学活性物质	3C2
S	机械活性物质	3S2
M	机械条件	3M2
总代号:3K3/3Z1/3B1/3C2/3S2/3M2。		

C.3.2 场所简要描述2

使用场所:同C.2.2。

户外气候:同C.2.2。

分级:产品的等级见表C.4。

表C.4给出了产品选择条件等级示例一览表。

表C.4 产品选用条件等级示例

K	气候条件	3K4
Z	特殊气候条件	3Z3+3Z7+3Z8
B	生物条件	3B2
C	化学活性物质	3C3[a]
S	机械活性物质	3S2
M	机械条件	3M4
总代号:3K4/3B2/3C3/3S2/3M4/3Z3/3Z7/3Z8。		
[a] 大气中含有氯化氢和氨气。		

附 录 D
（资料性附录）
组合环境条件说明

本说明集中描述了7种标准环境条件的完整分类，在某些地方给出了应用举例。

如需了解更多细节，参见附录A。

7种组合等级对应的一般环境条件如下：

IE 31：适用于连续温度控制场所，具有加热、制冷或必要时加湿设备，安装的产品暴露于部分太阳辐射下，没有生物危害的特殊危险，具有低工业活动的乡村或城市地区，极少有沙或尘，无显著振动和冲击，例如，有人的办公室、具有特殊用途的房间。

IE 32：除包括IE 31条件外，IE 32适用于建筑物内有中等通风速度的场所，如开窗或特殊生产过程所致，暴露于热辐射下，例如，起居室、一般用途的房屋（剧院等）、办公室、商店。

IE 33：除包括IE 32条件外，IE 33适用于中度污染场所，具有工业活动遭遇沙和生物城市地区，具有轻微振动，例如，一般用途房屋（饭馆等）、车间。

IE 34：除包括IE 33条件外，IE 34适用于温度控制场所，加热设备有时停用但避免极低温出现，暴露于变化巨大的相对湿度下，有冷凝和滴水，有霉菌生长和除白蚁外的动物侵害，无特殊措施以减少沙尘，例如，厨房、浴室、产生高温的车间、天花板、车库。

IE 35：除包括IE 34等级外，IE 35适用无温度或湿度控制的场所，为防止低温可加热，建筑物结构可防止极端高温，靠近沙或尘源，例如，建筑物的进口和楼梯、天花板、某些车间、无人值守设备站。

IE 36：除包括IE 35条件外，IE 36适用于对户外气候日常变化几乎无防护的建筑物，安装的产品暴露于太阳和热辐射下，降水，有轻微冲击（局部爆破、打桩或门撞击），例如，车库、棚下、电话亭、农场建筑、工厂和工业加工厂建筑。

IE 37：除包括IE 36条件外，IE 37适用暴露在更严酷气候条件下的场所。

附 录 E
（资料性附录）
3K9 和 3K10 等级规定的热带区域环境条件说明

E.1 概述

热带包括北热带和南热带地区（即南纬 23°27′与北纬 23°27′之间）。

GB/T 4797.1 规定的下述户外气候类型适用于热带：

干热、中等干热、极干热、湿热、恒定湿热。

热带是地球上的白天常伴有强降雨的特殊高温的地区，这些地区很少有季节性变化。

热带气候包括：从赤道地区热带雨林的湿热气候条件到接近热带地区沙漠的干热气候。因此要区分两种热带气候。

——具有干热、中等干热和极干热气候类型特征的热带干热；

——具有温热和恒定湿热气候类型特征的热带湿热。

有的地区由于特殊的海拨高度，气候类型与同纬度的气候条件明显不同，例如太阳辐射、气压或山顶冰雪。热带地区许多地方环境条件很稳定，而另一些地方变化极大：

a) 稳定气候条件：
   ——最小日气温波动小于 1 ℃，最大年气温波动为 6 ℃；
   ——白昼时间稳定在 10.5 h～13.5 h；
   ——太阳辐射强度不变；
   ——大量动物繁殖生息。

b) 极端气候条件：
   ——降水：赤道地区全年降雨，近热带地区某一季节的大雨；
   ——海域的热带龙卷风：风速为 30 m/s，最高达 60 m/s，如西太平洋的台风和加勒比海的飓风；
   ——不良土壤条件：大雨导致的腐植质和无机物的流失；
   ——热带雨林茂密植被，山地森林稀疏植被；
   ——热带稀树草原和其他干草原，沙漠中无植被。

E.2 气候图

图 E.1 给出热带地区两种气候条件的气候图，根据 E.1 中气候类型的气温和湿度年极值平均值而绘制。

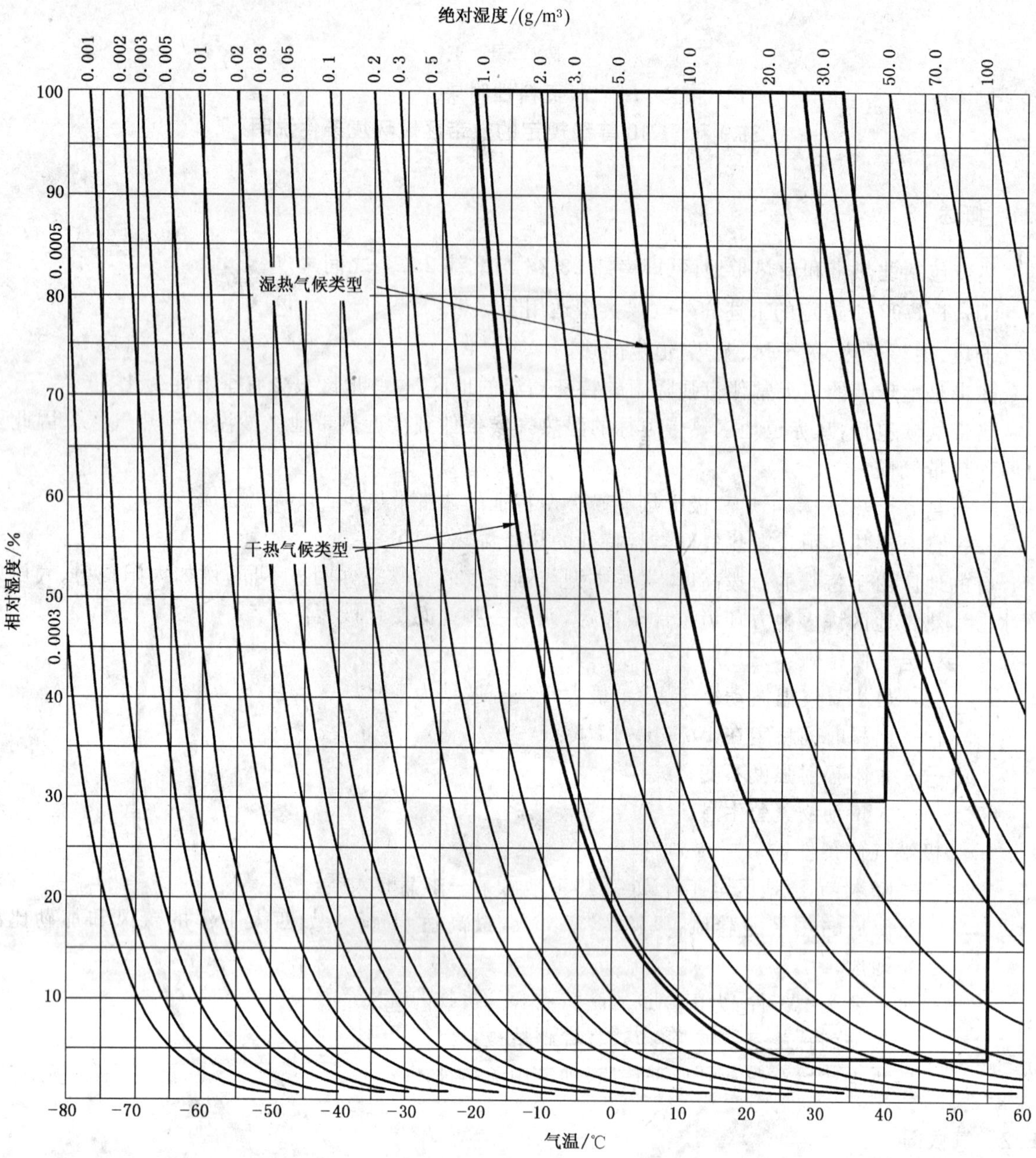

图 E.1 湿热和干热类型的气候图

附 录 F
（资料性附录）
国家标准与IEC标准气候类型对照表

表F.1给出了国家标准和IEC标准的气候类型对照一览表。

表F.1 国家标准和IEC标准的气候类型对照表

国家标准	IEC标准
—	极端寒冷(不包括南极洲中央)
寒冷	寒冷
寒温Ⅰ 寒温Ⅱ	寒温
暖温	暖温
干热	干热
亚湿热	中等干热
—	极干热
湿热	湿热
—	(恒定)湿热

附　录　G
（资料性附录）
本部分章条编号与 IEC 60721-3-3:2002 章条编号对照

表 G.1 给出了本部分章条编号与 IEC 60721-3-3:2002 章条编号对照一览表。

表 G.1　本部分章条编号与 IEC 60721-3-3:2002 章条编号对照

本部分章条编号	对应的国际标准章条编号
—	3
3	4
4	5
4.1	5.1
4.2	5.2
4.3	5.3
4.4	5.4
4.5	5.5
4.6	5.6
5	6
附录 A	附录 A
附录 B	附录 B
附录 C	附录 C
附录 D	附录 D
附录 E	附录 E
附录 F	—
附录 G	—
附录 H	—

注：表中的章条以外的本部分其他章条编号与 IEC 60721-3-3:2002 其他章条编号内容相对应。

附 录 H
（资料性附录）
本部分与 IEC 60721-3-3:2002 技术差异和编辑性差异及其原因

表 H.1 给出了本部分与 IEC 60721-3-3:2002 技术性差异和编辑性差异及其原因一览表。

表 H.1 本部分与 IEC 60721-3-3:2002 技术性差异和编辑性差异及其原因

本部分的章条编号	技术性差异和编辑性差异	原 因
名称	用《电工电子产品应用环境条件第 3 部分:有气候防护场所固定使用》代替	我国系列标准统一名称
前言	删除国际标准前言内容;用本国内容的前言代替	GB/T 1.1—2000 规定
1	用范围代替范围和目的	GB/T 1.1—2000 规定
2	用规范性引用文件代替引用标准	GB/T 1.1—2000 规定
—	删除定义整章	已在 GB/T 11804—2005 术语中规定
3	用 GB/T 4798.10 代替 IEC 60721-3-0	我国已制定相应标准
4	用第 4 章代替第 5 章	本部分章条编号更改
5	用第 5 章代替第 6 章	本部分章条编号更改
表 1	增加 3K5L 和 3K6L	根据我国实际环境条件定
附录 A	在表 A.1 中增加了我国的气候类型和 3K5L 和 3K6L	根据我国的实际环境条件
表 A.1～表 A.5、表 C.1～表 C.4	增加了表头	GB/T 1.1—2000 规定
附录 F	增加国家标准与 IEC 标准气候类型对照表	我国气候类型和 IEC 气候类型对照使用
附录 G、附录 H	新增加	GB/T 1.1—2000 规定

ICS 19.040
A 21

中华人民共和国国家标准

GB/T 4798.4—2007
代替 GB/T 4798.4—1990

电工电子产品应用环境条件 第4部分:无气候防护场所固定使用

Environmental conditions existing in the application of electric and electronic products—Part 4:Stationary use at non-weather-protected locations

(IEC 60721-3-4:1995 and Amd 1:1996,Classification of environmental conditions—Part 3:Classification of groups of environmental parameters and their severities—Section 4:Stationary use at non-weather-protected locations,MOD)

2007-07-13 发布　　2008-03-01 实施

中华人民共和国国家质量监督检验检疫总局
中国国家标准化管理委员会　发布

前　言

GB/T 4798《电工电子产品应用环境条件》包括：

GB/T 4798.1—2005　电工电子产品应用环境条件　第1部分：贮存

GB/T 4798.2—1996　电工电子产品应用环境条件　运输

GB/T 4798.3—2007　电工电子产品应用环境条件　第3部分：有气候防护场所固定使用

GB/T 4798.4—2007　电工电子产品应用环境条件　第4部分：无气候防护场所固定使用

GB/T 4798.5—2007　电工电子产品应用环境条件　第5部分：地面车辆使用

GB/T 4798.6—1996　电工电子产品应用环境条件　船用

GB/T 4798.7—2007　电工电子产品应用环境条件　第7部分：携带和非固定使用

GB/T 4798.9—1997　电工电子产品应用环境条件　产品内部的微气候

GB/T 4798.10—1991　电工电子产品应用环境条件　导言

本部分为 GB/T 4798.4—2007　修改采用 IEC 60721-3-4:1995《环境条件分类　第3部分：环境参数分类及其严酷程度分级　第4节：无气候防护场所固定使用》及修正件1:1996(英文版)。

本部分根据 IEC 60721-3-4:1995 重新起草，在附录F中列出了本部分章条编号与 IEC 60721-3-4:1995 章条编号的对照表。

考虑到我国国情，在采用 IEC 60721-3-4:1995 及修正件1:1996时，本部分做了一些修改。有关技术性差异和编辑性差异已编入正文中并在它们所涉及的条款的页边的空白处用垂直线标识。在附录G中给出了这些技术性和编辑性差异及其原因的一览表，以供参考。

本部分与 IEC 60721-3-4:1995 主要差异如下：

——删除了 IEC 60721-3-4:1995 的前言；

——增加了国家标准的前言；

——删除第3章定义；

——增加4K3H和4K3L等级；

——A.2.1.2 的文字说明修改为用"表 A.2 与气候类型无关的气候条件"表示；

——增加附录E、附录F和附录G。

本部分是对 GB/T 4798.4—1990 的修订。与 GB/T 4798.4—1990 相比，主要不同如下：

——删除第3章术语；

——表1和表A.1中部分数值有变化。4K1采用IEC的等级，4K3H和4K3L等级值做了响应的调整；

——改写附录A；

——典型冲击响应频谱图中Ⅰ、Ⅱ谱的频率上下限延拓；

——由"图B.1 气温、相对湿度和绝对湿度关系图"代替 GB/T 4798.4—1990 中图B.1～图B.8的等级气候图；

——删除表A.1，保留IEC的气候类型，由表E.1给出了国家标准和IEC标准的气候类型对照关系；

——A.2.1.2 的文字说明修改为用表A.2与气候类型无关的气候条件表示；

——增加附录D、附录E、附录F和附录G。

GB/T 4798是电工电子产品环境条件系列标准之一。下面给出了这些国家标准的预计结构及其对应的国际标准以及将代替的国家标准。

a) GB/T 4796—2001 电工电子产品环境参数分类及其严酷程度分级(IEC 60721-1:1990,代替GB/T 4796—1984)

b) GB/T 4797.1—2005 电工电子产品自然环境条件 温度和湿度(IEC 60721-2-1:2002,代替GB/T 4797.1—1984)

c) GB/T 4797.2—2005 电工电子产品自然环境条件 海拔与气压、水深与水压(IEC 60721-2-3:1987,代替 GB/T 4797.2—1986)

d) GB/T 4797.3—1986 电工电子产品自然环境条件 生物(IEC 60721-2-7)

e) GB/T 4797.4—1989 电工电子产品自然环境条件 太阳辐射和温度(IEC 60721-2-4:2002)

f) GB/T 4797.5—1992 电工电子产品自然环境条件 降水和风(IEC 60721-2-2:1988)

g) GB/T 4797.6—2001 电工电子产品自然环境条件 尘、沙、盐雾(IEC 60721-2-5:1991)

h) GB/T 4798.1—2005 电工电子产品应用环境条件 第1部分:贮存(IEC 60721-3-1:1997,代替GB/T 4798.1—1986)

i) GB/T 4798.2—1996 电工电子产品应用环境条件 运输(IEC 60721-3-2,修正件1:1991,修件2)

j) GB/T 4798.3—2007 电工电子产品应用环境条件 第3部分:有气候防护场所固定使用(IEC 60721-3-3:2002,代替 GB/T 4798.3—1990)

k) GB/T 4798.4—2007 电工电子产品应用环境条件 第4部分:无气候防护场所固定使用(IEC 60721-3-4:1995,代替 GB/T 4798.4—1990)

l) GB/T 4798.5—2007 电工电子产品应用环境条件 第5部分:地面车辆使用(IEC 60721-3-5:1987,代替 GB/T 4798.5—1987)

m) GB/T 4798.6—1996 电工电子产品应用环境条件 船用(IEC 60721-3-6:1987,修正件1)

n) GB/T 4798.7—2007 电工电子产品应用环境条件 第7部分:携带和非固定使用(IEC 60721-3-7:2002,代替 GB/T 4798.7—1987)

o) GB/T 4798.9—1997 电工电子产品应用环境条件 产品内部的微气候(IEC 60721-3-9:1993)

p) GB/T 4798.10—1991 电工电子产品应用环境条件 导言(IEC 60721-3-0:2002,修正件1)

q) GB/T 11804—2005 电工电子产品应用环境条件术语(代替 GB/T 11804—1984)

本部分的附录A、附录B、附录C、附录D、附录E、附录F和附录G为资料性附录。

本部分由中国电器工业协会提出。

本部分由全国电工电子产品环境条件与环境试验标准化技术委员会(SAC/TC 8)归口。

本部分起草单位:铁道部标准计量研究所、国家轨道衡计量站。

本部分主要起草人:张一兵、陆霖、李建瑛、钱悦磊。

本部分所代替标准的历次版本发布情况为:

——GB/T 4798.4—1990。

电工电子产品应用环境条件
第4部分：无气候防护场所固定使用

1 范围

本部分规定了无气候防护场所固定使用产品在安装、停机、保养和维修中遇到的环境参数组分类及其严酷等级。

永久或临时安装于无气候防护场所固定使用的产品，安装场所包括冲击地和近海。用于车辆上和车辆内的产品除外。

本部分规定了仅限于直接影响产品性能的环境条件。只有这一类的环境条件才予考虑。而不描述这些环境条件对产品的影响。

由着火、爆炸和离子辐射造成的环境条件不予考虑，其他意外的偶然事故也不予考虑。在特殊情况下，应考虑这些因素发生的几率。

不包括产品内部的微气候。

有气候防护场所固定使用、携带和非固定使用、车用和船用、贮存和运输条件在GB/T 4798中其他部分规定。

有限数量的环境条件等级包括广泛的应用场所。本部分使用者应选择能涵盖预期使用条件的最低等级。

2 规范性引用文件

下列文件中的条款通过GB/T 4798的本部分的引用而成为本部分的条款。凡是注日期的引用文件，其随后所有的修改单(不包括勘误的内容)或修订版均不适用于本标准，然而，鼓励根据本部分达成协议的各方研究是否可使用这些文件的最新版本。凡是不注日期的引用文件，其最新版本适用于本部分。

GB/T 4796—2001 电工电子产品环境参数分类及其严酷程度分级(idt IEC 60721-1:1990)

GB/T 4797.1—2005 电工电子产品自然环境条件 温度和湿度(neq IEC 60721-2-1:2002,MOD)

GB/T 4798.10—2006 电工电子产品应用环境条件 导言(IEC 60721-3-0:2002,IDT)

GB/T 11804—2005 电工电子产品环境条件术语

3 一般要求

本部分与GB/T 4798.10—2006同时使用；GB/T 11804—2005确立的术语和定义适用于本部分。

安装时通常停工，标准的使用者应将这类情况与产品使用时区别开，除非有特殊说明，此时应选择其他等级。

超出规定严酷程度的几率很低。所有规定值是最大值或限制值。这些值可能会达到，但不会长久出现。在一段时间内，地点不同，严酷程度出现的频率也不同。本部分未考虑这类出现频率，但任何环境参数出现的频率都应考虑。如果需要，将额外规定。出现的频率和周期在GB/T 4798.10—2006中规定。

应当注意，所规定的几种环境参数同时出现可能增大对产品的影响。在生物条件、化学活性物质和机械活性物质条件同时出现高相对湿度时尤为明显。

某一地点的环境条件可能会受其他因素影响，例如散热源、特殊过程条件等。

某一地点环境条件的测量,应在产品周围选点进行。

应当承认,存在极端和特殊环境条件。在这类特殊环境下使用的产品,由供需双方协商确定。

4 环境参数组分类及其严酷程度分级

表 1 至表 6 列出了一系列环境条件等级:气候条件(K)、特殊气候条件(Z)、生物条件(B)、化学活性物质(C),机械活性物质(S)和机械条件(M)。

产品遇到的可能的环境条件组合,构成了一系列类别,代表了世界范围应用的实际情况,取决于户外气候、建筑物结构、安装、过程条件等。

较高数字环境条件等级通常包括较低数字环境条件等级。

某些参数还不能定量规定严酷程度。

对于给定地点和产品,应选择一整套等级组合,如:

5K2/4Z1/4Z4/4Z6/4B1/4C2/4S2/4M4

附录 A 解释了环境条件等级的依据,描述了每个等级所包括的使用场所,给出了影响环境参数及其严酷程度选择的情况。

附录 B 包括空气温度、相对湿度和绝对湿度的相互关系图。

附录 C 给出环境参数分类应用实例。

4.1 气候条件

4K1 至 4K4 规定的气候条件参见 GB/T 4797.1—2005 中户外气候组。温度和湿度参考值是年极值的平均值。

在无气候防护场所,特殊气候条件对产品及其部件的影响,较之有气候防护场所更大。特别是温度变化、太阳辐射、降水、空气流速、寒风在此情况下应予考虑。

这些严酷程度受具体结构(例如材料种类和厚度、表面颜色、箱体密封或透气、产品散热等)及具体安装(例如安装地点的选择、暴露于气候及通风程度等)的影响。

4.2 特殊气候条件

实际上,热辐射、周围空气运动、来自降雨外的水和低气压参数会以任意严酷程度与其他气候条件同时出现。因此这些参数规定于表 2 的特殊气候条件中。在这种情况下,假定严酷程度增加的几种条件同时出现将会导致不合理设计。

4.3 生物条件

没有规定生物条件的量化严酷程度。所规定的参数具有代表性,但不完全。

4.4 化学活性物质

自然界的污染主要来自工业活动、驱动车辆和加热系统的化学排放。更严重的化学污染来自海盐烟雾。化学污染的组合会影响产品的材料和性能。

分类中给出的数值是数年观察的结果。由于短期内高浓度的直接影响会导致材料更严重破坏,甚至不能再生,因此表中给出最大值。附带给出平均值,因为它对产品内部件的长期影响占有重要位置。

实际上,本部分的所有污染物不可能同时出现。即使这些污染物同时出现并且浓度均匀升高的可能性也是不大的。不同的场所,通常只有一种污染物浓度较高。4C1 等级规定值对应乡村地区。4C2 等级规定值对应城市地区。因此这两个等级的严酷程度满足所有参数综合作用结果。而 4C3 和 4C4 等级严酷程度不能认为满足所有参数综合作用结果,否则会导致不合理设计。对于 4C3 和 4C4 等级,可以仅选对应于特殊使用的单一参数。在化学活性物质出现的场所选择 4C3 和 4C4 等级中单一参数,而未提及的其他参数可选 4C2 等级中数值。

注:本部分中不考虑除海盐和路盐以外的化学活性液体和化学活性固体。

4.5 机械活性物质

沙和尘作为同一环境参数,因为它们的作用相似。

4.6 机械条件

正弦振动按加速度和位移幅值分级，对应不同的频率范围。

本部分不考虑随机振动，当资料充足时再予考虑。

包括冲击的非稳态振动按第一级非阻尼最大冲击响应谱分级，见 GB/T 4796—2001。

5 环境条件等级组合

由一系列产品环境条件可能的组合构成环境条件组。组合的数量和灵活性非常大。实际上，这种灵活性并不总是有益的，例如不同方面共商环境条件文件时，肯定会有干扰性的微小差异。

在一般情况下为了避免这种可能，从表 7 选取严酷等级的标准组合。对于给定场所和产品，可参考本部分，例如选取 IE 42。只有当标准不包括所需严酷等级组合时，可按第 4 章选取环境条件等级组合。反之，如果某些参数的严酷程度不同于标准中规定的等级组合，应加如下短语表述："但……(参数)……(严酷程度和单位)"，例如 IE 42 但沙为 30 mg/m³。

附录 D 给出了组合环境条件说明。

表 1 气候条件等级

环境参数	单位	等级							
		4K1	4K2	4K3	4K3H	4K3L	4K4	4K4H	4K4L
低温	℃	−20	−33	−50	−20	−50	−65	−20	−65
高温	℃	35	40	40	40	35	55	55	35
低相对湿度[a]	%	20	15	15	15	20	4	4	20
高相对湿度[a]	%	100	100	100	100	100	100	100	100
低绝对湿度[a]	g/m³	0.9	0.26	0.03	0.9	0.03	0.03	0.9	0.003
高绝对湿度[a]	g/m³	22	25	36	36	22	36	36	22
降雨强度	mm/min	6	6	15	15	15	15	15	15
温度变化率[b]	℃/min	0.5	0.5	0.5	0.5	0.5	0.5	0.5	0.5
低气压[c]	kPa	70	70	70	70	70	70	70	70
高气压	kPa	106	106	106	106	106	106	106	106
太阳辐射	W/m²	1 120	1 120	1 120	1 120	1 120	1 120	1 120	1 120
热辐射	W/m²	见表 2	见表 2	见表 2	见表 2	见表 2	见表 2	见表 2	见表 2
周围空气污染	m/s	见表 2	见表 2	见表 2	见表 2	见表 2	见表 2	见表 2	见表 2
凝露	—	有	有	有	有	有	有	有	有
降水条件(雨、雪、雹等)	—	有	有	有	有	有	有	有	有
雨水温度[d]	℃	5	5	5	5	5	5	5	5
除雨以外其他水源	—	见表 2	见表 2	见表 2	见表 2	见表 2	见表 2	见表 2	见表 2
结冰和结霜条件	—	有	有	有	有	有	有	有	有

a 低和高相对湿度受低和高绝对温度的限制，因此，对于环境参数"低温"和"低相对湿度"或"高温"和"高相对湿度"来说，表 1 中规定的严酷等级是不会同时出现的。参看附录 B 中空气温度和湿度的关系。

b 温度变化率按 5 min 时间取平均值。

c 70 kPa 表示户外使用的限值，通常海拔约为 3 000 m。某些地理区域户外使用可能高于 3 000 m。对某些低于 3 000 m 的受限使用，可从表 2 取值。

d 雨水温度应该同空气温度和太阳辐射一起考虑，雨水冷却作用应与产品表面温度联系起来。

表 2 特殊气候条件等级

环境参数	等级	单位	特殊条件
低气压[c]	4Z10	kPa	84
周围空气污染	4Z3	m/s	20
	4Z4	m/s	30
	4Z5	m/s	50
热辐射[a]	4Z1	无	可忽略
	4Z2	无	生产过程产生的热辐射
除雨以外的其他水源[b]	4Z6	无	可忽略
	4Z7	无	溅水
	4Z8	无	喷水
	4Z9	无	水浪

a 热辐射可能发生在特殊场合，如果需要应予考虑。

b 未考虑水下条件。

c 4Z10 等级对应海拔高度约 1 400 m。

表 3 生物条件等级

环境参数	单位	等级	
		5B2	5B3
植物	—	霉菌、真菌等	霉菌、真菌等
动物	—	啮齿动物和其他危害产品的动物，白蚁除外	啮齿动物或其他危害产品的动物，包括白蚁

表 4 化学活性物质条件等级

环境参数	单位	等级						
		4C1	4C2		4C3		4C4	
		最大值	平均值	最大值	平均值	最大值	平均值	最大值
盐(海盐和路盐)	—	—	有盐雾					
二氧化硫	mg/m³	0.1	0.3	1.0	5.0	10	13	40
	cm³/m³	0.037	0.11	0.37	1.85	3.7	4.8	14.8
硫化氢	mg/m³	0.01	0.1	0.5	3.0	10	14	70
	cm³/m³	0.007 1	0.071	0.36	2.1	7.1	9.9	49.7
氯	mg/m³	0.1	0.1	0.3	0.3	1.0	0.6	3.0
	cm³/m³	0.037	0.034	0.1	0.1	0.34	0.2	1.0
氯化氢	mg/m³	0.1	0.1	0.5	1.0	5.0	1.0	5.0
	cm³/m³	0.066	0.066	0.33	0.66	3.3	0.66	3.3
氟化氢	mg/m³	0.003	0.01	0.03	0.1	2.0	0.1	2.0
	cm³/m³	0.006 6	0.012	0.036	0.12	2.4	0.12	2.4
氨	mg/m³	0.3	1.0	3.0	10	35	35	175
	cm³/m³	0.42	1.4	4.2	14	49	49	247

表 4(续)

环境参数	单位	等级						
		4C1	4C2		4C3		4C4	
		最大值	平均值	最大值	平均值	最大值	平均值	最大值
臭氧	mg/m³ cm³/m³	0.01 0.005	0.05 0.025	0.1 0.05	0.1 0.05	0.3 0.15	0.2 0.1	2.0 1.0
氧化氮(以氮氧化物当量值表示)	mg/m³ cm³/m³	0.1 0.052	0.5 0.26	1.0 0.52	3.0 1.56	9.0 4.68	10 5.2	20 10.4

注 1：本表数值是每日超过 30 min 周期的最大值。

注 2：表中的数值是平均值。

注 3：以 cm³/m³ 为单位的对应值(在 20 ℃和 101.3 kPa)见 GB/T 4796—2001。

表 5 机械活性物质条件等级

环境参数	单位	等级			
		4S1	4S2	4S3	4S4
沙	mg/m³	30	300	1 000	4 000
尘(飘浮)	mg/m³	0.5	5.0	15	20
尘(沉积)	mg/(m²·h)	15	20	40	80

表 6 机械条件等级

环境参数		单位	等级							
			4M1	4M2	4M3	4M4	4M5	4M6	4M7	4M8
正弦稳态振动	位移	mm	0.3	1.5	1.5	3.0	3.0	7.0	10	15
	加速度	m/s²	1	5	5	10	10	20	30	50
	频率范围	Hz	2～9 9～200	2～9 9～200	2～9 9～200	2～9 9～200	2～9 9～200	2～9 9～200	2～9 9～200	2～9 9～200
非稳态振动(包括冲击)	冲击响应谱 L 加速度峰值 a	m/s²	40	40	70	—	—	—	—	—
	冲击响应谱 Ⅰ 加速度峰值 a	m/s²	—	—	—	100	—	—	—	—
	冲击响应谱 Ⅱ 加速度峰值 a	m/s²	—	—	—	—	250	250	250	250

注：见图 1。说明见 GB/T 4796—2001。

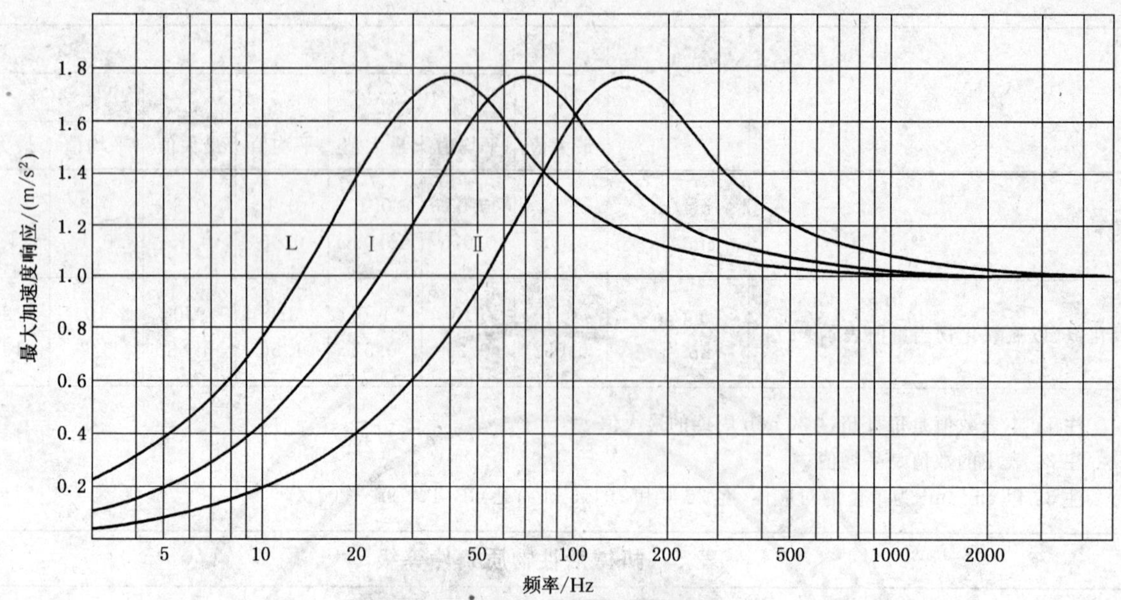

半正弦脉冲持续时间举例：
频谱L:持续时间22 ms;
频谱Ⅰ:持续时间11 ms;
频谱Ⅱ:持续时间6 ms。

图1 典型冲击响应频谱
（第一级最大冲击响应频谱）

表7 环境等级组合

环境条件	等级组合		
	IE41	IE42	IE43
气候	4K2	4K3	4K4
特殊气候	4Z1	4Z1	4Z1
	4Z5	4Z5	4Z5
	4Z7	4Z7	4Z7
生物	4B1	4B1	4B2
化学活性物质	4C2	4C2	4C2
机械活性物质	4S2	4S2	4S4
机械	4M3	4M3	4M3

附　录　A
（资料性附录）
影响环境参数及严酷程度选择的条件说明

A.1　总则

本附录解释了每个等级的依据，给出了影响环境参数及严酷程度选择的条件说明，还包括每个等级涵盖的条件综述。

A.2　条件说明

对于每一个环境参数，给出了各种可能的使用场所，这些场所可能构成不同环境等级的环境条件。使用场所环境条件按严酷程度递增排序。

表A.1至表A.5描述了使用场所的环境条件。等级栏内，“×”代表该使用场所该等级。从左向右遇到的第1个“×”即为该使用场所的最低等级。

上述确定适当等级的步骤适用于所有部分，但表1给出了气候类型附加因素，选择等级时应予注意。

沿气候类型栏竖向阅读，沿使用场所横向阅读，再沿两者相交的第1个“×”向右在等级栏内遇到的第1个“×”，即为涵盖该使用场所的最低等级。

IEC 60721-2-1规定的气候类型如下：

极端寒冷(不包括南极中心)、寒冷、寒温、暖温、干热、中等干热、极干热、湿热、恒定湿热。

我国的气候类型及和IEC的气候类型对应关系见附录F。

应当指出，如果某一等级涵盖本附录中的某一使用场所，这并不表明该等级的每一个环境参数构成了该使用场所的最低环境严酷程度。

A.2.1　气候条件K

A.2.1.1　与气候类型有关的气候条件

表A.1描述了气候环境参数及使用场所、气候类型和气候条件等级的应用一览表。

表A.1　与气候类型有关的气候条件

气候参数及使用场所	气候类型															等级							
	中国						世界																
	寒冷	寒温	暖温	干热	亚湿热	湿热	极端寒冷	寒冷	寒温	暖温	干热	中等干热	极干热	湿热	恒定湿热	4K1	4K2	4K3	4K3H	4K3L	4K4	4K4H	4K4L
低温/℃																−20	−33	−50	−20	−50	−65	−20	−65
直接暴露在户外气候下的场所			×	×	×	×				×	×	×	×	×	×	×	×	×	×	×	×	×	×
		×	×	×	×	×			×	×	×	×	×	×	×		×	×		×	×		×
	×	×	×	×	×	×		×	×	×	×	×	×	×	×			×		×	×		×
							×	×	×	×	×	×	×	×	×					×			×
高温/℃																+35	+40	+40	+40	+35	+55	+55	+35
直接暴露在户外气候下的场所	×	×	×				×	×	×	×					×	×	×	×	×	×	×	×	×
	×	×	×	×	×	×	×	×	×	×	×	×		×	×						×	×	
							×	×	×	×	×	×	×	×	×						×	×	

表 A.1(续)

气候参数及使用场所	气候类型															等级							
	中国						世界																
	寒冷	寒温	暖温	干热	亚湿热	湿热	极端寒冷	寒冷	寒温	暖温	干热	中等干热	极干热	湿热	恒定湿热	4K1	4K2	4K3	4K3H	4K3L	4K4	4K4H	4K4L
低相对湿度/%																20	15	15	15	15	4	4	20
直接暴露在户外气候下的场所	×	×	×		×	×	×	×	×	×		×		×	×	×	×	×	×	×	×	×	×
	×	×	×	×	×	×	×	×	×	×	×	×		×	×						×	×	
							×	×	×	×	×	×	×	×	×						×	×	
高相对湿度/%																100	100	100	100	100	100	100	100
直接暴露在户外气候下的场所	×	×	×	×	×	×	×	×	×	×	×	×	×	×	×	×	×	×	×	×	×	×	×
低绝对湿度/(g/m³)																0.9	0.26	0.03	0.9	0.03	0.003	0.9	0.003
直接暴露在户外气候下的场所			×	×	×	×				×	×	×	×	×	×	×	×	×	×	×	×	×	×
		×	×	×	×	×			×	×	×	×	×	×	×		×	×		×	×		×
	×	×	×	×	×	×		×	×	×	×	×	×	×	×			×		×	×		×
							×	×	×	×	×	×	×	×	×						×		×
高绝对湿度/(g/m³)																22	25	36	36	22	36	36	22
直接暴露在户外气候下的场所	×	×	×		×	×	×	×								×	×	×	×	×	×	×	×
	×	×	×	×	×		×	×	×	×	×	×					×	×	×		×	×	
	×	×	×	×	×	×	×	×	×	×	×	×	×	×	×			×	×		×	×	
降雨强度/(mm/min)																6	6	15	15	15	15	15	15
直接暴露在户外气候下的场所	×	×	×	×	×		×	×	×	×	×	×				×	×	×	×	×	×	×	×
	×	×	×	×	×	×	×	×	×	×	×	×	×	×	×			×	×		×	×	×

A.2.1.2 与气候类型无关的气候条件

表 A.2 给出了与气候类型无关的直接暴露在 8 种(4K1～4K4L)户外的气候参数和等级一览表。

表 A.2 与气候类型无关的气候条件

气候参数	单位	等级
温度变化率	℃/min	0.5
低气压	kPa	70;替代值见表 2
高气压	kPa	106
太阳辐射	W/m²	1 120
热辐射	—	特殊条件 Z,见表 2
周围空气运动	—	特殊条件 Z,见表 2
凝露	—	有

表 A.2(续)

气候参数	单位	等 级
降水条件(雨、雪、雹等)	—	有
雨水温度	℃	5
除雨水以外其他水源	—	特殊条件 Z,见表 2
结冰和结霜条件	—	有

A.2.2 **生物条件 B**

表 A.3 描述了生物环境参数及使用场所和生物环境条件等级的应用一览表。

表 A.3 生物条件

生物参数及使用场所	等 级	
	4B1	4B2
植物	霉菌、真菌等	霉菌、真菌等
产品受到霉菌、真菌等危害而无防护措施	×	×
动物	啮齿动物和其他危害产品的动物,白蚁除外	啮齿动物和其他危害产品的动物,包括白蚁
产品受到啮齿动物和其他动物的损坏而无防护措施,不包括白蚁在内	×	×
产品受到啮齿动物和其他动物的损坏而无防护措施,包括白蚁在内		×

A.2.3 **化学活性物质条件 C**

表 A.4 描述了化学活性物质环境参数及使用场所和化学活性物质环境条件等级的应用一览表。

表 A.4 化学活性物质条件

化学活性物质参数及使用场所	单位	等 级						
		4C1	4C2		4C3		4C4	
		最大值	平均值	最大值	平均值	最大值	平均值	最大值
盐		—	盐雾条件					
二氧化硫	mg/m³	0.1	0.3	1.0	5.0	10	13	40
硫化氢	mg/m³	0.01	0.1	0.5	3.0	10	14	70
氯	mg/m³	0.1	0.1	0.3	0.3	1.0	0.6	3.0
氯化氢	mg/m³	0.1	0.1	0.5	1.0	5.0	1.0	5.0
氟化氢	mg/m³	0.003	0.01	0.03	0.1	2.0	0.1	2.0
氨	mg/m³	0.3	1.0	3.0	10	35	35	175
臭氧	mg/m³	0.01	0.05	0.1	0.1	0.3	0.2	2.0
氧化氮	mg/m³	0.1	0.5	1.0	3.0	9.0	10	20
在农村或有少量工业污染的城市及交通不繁忙的场所		×	×	×	×	×	×	×
有工业污染或交通繁忙的城市			×	×	×	×	×	×

表 A.4(续)

化学活性物质参数及使用场所	单位	等级						
		4C1	4C2		4C3		4C4	
		最大值	平均值	最大值	平均值	最大值	平均值	最大值
在接近工业化学污染源的场所					×	×	×	×
在高浓度化学污染的工业区							×	×
注：不要求必须选取 4C3 和 4C4 等级中的所有参数来考虑组合效应，如果需要可选取单一参数。在这种情况下，如果不特别指明，4C2 等级的所有参数均适用。								

A.2.4 机械活性物质 S

表 A.5 给出了机械活性物质环境参数及使用场所和机械活性物质环境条件等级的应用一览表。

表 A.5 机械活性物质

机械活性物质参数及其场所	单位	等级			
		4S1	4S2	4S3	4S4
沙	mg/m^3	30	300	1 000	4 000
尘(飘浮)	mg/m^3	0.5	5.0	15	20
尘(沉积)	$mg/(m^2 \cdot h)$	15	20	40	80
不紧靠沙源的乡村		×	×	×	×
有沙尘源的场所，包括城市区			×	×	×
靠近生产过程产生沙尘的场所，或空气中有沙尘的地方				×	×
由于地理条件和生产过程而长期暴露于高浓度沙尘的场所					×

A.2.5 机械条件 M

表 A.6 给出了机械环境参数及使用场所和机械环境条件等级的应用一览表。

表 A.6 机械条件

环境参数及其场所		单位	等级							
			4M1	4M2	4M3	4M4	4M5	4M6	4M7	4M8
正弦稳态振动	位移	mm	0.3	1.5	1.5	3.0	3.0	7.0	10	15
	加速度	m/s^2	1	5	5	10	10	20	30	50
	频率范围	Hz	2～9 9～200	2～9 9～200	2～9 9～200	2～9 9～200	2～9 9～200	2～9 9～200	2～9 9～200	2～9 9～200
防止显著振动的场所			×	× ×	× ×	× ×	× ×	× ×	× ×	× ×
由机器或行驶车辆引起振动的场所						×	×	× ×	× ×	× ×
产品直接安装在生产振动的机器上									×	× ×

表 A.6(续)

环境参数及其场所		单位	等级							
			4M1	4M2	4M3	4M4	4M5	4M6	4M7	4M8
非稳态振动(包括冲击)	冲击响应谱 L 加速度峰值 $\hat{a}$	m/s^2	40	40	70	—	—	—	—	—
	冲击响应谱 Ⅰ 加速度峰值 $\hat{a}$	m/s^2	—	—	—	100	—	—	—	—
	冲击响应谱 Ⅱ 加速度峰值 $\hat{a}$	m/s^2	—	—	—	—	250	250	250	250
防止显著冲击的场所			×	×	×	×	×	×	×	×
由地面上爆破、打桩等引起的冲击场所					×	× ×	× ×	× ×	× ×	× ×
由机器、传送带等引起的大能量的冲击场所							×	×	×	×
注:可根据产品设计、安装和振动冲击强度选择不同的等级。										

A.3 严酷等级所包括的环境条件说明

本部分包括全部环境条件分类的说明,以及应用举例。

A.3.1 气候条件 K

气候条件由下述 8 个等级组成:

4K1 本等级适用于无气候防护且直接暴露于仅限暖温气候类型的户外气候限制组中。

4K2 除 4K1 包括条件外,本等级适用于无气候防护且直接暴露于包括寒温、干热和中等干热的户外气候中等组中。

4K3 除 4K2 包括条件外,本选用适用于无气候防护且直接暴露于包括寒冷、湿热和恒定湿热的户外气候一般组中。

4K3H 本等级与 4K3 类似,但低温和低绝对湿度与 4K1 相同。

4K3L 本等级与 4K3 类似,但高温、低相对湿度和高绝对湿度与 4K1 相同。

4K4 除 4K3 包括条件外,本等级适用于无气候防护且直接暴露于包括极端寒冷和极干热气候类型世界组中。

4K4H 本等级与 4K4 类似,但低温和低绝对湿度与 4K1 相同。

4K4L 本等级与 4K4 类似,但高温、低相对湿度和高绝对湿度与 4K1 相同。

除了每一气候等级规定的严酷程度外,安装的产品还会遇到热辐射、周围空气运动和除雨以外其他水源。如果需要,应从 2 选取等级。

A.3.2 生物条件 B

生物条件由下述 2 个等级组成:

4B1 本等级适用于霉菌生长或动物侵害可能发生的场所,不包括白蚁。

4B2 除 4B1 包括白条件外,本等级适用于白蚁侵害可能发生的地方。

A.3.3 化学活性物质 C

化学活性物质由下述 4 个等级组成:

4C1 本等级适用于有少量工业污染、交通不繁忙的乡村和城市。

4C2 除 4C1 包括的条件外,本等级适用于有工业污染、交通繁忙的城市。沿海区也适用此等级。

4C3 除 4C2 包括的条件外，本等级适用于靠近化学污染源的场所。

4C4 除 4C3 包括的条件外，本等级适用于工业加工厂内。化学污染物排放浓度很高。

A.3.4　机械活性物质 S

机械活性物质由下述 4 个等级组成：

4S1 本等级适用于乡村。不靠近沙源。

4S2 除 4S1 包括的条件外，本等级适用于有沙尘源地区，包括城市。

4S3 除 4S2 包括的条件外，本等级适用于靠近生产过程产生沙尘的场所，或空气中有沙尘的地方。

4S4 除 4S3 包括的条件外，本等级适用于由于地理条件和生产过程而长期暴露于高浓度沙尘的场所。

A.3.5　机械条件 M

机械条件由下述 8 个等级组成：

4M1、4M2 两个等级适用于防止显著振动和冲击的场所。

4M3 除 4M1 和 4M2 包括的条件外，本等级适用于防止显著振动但可能发生传导冲击的场所，例如局部爆破和打桩。

4M4 除 4M3 包括的条件外，本等级适用于由机器和行驶车辆引起振动的场所。

4M5、4M6 除 4M4 包括的条件外，这两个等级适用于由机器、传送带等引起的大能量的冲击场所。

4M7、4M8 除 4M5、4M6 包括的条件外，这两个等级适用产品直接安装于机器上，承受大能量振动和冲击的场所。

注：相关等级的选择取决于产品设计、安装和振动冲击强度。

附 录 B
(资料性附录)
气温、相对湿度和绝对湿度关系图

B.1 说明

本附录给出气温、相对湿度和绝对湿度关系图(见图 B.1)。

给定了低绝对湿度或高绝对湿度,某一温度范围内给定温度所对应的相对湿度可以这样确定:该绝对湿度恒定曲线与给定温度直线相交点所对应的纵坐标。

B.2 举例

在 4K4 等级中,绝对湿度严酷程度限制值为 36 g/m³。

这意味着:

——60 ℃时相对湿度为 25%;

——50 ℃时相对湿度为 42%;

——40 ℃时相对湿度为 67%;

——33 ℃时相对湿度为 100%。

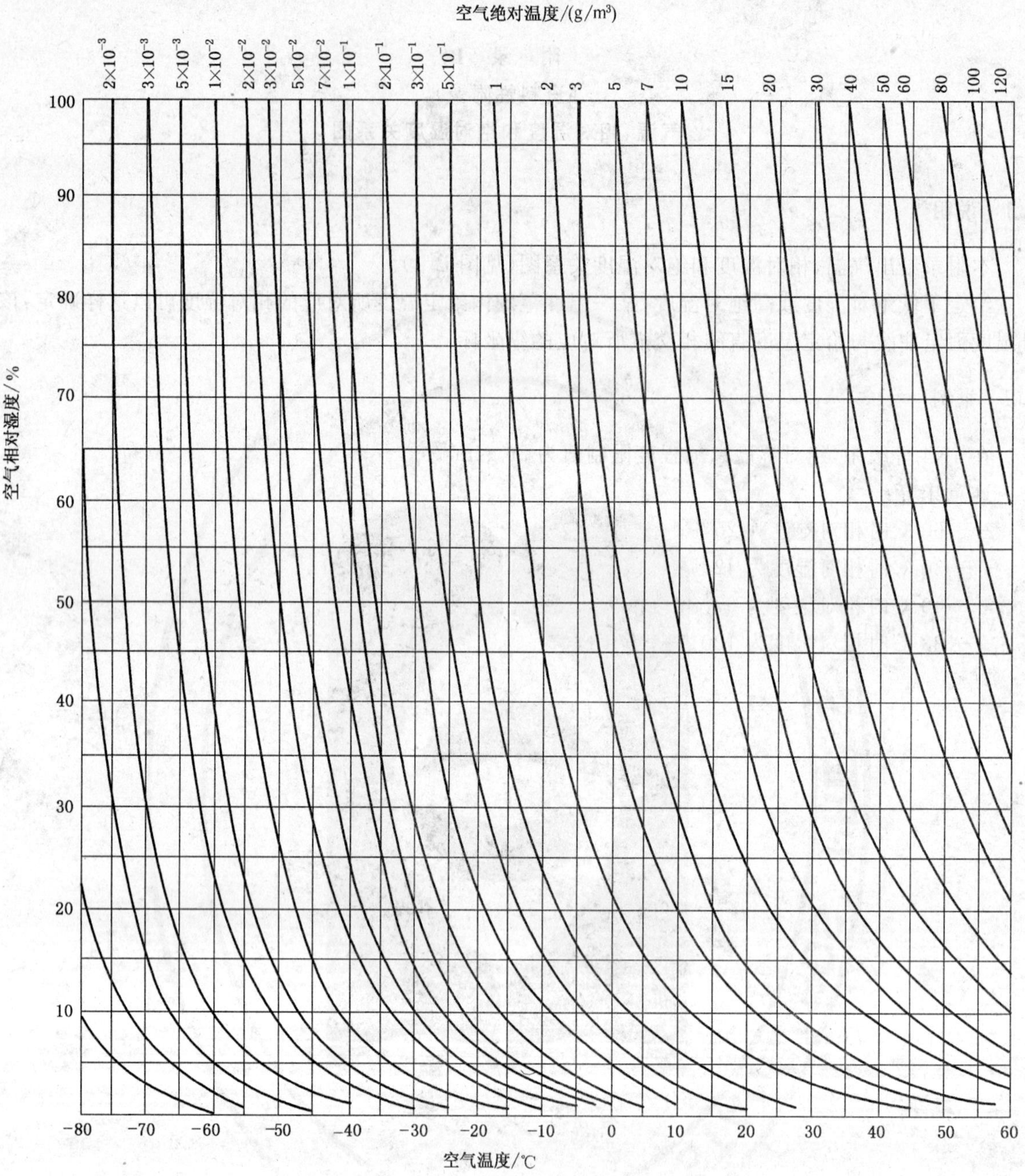

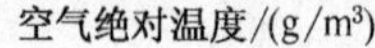

图 B.1 气温、相对湿度和绝对湿度关系图

附 录 C
（资料性附录）
应 用 举 例

C.1 说明

本附录举例说明如何根据本标准规定的等级，对场所或用于某场所的产品进行分级。

C.2 场所举例

下面给出示例说明产品用户如何通知产品供应商有关产品使用场所的环境条件。

C.2.1 示例一

C.2.1.1 场所简要描述

使用场所：位于工业生产小城镇的交叉路口（交通信号的安装位置）。

户外气候：寒温。

C.2.1.2 分级

该场所选用等级见表 C.1 所示下划线部分。

表 C.1 给出了场所选择条件等级示例一览表。

表 C.1 场所选择条件等级示例

K	气候条件	4K1 4K2 4K3 4M3H 4K3L 4K4 4K4H 4K4L
Z	特殊气候条件	4Z1 4Z2 4Z3 4Z4 4Z5 4Z6 4Z7 4Z8 4Z9 4Z10
B	生物条件	4B1 4B2
C	化学活性物质	4C1 4C2 4C3 4C4
S	机械活性物质	4S1 4S2 4S3 3S4
M	机械条件	4M1 4M2 4M3 4M4 4M5 4M6 4M7 4M8
总代号：4K2/4Z1/4Z3/4Z7/4B1/4C2/4S2/4M4。		

C.2.2 示例二

C.2.2.1 场所简要描述

使用场所：氮肥生产厂控制设备的安装位置，例如：信号转换器。

户外气候：干热。

C.2.2.2 分级

该场所选用等级见表 C.2 所示下划线部分。

表 C.2 给出了场所选择条件等级示例一览表。

表 C.2 场所选择条件等级示例

K	气候条件	4K1 4K2 4K3 4M3H 4K3L 4K4 4K4H 4K4L
Z	特殊气候条件	4Z1 4Z2 4Z3 4Z4 4Z5 4Z6 4Z7 4Z8 4Z9 4Z10
B	生物条件	4B1 4B2
C	化学活性物质	4C1 4C2 4C3 4C4[a]
S	机械活性物质	4S1 4S2 4S3 3S4
M	机械条件	4M1 4M2 4M3 4M4 4M5 4M6 4M7 4M8
总代号：4K2/4Z1/4Z4/4Z6/4B1/4C4[a]/4S3/4M4。		
a 4C4 的参数为氨和氮的氧化物。		

C.3 产品应用示例

下面给出示例说明产品供应商如何通知用户有关产品的使用场所。

C.3.1 示例一

C.3.1.1 场所简要描述

使用场所：同 C.2.1.1；

户外气候：同 C.2.1.1。

C.3.1.2 分级

产品的等级见表 C.3。

表 C.3 给出了产品选择条件等级示例一览表。

表 C.3 产品选择条件等级示例

K	气候条件	4K2
Z	特殊气候条件	4Z1＋4Z3＋4Z7
B	生物条件	4B1
C	化学活性物质	4C2
S	机械活性物质	4S2
M	机械条件	4M4
总代号：4K2/4Z1/4Z3/4Z7/4B1/4C2/4S2/4M4。		

C.3.2 示例二

C.3.2.1 场所简要描述

使用场所：同 C.2.2.1；

户外气候：同 C.2.2.1。

C.3.2.2 分级

产品的等级见表 C.4。

表 C.4 给出了产品选择条件等级示例一览表。

表 C.4 产品选择条件等级示例

K	气候条件	4K2
Z	特殊气候条件	4Z1＋4Z4＋4Z6
B	生物条件	4B1
C	化学活性物质	4C4[a]
S	机械活性物质	4S3
M	机械条件	4M4
总代号：4K2/4Z1/4Z3/4Z7/4B1/4C2/4S2/4M4。		
a 4C4 的参数为氨和氮的氧化物。		

附 录 D
（资料性附录）
组合环境条件说明

本说明集中描述了3种标准环境条件的完整分类。

如需了解更多细节，参见附录A。

3种组合等级对应的一般环境条件如下：

IE 41 本等级适用于户外气候中等组，明显的周围空气运动、溅水、霉菌生长和啮齿动物出现，动物侵害（不包括白蚁），中等程度污染，由工业活动和中等交通导致沙尘的乡村和城市（沿海地区除外），防止显著振动但承受传导冲击（如局部爆破或打桩）。

IE 42 除IE 41包括的条件外，本等级适用于户外气候一般组地区。

IE 43 除IE 42包括的条件外，本等级适用于户外气候世界组地区，有白蚁出现，由于地理条件和生产过程而长期承受空气中高含量沙尘。

附 录 E
（资料性附录）
国家标准与 IEC 标准气候类型对照表

表 E.1 给出了国家标准和 IEC 标准的气候类型对照一览表。

表 E.1 国家标准和 IEC 标准的气候类型对照表

国家标准	IEC 标准
—	极端寒冷（不包括南极洲中央）
寒冷	寒冷
寒温Ⅰ 寒温Ⅱ	寒温
暖温	暖温
干热	干热
亚湿热	中等干热
—	极干热
—	（恒定）湿热

附 录 F
（资料性附录）
本部分章条编号与 IEC 60721-3-4:1995 章条编号对照

表 F.1 给出了本部分章条编号与 IEC 60721-3-4:1995 章条编号对照一览表。

表 F.1 本部分章条编号与 IEC 60721-3-4:1995 章条编号对照

本部分章条编号	对应的国际标准章条编号
—	3
3	4
4	5
4.1	5.1
4.2	5.2
4.3	5.3
4.4	5.4
4.5	5.5
4.6	5.6
5	6
附录 A	附录 A
附录 B	附录 B
附录 C	附录 C
附录 D	附录 D
附录 E	—
附录 F	—
附录 G	
注：表中的章条以外的本部分其他章条编号与 IEC 60721-3-4:1995 其他章条编号内容相对应。	

附 录 G
（资料性附录）
本部分与IEC 60721-3-4:1995技术性差异和编辑性差异及其原因

表G.1给出了本部分与IEC 60721-3-4:1995技术性差异和编辑性差异及其原因一览表。

表G.1 本部分与IEC 60721-3-4:1995技术性差异和编辑性差异及其原因

本部分的章条编号	技术性差异和编辑性差异	原因
名称	用电工电子产品应用环境条件 有气候防护场所固定使用代替	我国系列标准统一名称
前言	删除国际标准前言内容;用本国内容的前言代替	GB/T 1.1—2000规定
1	用范围代替范围和目的	GB/T 1.1—2000规定
2	用规范性引用文件代替引用标准	GB/T 1.1—2000规定
—	删除定义整条	已在GB/T 11804—2005术语中规定
3	用GB/T 4798.10—2006代替IEC 60721-3-0:2002	我国已制定相应标准
4	用第4章代替第5章	本部分章条编号更改
5	用第5章代替第6章	本部分章条编号更改
表1	增加3K5L和3K6L	根据我国实际环境条件定
附录A	在表A.1中增加了我国的气候类型和4K3H和4K4L	根据我国的实际环境条件
表A.1～表A.6,表C.1～表C.4	增加了表头	GB/T 1.1—2000规定
A.2.1.2	文字说明用表A.2表示	编辑性修改
附录E	增加气候类型对照表	我国气候类型和IEC气候类型对照使用
附录F 附录G	新增加	GB/T 1.1—2000规定

ICS 19.040
A 21

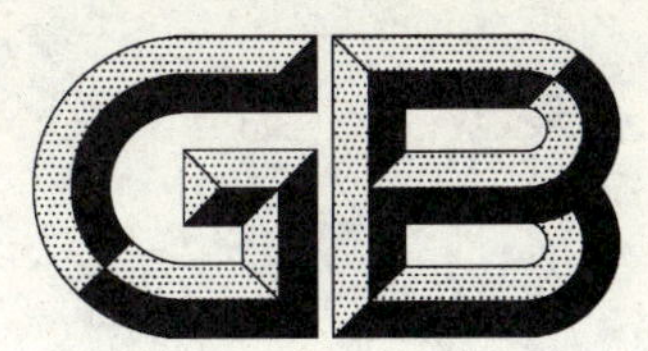

中华人民共和国国家标准

GB/T 4798.5—2007
代替 GB/T 4798.5—1987

电工电子产品应用环境条件 第5部分:地面车辆使用

Environmental conditions existing in the application of electric and electronic products—Section 5: Ground vehicle installations

(IEC 60721-3-5:1997, Classification of environmental conditions—Part 3: Classification of groups of environmental parameters and their severities—Section5: Ground vehicle installations, MOD)

2007-07-13 发布 2008-03-01 实施

中华人民共和国国家质量监督检验检疫总局
中国国家标准化管理委员会 发布

前　言

GB/T 4798《电工电子产品应用环境条件》包括：

GB/T 4798.1—2005　电工电子产品应用环境条件　第1部分：贮存

GB/T 4798.2—1996　电工电子产品应用环境条件　运输

GB/T 4798.3—2007　电工电子产品应用环境条件　第3部分：有气候防护场所固定使用

GB/T 4798.4—2007　电工电子产品应用环境条件　第4部分：无气候防护场所固定使用

GB/T 4798.5—2007　电工电子产品应用环境条件　第5部分：地面车辆使用

GB/T 4798.6—1996　电工电子产品应用环境条件　船用

GB/T 4798.7—2007　电工电子产品应用环境条件　第7部分：携带和非固定使用

GB/T 4798.9—1997　电工电子产品应用环境条件　产品内部的微气候

GB/T 4798.10—1991　电工电子产品应用环境条件　导言

本部分为 GB/T 4798.5—2007，修改采用 IEC 60721-3-5:1997《环境条件分类　第3部分：环境参数组分类及其严酷程度分级　第5节：地面车辆使用》(英文版)。

本部分根据 IEC 60721-3-5:1997 重新起草，在附录 D 中列出了本部分章条编号与 IEC 60721-3-5:1997 章条编号的对照表。

考虑到我国国情，在采用 IEC 60721-3-5:1997 时，本部分做了一些修改。有关技术性差异和编辑性差异已编入正文中并在它们所涉及的条款的页边的空白处用垂直线标识。在附录 E 中给出了这些技术性和编辑性差异及其原因的一览表，以供参考。

本部分与 IEC 60721-3-5:1997 主要差异如下：

——删除了 IEC 60721-3-5 的前言；

——增加了国家标准的前言；

——删去第3章定义；

——增加 5K3L 和 5M4 等级；

——增加附录 C、附录 D 和附录 E。

本部分是对 GB/T 4798.5—1987 的修订，与旧版标准相比，主要不同如下：

——删去第2章名词术语；

——将 5K3C 等级改为 5K3L 等级；

——增加表1A 特殊气候条件；

——表1中增加 5K5 和 5K6 等级；

——典型冲击响应谱图中Ⅰ、Ⅱ型谱的频率上下限均延拓；

——附录 A 由补充件修改为资料性附录，删去旧版标准附录 C 中方法 B；

——增加附录 B、附录 D 和附录 E，以附录 C 代替原附录 B。

GB/T 4798 是电工电子产品环境条件系列标准之一。下面列出了这些国家标准的预计结构及其对应的国际标准以及代替的国家标准。

a) GB/T 4796—2001　电工电子产品环境参数分类及其严酷程度分级(IEC 60721-1:1990，代替GB/T 4796—1984)

b) GB/T 4797.1—2005　电工电子产品自然环境条件　温度和湿度(IEC 60721-2-1:2002，代替 GB/T 4797.1—1984)

c) GB/T 4797.2—2005　电工电子产品自然环境条件　海拔与气压、水深与水压(IEC 60721-2-

3:1987,代替 GB/T 4797.2—1986)

d) GB/T 4797.3—1986 电工电子产品自然环境条件 生物(IEC 60721-2-7)

e) GB/T 4797.4—1989 电工电子产品自然环境条件 太阳辐射和温度(IEC 60721-2-4:2002)

f) GB/T 4797.5—1992 电工电子产品自然环境条件 降水和风(IEC 60721-2-2:1988)

g) GB/T 4797.6—1995 电工电子产品自然环境条件 尘、沙、盐雾(IEC 60721-2-5:1991)

h) GB/T 4798.1—2005 电工电子产品应用环境条件 第1部分:贮存(IEC 60721-3-1:1997,代替 GB/T 4798.1—1986)

i) GB/T 4798.2—1996 电工电子产品应用环境条件 运输(IEC 60721-3-2:1985,修正件1:1991,修正件2:1993)

j) GB/T 4798.3—2007 电工电子产品应用环境条件 第3部分:有气候防护场所固定使用(IEC 60721-3-3:2002,代替 GB/T 4798.3—1990)

k) GB/T 4798.4—2007 电工电子产品应用环境条件 第4部分:无气候防护场所固定使用(IEC 60721-3-4:1995,代替 GB/T 4798.4—1990)

l) GB/T 4798.5—2007 电工电子产品应用环境条件 第5部分:地面车辆使用(IEC 60721-3-5:1997,代替 GB/T 4798.5—1987)

m) GB/T 4798.6—1996 电工电子产品应用环境条件 船用(IEC 60721-3-6:1987,修正件1)

n) GB/T 4798.7—2007 电工电子产品应用环境条件 第7部分 携带和非固定使用(IEC 60721-3-7:2002,代替 GB/T 4798.7—1987)

o) GB/T 4798.9—1997 电工电子产品应用环境条件 产品内部的微气候(IEC 60721-3-9:1993)

p) GB/T 4798.10—2006 电工电子产品应用环境条件 导言(IEC 60721-3-0:2002,修正件1)

q) GB/T 11804—2005 电工电子产品应用环境条件术语(代替 GB/T 11804—1989)

本部分的附录 A、附录 B、附录 C、附录 D 和附录 E 为资料性附录。

本部分由中国电器工业协会提出。

本部分由全国电工电子产品环境条件与环境试验标准化技术委员会(SAC/TC 8)归口。

本部分起草单位:铁道部标准计量研究所、国家轨道衡计量站。

本部分主要起草人:张一兵、陆霖、钱悦磊、李建瑛。

本部分所代替标准的历次版本发布情况为:

——GB/T 4798.5—1987。

电工电子产品应用环境条件
第5部分:地面车辆使用

1 范围

本部分对安装于地面车辆但不构成车辆部分的产品的环境条件进行分类。这类产品包括:通讯系统,计价器,车辆运送液体如牛奶、石油产品的流量计等。

产品永久或临时安装的车辆包括:

——道路车辆:旅行车、商用车、专用车、牵引车、拖车、机动车、摩托车等;

——轨道车辆:机车、有轨电车、吊车等;

——越野车辆:四轮驱动车辆、拖拉车、铲雪车等;

——装卸和贮存车辆:叉车(手动和自动)、行李车等;

——自推进式机械:挖掘机、收割机等。

尽管本部分不适用于构成车辆部分的产品,环境条件分类也可适用于可互换产品,这类产品以相同方式安装于车辆相同部位,但不构成车辆部分。本部分仅包括对产品有害的严酷条件。

贮存和运输条件在GB/T 4798.1—2005和GB/T 4798.2—1996中给出。

本部分的目的是对环境条件分类、对严酷程度分级。安装于地面车辆的产品在使用时会暴露于上述环境条件下。

本部分给出了有限数量的环境条件等级,但包括了广泛的应用范围。应根据产品使用环境条件选择的涵盖的最低等级。附录A给出了使用指南。

2 规范性引用文件

下列文件中的条款通过GB/T 4798的本部分的引用而成为本部分的条款。凡是注日期的引用文件,其随后所有的修改单(不包括勘误的内容)或修订版均不适用于本部分,然而,鼓励根据本部分达成协议的各方研究是否可使用这些文件的最新版本。凡是不注日期的引用文件,其最新版本适用于本部分。

GB/T 4796—2001 电工电子产品环境参数分类及其严酷程度分级(idt IEC 60721-1-1:1990)

GB/T 4797.1—2005 电工电子产品自然环境条件 温度和湿度(IEC 60721-2-1:2002,MOD)

GB/T 4798.1—2005 电工电子产品应用环境条件 第1部分 贮存(IEC 60721-3-1:1997,MOD)

GB/T 4798.2—1996 电工电子产品应用环境条件 运输(neq IEC 60721-3-2:1985,修正件1:1991,修正件2:1993)

GB/T 4798.10—2006 电工电子产品应用环境条件 导言(IEC 60721-3-0:2002,修正件1,NEQ)

GB/T 11804—2005 电工电子产品环境条件术语

3 一般要求

本部分与GB/T 4798.10—2006同时使用;GB/T 11804—2005确立的术语和定义适用于本部分。

本部分规定的本酷程度被超出的可能性很小。所有规定数值是极大值或限制值。这些数值可能会达到,但不会经常出现。使用地点不同,对于某一特定时期会有不同的出现几率。本部分不包括这些情况,但可作为环境参数予以考虑。如果需要,可额外规定。

出现的几率和持续时间在GB/T 4798.10—2006中予以规定。

应当注意，环境参数组合会加大对产品的作用。在高相对湿度伴随生物条件、化学和机械活性物质条件时尤其如此。

4 环境参数组分类及其严酷等级

本部分给出有限的等级。气候条件(K)、特殊气候条件(Z)、生物条件(B)、化学活性物质(C)，机械活性物质(S)、污染液体(F)和机械条件(M)分别见表1、表1A、表2、表3、表4、表5和表6。对于给定产品，等级组合应由一系列环境条件等级组成，例如5K2/5B1/5C3/5S2/5F1/5M2。

这些等级的根据在附录A的A.2中解释。

热带区域的气候条件在5K5、5K6等级中规定，附录B予以解释。

最低等级组合5K1/5B1/5C1/5S1/5F1/5M1构成了如下产品的安装条件：产品安装在用于严格控制条件下(室内)平稳运行的车辆。

最高等级组合5K4/5B3/5C3/5S3/5F3/5M3涵盖众多类型车辆的安装，包括非常严酷的地区。对于某些环境参数和等级，给出了安装于发动机室产品的特殊等级。

较高数字等级通常包括较低数字等级。对于某些参数还不能给出定量的严酷等级。

严酷等级说明见附录A中A.3。

表1 气候条件等级

环境参数	单位	等级								
		5K1	5K2	5K3	5K3L	5K4	5K4H	5K4L	5K5[h]	5K6[h]
低温	℃	+5	−25	−40	−50	−65	−25	−65	+5	−20
通风室(发动机室除外)或户外高温[a]	℃	+40	+40	+40	+40	+55	+55	+40	+40	+55
不通风室内高温，发动机室除外[b]	℃	无	+70	+70	+70	+85	+85	+70	+70	+85
发动机室内高温	℃	+60	+70	+70	+70	+85	+85	+70	+70	+85
温度变化，空气/空气[c]	℃	无	−25/+30	−40/+30	−50/+30	−65/+30	−25/+30	−65/+30	+5/+30	−20/+30
温度逐渐变化，空气/空气，发动机室除外	℃ ℃/min	无	−25/+30 5	−40/+30 5	−50/+30 5	−65/+30 5	−25/+30 5	−65/+30 5	+5/+30 5	−20/+30 5
温度逐渐变化，空气/空气，发动机室内	℃ ℃/min	无	−25/+60 10	−40/+70 10	−50/+70 10	−65/+70 10	−25/+70 10	−65/+70 10	+5/+70 10	−20/+70 10
温度变化，空气/水，发动机室除外[c,d]	℃	无	无	+40/+5	+40/+5	+55/+5	+55/+5	+40/+5	+40/+5	+55/+5
温度变化，空气/水，发动机室内[c,d]	℃	无	+60/+5	+70/+5	+70/+5	+85/+5	+85/+5	+70/+5	+70/+5	+85/−5
温度变化，空气/雪，仅在发动机室内	℃	无	+60/−5	+70/−5	+70/−5	+70/−5	+70/−5	+70/−5	+70/−5	+70/−5

表 1(续)

环境参数	单位	等级								
		5K1	5K2	5K3	5K3L	5K4	5K4H	5K4L	5K5[h]	5K6[h]
不伴随急剧温度变化的相对湿度,内燃机驱动车辆的发动机室除外	% ℃	75 +30	95 +40	95 +45	95 +45	95 +50	95 +50	95 +45	95 +45	95 +50
不伴随急剧温度变化的相对湿度,内燃机驱动车辆的发动机室内	% ℃	无	无	95 +70	95 +70	95 +85	95 +85	95 +70	95 +85	95 +85
伴随急剧温度变化的相对湿度,空气/空气,不靠近制冷,空调	% ℃	无	95 −25/ +30	95 −40/ +30	95 −50/ +30	95 −65/ +30	95 −25/ +30	95 −65/ +30	95 +5/30	95 −20/ +30
伴随急剧温度变化的相对湿度,空气/空气,靠近制冷,空调系统	% ℃	无	95 +10/ +70	95 +10/ +70	95 +10/ +70	95 +10/ +85	95 +10/ +85	95 +10/ +70	95 +10/ +85	95 +10/ +85
在含水量很高的条件下,伴随急剧温度变化的绝对湿度,空气/空气[e]	g/m^3 ℃	无	60 +70/ +15	60 +70/ +15	60 +70/ +15	60 +85/ +15	60 +85/ +15	60 +70/ +15	60 +70/ +15	60 +85/ +15
低相对湿度	% ℃	10 +30	10 +30	10 +30	10 +30	10 +30	10 +30	10 +30	10 +30	10 +30
低气压[f]	kPa	70	70	70	70	70	70	70	70	70
周围空气运动	m/s	无	20	20	30	30	30	30	30	30
降雨	mm/min	无	无	6	6	15	15	6	15	15
太阳辐射	W/m^2	无	700	1 120	1 120	1 120	1 120	1 120	1 120	1 120
热辐射,发动机室除外	W/m^2	无	600	600	600	600	600	600	600	600
热辐射,发动机室内	W/m^2	600	600	1 200	1 200	1 200	1 200	1 200	1 200	1 200
水,除降雨外[g]	m/s^2	无	0.3	1	1	3	3	3	3	3
潮湿	无	无	有潮湿表面							

a 产品表面高温可能受此处给出的周围空气温度和太阳辐射的影响。

b 产品表面高温可能受此处给出的周围空气温度和透过窗户的太阳辐射的影响。

c 假设产品在给出的两个温度间直接移动。

d 低温相当于自来水的温度。

e 假设产品仅承受急剧温降(不承受急剧温升)。给出的含水量数值适用于温度降至露点时的情况;在较低温度时相对湿度可以认为接近 100%。

f 70 kPa 涵盖世界范围使用(海拔高度约 3 000 m)。在某些限制使用场合,可从表 1A 中取值。

g 此处给出的数值是指喷射速度,而不是降水量。

h 有关 5K5(热带数值)和 5K6(热带干燥)等级更多的信息在附录 B 中给出。

表 1A 特殊气候条件等级

环境参数	等级	单位	特殊条件 Z
低气压[a]	5Z1	kPa	84
[a] 5Z1 等级对应的海拔高度约 1 400 m。			

表 2 生物条件等级

环境参数	单 位	等 级		
		5B1	5B2	5B3
植物	无	无	霉菌、真菌等	
动物	无	无	啮齿动物或其他对产品有害的动物(不包括白蚁)	啮齿动物或其他对产品有害的动物(包括白蚁)

表 3 化学活性物质条件等级

环 境 参 数	单位	等 级		
		5C1	5C2	5C3
海盐	无	无	盐雾条件	
路盐	无	无	固体盐和盐水条件	
二氧化硫	mg/m^3	0.1	1.0(0.3)	10(5.0)
硫化氢	mg/m^3	0.01	0.5(0.1)	10(3.0)
氮氧化物(以二氧化氮当量值表示)	mg/m^3	0.1	1.0(0.5)	10(3.0)
臭氧	mg/m^3	0.01	0.1(0.05)	0.3(0.1)
氯化氢	mg/m^3	0.1	0.5(0.1)	5.0(1.0)
氟化氢	mg/m^3	0.003	0.03(0.01)	2.0(0.1)
氨气	mg/m^3	0.3	3.0(1.0)	35(10)

注 1:本表数值是每日超过 30 min 周期的最大值。表中括号内的数值是……。

注 2:表中的数值是平均值。

注 3:以 cm^3/m^3 为单位的对应值(在 20℃和 101.3 kPa)见 GB/T 4796—2001。

表 4 机械活性物质条件等级

环 境 参 数	单位	等 级		
		5S1	5S2	5S3
沙(包括砂砾)	mg/m^3	无	0.1	10
降尘	$mg/(m^2 \cdot h)$	1.0	3.0	3.0

表 5 污染液体条件等级

环 境 参 数	等 级		
	5F1	5F2	5F3
发动机油	无	无	有
齿轮油	无	无	有

表 5(续)

环境参数	等级		
	5F1	5F2	5F3
液压油	无	有	有
变压器油	无	有	有
冷却液	无	有	有
润滑脂	无	有	有
燃油	无	无	有
电池电解液	无	有	有

表 6　机械条件等级

环境参数	单位	等级										
		5M1		5M2			5M3			5M4		
稳态正弦振动[a]												
位移幅值	mm	1.5		3.3			7.5			7.5		
加速度幅值	m/s^2		5		10	15		20	40		20	40
频率范围	Hz	2～9	9～200	2～9	9～200	200～500	2～8	8～200	200～500	2～8	8～200	200～500
平稳随机振动[a,c]												
加速度谱密度	m^2/s^3	0.3	0.1	1		0.3	3		1	10		3
频率范围	Hz	10～200	200～500	10～200		200～500	10～200		200～500	10～200		200～500
非稳态振动(包括冲击)[b]												
冲击响应谱 I 型加速度峰值 $\hat{a}$	m/s^2	50		100			300			300		
冲击响应谱 II 型加速度峰值 $\hat{a}$	m/s^2	无		300			1 000			1 000		
外界物体碰撞石头	J	无		5			20			20		

a　安装于高内阻尼结构上的产品，对 5M2 和 5M3 等级也可将频率范围限制在 200 Hz 内。

b　见图 1。

c　实测结果中存在频率范围 2 Hz～10 Hz 内的 3 m^2/s^3～50 m^2/s^3 加速度谱密度值，本表未予列入，希望设计制造者给予必要的重视。

d　5M4 等级适用于在没有良好公路系统地区恶劣路段上使用的道路车辆。

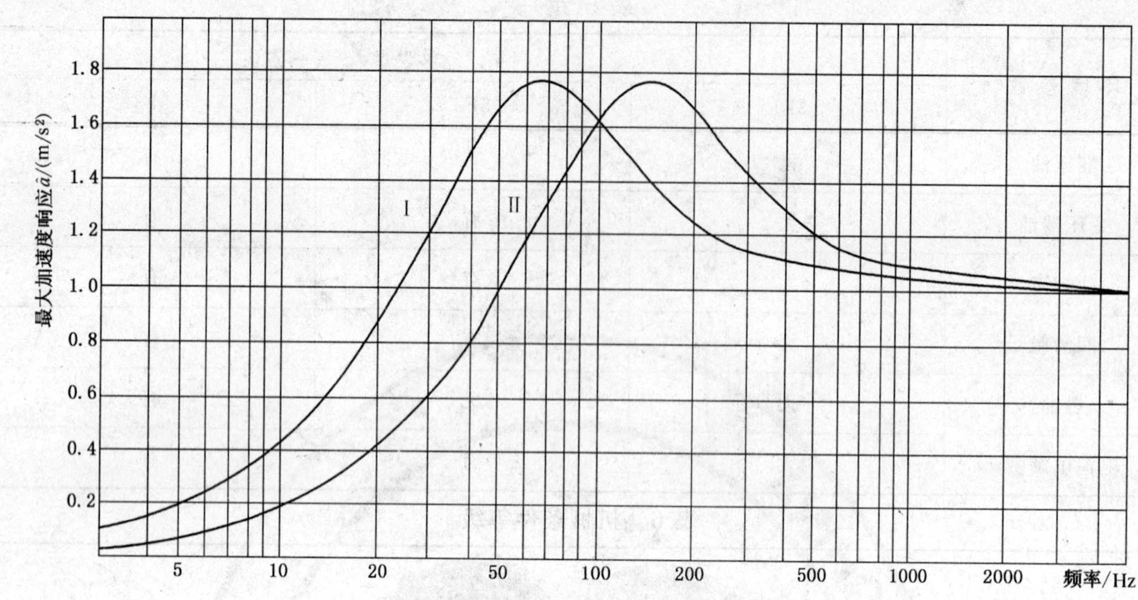

半正弦脉冲持续时间举例

Ⅰ型频谱:持续时间 11 ms;

Ⅱ型频谱:持续时间 6 ms。

图 1 典型冲击响应谱(第一级最大冲击响应谱)

附　录　A
（资料性附录）
选择环境参数及其严酷等级的说明

A.1　概述

本附录阐述了环境等级的依据，给出了选择环境参数及其严酷等级的说明，解释了每个环境等级所涵盖的环境条件。

A.2　使用场所说明

对于每一环境参数，给出了构成不同环境等级的各种可能的使用场所，并按严酷程度增加排序。

表A.1至表A.6左起第一栏对使用场所作了说明。等级项下竖栏内“×”代表相应等级运用于该使用场所，左起第一个“×”代表适用于该使用场所的最低等级。

上述选择合适环境等级的程序适用于本附录内所有条款，但A.2.1包含了气候类型的附加因素，应予特别注意。

某一气候类型中使用场所的最低等级可以这样确定：沿该气候类型与使用场所第一个“×”所在行向右看，在等级栏内第一个“×”所对应的等级。

GB/T 4797.1规定的气候类型如下：

极端寒冷（不包括南极中心）、寒冷、寒温、暖温、干热、中等干热、极干热、湿热、恒定湿热。

我国的气候类型及和IEC的气候类型对应关系见附录C。

应当指出，对于每一个单一参数而言，某一等级对应的使用场所并不表明该等级表征了该使用场所的最低环境严酷程度。

注：不包括突发事件。在某些情况下，应当考虑突发事件发生的机率。

A.2.1　气候条件（K）

表A.1描述了气候环境参数及使用场所、气候类型和气候条件等级的应用一览表。

表A.1　气候条件

使用场所	单位	气候类型															等级						
		中国						世界															
		寒冷	寒温	暖温	干热	亚湿热	湿热	极端寒冷	寒冷	寒温	暖温	干热	中等干热	极干热	湿热	恒定湿热	5K1	5K2	5K3	5K3L	5K4	5K4H	5K4L
低温	℃																+5	−25	−40	−50	−65	−25	−65
仅用于有气候防护和加热场所的车辆内，或加热室内，预热后使用的产品		×	×	×	×	×	×	×	×	×	×	×	×	×	×	×	×	×	×	×	×	×	×
外部安装，加热室内或无加热室内，预热前使用的产品				×	×	×	×				×	×	×	×	×	×		×	×	×	×	×	×
			×	×	×	×	×			×	×	×	×	×	×	×			×	×	×		×
		×	×	×	×	×	×		×	×	×	×	×	×	×	×				×	×		×
								×	×	×	×	×	×	×	×	×					×		×
通风室（发动机室除外）或户外高温	℃																+40	+40	+40	+40	+55	+55	+40
仅用于有气候防护和温度控制场所的车辆内		×	×	×	×	×	×	×	×	×	×	×	×	×	×	×	×	×	×	×	×	×	×

表 A.1(续)

使用场所	单位	气候类型															等级						
		中国						世界															
		寒冷	寒温	暖温	干热	亚湿热	湿热	极端寒冷	寒冷	寒温	暖温	干热	中等干热	极干热	湿热	恒定湿热	5K1	5K2	5K3	5K3L	5K4	5K4H	5K4L
温度控制室内	℃	×	×	×	×	×	×	×	×	×	×	×	×	×	×	×		×	×	×	×	×	×
外部安装，仅用于有气候防护和通风场所的车辆内，或通风室内		×	×	×	×	×	×	×	×	×	×	×	×		×	×	×	×	×	×	×	×	×
								×	×	×	×	×	×	×	×	×					×	×	
不通风室内高温，发动机室除外	℃																无	+70	+70	+70	+85	+85	+70
封闭，不通风室内		×	×	×	×	×	×	×	×	×	×	×	×		×	×		×	×	×	×	×	×
								×	×	×	×	×	×	×	×	×					×	×	
发动机室内高温	℃																+60	+70	+70	+70	+85	+85	+70
仅用于有气候防护和通风场所的电机驱动的车辆内		×	×	×	×	×	×	×	×	×	×	×	×	×	×	×	×	×	×	×	×	×	×
用于户外的电机驱动车辆内		×	×	×	×	×	×	×	×	×	×	×	×		×	×		×	×	×	×	×	×
								×	×	×	×	×	×	×	×	×					×	×	
内燃机驱动的车辆内		×	×	×	×	×	×	×	×	×	×	×	×		×	×		×	×	×	×	×	×
								×	×	×	×	×	×	×	×	×					×	×	
温度变化，空气/空气	℃																—	−25 / +30	−40 / +30	−50 / +30	−65 / +30	−25 / +30	−65 / +30
不承受周围空气温度变化		×	×	×	×	×	×	×	×	×	×	×	×	×	×	×	×	×	×	×	×	×	×
门、窗、盖打开时，空气能直接进入和被吸入的室内，或外部安装，车辆在温暖的户内和寒冷的户外之间移动				×	×	×	×				×	×	×	×	×	×		×	×	×	×	×	×
			×	×	×	×	×			×	×	×	×	×	×	×			×	×	×		×
		×	×	×	×	×	×		×	×	×	×	×	×	×	×				×	×		×
								×	×	×	×	×	×	×	×	×					×		×
温度逐渐变化，空气/空气，发动机室除外	℃ ℃/min																—	−25 / +30 5	−40 / +30 5	−50 / +30 5	−65 / +30 5	−25 / +30 5	−65 / +30 5
仅用于有气候防护场所的车辆内		×	×	×	×	×	×	×	×	×	×	×	×	×	×	×	×	×	×	×	×	×	×
空气不能直接进入的室内，不在户内和户外之间移动的车辆。不在温暖的户内和寒冷的户外之间移动的车辆				×	×	×	×				×	×	×	×	×	×		×	×	×	×	×	×
			×	×	×	×	×			×	×	×	×	×	×	×			×	×	×		×
		×	×	×	×	×	×		×	×	×	×	×	×	×	×				×	×		×
								×	×	×	×	×	×	×	×	×					×		×

表 A.1(续)

使用场所	单位	气候类型															等级						
		中国						世界															
		寒冷	寒温	暖温	干热	亚湿热	湿热	极端寒冷	寒冷	寒温	暖温	干热	中等干热	极干热	湿热	恒定湿热	5K1	5K2	5K3	5K3L	5K4	5K4H	5K4L
迅速预热的室内(由固有的或附加的加热系统引起)				×	×	×	×				×	×	×	×	×	×	×	×	×	×	×	×	×
			×	×	×	×	×			×	×	×	×	×	×	×			×	×	×		×
		×	×	×	×	×	×		×	×	×	×	×	×	×	×				×	×		×
								×	×	×	×	×	×	×	×	×					×		×
温度逐渐变化,空气/空气,发动机室内	℃ ℃/min																—	−25/+60 10	−40/+70 10	−50/+70 10	−65/+70 10	−25/+70 10	−65/+70 10
电机驱动的车辆内				×	×	×	×				×	×	×	×	×	×		×	×	×	×	×	×
			×	×	×	×	×			×	×	×	×	×	×	×			×	×	×		×
		×	×	×	×	×	×		×	×	×	×	×	×	×	×				×	×		×
								×	×	×	×	×	×	×	×	×					×		×
内燃机驱动的车辆内				×	×	×	×				×	×	×	×	×	×		×	×	×	×	×	×
			×	×	×	×	×			×	×	×	×	×	×	×			×	×	×		×
		×	×	×	×	×	×		×	×	×	×	×	×	×	×				×	×		×
								×	×	×	×	×	×	×	×	×					×		×
温度变化,空气/水,发动机室除外	℃																—	—	+40/+5	+40/+5	+55/+5	+55/+5	+40/+5
防雨,也防其他水源的水		×	×	×	×	×	×	×	×	×	×	×	×	×	×	×	×	×	×	×	×	×	×
外部安装,太阳辐射后,直接承受雨水或喷射水		×	×	×	×	×	×	×	×	×	×	×	×		×	×			×	×	×	×	×
								×	×	×	×	×	×	×	×	×					×	×	
温度变化,空气/水,发动机室内[a]	℃																—	+60/+5	+70/+5	+70/+5	+85/+5	+85/+5	+70/+5
防水		×	×	×	×	×	×	×	×	×	×	×	×	×	×	×	×	×	×	×	×	×	×
电机驱动的车辆内,不防水		×	×	×	×	×	×	×	×	×	×	×	×		×	×		×	×	×	×	×	×
								×	×	×	×	×	×	×	×	×			×	×	×	×	×
内燃机驱动的车辆内,不防水		×	×	×	×	×	×	×	×	×	×	×	×		×	×			×	×	×	×	×
								×	×	×	×	×	×	×	×	×					×	×	
温度变化,空气/雪,仅在发动机室内	℃																—	+60/+5	+70/+5	+70/+5	+70/+5	+70/+5	+70/+5
防雪		×	×	×	×	×	×	×	×	×	×	×	×	×	×	×	×	×	×	×	×	×	×
电机驱动的车辆内,不防雪		×	×	×	×	×		×	×	×	×	×	×					×	×	×	×	×	×
内燃机驱动的车辆内,不防雪		×	×	×	×	×		×	×	×	×	×	×						×	×	×	×	×
不伴随急剧温度变化的相对湿度,内燃机驱动车辆的发动机室除外	% ℃																75 +30	95 +40	95 +45	95 +45	95 +50	95 +50	95 +45

表 A.1(续)

使用场所	单位	气候类型															等级						
		中国						世界															
		寒冷	寒温	暖温	干热	亚湿热	湿热	极端寒冷	寒冷	寒温	暖温	干热	中等干热	极干热	湿热	恒定湿热	5K1	5K2	5K3	5K3L	5K4	5K4H	5K4L
仅用于有湿度控制或加热场所的车辆外部安装		×	×	×	×	×	×	×	×	×	×	×	×	×	×	×	×	×	×	×	×	×	×
或户外用车辆的通风室内		×	×	×	×	×	×	×	×	×	×	×	×	×	×	×		×	×	×	×	×	×
承受太阳辐射,具有潮湿表面的不通风室内(水分蒸发)		×	×	×	×	×	×	×	×	×	×	×	×		×	×			×	×	×	×	×
								×	×	×	×	×	×	×	×	×					×	×	
不伴随急剧温度变化的相对湿度,内燃机驱动车辆的发动机室内	% ℃																—	—	95 +70	95 +70	95 +85	95 +85	95 +70
具有潮湿表面,或沸水产生的水汽等(车辆可以不动)		×	×	×	×	×	×	×	×	×	×	×	×		×	×			×	×	×	×	×
								×	×	×	×	×	×	×	×	×					×	×	
伴随急剧温度变化的相对湿度,空气/空气,不靠近制冷,空调系统	% ℃																—	95 −25 / +30	95 −40 / +30	95 −50 / +30	95 −65 / +30	95 −25 / +30	95 −65 / +30
不承受明显的温度变化		×	×	×	×	×	×	×	×	×	×	×	×	×	×	×	×	×	×	×	×	×	×
外部安装,或在户外部分打开的室内,车辆在户内户外之间移动				×	×	×	×				×	×	×	×	×	×		×	×	×	×	×	×
			×	×	×	×	×			×	×	×	×	×	×	×			×	×	×		×
		×	×	×	×	×	×		×	×	×	×	×	×	×	×				×	×		×
								×	×	×	×	×	×	×	×	×					×		×
伴随急剧温度变化的相对湿度,空气/空气,靠近制冷,空调系统	% ℃																—	95 +10 / +70	95 +10 / +70	95 +10 / +70	95 +10 / +85	95 +10 / +85	95 +10 / +70
空调系统工作一段时间后,太阳直接辐射下停放的车辆内		×	×	×	×	×	×	×	×	×	×	×	×		×	×		×	×	×	×	×	×
								×	×	×	×	×	×	×	×	×					×	×	
在含水量很高的条件下,伴随急剧温度变化的绝对湿度,空气/空气	g/m³ ℃																—	60 +70 / 15	60 +70 / 15	60 +70 / 15	60 +85 / 15	60 +85 / 15	60 +70 / 15
太阳辐射后,承受雨或喷射水的室内,仅包括电机驱动车辆的发动机室		×	×	×	×	×	×	×	×	×	×	×	×		×	×		×	×	×	×	×	×
								×	×	×	×	×	×	×	×	×					×	×	
内燃机驱动车辆的发动机室内,当室内的空气含水量很高时(例如,冷却水沸腾或潮湿表面的水蒸发后),室外降雨导致的温降		×	×	×	×	×	×	×	×	×	×	×	×		×	×		×	×	×	×	×	×
								×	×	×	×	×	×	×	×	×					×	×	

表 A.1(续)

使用场所	单位	等级						
		5K1	5K2	5K3	5K3L	5K4	5K4H	5K4L
低相对湿度	% ℃	10 +30	10 +30	10 +30	10 +30	10 +30	10 +30	10 +30
仅用于有湿度控制场所的车辆,或加热室内		×	×	×	×	×	×	×
低气压[b]	kPa	70	70	70	70	70	70	70
在气压小于 70 kPa 地区运行的地面车辆		×	×	×	×	×	×	×
周围空气运动	m/s	—	20	20	30	30	30	30
防护风和车动风[c]		×	×	×	×	×	×	×
防护车动风[c],不防护风:不包括飓风的世界性气候区域			×	×	×	×	×	×
不防护车动风[c],不防护风:包括飓风的世界性气候区域					×	×	×	×
降雨	mm/min	—	—	6	6	15	15	6
防护降落物		×	×	×	×	×	×	×
不防护降落物:具有正常降雨密度的气候区域				×	×	×	×	×
不防护降落物:世界性气候区域						×	×	
太阳辐射	W/m²	—	700	1 120	1 120	1 120	1 120	1 120
防护太阳辐射		×	×	×	×	×	×	×
仅通过窗户受到太阳辐射			×	×	×	×	×	×
直接受到太阳辐射				×	×	×	×	×
热辐射,发动机室除外	W/m²	—	600	600	600	600	600	600
不承受热辐射		×	×	×	×	×	×	×
承受散热部件的热辐射			×	×	×	×	×	×
热辐射,发动机室内	W/m²	600	600	1 200	1 200	1 200	1 200	1 200
电机驱动车辆的发动机室内。承受发动机表面的热辐射		×	×	×	×	×	×	×
内燃机车驱动车辆的发动机室内。承受发动机表面,排气管等的热辐射				×	×	×	×	×

表 A.1(续)

使用场所	单位	等级						
		5K1	5K2	5K3	5K3L	5K4	5K4H	5K4L
水,除降雨外	m/s	—	0.3	1	1	3	3	3
防水		×	×	×	×	×	×	×
承受漏管滴水,室内产品上方的冷凝水等			×	×	×	×		×
承受地面上的溅水				×	×	×	×	×
承受喷射的水,例如,清洗时。主要指外部安装和发动机室内安装的产品						×	×	×
潮湿	无	—	有潮湿表面					
干燥条件下		×	×	×	×	×	×	×
潮湿场所,例如潮湿表面上			×	×	×	×	×	×

[a] 低温等于自来水温度。

[b] 70 kPa 代表地面运输限制值,一般为海拔 3 000 m。在某些地理区域,地面运输可能发生在更高海拔高度。

[c] 车动风是车辆运行速度引起的车辆和空气相对运动。

注 1: 新增加的 5K5、5K6 等级在未来修订时插入本表。

注 2: 尽管组合未予分类,应该指出内外部安装的产品都可能结冰。这是由于下列因素引起:冷表面上的冷凝和结冰、过冷雨水或与产品形状有关的空气速度和相对湿度的组合。

A.2.2 生物条件(B)

表 A.2 描述了生物环境参数及使用场所和生物环境条件等级的应用一览表。

表 A.2 生物条件

使用场所	等级		
	5B1	5B2	5B3
植物	—	霉菌、真菌等	
霉菌、真菌等危险可忽略的地区,或防止霉菌、真菌等生长的地区	×	×	×
霉菌、真菌等危险不可忽略的地区,或不防止霉菌、真菌等生长的地区	—	×	×
动物		啮齿动物或其他对产品有害的动物(不包括白蚁)	啮齿动物或其他对产品有害的动物(包括白蚁)
白蚁、啮齿动物和其他对产品危害可忽略的地区。采取防护措施的地区	×	×	×
啮齿动物和其他动物(不包括白蚁)对产品危害的地区。没有采取防护措施的地区		×	×
动物(包括白蚁)对产品危害的地区			×

A.2.3 化学活性物质(C)

表 A.3 描述了化学活性物质环境参数及使用场所和化学活性物质环境条件等级的应用一览表。

表 A.3 化学活性物质

使用场所	单位	等级		
		5C1	5C2	5C3
海盐	—	—	盐雾条件	
外部安装,或仅用于有气候防护场所的车辆内,或车辆运行时关闭的室内		×	×	×
外部安装,或车辆运行时部分打开的室内,例如发动机室内			×	×
路盐	—	—	固体盐和盐水条件	
外部安装,或仅用于有气候防护场所的车辆内,或防护路盐和溅水进入的室内		×	×	×
外部安装,或车辆运行时部分打开的室内,例如发动机室内,以及不防护路盐和溅水进入的室内			×	×
二氧化硫	mg/m^3	0.1	1.0(0.3)	10(5.0)
硫化氢	mg/m^3	0.01	0.5(0.1)	10(3.0)
氮氧化物(以二氧化氮当量值表示)	mg/m^3	0.1	1.0(0.5)	10(3.0)
臭氧	mg/m^3	0.01	0.1(0.05)	0.3(0.1)
氯化氢	mg/m^3	0.1	0.5(0.1)	5.0(1.0)
氟化氢	mg/m^3	0.003	0.03(0.01)	2.0(0.1)
氨	mg/m^3	0.3	3.0(1.0)	35(10.0)
用于没有工业生产和永久性汽车交通地区的车辆内,或用于具有中等工业活动和永久性汽车交通地区的车辆内		×	×	×
外部安装,或用于工业发达地区的部分打开的车辆内(这些地区没有排放大量污染物质的化学工业),或用于工业发达地区的封闭的车辆内(这些地区有排放大量污染物质的化学工业)			×	×
外部安装,或用于工业发达地区的部分打开的车辆内(这些地区有排放大量污染物质的化学工业)				×
注:本表数值是每日超过 30 min 周期的最大值。表上括号内的数值是平均值。				

A.2.4 机械活性物质(S)

表 A.4 给出了机械活性物质环境参数及使用场所和机械活性物质环境条件等级的应用一览表。

表 A.4　机械活性物质

使用场所	单位	等级		
		5S1	5S2	5S3
沙(包括砂砾)	g/m^3	—	0.1	10
降尘	$mg/(m^2 \cdot h)$	1.0	3.0	3.0
防沙、尘的室内,或户外用车辆防沙不防法的室内。然而,可能有少量细沙进入室内(例如在沙暴中,以及行驶在砂石路上)		×	×	×
外部安装,户外和户内用车辆部分的或全部打开的室内。用于世界性气候区域(不包括沙漠地区)的车辆			×	×
外部安装,户外用车辆部分的或全部打开的室内。用于世界性气候区域(包括沙漠地区)的车辆				×

A.2.5　污染液体(F)

表 A.5 给出了污染液体环境参数及使用场所和污染液体环境条件等级的应用一览表。

表 A.5　污染液体

使用场所	等级		
	5F1	5F2	5F3
发动机油	无	无	有
齿轮油	无	无	有
液压油	无	有	有
变压器油	无	有	有
制动液	无	有	有
冷却液	无	有	有
润滑脂	无	有	有
燃油	无	无	有
电池电解液	无	有	有
室内,发动机室除外	×	×	×
电机驱动车辆的发动机室内		×	×
内燃机驱动车辆的发动机室内			×

A.2.6　机械条件(M)

表 A.6 给出了机械环境参数及使用场所和机械环境条件等级的应用一览表。

表 A.6　机械条件

使用场所	单位	等级										
		5M1		5M2			5M3			5M4		
稳态正弦振动												
位移幅值	mm	1.5		3.3			7.5			7.5		
加速度幅值	m/s^2		5		10	15		20	40		20	40
频率范围	Hz	2～9	9～200	2～9	9～200	200～500	2～8	8～200	200～500	2～8	8～200	200～500
平稳随机振动[c]												
加速度谱密度	m^2/m^3	0.3	0.1	1		0.3	3		1	10		3
频率范围	Hz	10～200	200～500	10～200		200～500	10～200		200～500	10～200		200～500

表 A.6(续)

使用场所	单位	等级			
		5M1	5M2	5M3	5M4
仅用于户内平滑地面上电机驱动的车辆(例如,仓库用电平车)		×	×	×	×
在良好公路系统地区使用的空气减振道路车辆、空气减振拖车(履带车辆除外)。不包括摩托车、轻型摩托车和其他小型车辆			×	×	×
软悬挂火车、叉车、内燃机驱动车辆、客车:发动机或发动机部件的高频振动传至仪表盘上					
在没有良好公路系统地区使用的道路车辆、拖车、硬悬挂火车。履带车和自推进式机械、越野车辆、摩托车、轻型摩托车和其他小型车辆					
客车除外的所有车辆:发动机或发动机部件的高额振动传至仪表盘上				×	×
注:直接安装十动力单元或动力部件而与地面地悬挂隔离的产品(例如车辆转向架),其振动会超出给定值。正在考虑这种情况。					
在没有良好公路系统地区的道路车辆					×
非稳态振动(包括冲击)					
冲击响应谱Ⅰ型加速度峰值 $\hat{a}$	m/s^2	50	100	300	300
冲击响应谱Ⅱ型加速度峰值 $\hat{a}$	m/s^2	—	300	1000	1000

表 A.6(续)

使用场所	单位	等级			
		5M1	5M2	5M3	5M4
仅用于户内平滑地面上电机驱动的车辆(例如,仓库用电瓶车)		×	×	×	×
在有良好公路系统地区使用的道路车辆。空气减振拖车。机车、有特殊减振装置的货车、叉车。不包括摩托车、轻型摩托车和其他小型车辆			×	×	×
在没有良好公路系统地区使用的道路车辆。拖车、货车,包括调车机、摩托车、轻型摩托车和其他小型车辆				×	×
在没有良好公路系统地区恶劣路段上使用的道路车辆					×
外界物体碰撞　石头	J	无	5	20	20
户内使用车辆。户外使用车辆:室内产品表面不受飞石撞击		×	×	×	×
室内产品表面可能受飞石撞击			×	×	×
室外,可能受到飞石直接撞击的部位				×	×

A.3　严酷等级说明

A.3.1　气候条件(K)

气候条件由下列9个等级表示:

5K1:适用于有气候防护、通风、加热场所的车辆内产品,或加热、通风的室内的产品(预热后产品方可使用)。

产品不随周围空气温度的瞬变和渐变,防护水和雪的进入,并且不靠近制冷、空调系统。产品本身和所在的室不承受太阳辐射。

产品安装在电机驱动发动机室内,并且承受发动机表面的热辐射。

5K2:除5K1等级适用的产品外,5K2适用于封闭或部分打开、加热或无加热,以及不通风室内的产品。产品可随散热部件的热辐射和透过窗户等的太阳辐射,包括户外用车辆。

限于在有正常降雨密度气候区域使用的户外用车辆,不包括极端寒冷、寒冷、寒温和极干热气候。

注:对于某些环境参数(低气温和高气温),5K2还部安装产品。

当车辆运行时,产品可直接承受进入室内的户外冷空气。车辆可以在温暖的户内和寒冷的户外之间移动。

产品也可承受滴水和潮湿表面条件。

产品安装于电机驱动车辆的发动机室内,这些车辆用于户外。它不防护水和雪的进入。

5K3:除 5K2 等级适用的产品外,5K3 适用于在寒温气候区域户外使用的车辆,也适用于不通风室内和有湿表面室内的产品。这些室承受太阳辐射。

产品可直接承受太阳辐射和雨水。

电机驱动车辆的发动机室内的产品也适用于本等级。

5K3L:适用于在寒冷气候区域使用的 5K3 等级所包括的产品。

5K4:除 5K3 等级适用的产品外,5K4 适用于世界性气候区域使用的车辆。产品也可直接承受喷射水(例如:清洗时)。

5K4H:除低温数值与 5K2 等级相同外,其他环境参数的数值均与 5K4 等级相同。

5K4L:除高温数值与 5K2 等级相同外,其他环境参数的数值均与 5K4 等级相同。

5K5:适用于湿热和恒定湿热气候类型的产品(热带雨林地区的湿热气热气候类型)。

5K6:适用于干热、中等干热和极干热气候类型(靠近热带沙漠地区的干热气候类型)。

A.3.2 生物条件(B)

生物条件以下列 3 个等级表示:

5B1:适用于无特殊生物危害(植物或动物)地区的产品,也适用于不可能产生毒菌生长、动物危害的室内产品。

5B2:除 5B1 等级适用的产品外,5B2 适用于存在霉菌生长、动物危害地区的产品(不包括白蚁)。

5B3:除 5B2 等级适用的产品外,5B3 适用于有白蚁危害地区的产品。

A.3.3 化学活性物质(C)

化学活性物质以下列 3 个等级表示

5C1:适用于有气候防护场所车辆内的产品和在车辆运行时关闭的室内产品,以及防护路盐和溅水进入室内的产品。

5C2:除 5C1 等级适用的产品外,5C2 适用于外部安装的产品和在车辆运行时部分打开的室内产品,这些产品不防护路盐和溅水进入。不包括排放大量化学污染物质地区的室外产品。

5C3:除 5C2 等级适用的产品外,5C3 适用于排放大量化学污染物质地区的室外产品。

A.3.4 机械活性物质(S)

机械活性物质以下列 3 个等级表示:

5S1:适用于防沙不防尘的室内产品。

5S2:除 5S1 等级适用的产品外,5S2 适用于沙漠地区车辆内部和外部安装产品,不防沙土和尘。

5S3:除 5S2 等级适用的产品外,5S3 适用于沙漠地区车辆的产品。

A.3.5 污染液体(F)

污染液体以下列 3 个等级表示:

5F1:适用于发动机室外的产品。

5F2:除 5F1 等级适用的产品外,5F2 适用于电机驱动车辆的发动机室内产品。

5F3:除 5F2 等级适用的产品外,5F3 适用于内燃机驱动车辆的发动机室内产品。

A.3.6 机械条件(M)

机械条件以下列 4 个等级表示:

5M1:仅用于户内平滑地面上电机驱动车辆内的产品(例如,仓库用电平车)。

5M2:除 5M1 等级适用的产品外,5M2 适用于在良好公路系统地区使用的所有道路车辆。(履带车、摩托车、轻型摩托车和其他小型车辆除外)。它包括安装于车厢内、其表面可能遭受飞石撞击的产品。

5M3:除 5M2 等级适用的产品外,5M3 适用于在没有良好公路系统地区使用的道路车辆,轻型车辆、履带车和自推式机械。它包括可能直接遭受飞石撞击的产品。

5M4:适用于在没有良好公路系统地区恶劣路段上使用的道路车辆。它包括可能直接遭受飞石撞击的产品。

附 录 B
（资料性附录）
5K5 和 5K6 等级规定的热带区域环境条件说明

B.1 概述

热带包括北热带和南热带地区(即南纬 23°27′与北纬 23°27′之间)。

GB/T 4797.1 中规定的下述气候类型适用于热带：

干热、中等干热、极干热、湿热、恒定温热。

热带是地球上白天常伴有强降雨持续高温的地区。这些地区很少有季节性变化。

热带气候包括：从赤道地区热带雨林的湿热气候条件到接近热带地区沙漠的干热气候。因此，要区分两种热带气候：

——具有干热、中等干热和极干热气候类型特征的热带干热；

——具有湿热和恒定湿热气候类型特征的热带湿热。

有的地区由于特殊的海拔高度，气候类型与同纬度的气候条件明显不同，例如太阳辐射、气压或山顶的冰雪。热带地区许多地方环境条件很稳定，而另一些地方变化极大。

a) 稳定气候条件：

——最小月气温波动小于 1℃，最大年气温波动为 6℃；

——白昼时间稳定在 10.5 h～13.5 h；

——太阳辐射强度不变；

——大量动物繁衍生息。

b) 极端气候条件：

——降水：赤道地区全年降雨，近热带地区某一季节的大雨。

——海域的热带龙卷风：风速为 30 m/s，最高达 60 m/s。如西太平洋的台风和加勒比海的飓风。

——不良土壤条件：大雨导致的腐植质和无机物的流失。

——热带雨林茂密的植被，山地森林稀疏植被。

——热带稀树草原和其他干草原，沙漠中无植被。

B.2 气候图

图 B.1 给出热带地区两种气候条件的气候图，根据 B.1 中气候类型的气温和湿度年极值平均值而绘制。

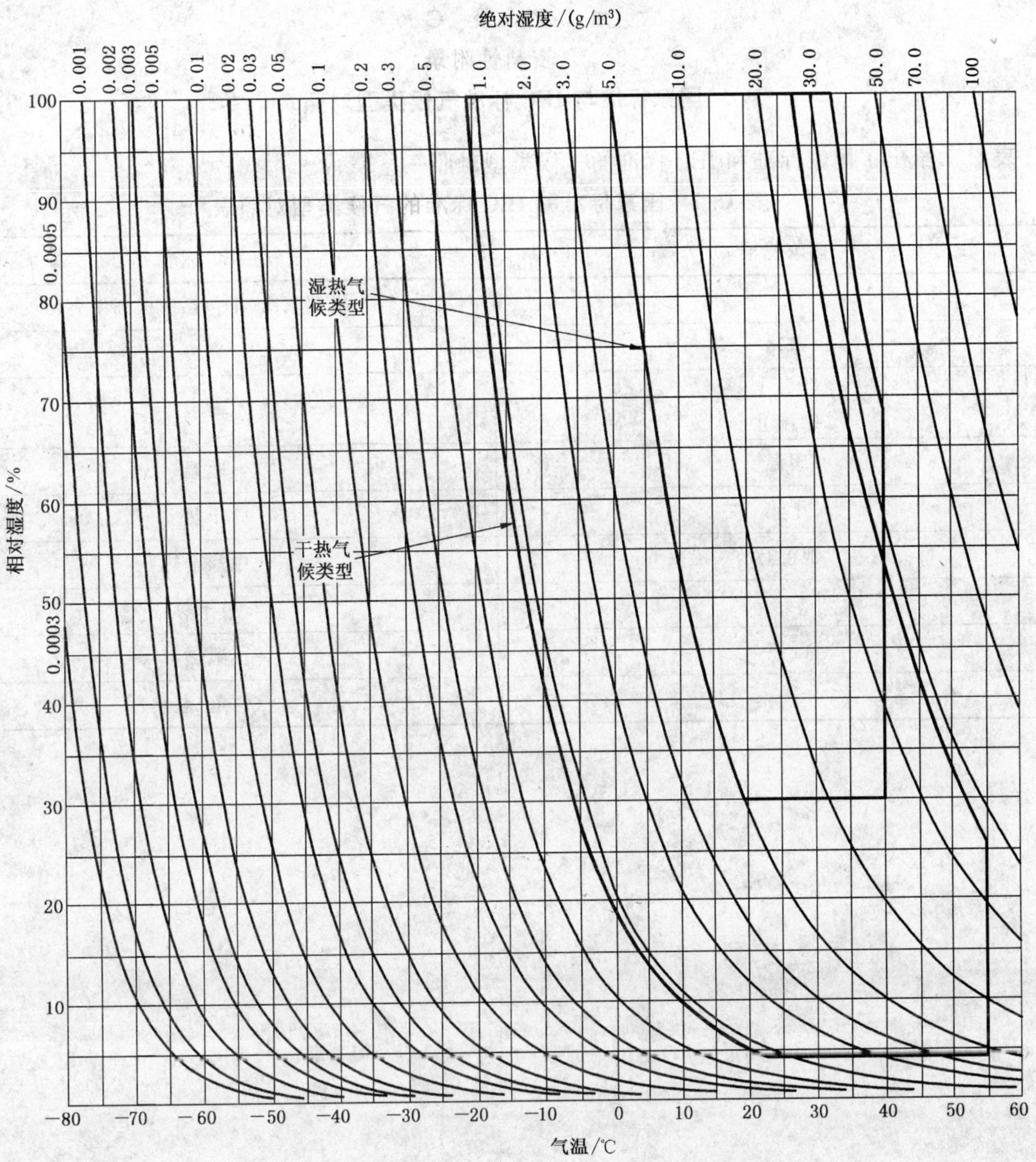

图 B.1 湿热和干热类型的气候图

附　录　C
（资料性附录）
国家标准与 IEC 标准气候类型对照表

表 C.1 给出了国家标准和 IEC 标准的气候类型对照一览表。

表 C.1　国家标准和 IEC 标准的气候类型对照表

国家标准	IEC 标准
—	极端寒冷（不包括南极洲中央）
寒冷	寒冷
寒温Ⅰ 寒温Ⅱ	寒温
暖温	暖温
干热	干热
亚湿热	中等干热
—	极干热
湿热	湿热
—	（恒定）湿热

附 录 D
（资料性附录）
本部分章条编号与 IEC 60721-3-5：1997 章条编号对照

表 D.1 给出了本部分章条编号与 IEC 60721-3-5：1997 章条编号对照一览表。

表 D.1 本部分章条编号与 IEC 60721-3-5：1997 章条编号对照

本部分章条编号	对应的国际标准章条编号
—	3
3	4
4	5
4.1	5.1
4.2	5.2
4.3	5.3
4.4	5.4
4.5	5.5
4.6	5.6
5	6
附录 A	附录 A
附录 B	附录 B
附录 C	
附录 D	
附录 E	
注：表中的章条以外的本部分其他章条编号与 IEC 60721-3-5：1997 其他章条编号内容相对应。	

附 录 E
（资料性附录）
本部分与 IEC 60721-3-5：1997 技术差异和编辑性差异及其原因

表 E.1 给出了本部分与 IEC 60721-3-5：1997 技术性差异和编辑性差异及其原因一览表。

表 E.1 本部分与 IEC 60721-3-5：1997 技术性差异和编辑性差异及其原因

本部分的章条编号	技术性差异和编辑性差异	原 因
名称	用《电工电子产品应用环境条件 第 5 部分：地面车辆使用》代替	国家系列标准统一名称
前言	删除国际标准前言内容；用本国内容的前言代替	GB/T 1.1—2000 规定
1	用范围代替范围和目的	GB/T 1.1—2000 规定
2	用规范性引用文件代替引用标准	GB/T 1.1—2000 规定
—	删除定义整章	已在 GB/T 11804—2005 术语中规定
3	用第 3 章代替第 4 章。	本部分章条编号更改
	用 GB/T 4798.10—2006 代替 IEC 60721-3-0：2002	我国已制定相应标准
4	用第 4 章代替第 5 章	本部分章条编号更改
5	用第 5 章代替第 6 章	本部分章条编号更改
表 1	增加 5K3L	根据我国实际环境条件定
表 5	增加 5M4	根据我国实际环境条件定
表 A.1～表 A.6	增加了表头	GB/T 1.1—2000 规定
附录 A	在表 A.1 中增加了我国的气候类型和 5K3L。在表 A.6 中增加了 5M4	根据我国的实际环境条件
附录 C	增加了国家标准与 IEC 标准气候类型对照表	我国气候类型和 IEC 气候类型对照使用
附录 D 附录 E	新增加	GB/T 1.1—2000 规定

ICS 19.040
A 21

中华人民共和国国家标准

GB/T 4798.7—2007
代替 GB/T 4798.7—1987

电工电子产品应用环境条件 第7部分:携带和非固定使用

**Environmental conditions existing in the application of electric and electronic products—
Part 7:Portable and non-stationary use**

(IEC 60721-3-7:2002,Classification of environmental conditions—Part 3:Classification of groups of environmental parameters and their severities—Section 7:Portable and non-stationary use,MOD)

2007-07-13 发布　　2008-03-01 实施

中华人民共和国国家质量监督检验检疫总局
中国国家标准化管理委员会　发布

前　言

GB/T 4798《电工电子产品应用环境条件》包括：

GB/T 4798.1—2005　电工电子产品应用环境条件　第1部分：贮存

GB/T 4798.2—1996　电工电子产品应用环境条件　运输

GB/T 4798.3—2007　电工电子产品应用环境条件　第3部分：有气候防护场所固定使用

GB/T 4798.4—2007　电工电子产品应用环境条件　第4部分：无气候防护场所固定使用

GB/T 4798.5—2007　电工电子产品应用环境条件　第5部分：地面车辆使用

GB/T 4798.6—1996　电工电子产品应用环境条件　船用

GB/T 4798.7—2007　电工电子产品应用环境条件　第7部分：携带和非固定使用

GB/T 4798.9—1997　电工电子产品应用环境条件　产品内部的微气候

GB/T 4798.10—2006　电工电子产品应用环境条件　导言

本部分为GB/T 4798.7—2007修改采用IEC 60721-3-7：2002《环境条件分类　第3部分：环境参数组分类及其严酷程度分级　第7节：携带和非固定使用》(英文版)。

本部分根据IEC 60721-3-7：2002重新起草，在附录G中列出了本部分章条编号与IEC 60721-3-7：2002章条编号的对照一览表。

考虑到我国国情，在采用IEC 60721-3-7：2002时，本部分做了一些修改。有关技术特差异和编辑性差异已编入正文中并在它们所涉及的条款的页边的空白处用垂直线标识。在附录H中给出了这些技术性和编辑性差异及其原因的一览表以供参考。

本部分与IEC 60721-3-7：2002主要差异如下：

——删除了IEC 60721-3-7：2002的前言；

——增加了国家标准的前言；

——删去第3章定义；

——增加附录F、附录G和附录H；

本部分是对GB/T 4798.7—1987的修订，与旧版本标准相比，主要不同如下：

——删去第2章名词术语；

——增加表7环境等级组合；

——典型冲击响应频谱图中Ⅰ、Ⅱ谱的频率上下限延拓；

——删去原附录D“出现的持续时间和频数”；

——删去原附录C中的方法B；

——增加附录D、附录E、附录F、附录G和附录H；

GB/T 4798是电工电子产品环境条件系列标准之一。下面给出了这些国家标准的预计结构及其对应的国际标准以及代替的国家标准。

a)　GB/T 4796—2001　电工电子产品环境参数分类及其严酷程度分级(IEC 60721-1：1990，代替GB/T 4796—1984)

b)　GB/T 4797.1—2005　电工电子产品自然环境条件　温度和湿度(IEC 60721-2-1：2002及修正件1.1987，代替GB/T 4797.1—1984)

c)　GB/T 4797.2—2005　电工电子产品自然环境条件　海拔与气压、水深与水压(IEC 60721-2-3：1987，代替GB/T 4797.2—1986)

d)　GB/T 4797.3—1986　电工电子产品自然环境条件　生物(IEC 60721-2-7)

e) GB/T 4797.4—1989 电工电子产品自然环境条件 太阳辐射和温度(IEC 60721-2-4:2002)
f) GB/T 4797.5—1992 电工电子产品自然环境条件 降水和风(IEC 60721-2-2:1988)
g) GB/T 4797.6—2001 电工电子产品自然环境条件 尘、沙、盐雾(IEC 60721-2-5:1991)
h) GB/T 4798.1—2005 电工电子产品应用环境条件 第1部分:贮存(IEC 60721-3-1:1997,代替 GB/T 4798.1—1986)
i) GB/T 4798.2—1996 电工电子产品应用环境条件 运输(IEC 60721-3-2:1985,修正件1:1991,修正件2:1993)
j) GB/T 4798.3—2007 电工电子产品应用环境条件 第3部分:有气候防护场所固定使用(IEC 60721-3-3:2002,代替 GB/T 4798.3—1990)
k) GB/T 4798.4—2007 电工电子产品应用环境条件 第4部分:无气候防护场所固定使用(IEC 60721-3-4:1995,代替 GB/T 4798.4—1990)
l) GB/T 4798.5—2007 电工电子产品应用环境条件 第5部分:地面车辆使用(IEC 60721-3-5:1997,代替 GB/T 4798.5—1987)
m) GB/T 4798.6—1996 电工电子产品应用环境条件 船用(IEC 60721-3-6:1987,修正件1)
n) GB/T 4798.7—2007 电工电子产品应用环境条件 第7部分 携带和非固定使用(IEC 60721-3-7:2002,代替 GB/T 4798.7—1987)
o) GB/T 4798.9—1997 电工电子产品应用环境条件 产品内部的微气候(IEC 60721-3-9:1993)
p) GB/T 4798.10—2006 电工电子产品应用环境条件 导言(IEC 60721-3-0:2002,修正件1)
q) GB/T 11804—2005 电工电子产品应用环境条件术语(代替 GB/T 11804—1984)

本部分的附录A、附录B、附录C、附录D、附录E、附录F、附录G和附录H为资料性附录。

本部分由中国电器工业协会提出。

本部分由全国电工电子产品环境条件与环境试验标准化技术委员会(SAC/TC 8)归口。

本部分起草单位:铁道部标准计量研究所、国家轨道衡计量站。

本部分主要起草人:张一兵、陆霖、钱悦磊、李建瑛。

本部分所代替标准的历次版本发布情况为:

——GB/T 4798.7—1987。

电工电子产品应用环境条件
第7部分:携带和非固定使用

1 范围

本部分规定了携带和非固定使用产品(包括移机、停工、保养、维修)承受的环境参数组及其严酷等级。

环境参数组包括如下环境条件:

——产品短期放置和使用的环境条件;

——场所变化而引起的环境条件改变;

——产品在不同场所之间移动的环境条件。

本部分规定的环境条件不区分产品使用的各阶段,即在移动和任意状态,产品是否仅临时固定使用。

移动和非固定使用场所包括陆地、近海、气候防护和非气候防护场所。环境条件包括移动状态,移动是携带和非固定使用的一部分。

本部分规定的环境条件仅限于可直接影响产品性能。只有这一类环境条件才予以考虑。不特别说明环境条件对产品的作用。

不包括着火、爆炸、等离子辐射等环境条件,也不包括所有其他不可预测意外事故。特殊场合应考虑意外事故出现的几率。

不包括产品内部的微气候条件。

固定使用、车辆、船舶、贮存和运输环境条件见GB/T 4798其他部分。

有限数量的环境条件等级包括了广泛的应用场所,本部分使用者应选择能包括预期使用条件的最低等级。

2 规范性引用文件

下列文件中的条款通过GB/T 4798的本部分的引用而成为本部分的条款。凡是注日期的引用文件,其随后所有的修改单(不包括勘误的内容)或修改版均不适用于本部分,然而,鼓励根据本部分达成协议的各方研究是否可使用这些文件的最新版本。凡是不注日期的引用文件,其最新版本适用于本部分。

GB/T 4796—2001 电工电子产品环境参数分类及其严酷程度分级(idt IEC 60721-1:1990)

GB/T 4797.1—2005 电工电子产品自然环境条件 温度和湿度(IEC 60721-2-1:2002,MOD)

GB/T 4798.2—1996 电工电子产品应用环境条件 第2部分:运输(neq IEC 60721-3-2:1985,修正件1.1991,修正件2:1993)

GB/T 4798.3—2005 电工电子产品应用环境条件 第3部分:有气候防护场所固定使用(IEC 60721-3-3:2002,MOD)

GB/T 4798.4—2007 电工电子产品应用环境条件 第4部分:无气候防护场所固定使用(IEC 60721-3-4:1995,MOD,修正件1:1996)

GB/T 4798.10—2006 电工电子产品应用环境条件 导言(IEC 60721-3-0:2002,IDT,修正件1)

GB/T 11804—2005 电工电子产品环境条件术语

3　一般要求

本部分与 GB/T 4798.10—2006 同时使用;GB/T 11804—2005 确立的术语和定义适用于本部分。

携带和非固定使用产品有时从一个地方往另一个地方,而不开通使用。移动过程中的环境条件与使用中并不相同。如果需要单独考虑使用中的环境条件,可选择低一档等级。

超出规定严酷程度的几率很低。所有规定值是最大值或限制值。这些值可能会达到,但不会长久出现。在一段时间内,地点不同,严酷程度出现的频率也不同。任何环境参数出现的频率都应考虑。如果需要,将额外规定。出现的频率和周期在 GB/T 4798.10—2005 中规定。

应当注意,环境参数组合会增加对产品的影响。生物条件、化学活性物质和机械活性物质条件伴随高相对湿度时尤为明显。

某一地点的环境条件可能会受其他因素影响,例如散热源、特殊过程条件等。

某一地点环境条件的测量,应在产品周围选点进行。

应当承认,存在极端和特殊环境条件。在这类特殊环境下使用的产品,由供需双方协商确定。

4　环境参数组分类及其严酷程度分级

表 1 至表 6 列出了一系列等级:气候条件(K)、特殊气候条件(Z)、生物条件(B)、化学活性物质(C),机械活性物质(S)和机械条件(M)。

产品遇到的可能的环境条件组合,构成了一系列类别,代表了世界范围应用的实际情况,取决于户外气候、建筑物结构、安装、过程条件等。

较高数字环境条件等级通常包括较低数字环境条件等级。

某些参数还不能定量规定严酷程度。

对于已明确的使用地点和确定的产品,应选择一整套等级组合,如:7K2/7Z1/7Z4/7B1/7C2/7S1/7M4。

附录 A 解释了环境条件等级的依据,描述了每个等级所包括的使用场所,给出了影响环境参数及严酷程度选择的情况。

附录 B 给出了气温、相对湿度和绝对湿度的相互关系图。

附录 C 给出了 3 个环境参数分类应用实例。

4.1　气候条件

7K1 至 7K5 规定的气候条件是携带和非固定使用产品的环境条件,是世界范围内长期经历的环境条件,考虑了所有能够影响它们的参数,例如外部(户外)气候条件、建筑物结构类型、温度、湿度控制系统、内部条件和移动方式,又例如其他设备散热、人类活动等。这些条件考虑了所有正常情况,但不包括特殊情况。

7K6 和 7K7 规定了热带地区气候条件,在附录 E 中予以说明。

当选择适当的等级时,应注意建筑物内气候条件取决于外部(户外)条件,特别是气温、太阳辐射和建筑物结构类型。具有良好隔热能力或高热容能力的墙壁能够持续地平衡昼夜甚至更长时间温度变化。隔热差或热容能力低的墙壁没有这种效果,反而由于白天太阳辐射和夜晚建筑物散热而使温差放大。太阳辐射的效果由于集热效应和温室效应而增大。

在无气候防护场所,特殊气候条件对产品及其主要部件的影响较有气候防护场所更加明显。特别是温度变化、太阳辐射、降落物、气流速度、凉风等因素应该重点考虑。

上述因素的严酷程度受到建筑物的具体情况(材料种类、厚度、表面颜色、房间密封、产品散热等)及使用的具体情况(安装地点选择、防风和防气候措施)的影响。

4.2　特殊气候条件

各种严酷程度的热辐射、周围空气运动、雨水外的其他水源、高气温和低气压均可伴随其他气候条件出现。表 2 规定这些特殊气候条件。几个事件同时发生会增加严酷程度,而考虑这些会导致不必要的过设计。

4.3 生物条件

无法定量规定这些条件。表3的特殊参数是典型的,但未必完全。

4.4 化学活性物质

自然界的污染主要来自工业活动、机动车辆和采暖系统排放所致。更为严重的化学污染来自海洋盐雾。这些污染可能影响产品的性能和材料。

分类中给出的指标基于数年的调查。由于短期内高浓度的化学活性物质直接影响会导致材料更严重破坏,甚至不能再生,因此表中给出最大值。附带给出平均值,因为它对产品内部件的长期影响占有重要位置。

实际上,本部分所有污染物不可能同时出现。即使这些污染物同时出现并且浓度均匀升高的可能性也是不大的。不同的场所,通常只有一种污染物浓度较高。7C1等级规定值对应乡村和低工业活动地区。7C2等级规定值对应城市地区。因此,这两个等级的严酷程度满足所有参数综合作用结果。而7C3和7C4等级严酷程度不认为满足所有参数综合作用结果,否则会导致不合理设计,对于7C3和7C4等级,可以仅选对应于使用场所的单一参数。如果选择7C3和7C4等级中单一参数,而未提及的其他参数可选3C2等级中数值。

注:本部分不考虑海盐、路盐以外的化学活性液体和固体。

4.5 机械活性物质

沙和尘对产品的影响是相似的,所以二者放在一起。

4.6 机械条件

用加速度和位移的大小来分别规定在高频和低频范围内的正弦稳态振动的严酷程度。

用频率范围内的加速度功率谱密度表示随机振动的严酷程度。

用第一级无阻尼最大冲击响应谱表示包括冲击在内的非稳态振动的严酷程度(见图1)。

按产品质量大小所确定的跌落高度来表示自由跌落的严酷程度。

5 环境条件等级组合

由一系列产品环境条件可能的组合构成环境条件组。组合的数量和灵活性非常大。实际上,这种灵活性并不总是有益的,例如不同方面共商环境条件文件时,肯定会有干扰性的微小差异。

在一般情况下为了避免这种可能,从表7选取严酷等级的标准组合。对于给定场所和产品,可参考本部分,例如选取IE 72。只有当本部分不包括所需严酷等级组合时,可按标准中的每个等级选取组合。如果某些参数的严酷程度不同于标准中规定的等级组合,应加如下短语表述:“但……(参数)……(严酷程度和单位)”,例如IE 72但沙为30 mg/m³。

附录D给出了组合环境条件说明。

表1 气候条件等级

环境参数	单位	等级[f]						
		7K1	7K2	7K3	7K4	7K5	7K6[h]	7K7[h]
低温	℃	+5	−5	−25	−40	−65	+5	−20
高温	℃	+40[g]	+45[g]	+70	+70	+85	+40	+55
低相对湿度[a]	%	5	5	5	5	5	30	4
高相对湿度[a]	%	85	85	100	100	100	100	100
低绝对湿度[a]	g/m³	1	1	0.5	0.1	0.003	6	0.9
高绝对湿度[a]	g/m³	25	29	48	62	78	36	27
温度变化范围	℃/℃	+5/+25	−5/+25	−25/+30	−40/+30	−65/+30	+5/+30	−20/+30

表 1(续)

环境参数	单位	等级[f]						
		7K1	7K2	7K3	7K4	7K5	7K6[h]	7K7[h]
低气压[b]	kPa	70	70	70	70	70	70	70
高气压[c]	kPa	106	106	106	106	106	106	106
气压变化率	kPa/min	可忽略	可忽略	可忽略	可忽略	6	6	6
太阳辐射	W/m²	700	700	1 120	1 120	1 120	1 120	1 120
热辐射	无	[e]	[e]	[e]	[e]	[e]	[e]	[e]
周围空气污染	m/s	[e]	[e]	[e]	[e]	[e]	[e]	[e]
冷凝条件	无	有	有	有	有	有	有	有
降落物条件(雨、雪、雹等)	无	没有	没有	有	有	有	有	有
降雨强度	mm/min	无	无	6	6	15	15	15
雨水温度[d]	℃	无	无	+5	+5	+5	+5	+5
除雨以外其他水源	无	[e]	[e]	[e]	[e]	[e]	[e]	[e]
结冰和结霜条件	无	没有	有	有	有	有	有	有

a 高、低相对湿度受高、低绝对温度的限制，所以，对低温和低相对湿度或高温和高相对湿度来说，表 1 中给出的严酷程度不能同时出现。空气温度和湿度的关系见附录 B。

b 70kPa 一般表示海拔高度约 3 000 m，在某些地理位置可能有更高的高度。某些限制在低海拔地区的使用，从表 2 取值。

c 不包括矿井条件。

d 这里雨水温度要同高温和太阳辐射一起考虑，必须考虑降雨的冷却产品表面温度有关。

e 从表 2 中选择场所实际存在的条件。

f 本部分的气候等级包括和涵盖 GB/T 4798.2、GB/T 4798.3 和 GB/T 4798.4，关系如下：
7K1 包括 2K1 和 3K3　7K3 包括 2K3、3K6 和 4K1　7K5 包括 2K5、3K8 和 4K4　7K2 包括 2K1 和 3K5
7K4 包括 2K4、3K7 和 4K2　7K6 包括 1K10、3K9 和 4K5　7K7 包括 1K11、3K10 和 4K6

g 如果需要，可从表 2 选取其他值。

h 7k6(热带湿热)和 7K7(热带干热)详见附录 E。

表 2　特殊气候条件等级

环境参数	等级	单　位	特　殊　条　件　Z
高温	7Z14	℃	55
低气压[c]	7Z15	kPa	84
热辐射	7Z1	无	可忽略
	7Z2	无	有热辐射条件，如供热系统附近
	7Z3	无	有热辐射条件，如：供热系统、商用炉或工业锅炉附近
周围空气运动[a]	7Z4	m/s	5
	7Z5	m/s	10
	7Z6	m/s	30
	7Z7	m/s	50
除雨水以外的水[b]	7Z8	无	可忽略
	7Z9	无	滴水
	7Z10	无	喷水

表 2(续)

环境参数	等级	单位	特殊条件 Z
除雨水以外的水[b]	7Z11	无	溅水
	7Z12	无	射水
	7Z13	无	水浪

[a] 无辅助对流的冷却系统由于周围空气的反向运动导致冷却效果弱化。

[b] 未考虑水下条件。

[c] 7Z15 等级对应海拔约 1 400 m。

表 3 生物条件等级

环境参数	单位	等级		
		7B1	7B2	7B3
植物	—	可忽略	霉菌、真菌	霉菌、真菌
动物	—	可忽略	啮齿动物和其他对产品有害动物条件(不包括白蚁)	啮齿动物和其他有害动物条件(包括白蚁)

表 4 化学活性物质条件等级

环境参数	单位[a]	等级[b,e]								
		7C1R	7C1L	7C1	7C2		7C3[e]		7C4[e]	
		最大值	最大值	最大值	平均值	最大值	平均值	最大值	平均值	最大值
盐类	—	可忽略	可忽略	可忽略[d]	有盐雾					
二氧化硫	mg/m^3	0.01	0.1	0.1	0.3	1.0	5.0	10	13	40
	cm^3/m^3	0.003 7	0.037	0.037	0.11	0.37	1.85	3.7	4.8	14.8
硫化氢	mg/m^3	0.001 5	0.01	0.01	0.1	0.5	3.0	10	14	70
	cm^3/m^3	0.001	0.007 1	0.007 1	0.071	0.36	2.1	7.1	9.9	49.7
氯气	mg/m^3	0.001	0.01	0.1	0.1	0.3	0.3	1.0	0.6	3.0
	cm^3/m^3	0.003 4	0.003 4	0.037	0.034	0.1	0.1	0.34	0.2	1.0
氯化氢	mg/m^3	0.001	0.01	0.1	0.1	0.5	1.0	5.0	1.0	5.0
	cm^3/m^3	0.000 66	0.006 6	0.066	0.066	0.33	0.66	3.3	0.66	3.3
氟化氢	mg/m^3	0.001	0.003	0.003	0.01	0.03	0.1	2.0	0.1	2.0
	cm^3/m^3	0.001 2	0.003 6	0.006 6	0.012	0.036	0.12	2.4	0.12	2.4
氨气	mg/m^3	0.03	0.3	0.3	1.0	3.0	10	35	35	175
	cm^3/m^3	0.042	0.42	0.42	1.4	4.2	14	49	49	247
臭氧	mg/m^3	0.004	0.01	0.01	0.05	0.1	0.1	0.3	0.2	2.0
	cm^3/m^3	0.02	0.005	0.005	0.025	0.05	0.05	0.15	0.1	1.0
氧化氮(用氮化氧当量值表示)	mg/m^3	0.01	0.1	0.1	0.5	1.0	3.0	9.0	10	20
	cm^3/m^3	0.005	0.052	0.052	0.26	0.52	1.56	4.68	5.2	10.4

[a] 单位为 cm^3/m^3 的值,从单位为 mg/m^3 的值换算得来,基准温度 20℃、气压 101.3 kPa。表中为圆整值。

[b] 平均值是长期值,最大值是每天出现不超过 30 min 的限制值或峰值。

[c] 并不要求必须考虑 7C3 和 7C4 等级中每个参数的组合作用。如果需要,可单独选取这两个等级中的某一参数。在此情况下,如不特别申明,其他参数按 7C2 等级选取。

[d] 盐雾可能在沿海地区的遮蔽场所和近海场所出现。

[e] 7C1R 包括 3C1R,7C1L 包括 3C1L,7C1 包括 3C1 和 4C1,7C2 包括 3C2 和 4C2,7C3 包括 3C3 和 4C3,7C4 包括 3C4 和 4C4。

表 5　机械活性物质条件等级

环境参数	单位	等级		
		7S1	7S2	7S3
沙	mg/m^3	30	300	1 000
尘(悬浮)	mg/m^3	0.2	5.0	20
尘(沉积)	$mg/(m^2 \cdot h)$	1.5	20	80

表 6　机械条件等级

环境参数	单位	等级		
		7M1	7M2	7M3
正弦稳态振动				
位移	mm	3.5	3.5	7.5
加速度	m/s^2	10　15	10　15	20　40
频率范围	Hz	2～9　9～200　200～500	2～9　9～200　200～500	2～9　9～200　200～500
稳态随机振动				
加速度谱密度	m/s^2	1　0.3	1　0.3	3　1
频率范围	Hz	10～200　200～2 000	10～200　200～2 000	10～200　200～2 000
包括冲击在内的非稳态振动(见图 1)				
冲击响应谱Ⅰ峰值加速度 $\hat{a}$	m/s^2	100	100	300
冲击响应谱Ⅱ峰值加速度 $\hat{a}$	m/s^2	无	300	1 000
自由跌落 质量≤1 kg 跌落高度	m	0.025	0.25	1.0
质量在 1 kg 和 10 kg 间 跌落高度	m	0.025	0.1	0.5
质量在 10 kg 和 50 kg 间 跌落高度	m	0.025	0.05	0.25
质量>50kg 跌落高度	m	严酷程度由供需双方协商		
注:表 6 中的振动幅值和频率范围与场所的结构有关,携带和非固定产品一般与其没有密切的关系。但如果试验规范的设计使用这些数据,则应考虑具体产品的性能和使用场所。				

表 7　环境条件等级组合

环境条件	等级组合				
	IE 71	IE 72	IE 73	IE 74	IE 75
气候	7K1	7K1	7K2	7K3	7K4
特殊气候	7Z2	7Z2	7Z2	7Z2	7Z2
	7Z4	7Z4	7Z4	7T6	7Z6
	—	—	7Z9	7Z9	7Z9
生物	7B1	7B1	7B2	7B2	7B2
化学活性物质	7C2	7C2	7C2	7C2	7C2
机械活性物质	7S1	7S1	7S2	7S2	7S2
机械	7M1	7M2	7M2	7M3	7M3

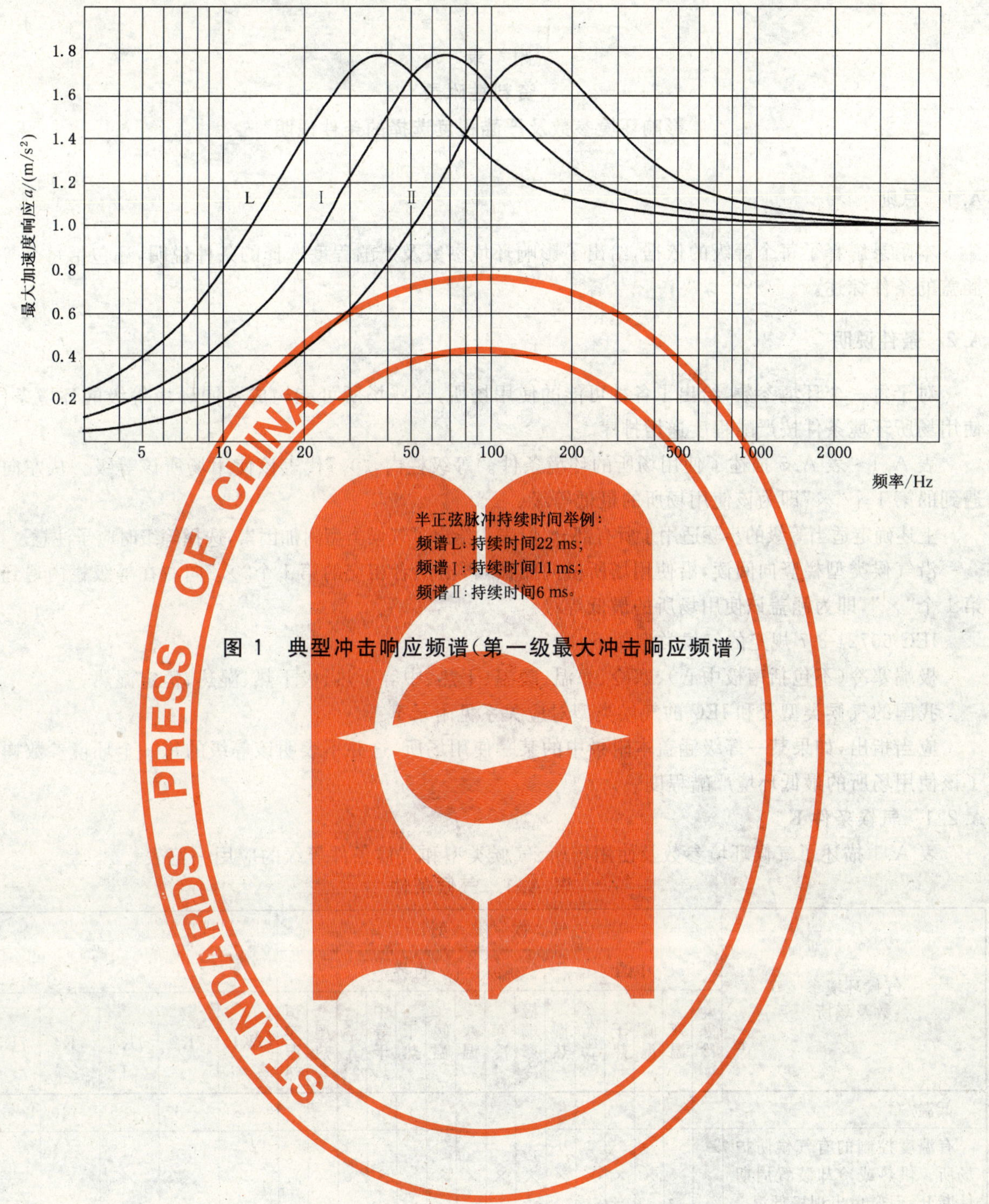

图 1 典型冲击响应频谱(第一级最大冲击响应频谱)

附 录 A
（资料性附录）
影响环境参数及严酷程度选择的条件说明

A.1 总则

本附录解释了每个等级的依据，给出了影响环境参数及严酷程度选择的条件说明，还包括每个等级涵盖的条件综述。

A.2 条件说明

对于每一个环境参数，给出了各种可能的使用场所，这些场所可能构成不同环境等级的环境条件。使用场所环境条件按严酷程度递增排序。

表 A.1～表 A.5 描述了使用场所的环境条件。等级栏内，“×”代表该使用场所该等级。从左向右遇到的第 1 个“×”即为该使用场所的最低等级。

上述确定适当等级的步骤适用于所有部分，但表 1 给出了气候类型附加因素，选择等级时应予注意。

沿气候类型栏竖向阅读，沿使用场所横向阅读，再沿两者相交的第 1 个“×”向右在等级栏内遇到的第 1 个“×”，即为涵盖该使用场所的最低等级。

IEC 60721-3-7 规定的气候类型如下：

极端寒冷（不包括南极中心）、寒冷、寒温、暖温、干热、中等干热、极干热、湿热、恒定湿热。

我国的气候类型及和 IEC 的气候类型对应关系见附录 F。

应当指出，如果某一等级涵盖本附录中的某一使用场所，这并不表明该等级的每一个环境参数构成了该使用场所的最低环境严酷程度。

A.2.1 气候条件 K

表 A.1 描述了气候环境参数及使用场所、气候类型和气候条件等级的应用一览表。

表 A.1 气候条件

气候环境参数及场所	气候类型															等级				
	中国						世界													
	寒冷	寒温	暖温	干热	亚湿热	湿热	极端寒冷	寒冷	寒温	暖温	干热	中等干热	极干热	湿热	恒定湿热	7K1	7K2	7K3	7K4	7K5
低温/℃																+5	−5	−25	−40	−65
有温度控制的有气候防护场所。供热或冷却装置周期性断开，但避免出现极低温	×	×	×	×	×	×	×	×	×	×	×	×	×	×	×	×	×	×	×	×
无温度控制的有气候防护场所。需要时可使用供热装置，以避免极低温度	×	×	×	×	×	×	×	×	×	×	×	×	×	×	×		×	×	×	×
直接暴露于露天气候场所			×	×	×	×				×	×	×	×	×	×			×	×	×
各种建筑类型场所		×	×	×	×	×			×	×	×	×	×	×	×				×	×
地面移动中的贮藏箱。飞机中加热机舱	×	×	×	×	×	×	×	×	×	×	×	×	×	×	×					×
高温/℃																+40 Z	+45 Z	+70	+70	+85

表 A.1(续)

气候环境参数及场所	气候类型															等级				
	中国						世界													
	寒冷	寒温	暖温	干热	亚湿热	湿热	极端寒冷	寒冷	寒温	暖温	干热	中等干热	极干热	湿热	恒定湿热	7K1	7K2	7K3	7K4	7K5
有温度控制的气候防护场所。供热或冷却装置周期性关闭,但避免出现极高温度	×	×	×	×	×	×	×	×	×	×	×	×	×	×	×	×	×	×	×	×
无温度控制的气候防护场所。必要时建筑物建造的可避免极高温度	×	×	×	×	×	×	×	×	×	×	×	×	×	×	×		×	×	×	×
无温度控制的气候防护场所,建筑物能避免户外日气候的变化	×	×	×				×	×	×	×						×	×	×	×	×
	×	×	×	×	×	×	×	×	×	×	×	×	×	×	×			×	×	×
各种类型建筑物场所	×	×					×	×	×									×	×	×
封闭的不通风移动场所	×	×	×	×	×	×	×	×	×	×	×	×	×	×	×			×	×	×
低相对湿度/%																5	5	5	5	40
任何场所	×	×	×	×	×	×	×	×	×	×	×	×	×	×	×	×	×	×	×	×
高相对湿度/%																85	95	100	100	100
恒温有气候防护场所。必要时进行除湿,以避免极湿条件	×	×	×	×	×	×	×	×	×	×	×	×	×	×	×	×	×	×	×	×
有温度控制的有气候防护场所。供热或冷却装置周期性断开	×	×	×	×	×		×	×	×	×	×	×	×				×	×	×	×
无温度控制有气候防护场所。建筑物的建造可防护户外日气候变化。在有限时间(不过夜)内封闭的通风移动场所	×	×	×	×	×	×	×	×	×	×	×	×	×	×	×			×	×	×
直接暴露于露天气候的场所。各种建筑物场所及各种移动场所	×	×	×	×	×	×	×	×	×	×	×	×	×	×	×			×	×	×
低绝对湿度/(g/m³)																1	1	0.5	0.1	0.003
有温度控制的有气候防护场所,供热或冷却装置周期性断开。必要时进行增湿处理,以避免极干条件	×	×	×	×	×	×	×	×	×	×	×	×	×	×	×	×	×	×	×	×
直接暴露于露天气候的场所。各种类型建筑物及各种移动场所			×	×	×	×				×	×	×	×	×	×			×	×	×
		×	×	×	×	×			×	×	×	×	×	×	×				×	×
	×	×	×	×	×	×	×	×	×	×	×	×	×	×	×					×
高绝对湿度/(g/m³)																25	29	48	62	78

表 A.1(续)

气候环境参数及场所	气候类型															等级				
	中国						世界													
	寒冷	寒温	暖温	干热	亚湿热	湿热	极端寒冷	寒冷	寒温	暖温	干热	中等干热	极干热	湿热	恒定湿热	7K1	7K2	7K3	7K4	7K5
有温度控制的有气候防护场所	×	×	×	×	×		×	×	×	×	×	×	×			×	×	×	×	×
无温度控制的有气候防护场所	×	×	×	×	×	×	×	×	×	×	×	×	×	×			×	×	×	×
建筑物可防护户外日气候变化。有限时间(不过夜)封闭的通风移动场所							×	×	×	×	×	×	×	×	×			×	×	×
各种建筑物场所及封闭的通风移动场所	× ×	× ×	× ×	× ×	× ×	 ×	× × ×	× × ×	× × ×	× × ×	× × ×	× × ×	 × ×	 ×	 ×	×	× ×	× × ×	× × ×	× × ×
直接暴露于露天气候的场所	×	×	×	×	×	×	×	×	×	×	×	×	×	×				×	×	×
封闭的不通风移动的场所	×	×	×	×	×	×	× ×	× ×	× ×	× ×	× ×	× ×	 ×	× ×	× ×				×	× ×
温度急剧变化范围/℃																+5 +25	−5 +25	−25 +30	−40 +30	−65 +30
有温度控制的有气候防护场所。供热或冷却装置周期性断开,但避免极限温度出现。在这些场所之间直接移动	×	×	×	×	×	×	×	×	×	×	×	×	×	×	×	×	×	×	×	×
无温度控制有气候防护场所。必要时使用供热系统或建筑物可避免极限温度。在这些场所之间直接移动	×	×	×	×	×	×	×	×	×	×	×	×	×	×	×		×	×	×	×
直接暴露于露天气候场所。陆地移动或飞机加热机舱中通风场所。各种建筑场所。在这些场所间直接移动	 ×	 × ×	× × ×	× × ×	× × ×	× × ×	 ×	 ×	 × ×	× × ×	× × ×	× × ×	× × ×	× × ×	× × ×			×	× ×	× × ×
移动中包括未加热的飞机机舱的各种不通风场所。直接在这些场所间移动	×	×	×	×	×	×	×	×	×	×	×	×	×	×	×					×
低气压(见表2)/kPa																70 Z	70 Z	70 Z	70 Z	70 Z
飞机不加压舱除外的任何场所	×	×	×	×	×	×	×	×	×	×	×	×	×	×	×	×	×	×	×	×
飞机不加压舱在内的任何场所	×	×	×	×	×	×	×	×	×	×	×	×	×	×	×					×
包括飞机不加压舱的任何场所	×	×	×	×	×	×	×	×	×	×	×	×	×	×	×					×

表 A.1(续)

气候环境参数及场所	气候类型															等级				
	中国						世界													
	寒冷	寒温	暖温	干热	亚湿热	湿热	极端寒冷	寒冷	寒温	暖温	干热	中等干热	极干热	湿热	恒定湿热	7K1	7K2	7K3	7K4	7K5
高气压/kPa																106	106	106	106	106
与大气相通的场所及飞机加压舱	×	×	×	×	×	×	×	×	×	×	×	×	×	×	×	×	×	×	×	×
气压变化率/(kPa/min)																可忽略	可忽略	可忽略	可忽略	6
飞机不加压舱除外的任何场所	×	×	×	×	×	×	×	×	×	×	×	×	×	×	×	×	×	×	×	×
包括飞机不加压舱的任何场所	×	×	×	×	×	×	×	×	×	×	×	×	×	×	×					×
太阳辐射/(W/m^2)																700	700	1 120	1 120	1 120
完全气候防护场所	×	×	×	×	×	×	×	×	×	×	×	×	×	×	×	×	×	×	×	×
直接暴露于露天气候场所。部分气候防护场所	×	×	×	×	×	×	×	×	×	×	×	×	×	×	×			×	×	×
热辐射(见表 2)																Z	Z	Z	Z	Z
任何场所	×	×	×	×	×	×	×	×	×	×	×	×	×	×	×	×	×	×	×	×
周围空气运动(见表 2)/(m/s)																				
任何场所	×	×	×	×	×	×	×	×	×	×	×	×	×	×	×	×	×	×	×	×
冷凝条件																有	有	有	有	有
任何场所	×	×	×	×	×	×	×	×	×	×	×	×	×	×	×	×	×	×	×	×
降落物(雨、雪、雹等)																无	无	有	有	有
有气候防护场所	×	×	×	×	×	×	×	×	×	×	×	×	×	×	×	×	×	×	×	×
无气候防护场所	×	×	×	×	×	×	×	×	×	×	×	×	×	×	×			×	×	×
降雨强度/(mm/min)																无	无	6	6	15
有气候防护场所	×	×	×	×	×	×	×	×	×	×	×	×	×	×	×	×	×	×	×	×
无气候防护场所	×	×	×	×	×		×	×	×	×	×	×						×	×	×
	×	×	×	×	×	×	×	×	×	×	×	×	×	×	×					×
雨水温度/℃																无	无	+5	+5	+5
有气候防护场所	×	×	×	×	×	×	×	×	×	×	×	×	×	×	×	×	×	×	×	×
无气候防护场所	×	×	×	×	×	×	×	×	×	×	×	×	×	×	×			×	×	×
降雨水以外的水(见表 2)																Z	Z	Z	Z	Z
任何场所	×	×	×	×	×	×	×	×	×	×	×	×	×	×	×	×	×	×	×	×
冰冻和霜																无	有	有	有	有
有温度控制的有气候防护场所。供热或冷却装置周期性断开。但防止出现低温	×	×	×	×	×	×	×	×	×	×	×	×	×	×	×	×	×	×	×	×
任何场所	×	×	×	×	×	×	×	×	×	×	×	×	×	×	×		×	×	×	×

注:7K6 和 7K7 新等级在本部分修订时插入本表。

A.2.2 生物条件 B

表 A.2 描述了生物环境参数及使用场所和生物环境条件等级的应用一览表。

表 A.2 生物条件

生物环境参数及场所	等级		
	7B1	7B2	7B3
植物	可忽略	霉菌、真菌	霉菌、真菌
用于霉菌和真菌生长可忽略或可防止霉菌和真菌生长的场所	×	×	×
用于有霉菌和真菌生长且不可防止其生长的场所		×	×
动物	可忽略	啮齿动物和其他对产品有害动物条件(不包括白蚁)	啮齿动物和其他对产品有害动物条件(包括白蚁)
用于受啮齿动物和其他所有动物(包括白蚁)的侵害可忽略不计的场所	×	×	×
用于受啮齿动物和其他所有动物(不包括白蚁)侵害的场所		×	×
用于受啮齿动物和其他所有动物(包括白蚁)侵害的场所			×

A.2.3 化学活性物质条件 C

表 A.3 描述了化学活性物质环境参数及使用场所和化学活性物质环境条件等级的应用一览表。

表 A.3 化学活性物质条件

化学活性物质环境参数及场所	等级								
	7C1R	7C1L	7C1	7C2		7C3		7C4	
	最大值	最大值	最大值	平均值	最大值	平均值	最大值	平均值	最大值
盐类	可忽略	可忽略	可忽略	盐雾环境					
二氧化硫/(mg/m³)	0.01	0.1	0.1	0.3	1.0	5.0	10	13	40
硫化氢/(mg/m³)	0.001 5	0.01	0.01	0.1	0.5	3.0	10	14	70
氯气/(mg/m³)	0.001	0.01	0.1	0.1	0.3	0.3	1.0	0.6	3.0
氯化氢/(mg/m³)	0.001	0.01	0.1	0.1	0.5	1.0	5.0	1.0	5.0
氟化氢/(mg/m³)	0.001	0.003	0.003	0.01	0.03	0.1	2.0	0.1	2.0
氨气/(mg/m³)	0.03	0.3	0.3	1.0	3.0	10	35	35	175
臭氧/(mg/m³)	0.004	0.01	0.01	0.05	0.1	0.1	0.3	0.2	2.0
一氧化氮/(mg/m³)	0.01	0.1	0.1	0.5	1.0	3.0	9.0	10	20
严格监控场所和受控气候环境(净化室类)	×	×	×	×	×	×	×	×	×
连续受控气候场所		×	×	×	×	×	×	×	×

表 A.3(续)

化学活性物质环境参数及场所	等级								
	7C1R	7C1L	7C1	7C2		7C3		7C4	
	最大值	最大值	最大值	平均值	最大值	平均值	最大值	平均值	最大值
乡村和某些低工业活动和中等交通的城市			×	×	×	×	×	×	×
具有工业活动和繁忙交通的城市				×	×	×	×	×	×
靠近化学物质排放源的场所						×	×	×	×
工厂内。高浓度化学污染物排放								×	×
注:并不要求必须考虑7C3和7C4等级中每个参数的组合作用。如果需要,可单独选取这两个等级中的某一参数。在此情况下,如不特别是申明,其他参数按7C2等级选取。									

A.2.4 机械活性物质条件 S

表 A.4 给出了机械活性物质环境参数及使用场所和机械活性物质环境条件等级的应用一览表。

表 A.4 机械活性物质条件

机械活性物质环境参数及场所	等级		
	7S1	7S2	7S3
沙/(mg/m³)	30	300	10 000
尘(悬浮)/(mg/m³)	0.2	5.0	20
尘(沉积)/[mg/(m²·h)]	1.5	20	80
无特殊防护措施使沙和尘降至最少的场所	×	×	×
接近风沙源和尘埃源的场所		×	×
产生风沙或尘埃的场所,或空气中含有大量沙尘			×

A.2.5 机械条件 M

表 A.5 给出了机械环境参数及使用场所和机械环境条件等级的应用一览表。

表 A.5 机械条件

机械环境参数及场所	等级								
	7M1			7M2			7M3		
稳态正弦振动									
位移/mm	3.5			3.5			7.5		
加速度/(m/s²)		10	15		10	15		20	40
频率范围/Hz	2~9	9~200	200~500	2~9	9~200	200~500	2~9	9~200	200~500
放置或安装在产生振动的机器或相同结构上。精心地操作或移动(人具有较低劳动强度,同时不使用其他大功率的机械。移动方式:铺垫良好的手推车、马车,交通发达地区的陆地运输工具,减震良好的火车、轮船、飞机)	×			×			×		

表 A.5(续)

机械环境参数及场所	等级		
	7M1	7M2	7M3
放置或安装在产生振动的机器或相同结构上。粗率地操作和移动。(人具有较高劳动强度,和/或同时使用大功率机械。)移动方式:在粗糙路面上使用无垫手推车、马车。交通不发达地区的陆地运输工具、拖车、减震不良的火车			×
稳态随机振动 加速度功率谱密度/(m^2/s^3) 频率范围/Hz	 1　　0.3 10～200　200～2 000	 1　　0.3 10～200　200～2 000	 3　　1 10～200　200～2 000
使用喷气飞机、空气减震的机动车辆,公路较发达地区的陆地运输工具、减震良好的火车、叉车(限于 10～500 Hz)等移动	×	×	×
使用陆地运输工具、拖车,减震不良火车,在交通不发达地区移动(限于 10～500 Hz)			×
包括冲击在内的非稳态振动 冲击响应谱Ⅰ加速度峰值 $\hat{a}$/(m/s^2) 冲击响应谱Ⅱ加速度峰值 $\hat{a}$/(m/s^2)	 100 无	 100 300	 300 1 000
稳态正弦振动 位移/mm 加速度/(m/s^2) 频率范围/Hz	 3.5 　10　15 2～9　9～200　200～500	 3.5 　10　15 2～9　9～200　200～500	 7.5 　20　40 2～9　9～200　200～500
产生冲击的机械或相同结构,或由地面爆破、打桩、关门撞击,机器启、停,而产生的冲击场所。小心地操作和移动。移动方式:铺垫良好的手推车、马车、飞机、轮船,有软垫的陆地运输工具	×	×	×
由于爆破、打桩、关门撞击,机器启、停而产生的冲击场所。粗心地操作和移动。移动方式:手推车、马车、交通发达的陆地运输工具、减震良好的火车		×	×
机器的启、停而产生冲击的场所。粗率地操作和移动 移动方式:粗糙路面上未铺垫的手推车,马车、交通不发达地区的陆地运输工具,减震不良的火车			×
自由跌落 质量≤1 kg　跌落高度/m 质量≤10 kg　跌落高度/m 质量≤50 kg　跌落高度/m	 0.025 0.025 0.025	 0.25 0.1 0.05	 1.0 0.5 0.25
质量>50 kg　跌落高度/m	严酷程度由供需双方商定		

表 A.5(续)

机械环境参数及场所	等级		
	7M1	7M2	7M3
小心地操作和移动如在实验室里精密产品移动等	×	×	×
不太小心地操作和移动。如在车间、办公室、厨房		×	×
粗率地操作和移动。如工厂操作场地、建筑工地、由伤残人使用等			×

A.3 等级的说明

本部分包括全部等级的说明。

A.3.1 气候条件 K

气候条包括5个等级。气候类型和气候组见GB/T 4797.1—2005。

7K1:适用于温度控制封闭场所间的使用和移动,不控制湿度。当户外气候条件与所要求的条件差距较大时,可使用供热或冷却装置。产品可受到太阳辐射、热辐射、周围空气运动(例如,由建筑物通风、生产过程等引起的)、冷凝水及除雨水外其他水源的水。不承受降落物或结冰。本等级适用于生活或工作区的产品使用和移动,例如居室、公用房屋(剧场、饭店等)、办公室、商店、车间、通信中心、贵重和精密产品贮藏间。

7K2:除7K1包括的条件外,本等级适用于在无温度湿度控制封闭场所间的使用和移动。当户外气候条件与本等级存在较大差异时,可使用加热设备提升低温。产品承受结冰。本等级适用于建筑物入口、楼梯、汽车库、地下室、某些车间、工厂建筑物、工业加工厂、无人值守设备站、某些通信建筑、抗冻产品的普通贮藏室、农场建筑等。

7K3:除7K2包括的条件外,本等级适用于:

——任何结构建筑物内全部或部分气候防护场所使用,位于暖温、干热、中等干热、极干热、湿热和恒定湿热气候类型区域;

——直接暴露于户外气候条件限制组的无气候防护场所使用;

——在上述场所间移动。

7K4:除7K3包括的条件外,本等级适用于:

——任何结构建筑物内全部或部分气候防护场所使用,位于寒温、暖温、干热、中等干热、极干热、湿热和恒定湿热气候类型;

——直接暴露于户外气候条件中等组的无气候防护场所使用;

——在上述场所间移动。

7K5:除7K4包括的条件外,本等级适用于户外气候条件世界组范围内的使用:

——任何结构建筑物内全部或部分气候防护场所;

——直接暴露于户外气候条件无气候防护场;

——以任意方式在上述场间移动,包括飞机非加压仓运输。

7K6:包括湿热、恒定湿热户外气候条件(热带雨林地区的热带湿热气候类型)。

7K7:包括干热、中等干热和极干热户外气候条件(热带沙漠地区的热带干热气候类型)。

A.3.2 生物条件 B

生物条件包括3个等级:

7B1:适用于无特殊生物侵害场所的使用和移动。包括防护措施,如特殊产品设计,安装于霉菌生长、动物侵害不可预见的结构内。

7B2:除7B1包括的条件外,本等级适用于在霉菌生长、动物侵害(白蚁除外)场所使用和直接移动。

7B3:除7B2包括的条件外,本等级适用于在产生的白蚁的场所使用和直接移动。

A.3.3 化学活性物质C

化学活性物质包括6个等级:

7C1R:适用于在严格监控的环境(净化室类)内使用和移动。

7C1L:除7C1R包括的条件外,本等级适用于在连续控制环境下的使用和移动。

7C1:除7C1L包括的条件外,本等级适用具有低工业活动和中等交通密度的乡村和城市间的使用和移动。城市地区冬季加热可导致污染增加。在沿海和近海地区遮蔽场所可能出现盐雾。

7C2:除7C1包括的条件外,本等级适用于一般污染程度场所间的使用和直接移动,城市内遍布工业活动,交通繁忙。

7C3:除7C2包括的条件外,本等级适用于紧邻化学工业污染物质排放源地区间的使用和移动。

7C4:除7C3包括的条件外,本等级适用于工业加工厂内的使用和移动。可能排放高浓度化学污染物质。

A.3.4 机械活性物质S

机械活性物质包括3个等级:

7S1:适用于无特殊措施减少沙尘出现的场所。

7S2:除7S1包括的条件外,本等级适用于紧靠沙尘源的场所。

7S3:除7S2包括的条件外,本等级适用于生产过程产生沙尘和空气中含有大量沙尘的场所。

A.3.5 机械条件M

机械条件包括3个等级:

7M1:适用于具有低能量振动、中等能量冲击的场所。细心操作和移动产品。

7M2:除7M1包括的条件外,本等级适用于具有高能量冲击的场所。不细心操作和移动产品。

7M3:除7M2包括的条件外,本等级适用于有显著振动和高能量冲击的场所。粗心操作和移动产品。

附 录 B
（资料性附录）
气温、相对湿度和绝对湿度间的关系

B.1 说明

本附录给出了由恒定绝对湿度、温度和相对湿度曲线组成的三者间关系图(见图 B.1)。

对于给定的绝对湿度，某一温度对应的相对湿度可以这样确定：恒定绝对湿度曲线与温度直线相交点所对应的纵坐标。

B.2 举例

在 7K3 等级中，绝对湿度严酷程度限制值是 48 g/m³，这意味着：

——70 ℃时相对湿度为 24%；

——60 ℃时相对湿度为 38%；

——50 ℃时相对湿度为 59%；

——40 ℃时相对湿度为 94%；

——38 ℃时相对湿度为 100%。

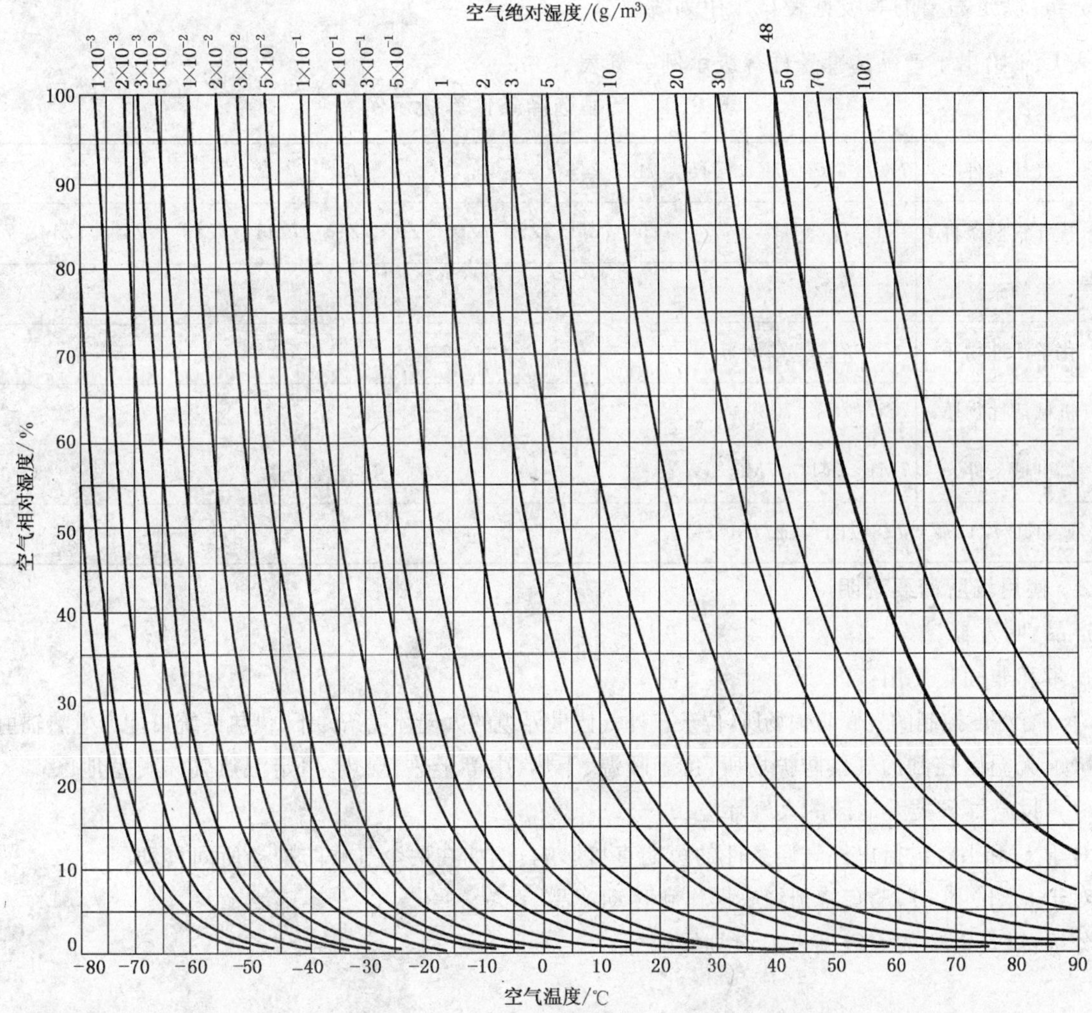

图 B.1 气温、相对湿度和绝对湿度关系图

附 录 C
（资料性附录）
应用举例

C.1 说明

本附录举例说明如何根据本标准规定的等级，对使用场所或用于某场所的产品进行分级。

C.2 举例

下面给出3个示例说明产品用户如何通知产品供应商有关产品使用场所的环境条件。气候组和类型见GB/T 4797.1—2005。

C.2.1 示例

产品：用于校准计量的实验室仪器（高精度电压表）。

携带和非固定使用：有温度控制的全部气候防护场所，位于户外气候世界组的大气环境条件下。

使用和移动时，不受户外气候条件的直接影响。

小心操作和移动产品。

分级：满足需要的等级见表C.1中划线部分。

表C.1给出了产品选择条件等级示例一览表。

表 C.1 产品选择条件等级示例

K	气候条件	<u>7K1</u> 7K2 7K3 7K4 7K5
Z	特殊气候条件	<u>7Z1</u> 7Z2 7Z3 <u>7Z4</u> 7Z5 7Z6 7Z7 <u>7Z8</u> 7Z9 7Z10 7Z11 7Z12 7Z13 7Z14 7Z15
B	生物条件	<u>7B1</u> 7B2 7B3
C	化学活性物质	7C1 <u>7C2</u> 7C3 7C4
S	机械活性物质	<u>7S1</u> 7S2 7S3
M	机械条件	<u>7M1</u> 7M2 7M3
总代号：7K1/7Z1/7Z4/7Z8/7B1/7C2/7S1/7M1。		

C.2.2 使用场所简要说明

产品：吹发器。

携带和非固定使用：

a) 有温度控制的气候防护场所，位于户外气候世界组的大气环境条件下，供热系统可能产生热辐射；

b) 无温度控制的气候防护场所，位于暖温、干热、中等干热、湿热、恒定湿热气候类型地区；

c) 暖温气候类型地区的大气环境。

对于a)和b)，包括户外气候条件的短期直接影响，例如在两个气候防护场所间移动。

对于a)、b)和c)，没有特别细心操作和移动产品。

分级：满足需要的等级见表C.2划线部分。

表C.2给出了场所选择条件等级示例一览表。

表C.2 场所选择条件等级示例

K	气候条件	7K1 7K2 <u>7K3</u> 7K4 7K5
Z	特殊气候条件	7Z1 <u>7Z2</u> 7Z3 <u>7Z4</u> 7Z5 7Z6 7Z7 <u>7Z8</u> 7Z9 7Z10 7Z11 7Z12 7Z13 7Z14 7Z15
B	生物条件	7B1 <u>7B2</u> 7B3
C	化学活性物质	7C1 <u>7C2</u> 7C3 7C4
S	机械活性物质	<u>7S1</u> 7S2 7S3
M	机械条件	7M1 <u>7M2</u> 7M3
总代号:7K3/7Z2/7Z4/7Z8/7B2/7C2/7S1/7M2。		

C.2.3 使用场所简要说明

产品:专用步话机(手提式)。

携带和非固定使用:

a) 有气候防护场所(有或无温度控制),位于户外气候世界组的大气环境条件下。包括户外气候条件短期直接影响,例如在两个气候防护场所间移动。如果需要,供热系统会产生热辐射。

b) 户外气候中等组的大气环境条件,极干热、湿热和恒定湿热气候类型。

对于a)和b),可能出现周围空气加速运动,和除雨以外其他水源的水(如溅水)。

没有细心操作和移动产品,包括粗放使用条件。

分级:满足需要的等级见表C.3划线部分。

表C.3给出了场所选择条件等级示例一览表。

表C.3 场所选择条件等级示例

K	气候条件	7K1 7K2 7K3 <u>7K4</u> 7K5
Z	特殊气候条件	7Z1 <u>7Z2</u> 7Z3 7Z4 7Z5 <u>7Z6</u> 7Z7 7Z8 7Z9 <u>7Z10</u> 7Z11 7Z12 7Z13 7Z14 7Z15
B	生物条件	7B1 <u>7B2</u> 7B3
C	化学活性物质	7C1 7C2 <u>7C3</u> 7C4
S	机械活性物质	7S1 7S2 <u>7S3</u>
M	机械条件	7M1 7M2 <u>7M3</u>
总代号:7K4/7Z2/7Z6/7Z10/7B2/7C3/7S3/7M3。		

附 录 D
（资料性附录）
组合环境条件说明

本说明集中描述了5种标准环境条件的完整分类，在某些地方给出了应用举例。

如需了解更多细节，参见附录A。

5种组合等级对应的一般环境条件如下：

IE 71：适用于户外气候世界组的温度控制和封闭场所，无湿度控制，如果与户外温差较大，可加热或制冷以保持所需条件，暴露于太阳辐射和热辐射，开窗或特殊生产过程导致的周围空气运动，城市地区由于工业活动和交通繁忙导致的全区一般程度污染，无特殊防沙尘措施，低能量振动和中等能量冲击，仔细操作和运送产品。上述条件对应于普通生活和工作处所，如起居室、一般用途房间、办公室、商店、通信中心等。

IE 72：除包括IE 71条件外，IE 72适用于大能量冲击，不细心操作和移动产品的场所。

IE 73：除包括IE 72条件外，IE 73适用于既无温度控制也无湿度控制的场所，但可加热提升低温，滴水场所。产品可能结冰。上述条件对应于建筑物入口、楼梯、车库、某些车间、工厂建筑物和工业加工厂，无人值守设备站。

IE 74：除IE 73条件外，IE 74适用于：

——暖温、干热、中等干热、极干热、湿热和恒定湿热、户外气候等效类型范围内，任意结构建筑物内全部或部分气候防护场所；

——直接暴露于户外暖温气候类型的无气候防护场所；

——在上述场所内移动。

IE 75：除IE 74条件外，IE 75适用于：

——户外寒温气候类型范围内，任意结构建筑物内全部或部分气候防护场所；

——户外气候中等组内无气候防护场所；

——上述场所内的移动；

——显著振动和大能量冲击，粗心操作和移动产品的场所。

附 录 E
（资料性附录）
7K6 和 7K7 等级规定的热带区域环境条件说明

E.1 概述

热带包括北热带和南热带地区(即两纬 23°37′与北纬 23°37′之间)。

GB/T 4791.1—2005 规定的下述户外气候类型适用于热带：干热、中等干热、极干热、湿热、恒定湿热。

热带是地球上白天常伴有强降雨持续高温的地区，这些地区很少有季节性变化。

热带气候包括从赤道地区热带雨林的湿热气候条件到接近热带地区沙漠的干热气候。因此要区分四种热带气候：

——具有干热、中等干热和极干热气候类型特征的热带干热；

——具有湿热和恒定湿热气候类型特征的热带湿热。

有的地区由于特殊的海拔高度，气候类型与同纬度的气候条件明显不同，例如太阳辐射、气压或山顶冰雪。热带地区许多地方环境条件很稳定，而另一些地方变化极大。

a) 稳定气候条件：

——最小日气温波动小于 1 ℃，最大年气温波动为 6 ℃。

——白昼时间稳定在 10.5 h～13.5 h；

——太阳辐射强度不变；

——大量动物繁殖生息。

b) 极端气候条件：

——降水：赤道地区全年降雨，近热带地区某一季节的大雨；

——海域的热带龙卷风；风速为 30 m/s，最高达 60 m/s，如西太平洋的台风和加勒比海的飓风；

——不良土壤条件：大雨导致的腐植质和无机物的流失；

——热带雨林茂密植被，山地森林稀疏植被；

——热带稀树草原和其他干草原，沙漠中无植被。

E.2 气候图

图 E.1 给出热带地区两种气候条件的气候图，根据 E.1 中气候类型的气温和湿度年极值平均值而绘制。

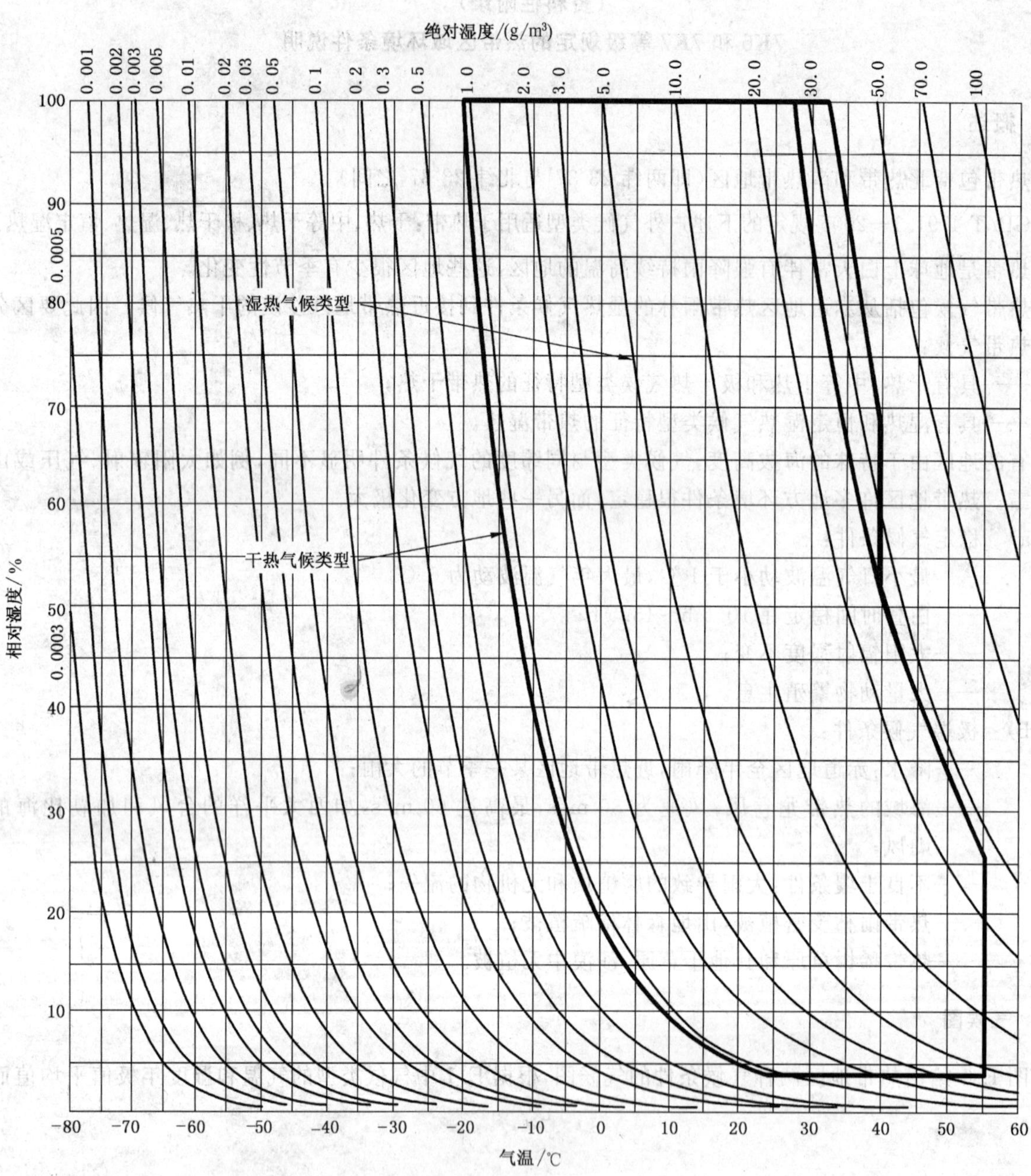

图 E.1 湿热和干热类型的气候图

附 录 F
（资料性附录）
国家标准与 IEC 标准气候类型对照表

表 F.1 给出了国家标准和 IEC 标准的气候类型对照一览表。

表 F.1 国家标准和 IEC 标准的气候类型对照表

国 家 标 准	IEC 标 准
—	极端寒冷（不包括南极洲中央）
寒冷	寒冷
寒温Ⅰ 寒温Ⅱ	寒温
暖温	暖温
干热	干热
亚湿热	中等干热
—	极干热
湿热	湿热
—	（恒定）湿热

附　录　G
（资料性附录）
本部分章条编号与 IEC 60721-3-7:2002 章条编号对照

表 G.1 给出了本部分章条编号与 IEC 60721-3-7:2002 章条编号对照一览表。

表 G.1　本部分章条编号与 IEC 60721-3-7:2002 章条编号对照

本部分章条编号	对应的国际标准章条编号
—	3
3	4
4	5
4.1	5.1
4.2	5.2
4.3	5.3
4.4	5.4
4.5	5.5
4.6	5.6
5	6
附录 A	附录 A
附录 B	附录 B
附录 C	附录 C
附录 D	附录 D
附录 E	附录 E
附录 F	—
附录 G	—
附录 H	—
注：表中的章条以外的本部分其他章条编号与 IEC 60721-3-7:2002 其他章条编号内容相对应。	

附 录 H
(资料性附录)
本部分与 IEC 60721-3-7:2002 技术性差异和编辑性差异及其原因

表 H.1 给出了本部分与 IEC 60721-3-7:2002 技术性差异和编辑性差异及其原因一览表。

表 H.1 本部分与 IEC 60721-3-7:2002 技术性差异和编辑性差异及其原因

本部分的章条编号	技术性差异和编辑性差异	原 因
名称	用《电工电子产品应用环境条件 第7部分:携带和非固定使用》代替	国家系列标准统一名称
前言	删除国际标准前言内容;用本国内容的前言代替	GB/T 1.1—2000 规定
1	用范围代替范围和目的	GB/T 1.1—2000 规定
2	用规范性引用文件代替引用标准	GB/T 1.1—2000 规定
—	删除定义整章	已在 GB/T 11804—2005 术语中规定
3	用 GB/T 4798.10—2006 代替 IEC 60721-3-0	我国已制定相应标准
4	用第 4 章代替第 5 章	本部分章条编号更改
5	用第 5 章代替第 6 章	本部分章条编号更改
表 1 注[f]	用 GB/T 4798.2—1996、GB/T 4798.3—2005 和 GB/T 4798.4—2007 代替 IEC 60721-3-3、IEC 60721-3-3 和 IEC 60721-3-4	已有转化后的相应国标
附录 A	在表 A.1 中增加了我国的气候类型	为了和 IEC 气候类型对应
表 A.1～表 A.5, 表 C.1～表 C.3	增加了表头	GB/T 1.1—2000 规定
附录 F	增加气候类型对照表	我国气候类型和 IEC 气候类型对照使用
附录 G 附录 H	新增加	GB/T 1.1—2000 规定